시스템엔지니어링

원칙과 실행

시스템엔지니어링 원칙과 실행

2023년 3월 25일 초판 인쇄
2023년 3월 30일 초판 발행

지은이 | 알렉산드로 코시아코프, 새뮤얼 J. 시모어, 데이비드 A. 플래니건, 스티븐 M. 비에메르
옮긴이 | 신기수, 강호증, 김귀미
펴낸이 | 이찬규
펴낸곳 | 북코리아
등록번호 | 제03-01240호
주소 | 13209 경기도 성남시 중원구 사기막골로 45번길 14 우림2차 A동 1007호
전화 | 02-704-7840
팩스 | 02-704-7848
이메일 | ibookorea@naver.com
홈페이지 | www.북코리아.kr
ISBN | 978-89-6324-353-5 (93500)

값 33,000원

SYSTEMS ENGINEERING PRINCIPLES AND PRACTICE

시스템엔지니어링
원칙과 실행

알렉산드로 코시아코프 · 새뮤얼 J. 시모어
데이비드 A. 플래니건 · 스티븐 M. 비에메르 지음

신기수 · 강호증 · 김귀미 옮김

제3판

북코리아

역자 서문

지난 2020년 7월 14일 우리 정부는 제7차 비상경제회의 겸 한국판 뉴딜 국민보고대회를 개최하고 코로나 이후 세계 경제를 선도하기 위한 국가발전 전략으로 "한국판 뉴딜(New Deal) 정책"을 발표했다. 이 국민보고대회에서 우리 정부는 "한국판 뉴딜정책은 선도국가로 도약하기 위한 '대한민국 대전환' 선언"이며, "추격형 경제에서 선도형 경제로, 탄소 의존 경제에서 저탄소 경제로 그리고 불평등 사회에서 포용 사회로" 대한민국을 근본적으로 바꿔 "새로운 100년을 설계"하기 위한 정책이라고 강조했다.* 뉴딜정책의 목표 중 하나인 "추격형 경제에서 선도형 경제로의 전환"은 4차 산업혁명 시대를 맞이해 우리나라 경제를 재도약시키기 위한 가장 핵심적인 전략이다. 이 전략은 선진국이 이미 개발한 제품을 모방해왔던 기존의 추격형 경제에서 탈피해, 창의적이고 선도적인 제품 개발 역량을 확보하기 위한 것이기 때문이다. '시스템엔지니어링'은 이러한 선도적인 개발 역량을 발전시킬 수 있는 방법론을 연구하는 학문이다. 선진국을 중심으로 혁신적인 기술 개발을 포함한 다양한 분야에서 폭넓게 활용되고 있는 시스템엔지니어링은, 선도형 경제를 추구하는 우리나라 역시 올바른 이해와 적용이 필요한 학문이다.

미래전을 대비해야 하는 국방 분야에서도 시스템엔지니어링은 매우 중요한 역할을 한다. 잠재적 적국보다 우월한 군사력을 건설하기 위해서는 무엇보다 창의적이고 선도적인 무기체계 개발이 필요하기 때문이다. 우리 군이 지난 2018년 전군 주요지휘관 회의('18.7.27.)에서 발표한 "국방 개혁 2.0"에도 이와 같은

---

* "한국판 뉴딜", 대한민국 정책브리핑, 2021년 9월 30일 수정, 2022년 6월 2일 접속, https://www.korea.kr/special/policyCurationView.do?newsId=148874860

의지가 담겨 있다.* 특히 국방 개혁 2.0의 방위사업 분야에서는 "도전적 · 창의적 국방 R&D 체계 구축"을 목표로 하고 있어, 우리 군이 과거와 같은 '추격형'이 아닌 '선도형' 무기체계 개발을 지향하고 있음을 알 수 있다.

시스템엔지니어링은 1939년부터 6년간 지속되었던 2차 세계대전을 거치면서 급속하게 발전한 학문이다. 참전국들이 전쟁에서 승리하기 위해서는 적군보다 성능이 우수한 무기를 개발해야 했으며, 시스템엔지니어링은 이러한 니즈를 충족시킬 수 있는 방법론을 연구하는 학문이었다. 현재도 계속해서 진화하고 있는 시스템엔지니어링 방법론은 선진국들이 최신 무기를 개발하기 위한 핵심적인 원칙일 뿐만 아니라, 민간산업 분야에도 폭넓게 확대되어 다양한 기술표준 등이 제정되어왔다. 최근에는 시스템 복합체계 시스템엔지니어링(SoSE, System of Systems Engineering)을 넘어 엔터프라이즈 시스템엔지니어링(Enterprise Systems Engineering)으로까지 그 영역이 확장되고 있다.

이에 반해 우리나라의 민간 및 국방 분야 개발자 대부분은 시스템엔지니어링의 적용 목적을 올바로 이해하지 못하고 있다. 시스템엔지니어링을 창의적 제품이나 무기체계를 개발하기 위한 것이 아니고 단순히 개발 비용 절감 또는 기간을 단축하기 위한 것으로만 인식하고 있기 때문이다. 이런 잘못된 인식은 교육현장에도 영향을 미치고 있다. 선진국의 경우 정부 및 산업 분야를 중심으로 시스템엔지니어링 필요성에 대한 공감대가 높아짐에 따라, 시스템엔지니어링 석사 및 박사 학위는 물론 점점 더 많은 대학에서 학사 학위 과정들을 개설하고 있다. 이에 반해 우리나라의 경우 일부 대학에서 시스템엔지니어링, 시스템 공학 등 다양한 명칭을 가진 유사한 과정들을 개설하고 있으나, 실제 교육과정을 들여다보면 시스템엔지니어링보다는 기존의 전통적인 공학 분야에 더 많은 중점을 두고 있다는 것을 알 수 있다. 사정이 이렇다 보니 우리나라 개발자와 학생들은 세계적으로 인정받는 시스템엔지니어링 교재를 접할 기회가 많지 않았다. 본 역서는 이러한 문제점을 일부나마 해소하고자 출간하게 되었다.

이 역서의 원본은 미국 존스홉킨스대학교(Johns Hopkins University)에서 발간

* "국방개혁 2.0", 대한민국 국방부, 2019년 2월 수정, 2022년 7월 2일 접속, https://reform.mnd.go.kr/mbshome/mbs/reform/reform_ebook/reform2.0/index.html#/1

한 SYSTEMS ENGINEERING PRINCIPLES AND PRACTICE이다. 이 교재는 현재 존스홉킨스대학교 시스템엔지니어링 석사 과정의 5개 핵심 교과에서 사용되고 있으며, 2002년 초판이 출간된 이후 2011년 두 번째 개정판이 발간된 바 있다. 이 번역본은 2020년에 발간된 세 번째 개정판 중 주요한 부분을 선별해 편집한 것이다. 본 역서는 네 개 부분으로 구성되어있다.

- Ⅰ. 시스템엔지니어링 기초에서는 현대 시스템의 기원과 구조, 시스템엔지니어링과 관련된 분야, 복합 시스템 개발을 위한 구조화된 프로세스, 시스템 개발 프로젝트를 담당하는 조직에 관해서 설명한다.
- Ⅱ. 개념 개발 단계에서는 새로운 시스템의 니즈를 입증하고, 그 요구조건을 식별한 이후에 대안이 될 수 있는 구현방안들을 개발하는 절차를 다룬다. 이 단계에서는 특별히 중요한 프로그램과 기술적인 결정들이 이루어지는 시스템 수명주기의 초기 과정들을 소개하고 있다.
- Ⅲ. 공학 개발 단계에서는 소프트웨어와 하드웨어 하부시스템을 모두 포함하는 시스템 빌딩 블록을 개발하고, 운영 환경에서 전체 시스템을 통합 및 평가하는 시스템 수명주기의 후반 과정들을 설명한다.
- Ⅳ. 개발 후 단계에서는 시스템 수명주기 중 생산, 운영 및 지원 과정에서 시스템의 역할과 시스템 엔지니어가 습득해야 하는 지식 분야에 대해서 살펴본다.

4차 산업혁명 시대의 글로벌 혁신 기술 개발 추세 속에서 우리나라가 경쟁력을 높이기 위해서는 시스템엔지니어링에 대한 올바른 인식이 선행되어야 한다. 부디 이 역서가 국가 발전을 위해 노력하고 있는 다양한 분야의 관계자분들에게 시스템엔지니어링에 대한 이해를 높일 수 있는 계기가 될 수 있기를 간절히 바란다.

신기수
강호증
김귀미

제3판의 서문

초판의 저자 중 한 명인 고(故) 알렉산드르 코시아코프(Alexander Kossiakoff) 박사의 비전과 원칙은 여전히 시스템엔지니어링 분야의 원동력으로 남아있으며, 이 개정판을 그에게 다시 바칠 수 있는 것은 대단한 영광이고 특권이다. 시스템엔지니어링은 계속 성장해 상당한 발전을 이루어왔으며, 이 개정판은 향후 수십 년 동안 직무를 성공적으로 수행할 수 있는 시스템 엔지니어를 양성하는 것을 목표로 출간되었다. 『시스템엔지니어링 원칙 및 실행』은 학생과 개발자가 복합 시스템을 개발하고 운용할 수 있도록 하는 최상의 접근방식을 습득할 수 있도록 작성되었다. 현장의 개발 담당자들이 시스템 엔지니어처럼 생각할 수 있도록 시스템엔지니어링의 관점과 목표를 고취시키고자 하는 것은 여전히 이 책의 주요한 전제 사항이다.

성공적인 시스템 엔지니어가 되는 방법을 배우는 과정은 전통적인 공학 분야에서 뛰어난 기술을 배우는 것과는 완전히 다르다. 그것은 특별한 방식으로 사고하는 능력과 함께 전체 시스템이 추구하는 임무를 성공시키는 것을 중심 목표로 생각할 수 있는 능력을 개발하는 것이 필요하기 때문이다. 시스템 엔지니어는 세 가지 서로 다른 성격을 가진 문제들을 직면하게 된다. 그것은 시스템 사용자 및 이해관계자의 니즈와 우려, 기업 및 프로젝트 관리자의 재무 및 개발 기간의 제약 그리고 마지막으로 시스템 구성품을 개발, 생산, 시험 및 인도해야 하는 분야별 전문가의 능력과 열정이다. 이러한 상황에서는 서로 다른 세 분야의 참여자들이 사용하는 언어와 기본원칙을 충분히 습득하고, 그들의 요구조건을 이해함으로써 모두가 수용할 수 있는 균형 잡힌 해결책을 제시하는 것이 필요하다.

학제 간의 서로 다른 입장을 조정할 수 있는 리더십은 시스템엔지니어링이 이바지해야 하는 핵심적인 역할이자 주요한 과제이며, 현대 복합 시스템의 성공적인 개발을 위해 절대적으로 필요한 사항이다. 이 책은 시스템 엔지니어가 습득하고 실행해야 하는 필수적인 프로세스들을 설명하고 있다. 또한 시스템 엔지니어의 성공적인 임무 수행을 위해 필요한 것은 체계적이고 전문적인 경력뿐만 아니라, 리더십, 문제해결 능력 및 혁신적인 기술에 관한 지식도 필요하다는 점을 강조하고 있다. 미래의 사회, 산업 및 정부는 더 혁신적이고 경제적으로 실현할 수 있으면서도, 동시에 운용 효율성을 충족시킴으로써 삶의 질을 높일 수 있는 제품, 서비스 및 시스템을 모색하게 될 것이다. 첨단 기술 개발에 따른 지속적인 변화는 시스템엔지니어링이 리더십을 발휘해야 하는 새로운 기회와 과제를 부여하고 있으며, 특히 전 세계에 영향을 미칠 수 있는 시스템을 개발하고 제공하기 위해 필요한 다양한 분야의 통합에 있어 주도적인 역할을 해야 한다.

시스템엔지니어링 분야가 성숙해지면서 글로벌 규모의 복잡성을 다룰 수 있음에 따라, 우리는 오랜 시간에 걸쳐 검증된 성공적인 개발 방식과 최신의 방법들을 소개할 수 있게 되었다. 기업가와 기술자, 경영진과 관리자, 설계자와 공학자, 하드웨어와 소프트웨어 개발자, 이해관계자와 사용자, 마케팅과 영업 등 모든 관계자는 본 교재에 소개된 지혜가 문제 해결과 성공적인 개발을 위한 길이라는 것을 알게 될 것이다. 이 책은 나노 시스템, 마이크로 시스템, 대규모 시스템, 메가 시스템, 글로벌 시스템 또는 엔터프라이즈 시스템 등 개발 대상과 관계없이 제품 개발, 관리 및 배치로 이어지는 전체 수명주기의 수행 방법과 솔루션을 제공하고 있다. 또한 교통, 통신, 네트워크, 의료, 사회, 기후, 자연, 우주, 국방, 제조 및 기타 많은 분야에 관한 사례들이 예시로 제시되어있다.

제3판은 다음과 같이 다섯 개 부분으로 구성되어있다.

- Ⅰ. 시스템엔지니어링 기초에서는 현대 시스템의 기원과 구조, 시스템엔지니어링과 관련된 분야, 복합 시스템 개발을 위한 구조화된 프로세스, 시스템 개발 프로젝트를 담당하는 조직에 관해서 설명한다.
- Ⅱ. 개념 개발 단계에서는 새로운 시스템의 니즈를 입증하고, 그 요구조건을 식별한 이후에 대안이 될 수 있는 구현방안들을 개발하게 된다. 이 단계에서는 시스템 개발을 위한 핵심적인 프로그램과 기술적인 결정들이 이루어지는 시스템 수명주기의 초기 과정들을 소개하고 있다.

- Ⅲ. 공학 개발 단계에서는 소프트웨어와 하드웨어 하부시스템을 모두 포함하는 시스템 빌딩 블록을 개발하고, 운영환경에서 전체 시스템을 통합 및 평가하는 시스템 수명주기의 후반 과정들을 설명한다.
- Ⅳ. 개발 후 단계에서는 시스템 수명주기 중 생산, 운영 및 후속지원 과정에서 시스템의 역할과 시스템 엔지니어가 습득해야 하는 지식 분야에 대해서 살펴본다.
- Ⅴ. 시스템 도메인은 시스템엔지니어링 발전을 위해 필요한 수많은 도전 과제들을 개략적으로 설명하고 있다.

각 장에는 요약, 평가 문항, 인용 문헌, 참고문헌 등이 수록되어 있다. 이 책의 분량은 시스템엔지니어링 분야 자체의 확장을 반영하기 위한 최신화와 새로운 자료들이 추가되면서 증가되어왔다.

이 개정판에서는 다음과 같은 장들의 내용이 보강되었다.

위험(Risk)
소프트웨어(Software)
모델링(Modeling)
니즈 분석(Needs Analysis)
시스템 사고(Systems Thinking)
시스템 복잡성(System Complexity)
시스템 아키텍처(System Architecture)
시스템 통합(Systems Integration)

또한 다음과 같은 장절들도 새롭게 추가되었다.

애자일(Agile)
보안(Security)
복합 시스템(Systems of Systems)
엔터프라이즈 시스템엔지니어링(Enterprise Systems Engineering)

모델-기반 시스템엔지니어링(MBSE, Model-based Systems Engineering)

미래 도메인들(Future Domains)

코시아코프 박사가 설립한 존스홉킨스대학교의 시스템엔지니어링 프로그램은 미국내 최대 규모의 시간제 대학원 과정이다. 세계 각국의 학생들은 본 대학원에서 제공하는 오프라인 또는 온라인 강의는 물론이고 협약체결기관에서 주관하는 다양한 형태의 교육과정들을 이수하고 있다. 또한 시스템엔지니어링 분야의 확장과 함께 새로운 기술을 접목한 교육이 이루어짐에 따라 이 프로그램은 계속해서 진화하고 있으며, 이를 통해 시스템엔지니어링 대학원 과정의 표준을 정립해나가고 있다. 이 책은 전 세계 대학에서 시스템엔지니어링 기초를 강의하기 위해 활용할 수 있는 교과서이다.

제3판의 저자들은 그동안 많은 지원을 아끼지 않은 가족들에게 정중한 감사를 표한다. 이전 개정판들과 마찬가지로 저자들은 존스홉킨스대학교 시스템엔지니어링 대학원의 현재 및 과거 교수진의 많은 도움에 감사를 드린다. 제2판을 개선하기 위한 그들의 날카로운 통찰력과 권고 사항들은 본 교재의 기초를 구성하는 데 매우 귀중한 역할을 하였다. 모델-기반 시스템엔지니어링 장의 주요 저자인 마이클 비나치크(Michael Vinarcik)에게도 특별한 감사를 드린다.

새뮤얼 J. 시모어(SAMUEL J. SEYMOUR)

데이비드 A. 플래니건(DAVID A. FLANIGAN)

스티븐 M. 비에메르(STEVEN M. BIEMER)

제2판의 서문

역사의 발전 과정과 시스템엔지니어링 분야에 지대한 영향을 끼친 공헌자 개인의 발자취를 따라가는 것은 대단한 영광이자 특권이다. 이 책의 초판이 출판된 이후 시스템엔지니어링 분야는 인지도의 현저한 상승과 함께 상당한 발전을 이루어왔다. 이러한 발전은 이 시스템엔지니어링을 다루고 있는 각종 회의, 심포지엄, 저널, 기사와 저서들의 현황을 조사함으로써도 알 수 있다. 이 분야가 높은 성숙도에 도달했으며 앞으로도 지속해서 성장하리라는 것은 분명한 사실이다. 불행하게도, 시스템엔지니어링 분야에는 약간의 슬픈 손실들도 있었는데, 그중에 한 가지는 이 책이 출판된 지 2년 만에 원작자 중 한 명인 알렉산드르 코시아코프가 세상을 떠났다는 것이다. 그의 비전, 혁신, 열정, 끈기는 그와 함께 일했던 모든 사람에게 영감을 주었으며, 지금도 그의 동료들은 그를 그리워하고 있다. 다행히 그의 비전은 여전히 이 책의 원동력이 되고 있다. 우리가 알렉산드르 이바노비치 코시아코프의 불후의 유산에 이 제2판을 바치는 것은 매우 자랑스러운 일이다.

Alexander Kossiakoff, 1914-2005

'코시(Kossy)'로도 알려진 알렉산드르 코시아코프는 1969년부터 1980년까지 존스홉킨스대학교 응용물리학연구소의 소장직을 수행하면서 연구소 조직의 바람직한 형태와 발전 방향을 제시하였다. 그의 업적은 국가를 방어하고, 우리 군의 능력을 향상시켰으며, 기술 개발을 새롭고 흥미로운 방향으로 추진해나가는 것은 물론이고 후학들인 신세대들에게 시스템엔지니어링이 가진 고유한 도전과 가능성을 이해시키는 데 도움을 주었다. 1980년 그는 기술전문가를 대상으로 한 훈련과 교육을 개선해야 할 필요성을 인식하고 존스홉킨스대학교에 기술경영학 석사과정을 신설하였으며, 이후 이와 같은 분야에서는 최초의 프로그램 중 하나인 시스템엔지니어링 프로그램으로 확대하였다. 오늘날 그가 설립한 시스템엔지니어링 프로그램은 미국에서 가장 큰 규모의 시간제 대학원 프로그램이 되었으며, 전 세계 학생들이 오프라인, 온라인 강의 및 파트너십이 체결된 교육현장 등에서 수강하고 있다. 이 프로그램은 적용 분야의 확장은 물론이고 교육현장에 새로운 기술을 접목하는 등 계속해서 진화하고 있으며, 시스템엔지니어링 대학원 프로그램의 표준을 만들어가고 있다. 이 책의 초판은 전 세계 대학을 위한 기초 시스템엔지니어링 교과서로 활용되고 있다.

제2판의 목표

전통적인 공학 분야 학문들은 대규모 복합 시스템 개발 프로그램의 착수부터 운용에 이르는 전 과정에 걸쳐서 성공적인 개발을 보장하는 데 필요한 훈련, 교육 및 경험을 제공하지 못한다. 시스템엔지니어링 관점을 옹호하면서 개발에 참여하는 실무자들이 시스템 엔지니어처럼 생각하도록 만들고자 하는 목표는 여전히 이 책의 주요한 전제사항이다. 본 제2판『시스템엔지니어링 원칙과 실행』은 대학원 수준에서 시스템엔지니어링 분야와 실무를 소개하는 개론 과정에서 사용할 수 있는 교재로 출간되었다. 우리는 학생들이 이 책에서 제시하고 있는 추상적인 개념들을 이해하는 데 도움을 주기 위해 모델들을 활용하고 있다. 초판에서 사용하였던 5가지 기본 모델은 그대로 유지되고 있으며, 최신의 개념들을 반영하는 데 필요한 미세한 조정만을 추가하였다. 또한 적용 및 실행에 대한 강조는 전체적으로 유지하면서도, 전문직으로서의 경력과 동시에 교육자로서의 진로를 추구하는 학생들에게도 초점을 맞추고 있다. 본 교재의 기획 의도를 준수하기 위해서 다양한 분야의 학생들에게 도움이 될 수도 있는 높은 수준의 수학 및 기타 기술 분야는 심층적으로 탐구되지 않았으며, 전통적인 공학 분야들도 상세히 제공하지 않았다. 초판과 비교해 최신화 및 추가된 부분에서는 최초 출판 이후 시스템엔지니어링 분야에서 일어난 변화에 초점을 맞추었다. 특히 다음과 같은 분야에 각별한 주의를 기울였다.

- 시스템 엔지니어의 경력. 시스템 엔지니어의 경력에 대한 폭넓은 논의가 다루어졌다. 최근 몇 년간 시스템엔지니어링은 많은 기업과 단체로부터 독립된 분야로 재평가되어 '시스템 엔지니어'라는 직책이 공식적으로 인정받게 되었다. 따라서, 우리는 미래의 시스템엔지니어링 전문가를 양성

하는 데 도움을 줄 수 있는 시스템엔지니어링 경력 모델을 제시하였다.

- 시스템엔지니어링 개관. 제2판에 소개된 유일하게 새로운 장인 시스템엔지니어링 개관은 시스템엔지니어링 관점의 개념을 강조하고 있다. 이 관점이 갖는 함의에 대한 확대된 논의가 수록되었다.
- 시스템 경계. 시스템 경계 개념에 대한 우리의 논의를 정의하고 확장하는 데 필요한 참고 자료가 추가되었다. 대학원 수준의 교육현장에서 본 교재를 사용하면서, 우리 저자들은 이 개념과 관련해 학생들의 이해가 부족한 부분이 있다는 것을 알게 되었다. — 그것은 대부분의 학생들이 시스템과 그 환경 사이의 경계를 제대로 인식하지 못하고 있다는 사실이다. 이러한 부분을 책 전반에 걸쳐서 보강하였다.
- 시스템 복잡성. 최근 들어 시스템의 복잡성과 관련된 중요한 연구들을 찾아볼 수 있으며, 본 교재에도 포함되어 있다. 시스템엔지니어링 시스템, 복합 시스템 관리, 엔터프라이즈 시스템엔지니어링과 같은 개념들을 복잡성 계층구조를 이용해 학생들에게 소개하였으며, 여기에서 시스템엔지니어링이 기초 역할을 하고 있다.
- 시스템 아키텍팅. 최초 출판 이후 시스템 아키텍팅 분야는 크게 확장되었고, 이 분야의 도구, 기법 및 적용은 개념 탐색 및 정의를 다루는 장에 통합되었다. 전통적인 구조 분석과 객체지향 분석 기법을 위한 새로운 모델과 프레임워크를 소개하였다. 통합 모델링 언어(UML, Unified Modeling Language) 및 시스템 모델링 언어에 대해서 폭넓게 설명해줄 수 있는 예제들 역시 포함되었다. 마지막으로, 이러한 새로운 방법론, 모델 기반 시스템엔지니어링 등을 전반적으로 소개하였다.
- 의사결정 및 지원. 시스템엔지니어링 의사결정 도구에 관한 장에서는 이 분야에서 필요로 하는 다양한 의사결정과 사용 가능한 최신 프로세스, 도구 및 기술을 시스템엔지니어링 학생들에게 소개하기 위해 최신화하고 내용을 확장하였다. 이 장은 초판에서는 특별주제 부분으로 구분되어 있던 것을 옮겨온 것이다.
- 소프트웨어 시스템엔지니어링. 소프트웨어 시스템엔지니어링에 관한 장은 현대 소프트웨어 엔지니어링 기법, 원칙 및 개념을 통합하기 위해 광

범위하게 개정되었다. 애자일 개발 모델과 같은 현대 소프트웨어 개발 수명주기모델에 대한 설명은 최근의 적용방식을 반영할 수 있도록 확대되었다. 더욱이 능력 성숙도 모델(CMM, Capability Maturity Models)과 관련된 장은 최근의 통합 모델을 반영할 수 있도록 최신화하였다. 또한 이 장은 특수한 주제를 다루는 장에서 벗어나 선행 개발 및 공학 설계와 동등한 수준으로 소개되었다.

위에서 언급한 주제들 외에도 각 장의 요약 부분을 더욱 쉽게 이해할 수 있도록 다시 편집하고, 문제 및 참고문헌 목록을 업데이트하고 증편하였다. 마지막으로 단어나 표현이 어색하거나 불명확한 부분에 대해서는 대학원생들로부터의 피드백, 의견 및 추천 내용을 반영하였다.

내용 설명

이 책은 존스홉킨스대학교 시스템엔지니어링 석사과정 중 핵심적인 강의에서 사용되고 있으며, 현재 미국 전역은 물론이고 몇몇 다른 국가에서도 활용되는 주요 교과서가 되고 있다. 많은 교육과정이 온라인 또는 원격 교육으로 전환되었다는 점을 고려해, 두 번째 개정판은 원격 강의를 염두에 두고 출간하였으며 추가적인 사례들을 포함하고 있다. 기존 내용을 최신화하고 시스템엔지니어링 자체가 확장되었다는 것을 반영할 수 있도록 새로운 자료들을 추가함에 따라 본 교재의 분량이 증가하게 되었다. 제2판은 네 부분으로 구성되어있다.

- I. 1~5장으로 구성된 시스템엔지니어링 기초는 현대 시스템의 기원과 구조, 최근 시스템엔지니어링 분야, 복합 시스템 개발을 위한 구조적 개발 프로세스, 시스템 개발 프로젝트 조직 등을 설명하고 있다.
- Ⅱ. 6~9장으로 구성된 개념 개발은 시스템 수명주기의 초기 과정들에 대해서 다루고 있다. 이 과정들을 수행함으로써 새로운 시스템의 니즈를 입증하고, 그 니즈를 충족시킬 수 있는 요구조건들을 식별한 이후에 대안이 될 수 있는 구현방안들을 개발하게 된다. 핵심적인 프로그램 및 기술적인 결정들이 이 과정들을 통해서 이루어진다는 점이 특징이다.

- Ⅲ. 10~13장으로 구성된 공학 개발은 시스템 빌딩 블록(System Building Blocks)을 (소프트웨어와 하드웨어 하부시스템을 모두 포함할 수 있도록) 설계하고, 전체 시스템을 운영환경과 통합한 이후 평가를 수행하는 시스템 수명주기의 후기 과정들을 설명하고 있다.
- Ⅳ. 14장과 15장으로 구성된 개발 후 단계에서는 시스템 수명주기의 일부분인 생산, 운영 및 후속 지원 과정에서 시스템의 역할을 논의한다. 이 단계에서 시스템 엔지니어가 습득해야 하는 지식 분야는 어떤 것이 있는지도 다룬다.

각 장에는 요약, 평가 문항 및 참고문헌이 수록되어 있다.

감사의 글

제2판의 저자들은 초판을 이어받아 작성된 이번 개정판을 격려하고 지지해준 코시아코프 박사와 윌리엄 스위트 씨(Mr. William Sweet)의 가족들에게 감사를 표한다. 초판과 마찬가지로, 저자들은 존스홉킨스대학교 시스템엔지니어링 대학원 과정에 재직 또는 퇴직하신 교수진들께서 이바지해주신 부분에 대해서도 잘 알고 있으며 그 노고에 깊은 감사를 드린다. 초판과 비교해 개선이 필요한 부분에 대한 그들의 날카로운 통찰력과 권고 사항들은 이 출판물의 기초를 다지는 데 있어 매우 귀중한 의견들이었다. 아울러 E. A. 스미스(E. A. Smyth)에게는 그가 보여준 통찰력 있는 원고 검토에 특별한 감사를 드린다. 마지막으로, 우리는 끊임없는 희생을 요구받았던 우리 가족들[주디 시모어(Judy Seymour)와 미셸(Michele), 오귀스트 비에메르(August Biemer)]에게 대단히 감사하고 있다. 그들은 결코 이 작업을 마무리할 수 없을 것 같았을 때도 격려와 인내와 함께 변함없는 지지를 보내주었다. 이 책을 출간하기 위한 작업 대부분은 존스홉킨스대학교 응용물리학연구소의 교육 임무의 하나로 지원되었다.

새뮤얼 J. 시모어(SAMUEL J. SEYMOUR)
스티븐 M. 비에메르(STEVEN M. BIEMER)
2010

초판 서문

성공적인 시스템 엔지니어가 되는 방법을 배운다는 것은 전통적인 공학 분야에서 뛰어난 기술을 습득하는 것과는 완전히 다르다. 시스템 엔지니어를 양성하는 과정은 특별한 방식으로 사고하고, '시스템엔지니어링 관점'을 이해하며, 시스템 전체를 중심 목표로 설정하고, 주어진 임무를 성공시킬 수 있는 능력을 가르칠 수 있어야 한다. 시스템 엔지니어는 시스템 사용자의 니즈와 우려, 프로젝트 관리자가 가진 예산 및 일정의 제약, 시스템의 요소를 개발하고 구축해야 하는 다양한 공학 전문가의 능력과 성취욕구라는 세 가지 측면에 직면하게 된다. 이러한 상황에서는 세 개의 서로 다른 분야에서 사용하는 언어와 기본원칙을 충분히 학습함으로써 그들의 요구사항을 이해하고, 모두가 수용할 수 있는 균형 잡힌 해결책을 협의할 수 있는 능력이 필요하다. 학제 간 조정을 위한 리더십은 시스템엔지니어링이 기여해야 하는 핵심적인 역할인 동시에 주요한 임무이며, 현대 복합 시스템의 성공적인 개발에 절대적으로 필요하다.

목표

『시스템엔지니어링 원칙과 실행』은 학생들이 시스템 엔지니어처럼 생각하는 법을 배우는 것을 돕기 위해 설계된 교과서이다. 전통적인 공학 분야를 습득한 이후에 시스템엔지니어링을 배우려는 학생들은 종종 이 과목을 매우 추상적이고 모호한 학문으로 생각한다. 이 교재에서는 시스템엔지니어링을 보다 구체적이고 쉽게 이해할 수 있도록 다음과 같이 몇 가지 모델을 제시하였다. 이러한 모델에는 ① 일반적으로 사용되는 빌딩 블록 또는 일련의 구성품들로 구성되는 복합 시스템의 계층적 모델, ② 기존 모델에서부터 시작되었지만, 진화적으로 변화해가는 개발 활동 및 참가자 구성과 밀접한 관련이 있는 시스템 수명주기 모델, ③ 시스템엔지니어링 방법(Systems Engineering Method)의 절차들로 구성된 모델과 수명주기 각 과정에서의 반복적인 적용, ④ 추상적 개념이 개발 및 통합되고 검증된 시스템으로 이어지는 단계적 진화 과정을 의미하는 "구체화(materialization)" 개념, 그리고 ⑤ 시스템 수명주기 동안 진화하는 시스템 엔지니어의 특정한 책임과 이를 효과적으로 수행하기 위해서 시스템 엔지니어가 알아야 할 지식의 범위에 대한 반복적인 설명이 포함된다. 이 교재는 다른 책들과는 상당히 다른 방식으로 작성되었는데, 그 이유는 시스템엔지니어링의 양적 및 분석적 측면에 초점을 맞춘 기존의 우수한 몇몇 교재들을 보완하기 위한 것이다. 시스템 엔지니어는 전문가적인 자질은 물론이고 주요 시스템 개발 프로젝트 일부를 담당해야 한다. 기타 성공적인 개발을 위해 습득해야 하는 지식, 기술 및 사고방식 등도 시스템 엔지니어에게 요구되는 역량이다. 본 교재에서는 시스템 엔지니어들이 혁신적이면서도 뛰어난 문제해결 능력을 갖추어야 하며, 체계적이고 잘 훈련되어있어야 한다는 점을 강조하고 있다. 시스템 분석가, 설계 전문가, 시험 공학자, 프로젝트 관리자 및 기타 시스템 개발팀의 구성원들과는 차별되는 시스템 엔지니어의 특별한 기능 및 책임을 기술하고 있다. 이 책은 시스템 엔지니어가 습득하고 적용해야 하는 필수적인 프로세스 외에도 성공적인 개발을 위해 필요한 리더십, 문제해결 능력 및 혁신적인 기량 등을 강조하고 있다. 여기서 정의하고 있는 시스템엔지니어링의 기능은 "복합 시스템 개발을 안내(guide)하는 것"이다. 좋은 안내자가 되는 법을 배우려면 수년간의 실무 참여는 물론이고 "안내하는 방법(The Way)"을 잘 알고 있는 경험 많은 선배 안내자들의 도움과 조언이 필요하다. 이 책이 추구하는 목적 역시 저자와 공저자들이 경험했던 체계화된 경험을 바탕으로 독자들에게 이러한 형태의 도움을 제공하기 위한 것이다. 본 교재는 시스템엔지니어링, 프로젝트 또는 개발과 관련된 관리 분야의 직업을 갖기를 희망하거나 이미 종사하고 있는 대졸 공학자 또는 과학자를 대상으로 한다. 주요 독자층은 이미 하드웨어 또는 소프트웨어 중 어느 한 분야에 대한 공학교육을 받았으나 시스템 문제를 다루기 위해 지식을 넓히기를 원하는 공학자들일 것으로 예상한다. 이 책은 기술과 관련된 프로젝트나 조직의 관리자뿐 아니라 학부의 상급학년 재학생에게도 유용하게 쓰일 수 있도록 최소한의 수학과 전문용어를 사용해 작성하였다.

배경 및 목차

이 책의 주요 부분은 지난 5년간 존스홉킨스대학교 시스템엔지니어링 석사 과정의 5개 핵심 강의를 지원하기 위해 사용되어왔으며 철저한 수업평가 과정을 거쳤다. 또한 원격 교육과정은 물론이고 단기 및 사내 훈련 등에서도 성공적으로 활용되어온 교재이다.

이 책은 5부로 구성되어있으며, 총 14개의 장을 포함하고 있다.

- I. 1~4장으로 구성된 시스템엔지니어링 기초는 현대 시스템의 기원과 구조, 복합 시스템의 단계적 발전 과정, 시스템 개발 프로젝트 조직을 다루고 있다.
- Ⅱ. 5~7장으로 구성된 개념 개발에서는 새로운 시스템의 니즈를 입증하고, 그 요구조건을 개발하며, 특별히 선호하는 구현 개념을 선택하는 것을 주요 활동으로 하는 시스템 수명주기의 첫 번째 단계를 기술하고 있다.
- Ⅲ. 8~10장으로 구성된 공학 개발은 시스템 구성품을 개발하고 운영환경에서 전체 시스템을 통합한 이후 평가로 이어지는 시스템 수명주기의 두 번째 단계를 설명하고 있다.
- Ⅳ. 11장과 12장으로 구성된 개발 후 단계는 시스템 수명주기의 일부분인 생산, 운영 및 지원 과정에서 시스템엔지니어링의 역할과 시스템 엔지니어에게 요구되는 지식 분야를 어떻게 습득해야 하는지를 다룬다.
- Ⅴ. 특별주제는 13장과 14장으로 구성된다. 13장은 시스템 개발 전반에 걸쳐서 소프트웨어의 보편적인 역할을 설명하고, 14장은 시스템엔지니어링 의사결정을 위한 도구들인 모델링, 시뮬레이션 및 절충 분석(Trade-off Analysis) 등의 활용에 관해서 다룬다.

각 장에는 요약, 평가 문항, 참고문헌이 포함되어 있다. 중요한 용어를 설명한 용어집도 포함되어 있다. 각 장의 요약은 강의 개요를 작성할 때 쉽게 사용할 수 있도록 일정한 형식을 유지하였다.

감사의 글

저자들은 존스홉킨스대학교 시스템엔지니어링 프로그램의 현재와 과거 교수진들의 많은 기여에 진심으로 감사를 표한다. 특히 S. M. 비에메르(S. M. Biemer), J. B. 치즘(J. B. Chism), R. S. 그로스먼(R. S. Grossman), D. C. 미첼(D. C. Mitchell), J. W. 슈나이더(J. W. Schneider), R. M. 슐마이어(R. M. Schulmeyer), T. P. 슬레이트(T. P. Sleight), G. D. 스미스(G. D. Smith), R. J. 톰프슨(R. J. Thompson) 그리고 S. P. 야넥(S. P. Yanek)에게 특별한 감사를 드린다. 이들은 우리가 중요하다고 생각했었지만 실제로는 개선이 필요했던 구절들이 어떤 것이었는지를 날카로운 비판과 함께 지적해주었다. 존스홉킨스대학교 시스템엔지니어링 프로그램 설립자 중의 한 분이면서 초창기 교수진이었던 벤 E. 앰스터(Ben E. Amster)에는 훨씬 더 큰 빚을 지고 있다. 본 교재의 초판 작성에는 직접 관여하지 않았지만, 그는 자신이 가진 통찰력 중 많은 부분을 활용해 전체 문장의 의미와 명확성을 위해 미세한 부분까지 교정해주셨고, 그 결과 문맥과 다이어그램의 수준을 높일 수 있었다. 이는 그가 가진 큰 장점인 시스템 엔지니어로서 쌓아온 30년간의 경험을 활용할 수 있었기에 가능했다. 우리는 특별히 원고 초안을 무수하게 재작성 및 타이핑하고 편집하는 데 있어 탁월한 전문성과 지칠 줄 모르는 인내심을 보여준 H. J. 그라바그나(H. J. Gravagna)에게 감사를 드린다. 이 책은 지난 3년 동안 시스템엔지니어링 학과 신입생들을 위한 교재로 발간되면서 진화적으로 발전해왔다. 최종 산출물에 초점을 맞추고 이 작품의 작성에 귀중한 도움을 준 사람은 바로 그녀였다. 마지막으로, 저자들은 우리들의 아내인 아라벨레(Arabelle)와 캐슬린(Kathleen)에게 영원한 감사의 마음을 전한다. 특히 글로 작성된 말들이 어렵게 생각되고, 우리가 결코 이 책을 완성하지 못할 것처럼 느껴질 때 그녀들이 보여준 격려와 인내 그리고 변함없는 성원을 보내준 점에 더욱 더 감사를 표한다. 이 책을 출간하기 위한 작업 대부분은 존스홉킨스대학교 응용물리학연구소의 교육 임무의 하나로 지원되었다.

알렉산드르 코시아코프(ALEXANDER KOSSIAKOFF)
윌리엄 N. 스위트(WILLIAM N. SWEET)
2002

목차

I. 시스템엔지니어링 기초

II. 개념 개발 단계

5. 니즈 분석 193

6. 요구조건 분석 236

12. 공학 설계 448

13. 시스템 통합 498

14. 시험 및 평가 517

IV. 개발 후 단계

15. 생산 571

16. 운용 및 지원 603

그림 목차

표 목차

I

시스템엔지니어링 기초

1. 시스템엔지니어링과 현대 시스템의 세계

1.1 시스템엔지니어링이란?

시스템엔지니어링을 정의하는 방법은 다양하지만 본 교재에서는 다음과 같은 정의를 사용하고자 한다.

> *"시스템엔지니어링의 기능은 **복합 시스템**의 **엔지니어링 및 개발과정**을 **가이드**하는 것이다."*

일반적으로 **가이드**의 의미는 "주어진 경로를 추구하면서 우수한 경험을 바탕으로 지도, 관리 또는 지시하는 것" 또는 "길을 보여주는 것"으로 정의할 수 있다. 이러한 표현은 시스템엔지니어링의 주요 기능 중 하나인 많은 가능한 과정 중에서 다른 사람들이 따를 수 있는 경로를 선택하는 역할을 강조하기 위해 사용되었다. **엔지니어링**에 대한 사전적 정의는 "효율적이고 경제적인 구조물, 장비 그리고 시스템 등을 설계, 생산 및 운용할 때 과학적 원리를 적용하는 것"이다. 이 정의에서 "효율적"과 "경제적"이라는 용어는 우수한 시스템엔지니어링이 특별히 이바지하는 부분이다. "개발"은 많은 프로그램 도메인에서 다양한 전문분야를 식별하고, 조정 및 관리하는 행위를 포함하는 용어이다.

가장 일반적인 영어 단어인 "시스템"은 매우 폭넓은 의미로 사용된다. 시스템을 묘사하기 위해 자주 사용되는 정의는 "어떤 **공통**의 목표를 달성하기 위해 **협력**하는 **상호 관련된 구성품**들의 **집합**"이다. 이 정의는 집합적으로 중요한 기능을 수행하기 위해 상호작용하는 부품들이 서로 다른 다양성을 갖고 있음을 의미한다. "**복합**"이라는 용어는 위에서 정의한 내용을 다양한 구성품들을 포함하고 있으면서 동시에 서로 복잡한 관계를 갖는 시스템에 한정해 사용한다는 것을 의미한다. 따라서 세탁기와 같은 가전제품은 최신의 자동화 기능을 일부 포함하고 있다고 해도, 시스템엔지니어링이 필요할 만큼 충분히 다양하고 복잡한 시스템으로 간주하지는 않을 것이다. 반면에, **공학적** 시스템이라는 용어는 살아있는 유기체나 생태계와 같은 복합 시스템은 배제한다는 것을 의미한다. 그러므로 "시스템"이라는 용어를 **복합적**이면서도 **엔지니어링된** 것으로 제한하면, 일반적으로 이해하고 있는 시스템엔지니어링 기능을 좀 더 명확하게 적용할 수 있다.

다른 교재와는 다소 다르게 표현하고 있는 본 교재의 "시스템엔지니어링"과 "시스템"에 대한 정의가 더 특별하거나 우수한 것은 아니다. 다만 뒤이어서 다루게 될 시스템엔지니어링의 책임, 문제, 활동 및 도구 등 좀 더 중요한 내용을 다루기 전에 잠재적인 오해를 피하고자 앞으로 **자주 사용하게 될** 용어를 먼저 정의하기 위한 목적으로 여기서 소개하였다.

시스템엔지니어링과 전통적인 공학 분야

위의 정의를 통해서 우리는 몇 가지 중요한 측면에서 시스템엔지니어링이 기존의 기계, 전기 및 기타 공학 분야와 같은 전통적인 공학 분야와는 차이가 있다는 것을 알 수 있다.

1. 시스템엔지니어링은 시스템 전체에 초점을 맞추고 있으며, 전체적인 운용을 강조한다. 이것은 외부 관점에서, 즉 내부에서뿐만 아니라, 다른 시스템과 환경과의 상호작용 측면에서도 시스템을 바라본다는 것을 의미한다. 시스템에 대한 공학 설계뿐만 아니라 설계에 상당한 제한을 줄 수 있는 외부 요인들도 고려해야 한다. 또한 고객의 니즈, 시스템의 운용환경, 인터페이스 시스템, 물류지원 요구조건, 운용 인력의 능력 및 기타 요소와 관련된 사항들도 식별해야 한다. 식별된 내용은 시스템 요구조건을 기술하는 문서에 정확하게 포함시킴으로써 시스템 설계에 반영되어야 한다.
2. 시스템엔지니어링의 주된 목적이 **가이드**를 위한 것이지만, 이것이 시스템 엔지니어가 시스템 설계에서 핵심적인 역할을 하지 않는다는 것을 의

미하는 것은 아니다. 오히려 사용자의 니즈를 반영한 시스템의 기능설계로 정점을 이루게 되는 새로운 시스템 개발의 형성(개념 개발) 단계를 주도해야 하는 책임이 있다. 이 단계에서 이루어지는 중요한 설계와 관련된 결정들은 기존의 전통적인 공학 분야에서처럼 완전히 정량적인 지식에만 의존할 수는 없다. 오히려 서로 일치하지 않는 정량적인 문제들의 균형점을 찾아내기 위해서는 여러 분야의 경험을 활용한 정성적인 판단이 필요한 경우가 많다. 이러한 판단은 특히 새로운 기술을 다룰 때 더욱 중요하다.

3. 시스템엔지니어링은 전통적인 공학 분야들 사이에서 가교 역할을 한다. 앞에서도 언급한 바와 같이 복합 시스템의 특징은 구성품들의 다양성에 있다. 이러한 다양성을 충족시키기 위해서는 설계와 개발과정에 서로 다른 공학 분야의 참여가 필요하다. 또한 시스템이 올바르게 작동하기 위해서는 각 시스템 요소가 하나 이상의 다른 시스템 요소와 결합해 의도한 성능을 발휘해야 한다. 이렇듯 상호 연관되어있는 기능을 구현하는 것은 독립적으로 설계된 요소들 사이의 복잡한 물리적 및 기능적 상호작용이 어떻게 이루어지는가에 따라 달라진다. 따라서 다양한 요소들을 개별적으로 설계한 이후에 단순히 조립하는 것만으로는 운용하고자 하는 시스템을 생산할 수 없다. 그러므로 시스템 요소 간의 상호작용 및 인터페이스가 가능하도록 하는 것이 매우 중요하다. 이를 위해서는 시스템엔지니어가 개별 요소들의 설계과정에 적극적으로 참여해 가이드 및 조정 역할을 해주어야 한다. 특히 시스템을 구성하는 각각의 요소들이 서로 다른 조직에서 설계, 시험 및 공급되는 경우에 이러한 조정 역할의 중요성은 더욱 커지게 된다.

시스템엔지니어링과 사업관리

일반적으로 새로운 복합 시스템에 대한 엔지니어링은 탐색 단계에서부터 시작된다. 이는 탐색 단계를 수행하는 목적이 필요성이 인정된 니즈를 충족시키거나, 기술적 기회를 활용하기 위해 새로운 시스템의 개념을 진화적으로 발전시키기 위한 것이기 때문이다. 이러한 과정을 통해서 만들어진 새로운 개념을 실제로 운용 가능한 시스템으로 개발하기 위해 투입해야 하는 노력은 대규모 사업에 해당하는 경우가 많다. 다양한 기술을 가진 많은 전문 인력들이 참여해 어떤 새로운 시스템을 개념 단계에서부터 현장에서 운용 가능한 제품으로 개발해 나가기 위해서는 수년간의 노력이 필요하다.

새로운 시스템을 엔지니어링하기 위한 노력의 규모와 복잡성으로 인해, 엔지니어링을 실행하고 조정 통제를 하기 위한 전담팀이 필요하다. 이런 업무를 "사업(project)"이라고 하며, 구성원의 도움을 받는 "사업관리자(Project Manager)"가 지휘를 담당한다. 시스템엔지니어링은 사업관리에 포함된 고유한 부분이다. 시스템엔지니어링의 역할은 엔지니어링 노력 자체를 안내하는 것과 관련이 있다. 이에 반해 사업관리는 목표를 설정하고, 실행을 안내하고, 결과를 평가하며 엔지니어링 및 개발과정을 계속 유지하는 데 필요한 조치사항들을 결심한다. 여기서 시스템엔지니어링은 사업 예산, 계약 및 고객과의 관계 등과 같이 계획 및 통제와 관련된 관리 업무를 지원하기도 한다. 하지만 이러한 지원 업무를 시스템엔지니어링의 기능 중 일부로 간주하지는 않는다. 이 주제와 관련된 내용은 4장에서 더 자세한 설명이 이어질 것이다.

시스템 개발사업을 효과적으로 수행하기 위해서는 모든 참여자가 시스템엔지니어링의 중요성을 인식하는 것이 중요하다. 이를 위해 시스템엔지니어링 팀의 리더를 기술적 책임과 권한을 갖는 직위로 공식적으로 임명하는 것이 필요한 경우가 많다.

1.2 시스템엔지니어링 개관

시스템엔지니어링의 원칙들은 피라미드 건설 이후 그리고 아마도 그 이전부터 어느 정도 실행되어왔을 것이다. 하지만 시스템엔지니어링을 독립적인 활동으로 인식하게 된 것은 제2차 세계대전의 영향과 많은 관련이 있다. 이후 시스템엔지니어링을 고유한 활동으로 인식하게 된 것은 기술의 급속한 성장과 함께 시작되었다. 20세기 후반부터는 주요 국방 및 상업 운용 분야에서 시스템엔지니어링을 본격적으로 적용함으로써 빠른 속도로 발전해왔다고 할 수 있다.

제2차 세계대전은 과학기술의 발전에 엄청난 자극을 주었다. 고성능 항공기, 군사용 레이더, 근접 신관, 미사일 등은 관련 기술들이 급격하게 발전한 대표적인 분야이다. 특히 원자폭탄의 개발은 에너지, 물질, 정보기술 분야에서 혁명적인 진보가 있어야 했다. 이러한 시스템들은 여러 가지 기술 분야를 결합해야 했기 때문에 그것을 실현하기 위해서는 매우 복잡한 노력이 필요했을 뿐만 아니라, 이전에 전통적인 과학자들이 수행했던 것보다 훨씬 더 큰 공학적인 난제를 포함하고 있었다. 게다가 전쟁을 승리로 이끌 수 있는 핵심적인 시스템은 매우 단축된 일정 내에서 개발을 완료해야 했다. 이러한 제약조건으로 인해 프로그램 기획, 기술 조정, 엔지니어링 관리 측면에서 이전과는 다른 새로운 접근법을 개발해야 할 정도로 높은 수준의 조직구조와 효율성이 요구되었다.

1900년대 후반 국방 분야의 새로운 요구조건들은 계속해서 제트 추진, 제어시스템과 재료 분야의 기술 성장을 이끌었다. 그러나 반도체, 전자제품과 같은 분야의 발전은 기술 성장에 더 크고 심오한 영향을 주어왔다. 이는 컴퓨팅, 글로벌 네트워크, 통신 등이 기존의 한계를 훨씬 뛰어넘어 시스템의 능력을 확장함으로써 "정보화 시대"를 가능케 했다. 이러한 연결성을 이용해 얻을 수 있었던 특히 중요한 이점은 디지털 컴퓨터 및 관련 소프트웨어 기술의 발전이었다. 소프트웨어 기술은 자동화 능력을 획기적으로 발전시켜왔으며, 최근에는 시스템에 대한 인간 통제 영역을 대체하는 수준에 이르고 있다. 컴퓨터 제어와 복잡한 인간-컴퓨터 인터페이스 기술은 시스템의 복잡성을 질적으로 증가시켜왔기 때문에, 시스템엔지니어링의 중요한 관심 영역이 되고 있다.

최신의 데이터 처리능력과 글로벌 네트워크 환경은 실시간으로 정보를 교환하는 것을 가능하게 하였다. 이는 디지털 구성품은 물론 관련 소프트웨어 분야에서 유비쿼터스 개념을 확장하기 위해 사회적 관심과 시스템 보안 기술을 지속적인 발전시켜올 수 있는 원동력이 되었다. 시스템공학 설계는 상호 연결되어있으면서 외부 공격에 취약한 특성을 가진 자율 시스템에 대한 모니터링, 감시 및 제어에 지속적으로 초점을 맞출 것이다. 소형화와 결합한 센서기술은 이러한 혁신을 점점 더 빠른 속도로 발전시키고 있으며 많은 신제품과 서비스가 개발되고 있다.

미래의 시스템들

광범위한 도메인에서 적용하고 있는 글로벌 혁신은 계속해서 시스템을 엔지니어링하고 개발하는 방식의 발전을 주도하게 될 것이다. 이러한 엔지니어링 및 개발 방식은 더 많은 협업과 개선된 시스템 도구는 물론 해당 분야에 정통한 시스템 엔지니어를 필요로 한다. 앞으로의 시스템은 더욱더 복잡해지고, 네트워크 집약적이며, 자율적으로 기능하고, 지능적이며, 뛰어난 적응력과 함께 강력하면서도 안전해질 것이다. 대부분의 엔지니어링 및 개발이 경쟁적인 구조 속에서 이루어지고 정부의 지침에 따라서 상용 개발을 수행해야 하므로 예산 측면의 제약이 훨씬 더 강하게 느껴질 것이다.

전통적인 공학 도메인에 활용되는 것 이외에도 시스템엔지니어링은 사회, 의료, 사이버, 가상, 환경 및 자연 시스템 등 그 적용의 범위가 계속해서 확장되고 있다. 이러한 도메인과 현대 시스템의 니즈, 요구조건 및 가용성과의 관련성은 점점 더 증가하고 있다. 무엇보다도 질병 통제, 의료, 엔터테인먼트, 커뮤니케이션, 도시 설계 및 상업화 등과 같은 분야들은 복합 시스템과 관련된 설계, 수명주기 및 도메인 응용 프로그램의 발전에 큰 영향을 미친다.

INCOSE(International Council on Systems Engineering)는 전문 시스템 엔지니어들을 위한 평가, 지침 및 정책을 제공한다. INCOSE 시스템엔지니어링의 2025년 비전은 미래 시스템은 물론 관련된 도전과제들을 확인할 수 있는 훌륭한 참고 자료가 되고 있다.

위험

기술의 폭발적인 성장은 복합 시스템을 엔지니어링하기 위한 노력 가운데 시스템엔지니어링이 필수적인 요소로 등장하게 된 가장 큰 요인이었다. 첨단기술의 발전은 항공기, 통신 및 발전소와 같은 기존 시스템들의 기능을 크게 확장시켰을 뿐만 아니라 완전히 새로운 시스템들을 만들어내기도 했다. 대표적인 새로운 시스템으로는 제트 추진, 위성 통신, 내비게이션, 글로벌 네트워크, 제조, 금융, 운송, 엔터테인먼트, 의료 등 다양한 서비스를 제공할 수 있는 컴퓨터 기반의 시스템들이 있다. 기술의 발전은 제품의 특성에 영향을 미쳤을 뿐만 아니라, 제품을 엔지니어링하고 생산 및 운용하는 방식까지도 근본적으로 변화시켰다. 이는 5장의 니즈 분석에서도 설명하고 있는 바와 같이 시스템을 개발하는 초기 과정에서 특히 중요하게 다루어져야 한다.

현대 기술은 엔지니어링을 수행하는 방식을 근본적으로 변화시켰다. 전통적으로 공학은 알려진 원칙을 실용적인 목적에 적용하기 위한 학문이었다. 이에 반해서 혁신은 아직 완전히 알려지거나 이해되지 않은 새로운 시스템, 장치 혹은 프로세스를 만들어내는 것이다. 하지만 새로운 시스템을 개발하기 위해 혁신적인 기술을 적용하게 되면 예상치 못한 상황이 발생할 위험이 커진다. 또한 시스템 성능에 영향을 미칠 수 있는 것은 물론이고, 큰 비용이 소요되는 변경 또는 개발 프로그램의 지연 등이 발생할 가능성도 높아진다.

그러나 최신 기술을 적용하지 않고 새로운 시스템을 개발하게 된다면, 이 역시 또 다른 위험을 감수해야 한다. 이것은 경쟁력이 낮은 시스템을 생산할 위험이 증가하기 때문이다. 즉 생산 후 운용하는 과정에서 너무 빨리 쓸모없게 되어버릴 수도 있다. 만약 첨단기술을 적용함에 따른 개발 위험을 극복할 수 있는 경쟁사가 하나 이상 있을 것으로 예상한다면, 경쟁적인 방식을 도입해 새로운 시스템 개발을 추진하는 것이 효과적인 선택이 될 수 있다. 따라서 성공적인 기업이 되기 위한 필요 요건은 신중하게 선택한 기술적 위험을 감수할 수 있도록 숙련된 설계 및 시스템엔지니어링 그리고 프로그램 관리 능력을 갖추는 것이다.

계속해서 성장하고 있는 엔지니어링 매체 중의 하나는 소프트웨어이다. 소프트웨어가 가진 능력과 다양한 적용성으로 인해 점점 더 많은 종류의 시스템 기능을 구현하기 위해 사용되고 있으며 심지어 하드웨어보다도 우선해 사용되고 있다. 이에 따라 현대 시스템의 성능은 소프트웨어 구성품의 설계 수준과 유지관리 능력에 점점 더 의존하고 있다. 결과적으로, 앞으로 소프트웨어 설계와 관련 응용 프로그램의 제어 측면에 더 많은 시스템엔지니어링 노력이 집중되어야 한다.

자동화 추세의 증가는 해당 시스템을 운용하는 운용자들에게 상당한 영향을 주었다. 운용자의 숫자는 감소하는 반면, 대부분은 더 높은 기술과 특별한 훈련을 해야 하였다. 인간-기계(Human-machine) 간의 인터페이스 및 기타 사람-시스템(People-system) 간의 상호작용은 시스템엔지니어링의 특별한 관심사가 되고 있다.

일부 알려진 또는 아직 밝혀지지 않은 위험을 다루기 위해서는 상당한 개발 노력이 필요하다. 우선은 새로운 설계 방식을 성공적으로 완성해야 한다. 이후에는 실제 시스템 구성품에 이러한 설계 방식을 적용하는 것에 대한 가능성은 물론이고 그 효과도 검증해야 한다. 이러한 과정에서 시스템엔지니어링은 가장 유망한 기술적 접근방식을 선택하고 해당 방식이 가진 잠재적인 위험의 수준을 평가하는 역할을 한다. 만약 선택한 방식을 실현했을 때 기대할 수 있는 효과보다 잠재적인 위험이 더 큰 것으로 판단되는 경우에는 개발사업은 중단되어야 한다. 또한 시스템엔지니어링은 중요한 시험을 계획하고 만약 시험을 수행한 결과 문제가 발견되었을 때는 대체 방안을 결정해야 한다.

인터페이스

여러 가지 기능을 수행하는 복합 시스템을 개발할 때는 개별적인 구성품들이 각 주요 기능들을 나누어서 담당할 수 있도록 설계해야 한다. 이때 개별 엔티티로 지정된 구성품들을 개발, 구축 및 시험하는 과정들은 독립적인 방식으로 수행하게 되는데, 우리는 이것을 세분화 방식이라고 한다. 이 세분화 방식의 가장 큰 장점은 특정 유형의 구성품을 전문으로 하는 조직의 풍부한 지식을 활용할 수 있다는 것이다. 따라서 최저 비용으로 최고 품질의 구성품을 엔지니어링하고 생산할 수 있다. 3장에서는 최신 시스템을 구성하는 기능 및 물리적 빌딩블록의 종류를 설명할 예정이다.

지금도 지속해서 증가하고 있는 공학 지식의 방대함과 다양성은 공학 교육과 실습을 기계, 전기, 항공 등 여러 전문분야로 나누어야 하는 근본적인 원인이 되어왔다. 이렇듯 다양한 공학 분야 중 어느 한 특정 분야를 적용해 실제로 활용이 가능한 수준의 지식을 얻기 위해서는 로봇, 디지털 설계, 유체 역학과 같이 좀 더 세분된 하위 분야로의 전문화가 필요하다. 따라서 공학 분야의 전문화는 엔지니어링 및 제작 분야에서 필수 불가결한 사항이면서, 시스템 개발 프로세스를 수행하기 위한 기본조건으로 인식되어야 한다.

각 엔지니어링 전문분야들은 그들이 구축해야 하는 제품의 설계 및 생산을 위해 사용할 수 있는 다양한 특수 도구와 시설들을 개발해왔다. 대기업이나 중소기업들 역시 조직 내에 하나 또는 다수의 엔지니어링 팀을 운용해왔는데, 이는 상업 시장 또는 시스템 중심 산업 분야에서 필요로 하는 니즈를 파악하고 그

것을 충족시킬 수 있는 제품을 개발 및 생산하기 위한 것이었다.

복합 시스템을 개별 구성품 또는 하부시스템으로 세분화하는 것은 효과적인 방법이지만, 생산된 시스템이 효율적이고 원활하게 작동할 수 있도록 하기 위해서는 서로 다른 다양한 구성품들을 통합하기 위한 노력이 필요하다. 여기서 통합이란 각 구성품이 **인터페이스**라고 불리는 구성품 간의 경계에서 인접 구성품과 완벽하게 조화를 이룬다는 것을 의미한다. 구성품 간의 경계에서 발생하는 기능적 관계는 **상호작용**이라고 한다. 구성품 간의 상호 및 외부환경과의 인터페이스를 분석, 지정 및 검증하는 임무는 각 구성품의 개발을 책임지는 설계 전문가가 가진 공학적 지식을 넘어서는 것이기 때문에 시스템 엔지니어의 영역이다. 3장에서는 이 책임의 중요성과 특징에 대해 더 자세한 설명이 이어질 것이다.

시스템엔지니어링의 핵심 목표는 인터페이스와의 상호작용을 가능한 한 단순화시키기 위해 높은 수준의 모듈화를 달성하는 것이다. 이를 통해 시스템을 좀 더 효율적으로 생산할 수 있으며, 시스템 통합, 시험, 운용 중 유지보수를 원활하게 수행할 수 있다. 기타 신뢰도 향상 및 운용 중에 시스템의 기능을 높이기 위한 업그레이드 작업 역시 쉽게 수행할 수 있다. 시스템을 모듈형 빌딩 블록으로 세분화하는 과정을 "기능 할당"이라고 하며, 시스템엔지니어링이 사용하는 기본적인 도구 중의 하나이다.

애자일 시스템엔지니어링

창의적이고 혁신적인 새로운 제품과 시스템들이 빠른 속도로 설계 및 개발되어 시장에 출시되고 있다. 시스템 엔지니어는 불확실하고 예측 불가능한 방향으로 진화하고 있는 환경 속에서도 그 효용성을 인정받을 수 있는 시스템을 개발해야 한다. 즉, 민첩성을 갖춰야 한다. 미래 사용자들이 필요로 하는 니즈와 운용환경은 불확실성을 포함하고 있는 경우가 대부분이다. 그러므로 시스템엔지니어링 프로세스 자체가 민첩성을 갖추어야 한다. 즉, 대안이 될 수 있는 설계방안을 신중하게 탐색해야 하는 것은 물론이고, 만약 제품을 개발하는 과정에서 새로운 정보가 확인되는 경우에는 개발 중인 시스템의 제조 및 배포를 연기시킬 수 있어야 한다. 시스템을 구성하는 모듈들은 위험하고 가변적이며 진화하는 운용환경에서도 효과적으로 그 성능을 발휘할 수 있어야 한다. 이러한 특징을 가진 개발 프로세스에 적용하는 시스템엔지니어링을 특별히 **애자일 시스템엔지니어링**이라고 한다.

최종적으로 생산된 시스템 역시 애자일 한 특성이 있어야 한다. 즉, 시간이 지남에 따라 뒤처져가는 시스템의 기능들을 탄력적으로 복구하거나 교체할 수 있는 능력을 갖추어야 한다. 일부 전문가들은 이러한 유형의 시스템들이 필요로 하는 대표적인 특성은 재사용 또는 재구성할 수 있거나, 쉽게 확장할 수 있는 설계 원칙이라고 설명하고 있다. 따라서 애자일 시스템은 큰 비용이 소요되거나 시스템의 복잡성을 많이 증가시키지 않으면서도, 기존의 상태 또는 운용조건을 다른 상태로 빠르게 변경할 수 있는 유연성을 갖추고 있어야 한다. 이러한 시스템은 운용 현장에서 작동을 시작해 초기에 변경되는 요구조건에 대응할 수 있는 시스템이다. 이 경우 우리는 기존의 시스템엔지니어링과 구별해 **애자일 시스템엔지니어링**이라고 지칭할 수 있다.

모델 기반 시스템엔지니어링

"모델 기반 시스템엔지니어링(MBSE, Model Based Systems Engineering)은 모든 이해관계자의 이익을 도모하는 데 필요한 시스템 관련 지식을 습득하는 방법이다. 이 방법은 시스템에 관한 통합적이고 묘사적인 표현을 폭넓게 사용함으로써 시스템엔지니어링의 효율성과 효과를 개선할 수 있는 새로운 패러다임이다(Noguchi, 2016)." 다르게 표현하면, MBSE는 시스템엔지니어링의 효율성 향상을 목적으로 특별히 개발된 모델링 언어 및 도구와 관련된 응용 프로그램이다. MBSE를 활용하는 경우에는 시스템 개념, 아키텍처, 요구조건 및 매개변수 등을 표현하고 확인할 수 있다. 이 방법은 이전과는 다른 높은 수준의 통찰력을 가질 수 있도록 도와준다. 또한 기존의 문서 집약적인 시스템엔지니어링(DISE, Document Intensive Systems Engineering)이 가진 단점인 인지적 부담(Cognitive Burden)을 완화할 수 있는 장점이 있다. 이는 시스템 정보를 단순히 문서 기반의 표현을 통해 선별하거나 검색하지 않고, 관련 정보를 간결하고 의미 있는 형식으로 반환하는 다양한 쿼리를 개발할 수 있다. 또한 인간의 용어로 번역해야 하는 번거로움 없이 신속한 분석과 시뮬레이션을 통해서 시스템 모델에서 정보를 얻거나 저장할 수 있도록 한다.

1.3 시스템엔지니어링 관점

복합 시스템들의 출현과 첨단기술의 발전, 경쟁 압력, 전문화된 공학 분야 및 조직의 출현이 가속화됨에 따라 새로운 전문분야의 필요성이 대두되었으며, 그중의 하나가 시스템엔지니어링이다. 하지만 그 후로도 이 새로운 전문분야는 오랫동안 새로운 학문 분야로 발전하지 못했다. 대신 복합 시스템 개발이 시작된 초기에는 경험 많은 엔지니어와 과학자들이 시스템 엔지니어의 역할을 대신 해왔다. 이것이 가능했던 것은 이들은 과거 유사한 경험을 통해서 복합 시스템 개발에 필요한 일부 능력들은 습득할 수 있었기 때문이었다. 그들이 이러한 역할을 충실하게 수행하기 위해서는 더 광범위한 기술 지식을 습득해야만 했다. 이때 더욱더 중요한 것은 공학을 바라보는 새로운 관점을 개발해야만 했으며, 이러한 새로운 관점을 "시스템엔지니어링 관점"이라고 지칭하기 시작했다.

시스템엔지니어링 관점의 본질은 바로 "중심 목표를 전체 시스템에 두고 그 임무가 성공할 수 있도록 하는 것"을 의미한다. 이것을 다른 말로 표현하면 전체 시스템의 목표에 기여할 수 있도록 개별 목표와 속성들이 종속적인 역할을 해야 한다는 것을 의미한다. 시스템 엔지니어는 하위 목표들 사이에서 발생하는 모든 경쟁 속에서 항상 전체 시스템을 옹호하는 역할을 해야 한다.

성공적인 시스템

시스템 개발 초기부터 시스템엔지니어링의 주요 관심은 시스템의 성공에 맞추어져 있다. 여기서 성공의 의미는 요구조건 및 개발 목표를 충족하는 것은 물론이고, 현장에서 시스템을 장기간 성공적으로 운용할 수 있는 작동 수명을 가질 수 있다는 것을 의미한다. 시스템엔지니어링 관점은 이러한 목표를 모두 포함하고 있다. 시스템 엔지니어는 시스템을 바라볼 때 명백하고 즉각적인 것을 넘어서는 문제들을 파악하기 위한 노력을 해야 한다. 이는 사용자가 가진 문제점과 시스템이 작동하는 동안 겪게 될 환경적인 조건을 이해하는 데 필요하다. 궁극적으로 이러한 노력은 시스템의 운용 및 유지관리를 쉽게 할 수 있는 기술적 접근방식을 수립하는 것을 목표로 한다. 또한 미래의 어느 시점에 필요할 가능성이 있는 업그레이드를 수용할 수 있도록 해야 한다. 한편 시스템 엔지니어는 개발과정에서 발생할 수 있는 문제점들을 예측하고 개발이 완료되기 전에 해결할 수 있도록 노력해야 한다. 만약 이것이 불가능한 경우에는, 향후 그 필요성이 발생할 때마다 조치할 수 있는 비상 계획을 수립해야 한다.

성공적인 시스템을 개발하기 위해서는 시스템 개발을 담당하는 조직 내에서 일관성 있게 올바로 이해하고 있는 시스템엔지니어링 접근방식을 적용하는 것이 필요하다. 여기서 시스템엔지니어링 접근방식이란 광범위한 계획, 분석, 검토 및 문서화를 포함해 체계적으로 훈련된 지침에 따라 개발을 수행하는 것을 의미한다. 그러나 많은 경우에 간과하고 있는 시스템엔지니어링의 중요한 부분이 있는데, 그것은 바로 혁신이다. 새로 개발한 복합 시스템은 첨단기술들이 급격하게 발전하는 환경 속에서도 다른 시스템들과 경쟁에서 우위를 차지하는 것은 물론 그러한 위치를 장기간 유지하는 것이 필요하다. 이를 위해서는 일부 주요 구성품에 최첨단기술을 적용해야 한다.

전체 시스템 관점

시스템엔지니어링 관점을 잘 표현하고 있는 두 개의 격언이 있다. 그것은 "가장 좋은 것은 충분히 좋은 것의 적이다" 그리고 "시스템엔지니어링은 충분히 좋은 것을 구현하기 위한 기술이다"라는 것이다. 시스템 성능을 언급하는 대부분의 격언이 "최상(best)"과 "충분한(Good Enough)"이라는 용어를 사용하는 반면, 시스템엔지니어링은 성능을 몇 가지 중요한 속성 중의 하나로 간주한다. 성능과 동등하게 다루어지는 중요한 속성으로는 저렴한 가격, 적시 가용성, 유지보수의 용이성 및 합의된 개발 일정을 준수하는 것 등이 있다. 그러므로 시스템 엔지니어가 추구하는 최상의 목표는 시스템이 갖는 중요한 속성들이 **최적의 균형**을 유지하는 것이다. 즉, 개발 프로그램의 성공과 사용자들이 요구하는 시스템 가치의 관점 사이에서 적절한 균형점을 모색해야 한다.

앞서 언급한 바와 같이 새로운 시스템을 설계할 때 가장 염두에 두어야 하는 단어는 "균형"이다. 균형의 사전적 정의 중 하나는 "설계나 구성 측면에서 부품 또는 요소들이 조화롭거나 만족스러운 배열 또는 비율을 갖는 것"이다. 시스템엔지니어링의 필수적인 역할은 시스템의 다양한 요소들이 서로 균형을 이룰 수 있도록 하는 것이다. 앞에서 언급한 바와 같이 시스템을 구성하는 각각의 요소들은 해당 분야의 공학 전문가에 의해서 설계된다. 그러므로 각 공학 전문가들의 설계 의도는 해당 요소의 특성을 최적화하는 것이다. 하지만 대부분 이것은 그림 1.1에서 묘사하고 있는 것과 같이 어려운 작업이다. 그림은 유도 미사일을 다양한 관점에서 바라보고 있는 개념을 보여주고 있다. 그림에서 알 수 있듯이 이 개념은 서로 다른 유도 미사일 구성품 기술과 관련이 있는 전문가들이 개별적으로 설계한 것처럼 보일 수 있다. 만화적 표현 기법을 사용한 이 그림은 다소 공상적으로 보일 수도 있다. 그러나 이 그림들은 기본적인 사실, 즉 설계 전문가들은 그들이 가장 잘 이해하고 바람직하다고 생각하는 시스템의 특정한 측면을 최적화하기 위해 노력하게 되리라는 것을 표현하고 있다. 일반적으로 설계 전문가들도 시스템의 기능은 특정한 역할을 담당하는 다양한 구성품들의 조합을 통해서 발휘된다는 것을 이해하고 있다. 그러나 막상 시스템을 개발하는 과정에서 각 전문가들의 관심은 오로지 자신들이 담당한 기술 분야와 할당된 책임에 직접적인 영향을 미치는 문제에만 초점을 맞추게 된다.

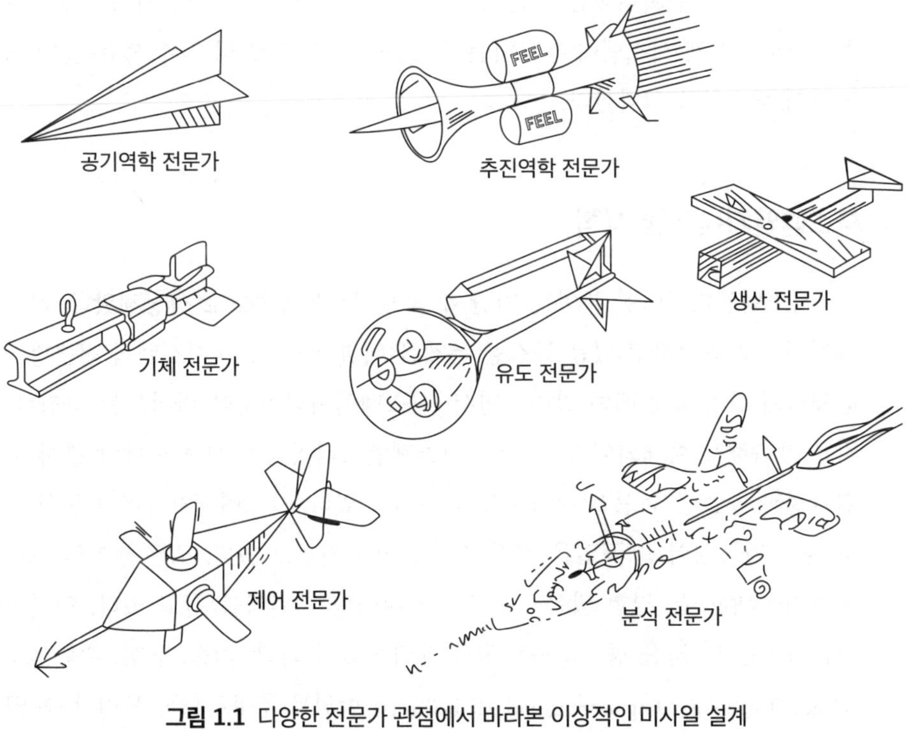

그림 1.1 다양한 전문가 관점에서 바라본 이상적인 미사일 설계

이와는 대조적으로 시스템 엔지니어는 항상 **시스템 전체에 집중**한다. 즉 전체 시스템의 성능, 개발 위험, 비용 또는 시스템의 장기적인 효용성 등에 영향을 미칠 수 있는 이슈들에 집중한다. 간단히 말하면, 각 구성품을 개발하는 데 필요한 노력과 자원은 적절하게 균형을 유지하면서도, 전체 시스템이 최적의 기능을 발휘할 수 있도록 개발하는 방안을 가이드하는 것이 시스템 엔지니어의 책임이다. 그러므로 시스템 엔지니어는 종종 기술적인 설계 절충안을 수립하는 과정을 안내하는 "정직한 기술 브로커" 역할을 해야 한다. 이러한 역할은 특히 핵심적인 시스템 요소 간의 인터페이스를 효율적으로 구현하기 위해서 더욱 필요하다.

시스템 엔지니어에게 필요한 관점을 갖기 위해서는 기존의 설계 전문가 또는 관리자들이 해왔던 것과는 다른 방식을 이용해 기술 및 지식 영역을 조합해야 한다. 설계 전문가의 경우 관리적인 측면의 능력은 제한적일 수 있지만 한 가지 또는 몇 가지 관련 기술 분야에 대해서는 깊은 이해를 하고 있을 것이다. 마찬가지로 사업관리자는 특정 기술적인 전문분야에도 약간의 지식이 있어야 하지만, 인력과 기술적 노력을 관리할 수 있는 폭넓은 범위의 능력을 갖춰야 한다. 반면에 시스템 엔지니어는 모든 구성품에 대해 상당한 수준의 지식을 보유해야 한다. 이는 전체 시스템이 추구하는 목표를 포괄적으로 다룰 수 있는 균형 잡힌 지식이 필요함을 의미한다.

1.4 시스템엔지니어링 시점

시스템엔지니어링 분야는 지난 수십 년 동안 급속도로 성장해왔다. 하지만 세계적으로 증가하고 있는 복잡한 문제를 해결할 수 있는 시스템적 접근방식의 잠재력과 효용성에 대해 알려지면서, 시스템엔지니어링을 바라보는 다양한 시각은 계속해서 확대되어가고 있다. 시스템엔지니어링의 성장은 해당 분야의 학위과정과 졸업생 수 등을 통해서도 입증되고 있다. 시스템엔지니어링은 인기 있고 성장 가능성이 큰 직업을 가질 기회를 제공해주고 있다. 모든 분야의 고용주(민간 및 정부)들은 경험 많은 시스템엔지니어링 지원자를 찾고 있다. 인력개발 전문가들은 더 많은 중 · 고등학생과 대학생들이 과학, 기술, 공학, 수학(STEM, Science, Technology, Engineering, and Mathematics) 학위를 추구하도록 독려할 수 있는 방안을 찾고 있다. 이러한 학위를 취득한 학생들은 경험과 부가적인 지식을 갖춤으로써 미래에 유능한 시스템 엔지니어로 성장할 수 있다.

시스템 엔지니어처럼 사고하기

가장 복잡하고 도전적인 문제를 해결하기 위해서는 교육 외에도 전문적인 경험이 필요한 경우가 많기 때문에, “시스템 엔지니어처럼 생각”하는 시스템 사고방식을 훈련하는 것이 무엇보다 중요하다. 시스템 사고는 내부의 구성품들이 상호 연결되고 의존적인 특성을 가진 모든 시스템을 전체적인 관점으로 바라보는 것이다. 시스템 사고는 인적 요소를 포함해 모든 요구조건을 충족시키고 통제할 수 있도록 시스템을 설계하고 유지하는 방법이다. 표 1.1에 나타나 있는 바처럼, 사고의 성숙도와 관련된 관점을 시스템 사고, 시스템엔지니어링 그리고 엔지니어링 시스템 개념으로 구분할 수 있다. 여기서 시스템 사고는 시스템 문제와 관련된 환경, 프로세스 및 정책을 이해하는 데 필요하다. 이러한 사고방식은 주어진 문제의 영역과 범위를 조사하고 정량적인 용어를 사용해 정의하고자 노력한다. 이 방식을 적용하게 되면 먼저 문제를 정의하는 데 필요한 매개변수를 살펴본다. 그런 다음 연구와 설문조사를 통해 문제가 존재하는 환경에 대한 관찰을 수행한다. 그리고 마지막으로 문제를 해결할 수 있는 방안을 제시하게 된다. 이 접근방식은 중 · 고등학교의 교육과정에서 어린 학생들이 기초 과학 및 공학 기술을 배우면서 “큰 그림”에 대한 인식을 하게 하는 데 적합하다.

이 책에서 논의하고 있는 시스템엔지니어링 접근방식은 주어진 문제를 해

표 1.1 시스템 관점에 대한 비교

시스템 사고	시스템엔지니어링	엔지니어링 시스템
프로세스 중심	제품 전체에 집중	프로세스와 제품 중심
이슈들을 고려	복잡한 기술적 문제들을 해결	복잡한 학제 간 기술, 사회 및 관리 이슈를 해결
여러 요인 및 영향을 평가	유형의 시스템 솔루션 개발 및 시험	정책, 프로세스에 영향을 주고, 시스템엔지니어링을 사용해 시스템 솔루션을 개발
패턴 관계의 포함, 공통 이해	요구조건 충족, 결과 측정 및 문제 해결 필요	인간과 기술 영역의 역학관계 및 접근방법을 통합

결할 수 있는 생산품 즉, 시스템을 개발하거나 구축하는 방안에 중점을 두고 있다. 이 접근방식은 좀 더 기술적인 경향이 있다. 우선 잠재적인 미래 사용자와 개발자들이 제시하는 최상위 니즈, 요구조건 및 운용 개념은 무엇인지 파악한다. 이후 기능적, 물리적 설계를 수행하고 문제해결을 위해 개발이 필요한 시스템의 설계 사양 개발, 생산 및 시험으로 이어진다.

하부시스템 간의 인터페이스 및 실용적이고 구체적인 결과물에도 관심을 가져야 한다. 접근방안과 실제 결과물의 복잡성은 매우 다양한 수준을 가질 수 있지만, 생산품이 현장에서 성공적으로 운용될 수 있을 것으로 기대할 수 있는 결과물이어야 한다.

매우 광범위하고 복잡한 엔지니어링 문제를 해결하는 데 필요한 시스템적인 관점을 "엔지니어링 시스템(Engineering Systems)"이라고 한다. 이 엔지니어링 시스템 문제를 해결하기 위해서는 첨단 모델링 방법론을 이용한 엔지니어링, 관리 및 사회과학 접근방식 등을 통합하는 것이 필요하다. 이러한 노력의 주요 목적은 중대하면서도 세계적으로 영향을 끼칠 수 있는 사회적으로 가장 큰 과제를 해결하기 위한 것이다. 이러한 목적을 달성하기 위해서는 엔지니어링 시스템이 다른 요소들 즉, 사회적, 경제적, 환경적 요인 등과 상호작용하는 거동을 분석해야 한다. 이 접근방식에는 엔지니어링, 사회과학 및 경영 프로세스가 포함되며, 기존의 시스템엔지니어링이 내포하고 있는 경직성에서부터 자유로워져야 한다. 이러한 방법론은 중요한 인프라, 의료, 에너지, 환경, 정보 보안 및 기타 글로벌 문제 등 다양한 분야를 해결하는 것을 목표로 한다.

속담에 나오는 코끼리를 만져보는 시각장애인처럼, 시스템엔지니어링 분야는 그것이 적용되는 다양한 영역과 응용 분야에 따라서 여러 가지로 해석될 수 있다. 시스템 환경 역시 문제를 해결하기 위해 사용되는 분야와 기술적인 측면에 따라서 다양하게 해석될 수 있다. 이는 또한 각각의 서로 다른 배경과 해결해야 할 시스템 문제 즉, 니즈의 특성에 따라서도 달라진다. 문제해결을 목적으로 복합 시스템을 개발하기 위해 선택하는 방법론과 접근방식에 따라서도 시점은 달라진다. 많은 발전이 이루어진 분야의 경우에는 시스템엔지니어링을 수행하는 데 필요한 다양한 프로세스, 표준, 지침은 물론 다양한 소프트웨어 도구들을 보유하고 있다. 이러한 환경은 시스템엔지니어링 전문가들을 효율적으로 활용할 수 있는 기반이 되며 나아가 선진화된 조직을 구축할 수 있는 원동력이 된다. INCOSE는 이러한 이슈와 관련된 최신 정보와 분석내용을 제공하고 있다. 이러한 관점에 대해서는 다음 절에서 설명이 이어질 것이다.

시스템엔지니어링 원칙과 실행

시스템엔지니어링의 범위는 매우 광범위하고 다차원적이다. 더 많은 실무자와 조직들이 시스템엔지니어링의 중요성을 이해하고 참여함에 따라 새로운 접근방식과 애플리케이션들이 개발되고 있다. 그림 1.2에서 볼 수 있듯이 시스템엔지니어링의 원칙을 이해하고 실행하기 위해서는 포괄적이고 복합적인 관점이 필요하다. 이렇게 확장된 개념은 거의 모든 제품의 개발은 물론 전문적 및 사회적인 문제를 해결하는 데 있어서 시스템엔지니어링의 중요성을 보여준다.

그림 1.2 시스템엔지니어링 원칙과 실행

시스템 도메인

시스템 개발에 대해 광범위한 관점을 갖고 바라보면, 시스템에 대한 전통적인 접근방식이 최근 성장하고 있는 다양한 도메인을 폭넓게 포함하고 있음을 알 수 있다. 루빅스 큐브(Rubik's Cube)와 비교할 때 이제 도메인을 의미하는 각각의 면들은 시스템 엔지니어의 시점인 "큰(그러나 복잡한) 그림"에 완전히 통합되었다. 그림 1.3에 표시된 시스템 영역에는 엔지니어링, 기술 및 관리 영역뿐만 아니라 사회적, 정치적, 법적 그리고 인간 영역까지도 포함되어 있다. 후자의 차원은 추가적인 관심과 연구가 필요하다. 이는 이러한 것들이 시스템 개발에 어떻게 영향을 미치는지 그리고 그 유용성을 완전히 이해하기 위해서 필요하다. 특히 기업 및 글로벌 시스템 수준에 해당하는 복잡한 분야로 그 영역을 확장하기 위해서는 더욱 그렇다.

특히 흥미로운 영역은 나노나 마이크로 시스템과 같이 대상의 크기와 관련된 영역이다. 또한 심해나 우주와 같은 극한 환경에서 작동하는(대부분 자율적으로) 시스템들 역시 관심을 가져야 하는 영역이다. 물리적 법칙이 그 대상의 크기에 따라 변화하는 것과 마찬가지로, 시스템엔지니어링 접근방식도 변화해야 할까? 잠수정, 행성 탐험가 또는 혈관 내 로봇 시스템에 대한 니즈를 해결하기 위해서는 시스템엔지니어링을 적용하는 방법이 진화해야 할까? 더욱더 흥미로운 것은 빠른 이동통신, 자율 주행 차량 및 소셜 네트워크로 인해 시스템의 복잡성

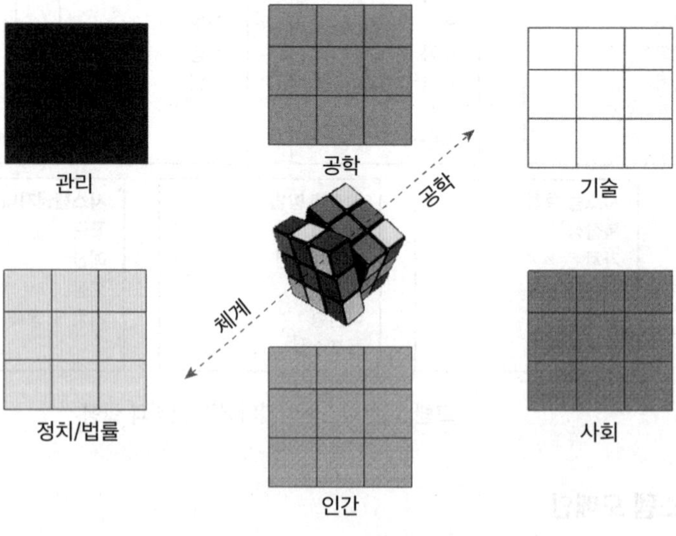

그림 1.3 시스템엔지니어링

이 증가하고 있다는 것이며, 이러한 현상은 인간, 법적 및 정치적 고려 요소들을 혼란스럽게 한다.

시스템엔지니어링의 구성요소

시스템 엔지니어는 전기, 기계, 공기역학 및 토목 공학과 같은 전통적인 공학 분야를 서로 강력하게 연결하는 역할을 해야 한다. 이를 다른 측면에서 바라보면 각 분야의 공학 전문가들은 자신이 담당한 전문분야에 더욱 집중하는 가운데 시스템엔지니어링을 바라보게 될 것이라는 사실을 이해하는 것이 좋다. 마찬가지로 시스템엔지니어링은 사업이나 프로그램을 수행하는 과정에서 필요한 시스템 설계를 가이드 하는 역할을 담당한다는 점을 고려해야 한다. 이러한 이유로, 기능적 관리자는 물론이고 프로젝트 및 고위 관리자들 역시 시스템 설계 이외에 계획 및 통제와 같은 관리적인 측면들을 시스템 개발을 위한 핵심 요소들로 인식하는 경향이 있다. 품질관리, 인적 자원 관리 및 재무 관리와 같이 경영적 측면의 관리 지원 기능들은 모두 성공적인 시스템엔지니어링 수행을 위해 필수적이면서도 시스템 개발에 필수적인 역할과 관점이라 할 수 있다.

그림 1.4에서는 이러한 내용을 나타내고 있으며, 추가로 필요한 분야도 표시하고 있다. 또한 이 그림에서는 시스템엔지니어링 방법 및 실행에 영향을 주거나 관련이 있는 몇몇 전통적인 분야를 보여주고 있다. 그중 하나는 운영 분석

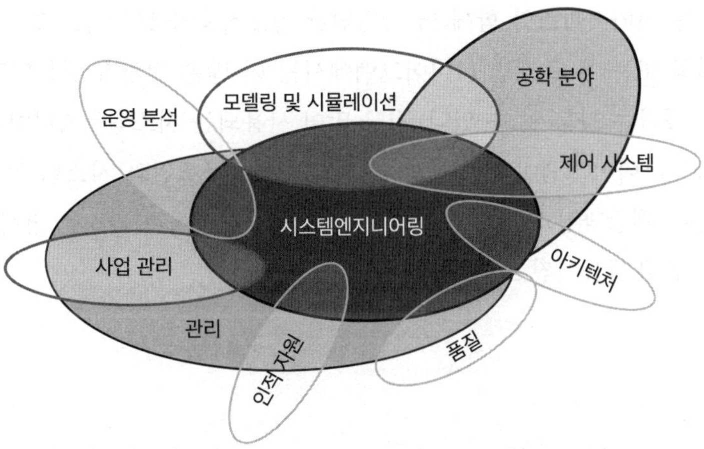

그림 1.4 시스템엔지니어링 구성요소의 예

(Operations Research)이다. 운영 분석이 가진 시스템엔지니어링에 대한 관점에는 대안에 대한 정량적 분석과 최적의 절충안을 제공해주는 것이 포함된다. 관심의 초점을 시스템 설계과정에서 구조와 아키텍처에 맞추는 전문가들도 있다. 생산에서 자율 시스템까지 다양한 분야에 걸쳐서 제어시스템을 개발하는 공학자들로부터도 시스템엔지니어링에 대한 또 다른 관점을 확인할 수 있다. 그들은 인터페이스 및 피드백 시스템의 관리에 초점을 맞추는 시스템엔지니어링의 원칙과 상당 부분 일치한다. 마지막으로, 모델링 및 시뮬레이션 요소와 시스템엔지니어링이 일부 중복된다는 사실을 통해서도 또 다른 관점을 얻을 수 있다. 이러한 관점은 사용자의 니즈와 요구조건을 충족시키기 위한 목적으로 새로운 시스템을 개발하는 과정에서 비용 대비 효율성을 판단하는 데 필요하다. 시스템엔지니어링이 성숙함에 따라 다양한 분야에서 시스템엔지니어링을 자신의 업무 영역에 포함하고자 하는 관점이 계속해서 증가하게 된다.

시스템엔지니어링 방법

시스템엔지니어링은 시스템의 설계, 개발, 통합 및 시험을 수행하기 위해서 사용되는 일련의 프로세스와 방법론을 통해서도 설명할 수 있다. 그림 1.5는 이러한 사례들을 보여준다. 초기에 개발된 그래픽들은 선형적으로 묘사되었다. 이는 일관성과 실행 가능성을 달성할 수 있는 논리적인 방법으로 프로세스를 반복적으로 수행한다는 것을 의미하였다. 작은 변화가 있었던 폭포수형 차트에서는 인터페이스와 함께 더 광범위한 상호작용을 묘사하고 있다. 이에 반해 나선형 또는 루프 개념 다이어그램에서는 더 많은 절차가 반복되고 서로 종속되어 있다는 것을 알 수 있다. 최근 많이 사용되는 시스템엔지니어링 표현 기법은 “V” 다이어그램이다. “V” 다이어그램은 요구조건과 시스템 정의와의 관계는 물론, 개발과정과 이후에 개발된 생산품을 검증하는 과정을 명시적으로 표현하기 위해 만들어진 표현 방식이다.

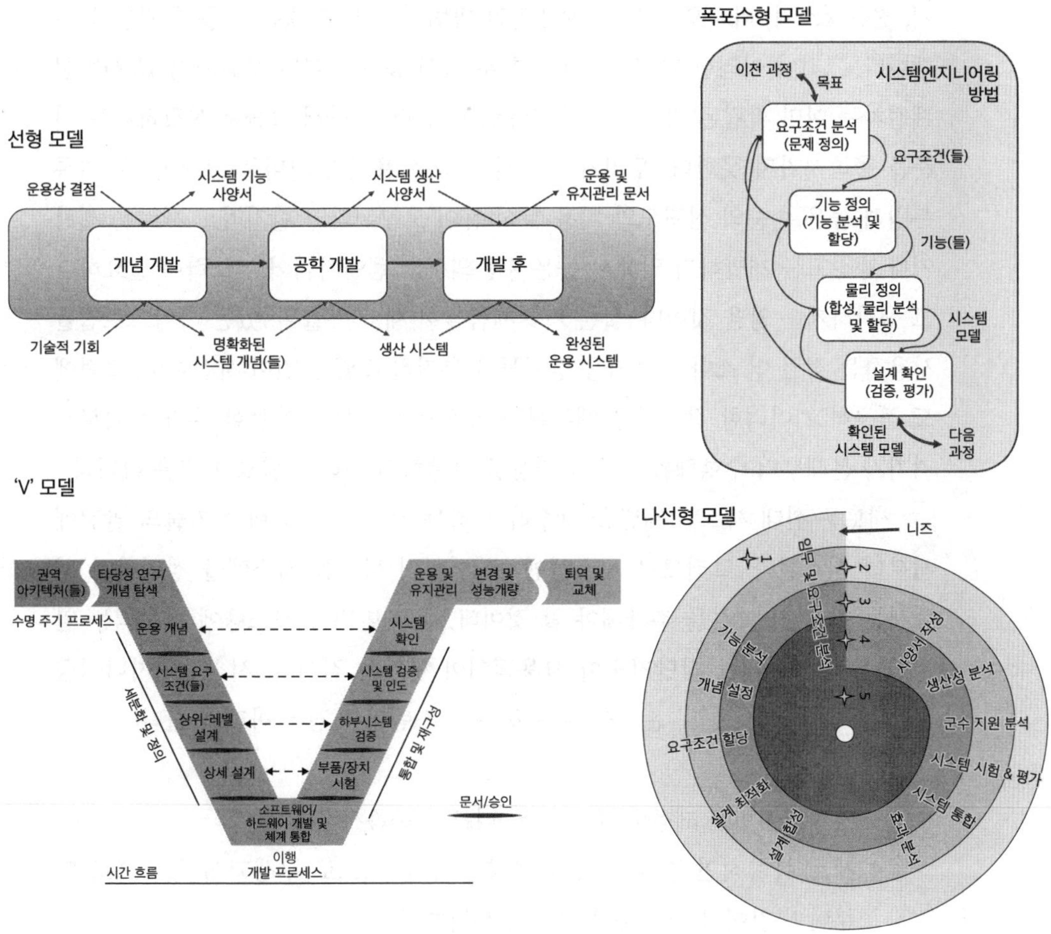

그림 1.5 시스템엔지니어링 적용방법 예시

1.5 시스템엔지니어링이 필요한 시스템의 예

이 장의 시작 부분에서 언급했듯이 시스템에 대한 일반적인 정의인 “어떤 공통의 목표를 달성하기 위해 통합되고 **함께** 작동하는 **상호 관련된 구성품들의 집합**”이라는 표현은 우리에게 가장 익숙한 가전제품도 적용할 수 있다. 세탁기는 세탁조, 전기 모터, 진동기, 펌프, 타이머, 내부 회전통 그리고 다양한 밸브, 센서 및 제어장치로 구성되어 있다. 사용자가 설정한 작동 코스와 운전 방식에 따라 예약 운전과 보조 기능을 수행할 수 있다. 냉장고, 전자레인지, 식기세척기, 진공청소기, 라디오는 모두 체계적인 방법을 이용해 많은 유용한 기능을 수행한다. 그러나 이러한 가전제품에는 한두 가지 공학 분야만 포함되어 있으며 설계절차는 이미 확립된 기존 기술을 기반으로 한다. 따라서 그들은 **복잡하다**는 기준을 충족시키지 못한다. 우리가 이해하고 있는 용어의 의미를 고려할 때, 비록 분명히 높은 수준의 신뢰도와 비용 분석 등이 요구된다고 할지라도 새로운 세탁기나 냉장고를 개발하기 위해서 높은 수준의 시스템엔지니어링 노력이 필요하다고 생각하지는 않을 것이다. 물론 가전제품들이 새로 구할 수 있는 마이크로칩을 사용하는 점점 더 스마트한 자동 장치들을 추가하고 있는 것이 사실이다. 그럼에도 불구하고 이러한 장치들은 대부분 자체적으로 구동이 가능한 추가 장치로서 기기가 본래부터 수행해왔던 주요 기능을 수행하기 위해서 필요한 것은 아니다.

새로운 현대 시스템 개발을 착수하게 하는 가장 큰 원동력은 기술의 발전에서부터 시작된다. 그러므로 시스템엔지니어링이 필요한 시스템을 정의하기 위해서는 한 가지 특성을 추가해야 할 것이다. 즉 개발되는 시스템에 포함되는 일부 **핵심 구성품에는 첨단기술이 사용**되어야 한다는 점이다. 시스템엔지니어링을 적용해 개발, 시험 및 운용을 해야 하는 시스템의 특징은 아래와 같다.

- 엔지니어링된 제품이며, 제시된 니즈를 충족시킨다.
- 서로 복합적인 관계를 가진 다양한 구성 요소로 구성되어 있으므로 다분야의 참여가 필요하고 비교적 복잡하다.
- 주요 기능을 수행하기 위해서는 첨단기술을 사용해야 하므로 개발 위험과 함께 상대적으로 큰 비용이 필요한 경우가 많다.

따라서 이 교재에서 언급하는 **공학적** 또는 **복합** 시스템(또는 적절한 맥락에서는 단순히 **시스템**이라고 지칭되는)이라는 의미는 위에서 언급한 세 가지 속성, 즉 엔지니어링된 제품이며 다양한 구성품을 포함하고, 첨단기술을 사용하는 유형을 의미한다. 물론 이러한 속성은 앞에서 설명한 시스템에 관한 일반적 정의에 추가되어야 하며, 시스템 엔지니어가 어떤 시스템의 개발에 참여해 설계, 개발, 통합, 시험 및 평가를 수행해야 하는지 식별할 수 있는 역할을 해줄 수 있을 것이다.

시스템엔지니어링이 필요한 복합 시스템

위의 정의에 맞는 시스템의 유형을 설명하기 위해 표 1.2와 1.3에는 10개의 현대 시스템과 그 주요 입력, 프로세스 및 출력 내용이 기재되어있다.

시스템은 다양한 요소들로 구성되는데, 그중 일부는 그 자체로 복잡할 수 있고 그들 자체가 하나의 시스템으로 간주될 수도 있다. 예를 들어, 전화 교환 기지국은 전화 네트워크는 "시스템 복합체계(SoS, System of Systems)"에 포함시킬 수 있는 충분한 자격을 갖추고 있다. 이와 관련된 이슈들은 이어지는 장에서 시스템엔지니어링을 좀 더 상세하게 이해할 수 있는 범위까지 충분하게 논의될 것이다.

표 1.2 시스템엔지니어링이 필요한 복합 시스템의 예: 신호 및 데이터 시스템

시스템	입력	프로세스	출력
기상 위성	영상정보	• 데이터 저장 • 전송	암호화된 이미지
공항 항공 교통 제어시스템	항공기 신호 응답들	• 식별 • 추적	• 비행체 식별 • 항공로 • 통신
위치 추적 시스템	화물 운송 요청서	• 지도 추적 • 통신	• 라우팅 정보 • 배송 화물
항공사 예약 시스템	여행 요청서	데이터 관리	• 예약 • 티켓
임상정보 시스템	• 환자 ID • 시험 기록 • 진단	정보 관리	• 환자 상태 • 이력 • 치료

표 1.3 시스템엔지니어링이 필요한 복합 시스템의 예: 물리 및 에너지 시스템

시스템	입력	프로세스	출력
여객기	• 승객 • 연료	• 연소 • 추진력 • 양력	승객 이송
현대식 농업용 컴바인	• 곡식밭 • 연료	• 추수 • 탈곡	곡물 수확
정유공장	• 원유 • 촉매제 • 에너지	• 분해 • 분리 • 혼합	• 가솔린 • 유류품 • 화학물질

시스템	입력	프로세스	출력
자동차 조립공장	• 자동차 부품 • 에너지	• 조작 • 결합 • 손질	조립된 자동차
발전소	• 연료 • 공기	• 전력 생산 • 통제	• 교류 전력 • 폐기물

예: 최신 자동차. 시스템엔지니어링을 필요로 하는 시스템의 기준을 충족시키면서도 더욱 간단하고 친숙한 시스템은 다양한 옵션을 갖춘 승용 자동차라고 할 수 있다. 자동차는 더욱더 복잡한 이동 시스템들에 대한 최소한의 기준으로 생각해볼 수 있다. 그것은 몇 개의 다른 공학 분야의 결합이 필요한 다수의 구성품으로 구성되어 있다. 자동차가 적절하게 운용되기 위해서는 구성품이 정확하고 효율적으로 함께 작동되어야 한다. 자동차의 작동 원리는 이미 충분히 확립되어 있는 것이 사실이다. 하지만 최신의 자동차가 효율적으로 작동할 수 있도록 설계하기 위해서는 엔진 배기가스 배출을 매우 정밀하게 제어할 수 있어야 한다. 이를 위해서는 연료와 공기를 적절하게 주입할 수 있는 정밀한 센서와 컴퓨터 제어 메커니즘이 필요하다. 정교하게 설계된 ABS(Anti-lock Brakes System)는 자동화된 자동차 하부시스템의 또 다른 사례이다. 첨단 소재와 컴퓨터 기술은 승객 보호, 운전 제어, 자동 항법, 자율 주행 및 주차 등 점점 더 다양한 수준에서 사용되고 있다. 비용, 신뢰도, 성능, 편안함, 안전성 및 기타 12개의 매개변수에 대한 엄격한 요구조건은 폭넓고 실질적인 시스템엔지니어링 문제들을 제시한다. 따라서 자동차는 시스템엔지니어링을 적용해야 하는 시스템을 판단하는데 필요한 조건을 고려할 때 이전에 제시된 정의를 충족한다.

자동차(미래형과 같은 자율적 능력은 없는)는 인간 운용자와의 능동적인 상호작용(제어)이 필요한 대형 시스템의 사례이기도 하다. 다른 모든 시스템도 어느 정도까지는 그러한 상호작용이 필요하지만, 자동차의 경우에는 지속적인 통제가 필요하다. 매우 실제적인 의미에서 운용자(운전자)는 전체 자동차 시스템의 필수적인 부분으로 기능하며, 도로에서 자동차 경로의 편차를 감지하고 교정하는 조향 피드백 요소의 역할을 한다. 따라서 설계는 제어장치와 표시장치의 설계 및 배치, 좌석 위치 등과 같은 인간-기계 인터페이스와 관련된 사항 이외에도 운용자의 고유 감지 및 반응 능력을 중요한 제약조건으로 고려해야 한다. 만약 자동 조향 시스템을 적용하게되는 경우에는 승객은 필수 요소로 기능하지 않을 수 있지만, 승객은 여전히 설계 프로세스의 일부이기 때문에 관련 인터페이스(예: 중량, 시트 및 편안한 시인성, 안전성)를 주의 깊게 다루어야 한다.

1.6 시스템엔지니어링 활동 및 산출물

시스템을 로드맵 혹은 수명주기에 따라서 개발한다는 의미는 시스템엔지니어링과 프로젝트를 수행하면서 만들어지는 다양한 산출물 혹은 결과물들과 관련이 있다. 표 1.4는 이러한 산출물들의 예시를 보여주고 있다. 표에서 알 수 있듯이 시스템엔지니어링을 수행하기 위해서 작성해야 하는 산출물들은 다양하다. 시스템 개발에 시스템엔지니어링을 적용함으로써 얻을 수 있는 이점이 많음에도 불구하고, 이렇듯 다소 과도해 보이는 산출물들로 인해 시스템엔지니어링 적용에 호응을 얻는 것이 다소 어려운 경우가 많다. 특히 시스템 개발을 착수하는 시점에서는 더욱더 그렇다. 이 책 전체에서는 이러한 산출물들을 소개하고 세부적인 논의를 이어갈 예정이다. 이는 이러한 논의가 시스템을 개발하는 과정에서 시스템 엔지니어에게 도움을 줄 수 있기 때문이다.

표 1.4 시스템엔지니어링 활동 및 문서

컨텍스트 다이어그램	기회 평가	시제품 통합
문제 정의	후보 개념들	시제품 시험 및 평가
사용자/소유자 식별	위험 분석/관리 계획	생산/운용 계획
사용자 니즈	시스템 기능	운용시험
운용 개념	물리적 할당	검증 및 확인
시나리오	구성품 인터페이스	현장 지원/유지보수
유즈 케이스(Use Case)	추적성	시스템/제품 효과
요구조건	절충 연구	업그레이드/수정
기술 준비 상태	구성품 개발 및 시험	폐기/재사용

1.7 직업으로서의 시스템엔지니어링

현대사회에서 복합 시스템들이 널리 사용되고, 시스템을 개발하는 과정에서 시스템엔지니어링이 담당해야 하는 필수적인 역할이 확장되어감에 따라 시스템엔지니어링은 직업으로서도 널리 인정받고 있다. 특히 대형 시스템을 주로 개발하는 회사에서 더욱더 높은 가치를 부여하고 있다. 이들 중 다수는 조직 내에 시스템엔지니어링 부서가 편성되어 있으며, 시스템엔지니어링 프로세스에 참여하는 사람들을 시스템 엔지니어로 분류하고 있다. 또한 의료, 통신, 환경 등 훨씬 더 복잡하고 글로벌한 영역의 과제를 해결할 수 있는 솔루션을 개발하기 위해서는 엔지니어링 시스템 개념을 기반으로 한 방법들이 필요하다.

전통적인 공학 분야들은 정량적인 관계를 기반으로 한다. 즉, 확립된 물리적 법칙을 따르면서, 물질, 에너지 또는 정보 등 측정 가능한 특성을 다룬다. 이와는 대조적으로 시스템엔지니어링은 아직 충분하게 증명되지 않은 문제를 해결해야 한다. 다시 말해 다루어야 하는 변수가 기존에 알려진 방정식을 따르지 않고 일치하지 않는 속성들 사이에서 절충안을 찾아야 하는 임무 등을 수행해야 한다. 이처럼 정량적인 지식 기반이 없다는 사실은 그동안 시스템엔지니어링이 고유한 학문 분야로서 인정받는 것을 어렵게 만드는 원인으로 작용해왔다.

이러한 어려움에도 불구하고, 시스템엔지니어링의 필요성에 대한 산업 및 정부의 인식은 높아져 왔다. 또한 이러한 인식은 시스템엔지니어링 석사 및 박사 학위를 취득할 수 있는 다수의 학술 프로그램을 전 세계적으로 설립하게 하는 밑거름이 되었다. 최근에는 점점 더 많은 대학에서 시스템엔지니어링 학사 학위를 제공하기 시작했다.

시스템엔지니어링을 전문분야로 인정하면서 전문가 그룹인 INCOSE (International Council on Systems Engineering)의 설립이 가능하게 되었다. INCOSE의 가장 중요한 목표 중의 하나는 시스템엔지니어링의 촉진과 시스템엔지니어링을 전문직 경력으로 인정받게 하는 것이다.

경력 선택

시스템 엔지니어들은 자신들이 가진 기술을 이용해 다른 분야의 기술을 보완하고 종종 새로운 아이디어를 실현하기 위한 "접착제"와 같은 역할을 하므로 높은 인기를 얻고 있다. 그러나 시스템 엔지니어의 역할과 책임을 제대로 이해하지 못한다면, 이것을 직업으로 선택하고 관련 교육에 포함되어야 하는 니즈를 결정하는 것이 어려운 과제가 될 수도 있다.

잠재적인 네 가지 진로에 해당하는 재정, 경영, 기술 및 시스템엔지니어링이 그림 1.6에 나타나 있다. 그림과 같이 대칭 관계가 있음에도 불구하고 그들 사이에는 다양한 크기로 중복되는 부분이 있다. 시스템 엔지니어는 시스템공학 개발주기에 따라서 개발이 진행되는 동안 전체 시스템에 중점을 둔다. 또한 다양한 기술 팀의 구성원들을 이끌고 협력하면서 대안 연구를 수행하고 시스템 인터페이스 관리를 주도해 나간다. 일반적으로 시스템 엔지니어는 학부과정을 통해서 기술과 관련된 학사 학위를 취득하게 된다. 대학을 졸업한 이후에는 현장에서 시스템엔지니어링 분야의 업무 경험과 함께 과학 분야의 석사 학위를 추가로 취득함으로써 경력을 쌓게 된다. 이후 계속해서 더 큰 규모의 프로젝트에 참여하면서 책임 있는 직책을 수행하게 되고, 결국 주요 시스템 또는 시스템 복

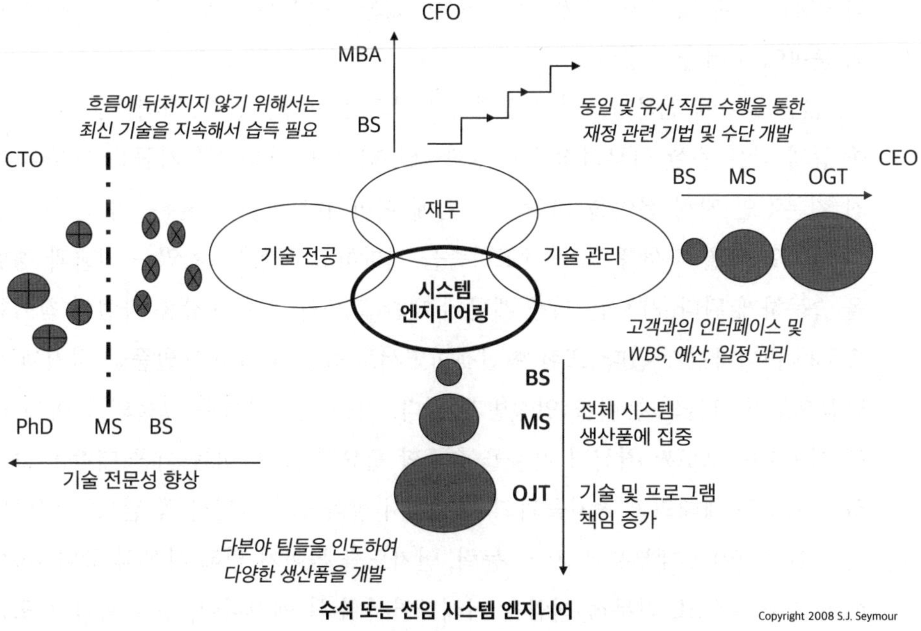

그림 1.6 전문성 향상을 위한 경력 개발 관리

합체계 개발의 수석 또는 선임 시스템 엔지니어 역할을 하게 된다. 시스템 엔지니어는 각 분야 기술 전문가들의 업무 내용과 역할을 이해해야 하는 것은 물론이고, 프로그램 관리자(PM, Program Manager)와도 협력해야 한다.

사업(project) 관리자는 종종 기술 또는 경영과 관련된 배경을 가지고 있으며, 고객과의 소통과 작업 정의, 계획 수립, 사업 진행 정도 확인 및 통제 그리고 완성된 결과물을 고객에게 전달하는 역할을 담당한다. 많은 사업관리자들은 점점 더 큰 규모와 중요성이 높은 사업에 참여하면서 업무를 배운다. 또한 기술 및 프로그램 관리를 수행할 때 공학 석사 학위자와 함께 사용할 수 있는 도구들을 발전시키는 역할을 한다. 항상 그런 것은 아니지만 대부분의 최고 경영자들은 자신의 조직에서 사업관리자의 직책을 경험했던 사람들이다.

궁극적으로 최고 재무 책임자(CFO, Chief Financial Officer)로 성장해가는 재정 또는 경영 분야의 진로는 경영학 학사 및 경영학 석사(MBA) 학위로부터 시작되는 경우가 많다. 개개인은 수평적 혹은 수직적으로 이루어지는 부서 내의 직책 이동을 통해서 경력을 이어가게 된다. 대부분 자신이 속한 분야에서 전문성을 인정받음으로써 좀 더 중요한 경력을 쌓아갈 수 있는 기회를 얻게 된다. 이 분야와 PM은 기술 및 지식 측면에서 중복이 있을 수 있으며, 특히 계약 및 재정 관리 분야에서 더욱 그렇다.

많은 경우에 전문가로서의 경력이 시작되는 시기는 공학, 과학, 정보기술 분야 등과 같은 공학 학부과정을 이수할 때부터이다. 기술 전문가들은 그들이 가진 기본적인 지식 분야를 바탕으로 팀에 이바지하는 것은 물론, 더 큰 시스템의 일부인 개별 구성품 또는 알고리즘을 개발하고 시험할 수 있는 기술과 경험을 습득하게 된다. 새로운 제품 개발에 대한 그들의 기여는 각종 사업에 참여함으로써 이어나가게 된다. 또한 혁신적이면서도 높은 품질의 개발품을 적기에 개발함으로써 그들의 능력을 인정받게 된다. 기술 전문가들은 그들의 분야에 대해 계속 배움으로써 최신의 기술을 습득할 필요가 있다. 이는 최근 대학을 졸업하는 새로운 세대의 대졸자들과의 경쟁에서 살아남기 위해서 꼭 필요한 역량이라고 할 수 있다. 대부분은 지식, 능력, 인지도를 높이기 위해 차상위 학위(MS 및 PhDs)를 획득하고, 직무적 책임을 더해가면서 수석 엔지니어, 수석 과학자 또는 최고 기술 책임자와 같은 직책에 이르게 된다. 더 폭넓은 사고를 하고 있으면서 경험이 풍부한 전문가의 경우에는 시스템엔지니어링 분야로 경력을 변경하는 것을 고려하기도 한다.

시스템엔지니어링의 도전과제

전문적인 시스템 엔지니어로 직업적인 진로를 변경하고 성장해나가는 데 방해가 되는 가장 큰 요소는 변화이다. 즉 기존에 자신이 선택했던 익숙한 전문 분야를 떠나서, 다양하고 복잡한 전문 실무 분야로 경력을 바꾸어야 한다는 점이 경력을 변경하는 데 가장 큰 걸림돌로 작용한다. 이러한 변화를 받아들이고 극복하기 위해서는 새로운 경험을 쌓고, 다양한 공학 분야로 지식의 범위를 광범위하게 확장하고, 의사소통 및 관리기술을 배우기 위해 시간과 노력을 투자해야 하기 때문이다.

위와 같은 이유로 인해 어떤 엔지니어는 시스템엔지니어링 분야에서 경력을 쌓고 성장하는 것은 험난한 과정이 될 것이라는 결론을 내릴 수 있다. 물론 시스템 엔지니어는 많은 것을 배워야 하고 전통적인 공학 분야의 교육 경험이 필요할 뿐만 아니라, 이 학문을 바로 실무에 적용하는 것이 제한적이라는 것은 분명하다. 다시 말해, 의사결정을 내리는 데 도움을 줄 수 있는 도구 또는 이슈 간의 관계를 정의할 수 있는 정량적인 관계성이 거의 없다. 오히려 관련된 이슈들은 모호하고 추상적이며 확실한 솔루션을 찾기 어려운 경우가 많다. 게다가 개인적인 성취를 이룰 수 있는 기회는 거의 없고, 심지어 개인의 업적을 인정받을 가능성도 작아 보일 수 있다. 이는 시스템 엔지니어의 성공은 시스템 팀의 팀장이 개인적으로 이룬 업적이 아니라 개발팀의 성과 측면에서 측정되어야 하기 때문이다.

그렇다면 시스템엔지니어링이 가진 매력은 무엇인가?

이 질문에 대한 대답은 직접적인 보상보다는 시스템엔지니어링의 가장 큰 특징인 도전에서 찾아볼 수 있다. 시스템을 개발하는 과정에서 시스템 엔지니어는 가장 중요한 이슈들을 다루어야 하기 때문이다. 그들은 시스템 전체를 대상으로 한 아키텍처와 기술적 접근방식을 설계하는 것은 물론, 구성품을 설계하는 과정에서도 다른 참여자들을 이끌어야 한다. 시스템 엔지니어는 서로 다른 기술적 노력의 크기 사이에서 균형을 맞추기 위해 다양한 시스템 속성에 대해 적절한 가중치를 부여해야 한다. 이를 위해 시스템 엔지니어는 고객과 함께 시스템 요구 조건에 대한 우선순위를 결정하고, 감수할 가치가 있는 위험과 그렇지 않은 위험을 구별할 수 있어야 한다. 또한 프로그램의 성공을 보장하기 위해 어쩔 수 없이 감수해야 하는 위험에 대해서는 어떻게 대비해야 할지에 대한 대비책도 결정해야 한다.

새로운 시스템을 개발하기 위해 개발 프로그램의 세부적인 과정을 기획하는 것 역시 시스템 엔지니어의 책임이다. 개발 프로그램을 수립하기 위해서는 시스템을 개발하는 과정에서 수행해야 하는 시험 및 시뮬레이션의 유형과 시기가 포함되어야 하기 때문이다. 시스템 엔지니어는 어떻게 하면 시스템 성능과 사용자가 시스템을 수용할 수 있는 가능성을 동시에 충족시킬 수 있는지에 대해 해답을 줄 수 있는 최고의 권위자이다.

항상 그렇듯이 개발 프로그램을 수행하는 과정에서 예기치 않은 문제가 발생하는 경우 이것을 해결할 방법을 결정하는 것도 시스템 엔지니어이다. 그들은 문제를 해결하기 위해서 다양한 접근방법을 검토한다. 즉, 문제 해결을 위해 완전히 새로운 접근방식이 필요한지, 더 큰 노력을 투입하면 문제를 해결할 수 있는지 또는 시스템의 완전히 다른 부분을 수정해야 문제를 완화시킬 수 있는지 등을 살펴봐야 한다. 어떤 경우에는 요구조건이 문제를 해결하는 데 어려움을 주는 가장 큰 걸림돌이 될 수 있다. 이런 경우에는 요구조건의 수준을 최대한 낮추는 방안도 고려해야 한다.

시스템 엔지니어가 시스템 개발을 이끌어갈 수 있는 능력의 원천은 조직 내에서 차지하고 있는 직급이 아니라 시스템 전체에 대해 우수한 지식을 갖는 것이다. 이러한 지식에는 운용 목표, 모든 구성품이 조화롭게 작동할 수 있도록 하는 방법 및 개발에 들어가는 다양한 기술적 요소들을 이해하는 능력 등이 포함된다. 또한 미로와 같이 어렵고 복잡한 개발 프로그램을 통제하고 성공적인 결과를 끌어냈던 다수의 경험을 통해서 그들의 가이드 능력은 향상하게 된다.

시스템 엔지니어의 속성 및 동기

시스템엔지니어링 전문가로서 성공할 수 있는 자질을 가진 지원자를 식별하기 위해서는 시스템엔지니어링에 재능이 있는 사람과 그렇지 못한 사람을 구별하는 것이 필요하다. 이러한 판단은 지원자들이 가진 몇 가지 경력 및 성향을 파악함으로써 가능하다. 우선 뛰어난 시스템 엔지니어가 될 가능성이 있는 사람들은 학부과정을 이수할 때 수학과 과학에서 좋은 성적을 거두었을 가능성이 크다.

시스템 엔지니어는 많은 전문분야가 참여하는 환경에서 업무를 수행해야 하므로 관련된 전문분야의 핵심적인 내용을 파악할 수 있어야 한다. 과학과 공학에 대한 재능이 큰 도움이 되는 이유는 바로 여기에 있다. 이러한 재능은 새로운 학문을 접했을 때 본질적인 핵심을 훨씬 더 쉽고 빠르게 이해할 수 있도록 도와주기 때문이다. 고등 수학에 대한 심오한 지식이 필요한 것은 아니지만, 수학적인 지식이 부족한 사람들은 기본적인 수학 개념을 포함하고 있는 문제마저도 그 의미를 파악하는 데 어려움을 겪을 수 있다.

시스템 엔지니어는 창의적이어야 하며 실용적인 문제를 해결하기를 좋아해야 한다. 조직 내에서의 진급보다 직업에 관한 관심이 더 커야 한다. 시스템엔지니어링은 빠른 속도로 정상에 도달하는 것보다 더욱 어렵고 도전적인 분야이다.

다음은 성공적인 시스템 엔지니어들에게서 공통적으로 찾아볼 수 있는 특성들이다.

1. 새로운 것을 배우고 문제를 해결하는 것을 즐긴다.
2. 도전하는 것을 좋아한다.
3. 입증되지 않은 주장에는 회의적인 반응을 보인다.
4. 새로운 아이디어에 개방적이다.
5. 이공계 분야에서 탄탄한 배경을 가지고 있다.
6. 자신의 전문분야에서 기술적 성과를 보인 바가 있다.
7. 몇 가지 공학 분야에 대해서 정통하다.
8. 새로운 아이디어와 정보를 빨리 찾는 능력이 있다.
9. 대인관계와 의사소통 능력이 좋다.

1.8 시스템 엔지니어 경력 개발 모델

어떤 한 사람이 위에서 언급한 특성을 갖추고 있고, 시스템 엔지니어가 되는 것에 관심이 있다고 해도 실제로 그가 시스템 엔지니어가 되기 위해서는 그가 속한 조직이 가진 업무 환경도 뒷받침해주어야 한다. 대표적인 업무 환경에는 네 가지 요소가 있다. 그림 1.7에서 볼 수 있듯이, 매우 도전적이고 기술적인 영역의 지식과 창의력을 발휘할 수 있는 임무를 배정받을 수 있어야 한다. 어떤 임무를 수행하더라도 주어진 업무의 전체적인 맥락을 이해하고 큰 그림을 이해하는 것은 필수적이다. 시스템 엔지니어들은 넓은 시야를 가질 수 있지만 동시에 많은 주제에 대해 깊이 파고들 수도 있고, 다양한 활동을 관리할 수도 있어야 한다. 이렇듯 폭넓은 능력을 개발하기 위해서는 많은 시간이 필요하다. 마지막으로, 시스템 엔지니어는 복합적인 문제를 만났을 때 위축되어서는 안 된다. 시스템 엔지니어가 속한 조직의 업무 환경에서 복잡한 문제는 항상 발생할 수 있는 일이기 때문이다. 시스템 엔지니어가 갖추어야 할 요소들을 단순히 교육 프로그램으로 구성해 습득하기보다는, 전문적이고 폭넓은 업무 경험을 쌓아가면서 얻을 수 있다는 것은 분명하다. 또한 이러한 사실은 시스템엔지니어링 경력 성장 모델을 구성하는 토대가 되고 있다.

새로운 시스템 개발에 참여하는 업체들은 경쟁적인 환경에서 도전적인 문제들을 해결해야 하는 경우가 많다. 대부분 업체의 고용주들은 이러한 환경에서 우위를 점할 수 있는 생산품을 개발할 수 있는 시스템 엔지니어를 양성하고 싶어 한다. 일반적으로 유능한 시스템 엔지니어를 양성하기 위해서는 시스템 개

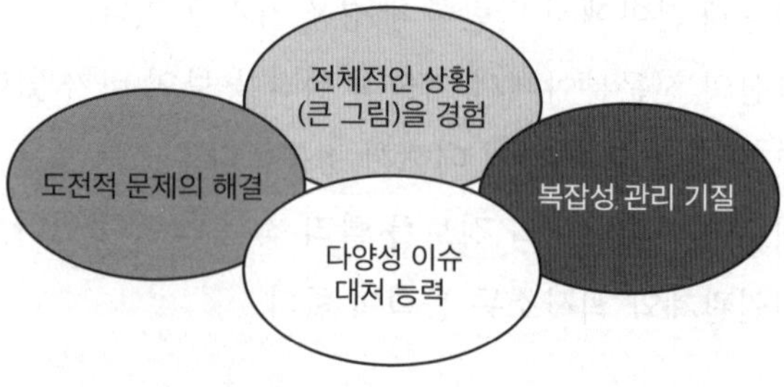

그림 1.7 양질의 업무 경험을 통해 얻을 수 있는 시스템엔지니어링 경력 요소

발과정에서 핵심적인 역할을 하는 구성원에게 시스템엔지니어링과 관련된 업무 경험과 성숙한 시스템 사고가 필요한 임무를 부여해야 한다. 이와 더불어 체계적인 시스템엔지니어링 교육 및 훈련 기회도 제공해야 한다. 그림 1.8은 도전적인 문제뿐만 아니라 경험 많은 멘토와 실질적이고 실용적인 실습을 함으로써 그러한 경험을 습득할 수 있음을 보여주고 있다. 복잡한 문제 영역을 탐색하기 위해서는 시스템 사고가 필요하므로, 직원들은 이러한 경험을 통해서 창의적이고 독창적인 사고를 할 수 있는 기회를 얻게 된다. 기술적인 측면만을 훈련받은 사람들은 종종 같은 과정을 반복적으로 답습하는 경향이 있다. 이로 인해 새로운 해결방안을 모색하기보다는 힘들고 비효율적인 과거의 해결책을 맹목적으로 따르게 된다. 이에 비해 이전에 수행되었던 프로그램과 사례 연구를 통해서 배운 교훈을 활용하는 경우에는 기존의 작업을 효율적으로 개선할 수 있는 여지가 생긴다. 시스템엔지니어링과 관련된 체계화된 교육과 도구를 활용한다면, 복잡한 이슈를 다루고자 하는 고용주의 의지를 실현하는 데 도움을 줄 수 있을 것이다.

적절한 환경과 함께 개인이 가진 관심, 자질 및 훈련의 정도는 성공적인 시스템 엔지니어로 성장할 가능성을 높여준다. 그림 1.9에서는 이러한 요인들을

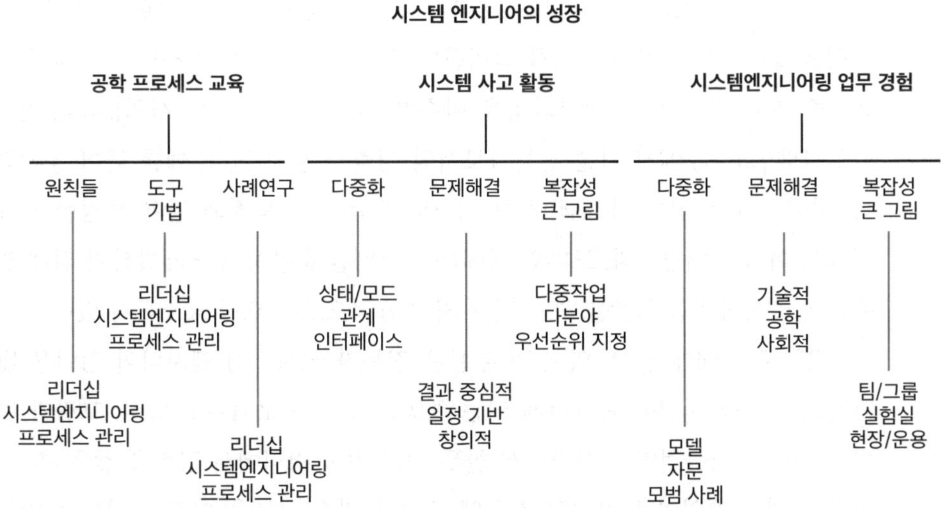

그림 1.8 시스템 엔지니어 양성을 위해 고용주가 개발해야 할 요소들

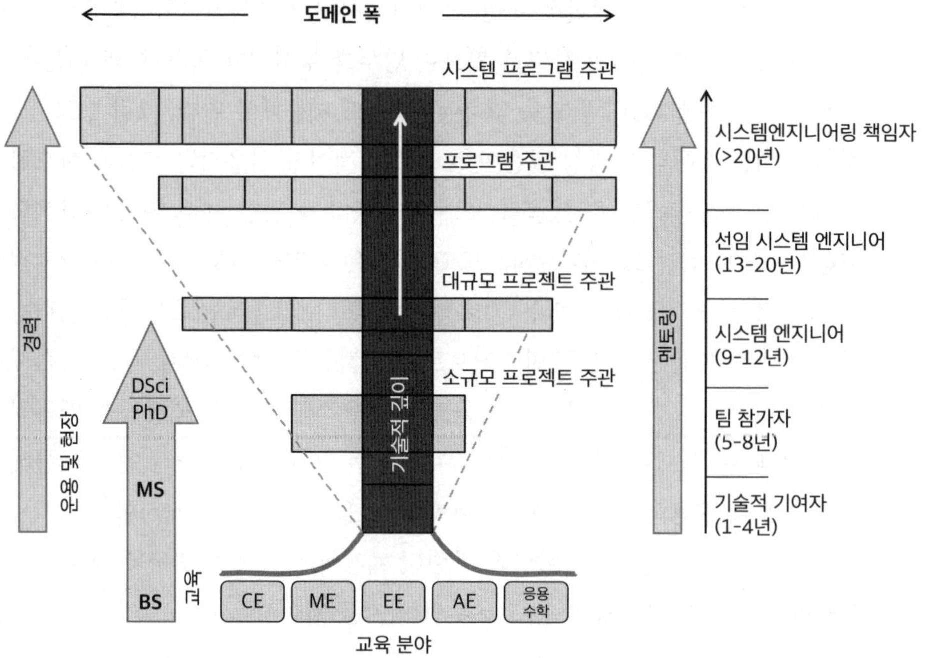

그림 1.9 시스템 엔지니어 경력 개발을 위한 "T" 모델

조합한 결과를 볼 수 있는데, 우리는 이것을 시스템 엔지니어 경력 개발 모델 즉, "T" 모델이라고 부른다. 밑에서부터 상부로 향하는 수직 방향은 전문가가 경력을 쌓아가는 시간의 진행을 의미한다. 일반적으로 차트의 하단에 표시된 전문기술 분야 중 하나의 학부과정을 이수한 개인은 큰 규모의 사업(project)이나 프로그램(program)에서 기술 전문가로서의 경력을 쌓게 된다. 예를 들어 공기역학, 바이오의학, 전투 시스템, 정보 시스템 또는 우주 탐사와 같은 특정한 도메인들이 여기에 해당한다. 도메인 내에는 시스템을 운용하거나 개발하기 위해 필수적이고 핵심적인 역할을 하는 몇 가지 기술적으로 중요한 요소들이 있다.

"T" 모델 내에서 "T"의 수평 부분은 전문가가 시스템 엔지니어 경력을 밟아가면서 해당 시기에 담당하게 되는 책임의 수준을 보여주고 있다. 그림과 같이 초기에는 기술적인 기여자로서 한두 개의 기술 영역에서 경험을 쌓은 후, 팀 조직 내에서 책임이 높아지고 결국엔 소규모 기술 그룹을 이끄는 역할로 발전해나간다. 8년 이상의 시간이 경과한 후에 이 전문가는 시스템 엔지니어로 인정받을 만한 수준의 기술적 깊이와 넓은 도메인에 대한 이해를 모두 갖추게 된다. 추가적인 임무는 사업 및 프로그램 시스템엔지니어링 책임자로 이어지며, 결국 도메인의 전체에 대해 기술적 역량을 행사해야 하는 대규모 개발 프로그램의 수석 시스템 엔지니어로 성장하게 된다.

기술적 경험과 역량이 확대되고 심화하는 것과 함께, 시스템 엔지니어로서 성공적인 경력을 쌓기 위해서는 운용 현장 경험, 첨단 교육 및 훈련, 강력한 멘토링 프로그램이 포함된 경로를 밟아나가는 것이 필요하다. 개발 중인 시스템을 운용하게 될 환경에 대한 충분한 이해와 시스템 요구조건에 대한 직접적인 지식을 얻기 위해서 시스템 엔지니어는 “운용 현장” 및 “운용 장소”를 방문해야 한다. 특히 이러한 방문은 시스템을 개발하는 사업의 초기에 이루어지는 것이 바람직하다. 이러한 업무 수행 방법은 시스템 엔지니어의 임무를 수행하는 동안 계속해서 유지하는 것이 중요하다. 최근 시스템엔지니어링과 관련이 있는 다양한 교육 기회가 강의실 또는 온라인 형식으로 제공되고 있다. 순수한 학자의 길을 가는 것을 희망하지 않는 대부분의 공학 분야 학생들과 마찬가지로, 시스템 엔지니어도 석사 학위가 최종 학위가 되는 경우가 많다. 일반적으로 학위과정에서는 학생들이 실제 시스템 문제에 대한 지식과 기술을 얼마나 습득했는지 확인할 수 있도록 논문 또는 졸업 과제에 초점을 맞춘다. 주어지는 과제 대부분은 시스템엔지니어링과 기타 다양한 도메인들을 조합하는 것과 관련된 주제를 주로 다룬다. 또한 대기업은 그들의 조직 및 제품에 적합한 예제와 도구를 사용해 시스템엔지니어링 및 시스템 아키텍팅 교육을 제공한다. 무엇보다 젊은 전문가와 경험이 풍부한 시스템 엔지니어를 연결해 경험을 공유할 수 있는 기회를 제공하면 학습 과정의 효과는 크게 향상된다는 점도 고려해야 한다.

1.9 요약

시스템엔지니어링이란?

시스템엔지니어링의 기능은 복합 시스템을 엔지니어링하는 과정을 가이드하는 것이다. 그리고 시스템은 공통의 목표를 갖고 함께 작용하는 상호 관련된 요소들의 집합으로 정의할 수 있다. 또한 엔지니어링된 복합 시스템은 ① 복잡하게 상호 연관된 여러 가지 요소들이 갖는 다양성을 포함하는 것으로 ② 복합 시스템의 개발은 시스템엔지니어링의 주도하에 진행되어야 한다.

시스템엔지니어링은 ① 시스템 전체에 초점을 맞추고, ② 고객의 니즈와 운용환경에 관심을 두고, ③ 시스템 개념 설계를 주도하며, ④ 전통적인 공학 분야 전문가들 사이의 격차를 해소하기 위한 가교 역할을 한다는 점에서 전통적인 학문과는 다르다. 특히 시스템엔지니어링은 엔지니어링 노력을 계획하고 가이드하는 역할을 수행하기 때문에 사업관리의 필수적인 부분이다.

시스템엔지니어링 개관

앞으로 개발되는 시스템들은 더욱더 복잡해지고, 네트워크 집약적이며 동시에 자율적으로 작동하는 기능들이 확대되어가는 것은 물론 지능적이고, 적응력이 뛰어나며, 강력하면서도 안전해질 것이다. 이러한 시스템을 개발하는 것을 가능하도록 하는 원동력은 여러 가지가 있다. 대표적인 요소로는 경제성, 첨단기술 및 혁신으로 인한 위험성(알려지거나 알려지지 않은), 증가하는 복잡성 및 인터페이스, 확장되는 시스템 애플리케이션 및 사회적 영향성, 새로운 자율성은 물론 시간이 갈수록 그 효용성이 높아지고 있는 애자일 특성 등이 있다.

시스템엔지니어링 관점

시스템엔지니어링의 관점은 요구조건들과 개발 목표를 충족하고, 현장에서 성공적으로 운용되는 것은 물론, 원하는 운용 수명을 달성할 수 있는 성공적인 시스템을 생산하는 데 초점을 맞추고 있다. 이러한 성공적인 시스템의 정의를 달성하는 것은 시스템 엔지니어의 책임이다. 시스템 엔지니어는 우수한 성능과 합리적인 가격 및 개발 기간의 제약 사이에서 절충점을 찾아야 한다. 실제로 시스템엔지니어링이 수행하는 업무의 많은 부분에는 상충하는 목표들 사이에서 균형을 달성하는 것이 포함한다. 예를 들어, 시스템엔지니어링은 첨단기술을 새로운 시스템 개발에 적용함으로써 발생하는 잠재적 위험을 관리하는 것을 주요 목표로 하는 것이 일반적이다.

시스템을 개발하는 기간 내내 시스템엔지니어링은 전체 시스템에 초점을 맞추고 시스템 전체에 미치게 되는 영향과 능력을 고려해 모든 결정을 내린다.

이러한 목표를 달성하기 위해서는 종합적인 해법을 보장할 수 있도록 여러 분야와 요소들을 연결하는 것이 필요하다. 특정 전문분야의 설계자들은 자신이 담당하는 전문분야에 대한 기술적인 지식은 매우 깊이가 있지만, 다른 기술 분야에 대한 지식은 그 폭이 좁다. 게다가 경영 및 관리와 관련된 전문지식은 거의 없다는 점에서 1차원적이라고 할 수 있다. 이에 비해 계획 및 통제 분야를 담당하는 전문가는 2차원적이다. 이들은 뛰어난 경영 및 관리와 관련된 전문지식을 갖추고 있지만, 기술적인 분야와 관련된 지식은 상대적으로 낮기 때문이다. 이에 비해 시스템엔지니어링은 3차원적이다. 이 분야에 종사하는 시스템 엔지니어들이 가진 기술적인 지식은 그 범위가 넓으면서도 중간 정도의 기술 깊이를 갖고 있다. 또한 경영 및 관리와 관련한 전문지식도 일정 수준 갖추고 있기 때문이다.

시스템엔지니어링의 시점들

시스템 공학을 이해할 수 있는 견해는 다양하다. 이러한 견해에는 문제의 해법을 찾기 위한 일반적인 시스템 사고에서부터 시스템엔지니어링을 위한 개발 프로세스는 물론이고 엔지니어링 시스템적인 접근법까지 포함된다. 시스템 사고는 인적 요소를 포함해 모든 요구조건을 신중하게 모니터링하고 철저하게 통제할 수 있는 시스템을 설계하고 유지하는 방법이다.

엔지니어링 시스템의 견해는 전통적인 공학 영역뿐만 아니라 기술 및 관리 영역, 사회적, 정치적/법적 인간 영역을 포괄한다. 이렇게 극단적으로 확장된 개념은 그에 따른 복잡성으로 인해 특별한 관심을 받게 된다.

시스템엔지니어링 분야가 계속해서 발전하고 많은 분야에서 적용됨에 따라 선형, "V"형, 나선형, 폭포수형 등 여러 프로세스 모델들이 개발되어왔다.

시스템엔지니어링이 필요한 시스템의 예

엔지니어링된 복합 시스템의 예는 다음과 같다.

- 기상 위성
- 터미널 항공 교통관제

- 트럭 위치 시스템
- 항공사 항법 시스템
- 임상 정보 시스템
- 여객기
- 최신 농업용 컴바인
- 정유소
- 자동차 조립 공장
- 발전소

시스템엔지니어링 활동 및 산출물

전체 시스템 수명주기 측면의 관점은 관리 프로세스와의 긴밀한 관계성과 함께 다양한 활동 및 산출물 묶음을 만들어내고 있다.

직업으로서의 시스템엔지니어링

시스템엔지니어링은 현재 전문화된 직업으로 인정받고 있으며, 정부와 산업 분야에서 점점 더 많은 역할을 하고 있다. 실제로 현재 전국적으로 수많은 대학원(및 일부는 학부)에서는 관련된 학위 프로그램을 개설하고 있다. 그리고 시스템엔지니어링 전문가를 위한 공식적인 공인 조직인 INCOSE가 있다.

기술 전문가들은 특정한 기술적 성향을 가지고 있다 — 공학 관련 졸업생들은 매우 전문화된 경향이 있다. 소수의 사람만이 학제 간 문제에 관심을 둔다. 종종 시스템 엔지니어가 되는 것은 이러한 소수에 해당한다고 할 수 있다.

시스템 엔지니어 경력 개발 모델

직업으로서 시스템엔지니어링 분야에 종사하는 것은 많은 어려움이 있지만, 보람도 있다. 시스템엔지니어링 분야의 경력은 일반적으로 기술적 만족(추상적이고 모호한 문제로부터 해결방법을 찾기)과 프로그램을 진행하면서 핵심적인 역할을 함으로써 인정받게 된다.

- 훌륭한 문제 해결사로서 도전을 환영하는 자세를 가져야 한다.

- 기술적으로 충분한 자질을 갖추고 있으며 광범위한 관심사를 가지고 있다
- 분석적이고 체계적이면서도 창의적이다.
- 리더십을 갖춘 우수한 의사소통 전문가이다.

"T" 모델은 성공적이고 영향력 있는 시스템 엔지니어가 되는 데 필요한 경험, 교육, 멘토링 및 기술적 깊이 사이의 적절한 조화를 표현한다.

연습문제

1.1 "시스템엔지니어링은 시스템 전체에 초점을 맞춘다."라는 문구가 무엇을 의미하는지 설명하시오. 이 문장에서 의미하는 시스템의 특성들은 무엇이며, 이 특성들은 시스템엔지니어링에 어떻게 적용되는지 설명하시오.

1.2 엔지니어링된 복합 시스템과 엔지니어링 되지 않은 복합 시스템 간의 차이점에 대해 논의하시오. 후자에 해당하는 사례 세 가지를 열거하시오. 엔지니어링 되지 않은 복합 시스템에도 적용할 수 있는 시스템엔지니어링 원리를 생각할 수 있는지 설명하시오.

1.3 다음 각각의 영역에 대해서, 2010년 이후 어떻게 주요 기술-물리학적 발전/혁신이 발생했는지 두 가지 이상씩 나열하고 설명하시오. 각각의 경우에서 변화된 사항이 어떤 영향을 미쳤는지 설명하시오.

(a) 교통
(b) 통신
(c) 재무 관리
(d) 생산
(e) 유통 및 판매
(f) 엔터테인먼트
(g) 의료

1.4 당신이 비행기를 단순히 부품의 집합이 아니라 시스템이라고 간주할 수 있게 해주는 비행기의 특성은 무엇인가? 그 이유를 설명하시오.

1.5 새로운 복합 시스템 개발 시 최신 기술을 일부 포함할 때의 네 가지 장점과 단점(각각 두 가지)을 열거하시오. 각각의 구체적인 예를 드시오.

1.6 시스템 엔지니어는 전체 시스템을 지지하는 사람으로 묘사되어왔다. 이 표현에 따르면, 시스템 엔지니어가 가장 지지해야 하는 이해관계자는 누구인가? 분명히, 많은 이해관계자가 있고 시스템 엔지니어는 전부는 아니더라도 이해관계자 대부분과 협업을 해야한다. 따라서 시스템 엔지니어에게 가장 중요한 이해관계자, 두 번째 이해관계자, 세 번째 이해관계자는 누구인지 순서대로 기술하시오.

1.7 중등학생들에게 STEM 분야로의 진로를 장려하기 위해 시스템의 개념을 습득하도록 할 때의 장단점을 설명하시오.

1.8 매우 큰 규모의 복합 시스템 사례를 선택하고, 엔지니어링 시스템 접근 방식이 어떻게 많은 지역사회에서 광범위하게 수용될 수 있는 유용한 솔루션을 제공할 수 있는지 설명하시오.

1.9 다양한 시스템을 개발할 때 가장 적합한 적용 효과를 얻기 위해 서로 다른 시스템엔지니어링 프로세스 모델을 사용하는 방안에 대해 논의하시오. 이때 한 모델이 다른 모델보다 현저한 장점이 있는지 설명하시오.

참고문헌

Noguchi, R.A. (2016). *Lessons Learned and Recommended Best Practices from Model-Based Systems Engineering (MBSE) Pilot Projects.* Aerospace Corporation.

International Council on Systems Engineering, IEEE Computer Society, Systems Engineering Research Center. Guide to the Systems Engineering Book of Knowledge. https://www.

sebokwiki.org/wiki/Guide_to_the_Systems_Engineering_Body_of_Knowledge_(SEBoK) (accessed 1 January 2019).

추가 자료

Blanchard, B. and Fabrycky, W. (2013). *System Engineering and Analysis*, 5e. Prentice Hall.

Buede, D. and Miller, W.D. (2016). *The Engineering Design of Systems: Models and Methods*, 3e. Wiley.

Hitchins, D.K. (2007). *Systems Engineering: A 21st Century Systems Methodology*. Wiley,

Chapters 5 and 8.

Institute of Industrial and Systems Engineers. https://www.iise.org/Home (accessed 1 January 2019).

Kasser, J. and Mackley, T. (2008). Applying systems thinking and aligning it to systems engineering. *INCOSE International Symposium* 18 (1): 1389–1405.

Sage, A.P. and Armstrong, J.E. Jr. (2000). *Introduction to Systems Engineering*. Wiley, Chapter 3.

Shortell, T.M. (ed.) (2015). INCOSE *Systems Engineering Handbook: A Guide for System Life Cycle Processes and Activities*, 4e. Wiley.

2. 복합 시스템의 구조

2.1 시스템 요소와 인터페이스

앞에서는 시스템 엔지니어는 복합 시스템 개발과 관련된 여러 상호작용 분야에 대해서 광범위한 지식을 습득해야 한다고 설명한 바 있다. 그렇다면 시스템 엔지니어가 가져야 하는 그 이해의 정도는 얼마나 깊어야 하는지에 대한 의문을 갖게 될 것이다. 분명한 사실은 해당 분야의 전문가들이 보유하고 있는 지식만큼 깊을 수는 없다는 것이다. 그러나 프로그램에 미치는 위험, 기술 성능의 제한 및 인터페이스와 관련된 요구조건과 같은 요소들을 고려하면서 다양한 설계적인 대안들에 대한 절충 분석(Trade-off Analysis)을 수행할 수 있을 만큼의 지식은 갖추어야 한다.

분명히 이에 대한 답은 구체적인 실제 사례에 따라 달라질 수 있다. 그러나 시스템이 가진 구조적인 계층을 검토함으로써 최신 시스템을 개발하는 데 필요한 중요한 통찰력을 가질 수 있으며, 해당 시스템을 구성하기 위해 어떤 구성품들이 필요한지를 확인할 수 있다. 또한 시스템 엔지니어가 주어진 임무를 수행하기 위해서는 관련 기술들을 어느 수준까지 이해해야 하는지를 파악할 수도 있다. 일반적으로 습득이 필요한 기술의 깊이는 개발되는 시스템의 기능에 영향을 미치는 기술적인 요소들에 관한 절충 연구(Trade-off Study)를 수행할 수 있는 수준이어야 한다. 또한 전체 시스템에 걸쳐서 균형 잡힌 설계방안을 마련하기 위해서는 인터페이스 충돌과 관련된 문제를 해결할 수 있어야 한다. 이처럼 빌딩 블록이 갖는 특성과 인터페이스 및 상호작용과 관련된 내용은 다음 절에서 논의가 이어지게 될 것이다.

2.2 복합 시스템의 계층구조

시스템엔지니어링이 관여해야 하는 범위의 정도와 함께 시스템 엔지니어가 복합 시스템 개발을 가이드할 때 뒤따르는 책임을 감당하기 위해 필요한 지식은 무엇이 있는지를 이해하기 위해서는, 해당 시스템의 일반적인 범위와 구조를 먼저 정의하는 것이 필요하다. 본질적으로 "시스템"의 정의는 복잡하게 상호작용하는 요소들을 서로 다른 수준의 집합체에 적용하는 것이다. 예를 들어 전화 기지국은 그것이 서비스하는 지역에 분배되어있는 회선을 가지고 있으므로 "시스템"이라고 지칭하는 것이 타당하다. 호텔과 사무실 건물의 교환소와 같이 지역 회선은 "하부시스템"이라고 할 수 있고, 전화기는 시스템의 "구성품"으로 분류할 수 있다. 같은 맥락으로 지역별 지국은 도시 전화 시스템의 하부시스템으로 간주할 수 있으므로, 바꾸어 말하면 국가 전화 시스템의 하부시스템으로도 생각할 수 있다.

또 다른 사례인 상용 여객기는 기체, 엔진, 제어장치 등을 하부시스템으로 하는 "시스템"으로 분류할 수 있다. 항공기는 항공 터미널, 항공 교통관제 및 항공기가 운용되는 인프라를 구성하는 다양한 요소들로 구성된 항공운송 시스템의 하부시스템이라고도 할 수 있다. 따라서, 모든 시스템은 그것보다 더 높은 수준의 시스템에 대해서는 하부시스템이며, 모든 하부시스템 자체를 하나의 시스템으로도 간주할 수 있다고 흔히들 말한다.

광역 전화 시스템 및 항공운송 시스템과 같은 중요한 시스템이 갖는 위와 같은 관계성은 "슈퍼 시스템"과 같은 용어를 만들어냈다. 네트워크로 연결된 국방 시스템 분야에서는 통합 분산형 센서와 무기 시스템을 설명하는 "시스템 복합체계(SoS, System of Systems)"라는 용어가 생겨났다. 이 명칭은 상업 분야로도 옮겨갔지만, 용어를 사용하고 정의하는 세부적인 방법은 적용하는 전문분야에 따라서 다소 차이가 있다.

복합 시스템의 모델

시스템엔지니어링의 기본 원리를 배우는 과정 내내 "시스템"의 범위에 대한 모호성은 혼란스러울 수가 있다. 따라서, 일반적으로 시스템 엔지니어가 갖는 책임의 범위를 설명하기 위해서는, 전형적인 시스템을 대상으로 좀 더 구체적인 모델을 생각하는 것이 유용한 방법이다. 나중에도 설명하겠지만, 모델링 기법은 명확하고 정량적인 데이터를 구하기 어려운 상황에서 사용하는 시스템엔지니어링의 기본 도구 중의 하나이다. 여기서는 이 기법을 구성품을 가진 전형적인 복합 시스템 모델을 구축하는 데 사용할 것이다. 이 모델의 목적은 비교적 간단하고 이해하기 쉬운 시스템 아키텍처를 정의하는 것이다. 시스템 아키텍처는 새로운 시스템을 개발하는 과정과 프로세스 전반에 걸쳐 시스템엔지니어링의 역할을 논의하기 위한 참조점 역할을 할 수 있다. 이 모델의 범위가 "슈퍼시스템" 또는 "시스템 복합체계"의 범위까지 확장되지는 않지만, 통합 획득 프로세스에 의해 개발된 대부분 시스템을 대표할 수는 있을 것이다.

본질적으로 복합 시스템은 통상 **하부시스템**이라고 불리는 상호작용하는 다수의 주요 요소들로 구성되기 때문에 계층구조를 가지게 된다. 또한 이 요소들은 다시 **부품**이라고 불리는 기어, 변압기 또는 전구와 같은 기초적인 요소들로 구성된다. 시스템 구조를 표현하는 다양한 아키텍처에서 요소들의 수준을 구분하기 위한 목적으로 사용하는 일반적인 용어로는 시스템과 하부시스템 그리고 부품이 있다. 여기서 시스템과 **하부시스템**은 상위 수준을 의미하고 부품은 최하위 수준의 요소를 의미한다.

본 장의 뒷부분에서는 그 이유가 명백해지겠지만, 이 책에서 정의하고 있는 시스템 모델에서는 두 개의 중간 수준의 명칭을 추가로 사용할 것이다. 그것은 바로 **구성품**과 **하부구성품**이다. 일부 다른 모델에서는 시스템을 표현하기 위해 하나 또는 두 개의 중간 수준을 추가로 사용하기도 하지만, 여기서 사용하고 있는 다섯 가지 수준은 본 교재에서 의도하고있는 목적을 달성하는 데 충분한 것으로 검증되었다.

시스템 수준의 정의. 표 2.1은 위와 같은 특성을 시스템 모델의 계층적 구조를 이용해 보여주고 있다. 이 도표에는 첨단기술을 적용한 네 개의 대표적인 시스템 타입이 가로로 나열되어있으며, 각 시스템 내에서 연속적으로 세분된 수준들이 수직으로 배열되어 있다.

표 2.1 시스템 설계 계층

시스템(Systems)					
통신시스템	정보시스템		소재 가공 시스템		항공우주 시스템
하부시스템(Subsystems)					
신호 네트워크	데이터베이스		소재 전처리기		엔진
구성품(Components)					
신호 수신기	데이터 표시기	데이터베이스 프로그램	동력 전달	소재 반응기	추력 발생기
하부구성품(Subcomponents)					
신호 증폭기	음극선관	도서관 유틸리티	기어 트레인	반응형 밸브	로켓 노즐
부품(Parts)					
변압기	LED	알고리즘	기어	커플링	밀봉재

앞에서도 언급한 바와 같이 표에 나타나 있는 시스템 계층구조를 구성하는 다양한 수준을 설명할 때, 일반적으로 사용되는 **시스템**이라는 용어는 특정한 수준의 집합 또는 복잡성과는 관련이 없다. 시스템은 더 복잡한 집합체 또는 슈퍼시스템의 일부분으로 작동할 수 있을 뿐만 아니라, 하부시스템 자체도 시스템으로 간주될 수 있기 때문이다. 이어지는 논의에서 불필요한 모호함이 발생하는 것을 방지하기 위해, 본 교재에서는 시스템이라는 용어를 사용할 수 있는 경우를 다음과 같은 엔티티로 제한하고자 한다.

1. 공학적 시스템의 특성을 갖고 있다.
2. 인적 운용자와 표준 인프라(예: 전력망, 고속도로, 주유소, 통신선)의 도움만으로 중요하고 유용한 서비스를 수행한다. 위의 조건에 따르게 되면, 여객기는 입출력 키보드, 디스플레이 등의 통상적인 주변장치가 있는 개인용 컴퓨터와 마찬가지로 시스템의 정의에 적합할 것이다.

표 2.1에 정의된 시스템 계층구조의 첫 번째 하위 수준을 하부시스템이라고 한다. 이는 시스템의 주요한 부분에 해당한다는 일반적인 의미를 지니며, 전체

시스템이 수행하는 기능과 밀접한 관련이 있는 기능을 수행한다. 각 하부시스템은 그 자체로도 매우 복잡할 수 있으므로, 많은 부분에서 시스템과 유사한 속성을 가지고 있다. 다만 한 가지 차이점은 시스템의 경우 상호작용할 수 있는 유사한 수준의 시스템이 없이도 유용한 기능을 수행할 수 있다는 것이다. 통상적으로 각 하부시스템을 개발하기 위해서는 다양한 기술 분야(예: 전자, 기계 등)의 참여가 필요하다.

일반적으로 구성품이라는 용어는 주로 하부 수준에 해당하는 엔티티의 범위를 지칭하기 위해 사용되지만, 이 책에서는 구성품이라는 용어를 위에서 설명한 시스템 계층 요소의 중간 수준을 지칭하기 위해서 사용하였다. 구성품은 정부 시스템 획득 표기법에서 지정하고 있는 형상 품목(CIs, Configuration Items)과 일치하는 경우가 많다.

빌딩 블록에서 구성품보다 아래에 위치하고 있는 수준 역시 다수의 엔티티로 구성된다. 이러한 엔티티들은 기본 기능을 수행할 수 있으며, 하부구성품이라고 지칭한다. 하부구성품 역시 다시 그것보다 하부 수준에 해당하는 다양한 부품으로 구성되어 있다. 최종적으로 빌딩 블록에서 가장 낮은 수준의 엔티티는 부품이 된다. 부품은 다른 부품과의 결합을 제외하고는 독자적으로는 특별한 기능을 수행하지 않는 요소를 나타낸다. 부품 대부분은 생산되는 표준 크기와 유형이 표준화되어있기 때문에 상업적인 경로를 통해서 얻을 수 있다.

적응형 시스템

시스템 모델의 각 수준에 대한 응답성을 개발할 때 기능과 상호작용은 지속해서 외부의 영향을 받게 된다. 적응형 시스템은 환경에 따라 거동을 변경한다. 이들은 주어진 목적, 목표 및 요구조건을 달성하도록 계속해서 진화할 수 있는 동적인 시스템이다. 앞서 설명한 애자일 시스템과 유사하지만, 적응형 시스템은 종종 자연적, 인간적 또는 사회적 시스템과 관련성이 높다. 적응형 시스템의 설계 및 개발은 구성품 및 시스템 빌딩 블록들에 미칠 수 있는 간접적인 영향을 고려하는 것은 물론, 자율적인 특성을 갖고 운용한 결과를 기반으로 한 학습 거동을 포함해야 한다.

시스템 엔지니어는 인공 시스템, 인공지능 시스템, 신경망, 진화적 소프트웨어 요소의 첨단화 등 복잡한 작동과 관련된 첨단 구성품에도 능동적으로 적응해나가야 한다. 이러한 빌딩 블록들이 복잡한 시스템을 구성하는 경우에 각 시스템 수준에서 상호 작용하는 많은 독립적인 요소 또는 매개 구성품들을 갖게 된다. 이때 유의해야 할 점은 이와 같은 구성 특성을 가진 시스템의 경우 개별적인 상호작용만을 보고는 예측하기 어려운 새로운 결과를 만들어낼 수도 있다는 사실이다. 그러므로 시스템 엔지니어들은 전체 시스템이 설계되고 개발됨에 따라 이러한 복잡성과 관련된 요소를 인지하고 있어야 한다.

시스템 엔지니어와 설계 전문가의 영역

위에서 논의된 공학적 시스템의 계층구조를 사용하면 시스템 엔지니어와 설계 전문가의 지식 영역을 구분하여 정의할 수 있다. 중간 수준에 있는 **구성품**들은 시스템 개발 프로세스에서 중심적인 위치를 차지한다. 이들 대부분은 산업적인 설계 전문가 영역에 적합한 영역으로서, 주어진 사양에 기초해 제작되어 특정한 응용 분야에 적용할 수 있는 생산품을 의미한다. 이에 반해 시스템엔지니어링이 담당해야 하는 업무 영역은 구성품 전체를 대상으로 필요한 사양을 정의하는 것이다. 특히 구성품 간에 상호 호환이 가능한 인터페이스를 보장할 수 있도록 사양을 결정하는 것이 중요하다. 그러므로 시스템 엔지니어는 시스템을 구성하는 구성품들의 주요 특성에 관한 지식을 습득해야 한다. 이러한 지식 대부분은 주로 설계 전문가와의 소통 및 상호 협력을 통해서 얻을 수 있다. 이러한 노력을 통해 시스템 엔지니어는 가장 적합한 구성품의 유형을 선택하고 성능은 물론 다른 구성품과의 인터페이스 방식을 지정할 수 있다.

그림 2.1은 위에서 정의한 시스템 계층구조를 기준으로 시스템 엔지니어 및 설계 전문가가 갖추어야 할 각 지식 영역을 보여주고 있다. 시스템 엔지니어의 지식은 최상위 단계인 시스템과 환경에서부터, 주요한 시스템 빌딩 블록이나 구성품에 해당하는 중간 수준까지 확장될 필요가 있음을 보여준다. 동시에, 설계 전문가의 지식은 계층구조에서 가장 낮은 수준인 부품에서부터 시스템 엔지니어와 지식 영역이 "중복"되는 구성품 수준까지 확장되어야 한다. 구성품 수준은 시스템 엔지니어 및 설계 전문가가 효과적으로 소통하고, 기술적 문제를 파악하고 논의할 수 있는 지식 영역이라고 할 수 있다. 또한 이 영역은 시스템 설계 프

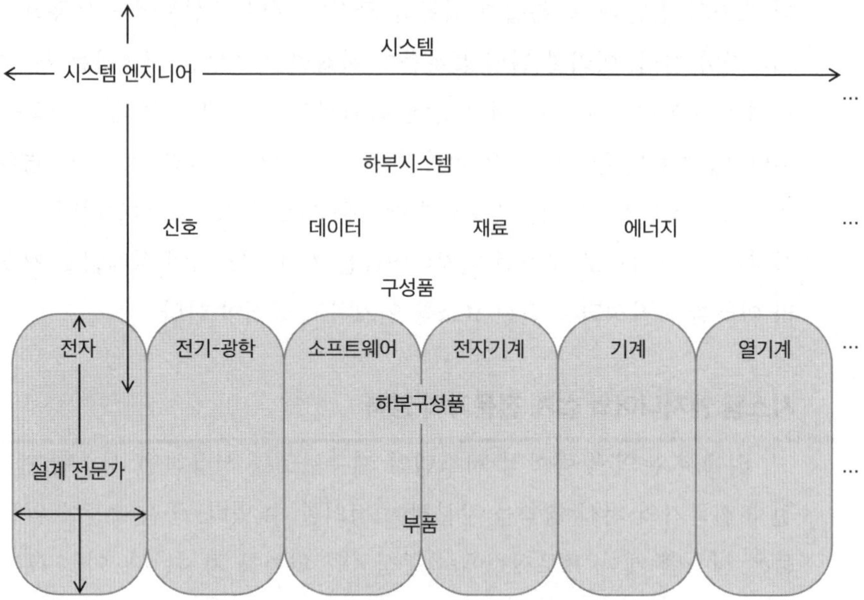

그림 2.1 시스템 엔지니어 및 설계 전문가의 지식 영역

로세스나 시스템 전체의 역량을 희생시키지 않고 실행이 가능한 해결책을 협상할 수 있는 수준이다.

그림에서 구성품을 나누는 학문적인 분야의 오른쪽 끝부분에는 점선이 그려져 있는 것을 알 수 있다. 이는 특정한 시스템의 개발 목적에 따라 다양한 분야의 구성품을 추가할 수 있다는 것을 표현하기 위한 것이다. 시스템 엔지니어가 습득해야 하는 지식의 범위가 언제나 구성품 수준으로 한정되는 것은 아니다. 하부구성품 또는 부품 수준의 요소들이라고 해도 시스템 전체의 기능에 미치는 영향이 중요한 경우에는 다른 기준을 적용해야 한다. 다시 말해 시스템 엔지니어는 구성품 수준보다 아래에 있는 이러한 요소들이 시스템 전체에 미치는 잠재적인 영향을 식별할 수 있는 능력을 갖추어야 한다. 이를 위해서는 관련 분야에 대한 충분히 이해가 필요하다. 터빈과 압축기와 같은 고성능 기계 및 열역학 장치에서는 이러한 경우가 자주 발생한다. 어떤 경우에는 특정 구성품의 설계에 과도하면서도 비정상적인 기능을 포함할 것을 요구하는 때도 있다. 이런 경우 설계 전문가는 이 특정한 요구조건을 제기하게 된 근원이 되는 시스템 수준에서의 가정사항을 재검토해줄 것을 시스템 엔지니어에게 요청할 수 있다.

2.3 시스템 빌딩 블록

이 시스템 모델은 시스템 엔지니어에게 기능적 및 물리적 측면을 이용해 시스템을 나누는 간단한 방법을 제공한다. 즉, 시스템의 기능적 측면을 먼저 이해한 이후에 시스템을 다시 물리적 계층구조로 나누는 것이다. 시스템을 각 측면으로 묘사하는 것은 요소로 분해할 수 있다. 아래의 내용은 이 두 가지 범주의 빌딩 블록과 각각의 구성품을 정의할 때 사용할 수 있는 요소들의 세트에 대한 설명이다.

기능 빌딩 블록: 기능 요소

시스템이 기능을 발휘할 수 있는 수단을 구성하는 세 가지 기본 엔티티는 다음과 같다.

정보: 모든 지식과 커뮤니케이션의 내용.
물질: 모든 물리적 대상의 실체.
에너지: 모든 능동적인 시스템 구성품의 운용 및 작동에 필요한 동력을 공급.

모든 시스템 기능은 이러한 엔티티가 가진 한 가지 또는 그 이상의 특성을 의도적으로 변경하는 것과 관련이 있다. 그러므로 이러한 엔티티들은 시스템이 갖는 주요한 기능을 분류하는 데 필요한 표준적인 기초를 제공해준다. 정보 요소는 시스템 기능 측면에서 볼 때 물질 및 에너지 엔티티보다 두 배 이상 많은 부분을 차지하므로 두 개의 클래스로 세분화하는 것이 편리하다. 즉, ① 신호 요소라고 하는 전파 정보(예: 무선 신호)를 다루는 요소와 ② 데이터 요소로 지칭되는 정적인 정보(예: 컴퓨터 프로그램)를 다루는 것으로 나눌 수 있다. 전자의 경우는 주로 감지 및 통신과 관련된다. 반면 후자는 분석 및 의사결정 프로세스와 관련이 있다. 이러한 세분화를 통해서 이제 우리는 시스템 기능 요소를 총 네 개의 클래스로 구분하는 것이 가능하다.

1. **신호 요소**, 정보를 감지하고 전달.
2. **데이터 요소**, 정보의 해석, 구성 및 처리.
3. **물질 요소**, 구조와 재료의 변환을 지원.
4. **에너지 요소**, 에너지와 동력을 제공.

네 가지 광범위한 기능 요소 클래스 각각에 해당하는 고유하고도 중요한 설계 관련 지식을 독자들에게 알리기 위한 목적으로, 네 개의 클래스마다 중요한 부분을 차지하는 일반적인 기능 요소 세트를 정의하였다.

선택된 요소가 일관성 및 대표성을 가졌는지를 확인하기 위해서는 아래의 세 가지 기준을 사용하는 것이 필요하다. 이 기준들을 사용하면 각 요소가 지나치게 단순하거나 너무 복잡해지는 것을 방지하면서도 광범위한 적용이 가능하다.

1. **중요성**: 각 기능 요소는 일반적으로 여러 기본 기능을 포함하는 뚜렷하고 중요한 기능을 수행해야 한다.
2. **특이점**: 각 기능 요소는 주로 단일 공학 분야의 기술적 범위 내에 있어야 한다.
3. **공통성**: 각 요소가 수행하는 기능은 다양한 시스템 유형에서도 찾아볼 수 있어야 한다.

개별적인 기능 요소를 형성할 때는 그 요소가 추구하는 주요 기능 및 분류와 관계없이, 물리적 구현을 위해서는 물질을 이용해야 한다. 또한 외부 정보에 의해 제어되고, 전기나 다른 에너지원을 이용해 작동하는 것이 일반적이다. 예를 들어 무선 주파수 신호 형태의 정보를 TV 영상 및 사운드 형태의 정보로 처리하는 것을 주요 기능으로 하는 TV 세트를 생각해보자. 이 TV 시스템은 물질로 구성되어 있고 전기로 구동되며 사용자가 생성한 입력 정보에 의해서 제어된다. 따라서 각 클래스에 해당하는 요소들 대부분은 주요 처리 입력 및 출력 이외에도, 정보 및 에너지와 같은 입력을 가진다는 것을 예상할 수 있다.

위의 프로세스에는 클래스마다 5개 또는 7개의 요소가 포함되어 있으며, 전체적으로 총 24개의 기능 요소로 분류할 수 있다. 이는 표 2.2의 중간 열에 나열되어있다. 클래스 전체의 기능은 왼쪽 열에 표시되어있고, 개별 요소를 구현할 수 있는 일반적인 응용 프로그램은 오른쪽 열에 나열되어있다. 위의 분류는 절대적인 것이 아니라 시스템 엔지니어가 다루어야 하는 중요 수준에서 시스템의 속성을 논의하기 위한 체계적이고 논리적인 프레임워크를 제공하기 위해 설정하였다.

표 2.2 시스템 기능 요소들

클래스 기능	기능 요소	적용
신호: 수동 또는 능동 감지 및 통신에 사용되는 신호를 생성, 전송, 분배 및 수신	입력 신호	TV 카메라
	송신 신호	FM 라디오 송신기
	변환 신호	레이더 안테나
	수신 신호	라디오 수신기
	프로세스 신호	영상 프로세서
	출력 신호	
데이터: 데이터와 정보를 분석, 해석, 구성, 쿼리, 사용자 및 다른 시스템이 요구하는 형태로 변환	입력 데이터	키보드
	프로세스 데이터	컴퓨터 CPU
	데이터 통제(관리)	운용 시스템
	프로세싱 통제	워드 프로세서
	데이터 저장	프린터
	출력 데이터	
	데이터 시현	
재료: 시스템을 지지하는 구조 및 외장재를 제공 또는 물질 형태, 성분 등을 변환	지지 재료	(항공기) 기체
	저장 재료	선적 컨테이너
	(화학)반응 재료	가압 처리기
	성형 재료	가공 기계
	접합 재료	용접 기계
	위치 제어	서보 작동기
에너지: 시스템에 에너지 또는 추진력을 공급 및 전환	추력 생성	터보제트 엔진
	토크 생성	왕복 기관
	전기 생성	태양 전지 배열
	온도 제어	냉장고
	움직임 제어	자동 변속기

시스템의 기능적 설계를 정의하기 위한 기본적인 방법은 식별된 기능적 요소들을 하나 또는 두 개의 매우 전문화된 요소들과 함께 개념적으로 결합하고 상호 연결하는 것이다. 여기서 전문화된 요소들은 특정 시스템에서 고유한 기능을 수행할 수 있다는 것을 의미한다. 이러한 기능적 설계를 통해서 사용 가능한 입력을 이용해 얻을 수 있는 시스템의 능력을 논리적으로 도출할 수 있게 된다. 실제로 시스템으로 들어가는 입력은 상호 연결된 기능을 통해 변환 및 처리됨으로써 원하는 시스템 출력물로 만들어진다.

물리적 빌딩 블록: 구성품

시스템의 물리적 빌딩 블록은 기능 요소를 물리적으로 구체화한 것이며, 하드웨어와 소프트웨어로 구성되어 있다. 따라서 유의성, 특이성, 공통성으로 구별할 수 있는 특성이 있다. 시스템 계층구조 측면에서는 일반적으로 하부시스템보다 한 수준 낮고 부품보다 두 수준 높은 수준에 있다. 이들을 **구성요소** 또는 단순히 **구성품**이라고 한다. 구성품 빌딩 블록을 구분하고 있는 클래스는 다양한 설계 원칙과 기술을 기반으로 한다. 표 2.3에 나타나 있는 바와 같이, 총 30개의 서로 다른 구성품 유형을 식별할 수 있고, 이는 다시 6개 범주로 그룹화할 수 있다. 표에는 시스템 구분, 구성품 이름 및 연관된 기능적 요소가 나열되어있다. 기능 요소의 경우와 마찬가지로 구성품의 이름은 기본 기능을 나타내지만, 이 경우에는 프로세스가 아니라 사물을 나타낸다. 이들 중 다수는 일반적으로 널리 사용되는 장치를 나타낸다.

구성품의 기능적 요소를 구현할 때 시스템 엔지니어는 다른 전문가와는 다른 분야에 관심을 두게 된다. 다시 말해 시스템 엔지니어는 초기에 기능설계 자체가 아닌 다른 사항들에 대해서 더 많은 관심을 둔다. 시스템 엔지니어의 관심과 관련이 있는 주요 이슈들에는 제품 설계가 기능적 설계의 무결성을 위반하지 않아야 한다는 요구조건이 포함된다. 이 외에도 신뢰도, 형상과 체결성, 운용 환경과의 호환성, 유지보수 가능성, 생산 가능성, 시험 가능성, 안전성 및 비용 등이 시스템 엔지니어가 관심을 갖는 분야이다. 개별 구성품 설계에 관해서 시스템 엔지니어가 이해해야 하는 깊이의 정도는 전체 시스템과 관련이 있다. 즉, 시스템 엔지니어는 요소들이 전체 시스템에 어떠한 영향을 미치는지 이해할 수

표 2.3 구성품 설계 요소들

구분	구성품	기능적 요소(들)
전자	수신기	신호 수신
	송신기	신호 송신
	데이터 처리기	데이터 처리
	신호 처리기	신호 처리
	통신 처리기	신호/데이터 처리
	특수 전자장비	다양한 기능 수행
전자광학	광학 감지 장치	신호 입력
	광학 저장 장치	데이터 저장
	전시 장치	신호/데이터 출력
	고에너지 광학 장치	재료 성형
	광학 발전기	전기 생성
전자기계	관성 장치	데이터 입력
	발전기	전기 생성
	데이터 저장 장치	데이터 저장
	변환기	신호 변환
	데이터 입/출력 장치	데이터 입/출력
기계	뼈대(프레임워크)	재료 지지
	컨테이너	재료 저장
	재료 가공기	재료 성형/접합
	재료 반응기	재료 (화학)반응
	동력 전달장치	움직임 제어
열기계	회전식 엔진	추력 생성
	제트 엔진	토크 생성
	난방 장치	온도 제어
	냉방 장치	온도 제어
	특수 에너지원	전기 생성
소프트웨어	운용 시스템	시스템 통제
	애플리케이션	처리 통제
	지원 소프트웨어	처리 통제
	펌웨어	시스템 통제

있을 정도의 지식을 갖추어야 한다. 또한 시스템 엔지니어는 모든 위험, 충돌 및 기타 잠재적인 문제들을 다루어야 한다.

시스템 엔지니어에게 필요한 지식의 범위와 성격은 시스템의 유형과 구성에 따라서도 크게 달라진다. 정보 시스템을 다루는 시스템 엔지니어는 주로 소프트웨어의 세부적인 사항과 시스템 사용자의 사용 편의에 집중하게 된다. 물론 시스템 엔지니어는 통상적으로 표준 사양(항상 구성요소 인터페이스에 특별한 주의를 기울임)으로 제정되어있는 하드웨어 구성품의 외적인 측면도 고려해야 한다. 또 다른 극단적인 사례는 비행기 등과 같은 항공우주 시스템에서도 찾아볼 수 있다. 항공우주 시스템의 경우 매우 역동적이고 열악한 환경에서도 주어진 기능을 발휘할 수 있는 하드웨어와 소프트웨어들을 개발해야 하므로, 복잡하고 비표준적인 어셈블리를 이용하는 경우가 많다. 따라서 항공우주 시스템 엔지니어는 시스템 구성품의 설계에 관해 훨씬 더 상세한 수준의 지식이 필요하다. 이러한 지식은 생산품을 엔지니어링, 시험 및 운용하는 단계에서 신뢰도, 생산성 또는 기타 문제를 일으킬 수 있는 잠재적인 문제점을 파악하기 위해서 필요하다.

공통 빌딩 블록

매우 다양한 시스템의 계층구조를 조사함으로써 밝혀진 중요한 사실은 다양한 시스템들에서 반복적으로 적용되고 있는 요소들이 존재한다는 사실이다. 이러한 요소들은 빌딩 블록에서 중간 수준에 해당하는 경우가 많다. 예를 들어 신호 수신기, 데이터 시현장치, 토크 발생기, 컨테이너 및 기타 수많은 장치가 많은 시스템에서 사용되어 중요한 기능을 수행하고 있다. 이러한 요소는 전형적인 상업 조직의 제품들로 구성되어 있으며, 시장에서 필요로 하는 일반적인 요구에 맞추어서 구성하거나, 복합 시스템에 맞게 사양을 변경할 수도 있다. 표 2.1을 기준으로 설명하면 위의 요소들은 3단계 또는 중간 수준에 해당하며, 대부분은 일반적인 명칭을 갖는다.

다시 표 2.1로 돌아가서, 계층구조로 표현되어있는 시스템 요소들을 최하단인 부품에서부터 위로 이동하면서 살펴본다고 가정하자. 이때 중간 또는 구성품 수준에서 수행하는 기능을 확인할 수 있는데 이것은 구성품 단위에서 제공하는 최초의 중요한 기능이라고 할 수 있다. 또한 이러한 기능들은 다양한 다른 시스템에서도 찾아볼 수 있다. 이러한 이유로 표에서 구성품으로 식별된 요소의 유형들을 시스템을 구성하는 기본 블록으로 지정하였다. 따라서 시스템엔지니어링을 효과적으로 수행하기 위해서는, 이렇듯 널리 적용되는 시스템 구성품의 기능적 및 물리적 속성에 대한 근본적인 이해가 필요하다. 또한 일반적으로 사용되는 시스템 구성품들을 표현할 수 있는 다양한 모델들이 정의되어왔는데, 이는 시스템 빌딩 블록에 대한 기본적인 지식 기반을 얻을 수 있는 프레임워크를 제공하기 위한 목적이었다. 이 절에서는 시스템 빌딩 블록의 파생, 분류, 상호관계 및 일반적인 사례에 관해 다루고자 한다.

시스템 빌딩 블록의 적용

위에서 설명한 시스템 빌딩 블록 모델은 다음과 같은 여러 가지 방법으로 유용하게 사용할 수 있다.

1. 기능적 요소를 신호, 데이터, 재료 및 에너지 요소와 같이 네 가지 클래스로 분류하면 필요한 운용성과를 달성하기 위해 어떤 종류의 조치가 적절한지를 판단하는 데 도움이 될 수 있다.
2. 시스템에 의해 수행되어야 하는 기능에 관한 클래스를 식별하는 것은 적절한 기능적 요소를 하부시스템으로 그룹화하는 데 도움이 될 수 있으며, 기능 분할과 정의를 쉽게 할 수 있다.
3. 개별적인 기능 빌딩 블록을 식별하는 것은 하부시스템 내부는 물론 다른 하부시스템과의 상호 인터페이스에 관한 성격을 규정하는 데 도움이 될 수 있다.
4. 기능적 요소와 이에 대응하는 하나 이상의 물리적 구현 사이의 상호관계는 시스템의 물리 아키텍처를 시각화하는 데 도움이 될 수 있다.
5. 일반적인 시스템 구성 블록의 사례를 살펴보면 가능한 대안을 포함하는 것은 물론이고, 실제로 구현을 하기 위해 적합한 기술의 종류를 제안하고 있다는 것을 알 수 있다.
6. 소프트웨어와 관련해서는 전문적인 지식을 갖고 있으나 하드웨어 기술에는 익숙하지 않은 사람들을 위해서는, 기능적 요소의 4가지 클래스와

물리적 구성품의 6가지 클래스로 구성된 비교적 간단한 프레임워크를 제공함으로써 하드웨어 도메인 지식의 구조를 쉽게 이해할 수 있도록 해야 한다.

2.4 시스템 환경

시스템 환경은 시스템과 상호작용하는 시스템 외적인 부분을 모두 포함해 광범위하게 정의할 수 있다. 시스템 환경과 시스템 간의 상호작용은 시스템 요구조건에서 중요하게 다루어야 하는 이슈이다. 따라서 시스템과 환경이 상호작용하게 되는 모든 방식을 식별하고 상세하게 명시하는 것은 시스템을 개발하는 초기 단계에서 수행해야 하는 매우 중요한 업무이다. 시스템 요구조건이 운용과 관련이 있는 환경적인 조건 전체를 정확하게 반영할 수 있도록 하는 것은 시스템 엔지니어의 특별한 책임이다.

시스템 경계

새로운 시스템을 운용하게 될 환경을 식별하기 위해서는, 우선 시스템의 경계, 즉 시스템 내부에 무엇이 있고 외부에 무엇이 있는지를 정확하게 파악할 필요가 있다. 우리는 시스템 개발사업의 맥락에서 시스템엔지니어링을 다루고 있으므로, 시스템과 관련된 모든 엔티티를 개발 대상으로 간주하고자 한다.

시스템의 경계를 정의하는 것은 언뜻 보기에는 매우 사소해 보이지만, 실제로는 시스템의 일부인 것은 무엇이고, 환경의 일부인 것은 무엇인지 파악하는 것이 매우 어렵다. 무엇이 내부이고 무엇이 외부인지에 대한 잘못된 이해와 가정으로 인해 많은 시스템 개발이 실패한 바 있다. 더욱이 서로 다른 조직들은 비슷한 시스템을 가지고도 경계를 다르게 정의하는 경향이 있다.

다행스럽게도, 시스템 일부로 어떤 엔티티를 포함해야 하는지를 결정하는데 도움을 줄 수 있는 몇 가지 기준이 있다.

- **개발 통제:** 시스템 개발자가 엔티티의 개발을 통제하고 있는가? 개발자가 엔티티의 요구조건에 영향을 미칠 수 있는가, 아니면 요구조건이 개

발자의 영향권 밖에서 정의되는가? 자금조달은 개발자 예산의 일부인가, 아니면 다른 조직의 통제를 받고 있는가?

- **운용 제어**: 일단 현장에 배치되면 해당 엔티티는 시스템을 제어하는 조직의 운용 제어를 받게 되는가? 엔티티가 수행하는 작업과 임무는 시스템 소유자가 지시하는가? 다른 조직이 때때로 운용을 제어할 수 있는가?
- **기능적 할당**: 시스템의 기능 정의에서 시스템 엔지니어가 엔티티에 기능을 할당할 수 있도록 "허용"되었는가?
- **목적의 일치**: 엔티티는 시스템의 성공을 위해 공헌하고 있는가? 일단 배치된 이후에는 다른 엔티티와의 충돌 없이 해당 엔티티를 제외하는 것이 가능한가?

시스템 엔지니어는 실제로 제어 범위(위의 기준들을 통해서 이해한 바와 같이)가 매우 작은 엔티티임에도 불구하고 이러한 엔티티를 시스템 일부로 포함하는 실수를 범해왔다. 그리고 통상적으로 이러한 엔티티들은 개발 또는 운용 중에 할당된 기능이나 작업을 수행할 수 없었다.

시스템 개발 초기에 결심이 필요한 기본적인 사항 중의 하나는 단순히 시스템을 사용하는 사용자 또는 실제로 운용을 담당하는 운용자를 시스템 일부로 간주해야 하는지 아니면 외부 엔티티로 정의해야 하는지를 결정하는 것이다. 일반적으로 사용자나 운용자는 시스템의 외부에 해당하는 엔티티로 간주해야 한다. 시스템을 개발하는 개발자와 소유자가 운용자를 시스템에 포함시키는 것을 정당화할 수 있을 정도로 충분한 의사결정권을 가지고 있는 경우는 드물다. 만약 운용자가 시스템의 외부 엔티티로 정의된다면, 시스템 엔지니어와 개발자는 복합 시스템 개발에서 중요한 부분을 차지하는 시스템과 운용자 간의 인터페이스에 관심의 초점을 맞추어야 한다.

또 다른 관점에서 볼 때, 대부분의 시스템은 결정과 통제 기능을 행사하는 인간 운용자의 적극적인 참여 없이는 작동할 수 없다. 기능적 의미 측면에서 운용자는 시스템의 필수적인 부분으로 간주할 수 있다. 그러나 시스템 엔지니어에게 운용자의 존재는 시스템 환경 요소를 구성하는 하나의 개체이고, 운용자는 시스템과의 인터페이스를 위해 필요한 요구조건을 제시하는 요소에 해당한다.

이러한 요구조건은 시스템 엔지니어에 의해 시스템이 수용할 수 있는지에 대한 가능성을 판단 후 구현하게 된다. 따라서, 본 교재에서는 운용자들을 시스템의 외부에 있는 것으로 간주할 것이다.

앞에서 언급했듯이, 대부분의 복합 시스템들은 대형 시스템의 일부로 간주할 수 있다. 자동차는 도로망에서 운행되며, 주유 시설을 포함한 지원 인프라에 의해 지원된다. 그러나 이러한 인프라들은 새로 개발된 자동차에 맞추어서 새롭게 변경되지는 않는다. 우주선 역시 연료 공급과 비행 준비 기능을 수행하는 복잡한 우주 발사대로부터 발사가 이루어진다. 그러나 이 우주 발사대는 일반적인 발사 장치의 일부일 뿐 우주선을 개발하는 사업에 포함되지는 않는다. 같은 맥락에서 전력망은 데이터 처리 시스템이 활용할 수 있는 표준적인 전력원이다. 따라서 위의 사례를 통해서 알 수 있는 것은 식별된 슈퍼-시스템은 개발 중인 시스템의 일부에 해당하지 않기 때문에, 시스템 개발 프로세스에 포함할 필요는 없다는 것이다. 그러나 위와 같은 지원 인프라는 운용환경을 구성하는 필수적인 요소이기 때문에, 모든 인터페이스 요구조건이 정확하고 적절하게 정의되었는지 확인하기 위해 필요한 범위까지는 검토가 필요하다.

이와 함께 시스템 엔지니어는 시스템 자체는 물론 인터페이스와 관련된 시스템 설계에 영향을 주는 의사결정에 관여해야 한다. 우주 발사대에서 발사되는 우주선의 예에서, 정보 처리 방법을 일부 변경해야 하거나, 발사대에 새로운 기능을 추가해야 할 수도 있을 것이다. 이처럼 공통 인터페이스의 정의와 관련된 설계 문제에 대해서는 시스템 엔지니어가 발사 장치를 담당하는 엔지니어들과 함께 해결해야 할 것이다.

시스템 경계: 컨텍스트 다이어그램

시스템 엔지니어가 사용할 수 있는 중요한 커뮤니케이션 도구 중 하나는 컨텍스트 다이어그램이다. 이 도구는 외부 엔티티와 시스템 사이의 상호작용을 효과적으로 표시하고 개발자들이 이러한 외부 엔티티를 즉시 식별할 수 있도록 도와준다. 그림 2.2는 일반적인 컨텍스트 다이어그램을 보여주고 있다. 어떤 경우에는 이러한 유형의 다이어그램을 "블랙박스 다이어그램"이라고도 부른다. 이 다이어그램에서 시스템은 세부사항이 표기되지 않은 상태로 중앙에 단일 형

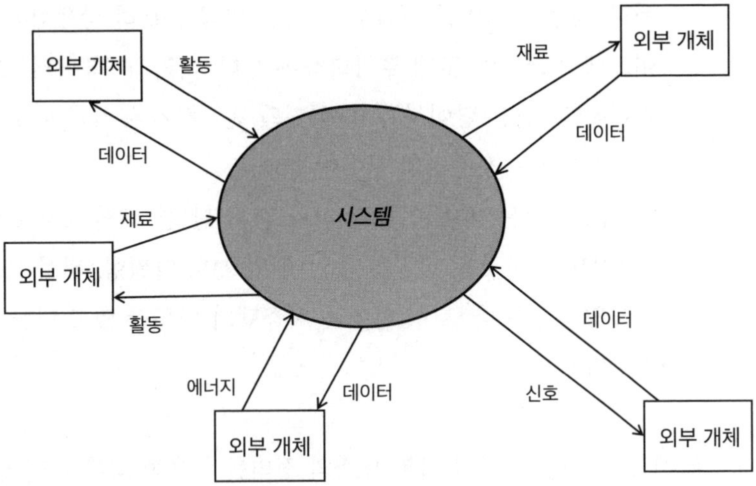

그림 2.2 컨텍스트 다이어그램

상의 도형으로 표시되기 때문에, 내부 구성 또는 기능을 알 수는 없다. 다이어그램은 세 가지 요소로 구성된다.

1. 외부 엔티티. 이것들은 시스템과 상호작용하는 모든 엔티티를 의미한다. 이러한 엔티티 중 다수는 시스템으로 들어가는 입력과 시스템으로부터의 출력으로 간주할 수 있다.
2. 상호작용. 이것은 외부 실체와 시스템 사이의 상호작용을 나타내며 화살표로 표현된다. 화살촉은 특정 상호작용의 방향이나 흐름을 나타낸다. 양방향 화살표도 허용되기는 하지만, 단방향 화살표를 사용하면 독자들에게 더욱 명확한 정보를 전달할 수 있다. 따라서 엔지니어는 양방향 상호작용을 사용할 때 주의해야 한다 — 즉, 상호작용이 갖는 의미가 명확해야 한다. 어떤 화살표를 사용하든 관계없이, 각 상호작용(화살표)에는 인터페이스를 통해 전달되는 내용을 식별하기 위해 라벨이 추가된다.

그림 2.2에 묘사되어있는 다이어그램은 일반적인 컨텍스트 다이어그램에 포함되는 공통적인 상호작용의 유형을 보여주고 있다. 실제 컨텍스트 다이어그램에서 이러한 상호작용을 나타낼 때는 위에서 사용된 개념적인 단어가 아닌 특정한 상호작용 방식을 라벨 형태로 지정하게

된다. 라벨은 의미를 전달할 수 있을 만큼 충분히 상세해야 하지만 다이어그램의 크기에 맞게 추상화해야 한다. 따라서 "데이터" 또는 "커뮤니케이션"과 같은 단어는 의미를 거의 전달하지 못하기 때문에 실제 다이어그램에서는 사용하지 않아야 한다.

3. 시스템. 이것은 이미 언급된 바와 같이 단 한 개의 도형으로 표시된다. 일반적으로 이것은 그림의 중앙에 있으며, 타원형, 원형 또는 직사각형의 모양을 갖는다. 도형 안에는 시스템의 이름만 있고 다른 정보는 없어야 한다.

위에서 나열한 네 가지 기본 요소의 정의를 활용해 외부 인터페이스를 통해서 전달할 수 있는 항목을 분류할 수 있다. 여기에 하나의 요소를 추가하면 아래와 같이 다섯 개의 범주로 구성할 수 있다.

- 데이터
- 신호
- 재료
- 에너지
- 활동

따라서 시스템은 처음 네 가지 요소 중 하나를 수용 및 제공함으로써 또는 어떤 방식으로든 시스템이나 환경에 영향을 미치는 활동을 수행함으로써 주변 환경(특히 외부 엔티티와)과 상호작용을 하게 된다.

시스템 컨텍스트 다이어그램과 같은 다이어그램을 활용하면 시스템의 경계에 대한 의견을 교환하는 데 매우 유용할 수 있다. 이처럼 다이어그램들은 필요한 외부 인터페이스를 명확하고 쉽게 식별하고, 시스템의 입력 및 출력과 관련된 내용을 회화적으로 표현함으로써 시스템 안팎으로 전달되는 내용을 간략하게 묘사할 수 있다.

그림 2.3은 전형적인 자동차를 시스템으로 가정한 간단한 예를 보여준다. 가정한 시스템은 다소 단순하지만, 다섯 가지 유형의 인터페이스를 모두 잘 표

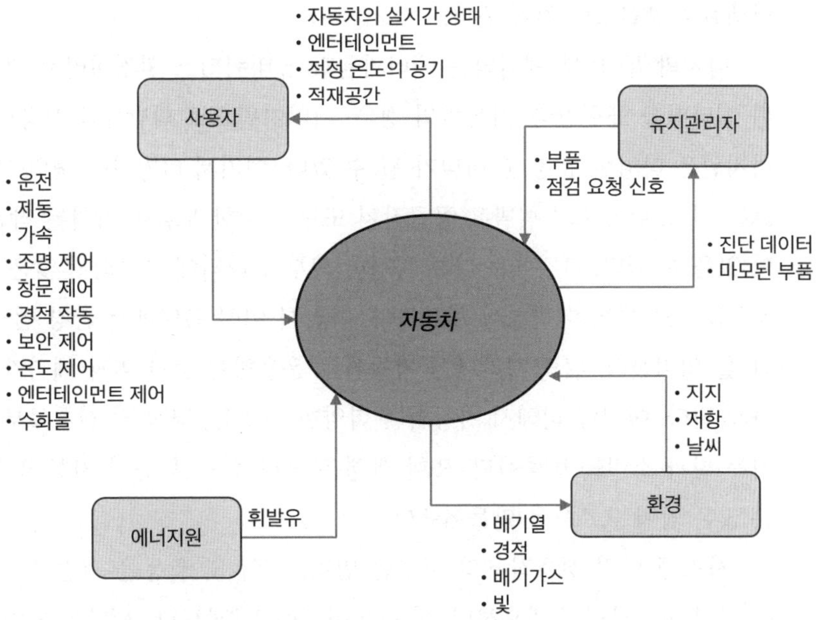

그림 2.3 자동차의 컨텍스트 다이어그램

현하고 있다. 네 개의 외부 엔티티는 다음과 같이 확인할 수 있다: 사용자(운전자와 승객 포함), 유지관리자(사용자일 수 있지만, 시스템과의 특별한 상호작용을 고려해 별도로 구별), 에너지원 및 환경. 시스템 대부분은 이 네 가지 외부 엔티티들의 유형과 상호작용을 할 것이다. 물론 다른 많은 엔티티도 시스템과 상호작용할 수 있다.

사용자는 조향 및 제동 등의 동작뿐만 아니라 다양한 명령과 제어장치를 포함해 시스템에 다수의 입력을 제공한다. 화물과 같은 물자 역시 시스템에 전달된다. 그에 대한 반응으로, 시스템의 다양한 상태를 표시하는 것과 같이 몇 가지 출력이 자동차로부터 사용자에게 다시 전달된다. 추가로 오늘날의 자동차는 다양한 형태의 엔터테인먼트 기능을 지원해준다. 마지막으로, 수화물은 원할 때 사용자에게 전달된다.

다른 엔티티들도 시스템과 상호작용한다. 관리자는 필요한 진단 데이터를 요청할 수 있어야 한다. 일반적으로 이러한 데이터의 형태는 인터페이스를 통해 자동으로 전달되는 신호가 될 것이다. 진단 데이터를 확인한 이후에는 문제가 발생한 부품을 교체하게 된다.

마지막 두 외부 엔티티는 에너지원과 유비쿼터스 환경이라는 다소 전문화된 엔티티를 표현한다. 자동차의 경우, 에너지원으로 휘발유를 사용한다. 이 에너지원은 다양한 유형 중 하나가 될 수 있다. 여기서 다양한 유형의 에너지원으로는 전기, 주유소의 휘발유 공급장치 또는 단순한 노즐이 장착된 작은 용기 등이 있을 수 있다. 환경에는 다른 특정한 외부 엔티티에 포함되지 않은 모든 것이 포함되므로 특별한 관심이 필요하다. 따라서 어떤 측면에서 환경 엔티티는 “기타”를 의미한다. 위의 사례에서 자동차는 운용하는 동안 열과 배기가스를 배출하게 된다. 여기에 더해서 자동차는 다양한 전조등, 경적 및 신호로부터 만들어지는 빛과 소리를 방출한다. 또한 환경은 물리적 지원, 공기 저항 및 날씨와 같은 많은 입력 요소들을 만들어낸다.

시스템-환경 상호작용의 일부인 입력, 출력 및 활동을 식별하기 위해서는 몇 가지 고려사항이 필요하다. 이 다이어그램은 “과도한 표현”을 위해서 상호작용에 온도, 압력, 빛, 습도 및 기타 여러 요소를 포함했다고 할 수 있다. 이것은 흥미로운 질문을 제기한다: 시스템과 외부 엔티티 사이의 상호작용 중 어떤 것을 포함해야 할 것인가? 그 문제와 관련해, 어떤 외부 엔티티가 우리의 다이어그램에 포함되어야 하는지를 어떻게 알 수 있는가? 이러한 질문에 대한 대답은 간단하다. 그것은 시스템을 설계할 때 상호작용이 중요한 경우에는 이를 포함해야 한다.

우리의 자동차 사례에서 물리적인 측면에서의 운용유지 부분은 설계를 수행할 때 중요한 요소가 된다. 나아가 이러한 요소는 변속기, 조향 및 타이어의 종류를 선택하는 과정에 영향을 미칠 것이다. 이러한 이유로 우리는 다이어그램에 “운용유지”를 포함시켰다. 온도, 습도, 압력 등도 고려가 필요한 요인들이 될 것이다. 그러나 우리는 설계를 수행하면서 이러한 요인들의 중요성에 대해 확신할 수 없었기 때문에, 이러한 특성들을 “날씨”로 통합해 분류하였다. 날씨라는 일반적인 분류를 사용한다는 것이 자동차를 설계할 때 모든 환경조건을 고려한다는 것을 의미하는 것은 아니다. 오히려 우리가 설계를 수행할 때 모든 조건을 고려하는 것은 아니라는 것을 의미한다. 우리는 요구조건을 기반으로 환경조건에 관한 아이디어를 얻어야 하며, 이를 통해서 어떠한 환경조건이 우리의 컨텍스트 다이어그램에 포함되어야 하는지를 결정할 수 있다.

시스템으로부터 주변 환경으로 방출되는 출력물도 설계에 미치는 영향을 고려해 달라지게 된다. 사실 자동차는 많은 것들을 환경으로 배출하게 된다. 열, 배기가스, 촉감, 색상 그리고 특히 배기 물질의 일부분인 이산화탄소를 배출한다. 하지만 이 중 우리의 디자인에 영향을 미치는 것은 무엇인가? 아마도 열, 사이렌 소음, 배기 및 빛 등 네 가지가 주요한 영향 요인으로 작용할 것이다. 그러므로 현재 단계에서는 이러한 요소들만을 포함하고 나머지는 생략한다. 필요한 경우가 발생하면 우리는 언제든지 돌아와서 컨텍스트 다이어그램을 업데이트할 수 있다(사실, 우리는 시스템엔지니어링 프로세스와 시스템 개발 수명주기를 모두 수행하면서 이러한 업데이트를 수행하게 될 것이다).

시스템 컨텍스트 다이어그램은 개발하고자 하는 시스템의 경계를 식별하고 평가하고 소통할 수 있는 매우 간단하지만 강력한 도구이다. 이것은 이 다이어그램을 이 책에서 소개하는 첫 번째 도구로 선정한 이유이기도 하다. 시스템 엔지니어에게 시스템을 올바르게 개발하는 데 필요한 방법을 제공할 수 있는 더 많은 내용은 뒤에서 소개될 것이다.

환경적 상호작용의 유형

시스템과 주변 환경과의 상호작용에 관한 특성을 이해하기 위해서는 일차적 상호작용과 이차적 상호작용을 구별하는 것이 편리하다. 전자는 시스템의 주요 기능과 상호작용하는 요소, 즉 기능 입력, 출력 및 제어장치를 나타낸다. 후자는 물리적 지지구조, 주변 온도 등과 같이 간접적이면서 비기능적인 방식으로 시스템과 상호작용하는 요소와 관련이 있다. 그러므로 시스템과 주변 환경과의 기능적 상호작용에는 그 입력과 출력, 그리고 인간 제어 인터페이스가 포함된다. 운용 유지보수는 준기능 인터페이스로 간주할 수 있다. 시스템에 대한 위협은 시스템의 활동 수행 능력을 부정하거나 방해하는 엔티티들이다. 물리적 환경에는 지원 시스템, 시스템 설치환경 및 배송, 취급 및 보관 등이 포함된다. 이들 각각은 다음에 간략하게 설명되어 있다.

입력 및 출력. 대부분의 시스템이 추구하는 주요 목적은 입력물에 해당하는 외부 자극 및/또는 물질 등을 유용한 방식으로 처리해 원하는 출력물을 얻는 것이다. 여객기의 경우 물질은 승객, 수화물, 연료이며 항공기의 기능은 승객과 그들의 수화물을 원거리에 있는 목적지까지 빠르고 안전하면서도 편안하게 운송하는 것이다. 그림 2.4는 여객기의 사례를 이용해 복합 시스템과 운용환경 사이에서 있을 수 있는 매우 다양한 상호작용 중 일부를 보여준다.

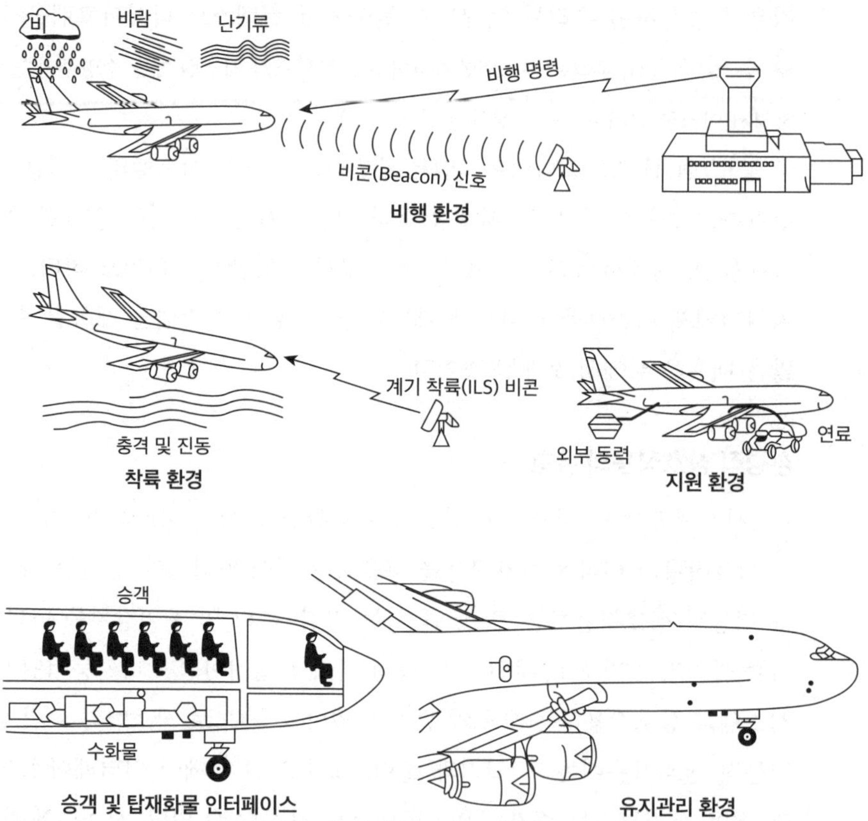

그림 2.4 여객기의 환경

시스템 운용자. 앞에서 언급한 바와 같이, 자동화 시스템을 포함한 사실상 모든 시스템은 자율적으로 운용되지 않는다. 시스템이 기능을 수행하기 위해서는 인간 운용자의 제어가 어느 정도 필요하다. 시스템 엔지니어가 수행해야 하는

업무의 특성을 기반으로 운용자를 고려한다면, 운용자는 시스템 환경의 일부분에 해당한다. 운용자와 시스템 간의 인터페이스(인간-기계 인터페이스)를 정의하는 것은 시스템 개발에서 가장 중요한 업무 중 하나이다. 이는 운용자가 수행하는 제어 기능과 시스템의 성능 사이에는 밀접한 관계가 있기 때문이다.

운용 유지관리. 시스템의 가용성과 운용 신뢰도에 관한 요구조건은 시스템이 운용되는 수명주기 동안 지속해서 유지되어야 한다. 이를 위해서는 모니터링, 시험 및 수리와 관련된 요구조건을 충족시킬 수 있도록 시스템을 설계해야 한다. 비록 초기에는 명확하지 않은 경우가 많지만, 그럼에도 불구하고 이러한 사항은 개발 프로세스의 시작 단계에서부터 다루어져야 한다. 따라서 유지보수 환경을 확인하고 명확하게 제공할 필요가 있다.

위협. 이런 종류의 외부 엔티티는 인공적이거나 자연적인 원인으로 인해 발생할 수 있는 것들이다. 기후의 경우는 그러한 조건에 직접 노출된 시스템에 대한 위협으로 간주할 수 있다. 예를 들어 해군 시스템을 개발할 때는 부식의 원인이 되는 높은 염도의 바다 환경을 반드시 고려해야 한다. 위협은 인간이 만들 수도 있다. 현금 자동 입출금기(ATM, Automatic Teller Machine)에 대한 주요 위협은 도둑일 것이며, 도둑의 목표는 보관되어있는 현금에 접근하는 것일 것이다. 시스템에 위협이 되는 사항을 조기에 파악해 대응책을 설계하는 것이 필요하다.

지원 시스템. 지원 시스템은 메인 시스템이 임무를 수행하기 위해서 필요한 인프라의 일부분이다. 그림 2.4와 같이 공항, 항공 교통관제 시스템 및 관련 시설은 특정 항공기뿐만이 아니라 다른 일반적인 항공기도 운용할 수 있는 기반을 제공한다. 이러한 시설은 항공운송 시스템이라는 시스템 복합체계(SoS)의 일부분이지만, 비행기의 입장에서 바라보면 그것들은 공통적이고 표준적으로 이용 가능한 자원을 의미한다.

앞에서는 공통 지원 시스템에 해당하는 두 가지 사례로 현대사회에서 사용 가능한 전력을 분배하는 전력망과 자동차 충전소 등 관련 네트워크를 예시로 거론하였다. 새로운 비행기, 자동차 또는 다른 시스템을 구축하기 위해서는 이러한 지원시설과 호환이 가능하고 활용할 수 있는 인터페이스를 제공할 필요가 있다.

시스템 하우징(Housing). 대부분의 고정식 시스템은 운용 현장에 설치하게 된다. 문제는 대부분의 운용 현장이 시스템 운용에 제한이 되는 사항을 포함하고 있다는 것이다. 때에 따라서 시스템이 설치되는 공간은 온도, 습도 및 기타 외부 요인의 변화와 같은 요소로부터 시스템을 보호할 수 있어야 한다. 특정 시스템을 선박에 설치하는 경우에는 또 다른 제한요인이 만들어진다. 즉 선박과 같은 플랫폼은 시스템을 기계적으로 장착할 수 있는 여건을 제공하지만, 시스템이 충격, 진동 및 기타 혹독한 환경에 노출될 수도 있기 때문이다.

배송 및 취급 환경. 개발이 완료된 시스템 대부분은 생산 현장에서부터 실제로 운용을 하게 될 사이트로 운송되어야 한다. 이러한 이동과정은 시스템을 특별하게 설계해야 하는 또 다른 조건을 부과한다. 그 대표적인 사례로는 극한의 온도, 습도, 충격, 진동이 있는데, 어떤 경우에는 이 과정에서 작동 환경에서 받는 것보다 더 큰 스트레스를 받기도 한다. 이렇듯 환경과의 상호작용과 관련이 있는 영향성은 주로 공학 개발 단계에서 다루어져야 한다는 점을 유의해야 한다.

2.5 인터페이스와 상호작용

인터페이스: 외부 및 내부

앞 절에서는 시스템이 다른 시스템과는 물론이고 주변 환경과 상호작용하는 다양한 방식들을 설명하였다. 이러한 상호작용은 모두 시스템이 가진 다양한 경계에서 발생한다. 그러한 경계를 시스템의 **외부 인터페이스**라고 한다. 외부 인터페이스와 관련된 사항들을 정의하고 통제하기 위해서는 시스템 자체는 물론이고 주변 환경과 관련된 지식을 모두 필요로 하므로 시스템 엔지니어의 특별한 책임이다. 시스템을 성공적으로 작동시키기 위해서는 인터페이스를 적절하게 통제하는 것이 필수적이다.

이에 따라 시스템엔지니어링의 주요 직무는 인터페이스 관리라고 할 수 있다. 여기에는 다음이 포함된다.

1. 시스템 개념을 정의하는 업무의 일부분으로서 인터페이스를 식별 및 설명
2. 개발, 생산 및 후속 시스템 개선 과정에서 시스템의 완전성을 유지하기 위한 인터페이스의 조정 및 제어

시스템 내부에 포함된 개별 요소들 사이의 경계는 시스템의 **내부 인터페이스**를 구성한다. 여기서 다시 한번 강조하고 싶은 것은, 내부 인터페이스를 정의하는 업무는 시스템 엔지니어의 주요한 관심사가 되어야 한다는 것이다. 시스템 엔지니어는 개별 구성품 개발을 담당하는 각 전문분야 공학자들의 책임 영역 사이의 경계에서 가교 역할을 해야 하기 때문이다. 따라서 시스템 엔지니어들이 시스템 정의와 구현과 관련해 결심할 때는 설계 절충과 같이 두 개 이상의 구성품 설계에 영향을 미치게 되는 사항을 고려해야 하는 경우가 많다.

시스템 엔지니어가 담당하는 업무 중 특별히 복잡한 상황이면서, 좀 더 세심한 주의를 기울여야 하는 업무는 네트워크 시스템에서 발생하는 인터페이스와 관련이 있다. 이러한 인터페이스 상황들은 시스템 구성품의 뒤에 가려져 있어서 쉽게 보이지 않는 임베디드 소프트웨어에 포함되어 있거나, 이차적인 상호작용으로 인해 숨겨져 있는 경우가 많다. 운용 중 예상치 못한 오류 또는 악성 소프트웨어의 침입과 같은 위험을 다루기 위해서는, 시스템을 설계할 때 외부 인터페이스로부터 정보 시스템을 보호할 방안을 고려해야 하므로 더 큰 도전이 될 수도 있다.

상호작용

시스템에서 두 개의 개별적인 요소 사이에서 발생하는 상호작용은 두 요소를 연결하는 인터페이스를 통해서 이루어진다. 따라서 자동차 운전자의 손과 핸들의 인터페이스는 운전자가 핸들을 돌리는 힘을 전달해 자동차를 운전(상호작용)할 수 있게 해준다. 자동차의 타이어와 도로 사이의 인터페이스는 동력 마찰을 도로로 전달해 차를 추진시키는 동시에 방향을 조정하는 것을 가능하게 해

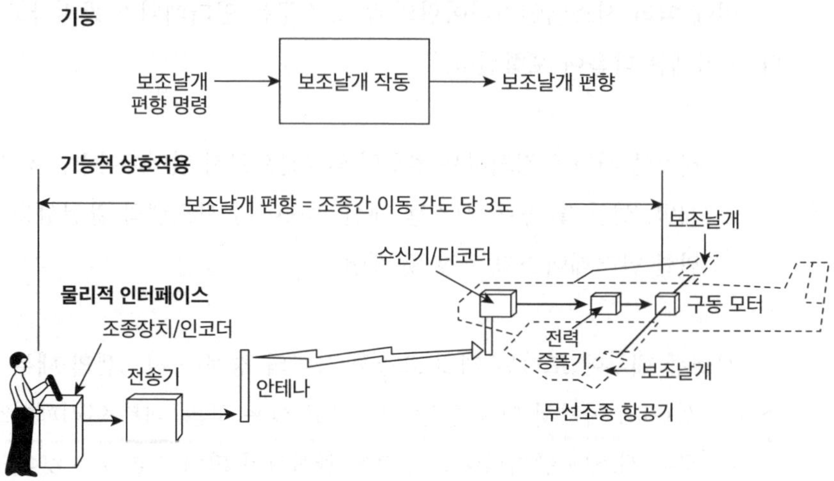

그림 2.5 기능적 상호작용과 물리적 인터페이스

주고, 차체가 거친 노면의 영향을 받는 것을 감소시켜준다.

위의 예는 (물리적) 인터페이스를 통해 전달되는 물리적 상호작용(운전대 또는 구동 바퀴를 돌림)으로 인해 기능적 상호작용(차량 주행 또는 추진)이 어떻게 영향을 받는지를 보여준다. 그림 2.5는 항공기 조향에 관련된 물리적 인터페이스와 그에 따른 기능적인 상호작용 사이의 관계를 보여준다.

중요하지만 많은 경우에 적절하게 다루어지지 못했던 외부 시스템과의 상호작용은 시스템을 유지보수하는 과정에서 발생한다. 이 활동은 여러 중요한 시스템 기능에 액세스해 필요한 시험을 수행할 수 있어야 한다. 이를 위해서는 최소한의 조작으로 외부에서 표본을 뽑을 수 있도록 시스템에 특수한 시험 포인트를 마련해야 한다. 일부 복합 시스템에는 강력한 내장 시험(BIT, Built-In Tests) 기능이 통합되며, 시스템이 작동 상태에 있는 동안에도 시험을 수행할 수 있다. 이러한 인터페이스와 관련 사항을 정의하는 것도 시스템 엔지니어의 관심사가 되어야 한다.

인터페이스 요소들

외부 인터페이스와 내부 인터페이스의 식별을 체계적으로 수행하기 위해서는 인터페이스를 다음과 같은 세 가지 유형으로 구별하는 것이 편리하다.

1. 커넥터, 구성부품 간 전기, 유체, 힘 등의 전달을 쉽게 하는 역할.
2. 절연기, 위와 같은 상호작용의 억제를 담당.
3. 변환기, 상호작용 매체의 형태를 변경함. 이러한 인터페이스는 인터페이스의 요소로 간주할 수 있는 구성품 또는 하부구성품의 형태로 구현됨.

표 2.4 인터페이스 요소의 예

분류	전기	기계	유압	인간-기계
상호작용 매체	전류	하중	유체	인간-기계
연결장치	케이블 스위치	연결 결합장치	파이프 밸브	디스플레이 제어판
절연체	RF 차폐	충격 마운트 베어링	봉인재	덮개 점검 창
변환기	안테나 A/D 컨버터	기어 트레인 피스톤	감압 밸브	키보드

표 2.4에서는 전기, 기계, 유압, 인간 등 네 가지 상호작용 매체에 대한 세 가지 유형의 인터페이스 요소를 보여주고 있다. 또한 이러한 조건에 맞는 일반적인 예시를 열거하고 있다. 이 표에서는 아래와 같이 주목할 만한 몇 가지 요점을 제시하고 있다.

1. 두 구성품 사이의 연결을 만들거나 끊는 기능(즉, 두 구성품 간의 상호작용을 활성화하거나 비활성화)은 중요한 설계 특징으로 간주해야 하며, 종종 시스템 제어와 관련이 있다.
2. 서로 분리되어있는 시스템의 구성품을 케이블, 파이프 또는 기타의 장치 등으로 연결해야 하는 경우가 있다. 그것들이 갖는 비활성적인 특성에도 불구하고, 이러한 연결 요소들은 시스템 수준에서 특별한 주의를 기울여야 한다.
3. 상대적으로 단순한 인터페이스 요소들은 시스템 성능과 신뢰도 보장성 측면에서 그것들이 갖는 역할의 중요성을 간과하게 한다. 경험에 따르면 시스템 고장의 상당 부분이 인터페이스에서 발생한다. 인터페이스의 호

환성 및 신뢰도 확보는 시스템 엔지니어의 특별한 책임이다.

MBSE(Model Based Systems Engineering) 및 인터페이스

일반적으로 MBSE(그리고 특히 SysML, Systems Modeling Language)는 인터페이스를 효과적이고 효율적으로 관리할 수 있도록 도와준다. 유능한 모델링 전문가는 모델링 도구를 활용해 잘못된 흐름을 파악하고, 불일치를 탐지함으로써, 상세한 인터페이스 사양(그것이 모델 내에서든 외부로 보내지는 파일에서든 관계없이)을 생성할 수 있다. 이는 일관성을 보장하고 문서 집약적인 방법(엔지니어가 체계적인 지원 없이 추적성이 끊어진 파일를 읽고 분석해야 하는 방법)에서 공통으로 나타나는 오류의 원인을 제거한다. 특히 하부시스템 모델(아마도 서로 다른 공급업체나 부서들에 의해 만들어졌을)을 통합하고 분석하는 데 적합하다. 하부시스템 모델들 사이에 인터페이스를 연결하고 하부시스템 A에서 나오는 흐름이 하부시스템 B로 정상적으로 입력되고 있는지를 확인하기 위해 품질검사를 실행하는 것은 비교적 간단한 일이다(그리고 이 작업을 수동으로 수행하는 것보다는 훨씬 적은 노력이 소요된다). 하지만 이러한 분석을 지원하기 위해 모델을 올바르게 구조화하는 것은 사소한 일이 아니라는 점에 유의해야 한다. 그럼에도 불구하고 충실도를 확보하였을 때 얻을 수 있는 노력의 감소 효과 측면을 고려하면, MBSE가 INCOSE가 추구하는 시스템엔지니어링이 나아가야 할 바람직한 방향인 것은 당연하다.

2.6 현대 시스템의 복잡성

앞 장에서는 시스템을 하부시스템, 구성품, 하부구성품 그리고 마지막으로 부품으로 세분화한 시스템 계층구조(표 2.1 참조)에 관해 설명하였다. 현대 시스템의 경우 복잡성이 증가함에 따라, 이러한 하부시스템, 구성품 및 부품의 개수와 다양성, 복잡성이 증가하고 있다. 더욱이 이들 엔티티 간의 상호작용이 갖는 복잡성 역시 높아지고 있다. 시스템엔지니어링 원칙과 실행 방법은 이러한 복잡성을 다룰 수 있도록 설계되어 있다.

단일 시스템들은 그것보다 더 큰 엔티티의 일부이거나 일부가 될 수 있다. 최근에는 이러한 슈퍼 시스템의 개념을 설명하기 위해 많은 용어가 사용되고 있지만, 시스템 복합체계라는 용어가 매우 다양한 조직에서 받아들여지고 있는 것 같다. 특별히 예외적인 경우를 제외하면 다양한 문헌에서 발견되는 시스템 복합체계라는 용어는 대부분 동일한 의미로 사용되고 있다. 또 다른 개념인 엔터프라이즈 시스템엔지니어링은 엔터프라이즈의 일부에 해당하면서, 엔지니어링 시스템에 시스템엔지니어링의 원칙을 적용하는 것을 말한다. 이 외에도 다양한 방식으로 표현되는 시스템 계열들이 있다.

다음 절에서는 시스템 복합체계, 엔터프라이즈 등과 같이 단일 시스템보다 "상위에" 또는 더 복잡한 것으로 간주하는 엔티티와 관련된 엔지니어링에 대한 기본적인 소개가 이어진다.

시스템 복합체계(SoS)

본 교재의 작성 목적을 충족시킬 수 있도록 우리는 SoS가 무엇을 의미하는지 설명하기 위해 두 가지 정의를 사용할 것이다. 이 정의들은 모두 미국 국방부(DoD, 2008)에서 나왔으며, 첫 번째 정의는 가장 간단한 내용을 담고 있다.

> *"유용하고 독립적인 시스템들이 고유한 기능을 제공하는 더 큰 시스템에 통합됨으로써 만들어지는 시스템의 집합 또는 배열."*

간단히 말하면, 개별 시스템들의 기능을 단순히 합친 것보다 각 시스템을 독립적인 시스템 세트에 통합시킴으로써 좀 더 향상된 기능을 제공하는 경우에 우리는 시스템 복합체계를 구축했다고 말할 수 있다. 물론 통합의 수준은 매우 다양할 수 있다. 높은 수준의 통합 사례로는 초기 개발 단계에서부터 각 독립적인 시스템들이 SoS에 완전히 통합되는 것을 생각해볼 수 있다. 즉, 개별 시스템은 독립적으로 작동할 수 있지만 거의 독점적으로 SoS용으로 설계된다는 것을 의미한다. 이와는 정반대의 상황도 고려해볼 수 있다. 즉, 개별 시스템 소유자들의 동의를 구한 상태에서 제한된 목적과 기간에만 필요한 임무를 수행하기 위해 여러 시스템을 느슨하게 결합하는 것도 가능하다. 따라서, SoS의 다양한 뉘앙스를 완전히 설명하기 위해서는 이러한 통합의 범위를 구분할 수 있는 기준이 필요하다.

독자가 짐작할 수 있듯이, SoS를 엔지니어링하고 아키텍팅하는 것은 단일 시스템을 엔지니어링하고 아키텍팅하는 것과는 다를 수 있다. 또한 시스템 복합체계 엔지니어링(SoSE) 역시 SoS가 가진 고유한 속성으로 일반적인 시스템엔지니어링과 차이가 발생한다.

엔터프라이즈 시스템엔지니어링

SoSE는 본질적으로 단일 시스템 개발과 비교할 때 복잡성이 증가하는 경향이 있다. 그러나 그것은 가장 높은 수준의 복잡성을 나타내지는 않는다. 실제로 표 2.1에서 시스템을 최고 상위에 두고 계층구조를 제시했던 것과 마찬가지로, 우리는 이 계층을 더 넓은 범위로 확장할 수도 있다. 즉, 시스템 복합체계를 넘어 엔터프라이즈 수준으로도 확장할 수 있다. 그림 2.6은 이러한 계층구조를 보여주고 있다.

SoS의 상위 수준에는 엔터프라이즈가 자리 잡고 있는데, 통상적으로 이것은 다수의 시스템 복합체계로 구성된다. 더욱이 엔터프라이즈는 시스템 유형들을 다양하게 조합한 형태로 구성될 수 있으며, 이들 모두가 물리적인 것만을 포함하지 않을 수도 있다. 예를 들어, 엔터프라이즈에는 물리적 시스템과 통합되는 인적 또는 사회적 시스템을 포함하는 것이 가능하다.

공식적으로 엔터프라이즈는 "공통 임무 또는 목표를 달성하기 위해 상호작

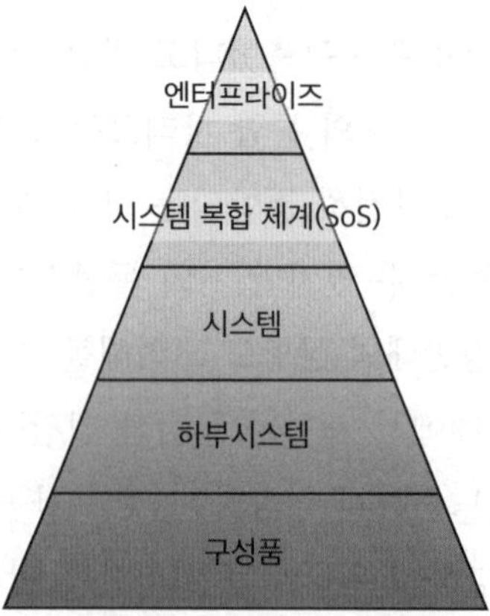

그림 2.6 시스템 계층의 피라미드

용하는 조직 및 지역의 사람, 프로세스, 기술, 시스템 및 기타 자원으로 구성된 모든 것"이다. 이러한 엔터티 간의 상호작용 수준은 SoS를 형성하는 구성품 시스템과 마찬가지로 다양하다. 그리고 많은 엔티티가 이러한 정의에 부합한다. 거의 모든 중간 규모에서부터 대규모 조직까지 이 정의를 충족한다. 실제로 일부 대기업의 하위 조직은 그 자체로도 엔터프라이즈로 정의할 수 있다.

정부기관과 부서들도 이 정의에 부합한다고 할 수 있다. 그리고 도시나 국가와 같은 큰 규모의 사회 · 물리적 구조 역시 이러한 정의를 충족시킨다.

엔터프라이즈 시스템엔지니어링이 갖는 복잡성은 주로 시스템과 다양한 프로세스를 통합시키는 과정에서부터 시작된다. 일반적으로 엔터프라이즈에는 다음과 같은 구성요소가 포함된다. 이러한 요소들은 오늘날 엔터프라이즈가 갖는 불확실한 환경하에서 함께 통합되어야 하는 것들이다.

- 비즈니스 전략 및 전략 계획
- 비즈니스 프로세스
- 엔터프라이즈 서비스
- 거버넌스
- 기술 프로세스
- 인력 관리 및 상호작용
- 지식경영
- 정보기술 인프라 및 투자
- 설비 및 장비 관리
- 물품 관리
- 데이터 및 정보 관리

엔터프라이즈 시스템엔지니어링은 엔터프라이즈의 일부에 해당하는 엔지니어링 시스템에 시스템엔지니어링 원칙을 적용하는 것을 말한다. 일반적으로 엔터프라이즈의 개별 구성품을 개발할 때도 이 용어를 적용한다. 또 다른 광범위한 의미의 용어도 등장했는데, 그것이 바로 엔터프라이즈 엔지니어링이다. 이 용어는 일반적으로 "시스템"이 생략된 상태에서 기업 전체의 설계, 개발, 실행,

운용을 지칭한다. 어떤 이들은 이 용어를 서로 호환이 가능한 것처럼 사용하고 있지만, 이 두 용어는 서로 다른 수준의 의미를 내포하고 있다.

엔터프라이즈 시스템엔지니어링은 시스템 복합체계 엔지니어링(SoSE)보다 더 복잡한 것으로 간주되어야 한다. 그 이유는 엔터프라이즈에는 많은 구성품이 하나 이상의 시스템 복합체계를 포함하고 있기 때문이다. 따라서, 엔터프라이즈는 복수의 시스템 복합체계의 통합한 형태로 볼 수 있다. SoSE 응용 프로그램을 위해 새로운 도구와 기법이 개발되고 있는 것처럼, 비교적 새롭게 발전하고 있는 이 분야를 위한 다양한 도구, 방법 및 기법들도 개발되고 있다.

패밀리 시스템*

어떤 상황에서는 시스템들을 특정한 그룹으로 구분해 식별하는 것이 도움이 될 때가 있다. 패밀리 시스템의 구성원은 공통적인 특성을 갖고 있지만, 그룹화를 통해서 새로운 기능을 제공하지는 않으며 전체적으로 연결되지 않을 수 있는 특성이 있다. FoS는 공통 환경에서 사용되는 제품군 또는 시스템의 집합일 수 있다. 시스템 세트는 다양한 방법으로 배열되거나 상호 연결될 수 있는 독립적인(상호 의존적이지 않은) 시스템 그룹일 것이다. FoS는 유인 또는 무인 차량 집합체, 우주 위성 그룹 또는 네트워크 시스템 집합체 등일 수 있다. 이러한 형태의 구성은 새로운 특성이나 능력을 제시하지 못하며 SoS의 시너지 효과도 부족하다.

* 패밀리 시스템(FoS, Family of Systems): 유사한 능력을 제공할 수 있는 시스템 세트를 의미함. 이러한 능력은 유사하거나 보완적인 효과를 얻을 수 있는 다양한 접근방식을 이용해 얻을 수 있음. 예를 들어, 전투원은 움직이는 표적을 추적하는 능력이 필요할 수 있음. 이러한 능력을 제공할 수 있는 패밀리 시스템에는 적절한 센서가 장착된 유인 또는 무인 항공기(UAV), 우주 기반 플랫폼 또는 특수 작전 기능이 포함될 수 있음. 위의 각 시스템은 움직이는 목표를 추적하는 기능을 제공할 수 있지만, 지속성, 정확성, 적시성 측면에서 서로 다른 특성을 갖게 됨.
출처: DAU, "DAU Glossry," accessed May 26, 2021, https://www.dau.edu/glossary/Pages/GlossaryContent.aspx?itemid=27470.

2.7 요약

시스템 요소와 인터페이스

시스템 엔지니어가 복합 시스템 개발과 관련이 있고 상호작용하는 다양한 분야에 관한 폭넓은 지식을 가져야 한다는 사실을 알게 되면, 요구되는 이해의 깊이는 어느 정도 수준이어야 하는가에 대한 질문을 제기하게 된다.

복합 시스템의 계층구조

복합 시스템은 하부시스템, 구성품, 하부구성품 및 부품으로 구성된다는 점에서 계층구조로 표현할 수 있다.

시스템 엔지니어의 영역은 구성품 수준까지 아래로 깊어지며 몇 가지 범주에 걸쳐서 확장된다. 이와는 대조적으로 설계 전문가의 영역은 부품 수준에서부터 구성품 수준까지 올라가지만, 일반적으로 그 지식은 단일 기술 영역 또는 분야로 제한된다.

시스템 빌딩 블록

시스템 빌딩 블록은 구성품 수준을 포함하며 기능적 및 물리적 속성에 의해 특징지어지는 모든 개발 시스템에 대한 기본적인 빌딩 블록이다. 이러한 빌딩 블록은 고유하면서도 중요한 역할을 수행하는 것이 특징이며 단일 공학 분야의 범위 내에 있다.

기능적 요소는 구성품의 기능적인 부분에 해당하는 것으로 작동 매체에 따라 네 가지 클래스로 분류된다.

- 정보 요소, 감지하고 전달하는 정보.
- 데이터 요소, 해석, 체계화 및 정보 처리.
- 재료 요소, 구조 및 공정 물질을 제공.
- 에너지 요소, 에너지 또는 동력을 제공.

구성품은 기능 요소를 물리적으로 구현한 것으로, 사용되는 재료에 따라서

6개의 분야로 분류된다.

- 전자
- 전기광학
- 전자기계
- 기계
- 열기계
- 소프트웨어

시스템 빌딩 블록 모델은 운용 효과를 달성할 수 있는 행동 또는 동작을 식별하고, 기능 분할 및 정의를 촉진하며, 하부시스템 및 구성품의 인터페이스를 확인하는 데 효과적이다. 또한 시스템의 물리 아키텍처를 시각화하는 데 유용하게 사용할 수 있다.

시스템 환경

시스템 환경, 다시 말해 시스템과 상호작용하는 외부의 모든 것에는 다음 사항이 포함된다. ① 시스템 운용자(시스템 기능의 일부이지만 인도된 시스템의 외부), ② 유지보수, 설치환경 및 지원 시스템, ③ 배송, 보관 및 취급, ④ 날씨 및 기타 물리적 환경 및, ⑤ 위협.

인터페이스와 상호작용

인터페이스는 시스템엔지니어링에서 다루어야 하는 중요한 이슈이다. 이는 구성품 간의 상호작용에 영향을 미치며 세 가지 범주로 분류할 수 있다. 세 가지 범주는 연결, 격리 및 상호작용의 변환이다. 이것은 식별, 사양, 조정 및 통제가 필요하다. 더욱이 시험 인터페이스는 일반적으로 통합과 유지보수를 위해 제공된다.

현대 시스템의 복잡성

각 시스템은 항상 더 큰 엔티티의 일부분이 된다. 때때로, 이 더 큰 엔티티는 그 자체로(단순히 환경, 또는 "자연"을 넘어) 별도의 시스템으로 분류할 수 있다. 이러한 상황을 "시스템 복합체계(SoS, Systems of systems)"라고 한다. 이것은 개별 시스템의 운용 독립성 및 관리 독립성, 지리적 분포, 돌발적인 거동, 진화적인 개발, 자기 조직화, 적응 등의 7가지 뚜렷한 특징을 보이는 경향이 있다.

엔터프라이즈 시스템엔지니어링의 경우 복잡성은 유사하지만, 조직 엔티티에 초점을 맞춘다. 엔터프라이즈는 기술 시스템뿐만 아니라 사회 시스템도 포함하기 때문에 그 복잡성을 예측할 수 없는 경향이 있다.

연습문제

2.1 표 2.1을 참조하여 (i) 터미널 항공 교통 관제 시스템, (ii) 개인용 컴퓨터 시스템, (iii) 자동차 및 (iv) 발전소의 대표적인 하부시스템, 구성품, 하부구성품 및 부품으로 구성되는 유사한 계층 구조를 나열하시오. 각 시스템에 대해 각 수준에 맞는 예를 하나씩 제시하시오.

2.2 구성품 수준까지 기술 지식이 필요한 시스템 엔지니어의 세 가지 주요 활동을 기술하시오. 어떤 상황에서 시스템 엔지니어가 특정 시스템 구성품의 하부구성품 수준까지 조사해야 하는지 기술하시오.

2.3 그림 2.1을 참조하여, 설계 전문가에게 필요한 지식 영역을 시스템 계층의 수준을 이용하여 설명하시오. 새로운 시스템을 설계하거나 적용할 때 설계 전문가가 이해해야 하는 전체 시스템과 기타 구성품의 일반적인 특징은 무엇인가? 예를 들어 설명하시오.

2.4 표 2.2의 마지막 열에는 24개 기능 요소에 대한 적용 예시가 수록되어 있다. 네 가지 요소 클래스의 각각에 대해 나열되어있는 요소 중에서 세 가지 요소를 선택하여 추가로 다른 적용 예시를 열거하시오.

2.5 환경에 따른 인터페이스에 관해 설명하고 있는 그림 2.4를 참조하여, (i) 환경과

항공기 간의 주요 상호 작용을 나열하고, (ii) 각 상호 작용의 특성을 기술하시오. 그리고 (iii) 각각이 시스템 설계에 미치는 영향을 설명하시오.

2.6 승용차를 대상으로, 주요 부분을 네 개의 하부시스템과 그 부품으로 구분하시오(환경 또는 엔터테인먼트와 같은 보조 기능은 포함하지 않음). 하부시스템을 대상으로, 각 주요기능과 관련된 요소를 그룹화하시오. 구성품을 정의할 때는 유의성(중요한 성능을 수행), 특이성(대부분 잘 알려진 분야 내에 포함), 공통성(다양한 시스템 유형에서 찾아볼 수 있음) 원칙을 사용하시오. 의심스러운 곳이 있는 경우에는 표기하시오. 하부시스템과 구성품을 시스템과 서로 연관 지어 블록 다이어그램을 그리시오.

2.7 문제 2.5의 답변으로 선택된 사례를 이용하여, 위의 상호 작용과 관련이 있는 특정 구성품의 인터페이스를 나열하시오.

2.8 표준 커피 메이커에 대한 컨텍스트 다이어그램을 작성하시오. 모든 외부 엔티티 요소를 식별한 이후에 모든 상호 작용에 레이블을 표기하시오.

2.9 표준 세탁기의 컨텍스트 다이어그램을 작성하시오. 외부 엔티티 전체를 식별한 이후에 모든 상호 작용에 레이블을 표기하시오.

2.10 컨텍스트 다이어그램에서 일반적으로 "유지관리자"는 외부 엔티티로서, 시스템이 필요로 하는 활동(예: "유지관리")과 물자(예: 예비 부품)를 모두 제공하는 역할을 한다. 반대로 시스템은 유지관리자에게 진단 데이터를 제공하게 된다. 외부 엔티티 목록에 유지관리자를 포함해야 하는 시스템의 예를 제시하시오.

2.11 운전자가 사용할 수 있는 자동차의 시험 인터페이스와 BIT 표시기를 나열하시오(정비사만 사용이 가능한 인터페이스는 포함하지 마시오).

참고문헌

Department of Defense (2008). *Systems Engineering Guide for Systems of Systems.* DUSD(A&T) and OSD(AT&L).

추가 자료

Buede, D. (2016). *The Engineering Design of Systems: Models and Methods*, 3e. Wiley.

Jamshidi, M. (ed.) (2008a). *System of Systems Engineering: Innovations for the 21st Century.* Wiley.

Jamshidi, M. (2008b). *Systems of Systems Engineering: Principles and Applications.* CRC Press.

Maier, M. and Rechtin, E. (2009). *The Art of Systems Architecting.* CRC Press.

Sage, A. and Biemer, S. (2007). Processes for system family architecting, design and integration. *IEEE Systems Journal* 1 (1): 5–16.

3. 시스템 개발 프로세스

3.1 시스템 수명주기와 시스템엔지니어링

1장에서 설명한 바와 같이, 최근에 개발되는 시스템은 사회적 요구에 부응하거나 첨단기술 개발에 따른 새로운 기회를 활용하기 위해서 개발되고 있다. 물론 이 두 가지 요소를 동시에 고려해 개발되기도 한다. 특정한 새로운 시스템을 개발하기 위해 처음으로 해야 하는 것은 새로운 시스템을 개발할 필요성이 있다는 것을 인식하는 것과 함께 요구되는 시스템을 구현할 수 있는 기술적인 접근방법이 존재한다는 것을 확인하는 것이다. 이러한 조건을 충족하는 경우에는 본격적인 개발과정을 거쳐 실제 운용 가능한 시스템을 생산하게 된다. 새로운 시스템의 개발을 결심하고 개발을 완료하기 위해서는 복잡한 활동과 노력이 필요하며, 통상적으로 이러한 과정을 "**시스템 개발 프로세스**"라고 한다. 이 장에서는 시스템 개발 프로세스에 관한 기본적인 내용을 알아보고자 한다. 또한 시스템 개발 프로세스를 수행하는 과정에서 시스템엔지니어링을 적용하는 방법에 대해서도 중점적으로 살펴보고자 한다.

대부분의 주요한 시스템을 개발하는 과정은 다음과 같은 특징이 있다.

- 복잡한 노력이 필요하다.
- 중요한 사용자의 니즈를 충족시킨다.
- 보통 완료하는 데 몇 년이 소요된다.
- 여러 가지 상호 관련된 과업으로 구성된다.
- 몇 개의 서로 다른 분야가 포함된다.
- 일반적으로 여러 조직이 참여한다.
- 구체적인 일정과 예산이 있다.

본질적으로 복합 시스템을 개발하고 도입하는 과정이 진행되어감에 따라 점점 더 많은 자원을 투입해야 한다. 이는 시스템 개발 프로세스가 점진적으로 규모가 증가하는 일련의 활동 즉, 개념으로부터 개발, 생산 및 운용 등으로 구성되어 있기 때문이다. 또한 최신 기술을 도입하여 새로운 시스템을 개발하는 경우에는 필연적으로 위험을 수반하게 되므로, 이러한 위험 요소들은 가능한 한 조기에 파악하여 해결해야 한다. 이러한 개발 특성은 시스템 개발 프로세스를 단계적인 절차로 나누어서 구성해야 하는 요인으로 작용하고 있다. 단계적인 절차는 하나의 절차가 종료되고 다음 절차를 진행하기 전에 별도의 결심 과정이 필요하다는 특징을 갖고 있다. 이러한 결심 과정에서는 이전에 수행된 절차가 성공적이었다는 것을 입증해야 하고, 동시에 다음 절차도 성공적으로 완수할 수 있는 기반이 조성되었음을 확인할 수 있어야 한다.

3.2 시스템 수명주기

일반적으로 "시스템 수명주기"라는 용어는 새로운 시스템이 개념 단계에서부터 개발, 생산, 운용을 거쳐 최종적으로는 폐기에 이르기까지 단계적으로 진화해가는 과정을 표현한다. 이러한 단계들을 거치면서 수행하는 작업의 유형이 초기 개념 분석으로부터 공학 개발 및 시험, 생산 및 운용으로 발전되어감에 따라 시스템엔지니어링의 역할도 변화하게 된다. 앞에서 언급한 바와 같이, 본 교재는 시스템 수명주기의 구조를 따르도록 설계되었다. 이러한 방식이 시스템 수명주기의 특정한 기간에 수행해야 하는 시스템엔지니어링의 역할과 기능을 더욱 명확하게 연결할 수 있기 때문이다. 본격적으로 시스템 수명주기를 구성하는 각 절차를 살펴보기 전에, 이 장에서는 이러한 논의를 심도 있게 다룰 수 있는 기초를 다지기 위해 시스템 개발 프로세스와 시스템엔지니어링 수명주기 모델 등과 같은 기본적인 내용을 알아보고자 한다.

시스템엔지니어링 수명주기 모델의 발전

지난 30년 동안 시스템 수명주기 모델들은 크게 진화해왔다. 특히 분야별로 고유하면서도 사용자의 편의를 고려한 여러 가지 적용 방안들이 개발되면서, 많은 종류의 모델들이 발표되어왔다. 또한 시스템을 연구하는 커뮤니티들은 소프트웨어 엔지니어링과 관련된 상당한 수의 개발 모델들을 추가로 채택해왔다. 이러한 발전 과정으로 인해, 현재 ① 전 세계적으로 받아들여지는 ② 단 하나의 수명주기 모델은 존재하지 않는다. 현재까지 다양한 표준 조직, 정부기관 및 엔지니어링 커뮤니티에서는 새로운 시스템을 구축하는 데 사용할 수 있는 특정 모델 또는 프레임워크를 발표해왔다. 따라서 이 교재에서 일반적인 시스템 수명주기 프레임워크를 설명하기 위한 목적으로 어느 특정한 시스템 수명주기 모델을 선정하는 것은 적절치 않은 방법이다.

하지만 다행스럽게도 모든 수명주기 모델은 주요 의사결정을 내리기 위한 마일스톤을 이용해 시스템 수명주기를 여러 개의 기본적인 절차로 세분화하고 있다는 공통점을 갖고 있다. 따라서 본 교재에서 시스템엔지니어링을 설명하기 위해 적합한 수명주기 모델을 도출하기 위해서는 다음의 두 가지 주요 요건을 충족해야 한다. 첫째, 수명주기의 절차들은 점진적으로 전환되는 주요 시스템엔지니어링 활동과 일치해야 한다. 둘째, 이러한 절차들은 시스템엔지니어링 커뮤니티에서 사용하고 있는 주요 수명주기 모델과 상호 비교가 가능해야 한다. 이러한 두 가지 요건을 만족시키기 위해 우리는 실제로 적용 중인 수명주기 모델들의 공통적인 특성을 기반으로 범용적으로 적용 가능한 수명주기 모델을 도출하였다. 본 교재에서 인용한 기존의 수명주기 모델은 미 국방부(DoD) 획득관리 모델(DoD, 5000.2), 국제 모델 ISO/IEC 15288 및 미국 프로 엔지니어 협회(NSE) 모델 등 총 세 개의 모델이다. 본 교재에서는 이렇게 도출된 모델을 "시스템엔지니어링 수명주기"로 지칭하였다.

미 국방부의 획득관리 모델. 역사적으로 미국은 군함, 비행기, 탱크, 지휘 통제시스템과 같은 대규모 복합 군사 시스템 개발에 앞장서 왔다. 첨단기술을 적용함에 따른 위험을 관리하고, 많은 비용이 소요되는 기술이나 경영 측면의 실패를 최소화하기 위해, DoD 5000 시리즈 지침에 수록된 종합적인 시스템 획득관리 절차를 발전시켜왔다. 획득 지침을 반영해 작성된 DoD 수명주기 모델은 그림 3.1에서 찾아볼 수 있다. 이 모델은 물질적인 해결방안의 분석, 기술 개발, 엔지니어링 및 제작, 생산 및 배치, 운용 및 지원으로 구성된 5개 과정으로

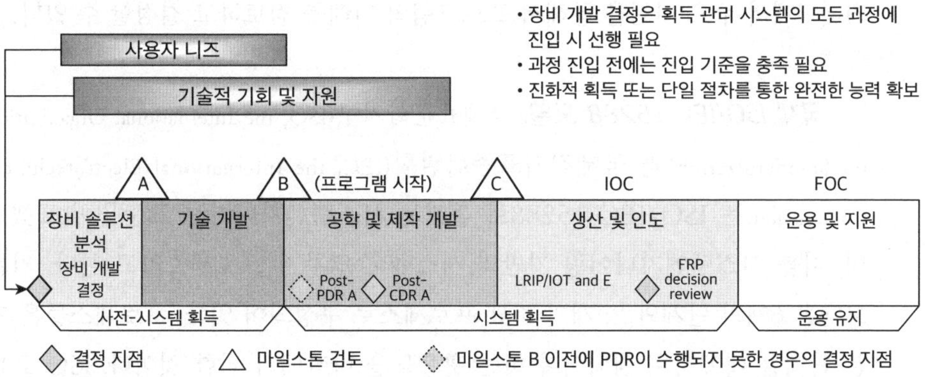

PDR, preliminary design review(사전설계 검토회의)
CDR, critical design review(상세설계 검토회의)
LRIP, low-rate initial production(소량 초도 생산)
FRP, full-rate production(후속 양산)
IOT and E, initial operational test and evaluation(최초운용시험 및 평가)
IOC, initial operational capability(기본운용능력)
FOC, full operational capability(완전운용능력)

그림 3.1 DoD 시스템 수명주기 모델

구성된다. 이외에 두 가지 활동인 사용자의 니즈 판단과 기술 기회 및 자원을 확인하는 활동 역시 프로세스 일부이기는 하지만, 공식적인 획득 주기에는 포함되지 않는다.

이 모델은 대규모 또는 복합 시스템 개발에 필요한 노력을 관리하는 데 최적화되어있다. 이러한 개발에서 중요한 것은 시스템의 수명주기 전반에 걸쳐 주요 이벤트가 발생할 때마다 검토 및 중요한 결정을 내려야 하는 것인데, 이 모델 역시 이러한 절차를 포함하고 있기 때문이다. 주요한 검토가 이루어지는 시점을 마일스톤이라고 하며 그림에서는 문자 A, B, C로 명시되어있다. 세 가지 주요 마일스톤 각각은 진입 및 퇴장 조건에 관해서 정의하고 있다. 예를 들어, 마일스톤 A에서는 프로그램이 다음 과정으로 전환될 수 있도록 결정하기 전에 요구조건 문서를 군사 감독 위원회로부터 승인을 받아야 한다. 이 프로세스에는 마일스톤 외에도 새로운 시스템 개발 결정(MDD, Material Development Decision), 예비설계검토(PDR, Preliminary Design Review), 상세설계검토(CDR, Critical Design Review), 후속양산(FRP, Full Rate Production) 의사결정 심의 등 네 가지 추가적인 결정 시점이 포함되어 있다. 따라서 미 국방부의 의사결정자들은 시스템 수명주기 내에서 최대 7개의 주요 지점을 통해서 프로그램의 미래를 검토하고 결정할 수 있다.

국제 ISO/IEC 15288 모델. 국제표준화기구(ISO, the International Organization for Standardization)와 국제전기표준위원회(IEC, the International Electrotechnical Commission)는 ISO/IEC 15288로 불리는 시스템엔지니어링 표준을 발표했으며, 이를 시스템엔지니어링 기반의 시스템 수명주기 프로세스라고 한다. 기본 모델은 6개의 단계와 25개의 주요 프로세스로 구성되어 있다. 프로세스들은 기본 단계들 내에서 수행되어야 하는 활동들을 나타내기 위한 것이다. ISO 표준은 의도적으로 단계와 프로세스들을 정렬하지 않았다. 6개의 기본 단계는 개념, 개발, 생산, 활용, 후속 지원, 폐기이다.

전문적인 엔지니어링 모델. NSPE(National Society of Professional Engineers) 모델은 상업적 시스템의 개발에 초점이 맞춰져 있다. 이 모델은 주로 기술 발전("기술 중심")의 결과로 인한 신제품 개발 절차로 주로 사용된다. 따라서 NSPE 모델은 일반적인 시스템 수명주기를 어떻게 여러 개의 과정으로 구분할 수 있는지에 대한 방법적인 측면을 제시하고 있으며, DoD 모델에 대해 대인이 될 수 있는 유용한 관점을 제공한다. NSPE 수명주기는 개념, 기술 타당성, 개발, 상업적 검증 및 생산 준비, 전체 생산 및 제품 지원으로 구성되는 6개의 단계로 나누어져 있다.

시스템엔지니어링 수명주기 모델. 본 교재에서는 새로운 시스템의 개발부터 폐기에 이르기까지의 수명주기 전체에 걸쳐서 변화되는 시스템엔지니어링 활동을 표현할 수 있는 수명주기 모델을 제시하였다. 이러한 모델을 개발하기 위한 가장 효과적인 방법은 수명주기를 3개의 주요 단계로 세분화하고 이를 다시 8개의 분리된 과정으로 나누는 것이었다. 이러한 구조는 그림 3.2에 나타나 있으며 자세한 내용은 아래에 설명이 이어질 것이다. 이러한 세부 분류의 명칭은 프로세스의 각 부분에서 발생하는 주요 활동을 반영하기 위해 선택하였다. 불가피하게 이들 이름 중 일부는 기존에 사용되어왔던 수명주기와 하나 이상의 부분에서 그 명칭이 같거나 유사하다.

소프트웨어 수명주기 모델. 위의 모델에서 보여주고 있는 시스템 수명주기 단계와 세부 과정들은 대부분의 복합 시스템에 적용할 수 있다. 또한 주요한 소프트웨어 기능을 구성품으로 포함하고 있는 복합 시스템에도 적용할 수 있다. 그러나 소프트웨어 집약적 시스템 즉, 현대 금융 시스템, 항공사 예약 시스템, 월드 와이드 웹 및 기타 정보 시스템과 같이 거의 모든 기능을 소프트웨어가 수행하는 시스템은 다소 다를 수 있다. 소프트웨어 집약적인 시스템의 경우 일반적인 수명주기 모델을 따르기는 하지만 반복 및 시제품 제작이 포함되는 경우가 많다.

시스템엔지니어링 수명주기를 구성하는 단계들

그림 3.2에 나타나 있는 바와 같이, 시스템 수명주기 모델은 세 단계로 구성되어 있다. 여기서 처음 두 단계는 수명주기에서 시스템 개발과 관련된 내용을 포함하고 있지만, 세 번째 단계는 개발 이후의 기간을 나타낸다. 이 단계들은 시스템 수명주기 전반에 걸쳐서 시스템엔지니어링과 관련된 노력의 유형과 범위가 근본적으로 변화되어간다는 것을 보여주고 있다. 본 교재에서 제시하고 있는 단계별 주요 업무 내용은 다음과 같다. ① **개념 개발 단계**, 타당한 니즈를 가장 잘 충족시킬 수 있을 것으로 판단되는 시스템 개념을 정립하고 정의하는 초기

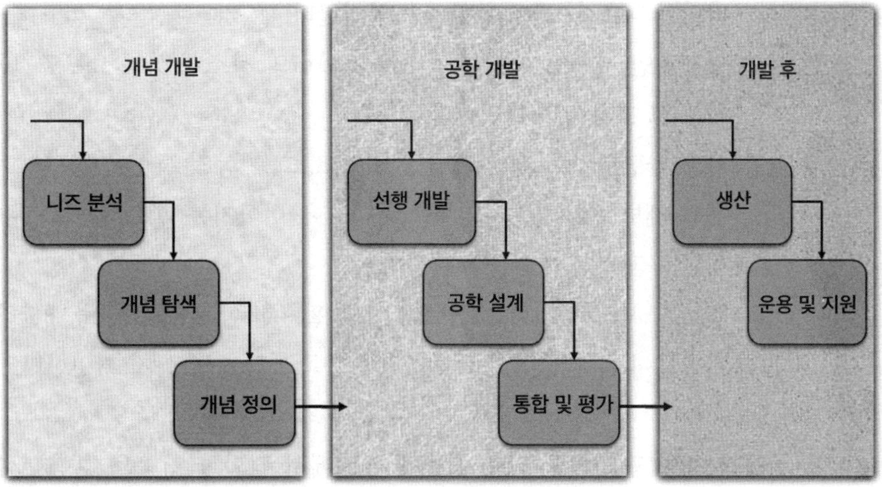

그림 3.2 시스템 수명주기 모델

단계이다. ② **공학 개발 단계**, 시스템 개념을 물리적 시스템 설계로 변환하는 단계이다. 이때 물리적 설계방안은 운용, 비용 및 일정 등의 요구조건을 충족할 수 있음이 검증되어야 한다. ③ **개발 후 단계**, 운용 기간 중 시스템의 생산, 전개, 운용 및 지원을 포함하는 단계이다. 여기서 각 단계의 명칭은 일반적으로 각 단계에서 수행해야 하는 활동의 특성을 고려해 선택하였다.

개념 개발 단계는 그 명칭에서 알 수 있듯이 다양한 분석 및 기획 활동이 이루어지는 단계이다. 이러한 활동은 새로운 시스템의 니즈를 확인하기 위한 것은 물론이고, 실현 가능성이 있고 사용자의 니즈를 가장 잘 충족시킬 수 있을 것으로 판단되는 특정한 시스템 아키텍처를 구체화하기 위해서 수행된다. 시스템엔지니어링은 실제 현장에서 필요로 하는 니즈를 기술적 및 경제적으로 실현 가능한 시스템 개념으로 변환시키기 위한 과정에서 주도적인 역할을 한다. 마이어와 렉틴(2009)은 건축 설계자가 고객의 니즈를 시공자가 입찰하고 건설할 수 있는 계획과 사양으로 변환시키는 것에 비유해 이 과정을 "시스템 아키텍팅"이라고 지칭하였다. 일반적으로 이 단계에서 수행되는 노력의 수준은 이후에 이어지는 후속 단계와 비교하면 훨씬 적다.

개념 개발 단계의 주요 목적은 다음과 같다.

1. 기술적 및 경제적으로 실현 가능한 새로운 시스템을 개발할 필요가 있는 타당한 니즈(및 시장)가 있음을 확인한다.
2. 잠재적인 시스템 개념을 탐구하고 일련의 시스템 성능 요구조건을 수립하고 그 효용성을 확인한다.
3. 가장 타당한 시스템 개념을 선택하고, 그 기능적 특성을 정의하며, 시스템의 개발, 생산, 운용 배치 등 이후에 이어지는 후속 단계를 수행하기 위한 구체적인 계획을 수립한다.
4. 선택된 시스템 개념을 실현하는 데 필요한 새로운 기술을 개발하고, 그 기술들이 가진 능력이 요구조건을 충족시킬 수 있는지 확인한다.

공학 개발 단계의 목적은 시스템 개념에서 정의한 기능을 수행할 수 있는 시스템을 개발하는 것이다. 이때 개발되는 시스템은 물리적인 관점에서 볼 때 경제적으로 생산될 수 있고 운용환경에서 성공적으로 유지 및 운용될 수 있어야 한다. 시스템엔지니어링은 공학 개발 및 설계를 안내하는 것은 물론이고 인터페이스 정의 및 관리, 시험 계획 개발과 관련된 업무까지 수행해야 한다. 또한 시스템을 시험 및 평가(T&E)하는 과정에서 발견되는 성능 불일치 등의 문제점들을 효율적으로 조치할 방법도 결정해야 한다. 대부분의 공학적 노력은 이 단계에서 수행된다.

공학 개발 단계의 주요 목적은 다음과 같다.

1. 성능, 신뢰도, 유지관리성 및 안전성 요구조건을 만족하는 프로토타입 시스템의 공학 개발을 수행한다.
2. 경제적으로 생산하고 사용할 수 있는 시스템을 설계하고 그 운용 적합성을 입증한다.

개발 후 단계는 시스템 개발 기간 이후에 필요한 활동으로 구성되지만, 여전히 시스템엔지니어링의 역할이 상당 부분 필요하다. 특히 긴급한 해결이 필요한 예상치 못한 문제가 발생할 때는 더욱 그렇다. 또한 지속해서 발전하는 기술은 운용 중인 시스템을 업그레이드하게 만드는 원동력이 되는 경우가 많다. 이러한 업그레이드를 진행하는 과정에서 시스템엔지니어링의 역할은 개념 개발 및 공학 개발 단계를 수행할 때와 비슷한 수준의 중요성을 갖게 된다.

새로운 시스템의 개발 후 단계는 시스템이 운용 T&E를 성공적으로 통과한 이후에 시작된다. 수락 시험으로 불리기도 하는 이 과정이 마무리되면 생산 및 후속 운용을 위한 단계로 진입할 수 있게 된다. 이러한 과정을 거치면서 기본적인 개발은 완료되었다고 할 수 있지만, 시스템엔지니어링 지원은 계속해서 중요한 역할을 한다.

시스템 수명주기를 구성하는 주요 단계 간의 관계는 그림 3.3에서 흐름도 형태로 묘사되어있다. 그림은 각 단계의 주요 입력과 출력 내용이 무엇인지도 보여주고 있다.

블록들 위에 나열되어있는 범례들은 운용상 니즈에서부터 시작해 요구조건, 사양서 등 문서 형식을 갖는 정보 흐름과 관련된다. 블록의 아래에 기술된

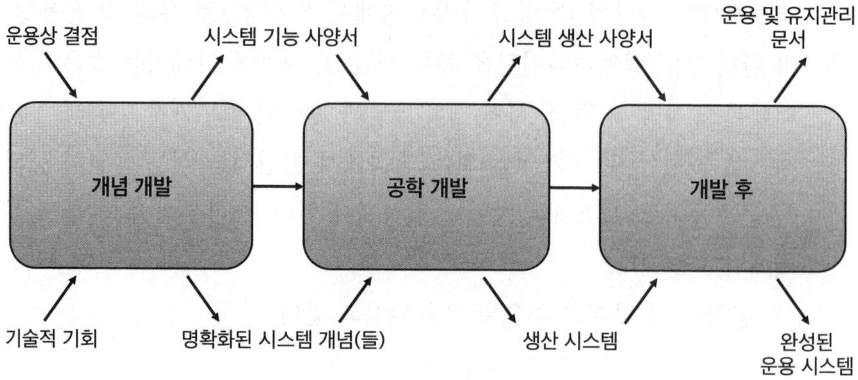

그림 3.3 시스템 수명주기의 주요 단계들

입력과 출력 내용은 개념에서부터 운용 시스템까지 개발이 진행되면서 새로운 시스템의 설계적인 표현이 어떻게 단계적으로 진화해가는지를 보여주고 있다. 문서와 설계적인 표현 모두 수명주기가 진행됨에 따라 점점 더 완전해지고 구체화되어간다는 것을 알 수 있다. 아래에 이어지는 절에서는 "시스템 구체화" 과정과 관련된 내용에 대해 집중적으로 논의할 예정이다.

예: 새로운 상업용 항공기의 개발 단계. 위에서 언급한 수명주기 모델이 어떻게 적용될 수 있는지 알아보기 위한 사례로 새로운 여객기를 획득하기 위한 진화적인 과정을 살펴보고자 한다. 개념 개발 단계에서는 새로운 항공기에 대한 항공운송 시장의 수요가 있는지 그리고 이러한 수요를 충족시키기 위해서는 어떤 형상의 항공기가 필요한지 등에 대한 탐색 활동이 필요하다. 여기서 항공기 형상을 고려할때는 엔진의 수, 크기, 위치, 기체의 크기, 날개 플랫폼 등이 포함될 수 있다. 이러한 분석 노력은 생산비용, 전반적인 효율성, 승객 편의성 및 기타 운용 목표의 관점에서 최적의 항공기 형상을 결정할 수 있도록 도와준다. 최종적인 결정을 내리기 위해서는 주로 분석, 시뮬레이션 및 기능적 설계가 필요하며, 이러한 분석 결과를 종합해 어떤 형상의 항공기가 타당한지 판단하게 된다.

항공기의 수명주기에서 공학 개발 단계는 제안된 시스템 개념을 수용하고 항공기 회사가 새로운 항공기의 개발을 착수하기로 하면서 시작된다. 이 단계에서의 주요 업무는 아직 증명되지 않은 최신 기술의 적용 가능성을 검증하고, 시스템 기능을 하드웨어 및 소프트웨어 구성품으로 구현하는 것이다. 또한 개발된 시스템이 사용자의 니즈를 충족한다는 것을 입증해야 한다. 이를 위해서는 우선 시제품 형태로 구성품들을 제작해 운용체제에 통합해야 한다. 이후 실제적인 운용환경에서 수행되는 평가 등을 통해서 검증을 수행해야 한다.

개발 후 단계에는 생산 툴링, 시험 장비 획득 및 새로운 항공기의 생산 등의 업무가 포함된다. 이 외에도 다양한 고객의 요구조건에 맞게 항공기를 개조하고, 정기적인 운용을 지원하며, 사용 중에 발견되는 모든 결함을 수정하고, 주기적으로 엔진, 랜딩 기어 및 기타 하중을 많이 받는 구성품을 점검 또는 교체하는 등의 활동도 수행된다. 이 단계에서 시스템엔지니어링은 제한적이지만 필수적인 부분에 해당하는 지원 및 문제 해결을 담당한다.

개념 개발에 포함되는 과정들

위에서 알아본 바와 같이 시스템 수명주기는 크게 세 단계로 구분되며, 각 단계는 서로 다른 목적을 가진 복수의 과정들로 다시 세분화할 수 있다. 대형 프로그램인 경우 이렇게 세분화된 과정들 사이에서도 공식적인 의사결정이 내려지게 되며, 이는 위에서 단계들이 전환되는 시점에서 의사결정이 이루어지는 것과 유사한 것이다. 시스템엔지니어링의 역할은 이와 같이 세분화된 과정들 사이에서 현저하게 달라지는 경향이 있다. 따라서 시스템 수명주기 전체를 통해서

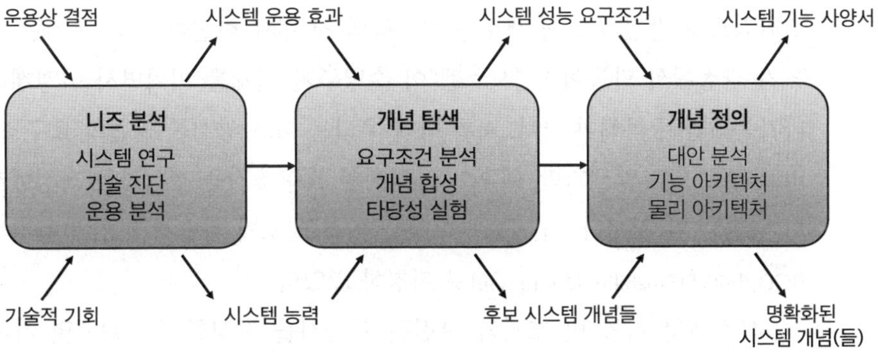

그림 3.4 시스템 수명주기의 개념 개발과정들

이루어지는 시스템의 진화가 시스템엔지니어링 프로세스와는 어떠한 관련이 있는지 이해하기 위해서는, 이렇게 두 번째 하위 수준까지 세분된 과정들에 대해서 알아보는 것이 필요하다.

시스템엔지니어링 수명주기의 첫 단계인 개념 개발 단계는 **니즈 분석**, **개념 탐색** 그리고 **개념 정의**로 나누어지는 세 개의 과정으로 구성된다. 그림 3.4는 이러한 과정들을 통해서 수행되는 주요 활동 및 입력/출력 내용을 그림 3.3과 유사한 형식으로 보여주고 있다.

니즈 분석과정. 니즈 분석과정은 새로운 시스템의 니즈를 정의하는 과정이다. 이 과정에서는 "새로운 시스템이 필요하다는 것을 증명할 수 있는 니즈가 있는가?", "그러한 니즈를 충족시킬 수 있는 실현 가능한 접근법이 있는가?" 등의 질문을 다룬다. 이러한 질문에 답을 하기 위해서는 현재 및 가까운 미래에 필요한 니즈가 당장 이용 가능한 물리적 또는 운용 방식의 수정 등을 통해서는 충족될 수는 없는지에 대한 평가가 필요하다. 또한 현재 사용 가능한 기술을 이용해 원하는 수준의 기능을 지원할 수 있는지에 대한 분석도 요구된다. 새로운 시스템 개발이 정확하게 언제부터 시작되었는지를 식별하는 것은 불가능하다. 대부분의 새로운 시스템은 운용적 니즈 또는 혁신적인 제품을 개발하기 위한 연구를 지속하는 과정에서부터 진화적으로 발전해 나가기 때문이다.

이 과정을 통해서 만들어지는 산출물은 새로운 시스템을 개발해야만 충족이 가능한 기능 및 운용 효율성에 관한 기술서이다. 많은 면에서 볼 때, 이 기술서는 앞으로 개발하게 될 시스템에 관한 매우 기본적인 개념 모델이면서, 향후 진화적으로 발전하게 될 새로운 시스템의 첫 번째 버전이 된다. 독자는 바로 이 초기 과정에서 만들어진 "시스템"이 수명주기 전체를 거치면서 어떻게 진화해 나가는지를 주목해야 한다. 비록 아직 우리는 이 사양서를 일련의 요구조건들이라고 부르지는 않겠지만, 이후에 공식적인 요구조건을 정의하는 과정에서 초안의 역할을 할 것이다. 미 국방부에서는 이러한 초기 기술서를 초기 능력 기술서(ICD, Initial Capability Description)로 지칭하고 있다.

시스템의 기능 및 효과와 관련된 기술서를 작성할 수 있는 몇 가지 종류의 도구 및 방법론이 이미 사용되고 있다. 이러한 도구들은 대부분 운영 분석

(Operational Analysis) 및 운영 연구(Operations Research)로 알려진 두 가지 범주의 학문과 관련이 있다. 그러나 이 과정에서 기술적 평가와 실험 또한 필수적인 부분이므로 수학적 방법론과 함께 사용하게 된다.

개념 탐색과정. 이 과정의 주요 목적은 "인정된 니즈를 충족시키기 위해 새로운 시스템이 갖추어야 하는 성능은 어떤 것인가?"와 "적절한 비용으로 그러한 성능을 달성할 수 있는 가능한 접근방법이 하나 이상 존재하는가?"라는 질문에 대한 답을 구하는 것이다. 이를 위해 필요한 대표적인 활동은 잠재적으로 대안이 될 수 있는 시스템 개념을 검토하는 것이다. 이러한 질문에 대한 긍정적인 답변을 찾을 수 있다면 새로운 시스템 개발을 위해 큰 노력을 기울이기 전에 타당하고 달성 가능한 목표를 설정할 수 있게 될 것이다.

일반적으로 이 과정을 통해서 얻게 되는 산출물에는 시스템 성능 요구조건이라고 지칭하는 첫 번째 "공식적인" 요구조건의 집합이 포함된다. 여기서 "공식적"이라는 말은 요구조건에 명시된 필수 능력 및 성능을 충족시킬 수 있는지를 기준으로 계약자 또는 대행사들을 평가할 수 있다는 것을 의미한다. 이 과정에서는 이러한 초기 요구조건 세트 외에도 후보 시스템 개념 세트들을 생성한다. 여기서 후보 시스템 개념은 반드시 하나 이상을 선정해야 한다는 점에 유의해야 한다. 니즈를 충족시킬 수 있는 가능성의 범위를 탐색하고 이해하기 위해서는 하나 이상의 대안을 모색하는 것이 중요하기 때문이다.

이 과정은 다양한 도구와 기술을 기반으로 하는 여러가지 방법을 사용해 수행할 수 있다. 이러한 방법에는 프로세스 기법(예: 요구조건 분석)에서 수학적 기반(예: 의사결정 지원 방법), 전문가 판단(예: 브레인스토밍)에 이르기까지 다양하다. 초기에는 위와 같은 다양한 방법으로부터 상당히 많은 개념을 도출할 수 있다. 그러나 이러한 다수의 초기 대안들은 타당성 분석을 통해서 관리 가능한 숫자로 빠르게 감소하게 된다. 타당성 분석을 통해서 정제된 초기 대안들은 다음 과정의 입력물로 사용되므로, 이러한 대안들에 대해서는 그 실현 가능성을 판단하고 "증명"하는 것이 중요하다.

개념 정의 과정. 개념 정의 과정에서는 최종적으로 선호하는 개념을 결정하게 된다. 이때 하나 이상의 개념을 선택할 수도 있다. 이 과정의 주요 목적은 "능력, 운용 수명 및 비용 간에 가장 적절한 균형을 이룰 수 있는 시스템 개념이 갖추어야 하는 주요 특성은 무엇인가?"라는 질문에 대답하기 위한 것이다. 이 질문에 대한 답을 구하기 위해서는 대안이 될 수 있는 많은 개념을 검토해야 한다. 구체적인 검토 방법에는 각 대안이 갖는 상대적 성능, 운용 효과, 개발 위험 및 비용 등에 대한 비교가 포함된다. 여러 조건을 충족시킬 수 있는 방안이 최종적으로 결정된 이후에는, 새로운 시스템을 개발하기 위한 대규모 자원 투입을 결정하게 된다.

이 과정을 통해서 만들어지는 출력물은 동일한 시스템을 두 가지 관점으로 묘사한 결과물이다. 첫 번째 결과물은 시스템이 무엇을 해야 하는지, 얼마나 잘 해야 하는지를 설명하는 기능 사양에 관한 목록이고, 두 번째 결과물은 최종적으로 선택한 시스템 개념이다. 후자는 크게 두 가지 형태로 표현될 수 있다. 만약 비교적 낮은 수준의 복잡성을 가진 시스템에 대해서는 간단한 개념 설명만으로도 향후 개발 노력에 대한 전반적인 전략을 전달하기에 충분할 수 있다. 그러나 복잡성이 높은 경우에는 단순한 개념 설명만으로는 불충분하다. 이런 경우에는 시스템의 다양한 관점을 표현해야 하므로 더욱 포괄적인 시스템 아키텍처가 필요하다. 서술의 깊이와 관계없이, 개념은 주로 기능적 및 물리적 관점에서 여러 가지 방법으로 기술해야 할 필요가 있다. 만약 특히 높은 복잡성을 갖는 시스템의 경우에는 추가적인 관점에서의 묘사가 필요할 수도 있다.

이용 가능한 도구와 기법들은 크게 두 가지 범주 즉, 대안 분석과 시스템 아키텍팅으로 구분할 수 있다.

앞에서 언급한 바와 같이, 상용 사업(NSPEX 모델)에서는 첫 두 과정을 사업 시작 이전에 수행하는 하나의 과정으로 간주하는 경우가 많으며, 이를 "타당성 조사"라고 한다. 타당성 조사를 수행하는 목적은 개념 정의 수행을 위해 자원을 투자할지에 대한 결정을 내리기 위한 것이다. 국방 획득 수명주기에서는 두 번째와 세 번째 과정이 결합하는 방식을 적용한다. 다만 두 번째 과정에 해당하는 부분은 정부 주도로 수행하여 일련의 시스템 성능 요구조건을 생성하게 된다. 반면 세 번째 과정은 정부와 계약업체 담당자로 구성되는 팀이 수행하거나, 위의 요구조건을 충족하기 위한 경쟁에 참여하는 다수의 계약업체가 수행할 수 있다.

어떤 방식으로 수행하는지와 관계없이, 다음에 이어지는 공학 개발 단계에 진입하기 이전까지는 시스템 개발을 위한 부분적인 투자만 이루어진다는 점에서는 유사하다. 이러한 제한적인 투자는 비록 운용환경을 충분히 이해하고 하부시스템을 개발에 필요한 기술을 탐구하기 위해 몇 년의 기간이 소요되는 경우에도 마찬가지이다. 본격적인 투자는 다음에 이어지는 단계에서 이루어진다.

공학 개발과정들

그림 3.5는 시스템 수명주기에서 공학 개발 단계에 포함되는 과정들을 보여주고 있다. 그림에서는 각 과정에서 수행되는 활동, 입력 및 출력의 형태를 앞의 그림 3.3에 사용된 것과 유사한 형식으로 표현하고 있다. 공학 개발 단계를 구성하는 3개의 과정은 각각 선행 개발, 공학 설계, 통합 및 평가이다.

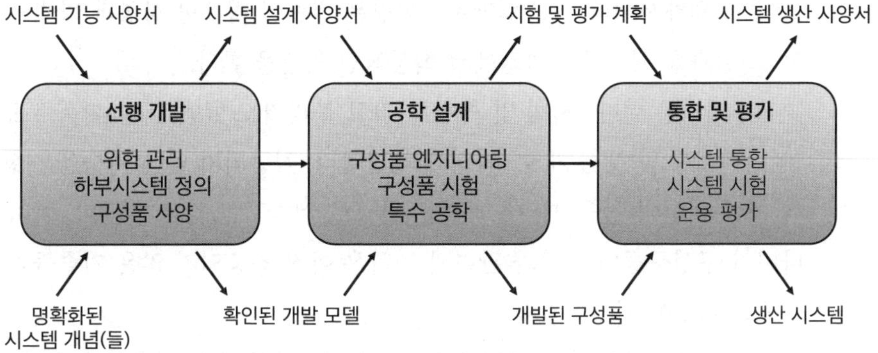

그림 3.5 시스템 수명주기의 공학 개발과정들

선행 개발과정. 시스템 개발 프로젝트의 일부인 공학 개발 단계의 성공 여부는 앞에서 수행된 개념 개발과정에서 만들어진 결과물의 완성도와 관련이 높다. 그러나 원칙적으로 개념적 노력은 분석적이고 제한된 자원을 투입해 수행되기 때문에 아직 완전하게 정의 및 해결되지 않은, 즉 중요하지만 알려지지 않은 문제들이 남아 있을 가능성은 항상 존재한다. 이러한 "알 수 없는 미지"를 엔지니어링 단계 초기에 밝혀내고 해결하는 것이 매우 중요하다. 특히, 시스템에 포

함될 하드웨어 및 소프트웨어 구성품들을 개발하기 위해서는 먼저 기능설계 및 관련 시스템 요구조건을 개발 사양으로 변환시켜야 하는데, 이러한 작업이 완료되기 이전에 아직 밝혀지지 않은 문제의 수를 최소화하기 위한 노력을 기울여야 한다.

선행 개발과정의 주요 목적은 크게 두 가지로 ① 개발 위험의 식별 및 감소와 ② 시스템 설계사양의 개발이다. 선행 개발과정은 아직까지 이전에 유사한 시스템 개념을 가진 개발사업에서 사용되지 않았던 최신 기술이 포함되는 경우에 필요하다. 또한 새로 요구되는 성능이 과거에 입증되었던 한계를 초과하기 때문에 기존에 사용되었던 시스템의 구성품에 과하중을 부여해야 하는 경우에도 특히 중요하다. 이 과정을 수행할 때는 시스템 중에서 아직 개발되지 못한 부분을 설계하고 시연하는 데 전념해야 한다. 이러한 노력을 기울이는 목적은 요구조건을 충족시킬 수 있음을 입증하고, 시스템에 관한 기능적인 요구조건을 시스템 사양 및 구성품들을 설계할 수 있는 요구조건으로 전환할 수 있다는 확신을 갖기 위해서이다. 시스템엔지니어링은 검증이 필요한 사항과 방법을 결정하고 그 결과를 해석하는 과정에서 핵심적인 역할을 한다.

이 과정은 한때 "시범 및 확인"이라고 불리기도 했던, 국방 획득 프로세스의 "엔지니어링 및 생산 개발" 과정에 해당한다. 검증되지 않은 기술을 사용함으로써 개발 위험이 높을 때, 이 과정은 별도로 계약되는 경우가 많다. 이미 검증된 나머지 구성품들의 개발과 관련된 계약은 아직 검증되지 않은 기술들이 개발에 성공한 이후에 이루어진다.

이 과정을 수행하는 목적에 부합하는 두 가지 주요 산출물은 설계 사양 그리고 검증된 개발 모델이다. 설계 사양은 이전에 작성된 기능 사양을 정교화하고 진화적으로 발전시킨 결과물에 해당한다. 개발 모델은 매우 포괄적으로 위험관리 작업을 마무리한 최종 결과물이다. 즉, 위에서 언급했던 "알 수 없는 위험요소"들이 완전히 확인되고 해결된 경우에만 얻을 수 있는 산출물이다. 이것이 우리가 "확인된"이라는 형용사를 사용하는 이유이다. 이 과정을 마무리하기 전에 시스템 엔지니어는 이 시스템을 설계하고 생산할 수 있다는 확신을 가질 수 있어야 한다. 따라서 이 과정에서 발견되는 모든 위험은 다음 과정으로 진행하기 전에 관리 가능한 수준이라고 평가될 수 있어야 한다.

프로그램에 내재한 위험을 줄이고 궁극적으로 최소화하기 위해서는 최신 위험관리도구와 기술을 활용해야 한다. 이러한 위험들이 관리가 가능한 수준으로 낮아짐에 따라, 개발 수준도 아래로 진행할 수 있게 된다. 즉 시스템 수준에서 하부시스템으로 개발을 진행할 수 있게 된다. 게다가 구성품 수준에서 필요한 일련의 사양들 역시 작성할 수 있게 된다. 이 단계에서는 시험용 모델과 시뮬레이션을 모두 사용하는 경우가 많다. 이는 최소 비용으로 구성품 및 하부시스템의 설계 개념을 검증할 수 있기 때문이다.

공학 설계과정. 이 과정에서는 시스템에 관한 상세하고 구체적인 공학적 설계가 수행된다. 투입되는 노력의 규모가 크기 때문에, 일반적으로 이 과정을 수행하는 중간중간에 공식적인 설계검토 절차를 두게 된다. 이러한 검토 절차를 수행하게 되면 고객이나 사용자가 제품을 조기에 확인할 수 있고, 소요 비용과 일정을 감시할 수 있다는 장점이 있다. 또한 시스템 개발자는 미래의 사용자로부터 귀중한 피드백을 받을 수 있는 기회를 얻게 된다.

이전에 수행되었던 과정에서도 신뢰도, 생산성, 유지 보수성 등의 이슈가 고려되기는 하였지만, 공학 설계과정에서는 이러한 이슈가 가장 중요하게 다루어져야 한다. 이러한 유형의 이슈들을 일반적으로 “특수 공학(Specialty Engineering)” 이라고 한다. 이 과정을 통해서 얻게 되는 산출물은 향후 시스템으로 통합하게 될 구성품들이다. 시스템 엔지니어는 개별적인 구성품들의 공학적 설계가 기능 및 호환성과 관련된 요구조건을 충족시키고 있는지 확인해야 하는 책임이 있다. 또한 엄격한 인터페이스 및 형상 관리를 위해서는 설계 변경 프로세스를 관리해야 한다.

이 과정에서 수행해야 하는 주요 활동은 구성품의 사양을 구성품 설계로 변환하는 것이다. 물론 구성품에 대한 시험도 이루어져야 하는데, 이는 설계 직후 또는 설계와 동시에 수행해야 한다. 이 과정에서는 이전에 작성하였던 시스템 T&E 계획을 구체화하는 등의 추가적인 작업이 필요하다. 우리는 착수와 계속성을 구별하기 위해 구체화라는 용어를 사용하였다. T&E 계획은 수명주기 초기에 개발이 시작된다. 그리고 공학 설계과정에서는 이전 과정들을 수행하면서 획득한 지식을 바탕으로 T&E 계획의 주요한 부분들을 완성하게 된다.

이 과정을 통해서 만들어지는 두 가지 주요한 산출물은 T&E 계획과 개발된 시제품이다. 시제품은 다양한 형태를 가질 수 있다. 즉 프로그램에 따라 가상적, 물리적 또는 하이브리드형 시제품을 제작할 수 있다. 예를 들어, 시스템이 해양에서 운용되는 화물선인 경우, 이 단계의 시제품은 가상적 및 물리적 모의실험의 혼합물이 될 수 있다. 이 과정에서 실제 화물선과 같은 크기의 프로토타입을 제작하는 것은 가능하지도 않을뿐더러 비효율적인 선택일 수 있다. 반면 개발하고자 하는 시스템을 세탁기라고 가정하면 실제 규모의 시제품을 제작하는 것이 적절할 수도 있다.

설계 엔지니어들은 최신 컴퓨터 지원 설계(CAD, Computer-Aided Design) 도구들을 이용해 설계를 수행할 수 있다. 이후 설계가 마무리되고 시험이 진행되면서 시스템 모델과 시뮬레이션들도 업데이트가 이루어진다.

통합 및 평가과정. 개발된 구성품을 복합 시스템의 일부로 통합하는 프로세스와 함께, 실제적인 환경에서 시스템의 작동을 평가하는 절차 역시 공학 설계 프로세스의 일부분에 해당한다. 이는 공학 설계 프로세스를 진행하는 과정에는 공식적인 검토회의와 같은 공백이 없기 때문이다. 그러나 공학 설계와 통합 및 평가 프로세스에서 수행하는 시스템엔지니어링의 역할과 책임에는 차이가 있다. 이 책에서는 시스템엔지니어링의 기능에 초점을 맞추기 때문에 시스템의 통합 및 평가 프로세스를 시스템 수명주기에서 별도의 과정으로 구분해 다루고 있다.

새로운 시스템을 운용 가능한 체계로 조립하고 평가할 수 있는 첫 번째 시기는 모든 구성품이 완전히 설계되고 제작된 이후라는 것을 깨닫는 것이 중요하다. 이 과정에서는 모든 구성품의 인터페이스가 적합해야 하며 구성품 간의 상호작용이 기능 요구조건을 충족시킬 수 있어야 한다. 사전에 하부시스템 또는 개발 프로토타입 수준에서 시험이 이미 수행되었을 수는 있지만, 이 시점 이전에 전체 설계가 완벽하다는 것을 확인하는 것은 불가능하다.

또한 많은 경우에 시스템 통합 및 평가 프로세스를 수행하기 위해서는 복잡한 시설의 설계와 시공이 필요하다는 점에 유의해야 한다. 이러한 시설은 운용환경과 유사한 조건과 제약사항을 상세하게 시뮬레이션하고 그에 따른 시스템의 반응을 측정하기 위해서 필요하다. 이러한 시설 중 일부는 개발에 사용되었던 장비를 일부 변경해 사용할 수도 있지만, 이 경우에도 필요한 노력의 크기를 과소평가해서는 안 된다.

이 과정을 통해서 얻을 수 있는 출력물은 ① 일반적으로 시스템 생산 사양(생산 베이스라인이라고도 함)으로 불리는 시스템 생산을 안내하기 위한 사양과 ② 생산된 시스템 자체이다. 후자는 시스템을 생산하고 조립하는 데 필요한 모든 것을 포괄하며 시제품 시스템도 포함될 수 있다.

이러한 작업을 수행할 때 엔지니어는 현대적인 통합 기술 및 T&E 도구, 기법, 시설 및 원칙 등을 사용할 수 있다. 물론 본격적으로 양산을 시작하기 전에 생산하게 될 시스템을 대상으로 최종적인 검증 및 확인이 이루어져야 한다. 이러한 검증 및 확인은 운용환경 내에서 또는 운용환경을 충분히 묘사할 수 있는 시험 환경에서 이루어져야 한다.

개발 후 과정들

생산 과정. 생산 과정은 개발 후 단계를 구성하는 두 개의 과정 중 첫 과정으로, "생산 및 배치"와 "운용 및 지원"이라는 국방 획득 과정과 정확히 일치한다.

시스템 설계가 아무리 효율적으로 설계되었더라도 실제로 생산이 이루어지는 과정에서는 필연적으로 문제가 발생하게 된다. 사업관리의 통제 범위를 초과하는 예상치 못한 중단 사태 역시 항상 발생하게 된다. 예를 들어 공급업체의 파업, 예상치 못한 수공구 관련 문제, 심각한 소프트웨어 프로그램의 버그 또는 공장에서의 통합 시험 중에 발생하는 예상치 못한 실패 등이 여기에 해당한다. 이러한 상황을 해결하기 위해서는 신속하고 단호한 조치가 필요하다. 조치가 지연되는 경우에는 생산 일정 중단 등 많은 비용이 소요되는 문제가 발생할 수 있다. 시스템 엔지니어는 문제의 원인을 진단하고 효과적인 해결책을 찾을 수 있는 유일한 구성원이다. 때에 따라서 시스템 엔지니어는 최소한의 비용으로 문제를 해결하는 "차선책"을 고안할 수도 있다. 이런 경우 시스템 설계는 물론 운용과 관련된 문제에도 정통한 숙련된 시스템 엔지니어가 생산작업을 지원할 수 있어야 한다. 전문적인 공학 분야의 지원이 필요한 경우에도 시스템 엔지니어는 어떤 전문가에게 언제 연락을 해야 발생한 문제를 해결할 수 있는지 결정할 수 있는 통찰력을 가져야 한다.

운용 및 지원 과정. 운용 및 지원 과정에서는 시스템엔지니어링의 역할이 더욱 중요해진다. 시스템 운용자와 유지관리 담당자는 시스템 운용 및 유지보수에 필요한 일부분에 대해서 세부적인 교육만을 받았을 가능성이 크다. 특수교육을 받은 현장 엔지니어는 일반적인 문제가 발생할 때는 해결이 가능하지만, 자신의 경험을 넘어서는 문제가 발생하는 경우에는 경험이 많은 시스템 엔지니어를 호출할 수 있는 체계를 갖추어야 한다.

운용 과정에서 필요한 계획에는 운용자 및 유지보수 인력을 위한 물류지원 시스템과 훈련 프로그램이 포함된다. 이 계획을 수립하는 과정에서는 시스템엔지니어링의 적극적인 참여가 있어야 한다. 시스템을 실제로 운용하게 되면 항상 예기치 않은 문제가 발생한다. 이러한 문제들은 물류지원 및 교육과정에 반영되어야 한다. 많은 개발 프로그램에서는 교육 및 유지관리를 위해 필요한 장비들 역시 시스템을 구성하는 주요 구성품의 일부분으로 포함하기도 한다.

대부분의 복합 시스템들은 길게는 수십 년에 이르기까지 장기간의 사용 수명을 갖게 된다. 여러 가지 이유로 인해 사용 수명 기간에는 다수의 간단하거나 주요한 업그레이드를 거친다. 많은 경우에 이러한 업그레이드는 새로운 기술을 적용해 운용성, 신뢰도 또는 경제성 등을 개선하기 위한 목적으로 수행된다. 또한 진화적으로 발전하는 임무를 지원하기 위해서도 시스템 업그레이드가 추진된다. 컴퓨터를 기반으로 하는 시스템은 특히 정기적인 업그레이드가 중요하다. 어떤 경우에는 누적되는 업그레이드의 규모가 초기에 개발된 시스템의 규모를 초과할 수도 있다. 개별 시스템을 업그레이드하는 데 필요한 노력의 규모는 새로운 시스템 개발에 필요한 것에 비하면 일부분에 불과하다. 그렇지만 여전히 시스템엔지니어링의 적용이 필요한 매우 복잡한 결정을 수반하는 경우가 많다. 시스템엔지니어링이 담당해야 하는 과업은 특히 업그레이드 작업을 수행하는 과정 중에서도 개념적인 단계에서 매우 복잡할 수 있다. 침실 한 개와 욕실을 추가하는 작업과 같이 집을 크게 개조해본 경험이 있는 사람은 기존 구조를 유지하면서 추가하는 부분으로 인한 장점을 얻는다는 것이 얼마나 어려운 것인지 알게 될 것이다. 게다가 이러한 개조를 합리적인 비용으로 수행할 수 있는 방법을 결정하는 과정에서는 예상치 못한 많은 어려움을 겪게 될 것이다.

3.3 개발 프로세스의 진화적 특성

시스템 개발 프로세스가 갖는 속성을 이해하기 위해서는 시스템 수명주기를 구성하는 과정들이 가진 진화적인 발전의 특성에 대해서 먼저 이해해야 한다. 이러한 진화적 특성과 관련된 네 가지 사항이 다음 절에 설명되어 있다. "이전 시스템"에 관한 절에서는 이전 시스템을 대체하기 위해 새로운 시스템을 개발하는 과정에서 이전 시스템은 어떠한 역할을 할 수 있는지 논의한다. "시스템 구체화" 절에서는 시스템이 어떻게 개념적인 수준에서 실제 공학적인 제품으로 진화하는지를 묘사해줄 수 있는 모델에 관해서 다룬다. "참가자"와 관련된 절에서는 시스템 개발팀을 어떻게 구성하는지, 그리고 시스템 개발이 수명주기를 따라서 발전하면서 시스템 개발팀의 구성은 어떻게 변화하는지를 설명한다. 또한 "시스템 요구조건 및 사양"과 관련된 절에서는 시스템 개발이 진행됨에 따라 시스템의 정의가 시스템 요구조건 및 사양 측면에서 어떻게 진화하는지를 설명하고 있다.

이전 시스템

새로운 시스템을 개발하기 위한 프로세스를 묘사할 때 동일하거나 유사한 니즈를 충족시키고 있는 기존 시스템과의 유사성을 고려하지 않는 경우가 종종 있다. 어떤 경우에는 전체 시스템의 개념과 그것을 구성하는 모든 구성품을 개발하는 것이 백지 상태에서부터 시작되는 것으로 표현되는 때도 있으나, 이러한 상황은 절대 일어나지 않는다.

신기술이 적용되는 경우에도 대부분 이전 시스템은 존재한다. 예를 들어 교통, 은행, 전투 체계의 운용 방식을 급진적으로 변화시키기 위해 신기술을 도입하는 때도 참고할 수 있는 이전 시스템은 있을 것이다. 새로운 시스템에서 변경이 필요한 부분은 일반적으로 몇 개의 하부시스템으로 한정되는 경우가 많으므로, 기존에 존재하던 전체 시스템 아키텍처와 기타 하부시스템은 실질적으로 변경되지 않는다. 일반적으로 자동화를 도입할 때에도 메커니즘은 변경되지만, 원칙적으로 프로세스에는 변화가 없다. 따라서 1세대 핵 시스템이나 우주선과 같이 혁신적인 돌파구를 추구해야 하는 상황을 제외하면, 새로운 시스템 개발은 그 출발점 역할을 할 수 있는 이전 시스템이 있을 것으로 기대할 수 있다.

이전 시스템은 다음 세 가지 측면에서 새로운 시스템을 개발하는 데 영향을 끼치게 된다.

1. 이전 시스템의 미비점은 대개 인식이 가능하고, 종종 새로운 발전의 원동력이 된다. 이것은 새로운 시스템이 제공해야 하는 가장 중요한 성능과 관련이 있는 능력과 특징에 주의를 집중시키게 한다.
2. 현재 운용 중인 시스템이 가진 부족한 부분이 시스템 전체를 무가치하게 만들 정도로 심각한 것이 아니라면, 현 시스템의 전체적인 개념과 기능적 구조는 대안을 모색하기 위한 최선의 출발점이 될 수 있다.
3. 현재 시스템의 상당 부분이 그 기능을 만족스럽게 수행하고 있고 최신 기술로 인해 쓸모없게 된 것이 아니라면, 최소한의 변경만으로 기존 시스템을 활용함으로써 큰 비용 절감(및 위험 절감)을 달성할 수 있다.

위와 같은 점을 고려할 때, 일반적으로 수행되는 시스템 개발은 대부분 하이브리드 방식이 될 것이다. 이는 새롭고, 검증되지 않은 구성품 및 하부시스템을 이전에 설계가 완료되고 운용을 통해서 완전히 검증된 요소들과 함께 결합해야 한다는 점에서 특히 그렇다. 이전부터 운용되어왔던 요소 중에서 어떤 것들을 계속해서 사용할지를 결정하는 것은 시스템엔지니어링의 특별한 책임이다. 이를 위해서는 어떤 것을 개량할 것인지, 어떤 것을 새로운 것으로 대체할 것인지를 결정해야 하는 것은 물론이고, 이런 것들을 어떻게 인터페이스 시킬 것인지를 판단해야 한다. 또한 최종적인 판단을 위해서는 성능, 비용, 일정 및 기타 필수적인 기준들에 대해 적절한 가중치를 부여하는 것이 필요하다.

시스템 구체화

새로운 시스템을 개발하는 과정은 질서정연하고 점진적으로 시스템을 "구체화 또는 형상화"해나가는 절차라고 생각할 수 있다. 이러한 절차는 추상적인 니즈에서부터 시작해 실제로 구성품들이 서로 협력해 복잡한 기능을 수행할 수 있도록 하는 단계까지 이어지게 된다. 물론 구성품들이 수행하게 되는 기능은 니즈를 충족시킬 수 있어야 한다. 이 과정을 설명하기 위해 표 3.1에서는 사업 수명주기(Project Life Cycle)을 구성하는 전체 과정에 걸쳐서 구체화의 정도를 표현하였다. 표에서 행의 가장 윗부분은 시스템 자체를 나타내고 있으며, 하단으로 내려가면서 부품 레벨까지 시스템의 분할 수준을 보여주고 있다. 열은 시스템 수명주기를 구성하는 연속적인 개발과정들을 의미한다. 우리는 이 표를 통해서 각 시스템 수준 및 과정별로 수행되는 주요 활동과 각 시점에서 이루어지는 구체화의 정도를 알 수 있다. 음영 영역은 해당 과정에서 주요한 노력이 이루어지는 부분을 나타낸다.

이어지는 다음 과정에서는 좀 더 낮은 레벨까지 시스템 세분화가 정의(구체화)되어가는 것을 볼 수 있다. 이러한 레벨의 하향은 모든 부품이 완전히 정의될 때까지 계속된다. 예를 들어 구성품 수준에 해당하는 행을 왼쪽에서 오른쪽으로 살펴보면 구체화 과정이 시각화(일반적인 유형의 시스템 요소를 선택)로부터 시작되는 것을 볼 수 있다. 그런 이후에는 기능을 정의하고(기능설계에서 수행해야 하는 작업) 이러한 사항을 구현하는(어떻게 실현할 것인지에 관한 상세설계) 과정으로 이어지게 된다.

표 3.1 시스템 수명주기를 통한 시스템 구체화의 진화

과정 / 수준	개념 개발			공학 개발		
	니즈 분석	개념 탐색	개념 정의	선행 개발	공학 설계	통합 및 시험
시스템	시스템 능력 및 효과 정의	개념 식별, 탐색 및 합성	선택한 개념 정의 (사양서 포함)	개념 검증		시험 및 평가
하부시스템		요구조건 정의 및 실현 가능성 확인	기능 및 물리 아키텍처 정의	하부시스템 검증		통합 및 시험
구성품			기능을 구성품에 할당	사양서 정의	설계 및 시험	통합 및 시험
하부구성품		시각화		기능을 하부 구성품에 할당	설계	
부품					제작 또는 구매	

위와 같은 공학 설계과정을 통해서 시스템의 구성품이 완전히 "구체화"된다. 다시 말해 시스템에 적용할 수 있는 구성품의 최종 형상이 완성된다. 통합 및 평가과정에서 수행하는 구체화 프로세스는 이전의 과정과는 완전히 다른 방식으로 진행된다. 즉 이전에는 개별적인 빌딩 블록 차원에서 수행되었던 것에 비해서 이 과정을 통해서는 통합되고 검증된 운용 시스템을 구체화하는 단계에 이르게 된다.

표 3.1을 이해하기 위해서는 다음 사항을 유념하는 것이 중요하다. 그것은 개발이 거의 완료될 때까지 시스템에 대한 상세설계가 완료되는 것은 아니지만, 시스템이 갖게 될 개략적인 특성은 개발 프로세스 초기에 시각화되어야 한다는 것이다. 이러한 시각화가 필요한 이유는 특정 시스템 개념을 선택하기 위해서는 개발 및 생산에 필요한 비용을 실질적으로 추정해야 하기 때문이다. 바꾸어 말하면 비용을 산정하기 위해서는 시스템에 대한 물리적 구현과 기능에 관한 개략적인 시각화가 필요하다. 이러한 개략적인 시각화는 기술적인 타당성을 조사하는 과정에서도 요구된다. 새로운 시스템 개발 초기에 수행하는 최신 기술의 적용 타당성을 조사하기 위해서도 개발하고자 하는 시스템의 기능적 물리적 구현에 대한 개략적인 비전이 있어야 하기 때문이다. 물론 개발 초기에 만들어진 개발 대상 시스템에 관한 시각화는 개발 프로세스를 진행하면서 최종적으로 구체화되는 시스템과는 많은 면에서 다를 것이다. 그럼에도 불구하고 초기에 만들어지는 개략적인 시각화는 실용성 측면에서 여전히 유효하다.

시스템 아키텍팅의 역할은 이러한 시각화에 필요한 요구조건을 충족시켜주는 것이다. 이것은 시스템 개발 초기에 시스템 아키텍처가 시스템 개념에 대한 시각적 관점을 제공해줄 수 있기 때문에 가능하다. 시스템 개발이 수명주기를 구성하는 과정들을 밟으면서 진행됨에 따라 아키텍처 역시 더 낮은 레벨의 시스템 수준으로 분해되어가게 된다.

개발 주기의 어느 지점에서든 시스템을 정의한 상태는 그 당시의 시스템 모델이라고 생각할 수 있다. 예를 들어 개념 개발 단계에서의 시스템 모델은 시스템 기능 모델만을 포함하게 된다. 이 단계에서 시스템 기능 모델을 구성하는 것은 시스템을 묘사하는 설명 자료, 다이어그램, 매개변수를 정리한 표 등이 될 것이다. 또는 다양한 형태로 시뮬레이션과 결합한 모델이 될 수도 있다. 이러한 모델은 시스템 수준의 성능과 개별 시스템 요소들이 갖는 특징 및 기능들과의 관계를 확인하기 위한 목적으로 사용된다. 그런 다음 공학 개발 단계를 거치면서 개별적인 하부시스템 및 구성품에 대한 하드웨어 및 소프트웨어적인 설계들을 이 모델에 점진적으로 추가시켜나가게 된다. 이러한 과정을 통해서 마침내 완성된 엔지니어링 모델로 발전하게 된다. 이후에 이 모델은 생산을 위한 모델로 더욱더 발전하게 되는데, 이러한 생산용 모델로의 변환은 공학 설계가 생산 가능한 하드웨어 설계, 세부 소프트웨어 정의, 생산도구 등으로 전환되면서 가능해진다. 프로세스의 모든 단계에서, 해당 시스템 모델에는 내부 시스템 인터페이스뿐만 아니라 외부로부터 부과되는 인터페이스 모델 전체가 반드시 포함되어야 한다.

참가자

대규모 사업에는 수십, 수백 명의 개발 인력뿐만 아니라 많은 수의 서로 다른 조직체들이 참여한다. 시스템을 운용하게 될 최종 사용자는 사업의 적극적인 참여자가 될 수도 있고 아닐 수도 있지만, 사용자의 참여는 최초에 시스템을 개발하는 방향과 운용 수명에 중요한 역할을 한다. 가장 일반적인 두 가지 상황은 먼저 ① 정부가 시스템 획득 에이전트 및 사용자 역할을 하는 경우이다. 이때 실제로 시스템의 개발과 생산을 담당하는 것은 하도급 업체의 지원을 받는 주 계약업체가 된다. 두 번째는 ② 일반적인 민간 회사가 상업적인 목적을 위해 획득 관리자, 시스템 개발자는 물론 생산자 역할을 모두 담당하는 경우이다. 물론 다른 상업 회사 혹은 일반 대중이 사용자가 될 수도 있다. 프로젝트를 구성하는 과정의 특성에 따라서 주요한 참여자들의 구성도 변화가 발생한다. 이러한 이유로 인해 시스템엔지니어링의 주요 기능 중 하나는 공식적인 문서화 및 비공식적인 의사소통을 통해 다양한 형태로 변화해가는 참여자 간의 업무가 연속성을 유지할 수 있도록 하는 것이다.

항공우주 시스템 개발에 참여하는 참여자들의 전형적인 분포는 그림 3.6에 나타나 있다. 그래프의 높이는 참여하는 공학 분야 인력의 상대적인 숫자를 나타낸다. 여기서 각 항목은 서로 다른 과정에 참여하는 주요 인력의 유형을 보여주고 있다. 참여자들의 구성은 과정마다 상이하지만, 시스템엔지니어링은 전 과

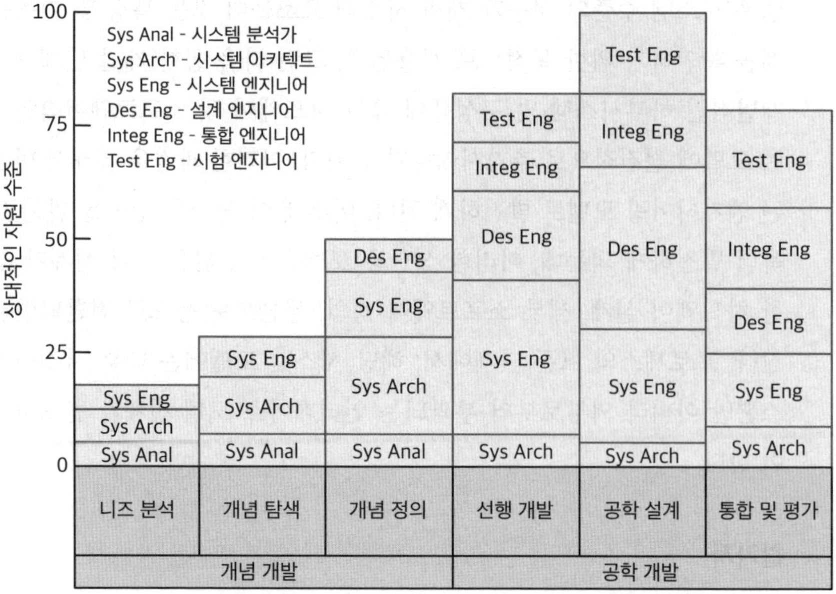

그림 3.6 전형적인 항공 우주 시스템 개발을 위한 주요 참여자들

정에 지속해서 참여함으로써 주요한 업무의 지속성을 보장하는 역할을 한다.

초기 과정에서의 주요 참여자는 분석가와 설계자(시스템 및 운용/마켓)이다. 개념 정의 과정은 일반적으로 신속 추진 팀 노력을 통해 수행된다. 이 과정의 목적은 공식적으로 인정된 요구조건을 충족하기 위해 비용 측면에서 가장 효율적이라고 판단되는 시스템 개념을 선택하고 문서로 작성하기 위해 필요한 모든 요소를 개발하는 것이다.

일반적으로 시스템 설계 팀이 최초로 참여하는 과정은 선행 개발과정이다. 시스템 설계 팀의 임무는 엔지니어링 단계를 거쳐 생산 단계까지 시스템의 개발을 담당하는 것이기 때문이다. 이 과정을 주도하는 것은 시스템엔지니어링이다. 이때 시스템엔지니어링은 구성품 및 하부시스템 개발에 참여하는 설계 및 시험 담당 엔지니어의 지원을 받게 된다.

공학 설계과정은 시험 및 생산 공학뿐만 아니라 특수공학(신뢰도, 유지 보수성 등) 분야의 개발자들이 참여하면서 노력의 범위가 확대되어간다. 소프트웨어의 경우 이 과정에는 프로그래머뿐만 아니라 설계자도 참여하게 되며, 참여 범위는 프로토타이핑이 적용되는 범위에 따라 결정된다.

통합 및 평가 과정는 시험 엔지니어링에 크게 의존하게 된다. 이때 시스템 엔지니어링의 가이드와 설계 엔지니어 및 기타 관련이 있는 공학 전문가들의 지원이 필요하다.

시스템 요구조건 및 사양

연속적으로 이어지는 개발절차들을 통해서 시스템의 설계가 점차 구체화하는 것과 마찬가지로, 시스템 요구조건 및 사양 역시 점점 더 구체적이고 상세해진다. 이러한 절차들은 운영 요구조건으로부터 시작하여 완전한 생산 사양, 운영, 유지 관리 및 교육 매뉴얼을 포함하는 산출물 묶음과 함께 시스템을 복제, 작동, 유지 관리 및 수리하는 데 필요한 기타 모든 정보를 작성함으로써 마무리된다. 따라서 각 과정의 목적은 시스템에 관한 보다 자세한 사양서를 작성하기 위한 것으로 생각할 수 있다. 여기서 사양서에는 시스템이 무엇을 하는지, 어떻게 작동하는지, 그리고 어떻게 만들어져야 하는지 등의 내용이 포함되어야 한다.

위와 같은 문서에는 시스템을 개발하는 데 필요한 상세한 과정은 물론이고, 운용자에게 최종적으로 인도해야 하는 시스템의 형상 및 기능을 모두 종합적으로 결정하는 데 필요한 내용을 포함해야 한다. 이러한 이유로 시스템엔지니어링은 이 문서를 정의하고 준비하는 과정을 감독하는 책임을 담당하게 된다. 이때 시스템 엔지니어는 해당 업무와 관련이 있는 설계 전문가 및 기타 조직들과 긴밀한 협의를 통해 임무를 수행해야 한다.

표 3.2의 두 번째 행에서는 시스템 요구조건과 사양이 진화적으로 발전하는 형태를 시스템 수명주기 과정의 함수로 표현하고 있다. 뒤이어 계속해서 수정되는 문서들은 이전 과정에서 정의된 내용을 대체하는 것이 아니라, 보완하는 것이어야 한다는 점을 유의해야 한다. 즉 시스템 요구조건 및 기타 문서가 이전의 내용이 단순히 이어진다는 개념이 아니라, 발전된 사항이 포함된 내용을 추가 또는 축적해 간다고 생각해야 한다. 그러므로 이러한 문서들은 주기적으로 수정되고 업데이트되는 "살아있는 문서"라고 할 수 있다.

시스템 개발과정들을 수행하면서 작성되는 공식적인 요구조건과 사양을 통합해야 하는 필요성을 이해하기 위해서는 "참여자"와 그림 3.6에서 논의했던

표 3.2 시스템 표현의 진화

구분	개념 개발			공학 개발		
	니즈 분석	개념 탐색	개념 정의	선행 개발	공학 설계	통합 및 평가
문서	시스템 능력 및 효과	시스템 성능 요구조건	시스템 기능 요구조건	시스템 설계 사양서	설계 문서	시험 계획서 및 평가보고서
시스템 모델	운용 다이어그램, 임무 시뮬레이션	시스템 다이어그램, 고급 시스템 시뮬레이션	아키텍처 산출물 및 관점, 시뮬레이션, 실물모형	아키텍처 산출물 및 관점, 상세 시뮬레이션, 회로모의실험	아키텍처 도면 및 설계도, 구성품 설계, 생산품 CAD	시험 설정, 시뮬레이션, 시설 및 시험품

내용을 살펴봐야 한다. 특히, 개발 프로세스에는 다양한 그룹이 참여한다는 사실뿐만 아니라, 모두 그런 것은 아니지만 많은 주요 참여자들이 한 과정에서 다음 과정으로 전환될 때 바뀌게 된다는 점을 유의해야 한다. 따라서 시스템이 수행해야 하는 기능과 그 방법을 정의할 수 있는 최신의 완전한 표현 또는 묘사가 필요하다. 여기서 최신의 의미는 이전에 수행된 과정을 통해서 정의된 범위까지를 포함해야 한다는 것을 의미한다.

시스템을 설명하는 문서는 다음 과정에서 어떻게 시스템을 설계해야 하는지에 관한 기초를 제공해야 한다. 또한 요구조건을 충족하는지를 검증할 수 있는 시험 방법도 제시해야 한다. 이러한 문서들은 생산용 도구와 앞으로 다가오는 과정에서 생산되는 제품을 검사하고 시험하기 위해 사용할 도구를 제작하는데 필요한 기초 정보를 제공한다.

표 3.2의 두 번째 행에서 기술하고 있는 바와 같이 시스템의 특성에 관한 표현도 개발 프로세스가 진행되면서 진화해나간다. 이 중 대부분은 아키텍처 견해, 전통적인 공학 설계, 소프트웨어 도표 및 모델 형태로 제공되게 된다.

이러한 산출물들의 목적은 서술적인 방식을 이용해 시스템이 구체화해가는 연속적인 과정을 묘사하는 것에 따른 한계를 보완하기 위한 것이다. 시각적인 방식을 이용한 설명은 텍스트만을 이용하는 서술적인 방식보다 이해하기가 쉽기 때문이다. 이것은 서로 다른 조직에서 설계한 시스템 요소 간의 인터페이스와 상호작용을 정의하는 방법으로 특히 유용하다.

3.4 시스템엔지니어링 방법

앞의 절에서 복합 시스템을 개발하는 데 필요한 업무의 흐름은 절차나 과정들로 구분할 수 있다는 사실을 확인하였다. 새로운 시스템을 개발하는 과정은 중요한 운용 능력을 크게 확장시키기 위해서는 어떤 실현 가능한 기술적인 접근방식을 이용해야 하는지를 파악하는 것으로부터 시작된다. 이후 이어지는 각 후속 과정을 통해서 시스템에 관한 세부적인 수준들이 정의(또는 구체화)되고 추가된다. 이러한 구체화 과정은 모든 필수적인 운용 요구조건을 안정적이고 저렴한 비용으로 충족할 수 있다는 것으로 입증할 수 있는 완전한 공학적 모델을 얻을 때까지 계속된다. 각 과정에서 해결해야 하는 문제 중 많은 부분은 시스템이 정의되어있는 상태에 따라 달라진다. 그럼에도 불구하고 적용되는 시스템엔지니어링의 원칙은 근본적으로 이어지는 과정마다 유사한 경향이 있다. 시스템 개발 프로세스를 이해하기 위해서는 이러한 공통적인 특징을 우선 이해하는 것이 매우 중요하다는 사실을 많은 분야에서 인식해왔다. 시스템엔지니어링과 관련된 다양한 출판물에서는 각 과정에서 반복적으로 적용되는 이러한 일련의 활동을 "시스템엔지니어링 프로세스" 또는 "시스템엔지니어링 접근방식"으로 지칭해왔으며, 이는 다음 장의 주제이기도 하다. 한 가지 유의해야 할 것은, 본 교재에서는 이렇듯 반복적인 일련의 활동을 기존의 다른 문헌에서 사용하는 명칭과는 다르게 "시스템엔지니어링 방법"이라는 명칭을 사용할 것이라는 점이다.

일반적으로 널리 쓰이고 있는 "프로세스"나 "접근법" 대신에 "방법"이라는 단어를 택한 이유는 이 명칭이 좀 더 명확하고 덜 모호하기 때문이다. "방법"이라는 단어는 "프로세스"보다 더 구체적이며, 질서정연하고 논리적인 과정이라는 의미를 함축하고 있다. 또한 시스템엔지니어링 프로세스라는 용어는 전체 시스템을 개발하기 위한 절차를 표현하는 용어와도 혼선이 있을 수도 있다. "방법"이라는 용어가 "접근법"보다도 더 적절하다. 그 이유는 "접근법"은 프로세스를 표현하기보다는 사고방식을 암시하기 때문이다. 이 모든 것을 고려했을 때, 좀 더 공통으로 적용할 수 있는 용어를 사용하는 것이 적절하다고 판단된다.

본 교재에서의 시스템엔지니어링 방법

시스템엔지니어링 방법은 복합 시스템을 엔지니어링하기 위해 과학적 방법을 체계적으로 적용하는 것으로 생각할 수 있다. 그림 3.7에서와 같이 시스템엔지니어링 방법은 연속적으로 적용되는 네 가지 기본 활동으로 구성된다.

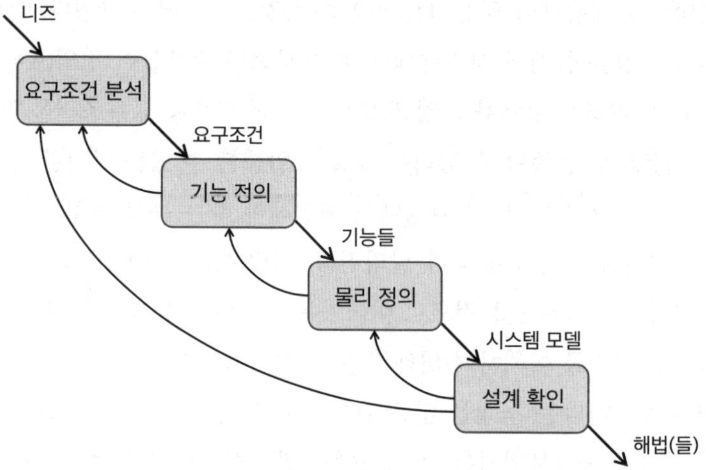

그림 3.7 시스템엔지니어링 방법의 최상위 흐름도

1. 요구조건 분석
2. 기능 정의
3. 물리 정의
4. 설계 확인

이러한 절차들은 시스템의 유형과 수행하고 있는 개발과정에 따라 세부 활동 내용이 달라질 수 있다. 그러나 그러한 세부 활동들 사이에서도 분명한 유사성을 찾아볼 수 있다. 이러한 이유로 "시스템엔지니어링 방법"이라는 공통적인 업무 프로세스를 기준으로 각 과정에서 수행하는 일반적인 활동들을 설명하는 것이 효과적이다. 네 가지 절차에서 수행하는 활동에 대한 간략한 설명은 아래에서 찾아볼 수 있다.

요구조건 분석(문제 정의). 대표적인 활동은 다음과 같다.

- 이전 과정에서 생성된 요구조건, 기획, 마일스톤 및 모델 등을 포함한 모든 입력조건을 결합 및 체계화.
- 운영 니즈, 제약조건, 환경 또는 기타 상위 수준의 목표 측면에서 모든 요구조건을 대상으로 그 설정 "이유"를 식별.
- 시스템이 무엇을 해야 하는지, 얼마나 잘해야 하는지 그리고 어떤 제약조건을 만족시켜야 하는지 등을 고려해 요구조건을 명확화.
- 불충분한 부분을 수정하고 가능한 경우에는 요구조건을 계량화.

기능 정의(기능 분석 및 할당). 대표적인 활동은 다음과 같다.

- 요구조건(이유)을 시스템이 수행(무엇)해야 하는 기능(활동, 작업)으로 변환.
- 요구조건을 기능 구성품으로 분할(할당).
- 기능 요소 간의 상호작용을 정의해 체계의 기반을 모듈식 형상으로 구성.

물리 정의(합성, 물리적 분석 및 할당). 대표적인 활동은 다음과 같다.

- 필요한 기능을 구현할 수 있는 다양한 설계방안을 기초로 대안이 될 수 있는 시스템 구성품들을 합성하고, 구조적으로 세분화하였을 때 가장 간단하게 구축할 수 있는 상호작용과 인터페이스를 갖도록 함.
- 성능, 위험, 비용 및 일정들 사이에서 최상의 "균형"을 얻기 위해 사전에 정의되고 우선순위가 지정된 일련의 기준들(효과 측정, MOE)에 대한 절충 분석을 수행해 선호하는 접근방안을 선택.
- 필요한 상세 수준까지 설계를 정교화.

설계 확인(검증, 평가). 대표적인 활동은 다음과 같다.

- 요구조건 및 제약사항의 모든 중요한 측면을 반영하는 시스템 환경(논리적, 수학적, 시뮬레이션 및 물리적) 모델을 설계.
- 환경 모델을 기반으로 시스템 솔루션에 대한 시뮬레이션, 시험 및 분석을 수행.
- 설계 및 요구조건이 완전한 일관성을 갖게 될 때까지 시스템 모델 또는

환경 모델을 수정. 만약 실행 가능한 솔루션을 개발하는 것이 불가능한 경우에는 시스템 요구조건을 수정하는 작업을 필요에 따라 반복.

그림 3.8은 위에서 설명한 시스템엔지니어링 방법의 요소들을 흐름도 형태로 표현하고 있으며, 이는 그림 3.7의 도표보다 좀 더 확대된 형태이다. 사각형 블록은 시스템엔지니어링 방법에서 요구조건 분석, 기능 정의, 물리 정의 및 설

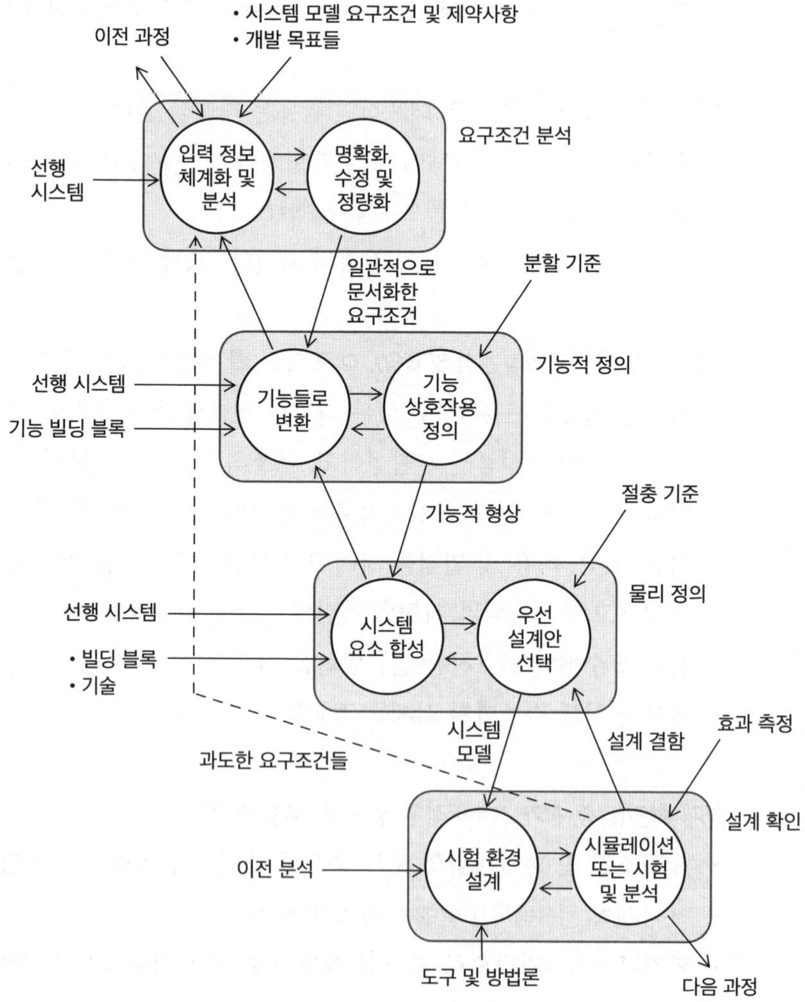

그림 3.8 시스템엔지니어링 방법 흐름도

계 확인의 네 가지 기본 절차를 나타낸 것이다. 상단 부분에서는 요구조건, 제약조건 및 목표를 포함하는 이전 과정으로부터의 입력물을 찾아볼 수 있다. 각 블록의 왼쪽 부분에는 이전 시스템, 시스템 빌딩 블록, 기존의 분석과 같은 외부 입력사항들이 표현되어있다. 상단에 있는 블록의 오른쪽 위와 맨 아래에는 시스템엔지니어링이 활용하는 다양한 방법론으로부터 얻을 수 있는 입력물들을 볼 수 있다.

각 블록 내부에 있는 원형의 도형들은 시스템엔지니어링 방법을 진행하는 중에 해당 절차에서 수행이 필요한 핵심 프로세스들을 간략하게 표현한 것이다. 인터페이스 화살표는 정보의 흐름을 나타낸다. 프로세스 전반에 걸쳐서 피드백 절차를 이용할 수 있으며, 피드백은 요소 내 반복, 이전 요소로의 피드백은 물론 요구조건으로 돌아가는 것도 가능하다.

시스템 엔지니어링 방법의 각 요소는 이 절의 나머지 부분에서 더 자세하게 설명할 예정이다.

요구조건 분석(문제 정의)

문제를 해결하려면 먼저 주어진 내용을 정확히 이해하는 것이 필요하다. 또한 불완전하거나 일관성이 없거나 비현실적으로 보일 수 있는 정도까지 주어진 문제를 확대하여 올바르게 내용을 확인하고 수정해야 한다. 이러한 활동은 시스템 개발 프로세스에서 특히 중요하다. 시스템 개발 프로세스를 수행하는 과정에서 시스템엔지니어링이 갖는 기본적인 성향은 모든 것은 보이는 것과 다를 수 있으므로 중요한 가정들이 최종적으로 타당한 것으로 인정받을 수 있도록 확인이 먼저 이루어져야 한다는 것이기 때문이다.

따라서, 시스템 개발 프로젝트에서, 모든 요구조건과 사양을 철저하게 분석하는 것은 시스템엔지니어링의 책임이다. 이는 요구조건과 사양을 이해하기 위해서는 시스템이 충족시켜야 하는 기본적인 니즈와의 비교가 필요하기 때문이다. 이후 이러한 비교를 바탕으로 분석 대상 시스템 또는 시스템 요소의 기능 정의에 포함된 모호성 또는 불일치 사항을 식별하고 수정하는 작업이 이어지게 된다.

시스템 개발이 진행되어감에 따라 요구조건을 분석하기 위해 수행하는 구체적인 활동 내용도 달라진다. 다시 말하면 개발 초기에는 이전 과정으로부터의 입력사항이 운용상 니즈와 기술적 기회(그림 3.3 참조)였으나, 이후에는 요구조건과 시스템 설계 등으로 점점 더 구체적인 사항으로 발전해가기 때문에 요구조건을 분석하는 업무도 달라진다. 시스템을 개발하는 전체 과정에서 시스템엔지니어링의 역할은 필수적이다. 특히 운용환경에 대한 이해와 적용 가능한 기술의 가용성과 성숙도를 파악하는 것을 가장 중요한 목표로 하는 개발 초기 과정에서는 더욱 그렇다. 이후 과정에서 시스템엔지니어링이 관심을 가져야 하는 주요 분야는 환경, 인터페이스 및 기타 요소 요구조건 등 특별한 영역들로 확대된다.

업무 구성 및 수행 방법. 정교하게 체계화된 획득 프로세스에서 시스템 수명주기를 구성하는 각 과정을 시작하기 위해서는 세 가지 주요한 입력사항이 필요하다. 이러한 입력사항들은 이전 과정을 수행하는 중에 또는 완료되는 시점에서 만들어진다.

1. 이전 과정에서 만들어지고 검증된 모든 설계 대안들을 식별 및 묘사할 수 있는 시스템 모델.
2. 추가적인 개발이 필요한 시스템 또는 시스템 요소의 설계, 성능 및 인터페이스 호환성을 정의하는 요구조건(또는 사양). 이러한 요구조건은 바로 이전의 과정을 통해서 구체화된 개선 및/또는 개정을 포함해 이전에 개발된 상위 수준의 요구조건으로부터 유도됨.
3. 이후에 수행되는 과정을 통해서 엔지니어링 조직들이 개발을 담당하는 각 구성품이 달성해야 하는 구체적인 진전 수준. 여기에는 제공해야 하는 모든 기술 설계 데이터, 하드웨어/소프트웨어 제품 및 관련 시험 데이터의 식별이 포함되며, 일반적으로 이 정보는 일련의 상호 의존적 작업을 기술한 형태로 제시됨.

명확화, 수정 및 정량화. 목표를 명확하고 정량적인 용어로 표현한다는 것은 언제나 어려운 일이기 때문에 제시되는 요구조건이 불완전하고 일관성이 없는 것은 물론이고 심지어 모호한 경우가 많다. 요구조건을 시스템의 기능으로 변환

하는 과정에서 시스템의 개념에 대해 익숙하지 않거나 운용상의 니즈를 정확히 알지 못하는 사용자가 요구조건을 제시하는 경우에는 특히 그렇다. 실제로는 이러한 입력의 완전성과 정확성은 시스템의 특성, 이전 시스템 대비 발전 정도, 사용된 획득 프로세스 유형 및 과정 자체에 따라서도 달라질 수 있음을 예상할 수 있다.

위와 같은 분석을 수행하는 과정에는 개발 대상 시스템을 운용하게 될 잠재적인 미래 운용자와 상호작용할 수 있는 방안도 포함되어야 한다. 상호작용의 목적은 그들의 니즈를 직접 이해하고, 개발 시 제약조건이 되는 사항을 확인하는 것은 물론 가능한 경우에는 그들의 의견을 확보하기 위한 것이다. 이와 같은 분석의 결과물은 요구조건 문서를 수정 및 보강하는 형태일 수 있다. 물론 수정 및 보강된 요구조건 문서는 프로그램의 목표나 제안된 기술적인 개선 가능성을 더 잘 나타낼 수 있어야 한다. 최종 목표는 요구조건을 충족하는 데 필요한 설계 변경 내용과 적용 대상 구성품을 정의할 수 있는 확고한 기초를 만드는 것이다.

기능 정의(기능 분석 및 할당)

시스템엔지니어링 방법에서 기능적 설계는 물리적 또는 제품 설계과정 이전에 수행된다. 이는 체계적인 접근을 통해서 기능을 효과적으로 조직(구성)하기 위한 것이다. 또한 시스템이 갖추어야 하는 특성들(예: 성능, 비용) 사이에서 가장 잘 균형을 이루는 구현 방법을 선택하기 위한 것이기도 하다.

기능으로의 변환. 기능 빌딩 블록을 구성할 수 있는 시스템 요소들은 1장에서 간략하게 설명한 바 있다. 기본 구성요소는 구성품 수준을 의미한다. 이는 고유하고 중요한 기능을 수행하면서 단일 매체, 즉 신호, 데이터, 재료 또는 에너지를 처리하는 요소를 나타낸다. 이러한 구성품들은 서로 다른 하부 요소를 이용해 구성된다. 하부 요소들은 하위 수준의 기능을 수행하고 기능적인 하부시스템으로 통합된다. 따라서 기능설계는 필요한 임무 및 시스템 실현 수준에 적합한 기능 요소를 선택 및 세분화하고 통합하는 과정으로 생각할 수 있다(표 3.1 참조).

이후에도 시스템의 다음 하위 수준을 정의 및 구현하기 위해서 요구조건과 기능들을 분해 및 할당하는 작업이 반복적으로 계속된다. 이러한 일련의 과정은 시스템엔지니어링의 주된 책임이다. 이 업무는 개념 개발 단계에서 시스템 아키텍처가 정의된 이후에 처음으로 시작된다. 아키텍처에는 모든 식별된 기능과 그에 따른 설명이 포함되어야 하는 것은 물론이고, 각 하부시스템이 충족시켜야 하는 정량적인 요구조건들도 기술되어야 한다. 이러한 정보는 **시스템 기능사양**에 반영되고, 이는 다시 뒤이어 수행되는 공학 개발 단계의 기초가 된다.

선행 개발과정에서 수행하는 업무 중의 하나는 최상위 하부시스템의 기능과 요구조건을 그 하부시스템을 구성하는 개별 시스템 구성품들로 할당하는 것이다. 앞서 언급했듯이 이것은 설계 계층구조 내에서 시스템엔지니어링이 직접적으로 관여하는 가장 낮은 수준에 해당된다. 물론 하위 수준 요소가 시스템 작동에 중요한 것으로 판명되는 특수한 경우에는 예외가 된다.

절충 분석. 설계와 관련이 있는 모든 측면을 고려한 이후에 적절하다고 판단되는 기능 요소를 선택하는 것은 귀납적인 프로세스이다. 이는 일련의 가정된 대안을 검토하고 의도한 목적에 가장 적합할 것으로 판단되는 대안을 선택하는 방식을 따르기 때문이다. 시스템엔지니어링 방법에서는 이러한 설계 결정을 내리기 위해 절충 분석을 사용한다. 절충 분석은 다양한 유형의 의사결정 과정에서 널리 사용되지만, 시스템엔지니어링에서는 특히 물리 정의 절차에서 특별하게 규정된 형태로 적용된다. 이름에서 알 수 있듯이, 절충 분석은 다른 대안들과 비교해 우월한 대안들을 찾아내는 과정이다. 여기서 우월하다는 의미는 요구되는 특성 중에서 하나 또는 그 이상의 특성을 다른 대안에 비해서 효과적으로 수행할 수 있다는 것을 의미한다. 이때 중요한 것은 바람직한 접근방식이 의도치 않게 간과되는 일이 없도록 해야 한다는 것이다. 이를 위해서는 충분한 수의 다양한 구현방안들을 탐색해야 한다. 또한 탐색 대상이 되는 모든 대안은 그 특성에 따라서 서로 상대적으로 평가될 수 있을 정도의 수준으로 정의되어있어야 한다. 또한 신중하게 작성된 기준 목록 또는 "MOE"에 대해 평가를 수행해야 한다. 모델 기반 시스템엔지니어링(MBSE)은 다양한 수준에서 자동화된 절충 연구 업무를 지원하는 데 특히 유용하다. MBSE에는 관심 있는 시스템과 관련된 정보가 모델 내에 포함되어 있으므로 이 모델을 이용해 다양한 시뮬레이션 및 분석도구는 물론 필요한 정보를 직접 교환하는 것이 가능하기 때문이다.

기능적 상호작용. 시스템 설계과정에서 가장 중요하면서도 고유한 절차 중 하나는 기능 및 물리적 측면에서의 상호연결과 함께 해당 빌딩 블록의 인터페이스를 정의하는 것이다. 이 활동에 필요한 요소는 모든 중요한 기능적 상호작용과 방법을 조기에 식별하는 것이다. 또한 기능적 요소들을 취합해 강력하게 상호작용하는 요소들은 그룹화하고, 이후 그룹 간의 상호작용을 최대한 단순하게 조직화할 수 있는 방법을 모색해야 한다. 이러한 조직화(아키텍처)를 "모듈화"라고 한다. 이는 유지보수가 쉬워지는 장점과 함께 유효 수명을 연장하기 위해서도 필요한 것으로 시스템 설계를 위한 핵심적인 요소이다. 또 다른 필수적인 활동은 모든 외부와의 상호작용을 함으로써, 시스템에 영향을 미치는 외부 인터페이스를 확인하는 것이다.

물리 정의(합성 또는 물리적 분석 및 할당)

물리 정의는 기능적 설계를 하드웨어와 소프트웨어 구성품으로 변환하고, 이러한 구성품을 전체 시스템에 통합하는 것을 의미한다. 개념 개발 단계에서 모든 설계는 여전히 기능적인 수준에 머물러 있는 상태이다. 그럼에도 불구하고 개념 개발 단계에서 솔루션이 실질적으로 실현될 수 있다는 확신을 갖기 위해서는, 개념이 실제로 물리적으로 구현하게 되면 어떤 형상이 될 것인지를 시각화하거나 상상해볼 필요가 있다. 시각화되어야 할 대상을 선택하는 과정은 아래와 같은 일반적인 원칙을 따르게 된다. 여기서는 공학 개발 단계에 비해 더 정성정인 방법이 적용된다.

대안 시스템 요소들의 합성. 기능설계 요소를 실제로 구현하기 위해서는 적용하고자 하는 특정한 물리적 형태를 결정해야 한다. 결정 과정에서 필요한 사항으로는 구현 매체, 요소 형태, 배치 및 인터페이스 설계 등이 포함된다. 많은 경우에 여러 가지 접근방식을 사용할 수 있는데, 그 범위는 이전에 존재하지 않았던 최신 기술을 최초로 적용하는 것부터, 기존에 이미 입증된 기술을 사용하는 것까지 다양하다. 기능설계를 수행할 때와 마찬가지로, 이러한 결정은 절충분석을 통해서 이루어진다. 일반적으로 기능적 구성보다 물리적 구현을 수행할 때 좀 더 다양한 선택이 가능하다. 이러한 이유로 물리 정의를 수행하는 프로세

스에서 시스템엔지니어링의 역할은 더욱 중요하다.

선호하는 접근법의 선택. 시스템 수명주기 내에 있는 다양한 마일스톤에서는 선호하는 하나의 접근방식 또는 복수의 접근방식들을 선택해야 한다. 이러한 선택을 수행하는 프로세스의 성격은 수명주기를 구성하는 다양한 과정들의 특성에 따라서 달라진다는 것을 이해하는 것이 중요하다. 즉 시스템 개발 초기에 수행하는 탐색과정에서는 몇 가지 접근방식 중에서 선호하는 방식을 선택하는 것이었다. 하지만 개발이 진행되면서 선택과정은 단일 접근방식을 대상으로 아래 수준으로 진행하게 된다. 또한 결정이 필요한 대상의 수준도 진화한다. 즉 초기 결정은 시스템 전체와 관련이 있으나, 이후에 이루어지는 결정은 하부시스템과 구성품에 초점을 맞추어야 한다.

앞에서 설명한 바와 같이 설계 대안 중에서 의미 있는 선택을 하기 위해서는 일련의 평가기준을 정의하고 상대적인 우선순위를 결정할 필요가 있다. 물리정의 절차에서 고려해야 할 가장 중요한 변수 중 하나는 비용이다. 해당 대안이 상대적으로 수용 가능한 비용으로 구현할 수 있는지를 판단해야 한다. 또 다른 중요 변수는 개발 위험이다. 즉 성공적인 성취도를 얻기 위해서 감수해야 하는 상대적 위험의 수준을 확인해야 한다. 이러한 이유로 일반적으로 하나의 특정한 구현 개념을 조기에 확정하는 것은 피해야 한다.

절충 분석을 수행하는 요소의 하나인 위험평가는 기본적으로 부족한 성능, 낮은 신뢰도, 과도한 비용 또는 수용할 수 없는 일정으로 인해 선택한 설계 접근방식이 성공적인 결과를 도출하지 못할 확률을 추정하는 것이다. 특정한 구성품을 개발하기 위한 위험이 상당히 높은 것을 판단되는 경우에는, 해당 구성품 개발에 집중적인 노력을 투입해 전체 사업에 미치는 위험을 감소(위험 배제)시켜야 한다. 위험을 감소시키기 위해서는 기능은 입증되었지만, 성능이 다소 떨어지는 구성품을 이용해 백업을 제공하는 방법을 적용할 수 있다. 또한 위험도가 높은 특정 구성품의 필요성을 제거할 수 있도록, 전체적인 기술적 접근방식을 수정하는 것도 고려할 수 있다. 만약 이러한 노력이 실패하는 경우에는, 관련 시스템의 성능 사양을 완화하는 방안을 모색해야 한다. 상당히 높은 위험도를 내포하고 있는 시스템 요소를 식별하고 이에 대처하기 위한 방법을 결정하는 것은 시스템엔지니어링의 필수적인 책임이다.

시스템엔지니어링 방법을 적절하게 사용하면 다음과 같은 사항을 보장할 수 있다.

1. 실행 가능한 모든 대안을 고려할 수 있다.
2. 일련의 평가기준을 설정할 수 있다.
3. 최대한 판단기준의 우선순위를 결정하고 정량화할 수 있다.

양적 비교가 가능하든 그렇지 않든, 최종 결정은 경험에 기반한 판단으로 조정되어야 한다.

인터페이스 정의. 물리 정의 절차에는 내부 및 외부 **인터페이스**를 정의하고 제어하는 활동이 포함되어 있다. 설계 프로세스를 통해서 추가 또는 상세하게 기술된 각 요소는 인접 요소와 외부 입력 또는 출력과 적절하게 연결되어야 한다. 또한 바로 아래 수준의 설계가 정의되면, 모체가 되는 요소에 대한 조정이 필연적으로 필요하다. 이는 다시 이전에 정의되었던 인터페이스에 대한 조정에 반영되어야 한다. 이러한 모든 정의와 재조정은 다음 수준의 설계를 위한 확고한 기반을 형성하기 위해 모델 설계 및 인터페이스 사양에 통합되어야 한다.

설계 확인(검증, 평가)

복합 시스템을 개발할 때는, 이전 과정에서 진행된 설계 정의가 요구조건을 완전히 충족할 수 있도록 수행되었더라도, 다음 과정을 수행하기 전에 이전 과정의 설계 결과를 분명하게 검증하는 것이 여전히 필요하다. 많은 개발 사례를 살펴보면 감지되지 않은 오류가 상당히 자주 발생해왔다는 것을 알 수 있다. 검증 방식은 시스템 구체화 정도와 어떤 과정을 수행하는가에 따라 다르지만, 일반적인 접근방식은 각 과정에서 유사하다.

시스템 환경 모델링. 시스템 모델을 검증할 때는 시스템이 요구되는 성능을 발휘할 수 있는지를 확인해야 하며, 이를 위해서는 상호작용할 수 있는 환경 모

델을 만들어야 한다. 이 시스템 환경 모델링 작업은 시스템 개발 주기 전체에 걸쳐서 확장되어간다. 개념 개발 단계에서 사용되는 모델은 대부분 기능적이다. 단 중요한 시스템 구성품의 테스트 버전이 다양한 주변 조건에 걸쳐서 시험이 필요한 경우에는 물리적 모델이 사용되기도 한다.

시스템 개발 기간 중 후기 단계에서는 공기역학 풍동 또는 관성 시험 플랫폼과 같은 다양한 환경적 측면을 실험실 또는 시험시설에서 재현해야 할 수도 있다. 동적인 모델의 경우에는 시스템 설계의 동적 응답 모드를 시험하기 위해 시간 변수 입력을 적용해야 하므로 시뮬레이션이라는 용어가 더 적절하다.

개발과정이 공학 개발 단계로 진입함에 따라 환경 모델링은 점점 실제화되고, 환경 챔버와 같은 시스템 및 부품 시험 장비 그리고 충격 및 진동 설비 등에 환경적인 조건이 구체적으로 반영되게 된다. 운용 평가 시험을 수행하는 동안의 환경조건은 시스템이 실제로 운용되는 환경과 유사하게 만들어져야 한다. 이를 통해 모델은 더욱더 실제 상황을 반영할 수 있도록 변경되게 된다.

시스템 성능과 신뢰도에 매우 큰 영향을 미치는 환경 중 일부는 그 이해 정도가 매우 불완전하여 시뮬레이션을 수행하기 어려울 수가 있다. 예를 들어 심해 및 외부 대기권 공간을 시뮬레이션할 때는 어려움을 겪게 된다. 이 경우에는 환경을 정의하고 시뮬레이션하는 것 자체가 큰 노력이 될 수 있다. 심지어 비교적 잘 이해하고 있다고 생각했던 환경조차도 그것을 구현하는 과정에서는 어려움을 겪게 되는 경우가 있다.

각 절차에서 시스템 개발 프로세스는 시스템이 충족시켜야 하는 요구조건에 대한 보다 상세한 정의를 연속적으로 요구하게 된다. 시스템에 대한 연속적인 모델을 평가하고 개선하는 것은 환경적인 요구조건과는 다른 상황이다. 여기서 우리가 배워야 할 교훈은 시스템 T&E를 목적으로 시스템 환경을 모델링하는 데 필요한 노력은 시스템 자체를 설계하는 것과 같은 우선순위로 고려되어야 한다는 것이다. 또한 직접적으로 관련이 있는 시스템 설계 활동과 유사한 수준을 갖는 별도의 설계 노력이 필요할 수도 있다.

시험 및 시험 데이터 분석. 시스템 설계 확인을 위해 필요한 가장 중요한 절차는 시험을 수행하는 것이다. 이때 시험에 사용되는 시험 모델(또는 중요한 일부

분)은 시스템 요구조건 측면에서 효과를 측정하고 분석할 수 있어야 하므로, 환경 모델과 상호작용할 수 있도록 제작되어야 한다. 이때 시험의 범위는 시스템의 구체화 정도에 따라 발전되어가게 된다. 즉 초기에는 단순한 종이 계산으로 시작해 최종 단계인 운용시험으로 확대되어간다. 각각의 경우, 시험을 수행하는 목표는 시험결과와 요구조건이 제시한 사항이 일치하는지를 확인하기 위한 것이다. 만약 불일치한 경우가 발견되는 경우에는 결과를 수정하기 위해 무엇을 변경해야 하는지 확인이 필요하다.

위의 프로세스를 수행할 때 가장 중요한 것은 아래와 같은 핵심적인 원칙을 준수하는 것이다.

1. 모든 중요한 시스템 특성은 개발 초기에 취약점을 발견하기 위해 지정된 한계 수준 이상에서 시험이 이루어져야 한다.
2. 작동 편차가 발생하는 정확한 원인을 찾을 수 있도록 모든 핵심 요소를 계측해야 한다. 계측기기는 정밀도와 신뢰도 측면에서 시험 대상 제품보다 월등히 높은 수준을 유지해야 한다.
3. 필수적인 데이터를 정확하게 수집할 수 있도록 시험 계획 및 관련 시험 데이터 분석 계획을 수립해야 한다. 또한 시스템의 요구조건 충족 여부에 대한 실질적인 평가가 가능하도록 분석이 이루어져야 한다. 그런 다음 시스템의 적절성을 평가하기 위해 분석이 수행된다.
4. 시험 수행 중에 불가피하게 발생하게 되는 인위적인 영향에 의한 모든 제한사항은 명시적으로 알려져야 하며, 그것이 결과에 미치는 영향은 가능한 한 보정 또는 수정되어야 한다.
5. 시스템이 얼마나 요구 성능을 충족시키는지와 함께, 결함이 발생하는 경우에는 그 원인을 문서로 만들기 위한 공식적인 시험 보고서를 준비해야 한다.

시험 계획서는 시험 프로세스의 각 절차를 상세히 기술하고 각 시험 절차를 수행하기 이전, 도중 및 결론 부분에 **어떤 정보**를 기록할 것인지, 그리고 그 정보를 기록할 **방법**과 작성을 책임지는 **담당자**는 누구인지를 정확하게 식별해야 한다. 또한 시스템의 적합성을 입증하기 위해 적용하게 될 특정 기준과 함께 데이터가 어떻게 정제, 분석 및 보고되어야 하는지를 정의해야 한다.

유효성 검사를 통해서 요구되는 성능과의 편차가 밝혀졌을 때는 아래의 대안들을 고려해야 한다.

1. 환경 시뮬레이션(즉, 시험 장비)이 갖는 한계에 따른 편차일 수 있는가? 이러한 상황은 환경에 대한 실제적인 모델을 구축하는 것이 어려운 이유로 인해 발생할 수 있다.
2. 설계상의 결함으로 인한 편차인가? 그렇다면 다른 시스템 요소들을 광범위하게 수정하지 않고 교정할 수 있는가?
3. 문제가 되는 요구조건이 지나치게 엄격한 것은 아닌가? 만일 그렇다면, 그 편차를 수용하는 것을 고려할 수 있다. 이것은 시스템 개발과정의 특징인 피드백이 필요한 한 유형에 해당한다.

다음 과정의 준비

시스템 개발 프로세스의 각 과정은 다음 과정의 기반이 되는 진전된 수준의 요구조건 또는 사양을 생성하게 된다. 이는 이전에 작성된 수준의 요구조건을 대체하는 것이 아니라 추가하는 것으로 이해할 수 있으며, 두 가지 목적을 위해 사용된다.

1. 현재 과정에서 결정된 설계안을 문서로 만든다.
2. 다음 과정의 목표로 설정한다.

요구조건 분석 및 할당 업무를 수행하면서도 사업관리와 함께 협업하는 시스템엔지니어링이 담당해야 하는 책임 중의 하나는 충족시켜야 하는 특정한 기술적인 목표를 정의하는 것이다. 또한 명시적으로 제시된 요구조건을 실현하는데 필요한 각종 산출물(예: 하드웨어/소프트웨어 구성요소, 기술 문서, 지원 시험 데이터)들의 작성을 주관해야 하는 책임도 있다. 이러한 산출물들은 다음 과정의 입력물로 사용하게 된다. 각 과정에서 식별된 최종 산출물들은 일련의 중간 기술 마일스톤(Intermediate Technical Milestones)을 동반하는 경우가 많다. 이러한 마일스톤은 각각 특정한 설계 활동을 수행하는 과정에서 기술 진행 상황을 점검하고 판단하는 데 사용할 수 있기 때문이다.

이러한 요구조건 또는 사양을 정의하는 작업과 함께 관련된 설계 활동을 구현하기 위한 노력은 시스템 개발을 위해 필수적인 부분이다. 이러한 모든 노력은 개발의 각 과정을 실행하기 위한 공식적인 가이드를 구성한다.

그러나 실제로 개발사업의 궁극적인 성공에 매우 중요한 역할을 하는 이러한 노력이 실질적인 효과를 거두기 위해서는, 시스템엔지니어링과 사업관리 사이의 원활한 의사소통과 협력이 매우 중요하다는 점에 유의해야 한다. 물론 설계 전문가의 역할 역시 중요하다. 설계 전문가는 제시된 요구조건, 사용 가능한 자원 그리고 허락된 개발 기간 등을 고려해 달성할 수 있는 목표와 불가능한 목표를 가장 합리적으로 판단할 수 있기 때문이다.

다음 과정을 준비하는 작업의 성격은 해당 과정에 따라서 크게 다르므로, 일반적으로 이러한 준비 과정은 시스템엔지니어링 방법 내에서 별도의 절차로 설정하지는 않는다. 대신 대부분의 준비 과정은 유효성 검사 프로세스와 결합되어 있다. 비록 별도의 절차로 설정하지 않았다고 해도 준비 과정의 중요성이 감소하는 것은 아니다. 준비 과정에 투입되는 노력의 정도는 다음 과정의 첫 번째 절차인 요구사항 분석 프로세스에 직접적인 영향을 미친다. 어떤 경우이든지, 다음 과정에서 수행하게 되는 요구조건 및 작업을 정의하는 것은 과정 간에 중요한 인터페이스 역할을 제공한다.

시스템 수명주기에 걸친 시스템엔지니어링 방법

시스템 수명주기에 걸쳐서 연속적으로 이어지는 과정들 속에서 시스템엔지니어링 방법이 어떻게 적용되는지에 관한 이해를 돕기 위해, 표 3.3에는 시스템 수명주기의 각 과정에서 시스템엔지니어링 방법을 구성하는 네 가지 절차의 주요 내용이 나열되어 있다. 앞서 표 3.1에서도 언급했듯이 개발과정이 진행되어 감에 따라 통합 및 평가 절차에 이르기까지 주요 관심은 시스템보다는 더욱더 구체적이고 세부적인(하위 수준) 요소로 이동하는 것을 볼 수 있다.

또한 이 표는 개발 프로세스가 개념 개발에서 공학 개발 단계로 이동함에

표 3.3 수명주기에 걸친 시스템엔지니어링 방법

과정 / 절차	개념 개발			공학 개발		
	니즈 분석	개념 탐색	개념 정의	선행 개발	공학 설계	통합 및 시험
요구조건 분석	니즈를 분석	운용 요구조건 분석	성능 요구조건 분석	기능 요구 조건 분석	설계 요구조건 분석	시험 및 평가 요구조건 분석
기능 정의	시스템 목표를 정의	하부시스템 기능 정의	기능 아키텍처 구성요소 기능 개발	기능 아키텍처 하부 구성요소 기능 구체화	부품 기능 정의	기능적 시험 정의
물리 정의	시스템 능력 정의, 하부시스템을 시각화, 인식 기술	시스템 개념 정의, 구성품 시각화	물리 아키텍처 구성요소 개발	물리 아키텍처 구체화; 구성요소 구조 지정	하부구성품 구성 지정	물리적 시험 정의; 시험 장비 및 시설 지정
설계 확인	니즈 정당성 및 실현 가능성 확인	운용 요구조건 확인	시스템 능력을 평가	주요 하부시스템 시험 및 평가	구성품 구조를 확인	시스템 시험 및 평가

따라, 물리 정의 및 설계 확인 절차의 특성에는 어떠한 차이가 있는지를 보여주고 있다. 개념 개발 단계(왼쪽 3개의 열)에서 정의된 개념은 여전히 기능적 형태(기본적인 변경 없이 이전 또는 다른 시스템의 요소들이 그대로 적용되는 경우는 제외)에 있다. 따라서 물리적 구현은 아직 시작되지 않았으며, 기능 요소의 분석과 시뮬레이션을 이용해 설계의 적절성을 검증하게 된다. 엔지니어링 단계에서 이루어지는 하드웨어 및 소프트웨어로의 구현은 점점 더 낮은 수준으로 진행된다. 이 단계에서 설계 결과를 확인하는 방법에는 실험, 프로토타입 및 최종 생산 시스템 요소와 시스템 자체에 대한 시험 등이 포함된다.

표 3.1과 3.3을 이해할 때 한 가지 유의해야 하는 사항이 있다. 그것은 비록 동일한 시스템 개발의 특정한 과정에서도 어떤 시스템의 일부분은 그것이 갖는 중요한 기능을 확인하기 위해 더 발전된 수준으로 시제품을 제작할 수도 있다는 점이다. 이러한 현상은 선행 개발과정에서 특히 많이 나타난다. 선행 개발과정은 잠재적으로 위험할 수 있는 새로운 접근방식을 시제품으로 제작해 실제적인 조건에서 시험을 수행하는 과정이기 때문이다. 일반적으로 새로운 소프트웨어 요소도 기본 설계를 검증하기 위해 이 과정에서 시제품으로 제작된다.

여기서 제시한 표들이 다소 이상적인 그림을 보여주기는 하지만, 시스템엔지니어링 방법을 연속적으로 낮은 수준의 시스템에 반복적으로 적용해야 한다는 전체적인 패턴은 시스템 개발 프로세스를 바라보는 의미 있고 유용한 일반적인 관점이라고 할 수 있다.

나선형(Spiral) 수명주기 모델

위와 같이 시스템이 단계적으로 "구체화"해가는 과정에서 시스템엔지니어링 방법을 연속적으로 적용하는 시스템 개발 프로세스의 반복적인 특성은 시스템 수명주기의 하나인 "나선형" 모델에도 나타나 있다. 시스템의 수명주기 과정들을 대상으로 적용할 수 있는 이 모델은 그림 3.9에 묘사되어있다. 앞에서 정의한 시스템엔지니어링 방법의 네 절차를 나타내는 섹터는 두꺼운 방사형 선으로 구분되어 표시되어있다. 이 모델은 복합 시스템을 개발하는 각 과정은 반드시 시스템엔지니어링 방법을 반복적으로 적용해야 한다는 점을 강조하고 있다. 또한 이전 과정에서 이미 수행된 작업 내용과 얻어진 결과에 대해서도 지속적인 검토 및 업데이트가 필요하다는 사실도 보여주고 있다.

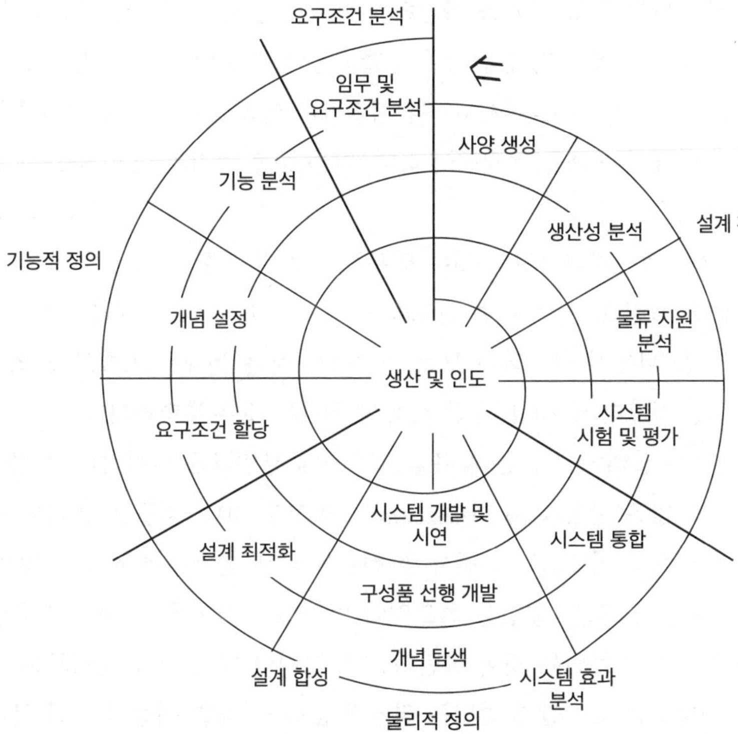

그림 3.9 시스템 수명주기의 나선형 모델

3.5 시스템 개발과정에서의 시험

시험과 평가는 설계와 분리되어있는 별개의 기능이 아니라 설계의 고유한 부분이다. 설계의 기본 형태라고 할 수 있는 그림을 그리는 작업과 비유해 설명한다면, T&E의 기능은 화가가 설계 개념을 캔버스로 옮기는 과정의 일부분이라고 할 수 있다. 그림의 일부분이 화가의 의도와 맞지 않는 경우에는, 몇 번의 붓놀림을 통해서 그림의 시각적 효과(성능)를 원래 목적에 맞도록 변경하게 된다. T&E 역시 결과를 충족시켜야 하는 요구조건에 맞도록 조정하기 위한 피드백을 수행해야 한다.

미지의 부분

새로운 시스템을 개발하기 위한 과정 중에는 해결해야 하는 미지의 사항(unknowns)이 매우 많이 발생한다. 이미 확립된 관행에서 크게 이탈하는 경우가 발생할 때마다 그 결과를 확실하게 예측하는 것은 거의 불가능하다. 사업 비용은 여러 요인에 따라 달라지며 정확히 알려진 요인이 없는 경우가 많다. 인터페이스와 관련된 비호환성 문제를 해결하기 위해서는 종종 인터페이스 관계를 갖는 양측에서 설계를 조정해야 하며, 이는 종종 예기치 않은, 때로는 중대한 기술적 어려움을 초래한다.

시스템엔지니어링의 필수 업무는 미지의 사항을 가능한 한 조기에 발견해 알려진 사실로 변경할 수 있도록 시스템 개발을 가이드하는 것이다. 프로그램 수행 중 뒤늦게 발견되는 모든 어려움은 같은 문제를 개발사업 초기 과정에서 마주친 것보다 몇 배나 더 큰 비용이 든다는 것은 분명하다.

많은 알려지지 않은 항목들은 초기에 분명하게 나타나며, 이를 "알려진 알려지지 않은 항목(Known Unknowns)"이라고도 한다. 이들은 조기에 잠재적인 문제 영역으로 식별되므로 검사 및 해결을 위해 선별되게 된다. 이러한 조치는 시뮬레이션 및/또는 실험용 하드웨어 및 소프트웨어를 이용한 일련의 중요한 실험을 통해 완료되는 것이 일반적이다. 그러나 다른 문제 영역들은 나중에 시스템 개발하는 중에만 발견되는 경우가 많다. 이러한 예상치 못한 문제는 처음에 확인된 "알려진 알려지지 않은(Known Unknowns)" 그룹과 구별하기 위해 종종

"알려지지 않은 미지" 또는 "Unk-unks"로 지칭하며, 전체 개발 프로세스에 심각한 영향을 미치기 전에 처리해야 한다.

알려지지 않은 것을 알려진 것으로 전환

"알려지지 않은 미지(Unk-unks)"가 존재하는 경우에는 모든 미지의 것들을 제거하기 위한 노력을 훨씬 더 어렵게 만든다. 이런 경우에는 기술적인 문제점들을 가장 많이 내포하고 있을 확률이 높은 부분에 대한 적극적인 검사가 필요하다. 이전의 유사한 시스템 개발 경험을 통해서 축적된 높은 수준의 기술적 통찰력과 "만약…?"이라는 자세로 이러한 검사를 수행하는 것이 시스템 엔지니어의 임무이다.

모든 알려지지 않은 미지의 문제들은 최종 목표 달성에 있어서 불확실성으로 작용하므로 잠재적인 위험이 된다. 실제로는 알려지지 않은 것들은 모든 개발 프로그램에서 주요한 위험 요소로 작용하게 된다. 따라서 위험도를 평가하고 통합하는 임무는 미지의 사항을 식별하고 해결하기 위한 노력이라고 할 수 있다.

미지의 문제를 해결하기 위한 도구로는 분석, 시뮬레이션 및 시험 등이 있으며, 이러한 도구들은 시스템의 중요한 특성을 발견하고 정량화하기 위한 수단으로 사용된다. 이와 같은 노력은 초기에 개념적인 단계에서 시작되어 전체 개발과정 동안 계속되며, 개발이 진전됨에 따라 내용과 특성만 변화하고 그 목적과 접근법은 유지된다.

새로운 시스템이나 시스템에 포함되는 새로운 요소를 설계할 때(예를 들어, 높은 스트레스를 받는 설계 요소를 만들기 위해 새로운 소재를 사용하는 것과 같은) 그리고 같은 환경에서 이전에 시도한 적이 없는 접근방식을 필요로 하는 새로운 요소를 시스템에 적용하기 위해 설계할 때, 설계자는 여러 가지 알 수 없는 문제에 직면하게 된다. 예를 들면, 새로운 소재로 만들어진 요소는 기존의 도구를 이용해 원하는 형상으로 가공할 수 없는 경우 등이 있다. 이러한 상황에서는 시험을 통해서 알려지지 않은 요인으로 인해 상당한 설계 변경을 유발할 수 있거나, 진행 중인 접근방식을 포기해야 하는 예상치 못한 어려움을 초래할 수 있다는 것을 밝혀내야 한다.

이전에 적용하지 않았던 설계 접근방식을 도입하는 경우에 그 접근방식이 올바른지 아닌지를 확인하기 위한 활동을 설계가 완전히 구현될 때까지 기다리는 것은 현명하지 않다. 대신 최소 비용으로 신속하게 제작 또는 생성할 수 있는 설계 요소의 이론적 또는 실험적 모델을 이용해 시험을 수행해야 한다. 이 과정에서 모델을 더욱더 사실적으로 구현했을 때의 잠재적인 이점과 이를 제작하는 데 필요한 시간과 비용 사이의 균형을 판단해야 한다. 특히 요소의 성능이 시스템 전체에 영향을 미칠 수 있는 경우에는, 구성품 수준의 결정이 아닌 시스템 수준에서의 결정이 필요하다. 만약 미지의 부분이 시스템을 구성하는 요소의 기능적 동작과 주로 관련이 있는 경우에는 계산식 모델 또는 시뮬레이션을 활용하는 것이 바람직하다. 반면에 알 수 없는 요소가 물질적 측면과 관련이 있다면 실험 모델이 필요하다.

시험에 대한 시스템엔지니어링 접근법

시험에 대한 시스템엔지니어링 접근방식을 설명하기 위해서는 설계 엔지니어, 시험 엔지니어 및 시스템 엔지니어가 가진 각각의 시험과 관련된 견해를 비교하는 것이 필요하다. 설계 엔지니어는 구성품이 시험을 통과했는지 확인하고 "괜찮은지?"를 알고 싶어 한다. 시험 엔지니어는 시험이 철저하게 수행되었는지 그리고 구성품이 충분한 스트레스를 받았는지 확인하려고 한다. 시스템 엔지니어는 구성품에 존재하는 모든 결함을 찾고 식별하기를 원한다. 구성품이 시험에 실패하는 경우 시스템 엔지니어는 해당 결함을 제거하는 데 필요한 수정 사항을 도출할 수 있는 근거를 마련하기 위해 그 원인을 알고 싶어 한다.

위의 내용으로부터 시스템엔지니어링은 시험 조건뿐만 아니라 시스템의 다양한 부분이 어떻게 작동하는지 정확하게 확인할 수 있는 데이터를 획득하는 것에도 관심이 있다는 것을 알 수 있다. 사실은 데이터 수집 자체만으로는 충분하지 않다. 데이터를 분석하기 위해 사용 가능한 절차가 필요하다. 이는 종종 복잡하고 정교한 분석 기술이 필요하며 사전에 계획되어야 한다.

또한 시스템 엔지니어는 시험 절차의 조합 및 계측기 선택에 있어서 적극적인 참여자가 되어야 한다. 실제로 시험 계획 개발을 본격적으로 착수하는 것은 시스템엔지니어링에 달려 있어야 하며, 시험 엔지니어링과 긴밀히 협력해야 한다. 시스템 엔지니어에게 시험은 과학자들이 수행하는 실험과 같은 것이다. 즉 통제된 상황에서 시스템의 동작에 대한 중요한 데이터를 획득하는 수단이다.

시스템 T&E

시스템 수명주기에서 시험이 가장 집중적으로 수행되는 과정은 13장의 주제인 시스템 개발, 통합 및 평가의 마지막 과정이다. 14장에는 선행 개발과정에서 이루어지는 T&E에 관한 내용도 수록되어 있다.

3.6 요약

시스템 수명주기와 시스템엔지니어링

주요 시스템 개발 프로그램에는 핵심적인 사용자의 니즈를 충족시키기 위한 폭넓고 복잡한 노력이 포함된다. 그것은 여러 분야를 포함하는 것은 물론이고 새로운 기술을 적용하며, 소요 자원의 점진적인 증가가 요구되고 지정된 일정과 예산이 단계적으로 증가하는 방식으로 수행된다.

시스템 수명주기

시스템 수명주기는 다음과 같은 3가지 주요 단계로 나눌 수 있다.

개념 개발. 시스템엔지니어링은 시스템 니즈를 설정하고, 실현 가능한 개념을 탐색하며, 선호하는 시스템 개념을 선택한다. 개념 개발 단계는 다음 세 개의 과정으로 세분될 수 있다.

1. **니즈 분석**은 새로운 시스템의 필요성을 정의하고 검증하며, 그 타당성을 입증하고, 시스템의 운용 요구조건을 규정한다.
2. **개념 탐색**은 실현 가능한 개념을 탐색하고 기능적인 성능 요구조건을 정의한다.
3. **개념 정의**는 대안이 되는 개념들을 검토하고, 성능, 비용, 일정 및 위험을 기반으로 선호하는 개념을 선정하며, 시스템 기능사양(A-Spec)을 정의한다.

공학 개발. 시스템엔지니어링은 새로운 기술을 확인하고, 선택된 개념을 하드웨어와 소프트웨어 설계로 변환하며, 생산용 모델을 제작하고 시험한다. 공학 개발 단계는 다음 세 가지 과정으로 세분될 수 있다.

1. **선행 개발**은 위험 영역을 식별하고, 분석, 개발, 시험을 통해 이러한 위험을 감소시키며, 시스템 개발 사양(B-Spec)을 정의한다.
2. **공학 설계**는 예비 및 최종 설계를 수행하고 하드웨어 및 소프트웨어 구성품(CIs, Configuration Items)을 제작 및 시험한다.
3. **통합 및 평가**는 구성품을 생산 시제품에 통합하고 시제품 형태의 시스템을 평가하며 오차를 수정한다.

개발 후. 시스템엔지니어링은 시스템을 생산 및 배포하고 시스템 운용 및 유지관리를 지원한다. 개발 후 단계는 아래의 두 과정으로 더 세분된다.

1. **생산**은 수공구 등의 생산용 장비를 개발하고 시스템 생산품을 양산하며, 사용자에게 시스템을 제공하고, 초기 운용을 가능하게 하는 과정이다.
2. **운용 및 지원**은 시스템 운용 및 유지보수를 지원하고 운용 중에 수행이 필요한 업데이트를 개발 및 지원한다.

개발 프로세스의 진화적 특성

대부분의 새로운 시스템은 이전의 시스템에서부터 진화한다. 즉, 그 시스템의 기능 아키텍처와 심지어 일부 구성품의 경우에는 재사용할 수도 있다.

새로운 시스템은 개발과정에서 점진적으로 "구체화"해간다. 시스템의 묘사와 설계는 개념에서 실제 결과물로 진화한다. 문서, 다이어그램, 모델과 제품은 모두 시스템의 진화적 개발 정도에 따라 변화된다. 또한 시스템 개발의 주요 참여자는 개발이 진행되는 동안 변경된다. 그러나 시스템엔지니어링은 모든 과정에서 핵심적인 역할을 한다.

시스템엔지니어링 방법

시스템엔지니어링 방법에는 아래의 네 가지 기본 절차가 포함된다.

- 요구조건 분석: 요구조건이 필요한 이유를 확인.
- 기능 정의: 요구조건을 기능으로 변환.
- 물리 정의: 대안이 되는 물리적 구현방안들을 조합.
- 설계 확인: 시스템 환경을 모델링.

이 네 가지 절차는 시스템 개발을 위해 수행되는 각 과정에서 반복적으로 적용된다. 시스템엔지니어링 방법의 적용은 수명주기 전반에 걸쳐서 진화해나간다. 시스템이 점진적으로 구체화함에 따라, 니즈 분석과정에서는 주로 시스템 수준을 고려하였으나 이후 공학 설계를 진행하는 동안에는 부품 수준으로 그 관심의 초점이 이동한다.

시스템 개발과정에서의 시험

시험은 "알려진 알 수 없는 항목(Known Unknowns)"의 존재 여부를 확인하고 "알려지지 않은 알 수 없는 항목(Unk-unk)"과 그 원인을 밝혀내기 위해, 알 수 없는 설계 결함을 식별하기 위한 프로세스이다. 뒤늦게 발견되는 미지의 위험을 개선하기 위해서는 매우 큰 비용이 든다. 따라서 시험 계획 및 분석은 시스템엔지니어링의 주요한 책임이다.

연습문제

3.1 당신이 어느 정도 알고 있는 복합 시스템(상업적 또는 군사적)의 최근 개발 (2010년 이후) 사례를 들어보시오. 충족시켜야 하는 니즈와 이전 시스템보다 우월한 주요 사항들을 설명하시오. 사례에서 선택한 새로운 개념적 접근 방식 및/또는 기술발전 사항에 대해 간략히 설명하시오.

3.2 기술의 발전은 종종 이전 시스템이 보유하지 않은 장점을 이용하여 새로운 시스템이나 개선된 시스템의 개발로 이어진다. 첨단기술이 제공할 수 있는 세 가지 서로 다른 유형의 이점을 설명하고 각각의 예를 들어보시오.

3.3 새로운 시스템에 대한 요구조건을 충족시키기 위해 실행할 수 있고 매력적인 개념이 존재한다 해도 최종적으로 개발을 결정하기 전에는, 다른 대안들도 고려하는 것이 왜 중요한지 설명하시오. 그렇게 하지 않을 때 초래할 수 있는 몇 가지 결과를 설명하시오.

3.4 우주왕복선은 최첨단 기술을 사용하는 매우 복합 시스템의 사례이다. 개발 당시에 입증되지 않은 기술이 포함되고, 운용 위험을 허용 가능한 수준으로 줄이기 위해 광범위한 시제품 제작 및 시험이 필요했을 것으로 생각되는 우주왕복선의 많은 구성품 중 세 가지 예를 제시하시오.

3.5 시스템 엔지니어는 서로 다른 기술을 가진 그룹 또는 계약자에 의해서 설계된 시스템 구성품들이 전체 시스템을 구성하기 위해 통합될 때 적합하고 효과적으로 상호작용할 수 있도록 해야한다. 이러한 임무를 수행하기 위해 시스템 엔지니어가 사용할 수 있는 절차는 무엇인가? 기계, 전기 및 소프트웨어 시스템 요소에 대해 논의하시오.

3.6 표 1.2 및 1.3에 나열된 6개의 시스템에 대한 "이전 시스템"을 나열하시오. 각각에 대해 현재 시스템이 이전 시스템보다 우수한 주요 특성을 제시하시오.

3.7 표 3.2는 시스템 개발 프로세스를 수행하는 과정에서 시스템 모델이 진화해가는 과정을 보여준다. 요구조건 문서의 진화가 표 3.1에 설명된 구체화 프로세스를 어떻게 설명하고 있는지 기술하시오.

3.8 아래 나열된 가전제품 중 하나를 선택하시오.

a. 작동 주기 동안 수행하는 기능을 명시하시오. 각 절차에 관여하는 주요 매체(신호, 데이터, 재료 또는 에너지)와 이 매체가 수행하는 기본 기능을 표시하시오.

자동 식기 세척기
세탁기
텔레비전 세트

b. 선택한 가전제품을 대상으로 위의 각 기능의 구현과 관련된 물리적 요소를 기술하시오.

참고문헌

Maier, M. and Rechtin, E. (2009). *The Art of Systems Architecting*. CRC Press.

추가 자료

Biemer, S. and Sage, A. (2009). Chapter 4: Systems engineering: basic concepts and life cycle. *In: Agent-Directed Simulation and Systems Engineering* (eds. L. Yilmaz and T.I. Oren). Wiley.

Blanchard, B. (2004). *System Engineering Management*, 3e. Wiley.

Blanchard, B. and Fabrycky, W. (2013). *System Engineering and Analysis*, 5e. Prentice Hall.

Buede, D. (2016). *The Engineering Design of Systems: Models and Methods*, 3e. Wiley.

Chesnut, H. (1967). *System Engineering Methods*. Wiley.

DeGrace, P. and Stahl, L.H. (1990). *Wicked Problems, Righteous Solutions*. Yourdon Press, Prentice Hall.

Eisner, H. (1988). *Computer-Aided Systems Engineering*. Prentice Hall, Chapter 10.

Eisner, H. (2002). *Essentials of Project and Systems Engineering Management*, 2e. Wiley.

Hall, A.D. (1962). *A Methodology for Systems Engineering*. Van Nostrand, Chapter 4.

Martin, J.N. (1997). *Systems Engineering Guidebook: A Process for Developing Systems and Products*. CRC Press, Chapters 2–5.

Rechtin, E. (1991). *Systems Architecting: Creating and Building Complex Systems.* Prentice Hall, Chapters 2 and 4.

Reilly, N.B. (1993). *Successful Systems for Engineers and Managers.* Van Nostrand Reinhold, Chapter 3.

Sage, A.P. (1992). *Systems Engineering.* McGraw Hill, Chapter 2.

Sage, A.P. and Armstrong, J.E. Jr. (2000). *Introduction to Systems Engineering.* Wiley, Chapter 2.

Sage, A.P. and Biemer, S.M. (2008). *Processes for system family architecting, design and integration. IEEE Systems Journal* 1: 5-16.

Stevens, R., Brook, P., Jackson, K., and Arnold, S. (1998). *Systems Engineering, Coping with Complexity.* Prentice Hall, Chapters 7 and 8.

4. 시스템엔지니어링 관리

4.1 시스템 개발 관리

1장에서 언급한 바와 같이, 시스템엔지니어링은 시스템 개발사업을 관리하기 위한 필수적인 부분이다. 사업관리 기능에서 시스템엔지니어링이 수행하는 부분은 그림 4.1의 벤다이어그램에 나타나 있다. 타원형의 다이어그램은 **사업관리** 영역을 구성하는 두 개의 주요 구성요소인 **시스템엔지니어링**과 **사업계획 및 통제**를 나타내고 있다. 두 구성요소 중 기술과 관련된 분야는 시스템엔지니어링 영역에 해당하고, 프로그램, 재무 및 계약과 관련된 분야는 사업계획 및

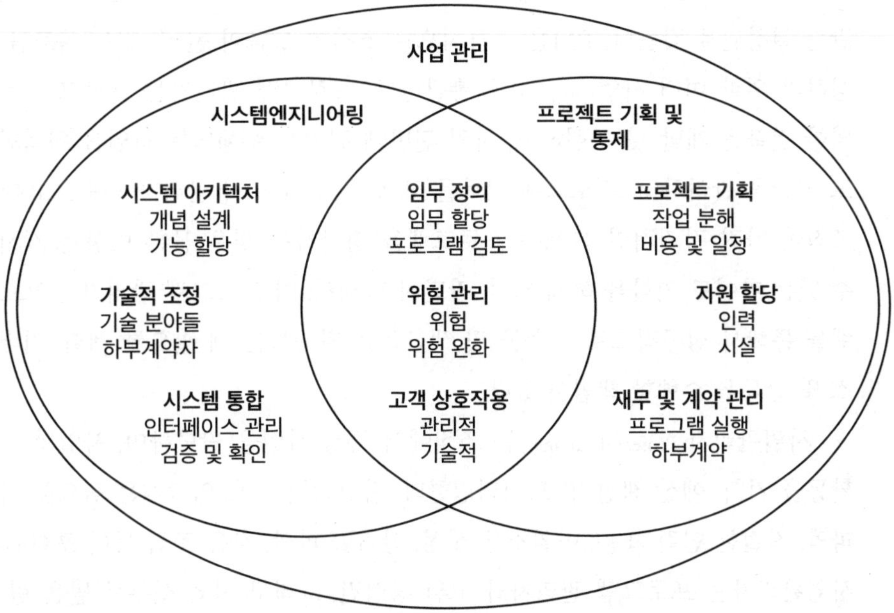

그림 4.1 사업관리의 일부인 시스템엔지니어링

통제의 영역이다. 기타 자원 할당 및 작업 정의는 반드시 공유되어야 하는 기능이다.

시스템엔지니어링의 다양한 기능을 더욱 효과적으로 이해할 수 있도록, 이 장에서는 업무 분할 구조(WBS, Work Breakdown Structure), 사업 조직, 시스템엔지니어링 관리 계획(SEMP, Systems Engineering Management Plan) 등 사업관리 프레임워크와 관련된 주요한 특징을 살펴보고자 한다. 또한 위험관리 등 시스템엔지니어링 수행과 관련된 업무에 대해서도 논의할 예정이다.

복합 시스템을 엔지니어링하기 위해서는 수십, 수백 명의 개발 인력, 경영진 그리고 다수의 계약자는 물론 기타 조직들이 참여한 가운데 상호 관련된 업무를 수행하는 것이 필요하다. 이러한 업무에는 반드시 유지보수, 문서화, 교육 등 시스템 운용을 지원하기 위해 필요한 모든 것들이 포함되어야 한다. 시험 장비, 설비, 운송과 관련된 장비 등도 개발 및 획득되어야 한다. 기획 수립, 실행 계획 수립, 비용 및 형상 통제 등을 포함한 사업관리 및 시스템엔지니어링에 관련된 업무는 공개적으로 명백하게 다루어져야 한다. 관리의 복잡성은 관리팀 리더에게 부여된 역할을 통해서 해결해나가야 한다.

프로그램 관리자(PM, Program Manager)는 시작부터 끝까지 전반적인 범위에 관한 결정권을 갖는다. PM은 궁극적으로 조직에 도움이 될 수 있는 목표를 달성하기 위한 여러 사업(projects)을 총괄한다. 프로그램 관리자는 프로그램 팀을 위한 전략을 개발 및 구현하고, 사업 전반에 걸쳐서 수행되는 작업을 최적화하고 예산을 관리하고, 프로그램 성과를 고객 및 고위 조직 관리자에게 보고한다. 조직이 가진 장기적인 목표는 프로그램을 평가하는 것은 물론 방향을 제시할 수 있는 가이드 역할을 하게 된다. 간단히 말해서, 이 프로그램 관리자는 프로그램을 통해서 성공적으로 산출물 및 생산품을 획득하는 데 필요한 계획, 거버넌스 및 감독을 수행할 책임이 있다.

사업관리자(Project Manager)는 조직에서 특정 사업을 담당하며, 사업의 일상 활동을 기획, 예산 책정 및 모니터링한다. 담당하는 주요 역할에는 필요한 자원 파악, 적절한 인력 채용, 마일스톤 설정, 신기술 파악, 갈등 조정 등이 포함된다. 사업관리자는 프로그램 관리자와 고위 경영진, 그리고 사업 실무를 맡은 팀 간의 가교 역할을 한다. 시스템 엔지니어는 전체 시스템에 대한 관점을 유지하고,

모든 구성품을 개발 및 통합하며, 계약 사양에 대한 성과를 평가하는 책임을 진다. 시스템 엔지니어는 전략 및 계획 수립을 지원하고, 시스템에 적용되는 기술 및 공학 개발을 수행하며, 모든 구성품과 최종 시스템을 통합 및 시험하는 것은 물론이고 생산품의 정상적인 작동 및 이관도 책임진다.

이 장은 다양한 유형의 복합 시스템 개발에 적용되는 여러 가지 시스템엔지니어링 활동을 관리적 측면에 다루고 있다. 그러나 본질적으로 모든 기능이 소프트웨어에 의해 수행되는 소프트웨어 집약적 시스템을 관리하기 위해서는 별도로 고려해야 하는 몇 가지 특수한 특성들이 있다.

제안서 개발 및 작업 명세서

시스템 개발 프로세스는 새로운 시스템에 대한 니즈를 가진 사람 즉 고객이 제안 요청서(RFP, Request For Proposal)를 작성해 제시함으로써 시작되는 경우가 많다. 특히 시스템 개발이 참여 기업 간의 경쟁을 통해서 이루어지는 환경 속에서는 더욱 그렇다. 제안 요청 내용에 대해 기업이 어떠한 대응 방안을 결정하느냐에 따라서, 기업은 프로그램 관리자 또는 전문 제안 팀을 배정해 제안서를 작성한다. 이때 시스템 엔지니어가 공식적으로 팀에 할당되지는 않지만, 초기에 고려하는 기술적인 개념과 함축된 설계 그리고 인터페이스 등이 갖는 실현 가능성은 중요하다. 따라서, 사업의 초기 과정에서도 시스템엔지니어링과 사업관리의 협력은 분명히 필요하다.

제안서에서 중요한 요소는 작업 명세서(SOW, Statement Of Work)이다. 이것은 고객의 니즈에 맞는 시스템 개발에 필요한 작업을 서술적인 형태로 기술한 것이다. 시스템을 개발하는 과정에서 시스템 엔지니어의 관심은 개발할 제품에 초점이 맞추어지게 된다. 다시 말해 시스템 엔지니어는 작업 명세서에 명시되는 작업 범위에 개발을 완료하는 데 필요한 모든 제품과 서비스가 포함되도록 해야 한다. 특히 시스템 엔지니어는 고객의 니즈에 대응하기 위한 목적에 초점을 맞추고, 작업 명세서가 신뢰할 수 있는 운용 개념을 기반으로 하는지 확인하고, 레거시 구성품 사용 및 가용성을 포함하는 설계를 검토하고, 제안된 시스템이 상업적 기성품(COTS, Commercial Off-The-Shelf)을 포함하는지 등을 확인해야 한다. 그리고 예비 시스템 설계에서 고려하고 있는 중요한 하부시스템이 어느 정도의 기술적 준비 수준을 갖추고 있는지 결정해야 한다. 이 초기 계획은 사업이 진행되는 동안에 기술적인 기여자들이 "계속해서 고려해야 할" 작업에 대한 기초 역할을 하게 된다.

4.2 업무 분할 구조

시스템 개발 노력을 성공적으로 관리하기 위해서는 개발에 필요한 모든 업무를 적절하게 정의, 할당, 계획 및 통제할 수 있는 특별한 기술이 필요하다. 가장 중요한 기술 중 하나는 **업무 분할 구조**(WBS, Work Breakdown Structure)를 이용해 사업 과업들을 체계적으로 구성하는 것이다. WBS 이외에도 조금은 일반적이지 않은 용어인 프로젝트 또는 시스템 분류 구조라는 형식을 이용해 사업 과업을 체계적으로 구성하는 때도 있다. 이러한 분류 방식들은 사업을 수행하는 동안 달성해야 할 제품 및 노력과 관련된 모든 업무를 계층구조로 정의하는 것이다. WBS는 개념 절충 연구를 위한 기준점 역할을 해야 하므로, WBS의 작성은 개념 정의 과정 초기부터 시작되어야 한다. 이후에는 시스템 수명주기 비용을 평가하기 위한 기초로도 사용되어야 한다. 이를 위해서는 개발과정의 후반부를 거치면서 더 완전한 WBS로 발전되어야 한다. WBS는 종종 경쟁적인 시스템 개발에서 계약서에 명시되어 있는 요구조건이 된다.

WBS는 일반적으로 하드웨어, 소프트웨어, 서비스 및 데이터를 포함해 개발, 생산, 시험, 배치와 관련된 사항은 물론 지원을 받는 전체 시스템을 정의한다. 그것은 사업을 추진하는 골격 또는 프레임워크를 정의한다.

전형적인 WBS의 요소

일반적으로 WBS 형식은 특정 프로젝트에 맞게 조정되지만, 계층 트리 구조를 따른다는 공통점을 갖고 있다. 계층 트리 구조는 프로젝트를 수행하는데 필요한 모든 중요한 작업을 기술할 수 있는 구조로 설계되어 있기 때문이다. 이해를 돕기 위해 다음 단락에서는 일반적인 국방 시스템의 WBS에 포함되는 주요 요소를 설명하고 있다.

시스템 사업 자체가 계층의 레벨 1(일부 WBS 구조는 레벨 0에서 시작됨)인 경우에, 레벨 2 범주는 다음과 같이 세분될 수 있다.

1.1 시스템 제품
1.2 시스템 지원
1.3 시스템 시험
1.4 사업관리
1.5 시스템엔지니어링

이러한 범주가 포함하는 내용이나 범위가 유사한 것은 아니지만, 전체적으로는 시스템 개발사업에 필요한 모든 작업을 포함하도록 설계되어 있다는 점에 유의해야 한다.

1.1 **시스템 제품**은 운용에 필요한 보조장비와 함께 시스템 자체를 개발, 생산 및 통합해야 하는 종합적인 노력이다. 그림 4.2는 시스템 제품의 WBS 분석에 대한 예시를 보여준다. 레벨 3 항목은 여러 하부시스템과 그 통합을 위해 필요한 장비(조립 장비) 및 두 개 이상의 하부시스템이 사용되는 기타

레벨 1	레벨 2	레벨 3	레벨 4	레벨 5
1. 시스템 제품	1.1 시스템 제품	1.1.1 하부시스템 A	1.1.1.1 구성품 A_1	1.1.1.1.1 기능 설계 1.1.1.1.2 공학 설계 1.1.1.1.3 제작 1.1.1.1.4 단위 시험 1.1.1.1.5 문서화
			1.1.1.2 구성품 A_2	1.1.1.2.1 기능 설계 … etc
		1.1.1 하부시스템 B	1.1.2.1 구성품 B_1	1.1.2.1.1 기능 설계 … etc
		1.1.3 하부시스템 C		
		1.1.4 조립 장비		
		1.1.5 보조 장비		

그림 4.2 시스템 제품 WBS 계층구조의 일부분

보조장비들을 보여준다. 또한 그림에는 개발, 엔지니어링 및 생산 노력을 정의할 수 있는 제품을 나타내는 하부시스템 중 하나를 구성품으로 분류한 레벨 4와 레벨 5의 예가 나와 있다. 하드웨어 및 소프트웨어 구성품의 통합과 시험은 각 하부시스템을 대상으로 별도로 수행하고, 시험이 완료된 이후에 최종 시스템에 통합해 시험하는 것이 바람직하다(아래 1.3). 마지막으로, 비용 할당 및 통제 목적을 위해 각 구성품은 레벨 5에서 작업 패키지로 세분된다. 작업 패키지는 구성품의 설계, 개발 및 시험 등의 여러 단계를 정의하기 때문이다. WBS 아래에 해당하는 이 레벨의 요소들은 종종 구매, 설계, 통합, 시험과 같이 실행과 관련된 단어로 표현된다.

1.2 **시스템 지원**(또는 통합 물류지원)은 시스템 제품의 개발 및 운용에 필요한 장비, 시설 및 서비스를 제공한다. 이러한 항목은 다음과 같은 6개의 제목에 따라 분류될 수 있다(레벨 3 범주).

1.2.1 물류지원

1.2.2 시험 장비

1.2.3 운송 및 취급

1.2.4 문서화

1.2.5 시설

1.2.6 인력 및 교육

각 시스템 지원 범주는 개발 프로세스와 시스템 운용 모두에 적용할 수 있지만, 이는 상당히 다른 활동을 포함할 수 있다.

1.3 **시스템 시험**은 구성품 시험을 통해서 개별 구성품의 설계가 검증된 이후에 시작된다. 전체적인 시험 노력에서 매우 중요한 부분은 일반적으로 다음과 같은 4가지 범주의 시험을 포함하는 시스템 수준의 시험에서 이루어진다.

1.3.1 통합 시험: 이 범주는 전체 시스템을 구축하기 위한 구성품과 하부시스템의 단계적 통합을 지원한다.

1.3.2 시스템 시험: 이 범주는 전반적인 시스템 시험과 시험 결과에 관한 평가를 제공한다.

1.3.3 수락 시험: 이 범주는 제공된 시스템의 생산 공정 및 설치 시험을 위해 제공한다.

1.3.4 운용시험 및 평가: 이 범주는 실질적인 운용환경에서 전체 시스템의 효과를 시험한다.

각 레벨에서 수행해야 하는 개별 시험은 일련의 개별 시험 계획 및 절차에 규정되어 있다. 단, 시험 목적과 내용에 대한 전반적인 설명과 수행할 개별 시험의 목록은 통합 시험 계획 및 관리 문서인 "시험 및 평가 관리 계획" 또는 국방 획득 용어인 TEMP(Test and Evaluation Management Plan)에도 명시되어야 한다.

1.4 **사업관리**는 WBS의 관리, 비용, 일정, 성과 측정, 사업 검토 및 보고서와 관련된 활동은 물론이고 사업 계획 및 관리와 관련된 모든 활동을 포함한다.

1.5 **시스템엔지니어링** 과업에는 시스템의 모든 개념 및 개발과정들을 수행하는 동안 시스템을 엔지니어링하는 방법을 안내해야 하는 시스템엔지니어링 책임자의 활동이 포함된다. 여기에는 SEMP를 통해 식별되는 요구조건 분석, 절충 연구(대안 분석), 기술 검토, 시험 요구조건 및 평가, 시스템 설계 요구조건, 형상 관리 등과 같은 활동이 포함된다. 또 다른 중요한 활동은 공학 관련 전문분야별 개발 노력을 초기 과정에 통합시키는 것이며, 이를 동시 공학이라고 한다.

WBS는 모든 작업이 WBS 계층구조 내의 적절한 위치에 배치될 수 있도록 구성해야 한다. 사업관리자는 이러한 목표를 달성하기 위해 WBS를 구조화하는 임무를 담당하게 되며, 이 과정에서 시스템엔지니어링은 매우 중요한 역할을 한다. 일반적으로 사업을 조직화하는 프레임워크로서 WBS를 사용하는 것은 개념 탐색과정에서부터 시작된다. 개념 정의 과정에서 WBS는 조직화, 비용, 스케줄링의 기초역할을 할 수 있도록 상세하게 정의되어야 한다. 이 시점은 하부시스템이 정의되고 그것을 구성하는 구성품들의 식별이 마무리되었을 시기이다. 또한 일부 시스템 요소들을 외부에서 조달하는 것과 관련된 내용도 잠정적인 결정이 내려져 있을 것이다. 따라서, WBS를 상세하게 정의하여야 하는 레벨이 결정되어있어야 한다.

물론 WBS의 세부사항은 시스템이 추가로 설계됨에 따라 계속해서 발전하고 변경될 것을 예상할 수 있다. 그러나 주요 윤곽은 안정적으로 유지되어야 한다.

비용관리 및 추정

WBS는 프로젝트를 수행에 필요한 비용을 통제하고 예측하는 업무에서 핵심적인 역할을 한다. WBS를 구성할 때는 가장 최저가로 계약되는 작업 패키지가 비용 할당 항목에 배정되도록 배열해야 한다. 따라서 프로젝트 시작 시 목표 비용은 식별된 작업 패키지들 사이로 분배되고 이후에 하부 수준의 패키지가 정의되면서 계속해서 아래로 분할되어간다.

시스템 부품 개발에 필요한 소요기간과 함께 모든 실질적인 비용을 추적하는 것은 필수적이다. 그런 다음 실제 보고된 원가와 추정된 원가를 비교해 초기 추정치에서 심각하게 벗어나는 작업 패키지를 식별하고 관심을 집중시킴으로써 사업 비용 통제를 수행하게 된다. 새롭게 작업이 필요한 경우 이를 위한 새로운 견적이 필요하며, 이를 예산안의 최종 금액 범위 내에서 수용할 수 있는지 검토해야 한다. 특히 사업이 지연될수록 비용이 증가하고 사실상 예산을 초과하는 사태가 발생하므로, 사업 완료 기한을 준수하지 못하는 경우에는 시간 관리가 비용 통제의 핵심 요소가 된다. 또 다른 비용관리기술로는 사업이 진행됨에 따라 수행된 작업의 가치를 파악하는 방법이 있는데, 이는 일반적으로 성과 가치(Earned Value)로 알려진 접근법이다.

예산 기획 프로세스 초기에 프로그램 관리자는 추정된 예산 및 소요 인력이 현실적이고 달성 가능하다는 것을 입증하기 위해 **경제성 평가를 수행해야 한다**. 이 활동을 통해서는 전체 예산과 향후 소요될 것으로 추정되는 비용을 비교함으로써 획득, 개발, 시험, 유지와 관리 등 모든 재정적인 수요를 조사한다. 이것은 예산 가용성, 인플레이션 및 개발 위험을 고려해 매년 수행하는 것이 가장 좋다. 최고의 전문성과 이전의 경험이 포함될 수 있도록 모든 레벨의 주요 참여자들이 참여해야 한다.

적절한 비용 산정을 위해 필요한 또 다른 핵심적인 업무는 **수명주기 비용을 분석**하는 것이다. 이 접근방식은 각 개발과정에서 대안들을 결정하고 비교하는 것이다. 이를 통해서 비용대비 효율이 가장 높은 옵션에 대해서 모든 시스템 요소를 획득, 개발, 운용 및 유지관리를 하기 위한 업무를 수행하게 된다. 개발과정에서는 가장 비용이 적게 소요될 것으로 기대하였던 요소가 실제로는 운용 중 발생하는 유지 및 교체 비용 때문에 시스템의 수명 동안 더 큰 비용이 소요될 수도 있다는 점에 유의해야 한다. 따라서 수명주기 비용 분석은 시스템 개발 사업의 초기 계획 및 개념설계과정에서 수행하는 것이 가장 바람직하다.

구성품 수준까지 프로젝트 비용을 산정하고 프로젝트 개발, 엔지니어링 및 제작을 위한 주요 과정들로 이러한 비용을 배분하는 것 또한 데이터베이스 작성 시 매우 중요한 사항이다. 이 데이터베이스는 개발 조직이 향후에 수행하게 될 프로젝트의 비용을 추정하는 데 사용되기 때문이다. 새로운 구성품의 경우, 이전에 적용했던 항목들을 이용해 비용을 추정해야 한다. 이를 위해서는 비용을 비교할 수 있는 최저 수준의 부분품을 대상으로 개발 대상이 되는 시스템의 그것들과 비교해야 한다. 비용 추정을 더 높은 수준에서 수행하는 경우에는, 한 시스템에서 다음 시스템으로의 차이가 너무 커서 큰 수정 없이 이전 경험으로부터 얻은 데이터를 신뢰성 있게 적용하는 것은 어렵다.

최저 계약 수준이 다양한 하부시스템과 그 구성품 전체에 걸쳐서 균일할 것이라고 기대해서는 안 된다. 예를 들어, 고정 가격 방식의 하도급 계약을 통해서 어떤 하부시스템을 확보하는 경우 이러한 최저 계약 조건은 WBS에서 해당 하부시스템으로만 한정하는 것이 적절하다. 일반적으로 원가 계산을 포함한 프로그램의 통제는 세부 사양, 인터페이스 정의 및 작업 할당을 사용할 수 있는 수준에서 실행된다. 사실상 이것은 프로젝트와 시스템의 일부 요소를 개발, 엔지니어링 또는 제작하는 책임을 맡은 조직 간의 계약을 의미한다.

4.3 시스템엔지니어링 관리 계획

복합 시스템을 개발하기 위해서는 고객과 시스템 개발 프로세스에 참여하는 모든 핵심 참여자들이 핵심적인 시스템 요구조건과 자신의 책임을 인지하는 것뿐만 아니라, 서로 어떻게 상호작용해야 하는지를 아는 것이 필수적이다. 시스템 인터페이스를 제어하기 위해 특별한 문서가 필요한 것처럼 사업을 수행하기 위한 책임과 권한에 관한 상호작용도 정의되고 통제되어야 한다. 일반적으로 이러한 사항은 정부 계약 또는 시스템엔지니어링 관리 계획(SEMP, Systems Engineering Management Plan)을 수립하기 위한 시스템엔지니어링 계획(SEP, Systems Engineering Plan)의 작성과 배포를 통해서 이루어진다. 엔지니어링 노력을 가이드하기 위한 목적으로 이러한 계획을 수립하는 주된 책임은 사업관리의 일부분인 시스템엔지니어링에 있다.

일반적으로 SEP는 미국 정부를 위한 제품 개발과 관련이 있다. USD(ST & L)*는 다음과 같이 언급하였다. "획득 범주와 관계없이 기능 또는 요구조건 문서를 만족시키기 위한 모든 프로그램은 시스템 복합체계의 제품군 내에서 시스템 성능과 총 소유 비용의 균형을 유지할 수 있도록 강력한 시스템엔지니어링 접근방식을 채택해야 한다. 프로그램은 각 마일스톤 검토와 함께 MDA(Milestone Decision Authority) 승인을 위한 시스템엔지니어링 계획을 개발하고 도입 전략과 통합시켜야 한다. 이 계획은 프로세스, 자원, 매트릭스는 물론 적용 가능한 성과 인센티브 방안 등을 포함해 프로그램의 전반적인 기술적 접근방식을 규정해야 한다. 또한 기술 검토 시기, 수행 및 성공 기준 등을 자세히 명시해야 한다."

SEP는 계획이 수정되고, 개발이 진행됨에 따라 업데이트되어야 한다. 또한 알려진 위험이 완화되거나 현저하게 변화된 경우 또는 새로운 위험을 식별하였거나 최신 기술을 채택해야 할 때도 최신화되어야 한다. SEP는 정부(고객)의 기술 기획에 대한 기대 수준을 그들의 관점에서 정의한다. 또한 획득 프로그램에서 적용하고 있는 시스템엔지니어링 원칙 중 계약업체가 따라야 하는 지침을 제공해준다. SEP는 프로그램 팀, 이해관계자와 계약자 팀들에게 기술관리가 어떻게 이루어질 것인지를 알려주며, 마일스톤을 승인하기 위해서도 필요하다.

---

* USD(ST & L): The Under Secretary of Defense for Acquisition Technology and Logistics(국방 획득, 기술 및 물자지원 차관)

SEP 또는 SEMP?

SEMP는 새로운 프로그램 개발을 위한 개발사업을 주관하는 조직의 선임 시스템 엔지니어의 주도하에 개발되어야 한다. 정부 계약 프로그램의 경우, SEP는 정부, 사업주관 업체 및 하도급 업체 영역 등에 대해 전반적인 시스템엔지니어링 적용 방안을 다루어야 한다. 기타 구분 가능한 SEP와 SEMP의 차이점은 다음과 같다. 정부 이해관계자 대 계약자 관점, 문제/요구조건 사항들 대 솔루션 방안들, 프로그램 요구조건 대 기술적 시스템, 요구조건 및 기술 전략 검토 초점 대 시스템 검토 대상 및 방법 그리고 정부와 계약자 사이에 통합된 계획 대 모든 참여 당사자들 사이의 엔지니어링 통합 등이 있다.

엔지니어링 노력을 관리하기 위해서는 정립된 계획을 갖는 것은 매우 중요한 사항이므로 개념 정의 노력의 일환으로 계약자에게 SEMP를 준비하도록 요구할 수 있다. SEMP의 가장 중요한 기능은 많은 참여자(하부시스템 관리자, 부품 설계 엔지니어, 시험 엔지니어, 시스템 분석가, 전문 엔지니어, 하청업체 등)들이 각각 담

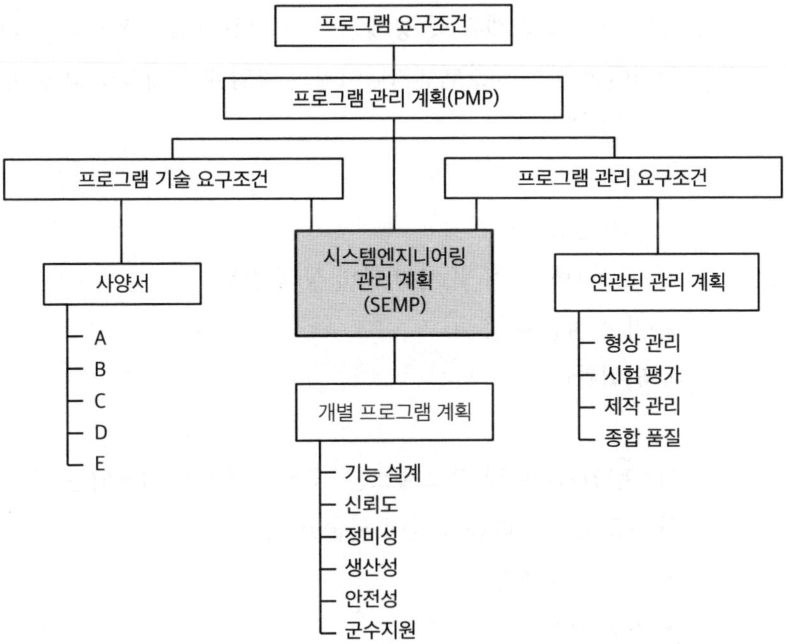

그림 4.3 프로그램 관리 계획에서 SEMP의 위치

당해야 할 책임을 알고 있는지 확인하는 것이다. 이것은 시스템엔지니어링의 주요 기능이 구성품 간의 인터페이스가 원활하게 작동하도록 시스템의 모든 부분의 상호작용을 정의해야 하는 것과 정확히 유사하다. 그것은 또한 수많은 시스템엔지니어링 업무를 수행할 때 따라야 할 절차에 대한 참고자료 역할을 한다. 프로그램 관리 계획에서 SEMP의 위치는 그림 4.3에 명시되어 있다.

SEMP는 개발 초기에는 개요 수준에서 시작해 시스템 개발 프로세스가 진행됨에 따라 정교하게 작성되고 업데이트되는 살아있는 문서가 되어야 한다. 공식적인 SEMP는 계획된 작업과 완료된 작업을 비교할 수 있도록 도와주는 도구와 같은 역할을 한다.

전형적인 SEMP의 요소들

SEMP에는 시스템 개발이 진행되면서 시스템엔지니어링이 어떠한 기능을 수행해야 하는지에 대한 상세한 설명이 포함되어 있다. 다음은 SEMP를 구성하는 세 가지 유형의 활동을 나타낸다.

1. **개발 프로그램 계획 및 통제**는 개발 프로그램을 관리하는 데 반드시 실행되어야 하는 시스템엔지니어링의 과업에 대해 다음과 같이 기술한다.
   - 작업 명세서
   - 조직
   - 스케줄링
   - 프로그램, 설계 및 시험 준비 상태 검토
   - 기술 성능 측정
   - 위험관리

2. **시스템엔지니어링 프로세스**는 시스템 개발에 적용되는 시스템엔지니어링 프로세스를 다음과 같이 서술한다.
   - 운용 요구조건
   - 기능 분석
   - 시스템 분석 및 절충 전략

- 시스템 시험 및 평가 전략

3. **엔지니어링 전문분야 통합**은 전문 공학분야 영역들이 어떻게 주요 시스템의 설계와 개발을 위해 통합되는지를 기술하며, 아래의 사항을 포함한다.
   - 신뢰도, 정비 용이성 및 가용성(RMA, Reliability, Maintainability, Availability) 공학
   - 생산성 공학
   - 안전 공학
   - 인간 공학

전형적인 SEMP 개요는 개발 대상 시스템에 따라서 조정되지만, 다음을 포함할 수 있다:

개요:

범위, 목적, 개요, 적용 가능한 문서

프로그램 계획 및 제어:

조직구조

책임, 절차, 권한

업무 분할 구조(WBS), 마일스톤, 스케줄

프로그램 이벤트

프로그램, 기술, 시험 준비 상태 검토

기술 및 예약 성능 매트릭스

엔지니어링 프로그램 통합, 인터페이스 계획

시스템엔지니어링 프로세스:

임무, 시스템 개요 도해

요구조건 및 기능 분석

절충 연구(대안 분석)

기술 인터페이스 분석/계획

사양 트리/사양
모델링 및 시뮬레이션
시험 계획
군수지원 분석
시스템엔지니어링 도구

엔지니어링 통합:

통합 설계/계획
특수분야 공학
호환성/간섭 분석
생산 가능성 연구

4.4 시스템엔지니어링 조직

수십 년 동안의 연구를 통해 많은 의견이 제시되어 왔음에도 불구하고, 특정한 유형의 기업에 가장 효과적인 조직 형태가 어떤 것인지에 대한 일반적인 합의는 없다. 이러한 이유로 시스템 개발사업에 참여하는 조직은 다양한 조직 스타일을 채택할 가능성이 크다. 현재 존재하는 다양한 스타일은 역사, 경험 및 고위 경영진의 개인적인 선호의 결과로 발전해왔다. 따라서, 시스템엔지니어링은 시스템 개발 프로젝트의 성공 여부를 결정 짓는 중요한 역할을 하고 있지만, 일반적으로 기존의 조직구조에 적응해야 할 필요가 있다.

사실상 모든 시스템 개발사업은 단일 산업 기업이 주관해 관리한다. 따라서 시스템엔지니어링의 조직은 소속된 회사의 조직 형태에 따라 서로 다른 구조를 갖게 된다. 일반적으로 개발을 주관하는 업체는 사내에서 일부 하부시스템을 개발하고, 다른 하부시스템을 개발하기 위해서는 하도급 업체와 별도의 계약을 체결하게 된다. 우리는 이 교재에서 첫 번째 회사를 원도급자 또는 시스템 계약자로 지칭하고 기타 다양한 형태로 참여하는 계약자들의 집합을 "계약자 팀"으로 지칭할 것이다. 이는 시스템엔지니어링 활동이 여러 다른 분야뿐만 아니라 몇 개의 독립적인 기업에도 적용되어야 함을 의미한다.

주 계약자의 조직구조는 일반적으로 "매트릭스" 조직의 형태를 보이게 된다. 매트릭스 조직의 경우 주요 공학 관련 전문가들 대부분은 전문분야 또는 기술 중심적인 그룹에 소속된다. 주요 사업은 "사업관리 담당 부사장" 또는 이에 상응하는 관리자가 주도하는 사업관리 팀에서 수행하게 된다. 때때로 이러한 팀을 통합 제품 팀(IPTs, Integrated Product Teams)이라고 한다. 기술 전문가들은 필요에 따라 개별 사업에 할당되지만, 여기에 참여하는 전문가들은 그들의 원래 소속인 공학 관련 그룹과의 관계를 지속적으로 유지하게 된다.

매트릭스형 조직에서 볼 수 있는 변형된 형태는 프로젝트에 할당된 기술 인력 대부분이 프로젝트에 전념할 수 있도록 물리적으로 재배치되는 것이다. 이것은 개발 기간 내내 또는 이들이 본래 소속되었던 그룹의 영역에 남아 있는지에 관계없이 프로젝트에 상시 참여자로 남아 있다는 것을 의미한다. 이와 관련된 업무적인 차이점은 소속 그룹의 감독자가 기술 업무를 할당하는 권한을 얼마나 갖게 되는지에 달려있다.

앞에서 기술한 바와 같이, 시스템엔지니어링 기능을 수행하기 위한 조직의 형태는 반드시 시스템 계약자의 조직구조가 가진 특성에 의존하게 된다. 그러나 몇 가지 공통적인 관행이 있다. 그림 4.1에 나타나 있는 바와 같이, 주요 시스템 사업은 사업기획 및 통제 기능과는 별도로, 시스템엔지니어링 기능(사업 시스템엔지니어링)에 대한 책임이 분산되어서는 안 되며 단일 초점을 가져야 한다는 것이다. 사업관리에서 필수적인 부분을 차지하고 있음을 나타낼 수 있는 적절한 직함은 "시스템엔지니어링을 위한 부(또는 대리) 사업관리자" 또는 더욱 단순하게 "시스템엔지니어링 관리자"일 수 있다. 시스템엔지니어링 기능은 가이드를 하는 것이기 때문에 목표(요구조건 및 사양서)를 설정하고, 작업 할당을 수행하는 역할을 담당한다. 또한 평가(설계검토, 분석 및 시험)를 시행하고, 전체적인 형상을 통제할 수 있는 권한을 행사할 수 있어야 한다.

다양한 이유로 인해 어떤 조직에서도 효과적인 기술적 소통체제를 유지하는 것은 어려우며, 그중 다수는 인간이 가진 습성과 관련이 있다. 그럼에도 불구하고 소통체제는 궁극적으로 개발사업이 성공하기 위해서는 절대적이고 필수적인 부분이다. 아마도 사업 시스템 엔지니어가 담당해야 하는 가장 중요한 한 가지 임무는 회사 내부 및 외부의 많은 개인과 그룹 간의 효과적인 소통 방안을 확립하고 유지하는 것일 것이다. 이것은 시스템 요소를 하나로 결합하고 작동하게 하는 시스템의 물리적 인터페이스 기능과 유사한 형태의 휴먼 인터페이스 기능이라고 할 수 있다. 시스템 엔지니어는 일반적으로 확립된 권한에 의존하는 상하 관계를 통해서가 아니라 수평적인 관계 속에서 직무를 수행해야 하므로, 상호작용이 필요한 개개인들을 하나로 모을 수 있는 높은 수준의 리더십을 발휘해야 한다.

의사소통 수단에는 여러 가지가 있으며, 이러한 사항들은 모두 적절하게 실행되어야 한다.

1. 모든 핵심 참여자는 자신이 무엇을, 언제, 그리고 왜 해야 하는지를 알아야 한다. "무엇"은 과제 할당과 WBS로 표현되며, "언제"는 일정, 마일스톤 및 임계 경로 네트워크에 포함된다. "이유"는 요구조건과 사양을 통해서 답변할 수 있어야 한다. "이유"와 관련된 명확하고 완전한 설명은 설계자, 분석가 및 시험 전문가들에게 작업 할당의 목표와 제약사항을 이해하도록 하는 데 필수적이다.
2. 참여자들은 어떻게 시스템 일부가 다른 핵심 요소와 상호작용하는가에 관한 내용과 함께 상호 의존적인 특성이 있다는 것을 알고 있어야 한다. 사양 문서만으로는 이러한 상호작용과 함께 이와 관련된 근본적인 원인을 충분히 다루는 것이 제한된다. 이러한 인식을 공유하기 위해서는 책임 있는 참여자들 간의 주기적이고 개별적인 의사소통과 최종 계약서, 인터페이스 정의 등에 관한 문서화가 필요하다. 시스템엔지니어링은 인터페이스 작업그룹의 형성과 인터페이스 통제 문서의 개발 그리고 특별한 경우에 필요할 수도 있는 다소 비공식적인 소통방식 등을 통해서 이와 같은 시스템 설계 항목들을 결합하는 접착제와 같은 임무를 수행해야 한다.
3. 원거리에 있는 하도급 업체 및 기타 주요 참여자들은 사업 커뮤니케이션 프레임워크에 통합되어야 한다. 관리적인 측면에서 볼 때 이것은 시스템 사업관리자의 임무이지만 엔지니어링 수준에서 보면 사업 시스템엔지니어링 담당자의 책임에 해당하기도 한다. 위에서 설명한 것과 같은 두 가지 조정 기능이 전체 계약자 팀에 제공되어야 한다. 기존의 공식적인 계

약 메커니즘만으로는 이러한 목적을 절대로 달성할 수 없으며, 어떤 경우에는 오히려 방해 요인이 되기도 한다. 따라서 팀원을 전체 시스템 개발 노력에 효과적으로 통합시키기 위해서는 특별한 노력을 기울여야 한다. 이는 ① 계약자 팀의 최상위 대표가 참석하는 주기적인 프로그램 관리 검토와 ② 프로그램의 특정한 부분을 진행하기 위한 목적으로 수행되는 빈번한 기술 조정 회의 등 두 가지 수준에서 수행되어야 한다.

4. 시스템 설계와 관련이 있는 주요 리더들은 프로그램을 긴밀하게 조정하고 발생하는 문제에 신속하게 대처할 수 있어야 한다. 이를 위해서는 서로 정기적이고 빈번한 의사소통 수단을 갖고 있어야 한다. 이와 관련된 내용은 다음 절에서 논의가 이어질 것이다.

시스템 분석 담당자

시스템엔지니어링 조직에서 필수적인 부분은 고도로 유능하고 경험이 풍부한 분석 담당자들의 역할이다. 이러한 구성원은 단일의 독립체일 필요는 없고 프로젝트 담당자들과 같은 조직에 배치될 필요도 없지만, 최소한 프로젝트가 개념적인 수준에 있는 초기 개발과정에서는 시스템엔지니어링 조직에 포함되어야 한다. 시스템 분석 요원은 운용 및 물리적 특성과 관련해 시스템 환경을 깊이 이해하고 있어야 한다. 두 경우 모두 수학적 모델과 컴퓨터 모델을 사용해 시스템 환경을 모델링할 수 있어야만 시스템 모델의 효과를 분석하기 위한 기반을 제공할 수 있다. 개념 탐색을 수행하는 과정에서는 운용 요구조건을 충족시킬 수 있는 시스템 성능을 정의해야 한다. 이때 시스템 분석 담당자는 이러한 시스템 성능을 정의하는 데 필요한 많은 양의 정량적인 데이터를 제공해주는 역할을 한다. 개념 정의 과정에서 분석 담당자는 절충 연구에 사용될 수 있는 시스템 시뮬레이션을 구성하고 최상의 시스템 개념을 선정하는 책임을 갖고 있다. 뒤이어 이어지는 공학 개발과정에서도 분석 담당자는 중요한 역할을 담당한다. 이 과정에서 분석 담당자는 구성품들을 개발하기 위한 절충 연구에 참여하기 때문이다. 또한 시스템 시제품의 성능에 대한 정량적인 측정 결과를 도출하기 위해 시험 분석을 수행하고, 시스템 설계사양을 정량적으로 정의하는 과정에도 이바지한다.

시스템 분석 인력은 수학적 모델링, 소프트웨어 설계 및 기타 전문 기법에 대한 전문가이지만, 동시에 시스템 측면의 관점과 개발 중인 시스템과 관련이 있는 운용적인 요구조건에 대해서도 충분한 지식을 갖추어야 한다.

시스템 설계팀

어떤 대형 개발 프로그램에서든 리더십과 협력을 발휘하기 위해서는 개발 프로그램의 수행에 대한 일반적인 합의를 유지하면서 하나 이상의 핵심적인 개별 팀들 간의 긴밀한 협조가 필요하다. 복합 시스템 개발사업을 담당하는 시스템 설계 팀에는 다음과 같은 구성원들이 참여하게 된다.

- 시스템 엔지니어
- 주요 하부시스템 엔지니어
- 소프트웨어 시스템 엔지니어
- 후속 지원 엔지니어
- 시험 엔지니어
- 고객 담당자
- 전문 및 동시 공학 엔지니어

고객의 대리인은 시스템 요구조건에 대한 옹호자 역할을 한다. 팀 접근방식의 장점은 일반적으로 참여자의 단결력과 동기를 높이는 것은 물론이고, 시스템을 개발하는 과정에서 다른 관련 분야의 관점에서 개발과 관련된 상태 및 문제를 바라보고 이해를 넓힐 수 있다는 것이다. 이것은 많은 조직에서 적용하고 있는 책임의 한계를 규정짓는 방식이 아니라, 팀 구성원 모두가 전체 시스템에 대한 책임감을 느끼게 할 수 있는 장점이 있다. 이것은 예상치 못한 문제 및 기타 프로그램 변경에 더욱 효율적으로 대응할 수 있는 효과를 가져온다.

특정한 응용 프로그램을 수행할 때, 시스템 개발을 위한 리더십은 주 계약자의 조직과 프로세스와 관련이 있는 고객이 참여할 수 있는 수준에 맞게 조정되어야 한다. 가장 중요한 공통분모는 다음과 같다.

1. 팀 리더의 리더십 수준.
2. 주요 책임을 가진 사람들의 참여.
3. 주요 기술적 공헌자 참여.

의욕적인 리더십이 없으면 시스템 설계 팀 구성원들은 허둥지둥하거나 각자의 길을 가게 될 것이다. 어떤 이유로 인해 만약 사업 시스템 엔지니어로 지정된 사람이 임무 수행에 필요한 리더십 자질을 갖추지 못한 경우에는, 사업 엔지니어 또는 시스템 엔지니어 부대표가 팀 리더의 역할을 대신해야 한다.

개발 노력의 주요 부분에 리더들의 동참이 중요한 이유는 그들을 설계 결정 과정에 참여시키고, 그들이 가진 지식과 자원을 문제해결에 사용할 수 있도록 하는 데 필요하기 때문이다. 일반적으로 개발사업에는 깊은 수준의 경험과 지식을 가진 여러 선임 시스템 엔지니어들이 포함되어 있다. 그들이 필요한 이유는 설계 프로세스에 그들이 가진 지혜를 활용할 수 있기 때문이다.

설계 프로세스에 대한 고객의 참여는 필수적이지만, 많은 경우 팀 차원의 회의에서 이루어지는 자유로운 토론에는 방해 요인이 될 수도 있다. 팀 구성원의 자격으로 참여하는 것보다는 고객과의 빈번하면서도 공식적인 미팅이 더욱 중요할 수 있다.

4.5 요약

시스템 개발 및 위험관리

시스템엔지니어링은 기술적인 가이드, 시스템 통합, 기술 조정 등을 제공하는 사업관리의 한 부분이다. 프로그램 관리자(PM), 사업관리자(Project Manager), 시스템 엔지니어는 모두 시스템의 계획, 예산, 실행에서 중요한 역할을 한다.

업무 분할 구조

시스템 엔지니어의 역할에는 자원 할당, 작업 정의는 물론 고객과의 상호작용에 기여하는 것도 포함된다. 이러한 임무는 개발 초기에 전체 노력을 연속적으로 더 작은 작업 요소로 세분하는 계층적 작업 구조인 WBS에 초점을 두는 것으로부터 시작된다. WBS는 또한 스케줄링, 비용 산정 및 모니터링을 위한 기반을 제공하고 비용 통제 및 추정을 가능하게 한다.

시스템엔지니어링 계획 및 시스템엔지니어링 관리 계획

일반적으로 미국 정부 계약과 관련된 SEP는 프로그램의 요구조건, 전반적인 기술 접근방식 및 프로그램에 대한 매트릭스를 다룬다. SEMP는 모든 시스템엔지니어링 작업의 구현을 계획한다. 이 과정에서 모든 참가자의 역할과 책임을 정의한다.

시스템엔지니어링 조직

시스템엔지니어링 조직은 여러 전문분야와 참여 조직에 걸쳐 있지만, 기존에 회사가 가진 조직구조의 특성에도 적응해야 한다. 따라서 시스템엔지니어링은 적절한 이해관계자에게 "무엇을, 언제, 왜"에 관해서 효과적으로 전달할 수 있는 방안을 모색해야 한다. 또한 모든 참가자에게 기술적인 검토 결과를 제공해야 한다. 대규모 개발 프로그램인 경우에 시스템엔지니어링은 시스템 분석 담당자의 지원을 받는다.

대형 프로그램을 수행하기 위해서는 공식적인 시스템 설계 팀이 필요하다. 이 팀의 역할은 주요 하부시스템과 하도급 업체, 그리고 소프트웨어 시스템엔지니어링 제품을 통합하는 것이다. 이러한 팀에는 지원 엔지니어링 및 시험 조직에 소속된 구성원이 포함되며, 일반적으로 필요에 따라 특수공학 분야(동시 공학) 전문가들이 포함되기도 한다. 또한 가능한 경우에는 사용자 측을 구성원으로 포함할 수도 있다. 이러한 설계 팀에서 시스템엔지니어링이 담당하는 핵심적인 역할은 전체 사업의 성공에 집중하는 것이다.

연습문제

4.1 시스템 개발사업을 추진하기 위해 상세한 WBS를 개발하는 것은 사업관리를 위한 기본적인 기능이다. "시스템엔지니어링"장에서 언급한 내용에 추가하여 WBS를 정의하는 과정에서 시스템엔지니어링은 어떤 역할을 해야 하는지 논의하시오.

4.2 일반적으로 경쟁적인 시스템 개발 프로그램에서 공식적인 SEMP를 작성하는 것은 계약자가 제안해야 하는 필수적인 부분이다. 현재 시스템 설계는 여전히 개념적인 상태라는 점을 고려했을 때 이 장에 열거하고 있는 일반적인 SEMP의 요소를 작성할 수 있는 정보는 어디에서 얻을 수 있는지 설명하시오.

4.3 20세기 후반에 영국 해협 해저 터널 건설 사례를 확인하시오. (i) 이 사업에 어떤 위험이 존재했는지 (ii) 터널의 완성을 이끌 수 있도록 그러한 위험을 완화하기 위해 어떤 성공적인 활동을 수행하였는지를 설명하시오.

4.4 당신이 일하는 조직 구조가 가진 일반적인 유형을 설명하시오. 여러분이 참여했거나 알고 있는 프로그램에서 이 구조가 유용했던 사례와 그다지 유용하지 않았던 사례에 대해 논의하시오.

4.5 대규모 개발사업을 진행하면서 시스템 설계팀 접근 방식을 적용할 때의 장점에 대해 논의하시오. 이 접근법을 성공시키는 데 필요한 6가지 요구조건을 나열하고 논의하시오.

추가 자료

Blanchard, B. (2004). *System Engineering Management*, 3e. Wiley.

Blanchard, B. and Fabrycky, W. (2013). *System Engineering and Analysis*, 5e. Prentice Hall.

Chase, W.P. (1974). *Management of Systems Engineering*. Wiley, Chapters 2 and 8.

Eisner, H. (2008). *Essentials of Project and Systems Engineering Management*, 3e. Wiley.

Hall, A.D. (1962). *A Methodology for Systems Engineering*. Van Nostrand, Chapter 4.

Kendrick, T. (2003). *Identifying and Managing Project Risk: Essential Tools for Failure-Proofing Your Project*. American Management Association.

Pressman, R.S. (2014). *Software Engineering, A Practitioner's Approach*, 8e. McGraw Hill.

Rechtin, E. (1991). *Systems Architecting: Creating and Building Complex Systems*. Prentice Hall, Chapter 14.

Sage, A.P. (1992). *Systems Engineering*. McGraw Hill, Chapter 3.

Sage, A.P. and Armstrong, J.E. Jr. (2000). *Introduction to Systems Engineering*. Wiley, Chapter 6.

Shortell, T.M. (ed.) (2015). *INCOSE Systems Engineering Handbook: A Guide for System Life Cycle Processes and Activities*, 4e. Wiley.

Smith, P. and Merritt, G. (2002). *Proactive Risk Management: Controlling Uncertainty in Product Development*. Productivity Press.

Stevens, R., Brook, P., Jackson, K., and Arnold, S. (1998). *Systems Engineering, Coping with Complexity*. Prentice Hall, Chapter 6.

II

개념 개발 단계

5. 니즈 분석

5.1 새로운 시스템의 근원

시스템 수명주기에서 니즈 분석 단계의 주요 목표는 새로운 시스템 또는 기존 시스템을 업그레이드를 해야 하는 정당한 운용적인 니즈(또는 잠재적 시장)가 존재한다는 사실을 명확하고 설득력 있게 보여주는 것이다. 또한 합리적인 비용으로 수용 가능한 위험 수준 내에서 니즈를 충족시킬 수 있는 실행 가능한 접근방식이 있다는 것도 보여주어야 한다. 다시 말해서 왜 새로운 시스템이 필요한지에 대한 질문에 대답해야 하는 것은 물론이고, 새로운 시스템이 그것을 개발하는 데 투입된 노력을 보상할 수 있을 정도로 충분한 능력을 제공할 수 있음을 보여주어야 한다. 이는 완벽하지는 않지만, 필요성이 인정된 니즈를 기능적으로 충족시킬 수 있음을 보여줄 수 있는 하나 이상의 개념적 시스템들을 고안해야 한다는 것을 의미한다. 또한 개념적 시스템들은 기술적으로 개발할 수 있고, 수용 가능한 비용으로 개발 및 생산할 수 있다는 사실을 의사결정자에게 설득할 수 있을 수준으로 충분하고 상세해야 한다. 요컨대, 이 전체 프로세스를 통해서 만들어내는 산출물은 공인된 니즈를 지원하고 새로운 시스템 개발을 승인할 수 있는 권한을 가진 사람들이 "성공의 비전"을 확신할 수 있을 정도로 설득력이 있어야 한다.

시스템 수명주기에서 니즈 분석과정의 위치

새로운 시스템을 적극적으로 개발하기 시작하는 정확한 시점이 언제인지를 식별하는 것은 어려운 경우가 많다. 이것은 새로운 시스템의 기원이 되는 시점에서 수행되는 활동들은 대개 기본적으로 탐구적인 업무에 머무르게 되는 것은 물론이고 비공식적으로 이루어지기 때문이다. 특히 이 시기의 활동은 아직 지정된 조직구조 및 목표 또는 정해진 일정이 없는 것이 대부분이다. 다르게 표현하면 이 과정에서의 활동들은 어떤 니즈에 본격적인 노력을 투입해야 할지를 결정하기 위한 것이라고 할 수 있다. 이러한 판단을 내리기 위해서는 새로운 시스템이 필요한 니즈와 그 시스템을 구현할 수 있는 실현 가능한 기술적 접근법에 대한 평가결과가 필요하다.

앞서 3장에서 니즈 분석과정으로 분리되어있던 과정은 기술-주도형보다 니즈-주도형의 시스템 개발에 더 가깝다고 할 수 있다. 예를 들어 국방 시스템에서 "물리적 해결책 분석"(그림 3.1의 DoD 수명주기 참조)은 다가오는 회계연도 예산에 특정 사업을 공식적으로 반영시키기 위한 필수적이고 선행적인 활동이다. 회계연도에 관련 예산을 반영해야만 새로운 시스템 개발사업을 착수할 수 있는 예산을 할당받을 수 있기 때문에 이러한 활동은 매우 중요하다. 니즈 결정 과정을 수행하는 목표는 시스템 목표 또는 니즈의 타당성을 증명할 수 있는 초기능력 기술서(ICD, Initial Capability Description)를 작성하는 것이다. ICD에는 제시한 목표를 달성하게 되면 상당한 운용상 이득을 얻을 수 있고, 이것이 실현 가능하다는 증거 등이 포함되어야 한다. 이 과정이 완료되는 시점이 국방 획득 수명주기에서 첫 번째 공식적인 마일스톤이 된다. 다른 비국방 분야 시스템의 경우에는 커뮤니티 주도형(교통의 경우 새로운 고속도로 또는 대중교통 시스템 요구 등)이나 인간의 건강 이슈(건강에 해로운 다양한 문제를 해결하기 위한 통합 의료 서비스 요구 등)와 관련된 니즈가 있을 수 있다.

기술-주도형 방식으로 새로운 상업 시스템들을 개발하는 경우에 니즈 분석과정은 개념 개발 단계의 일부로 간주할 수 있다(그림 3.2). 하나의 좋은 사례는 통신산업 분야가 될 수 있을 것이다. 이 분야는 경쟁사의 첨단 제품 및 기능이 새로운 시스템 개발을 주도해 시장 점유율을 확보하게 되는 특징이 있다. 단, 이 경우에도 시장분석, 경쟁관계에 있는 제품의 평가, 제안된 새로운 시스템과 비교했을 때 현재 시스템이 가진 결여사항 평가와 같은 유사한 활동이 있어야 한다. 이러한 활동을 통해서 개발하고자 하는 제품에 대한 확실한 니즈(잠재적 시장)를 확립하게 된다. 따라서 이후의 논의에서는 특별히 언급하는 경우를 제외하고는 니즈-주도형 시스템과 기술-주도형 시스템 개발을 구분하지는 않을 것이다.

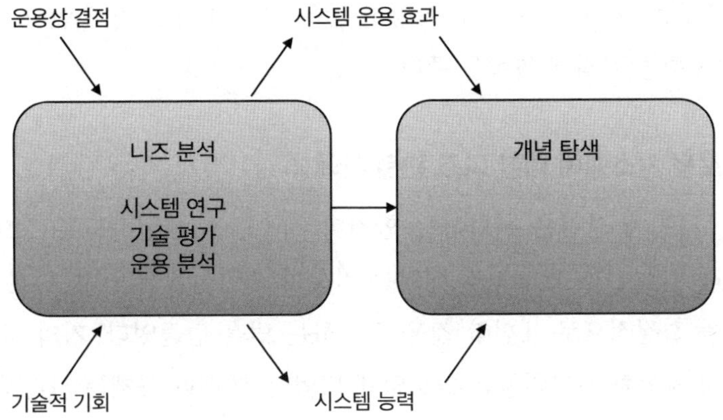

그림 5.1 시스템 수명주기에서의 니즈 분석과정

시스템 수명주기에서 니즈 분석과정의 위치는 그림 5.1에 명시되어 있다. 이 과정의 입력 변수는 **운용상의 결점** 및/또는 **기술적 기회**라는 것을 알 수 있다. 다음 과정인 **개념 탐색과정**의 입력물로 사용하게 되는 니즈 분석과정의 출력물은 **시스템 운용 효과**에 관한 추정치이다. 다시 말하면 이것은 그 필요성이 인정된 니즈를 충족시키기 위해 새로운 시스템이 달성해야 하는 목표를 말한다. 또한 **시스템이 갖추어야 하는 능력**도 함께 제시해야 한다. 이는 다양한 운영 분석 및 시스템에 관한 연구를 통해서 얻을 수 있다. 끝으로 이러한 결과물들은 합리적인 비용 범위에서 목표를 달성할 수 있는 시스템을 획득하는 것이 가능하다는 증거도 같이 제시해야 한다.

위에서 논의와 더불어 그림을 통해서 묘사하고 있는 바와 같이, 일반적으로 새로운 시스템 개발을 시작하는 원동력은 여러 소스 중 하나에서 비롯된다. 여기에는 ① 과거에 중요한 운용적 니즈(니즈-주도형)를 충족하도록 설계되었던 기존 시스템이 현재는 심각한 결함을 갖고 있다는 인식, 또는 ② 니즈를 충족시키기 위한 목적으로 현재 가용한 시스템을 상당한 수준으로 발전시킬 수 있을 것이 확실시되는 기술적인 발전을 인식함으로써 얻게 된 아이디어(기술-주도형) 또는 ③ 예를 들어 전 세계에 빠르게 확산하고 있는 새로운 세계적인 의료적 요구, ④ 추가 기능을 제공하기 위해 자율주행 차량 또는 스마트 그리드의 사용을 늘리는 등의 일상적인 임무를 수행하기 위한 정책 변경 등이 포함된다. 이 중 어떤 분야라고 해도 조사와 분석을 거쳐 결국 새로운 시스템을 개발하기 위한 프로그램으로 이어질 수 있다. 상당히 많은 경우에 몇 가지 요인이 복합적으로 작용하여 최종 결정에 영향을 준다.

새로운 시스템에 대한 니즈 관련 사례

자동차 산업은 변화하는 환경이 시스템을 개선하도록 강요하는 대표적인 사례이다. 1960년대부터 정부는 자동차 기업들에게 연비, 안전 그리고 오염 감소를 실질적으로 개선할 것을 요구하는 법을 만들었다. 거의 하룻밤 사이에 기존의 자동차 디자인들은 쓸모없게 되었다. 이러한 규제는 기술적으로 어려운 절충 분석과 함께 다수의 새로운 부품과 소재를 개발해야 했기 때문에 자동차 산업에는 계속해서 큰 도전이 되어왔다. 정부는 관련 기업들이 이러한 개선을 단계적으로 도입할 수 있도록 몇 년 동안의 시간을 주었지만, 자동차 업체들로서는 혁신적인 설계 접근법과 새로운 부품을 개발하는 것이 시급한 과제였다. 이 사례를 통해서 우리는 변화의 필요성이 사회 전체의 요구에 근거한 입법 활동을 통해서 계속해서 촉발될 수 있다는 것을 알 수 있다.

기술-주도형 방식으로 새로운 시스템을 개발한 사례로는 중요한 공공 및 군사적 니즈를 충족시키기 위해 우주 기술을 응용한 경우가 대표적이다. 이 분야에서는 강력한 추진 시스템, 경량 소재, 소형 전자장치 등 다양한 첨단장치의 개발을 통해 높은 신뢰도와 저렴한 비용의 우주선을 개발해왔다. 최근 몇 년간 위성 생산업체들은 더욱더 높은 경쟁력을 갖추어 왔으며 통신 중계기, 내비게이션(GPS), 기상 감시, 다수의 측량 및 과학 장비 등 우수한 플랫폼을 개발하기도 했다.

기술-주도형 시스템 개발에 대한 보다 보편적인 사례는 광범위한 상업 및 군사 시스템의 자동화에 컴퓨터 기술을 적용하는 것으로부터도 찾아볼 수 있다. 특히 정보 및 네트워크 시스템(예: 은행, 발권, 라우팅 및 재고 관리) 분야는 전산화를 통해서 크게 발전해왔다. 이러한 경우에 시스템 노후화를 인식하게 되는 원인은 운용 중인 시스템에서 다수의 결함이 발생해서가 아니었다. 오히려 빠르게 발전하는 기술을 적용해 시스템 기능을 향상시키고 비용을 절감하는 등의 노력을 통해 경쟁력을 높여야 하는 필요성이 주된 이유가 된다. 의료 시스템은 환자의 생체 정보에 대한 추가적인 모니터링을 제공하기 위해 최신 기술의 적용을 확대했지만, 디스플레이 장치를 기반으로 여전히 사람(예: 간호사 또는 의료 제공자)이 원격통신을 통해 관찰, 처리 및 조치를 해야 한다.

외부 이벤트. 본 절의 뒷부분에서도 볼 수 있듯이, 주요한 임무를 수행하거나 제품을 생산하는 분야에서의 니즈 분석은 거의 일상적이고 지속해서 진행되는 통상적인 업무에 해당한다. 그러나 외부 이벤트는 종종 이러한 프로세스를 좀 더 강화하고 집중하게 하는 요인이 된다. 이는 새로운 운용 요구조건을 형성하게 하는 주요한 원동력이 된다. 국방 분야의 경우 이러한 외부 이벤트에는 새로운 잠재적 위협의 발견, 기존 시스템의 결함이 드러나게 되는 지역 분쟁 또는 지속적으로 개념 탐색 프로그램을 수행하면서 발견되는 주요 기술적 기회가 해당된다. 기타 정기적인 운영 시험 결과를 통해서 밝혀지는 주요 결함 사항도 여기에 포함될 수 있다. 민간 제품 영역에서의 촉발 이벤트 사례로는 고객 수요의 급격한 변화 또는 근본적으로 새로운 제품의 발견이나 기존의 노동 집약적인 프로세스를 자동화 시스템으로 전환하는 것과 같은 중대한 기술적 변화 등이 있다.

경쟁력 이슈

타당성이 인정된 니즈에서부터 개발 프로그램을 착수하는 단계로까지 이어지기 위해서는 그 니즈를 단순히 서술하는 것 이상의 설명이 필요하다. 예산의 원천(정부든 민간이든)이 어디든지를 막론하고 니즈를 충족시키는 것이 진정으로 필요하다는 사실을 입증하는 데 필요한 예산 등의 자원을 확보하기 위한 경쟁이 벌어질 가능성이 크다. 국방 분야의 경우 이러한 경쟁이 다른 부서나 타 군과의 관계에서 시작되는 것은 자주 있는 일이다. 예를 들어, 해양 전력의 우위는 주로 해상전력을 기반으로 하는가 아니면 해군 항공의 영역인가? 아니면 둘의 조합인가? 깨끗한 대기환경을 유지하기 위해서는 자동차 엔진의 연소 과정을 통제해야 하는가 아니면 연료에 포함된 화학성분에 대해 더 많은 제한을 해야 하는가? 위와 같은 유형의 질문에 대한 답은 결과적으로 발전이 추구하는 방향에 큰 영향을 미칠 수 있다. 이러한 이유로 새로운 시스템 개발이 검토되고 있다는 사실이 공공연히 알려지면 많은 분야에서 강력한 경쟁이 시작되리라는 것을 쉽게 예상할 수 있다. 이와 같이 추가적인 검토가 필요한 다양한 가능성에 대해 우선순위를 결정하는 것은 시스템엔지니어링의 주요한 책임이다.

설계 구체화 상태

앞서 3장에서 기술한 바와 같이, 시스템 개발 프로세스를 수행하는 과정들은 시스템을 일반적인 개념에서부터 운용 기능을 수행하는 하드웨어와 소프트웨어들을 이용해 복합체로 점차 구체화해가는 절차로 생각할 수 있다. 시스템 수명주기의 이 초기 과정에서, 이러한 구체화 프로세스는 이제 막 시작되었을 뿐이라고 할 수 있다. 이러한 상태는 표 5.1에 설명되어 있다.

표 5.1 니즈 분석과정에서 시스템 구체화 상태

과정 / 수준	개념 개발			공학 개발		
	니즈 분석	개념 탐색	개념 정의	선행 개발	공학 설계	통합 및 시험
시스템	**시스템 능력 및 효과 정의**	개념 식별, 탐색 및 합성	선택한 개념 정의 (사양서 포함)	개념 검증		시험 및 평가
하부시스템		요구조건 정의 및 실현 가능성 확인	기능 및 물리 아키텍처 정의	하부시스템 검증		통합 및 시험
구성품			기능을 구성품에 할당	사양서 정의	설계 및 시험	통합 및 시험
하부구성품		시각화		기능을 하부 구성품에 할당	설계	
부품					제작 또는 구매	

이 과정에서 관심의 초점은 주로 시스템의 운용 목표에 남아 있으며, 그 관심이 하부시스템 수준보다 더 아래로 내려가지는 않는다. 심지어 이 수준에서의 활동은 정의나 디자인이 아닌 "시각화"라는 이름으로 표기된다. 본 교재에서 시각화라는 용어는 주제에 대한 물리적 관점이 아니라 개념적 관점을 암시하는 "상상적 이미지 또는 비전 형성"이라는 의미로 사용하였다. 대부분의 설계가 기존 시스템에 이미 포함되어 있는 요소와의 유사성을 기반으로 처음 시작되는 것은 이 수준에서 일어나는 통상적인 현상이다.

표 5.1에서는 시스템의 모든 요소가 전체적으로 개념적 상태에서 시작하고 개발과정 전체에 걸쳐 균일한 속도로 진화해나가는 상황을 암시하고 있지만, 이것은 시스템의 진화적 개발을 지나치게 단순하게 표현하고 있다고 할 수 있다. 실제로 이런 경우는 극히 드물다. 극단적인 예를 들면, 이전 시스템의 하부시스템 중 하나의 주요한 결함만을 보완하는 것을 목적으로 새로운 시스템을 개발하는 경우에는, 아마도 생산이 필요한 것으로 판단된 부품을 제외하고는 거의 변화가 없이 기존의 하부시스템을 유지할 수 있다. 이러한 상황에서는 새로운 시스템을 구성하는 하부시스템 대부분은 이미 구체화한 상태에 있으므로, 상당히 진보된 상태에서 출발할 것이므로, 개념화 상태에 있는 하부시스템은 거의 없을 것이다.

마찬가지로, 혁신적인 기술적 접근방식이 운용 측면에서 주요한 발전을 보장하는 기술-주도형의 새로운 시스템 개발에서도, 이러한 새로운 기술과 직접 관련되지 않는 부분들은 기존의 시스템 구성품을 기반으로 생산될 가능성이 크다. 따라서 두 사례를 통해서 알 수 있듯이 시스템의 구체화 상태는 서로 다른 구성품들에 걸쳐서 균일하지 않고, 변경의 정도에 따라 달라진다. 그럼에도 불구하고 표에서 명시하고 있는 일반화된 원칙은 시스템 개발 프로세스에 대한 통찰력을 얻기 위한 유용한 방법이다.

니즈 및 요구조건 분석을 위한 시스템엔지니어링 방법의 적용

시스템 개발 주기의 초기 과정인 니즈 분석과정은 이후에 이어지는 대부분의 후속 과정들과는 근본적으로 다른 특성이 있다. 우선 니즈 분석을 수행하기 전에 수행해야 하는 선행 과정이 없다. 특히 개발이 니즈-주도형인지 기술-주도형인지 또는 후원자가 정부인지 영리를 추구하는 기업인지에 따라 입력의 출처는 달라진다.

그럼에도 불구하고 니즈 분석과정에서 수행되는 활동은 3장에 설명한 시스템엔지니어링 방법의 네 가지 기본 절차를 적절하게 조정함으로써 효과적으로 설명할 수 있으며, 구체적인 활동들은 아래에 요약되어 있다: 3장에서 사용된 개별 절차들에 대한 일반적인 명칭은 괄호 안에 표기되어 있다.

운용 분석(**요구조건 분석**). 대표적인 활동은 다음과 같다.

- 현재 시스템에서 심각한 결함이 발견되었거나 새로운 기술을 적용하면 훨씬 우수한 성능을 확보할 수 있거나 또는 운용 비용 절감 측면에서 새로운 시스템이 필요한 니즈를 분석.
- 니즈를 충족시킴으로써 얻을 수 있는 가치를 확인. 이때 새 시스템의 유효 수명 추정 필요.
- 운용 목표 및 운용 개념을 정량적으로 정의.

이 활동을 통해서 얻게 되는 일반적인 산출물은 **운용 목표**와 **시스템 능력 목록**이다.

기능 분석(**기능 정의**). 대표적인 활동은 다음과 같다.

- 운용 목표를 수행되어야 하는 기능으로 변환.
- 기능적인 상호작용을 정의하고 모듈형 형태로 구성함으로써 기능들을 하부시스템들에 할당.

이 활동의 일반적인 산출물은 초기 **기능 요구조건** 목록이다.

실현성 정의(**물리 정의**). 대표적인 활동은 다음과 같다.

- 필요한 시스템 기능을 구현하기 위해 고려하고 있는 하부시스템들의 물리적 특성을 시각화.
- 필요에 따라 구현방식을 다양화(절충 연구)함으로써 능력 및 추정 비용 측면에서 실현 가능한 개념을 정의.

이 활동을 수행함으로써 얻게 되는 일반적인 산출물은 초기 **물리적 요구조건** 목록이다.

니즈 확인(**설계 확인**). 대표적인 활동은 다음과 같다.

- 경제적(비용, 시장 등) 요소를 포함한 운용 시나리오와 함께 효과 모델(분

석 또는 시뮬레이션)을 설계하거나 수정.

- 유효성 판단기준을 정의.
- 적절한 조정 및 반복적인 재검토를 거친 후에 상정된 시스템 개념에 대한 비용 대 효과를 입증.
- 예측되는 니즈를 충족시키기 위해 새로운 시스템을 개발하는 방안을 수립.

이 활동을 통해서 얻게 되는 일반적인 산출물은 운용 유효성 판단기준을 나열한 목록이다. 니즈 분석 프로세스로부터 성공적인 결과를 도출한 경우에는, 운용 목표를 공식적이고 정량적인 운용 요구조건 세트로 변환할 필요가 있다. 따라서 이 과정은 네 가지 주요 산출물을 생산한다.

운용 요구조건은 주로 시스템의 임무와 목적을 나타낸다. 일련의 운용 요구조건은 시스템이 현장에 배치되고 운용된 후에 기대할 수 있는 변화된 세상의 최종 상태를 묘사하고 이를 공유함으로써 소통할 수 있어야 한다. 이러한 유형의 요구조건은 광범위하므로, 시스템이 갖는 전체적인 목표를 기술해야 한다. 모든 참조사항은 전체 시스템과 관련이 있다. 일부 조직에서는 이러한 요구조건을 기능 요구조건 또는 단순히 요구되는 능력이라고 지칭하기도 한다.

기능 요구조건은 대체로 시스템이 해야 할 일을 가리킨다. 이러한 요구조건은 작동-지향적이어야 하며, 시스템이 운용하는 동안 수행하는 작업이나 작동을 기술해야 한다. 이 과정 내에서 작업 및 작동에 관한 것은 시스템 전체와 관련이 있는 내용이지만, 대체로 정량적이어야 한다. 이후에 이러한 사항들은 다음의 두 과정을 통해서 상당히 구체화되어야 한다.

성능 요구조건은 주로 시스템이 요구조건을 얼마나 잘 수행하고 어떻게 주변 환경에 영향을 주어야 하는지를 의미한다. 많은 경우에 이러한 요구조건은 위의 두 가지 유형에 해당하며 수치로 표현되는 최소 임계값을 갖는다. 일부 예외가 있을 수는 있지만, 요구조건은 대부분 객관적이고 정량적이다. 이것들은 다음에 이어지는 두 개의 개발과정을 통해서 상당히 정교화된다.

물리적 요구조건은 물리적 시스템의 특성이나 속성과 함께 시스템 설계에 부과되는 물리적인 제약조건을 나타낸다. 여기에는 시스템이 준수해야 하는 체적, 중량, 전력, 재료 및 외부 인터페이스 제약조건뿐만 아니라, 외관 또는 일반적인 특성이 포함될 수 있다. 많은 조직은 이러한 항목들을 표현할 수 있는 특별한 이름을 가지고 있지 않고 단순히 제약조건 또는 심지어 시스템 요구조건으로 언급한다. 물리적인 요구조건들은 다음에 이어지는 두 개의 개발과정을 통해서 상당히 구체화되어야 한다.

최초로 개발을 시작하는 시스템의 경우, 니즈와 요구조건 분석과정에서 수행하는 첫 번째 반복적인 노력(iteration)을 통해서 얻을 수 있는 결과물은 다소 광범위하면서도 완전히 정의되지 않은 일련의 운용 요구조건이다. 이렇듯 니즈 분석을 통해서 작성되는 요구조건과 관련된 문서는 공식적으로 초기능력서(ICD, Initial Capabilities Document)로 지칭하고 있다. 이 용어는 또한 원하는 능력에 대한 포괄적인 설명을 위해서도 사용된다. 어느 경우든 ICD 문서는 필요한 시스템의 개념에 대한 광범위한 설명을 포함하고 있으며, 운용적 또는 기능적인 요구조건에 초점을 맞추고 있다. 여기에는 시스템의 최상위 수준에 관한 기능적, 성능적 및 물리적 요구조건만 포함되며, 이후에 만들어지는 문서들을 통해서 이 초기 목록에 대해 세부적인 사항들을 추가해나가게 된다.

위에서 설명한 니즈 분석과정에 적용되는 시스템엔지니어링 방법의 요소들은 그림 5.2의 흐름도에 나타나 있다. 그림에 나타난 상세한 요소들의 명칭은 이 과정에서 필요한 활동의 특성에 맞도록 적절하게 변형되었음을 알 수 있다. 사각형 형태의 블록은 네 가지 기본 절차를 나타내며 주요 활동은 원으로 표현하였다. 참고로 화살표는 정보의 흐름을 의미한다.

다이어그램의 맨 위에 있는 입력 내용은 운용 측면에서의 결점 및 기술적 기회들이다. 노후화 또는 기타 원인으로 인해 발생하는 기존 운용 시스템의 진

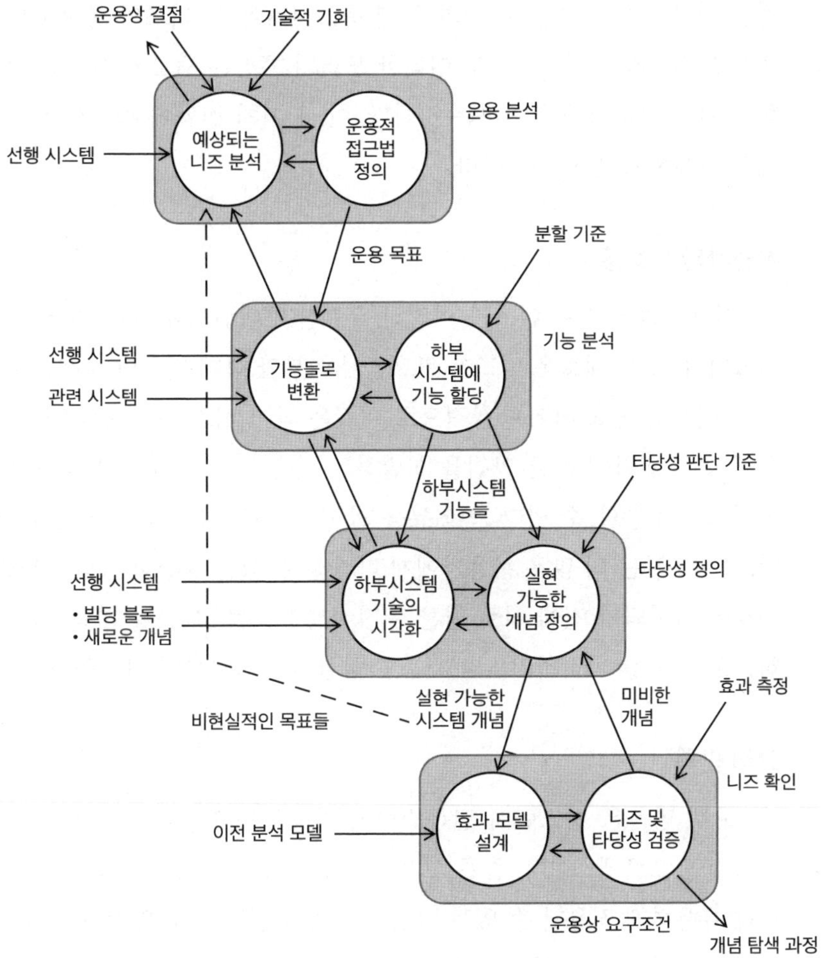

그림 5.2 니즈 분석과정의 흐름도

부화로 인해 새로운 시스템을 개발하는 경우에는 니즈-주도형에 해당한다. 이에 반해 주요한 성능의 증진 가능성 또는 시장에서 경쟁력을 갖춘 시스템의 생산비용을 낮출 수 있는 기술적 기회를 이용하기 위해 새로운 시스템을 개발하는 경우에는 기술-주도형에 해당한다. 후자의 경우에는 새로운 기술을 적용함에 따라 변할 것으로 예상하는 운용 개념이 추가되어야 한다.

두 가지 중간 절차들은 저렴한 비용과 허용 가능한 위험 수준에서 실현 가능성이 있는 현실적인 개념이 하나 이상 있는지를 결정하는 것과 관련이 있다.

검증 절차는 위와 같은 분석과 함께 충족시켜야 할 니즈의 중요도를 검증하기 위한 노력이라고 할 수 있다. 이러한 노력의 초점은 새로운 시스템 개발에 투자할 가치가 있는지를 확인하는 것이다. 이 네 가지 절차에 관해서는 이어지는 절에서 자세히 설명할 예정이다.

사용자와의 소통

사용자의 의견은 니즈가 여전히 유효한지 아닌지에 대한 자문을 구하는 데 필요하다. 또한 새로운 니즈가 필요한지 여부와 함께 니즈의 우선순위를 결정하기 위해서도 필요하다. 통상적으로 이것은 과거 시스템에 대한 경험과 임무 또는 위협의 변화에 따른 약점을 식별하는 것을 기초로 한다. 사용자와는 다양한 방법으로 소통할 수 있다. 인터뷰를 할 수 있다면 추가적인 질문을 할 수 있지만, 설문조사는 더 많은 사용자에게 다가갈 수 있는 장점이 있다. 시스템 개념이 시장에 출시되기 전에 서로 다른 관점에서 더 많은 니즈를 파악하는 것이 필요하므로, 니즈를 파악하기 위해서는 다양한 사용자로부터 의견을 청취해야 한다.

고객 만족

고객 만족은 시스템이 만족스럽게 작동하는지를 확인하기 위해서 필요한 지속적인 프로세스이다. 종종 고객의 의견은 향후 시스템을 반복적으로 개발하는데 유용하게 적용할 수 있는 다양한 기능을 발견할 수 있게 해준다. 고객이 선호하는 것과 그렇지 않은 것을 설명할 때는 주의를 기울여야 한다. 이때 더욱더 다양한 정보를 얻을 수 있기 때문이다. 작동 지침 및 절차가 엔지니어가 설계한 것만큼 명확하지 않을 수도 있다. 고객은 시스템을 설계할 당시에 고려하지 않았던 환경 속에서 시스템을 작동시킬 수도 있다. 또는 인적 요소(Human Factors) 측면에서 더 폭넓은 고객에게 적합한 시스템이 될 수 있도록 재설계를 추진해야 할 수도 있다. 이러한 모든 의견은 시스템 엔지니어가 향후 시스템 및 지원 인프라를 개선하기 위해서 무엇을 해야 하는지를 이해하는 데 유용하다.

MBSE(Model Based Systems Engineering)는 제약조건, 효과 측정(MOE, Measures Of Effectiveness) 및 기타 시스템 속성들을 기존의 텍스트 형식이 아닌 비 텍스트(Non-textual) 형식으로 요구조건을 작성할 수 있도록 도와준다. 관련 학문 분야들이 성숙해감에 따라, 이해관계자와 시스템엔지니어링 프로세스에 관련된 사람들이 서로의 의도를 전달하기 위한 도구로 하이브리드적인 접근방식을 사용하는 경우가 많아지고 있다. 하이브리드 접근방식에는 전통적인 텍스트 요구조건, 속성 기반의 요구조건 및 기타 시스템 요소들이 포함된다.

5.2 시스템 사고

새로운 시스템의 필요성을 결정할 때 또는 실제로 시스템 개발과정을 수행하는 동안 시스템 엔지니어는 **시스템 사고**와 관련된 역할을 해야 한다. 시스템 엔지니어는 복잡하고 고도로 통합된 시스템을 개발해야 하는 팀을 이끌고 안내해야 한다. 이때 시스템의 필요성과 설계 개념을 이해할 수 있는 핵심 요소는 시스템을 전체적인 관점에서 바라볼 수 있는 능력을 갖추는 것이다. 시스템의 전체 수명주기에는 이해관계자의 기대치, 시스템 사용자, 기술 발전 속도, 운용 및 물리적 환경, 사회 및 정책 영향 등의 요인들이 포함되어야 한다. 시스템 개발에 참여하는 각 기여자는 어느 정도 시스템 사고를 할 수 있어야 한다. 특히 실무를 담당하는 시스템 엔지니어는 전형적인 시스템 사상가가 되어야 한다. 시스템 사고는 어떤 시스템을 고립된 상태로 판단하지 않는다. 오히려 시스템 사고는 시스템을 시스템 내의 다른 요소들과 상호작용하는 프레임워크 안에 있다고 생각할 때 시스템 구성품들을 가장 잘 이해할 수 있다는 원칙을 따른다. 시스템 사고는 이러한 방식으로 사고하는 습관 또는 관행을 의미한다.

설계부터 생산에 이르기까지 모든 관심의 초점은 올바른 시스템을 개발하고 있는가이다. 예를 들어, 고객의 요구조건이 충족되고 있는지, 사용자가 시스템의 성능에 만족하는지, 다른 시스템과의 상호작용이 원활한지, 환경이 변화함에 따라 향후 발생할 수 있는 상황은 이해하고 있는지, 시스템 운동학적 거동은 예상할 수 있는지, 결과물은 경제적으로 수용할 수 있고 확실한 것인지 등이다. 이러한 사고방식은 시스템의 모든 측면을 확인 및 검증하는 전체 과정을 통해서 지속해서 적용되어야 한다. 시스템과 관련된 모든 도메인은 니즈를 충족시켜야 하며 모두가 설계에 관해 이해할 수 있어야 한다. 시스템 사상가는 큰 그림을 이해하고 볼 수 있으며, 상호 연결과 관련된 사항을 인식하는 것은 물론이고 시스템을 다양한 관점에서 바라볼 수 있어야 한다. 동시에 시스템 사고를 하는 사람은 창의적이면서 세부사항에는 집착하지 않는다. 그들은 효과적으로 미래를 "볼 수" 있어야 한다.

또한 시스템 사고는 하부시스템이 통합되거나 새로운 환경에 직면했을 때 복합 시스템이 만들어낼 수 있는 예상치 못한 거동을 예측할 수 있도록 도와준다. 의도하지 않게 발생하는 이러한 **비정상적인 거동**은 어떻게 시스템을 적절하게 설계하고 개발과정을 변경해야 하는지를 사전에 판단함으로써 피할 수 있다. 따라서, 전체 시스템에 대한 장기적인 안목을 가지고 문제와 해결책에 대해서 생각하는 것이 필요하다. 요구조건이 바뀔 뿐만 아니라 개념과 솔루션에 대한 전체적인 관점도 변할 수 있다. 기술적 및 사회적 발전은 변경된 사항을 시스템 설계에 통합시켜야 하는 새로운 도전과 기회를 창출한다. 성공적이고 혁명적인 제품들은 환영받지만, 단일 목적만을 위한 설계는 미래의 추세를 충족시키지 못할 수도 있다. 강력한 리더는 강건하고 융통성 있는 시스템을 설계하고 이해관계자 및 설계 팀과 효과적으로 소통할 수 있어야 한다.

시스템 동작 또는 센서 입력과 관련된 응답은 동적인 특성을 갖게 된다. 이는 하부시스템에 대한 출력과 입력 사이에서 피드백 루프가 만들어지는 상호작용 등과 같은 연결성 때문이다. 시스템 사고는 직접적 또는 간접적으로 성능에 영향을 미치는 위협에 대한 운용환경, 특히 사회적 맥락 측면을 파악해야 한다. 사고는 시간적 관점을 취해야 한다. 초기에는 제한적이었던 설계 개념에 대한 인식은 시간이 지남에 따라서 초기 니즈와 요구조건보다 더 광범위해질 수 있고, 보다 견고(robust)한 접근방식이 필요할 수도 있다. 전체론적인 관점을 갖는 시스템 엔지니어는 세계를 하위 시스템들로 구성된 시스템으로 간주한다. 여기서 하부 시스템들은 서로 연결되어 상호 작용함으로써 하부 시스템들 간은 물론 외부 환경에도 영향을 미치게 된다. 그런 다음 시스템 사고를 사용해 운용환경 내에서 시스템이 담당하는 다양한 역할을 분석할 수 있다. 또한 시스템 사고는 시스템 엔지니어가 시스템들 간의 관계성을 식별할 수 있도록 도와주고, 시스템이 더 큰 그림 속에서 어떠한 역할을 수행하는지 평가할 수 있는 방법을 제공해준다.

카서와 맥클리(2008)는 전체론적 관점에서 시스템을 볼 수 있는 다양한 시점에 대한 개략적인 내용을 소개하고 있다. 많은 내용이 시스템엔지니어링의 원칙과 관련이 있으며, 운용환경을 포함하기 위해서는 시스템 개념이 "좀 더 큰 그림(Larger Picture)" 내에서 어떻게 작동할 수 있는지를 이해하기 위한 목적으로 사용되어야 한다. 이와 같은 내용에 포함되는 사항으로는 운용적(사용 사례 및 운용 개념을 적용해 시스템이 환경에서 작동하는 방식을 식별), 기능적(작동에 필요한 기능 정의), 큰 그림(컨텍스트 다이어그램 접근방식으로 시스템을 보고 다른 관련 행위자와 이들 간의 상호 의존성을 식별), 구조적(내부 및 외부 연결을 위한 시스템 아키텍처), 일반적(유사한 시스템에서 유사한 속성을 찾고 계승), 연속체(다른 상호 의존적 시스템의 실패는 우리 시스템에 어떤 영향을 미칠까?), 시간적(상호 의존성에 따라 달라질 수 있는 시간 함수로 시스템 동작을 평가), 정량적(모델 및 시뮬레이션에서 수학적 관계를 개발하는 방법), 과학적(가설을 정립하고 시험하는 방법) 등이 있다. 아래 절에서는 시스템엔지니어링 프로세스 중에 발생하는 이러한 시스템 사고방식의 적용 사례를 보여준다.

시스템 사고의 사례

일반적인 시스템 사고방식과 도구에는 시스템 동역학 및 인과관계 루프 다이어그램이 포함된다. 이러한 도구들을 이용함으로써 우리가 알 수 있는 것은 다양한 기여자들과 시스템 사이의 관계들은 각각의 관계가 변화하면서 나타나는 효과를 반영해 준다는 사실이다. 또한 시간의 경과에 따라 변화되는 입력 및 출력에 영향을 받는 시스템의 거동 역시 확인할 수 있게 해준다. 기타 널리 사용되는 도구로는 에이전트 기반 모델링이 있다. 이 도구는 외부환경이 변화함에 따라 기여자의 특성과 동작 및 작동방식을 정의한다. 이러한 접근방식은 시스템이 어떻게 운용될 것으로 예상하는지에 대한 기준을 제공할 수 있으며, 어떤 유형의 상호관계가 필요한지 결정할 수 있다. 또한 시스템의 상황에 따라 필요한 거동을 정의하는 데 도움을 줄 수 있다.

다음은 어떻게 문제를 묘사하고, 관련 행위자들과 그들의 관계를 식별하며, 바람직한 행동과 성능을 정의하는지를 보여주기 위해서 시스템 사고를 적용하는 방법에 관한 사례를 보여주고 있다. 면역에 대한 적용 범위 및 전체적인 세대별 신뢰성을 이해하기 위해, 인도의 케랄라 지방의 예방접종률과 관련이 있는 사회 시스템을 고려해보자(Varghese et al. 2014). 일차적인 효과는 세대별 예방접종에 초점을 맞추었으며, 사립 및 공립 의사와 의료 분야 근로자가 있는 가정을 우선 고려했다. 글로벌 소아마비 박멸 추진사업의 하나로 소아마비 캠페인이 도입되었을 때, 별도로 만들어진 일련의 인과관계 다이어그램(2차 및 3차 효과)을 이용해 예방접종 노력에 찬성 또는 반대를 하는 추가적인 의견을 확인할 수 있었다. 여기에는 대체 공급자, 종교 지도자, 학계/사립 의사, 언론 보도와 함께 세대별 신뢰성에 대한 추가적인 공개 토론과 의견을 제기하는 계기가 된 인근 주에서 발생한 일본 뇌염 예방접종의 부작용 사례도 포함되었다.

다음으로 첨단 자동화된 자동차 시스템(AAS, Automated Automobile System) 개발과정에서 찾아볼 수 있는 시스템 사고 사례를 생각해보자. 이 자율주행차는 오늘날의 자동차보다 더 많은 독립성을 가질 것이다. 시스템 엔지니어는 시스템을 하부시스템(예: 차량, 위치 센서, 다른 차량과 물체의 감지 및 식별을 위한 센서, 통신시스템, 제어시스템, 차량 탑승자)으로 세분하게 된다. 그런 다음 상황 인식(내부 및 외부환경)과 전체 보안 감시 기능 및 차량 반응 시간을 고려한다. 그러나 도로와 기상 조건의 영향이 포함되어 있는지? 센서와 제어시스템이 미래의 고속도로 특성과 신호를 수용할 수 있는지? 운전자가 조정기를 무시하고 속도 제한을 초과하도록 선택한 경우에는 어떻게 할 것인지? 계획된 AAS 하부시스템이 새로운 대상을 감지, 식별 및 반응하도록 재설계 또는 재장착될 수 있는지? 다른 많은 시스템 사고와 관련된 질문을 제기함으로써 이미 인식된 니즈와 설계 개념을 변경할 수도 있는 제안과 답변을 도출해야 한다. 그렇지 않으면, 다음에 생산되는 자동화된 자동차가 효과적으로 운행할 수 있는 기간은 단축될 수도 있을 것이다.

5.3 운용 분석

추진하는 시스템 개발이 니즈-주도형이든 기술-주도형이든 관계없이, 첫 번째로 다루어야 할 이슈는 새로운 시스템에 대한 유효한 니즈(잠재적 시장)가 있다는 것을 확인하는 것이다. 새로운 시스템 또는 주요한 업그레이드를 위한 개발에는 큰 비용이 소요될 가능성이 크며, 대개 몇 년에 걸친 개발 기간이 필요하다. 따라서 이러한 개발을 착수하는 것을 결정하기 위해서는 조심스럽고 신중한 연구가 필요하다.

예상되는 니즈의 분석

상업 분야에서는 기존 제품의 성능과 신제품에 대한 잠재적 수요를 평가하기 위해 시장분석을 지속해서 수행하고 있다. 그들은 제품 특성에 대한 고객의 반응을 살피고, 판매 부진의 원인을 체계적으로 조사하며, 경쟁 시스템의 장단점과 향후 성장 가능성을 분석한다.

국방 시스템의 경우, 각 군마다 하나 이상의 시스템 분석 조직을 운용하고 있으며, 이 조직은 현재 상태에서 군사력의 운용 능력과 전력 준비 상태에 대한 평가를 수행할 책임이 있다. 이러한 조직들은 효과 연구를 수행하는 데 필요한 입력물인 잠재적 적국의 군사력 변화에 대해 분석한 정보에 접근할 수 있다. 또한 해상에서의 모의 전투, 상륙 작전 등과 같은 주기적인 운용시험을 수행한다. 이러한 운용시험의 목적은 현재 시스템이 가진 잠재적 결함을 분석함으로써 보다 높은 수준의 능력을 갖춘 시스템을 개발해야 하는 필요성을 파악하기 위한 것이다. 특히 중요하게 고려해야 하는 사항은 교리, 전략 또는 전술을 적절하게 수정함으로써 현재 보유하고 있는 무기체계와 같은 자산을 이용해 새로운 니즈에 더 잘 부합할 수 있는지를 확인하는 것이다. 이러한 경우 고가의 새로운 자산을 시급하게 획득해야 하는 어려움을 줄여줄 수 있기 때문이다.

현재 시스템이 가진 부족한 점. 사실상 많은 경우에 적어도 부분적으로는 기존에 운용되고 있는 시스템은 새로운 시스템을 개발해 해결하고자 하는 니즈를 이미 충족시키고 있을 것이다. 따라서 니즈 분석과정의 첫 번째 절차 중 하나는 현재 시스템이 가진 부족한 점을 세부적으로 식별하는 것이다. 새로운 시스템을 개발하기 위한 추진 동력이 기술-주도형인 경우, 현재 시스템에 대한 조사는 최신 기술로 달성 가능할 것으로 기대되는 특성과의 비교를 중심으로 이루어진다. 상용 시스템의 경우 이러한 부족한 점은 다양한 활동을 추진하게 되는 원동력이 될 수 있는데, 여기에는 경쟁에서 뒤처지지 않기 위한 노력, 진부한 기술의 업그레이드, 새로운 위협에 대처, 또는 소비자 수요를 고려하여 여러 가지 기능을 병합하기 위한 노력 등이 포함될 수 있다.

후속 시스템의 개발이나 심지어 기존 시스템의 대폭적인 업그레이드마저도 기술적으로 복잡할 가능성이 크고 수년간의 도전적인 작업이 필요할 수도 있다. 이렇듯 필요한 노력의 규모를 고려할 때는, 운용적인 측면의 활용성 연구는 향후 10년 정도의 조건에 초점을 맞추어서 수행되어야 한다. 그러므로 시스템 소유자/사용자는 시스템이 작동하는 조건을 지속해서 분석하고 시스템 운용의 효율성을 재평가해야 한다. 이러한 의미에서 니즈 분석은 어떤 형태로든 시스템의 수명 전반에 걸쳐서 수행되고 있다고 할 수 있다.

위의 프로세스는 축적된 시험 데이터를 분석 및 결합할 때 가장 효과적이며, 많은 경우에 기존 시스템의 시뮬레이션 결과를 사용한다. 이 접근방식은 두 가지 주요한 이점을 제공한다. 하나는 시스템의 운용적 측면의 성과에 대한 일관되고 정확한 평가이고, 다른 하나는 새로운 개발 프로그램이 필요한 경우 니즈 분석을 위한 공식적인 프로세스를 지원할 수 있는 문서화된 결과물로 사용할 수 있다는 것이다.

노후화. 새로운 시스템 개발의 가장 일반적인 원동력은 기존 시스템의 노후화에 의한 것이다. 시스템 노후화는 여러 가지 이유로 발생할 수 있다. 예를 들어 운용환경이 변경되거나, 현재 시스템을 유지하기 위한 비용이 너무 상승하였거나, 더는 수리에 필요한 부품을 확보할 수 없거나, 경쟁으로 인해 훨씬 우수한 제품을 제공해야 하는 필요성이 발생할 수도 있다. 또는 기술 수준이 상당히 발전함에 따라 이전과 같거나 더 낮은 비용으로도 기존 시스템의 성능을 향상시킬 수 있는 경우도 있다. 이러한 예시들이 반드시 개별적인 것만은 아니다. 각 요소가 결합해 나타나게 되면 시스템의 노후화가 더 빠르게 일어날 수도 있다. 현재의 시스템이 노후화된 사실을 뒤늦게 인식하게 된다는 것은 가까운 미래에 모든 관련자에게 고통스러운 시간을 보내게 할 수도 있다. 개발에 필요한 시간이 부족해질 때까지 니즈 분석과정의 착수가 상당히 지연될 수도 있다. 철저한 자체 평가는 시스템이 작동하는 수명주기 동안 일상적인 표준 활동이 되어야 한다.

실용성 있는 시스템을 계속해서 유지하기 위한 필수적인 요소는 진보하는 기술을 지속해서 추적하는 것이다. 이러한 활동은 다양한 연구개발 활동을 수행하는 기관과 업체를 중심으로 이루어지고 있다. 그들은 정부나 민간 자금 또는 두 기관의 협력체로부터 예산을 지원받는다. 국방 부문의 경우, 계약자는 수익의 일정 비율을 관련 연구에 간접비로 사용하는 것이 허용되어있다. 이러한 활동을 독립 연구 개발(IRAD, Independent Research And Development)이라고 한다. 또한 정부가 전적으로 또는 부분적으로 지원하는 탐색적인 개발 노력도 활성화되어 있다. 상업용 제품을 생산하는 대규모 생산자들 대부분은 응용 R&D 조직을 광범위하게 지원한다. 어떤 경우든 현명한 시스템 후원자, 소유자 또는 운용자는 이러한 활동을 지속해서 유지해야 하며, 기회가 있을 때는 이러한 활동 결과를 적극적으로 활용할 수 있는 준비가 되어있어야 한다. 모든 계층에서의 경쟁은 이러한 활동이 가능하게 하는 강력한 원동력이 된다. 상용 제품의 개발은 4G 무선 서비스, GPS 서비스의 정밀한 위치 추적, 정보의 클라우드 소싱(교통 보고, 제품 판매 또는 정보 제공)과 같이 새로운 기술들이 제공할 수 있는 각각의 기능들을 통합함으로써 더욱더 활성화될 수 있다.

운용 목표

운용 연구를 통해서 얻을 수 있는 주요 결과물은 운용 측면에서의 목표를 정의하는 것이다. 이 목표는 새로운 시스템의 개발을 정당화할 수 있을 정도로 충분한 의미가 있어야 한다. 니즈-주도형 개발에서 추구해야 하는 목표는 진도된 시스템을 개발해야 하는 원인이 되는 현재 시스템이 가진 부족한 점이나 변화된 환경을 극복하는 것이다. 기술-주도형 개발의 목표는 중요한 니즈와 관련이 있는 운용 개념(CONOPS)을 구현하는 것이다.

"목표"라는 용어는 "요구조건"을 대신해서 사용된다. 이는 시스템을 정의하는 초기 단계에서 후자는 부적절하기 때문이다. 운용성과와 기술적 위험, 비용 및 기타 개발 요소 사이의 균형을 최종적으로 설정하기 위한 과정에서는 많은 반복적인 검토가 필요할 수 있다는 것을 예상해야 한다(그림 5.2 참조). 비록 최종적인 목표는 정량적이고 객관적이어야 하지만, 실제적으로 초기 단계에서 만들어지는 목표는 대부분 정성적이고 주관적이다. 아래와 같이 경험을 기반으로 한 몇 가지 법칙이 도움이 될 수 있다.

- 목표는 운용환경 또는 시나리오의 최종 상태를 다루어야 한다. 시스템이 큰 의미에서 무엇을 달성할 것인지에 초점을 맞춘다. 예를 들어 운송 부문에서의 최종 상태는 연비효율을 높이고 전국적으로 재생 가능한 에너지원의 인프라를 늘리는 등의 특정한 행동을 달성하는 것일 수 있다.
- 목표는 시스템의 목적과 니즈의 충족을 구성하는 요소를 다루어야 한다. 예를 들어 하루 동안에 도시 내에서 제거되어야 하는 이산화탄소의 양을 100만 톤으로 지정하는 것과 같이 목표가 충족되었는지를 판단할 수 있는 정량적 값을 정의해야 한다.
- 종합하면 목표는 "왜"라는 질문에 답을 할 수 있어야 한다. 시스템이 왜 필요한가?
- 대부분의 목표는 "지원 또는 제공"이라는 단어를 포함하지만, 이것은 의무사항은 아니다.

목표 분석. 목표 분석이라는 용어는 시스템의 목표 집합을 개발하고 다듬는 과정이다. 일반적으로 이러한 노력으로 얻을 수 있는 산출물은 목표 트리의 형태를 가지며, 단일 또는 소규모의 최상위 목표 집합이 일차 및 이차 목표 집합으로 분해된다. 그림 5.3은 이 트리를 보여준다. 목표가 검증될 때까지 또는 시스템의 기능을 정의할 수 있을 때까지 분해 작업이 적절하게 수행되어야 한다. 그리고 이러한 의도를 충족시키게 되면, 그 목표에서 멈추어야 한다. 이 그림에서는 기능을 표현하는 일부 박스가 연한 회색으로 표시되어있는 것을 알 수 있다. 이것들은 목표 트리의 일부가 아닐 수 있다. 우리의 경험에 비추어볼 때, 대부분의 객관적 트리들은 한두 층 깊이로 구성된다. 너무 낮은 레벨까지 확인할 필요는 없다.

목표 분석을 수행하는 하나의 예시로, "그린(green)" 또는 환경친화적임을 강조해 마케팅할 수 있는 새로운 자동차를 생각해보자. 이 신차의 목표를 이해하면 최종 설계를 위한 우선순위가 정해진다. 목표 분석은 경영진과 기술 스태프가 새로운 시스템을 개발할 때 무엇이 중요한지 평가하고 결정하는 것을 도와준다. 따라서 시스템의 전체적인 목표를 결정하기 위해 어느 정도의 시간, 에너지, 자본을 투자하는 것은 가치 있는 일이다. 무엇보다 간결하게 작성된 하나의 명세서 내용을 따를 수 있도록 하는 것은 개발팀이 당면한 일에 집중할 수 있도

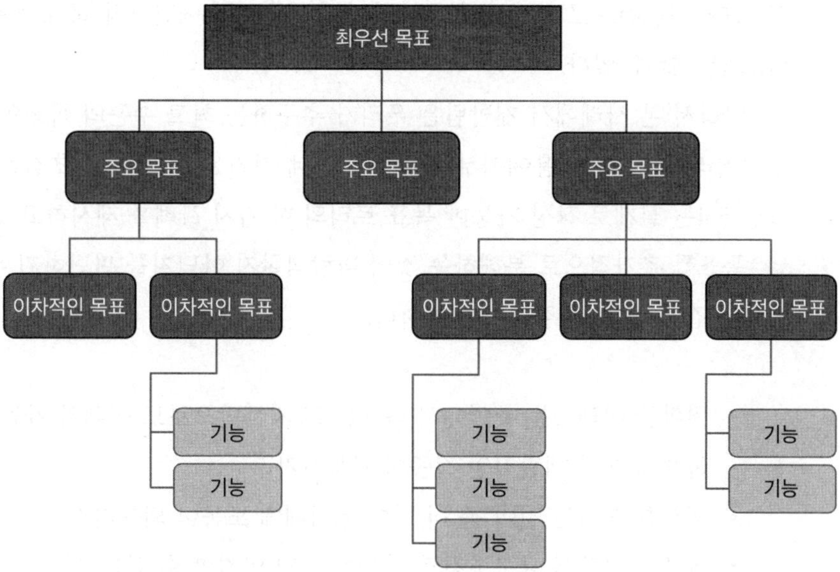

그림 5.3 목표 트리 구조

록 해준다.

자동차의 사례에서, 회사는 곧 이 신차의 전체적인 목표가 사용자에게 친환경 교통수단을 제공하는 것이라는 것을 깨닫게 될 것이다. 최고 수준의 목표에는 성능, 화물 용량, 오프로드 능력 등을 포함하지 않는다. 전체적인 목표에 있는 것은 친환경과 교통수단 이 두 가지가 핵심이 된다. 두 가지 모두 이 신차의 다양한 측면이나 특성을 암시하고 있다. 두 단어 모두 아직 정의가 정확하게 되어있지 않기 때문에, 우리는 그것들을 더 분해할 필요가 있다. 그러나 전체적인 목표는 분명하다: 이 차량은 환경적 측면에서 "친환경적이고" 충분한 운송수단을 제공해야 한다.

첫 번째 분해는 개발팀이 가진 사고에 초점을 맞춘다. 여기서 반드시 필요한 핵심 단어는 "구체화"일 것이다. 이 경우에 "친환경(clean)"은 "편안함"뿐 아니라 "높은 연비"를 의미할 수 있다. 또한 이동은 차량이 한 지점에서 다음 지점으로 이동할 때 안전하고 즐거운 경험을 제공한다는 의미도 함축하고 있다. 친환경 및 운송비용과는 연관성이 낮은 또 다른 목표가 있을 수도 있다. 일부 목표에는 이를 지원하는 기능이 없을 수 있으며 추가적인 분해가 필요하지 않을 수도 있다. 일반적으로 모든 2차 목표가 충족되는 경우에만 1차 목표가 충족되었다고 간주할 수 있다.

따라서 본 사례에서 개발팀은 우리가 추구하는 최고 수준의 목표인 편안함, 주행거리, 안전 및 비용에서부터 비롯되는 네 가지 주요 목표에 초점을 맞춘다. 그림 5.4는 실제로 작성 가능한 목표 트리의 한 가지 사례를 제시하고 있다.

목표를 추가적으로 분해하는 것이 바람직한지 아닌지를 판단하기 위해서는 다음과 같은 몇 가지 질문이 필요하다.

- 명확한 이해라는 측면에서 목표는 그 자체만으로도 이해가 가능한가?
- 목표에 대한 객관적인 검증이 가능한가?
- 세분화를 하는 것이 좀 더 명확한 이해에 도움이 되는가?
- 목표를 통해서 요구조건과 기능을 쉽게 인지할 수 있는가?

우리의 사례에서는, 네 개의 주요 목표 중에서 세 개는 충족이 가능하고, 검증 역시 가능하다고 주장할 수 있을 것이다. 다만 편안함이라는 목표는 주관적인 판단과 연관성이 많으므로 좀 더 세분화가 필요하다. 이 경우 편안함은 소리 시스템, 대화가 가능한 소음 수준, 물리적 공간 등 세 가지 요소로 나눌 수 있다. 그림에서 언급했듯이, 이 세 가지 요소는 다양한 방법(첫 번째 만족도 조사, 정상적인 대화를 위한 소음 수준의 정의, 볼륨 요구조건)으로 검증할 수 있다. 목표 트리가 있

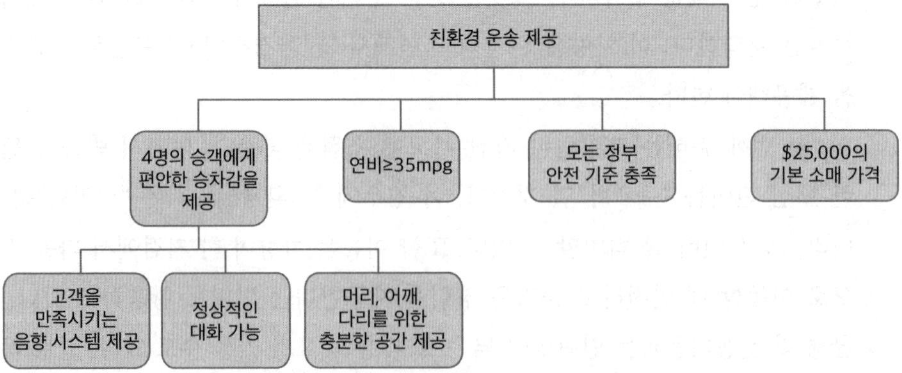

그림 5.4 자동차에 관한 목표 트리 예시

으면 우선순위에 따라서 개발 노력을 집중할 수 있다. 우리의 예에서, 네 가지 주요 목표는 이 새로운 자동차에서 무엇이 중요한지를 알려준다.

객관적인 트리가 사용되는 많은 경우에서, 초기 트리는 가장 높은 우선순위의 목표만 나열하기 때문에 우리의 예시와 유사할 가능성이 높다. 이후에 이 트리들은 다루어져야 하는 다른 분야들을 포함할 수 있도록 확장될 것이다. 우리의 자동차 사례에서 이러한 "기타" 영역에는 정비 고려사항, 인간-시스템 상호작용 기대치 및 화물 공간이 포함될 수 있다. 목표 트리를 작성하는 궁극적인 목적은 CONOPS, 기능 및 성능 요구조건을 식별하기 위한 것이다.

작전 개념(Concept of Operations, CONOPS)

비록 두 용어가 동의어로 사용되는 경우가 많지만, 운용 개념(Operational Concept)은 여러 시스템을 포괄하는 기능에 대한 광범위한 설명을 지칭한다. 그것은 대규모의 전체 시스템이 어떻게 작동하는지를 설명하는 경향이 있다. 이러한 사례 중의 하나로 미국 운송 시스템(또는 전체 시스템의 하부시스템)의 운용 개념을 예로 들 수 있다. 이 경우 "시스템"은 단일 시스템이 아니라 시스템의 집합 또는 시스템의 제품군을 가리킨다. 또 다른 예는 정유소의 운용 개념일 것이다. 즉, 어떻게 시스템 집합체가 함께 작동하는가에 관한 내용을 다루고 있다. 단일 시스템을 언급하는 경우에는 일반적으로 작전 개념(CONOPS)이라는 용어가 사용된다. 추가적인 구별은 시나리오와 관련이 있다. 운용 개념은 시나리오가 독립적으로 작성될 수 있을 만큼 충분히 광범위하다. 작전 개념은 시스템 개념이 운용환경 내에서 어떻게 작동하는지 보여주기 위한 것이다. 정보는 초기에 시스템엔지니어링이 만들어내는 산출물을 통해서 얻을 수 있다. 이러한 산물에는 컨텍스트 다이어그램(시스템이 어떤 시스템, 사용자 또는 위협과 함께 운용하게 되는지를 표현), 유즈 케이스(사례/조건 및 특정 행위자를 포함) 그리고 활동 또는 시퀀스 다이어그램(시스템이 수행하고자 하는 것)과 같은 기능 아키텍처 산물 등이 포함된다. CONOPS는 논리 및/또는 전술을 묘사할 수 있는 사용자에 의해서 작성된다. 여기서 논리 및/또는 전술은 시스템이 얼마나 잘 작동할 것으로 기대하는지를 설명할 수 있는 것으로, 시스템 설계에 도움을 줄 수 있도록 작성되어야 한다. CONOPS는 상당히 상세할 수 있으므로 묘사 범위는 단일 시나리오 또는 관련된 시나리오의 집합으로 제한될 수 있다.

요구조건이 어떠한 방법으로 충족되어야 하는지를 사전에 결정해버리는 것을 피해야 하므로, 운용 개념을 사용하는 것은 매우 유용하다. 요구조건 문서는 의도치 않게 특별히 유용한 해결책을 사전에 제외할 수 있는 위험이 있다. 그러나 운용 요구조건 세트만으로는 시스템 솔루션을 원하는 유형으로 제한하지는 않는다. 예를 들어, 테러 공격으로부터 비행기를 방어하기 위한 작전 요구조건은 아마도 대응무기, 승객 감시 또는 센서기술 등 다양한 방안을 이용해 충족시킬 수 있을 것이다. 일부 특정 프로그램의 경우 착수 단계에서부터 고려 대상이 될 수 있는 일반적인 방어용 무기를 설명하는 CONOPS를 추가함으로써, 요구조건을 제한하게 되는 현상이 발생할 수도 있다. 이처럼 운용 요구조건을 확장하는 경우에는 예상할 수 있는 시스템 개발에 대한 고객의 기대를 표현하게 됨으로써 또 다른 제약사항으로 작용하게 된다.

CONOPS라는 용어는 매우 일반적이다. 많은 경우에 CONOPS의 구성요소에는 다음의 사항이 포함된다.

1. 성공 기준을 포함하는 임무 기술
2. 다른 시스템 또는 엔티티와의 관계
3. 정보 출처 및 최종 목표
4. 기타 관련성 및 제약사항

CONOPS는 운용 요구조건에 대한 추가적인 사항으로 간주해야 한다. 그것은 특정한 구현방식이 아닌, 선호하는 시스템에 대한 일반적인 접근방식을 정의함으로써 오히려 원하지 않는 접근방식을 제거하는 역할을 한다. 이러한 방법을 이용해 CONOPS는 시스템이 추구해야 하는 목표를 명확히 정의하는 데 도움을 준다.

CONOPS는 고객의 역할을 하는 조직에서 자체적으로 또는 고객의 대리인이 작성해야 한다. 작성 완료 시기는 개념 정의 과정이 시작되기 이전에 사용할 수 있도록 준비되어야 한다. 이후, 운용 요구조건 문서와 함께 "살아있는" 문서가 되어야 한다. 그림 5.5는 요구조건, 시나리오 및 CONOPS를 묘사하기 위한

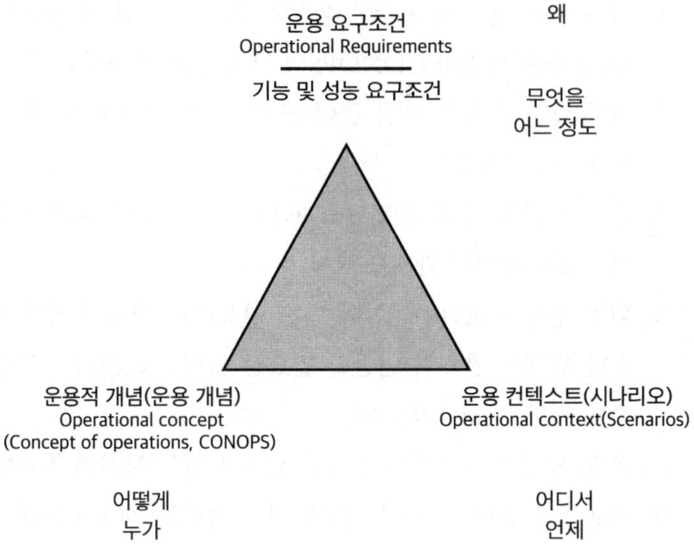

그림 5.5 개념 설계를 위한 3대 요소

개념 설계의 3대 요소를 보여주고 있다.

시나리오

운용 컨텍스트에 대해 묘사하는 것은 시스템 개념을 정의하는 데 필요한 3대 요소 중 마지막 요소이다. 이 묘사(그림 5.6 참조)에서는 장소와 시기에 초점을 맞춘다. 구체적으로 운용 상황 설명은 시스템이 운용될 것으로 예상하는 환경을 설명한다. 특히, 운용 컨텍스트에서 묘사하는 내용은 시스템이 작동해야 하는 환경을 서술해야 한다. 이러한 컨텍스트의 특정한 예시 중의 하나가 시나리오이다.

시나리오는 다음과 같이 정의할 수 있다: 한 명 이상의 참가자가 세부 계획에 포함된 일련의 이벤트 그리고 이러한 이벤트가 발생하는 물리적, 사회적, 경제적, 군사 및 정치적 환경에 대한 설명. 시나리오는 일반적으로 미래를 투영한다. 시스템 개발과 관련해 설계자와 엔지니어에게 시스템의 묘사 및 설계와 관련된 맥락을 제공해야 하기 때문이다.

시나리오 대부분은 최소 5가지 요소를 포함한다.

1. 임무 목표: 성공을 판단할 수 있는 기준을 가진 전반적인 임무에 대한 설명. 독자는 이것이 CONOPS의 구성요소 중 하나와 동일하다는 것을 알아야 한다. 임무는 예를 들어 군사, 경제, 사회 또는 정치와 같이 다양한 유형을 포함한다.
2. 우호적 집단: 우호적 집단과 제도에 대한 설명 그리고 우호적 집단들과 시스템들 사이의 관계를 묘사.
3. 위협 행동(및 계획): 위협이 되는 영향력의 행동과 목표에 대한 설명; 이러한 위협은 반드시 인간일 필요는 없다; 그것들은 자연과 관련된 것일 수도 있다(예: 화산 분출 등).
4. 환경: 임무와 시스템과 밀접한 관계에 있는 물리적 환경에 대한 설명.
5. 이벤트의 순서: 시간이 지나면서 발생하는 개별 이벤트들에 대한 설명. 이러한 이벤트 설명에는 시스템 구현에 관한 정보가 너무 상세하게 포함되지 않아야 한다.

시나리오는 다양한 크기와 종류로 제공된다. 시나리오의 유형은 검토 중인 시스템과 관련 문제들에 따라서 결정된다. 그림 5.6은 시스템 개발을 위해 필요할 수 있는 다양한 수준의 시나리오를 보여준다. 초기 과정들(니즈 분석과 개념 탐

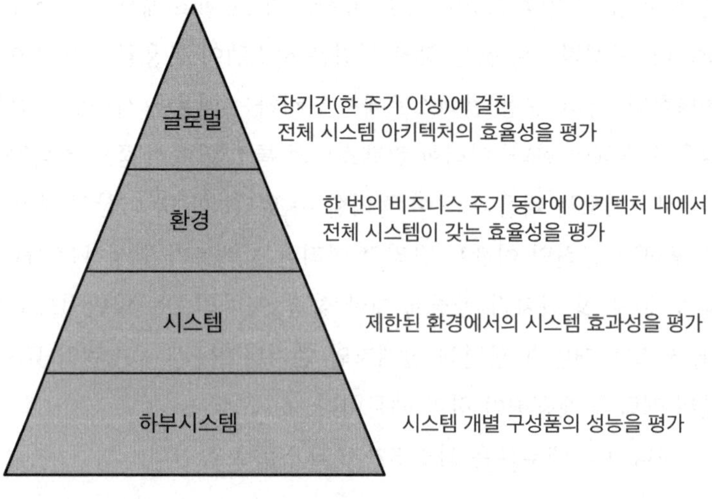

그림 5.6 시나리오의 계층

색)이 수행되는 동안에 필요한 시나리오는 피라미드 상단에 근접하는 높은 레벨에 해당하는 경향이 있다. 개발과정이 진행함에 따라서 설계가 개선되고 더 자세한 정보가 필요하게 되는 경우, 엔지니어링 분석에서는 하부 수준의 시나리오를 사용하게 된다. 설계가 완성되어간다고 해도 전체적인 시스템 효과를 추정하기 위해서는 높은 수준의 시나리오를 계속 사용해야 한다.

운용 시나리오

운용 요구조건을 개발하는 논리적 방법은 다양한 시나리오를 가정하는 것이다. 여기서 다양한 시나리오들은 예상되는 운용 상황 전체 범위를 대표하는 것이어야 한다. 이러한 시나리오는 운용환경에 관한 광범위한 연구, 이전 시스템 및 유사한 시스템에 대해서 잘 알고 있는 사용자의 의견 수렴, 과거의 경험에 대한 상세한 이해 및 현재 시스템의 결여사항을 입증한 분석 등을 기초로 해야 한다. 요구되는 개선 사항, 특히 달성하기 가장 어려운 개선 요구조건을 성공적으로 달성하기 위해서는 사용자가 희망하는 우선순위를 설정하는 것이 특히 중요하다.

시나리오는 응용 분야에 따라 폭넓고 다양한 내용을 포함하지만, 거의 모든 시나리오는 5가지 기본 구성요소를 이용해 작성할 수 있다.

1. **임무 목표**. 시나리오는 제시된 임무의 전체 목표를 식별해야 한다. 또한 이러한 목표를 달성하는 데 초점을 맞춘 시스템 또는 시스템들의 목적과 역할을 정의해야 한다. 때에 따라서 이러한 정의는 시스템과는 무관한 때도 있다. 즉, 어떤 한 시스템의 역할만 표시하는 것이 아니라, 어려움에 부닥친 임무와 추구하는 목표에 대한 일반적인 설명만 제시할 수도 있다. 상업적인 사례에서 임무는 시장 점유율을 높이는 것일 수 있다. 정부의 사례에서 임무는 유권자들에게 일련의 서비스를 제공하는 것일 수 있다. 군사적인 사례에서 임무는 특정한 물리적인 배치를 통제하는 것일 수 있다.
2. **아키텍처**. 시나리오는 연관된 시스템 아키텍처와 관련해야 한다. 여기

에는 시스템, 조직 및 기본 구조 정보의 목록이 포함된다. 거버넌스 정보를 사용할 수 있는 경우에는 이 정보도 포함된다. 또한 이 구성품은 시스템 인터페이스에 대한 기본 정보 또는 정보기술과 관련된 인프라에 관한 설명을 포함할 수 있다. 본질적으로 이용 가능한 자원에 대한 설명이 제공된다. 상업적 시나리오에서는 조직이 가진 자원에 대한 설명이 포함된다. 이것이 정부가 작성하는 시나리오일 때는 임무와 관련된 조직과 기관이 기술된다. 만약 이것이 군사적 시나리오인 경우에는 이러한 자원에는 장비와 관련된 부대가 포함될 수 있다.

3. **경쟁**. 시나리오에서는 당신의 노력과 연관성이 있는 경쟁적인 요소를 식별해야 한다. 이것은 소프트웨어 해커나 다른 유형의 "적"과 같이 당신의 임무 성공에 직접적으로 저해가 되는 요소일 수도 있다. 또한 시장에서의 경쟁이거나 고객에게 영향을 미치는 외부 세력일 수도 있으며, 쓰나미나 허리케인과 같은 자연재해가 포함될 수도 있다.
4. **물리적 환경**. 시나리오는 시나리오가 발생하는 환경을 식별할 수 있어야 한다. 여기에는 물리적 환경(예: 지형, 날씨, 운송망 및 에너지 체계)과 비즈니스 환경(예: 경기 침체, 성장 기간) 등이 포함된다. 이 절에서는 "중립"적인 엔티티에 관해 설명하고 있다. 예를 들어 고객과 그들의 속성 또는 중립국과 그들의 자원이 정의된다. 시나리오는 임무 컨텍스트 내에 포함되는 일반적인 일련의 이벤트를 설명해야 한다. 여기서 우리는 일반적이라는 용어를 사용하는 데 주의를 기울여야 한다. 시나리오는 플레이어들에게 행동의 자유를 허용할 수 있어야 한다. 시나리오를 이용해 운용 요구조건을 생성하고 시스템 효과를 추정하기 때문에, 전체 시나리오를 서술하는 범위 내에서 다양한 매개변수와 이벤트를 변경할 수 있는 기능이 필요하다. 시나리오는 시스템을 "묘사"해서는 안 된다. 시나리오는 시스템 개발을 제한하는 족쇄가 아니라 분석을 위한 도구이어야 한다. 따라서 시나리오는 통상적이고 일반적인 이벤트 시퀀스를 제공하고, 세부사항은 시나리오를 사용하는 분석가에게 일임해야 한다. 때때로 시나리오는 특정 시점까지 이어지는 이벤트의 자세한 순서를 제공할 수 있으며, 이에 따라 분석이 시작되고 그 이후에 이루어지는 활동은 다양할 수 있다.

시나리오는 그것을 적용하는 대상과 의도된 목적에 따라 훨씬 더 많은 것을 포함할 수 있다. 사진 몇 장을 이용해 간략하게 그래픽으로 묘사하는 것에서부터 수백 페이지 분량의 텍스트와 데이터에 이르기까지 그 규모는 다양하다.

많은 경우 이 과정에서 개발된 운용 시나리오를 공식적인 운용 요구조건 문서의 일부로 간주하지는 않는다. 그러나 복합 시스템의 경우에서는 개념 탐색과정을 위해 필요한 필수적인 입력 자료로 활용되어야 한다. 경험에 따르면 모든 운용 매개변수를 요구조건 문서에 포함하는 것은 거의 불가능하다. 또한 효과성 분석 프로세스는 시나리오 형태로 작성된 운영 입력을 필요로 한다. 따라서 일련의 운용 시나리오들이 요구조건 문서에 추가되어야 한다. 그리고 운용 시나리오들은 대표성을 가질 뿐이고, 요구조건에 대한 종합적인 설명서는 아니라는 점을 명시해야 한다.

위에서 언급한 바와 같이, 시나리오에는 시스템과 환경의 능동적인 운용 측면의 상호작용뿐만 아니라 시스템의 운송, 저장, 설치, 유지보수 및 물류지원과 관련된 요구조건도 포함되어야 한다. 이러한 과정들은 종종 정상 작동보다 더 심각한 물리적 및 환경적 제약조건과 상태를 부과한다. 요구조건의 완전성을 판단할 수 있는 유일한 방법은 요구조건이 모든 상황을 포함하고 있는지를 확인하는 것이다. 예를 들어 보관 장소의 온도 또는 습도 범위 등도 시스템 수명에 큰 영향을 미칠 수 있다.

시나리오 개발 프로세스. 첨부된 내용은 개념 개발과정에서 시나리오를 개발하기 위해 사용할 수 있는 단순화된 과정을 보여주고 있다. 문제를 분석하기 위한 템플릿을 제공하고, 모든 관련 주제와 문제가 다루어졌는지를 확인한다. 시나리오는 "한 명 이상의 참가자에 대한 세부 계획과 이러한 사건이 발생하는 물리적, 사회적, 경제적, 군사적, 정치적 환경에 대한 설명이 포함된 일련의 사건"으로 정의할 수 있다. 시스템 개발과 관련해, 일반적으로 시나리오는 설계자와 엔지니어에게 시스템 설명 및 설계에 대한 컨텍스트를 제공하기 위해 미래를 투영하게 된다.

시나리오 개발에는 다음의 절차들이 포함된다.

- **임무, 임무 기능 및 임무 목표를 정의**: 성공을 판단할 수 있는 기준을 포함하기 위해 전반적인 임무에 대한 설명을 제공한다. 임무의 예로는 군사, 경제, 사회, 정치 등 어떤 유형이든 될 수 있다. 또한 독자는 임무를 성공적으로 수행하기 위해 무엇이 필요한지를 설명하기 위해, 임무는 다시 기능적 수준으로 분해될 것이라는 점에 주목해야 한다. 목표는 임무의 성공 여부를 결정할 수 있는 기준점을 제공한다.
- **우호적인 아군을 정의**: 이것은 우호적인 단체와 시스템에 대한 묘사는 물론 그러한 단체들과 시스템 간의 관계에 대한 설명을 제공한다. 이러한 것들은 as-is(또는 현재) 시스템 및 조직일 수도 있고, to-be(미래를 위한) 요소를 식별하는 것일 수도 있다.
- **위협 행동(및 계획) 정의**: 여기에는 위협이 되는 세력의 행동과 그들의 목표에 대한 설명이 포함된다. 이러한 묘사는 현재 또는 미래에 발생 가능한 위협적인 상황을 표현할 수 있어야 한다. 또한 위협의 정도에 대한 공식적인 검증이 필요하다. 국방 시스템의 경우, 이런 검증 활동은 대부분 정보기관이 담당한다. 의료 시스템의 경우, 이는 새로운 위협을 식별하는 SME(Subject Matter Expert) 컨소시엄이 될 수 있다. 환경 시스템의 경우 이러한 위협은 인간일 필요가 없으며 자연일 수도 있다(예: 화산 폭발).
- **운용환경 정의**: 이는 임무를 수행하게 될 물리적 및 운용환경에 관한 내용을 제공한다. 또한 누가 시스템을 작동하게 될 것인지에 대한 설명도 포함된다.
- **관련 작업 및 인터페이스의 정의**: 이는 임무를 수행하는 동안 발생 가능한 관련 이벤트에 대한 설명을 제공한다. 이러한 이벤트에 관한 설명이 상세한 시스템 구현 세부정보를 제공해서는 안 된다. 오히려 위협 행위에 대항하기 위해 아군이 어떠한 행동을 해야 하는지에 대한 맥락을 제공해야 한다.

운용자도 시나리오를 검토할 수 있다. 이때 시나리오를 검토하는 운용자는 탐색 중인 개념을 검증할 수 있는 임무 상황을 잘 알고 있어야 한다. 또한 시나리오는 현재와 미래의 임무 과제에 대한 통찰력을 제공할 수 있어야 한다.

사회적 요인들

시스템은 미래의 사용자들로부터의 평가도 일부 필요할 수 있다. 또한 시스템이 사회적인 연결망 및 조직 문화 내에서 어떻게 받아들여질 수 있는지에 대한 분석이 필요할 수도 있다. 사용자의 니즈를 확인하기 위해서는 시스템이 해당 시스템이 속한 문화 내에서 어떻게 수행되고 상호작용해야 하는지를 검토해야 한다. 이를 위해서는 현재 및 미래의 사용자가 시스템 개념과 어떻게 상호작용하게 될 것인지를 이해하는 것이 필요할 수 있다. 동종 업체가 포함된 시장 조사뿐만 아니라 설문조사와 인터뷰를 통해서도 시스템 개념을 어떻게 받아들일 수 있는지에 대한 통찰력을 얻을 수 있다. 이는 시스템이 전 세계적으로 사용되는 경우에는 더욱 중요하다.

임무 분석

시스템 개념을 사용하였을 때 주어진 임무를 얼마나 잘 수행할 수 있는지를 평가하기 위해 임무 분석을 수행할 수 있다. 또한 조직(및 지원하는 외부 조직 및 단체)이 임무를 수행하는 동안 얼마나 잘 운영되는지 평가하기 위한 목적으로도 임무 분석이 사용된다. 임무 수행뿐만 아니라 임무를 수행한 이후의 유지 및 물류 지원 역시 시스템이 얼마나 잘 작동되고 다음 임무를 위해 적절하게 정비되었는지를 결정하는 요소가 될 수 있다. 이러한 사항들은 시스템 자체를 지원하기 위한 추가적인 요구조건 및 인터페이스를 식별할 수 있을 뿐만 아니라, 임무 수행 능력 향상을 위해 필요한 기타 비물질적인 변화를 만들어내는 동기가 될 수도 있다. 특히 작동 조건이 열악한 경우에는 시스템 성능의 유지 가능성뿐만 아니라 비물질적인 부분에도 많은 주의가 필요할 수 있다.

5.4 실현 가능성 정의

시스템 개념의 실현 가능성(그리고 예상되는 니즈를 충족시키는 것)은 기능설계 하나에만 근거해 확신할 수는 없다. 실현 가능성 문제 역시 물리적 구현과 관련된 사항을 다루어야 한다. 특히 시스템의 비용은 항상 지배적인 고려사항이며, 다른 대안들과 비교될 수 있는 항목이므로 기능적 차원에서만 판단할 수는 없다. 따라서 시스템이 개발되는 초기 과정에서도 생산하고자 하는 시스템의 물리적인 조합을 시각화할 필요가 있다. 또한 다른 시스템과의 호환성을 포함한 모든 외부제약사항 및 상호작용 역시 시각화해야 한다.

니즈 분석과정에서는 예측 가능한 시스템의 물리적 구현을 고려할 필요가 있다. 하지만 이것은 단순히 고려의 대상일 뿐이며, 이 시점에서는 설계와 관련된 결정이 이루어진다는 것을 의미하는 것은 아니다. 특히, 최적의 설계방안을 모색하기 위한 어떠한 시도 역시 해서는 안 된다. 그러한 이슈들은 개발 프로세스를 수행하는 과정 중에서 후반부에 다루어져야 한다. 이 시점에서의 초점은 주어진 운용 목표를 달성할 수 있다는 가능성을 확립하는 것이다. 니즈 분석과정을 수행하는 주요 목적은 이러한 목표들을 검증하는 것이다. 다음 단락에서는 검토해야 할 몇 가지 쟁점에 대한 논의가 이어질 것이다. 다만 이러한 논의는 탐색적 방식으로만 이루어질 것이다.

하부시스템 구현의 시각화

하부시스템에 기능을 할당하는 경우, 이러한 기능이 어떻게 구현될 수 있는지 상상해볼 필요가 있다. 이 단계에서는 유사한 기능을 수행하는 기존 시스템의 사례만 찾으면 된다. 사례를 찾는 목적은 새로운 시스템에 유사한 유형의 기술을 적용하는 것이 타당성이 있는가를 평가하기 위한 것이다. 각 주요 기능(신호, 데이터, 재료 및 에너지)과 관련된 주요 매체를 식별하는 것은 유사한 기능 요소를 가진 시스템을 찾는 데 도움이 되며, 새로운 시스템을 개발하는 데 필요한 물리적인 구현방안을 표현할 수 있기 때문이다.

기존 시스템과의 관계. 새로운 시스템이 의도하고 있는 것과 유사한 일반적인 니즈를 충족시키고 있는 시스템이 존재할 수 있다. 통상적으로 이런 경우에는 새로운 시스템을 개발할 때 수정된 형태로 통합이 가능한 다수의 하부시스템이 있을 수 있다. 나아가 이와 같은 방식으로 활용되는 것과 관계없이, 새로운 시스템 개발의 타당성을 판단하기 위한 사례를 구축하고 개발 및 생산비용의 일부를 추정하는 데 유용하게 사용할 수도 있다.

기존 시스템을 대상으로 한 모델과 시뮬레이션은 이러한 유형의 분석에서 특히 유용한 도구로 사용될 수 있다. 이는 일반적으로 기존 시스템의 모델과 시뮬레이션들이 시스템 수명 기간 전체에 걸쳐 수집된 데이터를 이용해 검증되어 왔기 때문이다. 이것들은 "만약에?"라는 질문에 대한 답을 구하고 운용 매개변수를 찾는 방법으로 사용할 수 있다. 여기서 얻은 결과물들은 분석과정에 초점을 맞출 수 있도록 도움을 준다. 시스템 시뮬레이션과 함께 사용되는 또 다른 중요한 도구로는 효과 모델이 있다. 기타 효과를 분석하기 위한 분석 기법도 활용되어야 한다.

기존부터 있었던 지원 인프라와 같이 덜 가시적인 다른 요인들도 영향을 끼칠 수 있다. 자동차 엔진의 경우, 수리업체, 부품 공급업체 및 대중성 측면에서 전통적인 왕복 엔진에 대한 지원 기반이 다년간 성공적으로 운용되어왔다. 이러한 기반을 바꾸는 데 드는 비용으로 인해, 방켈 로터리 엔진(Wankel Rotary Engine) 및 스털링 기관(Sterling Cycle)과 같은 혁신적인 변경은 받아들여지지 않았다. 여기서 요점은 유익한 기술 혁신이 종종 변화에 대한 경제적 또는 심리적 저항에 부딪혀서 무시되기도 한다는 것이다.

최신 기술의 적용. 기술-주도형 시스템을 개발하는 경우에는, 예전부터 사용되어왔던 응용사례를 참고함으로써 실현 가능성을 판단하는 것이 더 어렵다. 그 대신 후보 기술과 관련된 연구개발 실적을 통해서 얻을 수 있는 이론적 및 실험적 데이터를 기반으로 유사한 사례를 구축해야 한다. 이것이 불충분하다고 판명되는 경우에는, 제안된 내용에 대한 기본적인 타당성을 입증하는 방법으로 제한적인 시제품 제작이 필요할 수 있다. 이때 외부 전문가와의 협의 과정은 타당성 조사 결과에 대한 신뢰도를 높이는 데 도움이 될 수 있다.

불행하게도, 좋은 평가를 받는 발전된 기술 역시 입증되지 않은 주장과 신뢰할 수 없는 출처로부터 나타나는 경우가 있다. 때로는 특정 기술이 매우 실질적인 이득을 제공할 수 있지만, 그 성숙도와 확립된 지식 기반이 부족하다는 단점이 있다. 이러한 상황에서 새로운 기술을 도입하고자 하는 경우는 백업이 될 수 있는 대안과 함께 결합해야 한다. 시스템 엔지니어는 전체 시스템의 우선순위를 최우선으로 유지하기 위해 위와 같은 프로세스에 깊이 관여해야 한다.

비용. 니즈 분석에 있어서 비용 평가는 항상 중요한 관심사이다. 이 작업은 특히 기존의 하부시스템과 새로운 하부시스템 그리고 개선된 하부시스템, 구성품 및 부품이 혼합되어 있는 경우에 더욱더 복잡해진다. 여기서도 인플레이션 요인과 결합한 현행 시스템의 비용 모델과 유지보수 자료가 도움이 될 수 있다. 이때 특히 중요한 것은 장기적인 안목을 가져야 한다는 것이다. 유사한 구성품과 개발 사례의 비교를 통해서 얻는 비용 추정 결과물은 적어도 신뢰할 수 있는 근거를 갖게 된다. 새로운 기술을 적용하고자 할 때는, 실제로 비용 추정치에 신기술을 적용하기 전에 상당한 개발 및 시험을 위한 조항이 포함되어야 한다.

실현 가능한 개념의 정의

니즈 분석과정의 목표를 충족시키기 위해서는, 위에서 고려했던 사항들을 만족시킬 수 있는 타당한 시스템 개념에 관한 정의와 묘사하는 것으로 마무리되어야 한다. 또한 공식적인 문서를 통해서 기술적인 실현 가능성과 경제성을 충분히 입증할 수 있어야 한다. 시스템에 관한 묘사에는 개발 프로세스, 예상되는 위험, 대체적인 개발 전략에 대한 논의가 포함되어야 한다. 또한 설계 접근법, 평가 방법, 생산 문제 및 CONOPS 등도 다루어져야 한다. 여기에 추가해 시스템 개발 및 생산비용이 어떻게 평가되었는지에 관한 설명이 있어야 한다. 상세히 설명할 필요는 없지만, 시스템의 실현 가능성과 관련된 모든 주요한 측면들이 다루어졌음을 보여야 한다.

이 개념의 실현 가능성 여부를 평가하기 위해서는 운영 개념(Operational Concept) 또는 경우에 따라서 작전개념(CONOPS)을 의미하는 새로운 산출물이 필요하며, 이 산출물에서는 어떻게와 누가에 관한 내용을 다루게 된다. CONOPS와 함께 필요한 것은 시스템의 작동조건을 제한하는 운영 컨텍스트(시나리오라고도 함)에 대한 설명이며, 여기에는 운영 장소와 시기에 관한 내용이 포함된다.

5.5 니즈 검증

시스템엔지니어링 방법을 적용함에 있어서 최종적이고 가장 중요한 절차는 이전 절차로부터 산출된 결과의 타당성을 체계적으로 검토하는 것이다. 니즈 분석과정에서 수행하는 검증 절차는 개발 계획에 대한 기본적인 건전성을 판단할 수 있어야 한다. 여기에는 이 계획이 새로운 시스템을 필요로 하는 니즈를 기초로 하는지 그리고 합리적인 비용으로 허용 가능한 위험을 감수하면서 이러한 니즈를 충족시킬 수 있는지 등을 검토하는 것이 포함된다.

운용 효과 모델(Operational Effectiveness Model)

개념 개발 단계에서는 운용효과분석을 수행해야 한다. **운용효과분석**은 주어진 시스템 개념이 가정된 일련의 운용 요구조건을 얼마나 충족시킬 수 있는지를 예측할 수 있도록 설계된 분석방법이다. 이러한 분석은 운용환경과 후보 시스템 개념에 대한 수학적 모델을 기반으로 한다.

효과 분석을 수행할 때 운용환경은 일련의 시나리오 형태로 모형화된다. 여기서 시나리오는 시스템이 대응해야 하는 예상 가능한 사건들의 범위를 나타낸다. 일반적으로 초기 시나리오는 가장 가능성이 큰 상황을 제시하기 위해 작성된다. 이후에는 운용 요구조건의 한계를 시험하기 위한 목적으로 더 높은 수준의 조건들이 포함된다. 각 시나리오에 대해 운용성과 측면에서 시스템이 만들어내는 수용 가능한 응답을 평가기준으로 사용한다. 시스템 모델과 시나리오 간의 관계를 시현하기 위해서, 효과 모형은 시스템 모델로부터 얻어지는 가변적인 시스템 성능 모수를 수용할 수 있는 기능을 가질 수 있도록 설계된다.

효과 분석에는 시스템의 작동 모드뿐만 아니라 운송, 보관, 설치, 유지보수 및 물류지원 등의 비작동 모드가 포함되어야 한다. 종합적으로 볼 때, 모든 중요한 운용 요구조건과 제약사항들은 운용 시나리오에 포함되어야 하며, 시스템 환경에 대해 설명한 내용이 함께 제공되어야 한다.

시스템 성능 매개변수. 시스템 모델로부터 효과 분석에 제공되는 입력물은 주어진 환경에서 시스템이 가질 수 있는 성능을 정의하는 성능 특성 값이다. 예를 들어 레이더 장치가 물체(예: 항공기)의 존재를 감지해야 하는 경우를 생각해보자. 이 경우 예측된 감지 파라미터를 입력함으로써 물체를 감지할 수 있는 거리를 결정하게 된다. 만약 탐지된 물체에 대해 어떠한 반응을 하는 것이 필요하

다면, 추가적인 응답 처리시간을 입력해야 할 것이다. 효과 모델은 시스템 모델을 구성할 때 모든 중요한 운용적인 기능이 다루어질 수 있도록 해야 한다.

효과 척도. 효과 시뮬레이션의 결과를 평가하기 위해서는 일련의 기준을 설정하는 것이 필요하다. 이러한 기준들은 운영 효용성에 큰 영향을 주는 환경에 대한 시스템의 대응 특성을 식별할 수 있게 해준다. 이를 "효과 척도(MOE, Measure Of Effectiveness)"이라고 한다. 이러한 척도들은 특정 목표와 직접 연관되어야 하며 상대적인 운용상 중요성에 따라 우선순위가 지정되어야 한다. MOE 및 성능과 관련된 내용은 다음에 이어지는 요구조건 분석에서 설명이 이어질 것이다.

주요 시스템에 대한 적절한 효과 모델을 개발하기 위해서는 광범위한 노력이 필요하지만, 일단 개발된 이후에는 운용 기간에 발생 가능한 업데이트를 포함해 시스템의 수명 전반에 걸쳐 그 효용 가치가 높다. 기존 시스템이 있는 경우 대부분의 새로운 효과 모델은 이전 모델로부터 파생된 것인 경우가 많다.

분석 피라미드. 시스템 효과를 추정하거나 측정할 때, 분석가는 시스템의 효과를 설명하는 관점을 결정해야 한다. 예를 들어, 시스템 효과는 더 큰 맥락 또는 임무 내에서 설명될 수 있다. 이 경우 시스템은 느슨하게 또는 긴밀하게 협력해 결과를 만들어내는 많은 시스템 중 하나가 되는 경우이다. 반면에, 효과는 특정한 상황에서 선택된 자극에 대응하는 개별 시스템의 성능 측면에서 설명할 수 있다. 이때 다른 시스템과의 상호작용은 최소화된 상태에서 측정이 이루어져야 한다.

그림 5.7은 분석 피라미드라고 알려진 일반적인 표현을 묘사하고 있다. 피라미드의 기초에는 기초 물리학과 물리적 현상학 지식이 있다. 스펙트럼의 이 끝에서 이루어지는 분석은 환경 상호작용에 대한 상세한 평가를 포함하고 있으며, 때로는 분자 수준까지 내려간다.

분석가의 관심이 피라미드의 상단 부분으로 올라갈수록, 세부사항들은 추상화되고 분석가의 관점은 그가 정점에 도달할 때까지 계속해서 넓어지게 된다. 이 수준에서 기술적인 세부사항들은 완전히 추상화되고 분석은 전략과 정책 대

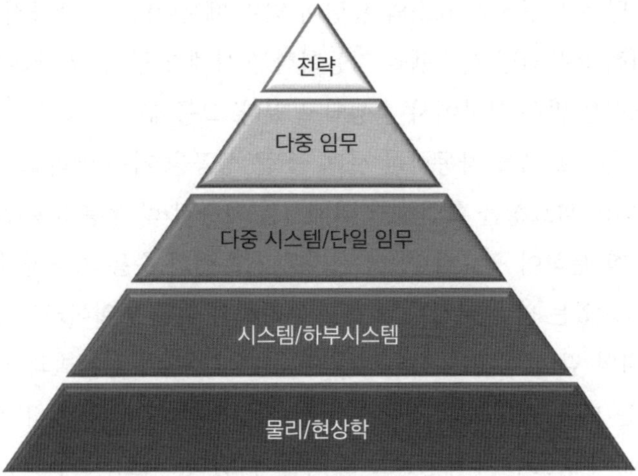

그림 5.7 분석 피라미드

안 및 함의에 초점을 맞추게 된다.

시스템 엔지니어는 일반적으로 니즈 분석과정에서의 분석 관점이 피라미드 맨 위에 있는 경향이 있다는 것을 알게 될 것이다. 전략이 시스템 개발 노력의 영역은 아닐 수 있지만, 분명히 다중 임무 또는 단일 임무 컨텍스트 내에서의 시스템이 갖는 효과를 탐구할 필요가 있을 것이다. 피라미드의 하부는 아직 시스템이 정확하게 정의되지 않았기 때문에 분석되지 않는다. 시스템이 더 정의될수록, 수행된 분석은 피라미드 아래로 이동하는 경향이 있을 것이다. 우리는 개발 과정을 통해서 시스템엔지니어링을 수행하는 동안 분석 피라미드를 더 많이 탐구하게 될 것이다.

실현 가능성 및 니즈 확인

마지막으로, 위에서 설명한 효과 분석을 수행하는 이유는 주로 기능적 및 물리 정의 프로세스에서 도출된 시스템 개념이 ① 실현 가능한지, 그리고 ② 예측되는 니즈를 충족시키는 데 필요한 운용 목표를 달성할 수 있는지를 판단하기 위한 것이다. 여기서 니즈의 정당성은 이미 확보된 것으로 가정하였다. 하지만 이러한 가정이 항상 신뢰할 수 있는 것만은 아니다. 특히 기술-주도형 시스템 개발일 때는 관련된 응용사례가 없고, 새로운 기술의 수용 여부를 결정하는 것은 많은 무형적인 요소와 관련이 있기 때문이다. 그 대표적인 예가 주로 사람에 의해 운용되던 시스템을 자동화하는 사례가 될 수 있다. 실제로 이러한 자동화 노력은 많은 분야에서 수행되고 있다. 그중에서 비행기 예약 및 발권 시스템은 기존 시스템을 자동화한 사례 중 큰 성공을 거둔 예라고 할 수 있다. 이러한 시스템의 필요성을 확인하기 위해서는 기술적 및 운용적 측면 이외에도 시장성에 관한 분석이 필요하다. 이는 자동 시스템의 수용 가능성과 수익성에 영향을 미칠 수 있는 많은 복잡한 요소를 고려하기 위한 노력이라고 할 수 있다.

위의 같이 복잡한 사례의 경우, 상당한 탐색적 개발과 실험이 이루어지기 전에는 매우 예비적인 검증 활동만 가능하다. 그러나 예비 검증 분석만으로도 대부분의 중요한 문제점들을 밝혀낼 수 있다. 때로는 지금까지 확보한 기술 수준에 비추어 보았을 때 현재 고려하고 있는 요구조건 중 일부는 충족할 가능성이 매우 낮은 것으로 판단되어 대규모 투자를 보장할 수 없다는 사실을 밝혀낼 수도 있다.

니즈 분석을 통해 얻게 되는 주요 산출물은 일련의 운용 목표들이며, 이는 일련의 운용 요구조건으로 변환된다. 니즈 분석과정의 산출물로서 작성되는 일련의 시스템 운용 요구조건은 예상되는 니즈를 충족시키기 위해 새로운 시스템 개발을 검토하는 기준이 된다. 따라서 이러한 요구조건은 명확하고 완전하며 일관적이면서도 달성 가능한 것이어야 한다. 아마도 실현 가능성을 판단할 때는 적어도 하나 이상의 시스템 개발 방안을 식별해 분석하는 것이 필요하다. 여기서 고려되는 시스템 개발 방안은 실현 가능하고, 니즈를 충족시킬 수 있을 것으로 판단되는 시스템이어야 한다. 이후에도 운용 요구조건이 적절하고 일관성이 있는지는 계속해서 확인해야 한다.

타당성 검증

효과 분석은 본질적으로 시스템의 기능적인 성과와 관련이 있다. 따라서 그 자체만으로 물리적 구현에 관한 실현 가능성을 확인할 수는 없다. 특히 특정한 성능 속성을 달성하기 위해 아직 검증되지 않은 기술을 적용하고자 할 때에는 특히 그렇다.

실현 가능성을 검증하기 위해 사용할 수 있는 간접적인 접근법은 고려하고 있는 기술을 이미 성공적으로 적용하고 있는 다른 응용 프로그램들을 분석함으로써 설득력 있는 사례를 구축하는 것이다. 만약 인용된 응용사례가 새로운 시스템에 적용하기 위한 응용 방안을 실제로 대표한다는 것이라면 위와 같은 접근법이 적절할 수 있다. 비교를 수행할 때는 정성적인 것보다 정량적인 비교가 더 중요하다. 정량적인 비교를 수행하게 되면 새로운 기술의 적용에 따라 기대할 수 있는 성능을 확인할 수 있기 때문이다.

새로운 물리적 구현방안의 실현 가능성을 검증하기 위한 직접적인 접근방식은 실험적인 방법으로 조사를 수행하는 것이다. 이러한 실험적 방법은 적용하고자 하는 기술이 기대하고 있는 성능 특성을 실제로 발휘할 수 있음을 입증하기 위해 수행하게 된다. 흔히 "임계 실험(Critical Experiments)"이라고 지칭하는 이 접근 방식은 새롭게 구현하고자 하는 개념을 탐구하기 위한 목적으로 개발 프로그램 초기에 시행된다.

니즈 분석과정에서 검증 프로세스를 수행하기 위해 사용할 수 있는 자원은 상당히 제한적일 수 있다. 이는 실제로 시스템 개발을 시작하겠다는 결심이 아직 이루어지지 않았기 때문이다. 따라서 검증 프로세스를 통해서 얻을 수 있는 산출물의 품질은 시스템엔지니어링 전문가의 경험과 독창성에 따라 크게 달라진다. 여기서 특히 중요한 것은 경험 요소이다. 이는 이 과정에서 만들어지는 산출물의 품질은 운용환경에 대한 지식, 이전 시스템에 관한 지식은 물론 이전에 수행된 분석 및 연구 경험, 기술적 지식 그리고 시스템 분석 및 시스템엔지니어링을 수행하는 방법에 따라 달라지기 때문이다.

실현 가능성 입증의 중요성. 새로운 시스템 개발이 필요하다는 근거를 제시하기 위해 수행하는 니즈 분석과정의 목적이 단지 충족되지 않은 중요한 운용적인 니즈가 있다는 사실만을 보여주기 위한 것은 아니다. 니즈 분석과정에서는 그러한 니즈를 충족하는 것이 실현 가능하다는 증거도 함께 제공해야 한다. 이러한 증거를 제시하기 위해서는 운용 목표를 충족하는 데 필요한 특성을 갖추고 있는 실질적인 시스템 개념을 시각화하는 것이 필요하다. 이 프로세스는 시스템엔지니어링의 기본적인 원칙을 설명하고 있다. 즉 현실적인 시스템 요구조건을 수립한다는 의미는 그러한 요구조건을 충족할 수 있는 시스템 개념도 동

시에 고려해야 하는 것이 시스템엔지니어링의 기본원칙이다. 이 원칙은 일반적으로 널리 알려져 있는 생각과는 상이하다는 것을 알 수 있다. 일반적으로 알려진 인식은 니즈로부터 파생된 요구조건은 이를 충족시킬 수 있는 시스템 개념을 고려하기에 앞서서 확립되어야 한다는 것이기 때문이다.

5.6 요약

새로운 시스템의 근원

니즈 분석과정의 목표는 새로운 시스템 개발의 타당성을 뒷받침하는 유효한 운용상의 니즈를 식별하고, 그 니즈를 충족시킬 수 있는 실현 가능한 접근방식을 개발하는 것이다. 이러한 니즈-주도형 시스템 개발 접근법은 대부분 국방 및 기타 정부기관이 수행하는 획득 사업의 특징이며, 일반적으로 기존 시스템의 능력이 부족한 경우에 시작된다. 이러한 유형의 개발에서는 실현할 수 있고 경제적인 기술 접근법을 필요로 한다.

또 다른 주요한 접근방식은 기술-주도형 시스템 개발 접근방식이다. 이 접근방식은 대부분의 상업적 시스템 개발이 갖는 특징이며 니즈를 더 잘 충족시킬 수 있는 중요한 기술적 기회로부터 시작된다. 이러한 유형의 개발을 할 때는 실용성과 시장성을 증명할 필요가 있다.

니즈 분석과정을 구성하는 활동은 다음과 같다.

- 운용 분석: 새로운 시스템에 대한 필요성 이해.
- 기능 분석: 운용에 필요한 기능 도출.
- 타당성 정의: 실현 가능한 구현방안 시각화.
- 니즈 확인: 비용 대 효과를 입증.

시스템 사고

시스템 사고는 운용 및 물리적 환경을 모두 고려하기 위해 전체적인 관점에서 시스템을 분석한다. 이는 초기 요구조건을 결정할 때 시스템에 영향을 미칠 수 있는 다른 시스템 및 조직을 식별하기 위해 수행된다.

운용 분석

시스템에 대한 운용상의 니즈를 생성하고 이해하기 위한 연구와 분석을 수행한다. 이러한 연구는 시스템 기대치 및 결과를 계층적으로 설명하는 목표 트리 개발에 도움이 된다. CONOPS, 시나리오 및 임무 명세서의 개발뿐만 아니라 사회 및 기술적 관점의 통합은 성공적인 시스템 개발을 위해 매우 중요한 역할을 한다.

실현 가능성 정의

시스템 개발 접근방식이 결정된 이후에는 이해관계자에게 전달되며 이때 대략적인 비용도 제시된다. 또한 실현 가능한 시스템의 초기 개념이 표현된다. 마지막으로 운용 요구조건의 개발이 시작된다.

니즈 검증

검증된 일련의 운영 요구조건은 운영 효과 분석을 통해 확인되며, 일반적으로 이러한 분석은 분석 피라미드 내의 다양한 수준에서 이루어진다. 운용 니즈를 충족하는 시스템 개념은 MOE에 따라서 평가되며 전체 시스템 수명주기 동안에 걸쳐서 사용된다.

연습문제

5.1 니즈 분석 과정의 주요 산출물(생산품)을 기술하고 설명하시오. 이러한 생산품에 기여하는 시스템엔지니어링 주요한 활동을 나열하고 설명하시오.

5.2 새로운 통근용 항공기의 사례에서 운용 목표와 기능 요구조건 사이의 관계를 식별하시오. 이러한 통근용 항공기의 목적을 실현시키기 위해 필요한 세 가지 운용 목표를 기술하시오.

5.3 당신이 정원 관리 장비와 관련된 사업을 하고 있으며, 하나 또는 두 가지 모델의 잔디 트랙터를 개발하여 교외 주택 소유자들에게 판매하는 것을 계획하고 있다

고 가정하자. 잠재 고객이 가진 주요한 니즈를 고려한 다음 이러한 니즈를 표현할 수 있는 운용 요구조건 6개 이상을 작성하시오. 좋은 품질의 요구조건이 무엇인지 기억하면서 작성하시오. 잔디 트랙터의 컨텍스트 다이어그램을 그리시오.

5.4 앞서 문제 5.3에서 제시되었던 조경 문제를 대상으로, 새로운 주택의 주인에게 필요한 초기 개발을 수행하기 위해 조경 전문가가 가져야 하는 관점을 개략적으로 설명할 수 있는 시나리오를 개발하시오. 이때 조경사업을 착수할 때 조경업자가 충족시켜야 할 집주인의 니즈, 운용환경, 물리적 환경, 장애물/위협 등을 고려하시오.

5.5 문제 5.4의 결과를 이용하여, 조경사업이 완료되었을 때 조경 프로젝트 고객의 니즈가 충족되었다는 것을 어떻게 확인할 수 있는지 방법을 설명하시오. 투입된 노력이 운영 요구조건을 충족시켰는지를 확인하기 위해서 선택해야 하는 프로세스와 데이터를 설명하시오.

참고문헌

Kasser, J. and Mackley, T. (2008). *Applying systems thinking and aligning it to systems engineering. INCOSE International Symposium* 18 (1): 1389–1405.

Varghese, J., Kutty, V.R., Paina, L., and Adam, T. (2014). Advancing the application of systems thinking in health: understanding the growing complexity governing immunization services in Kerala, India. *Health Research Policy and Systems* 12 (1): 1–12.

Watson, M.D., Andrews, J.G., Eckley, J.C., and Culver, M.L. (2017). *Practical Application of Sociology in Systems Engineering.* American Society for Engineering Management (ASEM).

추가 자료

Blanchard, B. and Fabrycky, W. (2013). *System Engineering and Analysis*, 5e. Prentice Hall.

Hall, A.D. (1962). *A Methodology for Systems Engineering.* Van Nostrand, Chapter 6.

Peters, D.H. (2014). The application of systems thinking in health: why use systems thinking? *Health Research Policy and Systems* 12 (1): 1–6.

Rehmann, C.R., Rover, D.T., Laingen, M. et al. (2011). *Introducing Systems Thinking to the Engineer of 2020.* American Society for Engineering Education.

Reilly, N.B. (1993). *Successful Systems for Engineers and Managers.* Van Nostrand Reinhold, Chapter 4.

Sage, A.P. and Armstrong, J.E. Jr. (2000). *Introduction to Systems Engineering.* Wiley, Chapter 3.

Shortell, T.M. (ed.) (2015). INCOSE Systems Engineering Handbook: A Guide for System Life Cycle Processes and Activities, 4e. Wiley.

Stevens, R., Brook, P., Jackson, K., and Arnold, S. (1998). *Systems Engineering, Coping with Complexity.* Prentice Hall, Chapter 2.

6. 요구조건 분석

6.1 시스템 요구조건 개발

앞서 5장에서는 니즈 분석 프로세스에 대해 논의하였다. 여기서 우리는 니즈 분석의 목적이 새로운 시스템 개발의 정당성을 확보하기 위한 것이며, 다양한 근거들을 포함하는 문서를 작성함으로써 그 정당성을 입증해야 한다는 것을 확인하였다. 니즈 분석 프로세스를 통해서 얻을 수 있는 산출물 중의 하나는 일련의 운용 요구조건(또는 목표)이었으며, 운용 요구조건의 역할은 새로운 시스템이 무엇을 하도록 설계되어야 하는지에 대한 기반을 제공해주는 것이었다. 여기서 우리는 시스템 개발을 승인해줄 수 있는 권한을 가진 책임자를 설득하는 것이 이미 성공하여, 본격적으로 시스템 개발이 착수될 수 있는 시점에 와 있다고 가정하자. 일반적으로 시스템 개발 착수를 설득하기 위해서는 작성된 예비 요구조건이 기간, 예산 및 기타 외부제약 요인에 따른 제약조건 범위 내에서 합리적으로 충족시킬 수 있는 가능성이 크다는 것을 보여야 한다. 또한 새로운 시스템 개발과정을 구성하고 있는 이후의 절차들을 수행하는 데 필요한 조건 역시 충족되었다는 것을 제시해야 한다.

이 장에서 소개하고자 하는 개념 탐색과정의 주요 목표는 이전까지 시스템을 바라보던 운용 지향적 관점을 엔지니어링 지향적 관점으로 전환하는 것이다. 여기서 운용 지향적 관점은 앞서 수행된 니즈 분석과정을 거치면서 적용된 것에 반해, 엔지니어링 지향적 관점은 이후에 수행하게 될 개념 정의 및 후속 개발과정에서 필요한 관점이다. 이러한 관점의 전환이 가져다주는 이점은 수용 가능한 기능적 및 물리적 시스템 개념을 선택하기 위해 필요한 상세하고 정량적인 기준을 제공해준다는 것이다. 이후 이러한 기준은 시스템이 물리적 모델로 진화하는 과정에서도 가이드 역할을 하게 된다.

운용 요구조건을 작성하는 과정에서와 마찬가지로, 시스템 성능 요구조건을 도출할 때도 이러한 요구조건을 충족시킬 수 있는 시스템 개념을 동시에 고려해야 한다. 그러나 시스템을 구성할 수 있는 다양한 방안을 의도치 않게 제한하는 것을 방지하기 위해서는 성능 요구조건을 충분히 광범위하게 설정하는 것이 중요하다. 다시 말해 하나의 개념만이 아니라 다양한 후보 개념을 탐구하는 것이 필요하다.

어떤 경우에는 새로운 시스템이 이전 모델보다 훨씬 향상된 능력을 갖추기를 희망하거나, 진보된 첨단기술을 실제로 실현하고자 하는 목적을 갖고 개발을 추진할 때가 있다. 이런 경우 충분히 근거를 갖춘 일련의 성능 요구조건을 확립하기 위해서는 사전에 상당한 수준의 탐색적인 연구 개발(R&D)이 필요하다. 매우 복잡한 환경에서 작동되고 아직 그 특성을 완전히 이해하지 못한 시스템 역시 마찬가지이다. 이러한 경우에 개념 탐색과정의 목표는 응용 연구개발을 통해 필요한 지식을 습득하는 것이다. 때때로 이 목표를 달성하기 위해서는 몇 년의 기간이 소요될 수 있다. 심지어 어떤 경우에는 이러한 노력을 수행하는 과정에서 초기 운용 목표 중의 일부가 실현 불가능하다는 사실이 밝혀지기도 한다. 이런 경우 초기 운용 목표 자체에 대한 중대한 개정이 필요할 수도 있다.

다음에 이어지는 논의는 모든 유형의 복합 시스템에 일반적으로 적용할 수 있다. 다만 소프트웨어가 거의 모든 기능을 수행하는 정보 시스템의 경우 다소 차이가 있을 수 있다.

시스템 수명주기에서 개념 탐색과정의 위치

전체 시스템 개발 프로세스에서 개념 탐색과정의 위치는 그림 6.1과 같다. 최상위 수준의 시스템 운용 요구조건은 니즈 분석을 통해서 얻게 된다. 니즈 분석을 수행함으로써 니즈의 정당성과 주어진 자원 범위 내에서 개발 프로그램이 성공적으로 수행될 수 있다는 가능성을 입증하게 된다. 개념 탐색과정을 통해서 얻게 되는 출력물은 시스템 성능 요구조건 목록이다. 이러한 요구조건은 하부시스템 수준까지 정의하는 것이 필요하다. 또한 이와 같은 시스템 성능 요구조건 목록을 충족할 수 있을 것으로 평가된 다양한 잠재적 시스템 설계 개념들도 개념 탐색과정의 결과물에 포함된다.

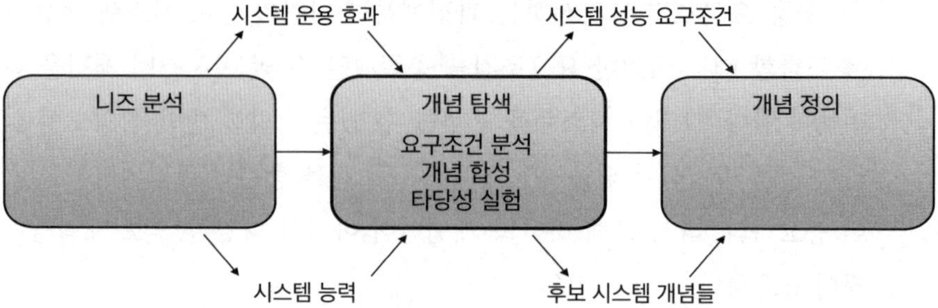

그림 6.1 시스템 수명주기에서 개념 탐색과정

공식적으로 정의되어있는 개념 탐색과정은 시작과 끝이 분명하게 설정되어 있는 반면, 개념 탐색과정을 지원하는 기타 많은 활동은 그렇지 않다. 예를 들어, 첨단기술을 적용하기 위한 탐색적 개발이나 복합 시스템 환경에 대한 정량적인 특성화 작업 등은 공식적인 개념 탐색과정 기간 및 예산과는 별도로 독립적인 연구개발(IRAD, Independent Research and Development) 또는 기타 해당 사업과 직접적인 관련이 없는 예산을 지원받아서 수행되는 경우가 대부분이다. 또한 많은 경우에 매우 선제적이고 예비적인 개념 정의 활동들이 이 개념 탐색과정이 공식적으로 시작되기 훨씬 이전부터 수행되어왔을 것이다.

개념 탐색과정에서 이루어지는 구체적인 활동은 다양한 요인에 따라 달라진다. 특히 고객과 공급자 또는 개발자 간의 관계, 그리고 개발이 니즈-주도형인지 기술-주도형인지에 따라 많은 차이가 발생한다. 시스템 개발자 및 공급업체가 고객과 다른 경우(니즈-주도형 시스템 개발의 경우에서 많이 발생), 개념 탐색과정은 고객의 일부 조직 또는 고객이 참여하는 시스템엔지니어링 에이전트의 도움을 받아 수행된다. 이 과정의 초점은 고객의 니즈를 정확하게 표현할 수 있는 성능 요구조건을 개발하는 것이다. 이때 특정 제품의 개념을 실현하기 위해서는 하나 이상의 개발업체가 참여할 수 있도록 해야 한다는 점을 명심해야 한다. 기술-주도형 시스템 개발의 경우, 개념 탐색과정은 종종 시스템 개발을 책임지는 담당자들에 의해서 수행된다. 이 경우 새로운 시스템 개발을 착수하기 전에 모든 실행 가능한 대안들을 고려하는 것에 초점을 맞추어야 한다. 니즈-주도형과 기술-주도형 개발에서 공통적으로 주요한 목표는 일련의 성능 요구조건을 도출하는 것이다. 성능 요구조건은 예상되는 시스템을 개발하는 기반이 될 수 있고,

생산된 최종 시스템이 필요하다고 인정된 운용적인 니즈를 충족시키는지를 판단할 수 있는 기준으로 사용할 수 있다.

시스템 구체화 상태

이전 장의 주제였던 니즈 분석 단계에서는 새로운 시스템이 충족시켜야 하는 일련의 유효한 운용 목표를 정의하는 것과 관련된 내용을 다루었다. 또한 이때 예상하는 니즈를 충족시킬 수 있는 최소한 하나 이상의 실현 가능한 방안이 있음을 확인시키는 방법으로, 실현 가능한 시스템 개념을 시각화하는 방법을 소개하였다. “시각화(visualize)”라는 용어는 시스템을 구성하는 하부시스템에 대한 분석이 필요한 경우 일반적인 기능 및 물리적 구현을 개념화된 방식으로 보여주는 것을 의미한다.

따라서 일반적으로 개념 탐색과정에서의 개발 활동은 위에서 실현 가능한 것으로 판단된 개념에 기반을 둔 비전으로부터 시작된다. 이 과정을 통해서 진전시켜야 하는 시스템 구현의 정도는 다음 레벨, 즉 기능의 정의로 발전하는 것이다. 기능 정의는 운용 목표를 충족시키기 위해 시스템과 하부시스템이 수행해야 하는 과업을 의미한다. 또한 표 6.1에 나타나 있는 것과 같이 시스템에 포함되는 구성품의 형상을 시각화해야 한다.

표 6.1 개념 탐색 단계의 시스템 구현 현황

과정 / 수준	개념 개발			공학 개발		
	니즈 분석	개념 탐색	개념 정의	선행 개발	공학 설계	통합 및 시험
시스템	시스템 능력 및 효과 정의	**개념 식별, 탐색 및 합성**	선택한 개념 정의 (사양서 포함)	개념 검증		시험 및 평가
하부시스템		**요구조건 정의 및 실현 가능성 확인**	기능 및 물리 아키텍처 정의	하부시스템 검증		통합 및 시험
구성품			기능을 구성품에 할당	사양서 정의	설계 및 시험	통합 및 시험
하부구성품		시각화		기능을 하부 구성품에 할당	설계	
부품					제작 또는 구매	

개념 탐색에서 시스템엔지니어링 방법

개념 탐색과정에서 수행되는 활동과 그 상호관계는 시스템엔지니어링 방법을 적용한 결과이다. 이러한 활동을 간략하게 요약한 내용은 아래에 나열되어 있다. 이 방법에서 사용하는 네 가지 절차의 일반적인 명칭은 괄호 안에 표시하였다.

운용 요구조건 분석(요구조건 분석). 대표적인 활동은 다음과 같다.

- 목표 관점에서 명시된 운용 요구조건 분석.
- 서로 다른 목표 간의 특수성, 독립성 및 일관성을 유지하면서 다른 관련 시스템과의 호환성을 보장함과 동시에 완전성을 확보하기 위해 필요한 다양한 정보를 제공하기 위한 목적인 경우에는 재작성 또는 보강을 수행.

성능 요구조건 작성(기능 정의). 대표적인 활동은 다음과 같다.

- 운용 요구조건을 시스템과 하부시스템 기능으로 변환.
- 명시된 운용 요구조건을 충족시키기 위해서 필요한 성능 매개변수를 작성.

구현 개념 탐색(물리 정의). 대표적인 활동은 다음과 같다.

- 실현 가능한 다양한 구현 기술과 개념을 탐색함으로써 잠재적으로 적용 가능성이 큰 다양한 옵션을 제공.
- 가장 유망한 대안으로 판단되는 시스템을 대상으로 기능 기술서를 작성하고 관련된 시스템 구성품을 식별.
- 시스템의 운용 요구조건을 충족하는 데 필수적인 기능을 포함하고 있으면서 필요충분조건을 갖춘 성능 특성을 정의.

성능 요구조건 확인(설계 확인). 대표적인 활동은 다음과 같다.

- 일련의 성능 요구조건을 정의하기 위한 효과 분석을 수행(이때 성능 요구조건은 필요로 하는 시스템 개념들을 모두 수용할 수 있어야 함).
- 제시된 운용 목표와 작성된 요구조건의 적합성을 확인하고 필요에 따라 요구조건에 대한 구체화 작업을 수행

시스템엔지니어링 방법에 포함된 위의 절차에 따라 수행되는 활동들 상호 간의 관계는 그림 6.2의 흐름도에 나타나 있다.

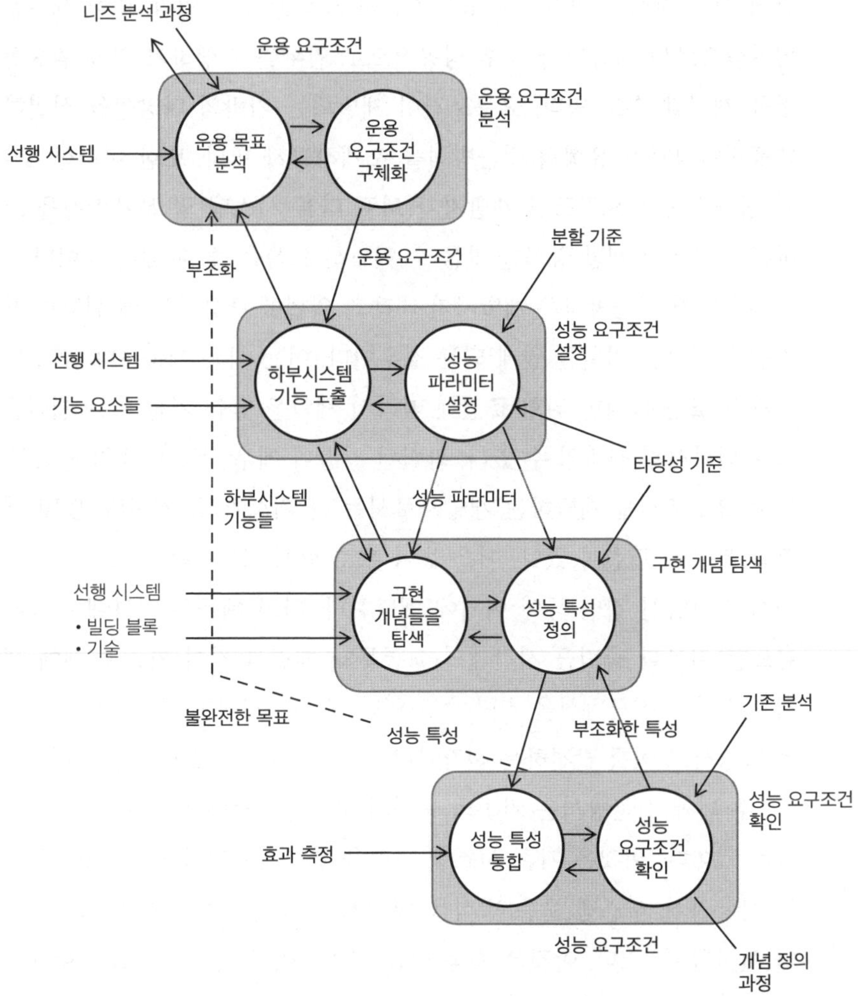

그림 6.2 개념 탐색과정 흐름도

6.2 요구조건 개발 및 출처

요구조건이 만들어지는 출처는 다양하다. 작성자는 기존 시스템이 가진 결함에 대한 지식을 기반으로 요구조건을 작성할 수도 있다. 또한 새로운 개념을 평가함으로써 사용자가 향후 성공적으로 임무를 수행하기 위해 필요한 요구조건을 제시할 수도 있다. 요구조건이 개발되는 기반의 다양성을 식별하기 위해 대표적인 4가지 유형의 접근방식을 소개하고자 한다. 또한 이러한 4가지 유형의 접근방식은 요구조건 개발자가 서로 다른 시스템 및 운용환경을 고려해 올바른 요구조건 개발 방식을 찾을 수 있도록 도움을 줄 수 있을 것이다.

첫 번째 접근방식은 개발자가 미래의 위협에 대응하는 데 필요한 새로운 시스템을 개발할 기회를 얻게 되는 경우이다. 이는 기존 제품보다 앞서 있거나 운용환경 또는 특정한 위협 조건에 따라서 제약을 받는 기술 또는 개념을 혁신적으로 변화시킨 결과일 수 있다. 관련된 시장이 매우 작고 미개척 영역일 수 있으므로 요구조건을 개발하는 개발자로서는 큰 기회가 될 것이다. 몇몇 예는 물리과학 분야와 관련이 있다. 예를 들어 우주 탐사, 심해 탐사 또는 극한 환경조건에서의 다양한 작업 등이 여기에 해당한다. 다른 예들은 지하에 구축된 밀폐된 튜브를 이용한 출퇴근 시간대의 교통문제 해결과 같이 기존 문제에 대해 근본적으로 다른 접근방식을 취할 수도 있다. 요구조건이 만들어지는 근간에는 능력을 발명하고 이를 발견하는 선각자나 첨단 연구자가 포함될 수 있다.

두 번째 접근방식은 기존의 능력과 결함을 바탕으로 현재의 시스템을 개선하는 것이다. 이것은 기존 시스템 능력을 향상시키고자 하는 소비자의 요청 또는 사용자가 시스템 운용 방식을 어떻게 조정해야 하는지에 대한 의견에서부터 시작될 수 있다. 이것은 종종 다른 아이디어를 클라우드 소싱함으로써 기존 시스템을 어떻게 개선할 수 있는지를 고려함으로써 해답을 찾을 수 있다. 소비자 수요가 충분히 크고 타당한 요구조건 세트를 제공할 수 있도록 문서로 잘 만들어져 있는 경우 사업화가 될 수 있다. 많은 소비재들이 이 범주에 해당되는데, 이는 차세대 모델 또는 업그레이드를 소비자에게 제공하는 경우 대부분 기존 모델로부터 얻어진 피드백 결과를 적용하기 때문이다.

세 번째 접근방식은 시스템을 운용하는 중에 새로운 위협에 대응하기 위해서 수정이 필요한 경우이다. 새로운 역량을 갖춘 것으로 확인된 적성 국가에 대항해 작전을 수행할 때와 같이 이것은 군사 시스템의 사례에서 많이 발생하며, 운용자 보호를 위해 대응이 필요한 경우가 많다. 정확한 위협에만 대응하기 위해 시스템을 수정하게 되면, 그 위협이 예상하지 못한 능력을 갖추고 있을 수도 있으므로, 이러한 방법에는 약간의 위험이 뒤따를 수 있다. 따라서 요구조건 분석가는 대응이 필요한 위협의 범위를 예측해야 한다. 특히 획득 및 수정 프로세스가 위협 요인이 발전하는 속도보다 느린 경우에는 더욱더 그렇다. 이러한 상황은 기존 시스템과 기반 시설에 피해를 주는 자연재해를 고려하는 때도 마찬가지이다. 이 경우 특히 많은 손상 및/또는 인명 손실이 발생할 수 있는 시스템을 개선하기 위한 노력이 필요하기 때문이다.

네 번째 접근방식은 기존 시스템과 함께 운용할 추가적인 시스템을 만드는 것이다. 이는 동맹국이나 협력기관이 공동의 문제를 해결하기 위해 힘을 합쳐야 하는 경우에 발생할 수 있다. 이러한 새로운 상호운용성과 관련된 요구조건은 시스템 간에 발생할 수도 있고, 시스템 운용자의 행동이나 절차를 수정하기 위한 것일 수도 있다. 종종 이러한 새로운 시스템의 수정을 통해서 시스템의 새로운 역할을 만들어내기도 한다. 이러한 수정 과정에서는 새로운 시스템의 이점을 실현하기 위해서 추가적인 제약조건, 절차 및 원칙을 만들어야 한다. 개선된 시스템을 만들어내는 새로운 조직을 합병하는 과정은 국제협력과 같은 접근방식이 있다. 예를 들어 우주 탐사, 합동 군사 노력 또는 지역, 주 및 연방 비상 관리 조직을 하나로 모으는 자연재해 대응 등이 여기에 해당한다.

새로운 요구조건의 원천은 시스템 컨텍스트 다이어그램, 운용환경 정의, 위협, 사용자 및 기타 지원 시스템 및 조직을 사용해 시각화할 수 있다. 위에 열거된 접근방식을 사용하여 기능, 인터페이스 또는 추가적인 시스템 특성을 생성하게 되면, 요구조건 엔지니어가 문제를 해결할 수 있는 잠재적 시스템 구성을 탐색하는 데 도움이 될 수 있다. 추가적인 사용자를 컨텍스트 다이어그램에 포함하는 방법을 통해서도 요구조건을 확인할 수 있다. 여기서 추가적인 사용자에는 유지관리자, 물류, 정책 입안자, 협력자, 조직원, 프로그램 담당 조직 및 기타 이해관계자 등이 해당된다. 시스템을 다른 관점/사용자로부터 평가를 받게 하는 방법을 통해서도 추가적인 요구조건을 생성할 수 있다.

6.3 요구조건의 특징 및 속성

요구조건의 특징(features)

일반적으로 특징은 더 높은 수준의 추상적 표현인 목표를 충족시킬 수 있는 일련의 요구조건 목록으로 이해할 수 있다. 특징은 시스템이 가질 것으로 예상하는 성능을 이용하게 될 잠재적 사용자들에 의해서 더 많이 식별될 수 있으며, 이후 특징은 좀 더 구체적인 요구조건으로 분해될 수 있다. 특징의 사례로는 원정 축구 경기를 지원할 수 있는 차량이 있다. 이 차량의 특징은 아래와 같이 요구조건으로 구성될 수 있다.

- 차량은 최소 학교에 재학 중인 아동 6명을 수송할 수 있다.
- 차량은 최소 10개의 축구공, 20개의 유니폼, 2경기 분량의 간식을 운반할 수 있다.
- 차량은 최소 2개의 풀 사이즈 식음료 아이스박스를 운송할 수 있다.

특징은 사용자 요구사항과 시스템 니즈에 따라 달라질 수 있지만, 특정 사용자에게 성능을 설명하기 위한 목적으로 요구조건을 구성하는 과정에서 유용하게 사용할 수 있다. 그런 다음 이러한 특징들의 목록을 작성함으로써 적절한 이해관계자들이 그들이 원하는 특정한 니즈를 충족시키기 위해 충분하게 협의를 거쳤다는 것을 확인할 수 있다. 또한 이 특징들은 상충하거나 경쟁적인 요구조건들을 식별하여 절충, 수정 또는 삭제하는 것이 가능하도록 하는 역할을 할 수 있다. 성공적인 시스템 요구조건의 개발을 보장하기 위해서는 다른 요구조건에 종속되는 요구조건을 고려할 수 있도록 종속적인 관계에 있는 특징들을 분석할 수도 있다.

요구조건의 속성(attributes)

요구조건을 묘사할 때 다양한 문헌에서 공통으로 사용되는 속성들이 있는데, 그중 많은 부분은 요구조건의 기술적인 요소에 대해서 강조하여왔다: 측정이 가능한가, 정량화가 가능한가, 어떤 조건 및 자격을 갖추었을 때 요구조건이 충족되는가? 등. 종종 "스마트" 접근방식은 요구조건과 관련이 있다. 여기서 "스마트(SMART)"는 단순(simple), 측정 가능(measurable), 달성 가능(attainable), 현실적(realistic), 시간제한(Time Bound)을 의미한다. 이러한 속성들은 요구조건이 잘 작성되었는지를 확인하고 시스템 능력을 정확하게 나타낼 수 있도록 도와준다.

마찬가지로 중요하게 다루어야 하는 사항으로는 요구조건 개발 방법, 요구조건 문서화 방법, 형상관리 업데이트 및 유지관리 방법과 관련이 있는 접근방식들이 있다. 이러한 요구조건을 관리할 수 있는 다양한 도구들이 있으며, 이러한 도구들은 관련 업무가 시스템 개발 노력에 포함되는 다양한 부분에 적용될 수 있도록 해준다.

요구조건을 확인하고 검증하는 과정에서, 이러한 요구조건들이 성공적인 시스템 개발 노력에 도움을 줄 수 있도록 하는 것은 시스템 엔지니어의 중요한 책임이기도 하다. 또한 요구조건에는 시스템 엔지니어가 알아야 하는 좋은 사례와 나쁜 사례가 있다. 시스템 엔지니어가 성공적인 요구조건을 모방하고 부실하게 개발된 요구조건으로 인한 함정을 피하기 위해서는 이러한 사례들을 숙지하는 것이 필요하다.

올바른 요구조건의 예:

- 시스템은 반경 50마일 내에서 최대 20명의 승객을 운송할 수 있어야 한다. 이게 왜 좋은 것인가? 그것은 측정 가능한 승객의 양과 운용 반경을 제공하므로, 운송 시스템이 이 요구조건을 충족하는지 시험할 수 있다.
- 시스템은 매 15분마다 교환되는 운송 시스템의 운행 상태 및 상황 데이터를 송수신하기 위해 수송 차량과 출장소 사이의 통신 수단을 제공해야 한다. 이게 왜 좋은 것인가? 교환해야 할 필요 정보를 수량화할 수 있는 수단을 제공한다. 메시지 유형이나 형식이 무엇인지 규정하지 않으며 통신의 방법을 전제하지도 않는다. 이는 설계자와 시스템엔지니어링 팀이 나중에 결정하는 것이다.

잘못된 요구조건의 예:

- 시스템은 모든 날씨에서 작동할 수 있어야 한다. 이게 왜 부적절한가?

"모든 날씨"를 언급하는 것은 모든 상상할 수 있는 날씨 조건을 교통 시스템을 위해 점검할 필요가 있다는 것을 의미한다.

- 시스템은 디젤 동력이어야 한다. 이게 왜 부적절한가? 디젤 엔진을 사용하는 설계방법을 기술하고 있다. 다른 대안이 있을 수 있으므로 이것이 올바른 해결책인지 어떻게 알 수 있는가? 요구조건은 발생하게 될 사항을 기술해야 하며, 어떻게 구축해야 하는지를 기술해서는 안 된다.
- 시스템은 Volvo 엔진을 사용해야 한다. 이게 왜 부적절한가? 그것은 해결책을 상정하고 있기 때문이다.

인적 요소 역시 요구조건 개발에 영향을 미칠 수 있다. 시스템과 접촉하게 될 대표적인 사용자와 담당자를 이해하면 인적 요소와 관련된 좋은 요구조건이 무엇인지를 포착할 가능성이 크게 높아진다. 아마도 시제품을 이용해 현장에서 연구를 수행하는 경우에는, 시제품이 작동하는 동안에 확인할 수 있는 상호작용과 인간 행동을 관찰해 요구조건을 도출할 수 있을 것이다. 게다가 이를 통해서 어떤 요구조건이 성공적이었는지, 어떤 요구조건에 대해 개선이 필요한지에 대한 통찰력도 얻을 수 있다. 특히 개발 중인 시스템이 원래 사용자가 속한 국가가 아닌 다른 언어를 사용하는 국가에서 개발되는 경우에도 문제가 될 수 있다.

잘 작성된 요구조건의 특성

위에서 언급한 바와 같이 요구조건 분석 프로세스를 통해서 일련의 성능 요구조건이 만들어진다. 이 장에서는 특히 운용 요구조건이 성능 요구조건으로 전환되는 것과 관련된 이슈들에 대해서 알아보고자 한다.

운용 요구조건의 최초 버전은 공식적인 프로젝트 수행 체계가 시작되기 이전에 수행되었던 연구 및 분석 결과를 바탕으로 작성된다. 이러한 이유로 인해 뒤따르는 개발 관리 과정들을 통해서 작성되는 요구조건과 비교하면 완성도가 낮은 것은 물론이고 엄격하게 구조화되지 못한 경향이 있다. 이러한 현상은 운용 요구조건의 초기 버전의 작성 목적이 주로 시스템 개발 착수에 대한 정당성을 확보하는 데 초점을 맞추고 있었기 때문에 더욱 그렇다. 따라서 초기에 정의된 시스템 성능 요구조건을 뒷받침할 수 있는 좀 더 타당한 근거를 마련해야 할 필요가 있다. 요구조건을 검토할 때는 특히 상세하고 정확하게 살펴봐야 하는 것은 물론이고 자주 발생하는 문제점들을 염두에 두고 분석을 수행해야 한다. 초기에 작성된 요구조건이 갖게 되는 문제점들에는 특수한 상황을 고려하지 못한 경우, 한 가지 기술적인 접근법을 이미 상정하여 작성된 경우 등이 포함된다. 또한 불완전하게 이해하고 있는 운용적 측면의 제약사항, 최초의 니즈를 추적하기 어려운 상황 그리고 적절하게 우선순위가 지정되지 않은 요구조건 등도 잘못 작성된 요구조건에 해당된다.

예상할 수 있는 모든 운용조건을 포함시키고자 하거나 프로젝트를 "판매"하기 위해서만 작성되는 운용 요구조건은 종종 지나치게 광범위하고 모호한 경향이 있다. 대부분의 복합 시스템의 경우, 잘 정의된 일련의 운용 시나리오를 이용해 기본 요구조건을 보완할 필요가 있다. 여기서 운용 시나리오는 시스템이 충족시켜야 하는 조건의 범위를 표현해야 한다.

이와는 정반대의 문제가 발생하는 때도 있다. 그것은 특정하게 가정한 시스템 형상에 맞추어서 운용 요건이 작성되는 경우이다. 대안이 될 수 있는 다양한 시스템 접근법을 고려할 수 있도록 하기 위해서는, 그러한 요구조건은 특정한 한 가지 설계방안이나 "점(point)" 설계에서 벗어날 수 있도록 재작성되어야 한다.

종종 운용 요구조건은 시스템이 능동적으로 수행해야 하는 운용적 측면의 기능과 관련된 내용만 다루게 된다. 반면 시스템이 생산, 운송, 설치 및 운용 유지보수 중에 준수해야 하는 모든 제약사항 및 외부와의 상호작용에 대해서는 다루지 않는 경우가 많다. 이러한 상호작용과 관련된 내용이 이 개발 단계에서 가능한 한 완전히 고려되도록 하기 위해서는 수명주기 분석을 통해 상호작용을 표현할 수 있는 시나리오를 작성할 필요가 있다.

모든 요구조건은 사용자의 운용 목표를 달성하는 것과 관련이 있어야 하는 것은 물론이고 추적이 가능해야 한다. 여기에는 이 시스템을 누가 사용할 것인지, 그리고 어떻게 운용할 것인지에 대한 내용이 포함되어야 한다. 이러한 지침을 준수하게 되면 불필요하거나 관련이 없는 요구조건을 최소화하는 데 도움이 될 수 있다. 특히 특정한 요구조건이 복잡한 설계 문제 또는 기술적으로 실현하는 것이 어려운 상황이 발생할 때는, 고객과 개발자 간의 원활한 소통을 가능하게 하는 역할도 한다.

고객이 필요로 하는 핵심적인 니즈는 최우선으로 고려되어야 한다. 만약 니즈 분석과정이 올바르게 수행되었다면, 이러한 니즈에서부터 비롯된 요구조건은 모든 관련자가 명확하게 이해할 수 있을 것이다. 이후에 설계 충돌이 발생하는 경우에는, 이러한 주요 목표에 대한 검토는 종종 의사결정의 기반이 되는 유용한 지침으로 활용할 수 있다.

위와 같은 기본적이고 필수적인 요구조건들 이외에도, 또 다른 능력을 갖추기를 희망하는 경우가 많다. 특히 원하는 능력을 쉽게 달성할 수 있고 경제적인 것으로 판단되는 경우에는 더욱더 그렇다. 필수적인 요구조건들은 다른 요구조건들과는 분리해 고려해야 한다. 특히 바람직한 요구조건이기는 하지만 주요 임무의 성공을 위해서 꼭 필요하지는 않은 요구조건들과는 별도로 생각해야 한다. 어떤 요구조건이 바람직한 결과를 가져올 것으로 예상하는 경우에, 고객은 많은 어려움이 있음에도 불구하고 이러한 요구조건을 빠르게 실현할 수 있기를 바라는 경우가 많다. 희망하는 요구조건의 예로는 성능 및 기능을 추가하거나 설계 마진(Design Margin)을 제공하는 것 등이 있다. 요구조건은 데이터를 기반으로 우선순위가 결정되어야 한다. 이를 위해서는 희망하는 요구조건들과 관련된 비용 및 위험에 대한 정보가 필요하다. 필수적인 요구조건과 희망하는 요구조건 그리고 우선순위를 구분하는 것은 시스템엔지니어링의 핵심적인 책무이다.

MBSE는 체계적인 규칙을 적용함으로써 좋은 요구조건이 무엇인지를 정의하는 것을 가능하게 한다. 예를 들어 모든 요구조건은 신뢰할 수 있는 출처가 무엇인지 추적이 가능해야 한다. 또한 모든 기능 요구조건에는 그것과 관련된 성능 요구조건("무엇" 및 "얼마나 잘")이 있어야 한다. MBSE는 시스템 요소들의 연결(구성 또는 저장 방식뿐 아니라) 방식의 분석을 통해서도 요구조건 수집이 가능하게 해준다. 이는 요구조건이 잘못 분류되어 간과하게 될 가능성을 줄여준다.

6.4 요구조건 개발 프로세스

시스템 개발 프로세스의 모든 과정을 시작할 때 공통으로 수행해야 하는 첫 번째 과제는 이전 과정에서 정의한 시스템 요구조건(이 경우 운용 요구조건)을 철저히 이해하고, 필요한 경우 좀 더 명확하게 작성하고 확장하는 것이다. 이는 앞에서도 언급한 바와 같이 운용 요구조건에 포함되어있을 수 있는 결점을 확인하고 피하는 것이 중요하기 때문이다. 우리는 요구조건 분석이라고 알려진 통상적인 프로세스를 사용하게 될 것이다. 이를 통해서 성능 요구조건을 식별하고 확인하게 된다. 또한 초기 요구조건 목록을 통합 및 최소화하고 최종적으로 작성된 요구조건 집합을 확인하게 된다. 이러한 요구조건 분석 절차는 각 과정에서 반복적으로 수행된다. 비록 각 과정에서 요구조건 분석을 수행하기는 하지만, 대부분의 노력은 개념 탐색과정에서 수행하는 요구조건 분석과정에 집중하게 된다. 이 과정에서는 운용 요구조건을 측정 가능한 성능 임계값을 갖는 시스템 성능 요구조건으로 변환해야 하기 때문이다. 이러한 시스템 성능 요구조건은 고객과 개발자 사이에서 이루어지는 계약상 합의를 기반으로 하는 경향이 있으므로 정확하고 간결해야 한다.

그림 6.3은 요구조건을 개발하기 위한 일반적인 프로세스를 보여주고 있다. 물론, 이것은 적용하고자 하는 특정한 상황에 따라서 조정될 수 있다. 첫 번째 활동은 일련의 요구조건들을 생성하는 것이다. 요구조건이 아무런 근거가 없이 만들어지는 것은 아니며, 일반적으로 이미 존재하는 니즈를 원천으로 한다. 개념 탐색과정을 통해서는 일련의 운용상의 필요성과 요구조건이 확립되게 된다. 그러나 그러한 니즈와 요구조건은 운용자 또는 사용자의 언어와 맥락으로 표현되는 경우가 대부분이다. 그러므로 이러한 요구조건은 성능을 묘사할 수 있는 시스템 관점에서의 요구조건 집합으로 변환되어야 한다.

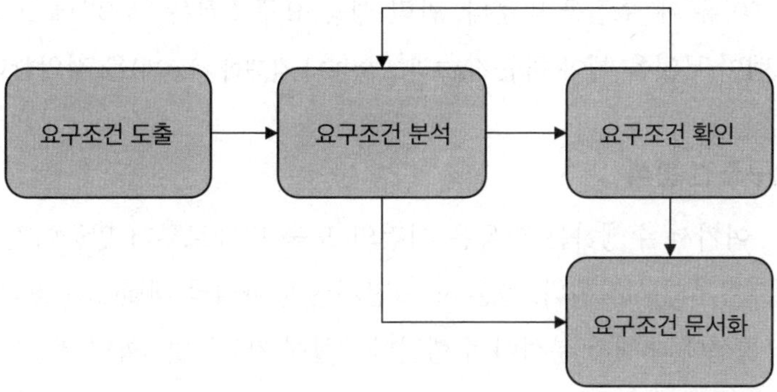

그림 6.3 간단한 요구조건 개발 프로세스

요구조건 도출

분석가들이 운용 요구조건을 개발할 때, 일반적으로 그들은 시장 조사와 인터뷰를 통해 얻을 수 있는 사용자와 운용자의 의견에 크게 의존하게 된다. 반면 분석가들이 성능 요구조건을 개발할 때는 사람은 물론 각종 연구 결과도 참고하게 된다. 개발 초기에 고객(또는 조직 내 획득 전담 부서)은 희망하는 비용 대비 성능 수준과 최저 기준값을 제공할 수 있다. 그러나 해당 분야 전문가(SME, Subject Matter Experts)는 여기에 더해서 기술 수준, 비용 및 생산 가능성의 함수로 성능 매개변수를 제시하게 된다. 또한 이전에 수행되었던 연구와 시스템 개발 노력은 성능 요구조건을 결정하는 데 도움이 될 수 있다. 끝으로, 요구조건 분석가는 필요한 성능 수준에 대한 통찰력을 가질 수 있도록 시스템 효과분석을 수행한다. 이러한 모든 노력은 분석가가 일련의 초기 성능 요구조건을 개발할 수 있는 여건을 제공하게 된다.

그러나 이러한 요구조건 집합은 불일치 또는 심지어 양분적인 특성을 갖는 경우가 많다. 또한 다양한 출처로부터 생성된 많은 요구조건들의 경우 중복적인 성향이 있을 수도 있다. 따라서 분석가는 초기 요구조건 집합을 간결하고 일관된 집합으로 변환하기 위한 통합과정을 수행해야 한다.

어떤 유형의 요구조건을 개발하느냐에 관계없이 유용한 접근방식은 6가지 질문을 하는 것이다. 여기서 6가지 질문에는 누가, 무엇을, 어디서, 왜, 언제 그리고 어떻게가 포함된다. 물론, 다른 유형의 요구조건은 서로 다른 질문들에 초점을 맞추게 된다. 예를 들어 운용 요구조건은 시스템의 목표와 목적을 정의하는 "이유"에 초점을 맞춘다. 반면 성능 요구조건은 "무엇"에 초점을 맞추고, 시스템이 무엇을 해야 하는지(그리고 얼마나 잘해야 하는지)를 정의한다.

요구조건 분석

여기서 수행하는 활동은 이전의 도출 단계로부터 만들어진 초기 요구조건 세트로부터 시작된다. 물론 세트 전체뿐만 아니라 개별 요구조건은 다양한 속성과 특성에 대해서 분석이 수행된다. "실행 가능" 및 "확인 가능"과 같은 일부 특성은 바람직하다는 것을 의미한다. 그러나 "모호함" 또는 "일관되지 않음"과 같은 다른 특성은 그렇지 않다.

각 요구조건에 대해 그 요구조건이 유효한지 아닌지를 결정하기 위해서는 일련의 시험(또는 질문)을 수행하는 것이 필요하다. 수많은 조직에서 많은 시험을 개발해왔지만, 본 교재에서는 최소 기준선을 형성하는 시험 세트를 소개하고자 한다. 여기서 제시하는 시험은 시스템 성능 요구조건을 개발하기 위한 목적에 한정되는 내용이다.

1. 요구조건을 사용자 니즈 또는 운용 요구조건으로 추적할 수 있는가?
2. 요구조건이 다른 요구조건과 중복되는가?
3. 요구조건이 다른 요구조건과 일치하는가?(요구조건은 서로 모순되거나, 또는 엔지니어가 실행하는 것이 불가능한 해결책을 강요해서는 안 된다.)
4. 요구조건이 명확하고 별도의 해석이 불필요한가?
5. 요구조건이 기술적으로 실현 가능한가?
6. 요구조건이 수용 가능한가?
7. 요구조건이 검증 가능한가?

위의 질문에 대한 답이 "아니오"인 경우, 요구조건은 수정하거나 가능한 경우에는 배제시켜야 한다. 또한 이 시험을 수행한 이후에도 수정이 필요한 다른 요구조건이 있을 수도 있다.

개별 요구조건 시험 외에 종합적인 측면에서의 시험도 수행된다(보통 각 요구조건에 대해 개별 시험을 수행한 후).

1. 요구조건 세트가 사용자 니즈와 운용 요구조건을 모두 포함하고 있는가?
2. 비용, 일정, 기술 측면에서 요구조건 세트가 실현 가능한가?
3. 요구조건 세트가 전체적으로 검증 가능한가?

두 시험 형식 모두 성능 요구조건이 최종적으로 확정되기 전까지 반복해야 할 수도 있다.

요구조건 확인

일단 일련의 성능 요구조건이 적용 가능한 수준으로 작성이 완료되었다고 판단되면, 해당 성능 요구조건 세트에 대해서는 유효성 확인을 수행해야 한다. 이것은 공식으로 또는 비공식적으로 이루어질 수 있다. 공식적인 확인이란 운용 상황(즉, 시나리오 및 사용 사례)에 대해서 요구조건 집합을 검증하기 위해 독립적인 조직을 활용함으로써 다양한 확인 방법을 적용하는 것을 의미한다. 또한 이러한 확인 과정을 통해서 시스템의 개념을 기준으로 구현된 요구조건이 사용자의 니즈와 목적을 달성할 수 있는지도 판단한다. 이 시점에서 이루어지는 비공식적인 확인이란 고객 및/또는 사용자와 함께 일련의 요구조건을 검토해 요구조건의 범위와 포괄성을 알아보는 것을 의미한다.

요구조건 문서

마지막으로 중요한 활동은 성능 요구조건을 문서화하는 것이다. 이러한 작업은 일반적으로 DOORS와 같은 자동화된 도구를 사용해 이루어진다. 현재 기본적인 요구조건은 물론이고, 특별히 크고 복잡한 요구조건 계층을 관리할 수 있는 많은 도구가 존재한다. 시스템의 복잡성이 증가함에 따라 요구조건의 개수와 유형이 증가하는 경향이 있으며, 단순한 스프레드시트 소프트웨어를 사용하는 것만으로는 요구조건 데이터베이스를 관리하기에 충분하지 않을 수 있다.

상충되는 운용 요구조건

주어진 운용 요구조건 집합을 이용해 실현 가능한 성능 특성을 끌어내는 것이 항상 가능한 것은 아니라는 점에 유의해야 한다. 앞에서 자동차를 안전, 연비, 오염 통제에 관한 정부의 규제 때문에 중요한 변화를 겪어야 하는 시스템으로 언급한 바 있다. 처음에 이러한 규제들은 독립적으로 개발되었다. 각각의 요구조건 집합은 관련된 공학적인 문제나 기타 경쟁적인 환경을 거의 고려하지 않고 특정한 필요성만을 근거로 개발되었을 것이다. 이러한 규제들을 공학적인 방법으로 분석하였을 때, 그 당시에 사용할 수 있는 기술 수준으로는 전체적으로 실현 가능성이 낮다는 것을 알 수 있었다. 또한 개발 및 생산을 위한 투자는 당시 자동차 가격을 훨씬 초과하는 단위 비용이 필요하게 되었다. 이러한 문제가 발생한 기본적인 이유는 배출가스 기준을 충족시키기 위해서는 오염 제어 기능을 작동시켜서 연비를 희생시켜야 한다는 문제로부터 시작되었다. 자동차 업체는 낮아진 연비를 보완하기 위해서 차량의 중량을 감소시켜야 했으나, 이는 다시 안전 요구조건을 충족시키지 못하는 결과를 초래하게 된 것이다. 결과적으로 3개의 독립된 운용 요구조건이 서로 양립할 수 없는 요구조건이었다는 것을 알게 된 것이다. 문제는 이러한 요구조건들을 제시할 당시에는 아무도 이러한 요구조건들이 설계를 통해서 결합하는 경우에 발생하는 또 다른 문제점의 영향을 고려하지 못했다는 것이다. 위의 사례에서 알 수 있는 것은, 단순한 설계 개념 검토를 통해서도 양립할 수 없는 문제점을 쉽게 파악할 수 있으므로, 요구조건 분석을 위해 상세설계 연구까지 수행할 필요는 없다는 사실이다.

사례: 새로운 항공기의 개념

개념 탐색과 관련된 유용한 예시는 새로운 상업용 항공기를 획득하는 과정에서도 찾아볼 수 있다. 현재 어떤 항공사가 쌍발의 프로펠러식 엔진을 장착한 항공기를 사용해 국내선 단거리에서 중거리 노선까지의 서비스를 제공하고 있다고 가정해보자. 아마도 이 항공사가 취항하는 도시들의 공항은 비교적 짧은 활주로를 가지고 있을 것이다. 항공사는 이러한 항공 서비스 체계를 이용해 여러 해 동안 잘 운용되어왔다. 하지만 시간이 흐를수록 뚜렷해지는 문제점은 정비비와 연료비가 증가함에 따라 여객 마일당 증가하는 비용과 비교할 때 사업 수익성은 미미한 수준으로 증가하고 있다는 점이다. 따라서 이 회사는 운용하고 있는 항공기의 대대적인 변경을 고려하고 있다. 항공사가 생각하는 핵심적인 니즈는 승객 운송에 필요한 마일당 비용을 어느 정도 허용 가능한 수준으로 낮추면서도 짧은 노선 서비스에서의 경쟁력을 유지하는 것이다.

항공사는 여러 항공기 생산업체에 접촉해 이러한 니즈를 충족시키기 위해 새로운 비행기나 개조된 비행기에 대한 논의를 시작하였다. 그 논의를 통해서 세 가지 선택 가능한 방안이 있다는 것을 알게 되었는데, 이러한 세 가지 옵션은 다음과 같다.

1. 연장된 항공기 기체와 높아진 동력. 이러한 형상에 적절하게 적용할 수 있는 엔진이 존재한다. 이 옵션은 빠르고 비교적 저렴한 비용으로 업그레이드를 가능하게 해 항공기당 탑승 승객 수를 증가시켜 승객 마일당 전체 비용을 낮출 수 있다.
2. 최첨단기술을 사용하는 새롭고 더 큰 네 개의 엔진이 장착된 프로펠러 항공기. 이 옵션은 단기적으로 좋은 수익을 제공한다. 위험도는 상당히 낮은 편이지만, 항공기의 총 유효 수명은 잘 알려지지 않았고, 성장 잠재력은 제한적이다.
3. 현재 취항하고 있는 대부분의 공항(전부는 아님)에서 이착륙이 가능한 제트 추진 항공기. 이 옵션은 비행기 한 대당 탑승 가능한 승객의 수를 상당히 증가시킬 수 있으며, 향후 새롭고 더 긴 노선에 취항하기 위해 경쟁할 수 가능성을 열어준다. 이것은 또한 가장 비싼 옵션이다. 프로펠러 엔진보다 제트 엔진의 유지보수와 연료비가 낮으므로 이 항공기의 운용비는 매력적이지만 기존의 일부 노선은 잃어버리게 될 것이다.

최종 선택을 결정하기 위해서는 상당한 전문지식이 필요하며, 전체적인 프로그램의 진행은 참여를 희망하는 항공기 생산업체 간의 경쟁을 기반으로 해야 한다는 것은 명백하다. 항공사는 엔지니어링 컨설팅 회사와 계약을 체결함으로써 항공사 직원들이 항공기 성능 요구조건을 준비하는 것을 지원할 수 있도록 할 수 있다. 이렇게 작성된 성능 요구조건은 항공기 개발업체들의 경쟁 입찰을 위한 기초가 될 수 있고 선정 과정에서도 사용될 수 있다.

위와 같이 관련된 옵션들을 탐색할 때는, 대안이 될 수 있는 기능적인 접근 방식을 먼저 고려하는 것이 필요하다. 이 사례에서는 현재 운용 중인 항공기의 기본적 특징을 유지하는 옵션인 프로펠러 엔진을 계속 사용하는 것과 상당한 운용 경제성을 제공하는 제트 엔진으로 변경하는 것 사이에서 선택을 결심하는 것에 초점을 맞추게 될 것으로 보인다. 그러나 후자의 경우에는 현재의 운용체제로부터의 중대한 이탈이 있어야 함을 의미하며, 그 운용 능력에도 영향을 미치게 될 것이다. 입찰에 참여하는 업체가 이러한 다양한 선택 방안들을 고려할 수 있도록 하기 위해서는 활주로 길이, 순항 속도 및 순항 고도와 같은 성능 요구조건을 제시할 때는 상당한 차이가 있는 이 두 가지 기능적 접근방식을 수용할 수 있을 정도로 충분히 폭넓은 조건을 갖고 있어야 한다.

6.5 요구조건 계층구조

요구조건은 몇 가지 서로 다른 수준으로 구성된다. 이는 요구조건 엔지니어에게 적절한 범위에 대해서 요구조건을 개발할 수 있는 수단을 제공하기 위한 것이다. 이 교재에서 우리는 운용, 시스템, 성능 및 구성품에 대해서 요구조건을 구성하고자 한다. 각 요구조건의 수준은 서로 다른 사용자에게 정보를 제공할 뿐만 아니라, 시스템 및 개념 개발을 안내하는 역할을 할 수 있다. 또한 낮은 수준의 요구조건들이 그보다 더 낮은 하부 수준에는 어떻게 영향을 미치는지를 정량화하기 위해서는, 서로 다른 수준의 연관성도 정의해야 한다.

운용 요구조건

운용 요구조건은 운용 범위 내에서 실행해야 하는 사항들을 이용해 묘사된다. 일반적으로 이러한 요구조건은 정량화 수준이 낮고 상세도는 높은 경향이 있다. 사용자와 이해당사자가 가진 관점은 이러한 요구조건을 형성하는 데 큰 역할을 차지한다. 또한 많은 경우에 요구조건을 자신들의 용어나 표현을 이용해 묘사하게 된다. 이해관계자의 의견을 반영할 수 있는 요구조건을 개발하기 위해서는 적절한 사용자 집단을 선정하는 것이 중요하다.

초기에 작성되는 운용 요구조건은 시스템 성능이 아닌 운용을 통해서 얻을 수 있는 성과 측면에서 묘사되어야 한다. 운용 요구조건들은 구현의 관점에서 언급되어서는 안 되며, 특히 특정한 개념적 접근법에 치우쳐서도 안 된다. 모든 요구조건은 측정 가능한(시험 가능한) 용어로 표현되어야 한다. 새로운 시스템이 기존 시스템의 상당 부분을 재사용해야 할 때는 이를 구체적으로 명시해야 한다.

모든 요구조건에 대한 근거 역시 명시 또는 지정되어야 한다. 시스템 개발을 주도하는 시스템 엔지니어는 의도하지 않은 모호함이 과도한 위험이나 비용을 초래하지 않도록 사용자의 니즈 측면에서 요구조건을 이해하는 것이 중요하다.

새로운 시스템을 이용할 수 있어야 하는 시점은 순전히 운용 측면만을 고려해 쉽게 결정해서는 안 된다. 오히려 예산 측면의 요인, 현재 시스템의 노후화 정도, 시스템 플랫폼의 일정(예: 선박, 기지) 및 기타 다양한 고려사항들이 더욱더 중요할 수도 있다. 이것은 시스템 개발 시간 그리고 기존 시스템으로부터 얼마나 많은 발전적인 변화가 필요한가에 따라서 달라질 것이다.

새로운 시스템의 필요성에 대해 처음 언급한 운용 요구조건은 철저한 분석을 기반으로 하는 경우가 드물다. 그렇기 때문에 사용자 및 잠재적 개발자 모두가 시스템 개발을 필요로 하는 니즈와 운용환경에 관한 추가적인 지식을 습득해야 하며, 이를 통해서 개발과정 중에 요구조건이 발전적으로 개선될 수 있다는 사실을 이해해야 한다.

위와 같은 사실을 고려한다면, 본 분석과정에서 수행되는 작업은 여전히 예비적인 것으로 간주해야 한다. 이어지는 후속 과정들을 수행하면서 모든 시스템 측면을 더 자세히 다루게 될 것이기 때문이다. 그럼에도 불구하고 경험에 따르면 니즈 분석 중에 식별된 기본적이고 개념적인 접근방식은 후속 과정에서도 유지되는 경우가 많다. 이것은 보통 상당한 시간과 노력이 이 프로세스에 투입되기 때문에 발생하는 현상일 수도 있으며, 일반적으로 이러한 프로세스는 2년 또는 3년 동안 수행되기도 한다. 가용한 예산이 제한적임에도 불구하고 많은 기관이 이 과정에 관여하는 경우가 많다.

시스템 수준의 요구조건

시스템 수준의 요구조건은 시스템 자체에 집중하는 것을 의미한다. 또한 시스템이 주어진 운용환경 속에서 어떻게 작동하게 될 것인지에 초점을 맞춘다. 나아가 운용 중에 접촉할 것으로 예상하는 다른 시스템뿐만 아니라 물류지원과 관련된 기반 체계도 고려할 수 있다. 시스템 수준의 요구조건은 정량적인 측정 기준과 시스템이 환경 내에서 어떻게 수행되는지에 더 초점을 맞추게 된다. 컨텍스트 다이어그램이나 다른 방법을 이용해 시스템을 전체적으로 바라봄으로써 좀 더 다양한 관점을 얻을 수 있으며, 이러한 방법은 요구조건의 완전성을 보장하기 위해서도 필요하다. 환경 내에서 시스템의 역할을 개념화할 수 있다면 추가적인 요구조건을 식별하는 것 역시 가능하다. 예를 들어 시스템 목표를 설정하는 시기에 우방국 또는 적성 국가에 대응하기 위한 상호작용이나 작전 등의 상황을 통해서도 새로운 요구조건을 식별하는 것이 가능하다. 또한 시스템 수명주기를 고려한 다른 측면도 포함될 수 있다. 예를 들면 유지보수, 수리, 폐기, 교육 등이 여기에 해당할 수 있다. 기타 시스템 관점에서 고려해야 할 추가적인 요구조건을 식별할 수도 있다.

성능 요구조건 작성

앞에서도 언급한 바와 같이, 새로운 시스템을 개발하는 과정에서는 시스템 운용 요구조건을 일련의 시스템 성능 요구조건으로 변환해야 한다. 이는 시스템 운용 요구조건이 시스템이 작동함으로써 만들어내야 하는 결과를 명시한 것인데 반해서, 시스템 성능 요구조건은 이러한 내용을 공학적 특성 측면에서 묘사하는 것이기 때문이다. 이러한 변환은 시스템을 개발하는 후속 과정을 수행함에 있어 개발 중인 시스템을 평가하는 기준을 운용조건이 아닌 공학적인 기준을 적용할 수 있도록 하기 위해서도 필수적이다. 따라서 시스템의 기능적인 성능 요구조건(System Functional Performance Requirements)이 만들어졌다는 것은 운용 측면에서 작성되었던 이전의 기준이 공학적인 기준으로 전환되었음을 의미한다.

성능-수준의 요구조건

운용 목표에서 성능 요구조건을 도출하기 위해서는, 먼저 새로운 시스템으로부터 기대하는 운용 측면의 동작을 수행하는 데 필요한 주요한 기능을 식별할 필요가 있다. 예를 들어, 기존 도로를 따라 승객을 원하는 목적지로 수송하기 위한 시스템이 필요하다고 가정해보자. 그 기능적 요소에는 동력원, 승객을 수용할 구조, 마찰력 등에 의한 도로와의 동력 전달 인터페이스 및 운전자에 의한 이동 및 방향 조정 등이 포함되어야 할 것이다. 이러한 요소들을 기능적 용어로 표현하면 "동력을 갖춘 차량", "승객을 위한 공간", "도로로 동력 전달", "운동 제어" 및 "방향 제어"라고 할 수 있다.

이 프로세스는 이미 선행 과정에서부터 시작되었다. 그러나 좀 더 구체적인 성능 매개변수를 결정하기 위해서는 보다 명확한 프로세스가 필요하다. 이 과정을 통해서는 기능 정의가 한 단계 더 발전하게 되는데, 그것은 하부시스템의 기능을 정의할 수 있게 되었다는 것이다. 또한 기능은 물론 그 기능과 관련된 물리적 구성품들도 시각화가 이루어지게 된다. 여기서 물리적 구성품 전체는 하부시스템의 기능을 구현하는 역할을 하게된다.

시스템 개발의 비결정론적 특성

희망하는 운용 결과로부터 성능 요구조건을 도출하는 것은 결코 쉬운 작업이 아니다. 이는 시스템을 구체화하는 다른 프로세스와 마찬가지로 연역적이기보다는 귀납적인 설계 접근방식을 사용하기 때문에, 직접 역추적하는 것이 불가능하기 때문이다. 다소 일반적인 내용으로 작성된 운용 요구조건으로부터 더욱 구체적으로 정의되는 시스템 성능 요구조건으로 전환하기 위해서는, 운용 요구조건에서 명시적으로 언급되지 않았던 많은 세부정보들을 추가로 확보해야 한다. 여기서 적용되는 귀납적인 설계 접근방식이 의미하는 바는, 원칙적으로 둘 이상의 시스템 구성이 주어진 시스템 요구조건을 충족할 수 있다고 가정해야 한다는 것이다. 이는 또한 시스템 개발과정에서 주어진 구체화 수준에서 "최상의" 시스템 설계안을 선택할 때 사전에 정의된 평가기준을 사용해 절충 분석을 수행하는 이유이기도 하다.

위의 과정은 귀납적 추론에 사용되는 것과 정확히 일치한다. 예를 들어, 한 번의 주유만으로 600마일을 운행할 수 있는 운용 목표를 달성하기 위해 새 자동차를 설계한다고 가정하자. 제시된 운용 목표를 충족시키기 위해서는 아마도 연료 효율이 상당히 높은 엔진을 개발하거나, 매우 큰 연료 탱크를 장착할 수도 있을 것이다. 이 외에도 차체를 매우 가볍게 만들거나, 여러 가지 방안을 일부 조합할 수도 있을 것이다. 이러한 설계 접근방식의 조합은 상대적인 소요 비용, 개발 위험, 승객 수용 능력, 안전 등과 같은 다양한 요소들을 어떻게 고려하느냐에 따라서 달라진다.

이 프로세스는 예를 들어 성능 분석과 같은 연역적 연산을 고려하여 이해할 수도 있다. 특정한 시스템 설계안이 주어졌다고 가정해 보자. 이런 경우 먼저 구성품 기능들로 분해하게 되면, 구성품들의 특성으로부터 시스템의 성능을 명확하게 추론할 수 있게 된다. 그런 다음 개별 성능 매개 변수를 계산하고, 마지막으로 이를 시스템 전체의 성능 측정값으로 통합하는 과정을 거친다. 따라서 이

연역적 과정의 반대는 귀납적이며 결과적으로는 비결정적이라고 할 수 있다.

앞서 논의된 내용을 통해서도 알 수 있듯이, 일련의 운용 요구조건이 주어졌을 때, 이 요구조건을 충족시킬 수 있는 단일의(유일무이한) 시스템 성능 특성 집합을 직접적(연연적)으로 유추할 수 있는 방법은 없다. 여기서 시스템 성능 특성은 운용상의 니즈를 충족시키기 위해 시스템이 갖추어야 할 요구조건을 구체적으로 정의할 수 있는 필요충분조건을 의미한다. 대신 경험에 기반한 휴리스틱에 의존해야 한다. 또한 많은 경우에 시행착오 방식도 이용된다. 이는 다양한 시스템 형상을 잠정적으로 정의하는 프로세스를 채택함으로써 이루어진다. 이때 성능 특성들은 분석 또는 데이터 수집을 통해서 추론하게 된다. 또한 이러한 특성들을 대상으로 효과분석을 수행하게 되는데, 이는 운용 요구조건을 충족시키기 위해 필요한 특성들을 결정하기 위한 것이다.

성능 특성 조합. 위에서 언급했듯이 개념 탐색과정의 목표는 필요충분조건을 만족하는 시스템 성능 특성 집합을 도출하는 것이다. 다르게 표현하면 이러한 조건을 갖춘 시스템은 아래의 기준을 충족한다는 것을 의미한다.

1. 시스템이 운용 요구조건을 충족하고, 기술적으로 실현 가능하며, 수용 가능한 수준의 비용으로 획득이 가능한 것은 물론이고 주어진 성능 특성을 따른다.
2. 이러한 특성을 갖춘 시스템은 시스템 운용 요구조건을 충족하며 기술적으로 실현 가능하고 수용할 수 있도록 설계할 수 있다.

성능 요구조건 목록이 필요충분조건을 만족해야 하는 이유는, 특정한 시스템 기능을 구현하기 위해 전통적인 방식이 아닌 접근법을 취해야 할 수도 있다는 이유만으로 다른 시스템과 비교하여 특히 유리할 수 있는 새로운 시스템 개념을 의도치 않게 배제하는 실수를 범하지 않기 위해서이다. 이러한 배제 상황은 성능 요구조건 중 일부분이 이전 시스템으로부터 파생되고 운영 측면의 작동방식에 있어서 그렇게 필수적이지 않은 기능이 계속해서 이어지는 경우에 종종 발생한다. 또한 특정한 운용적인 동작을 시스템 기능으로 변환하는 방법에 대해 이미 선입견을 품고 있을 때도 발생한다.

위와 같은 이유로, 성능 특성을 정의하는 과정은 그림 6.2와 같이 탐구적이면서도 반복적인 과정을 거쳐야 한다. 특히, 운용 동작을 구현할 수 있는 다양한 기능적 접근방식이 존재하는 경우에는, 제안된 대안들을 대상으로 구현 및 유효성을 확인하는 절차를 거쳐야 한다. 이러한 확인 절차를 수행할 때는 제안된 접근방식 중 일부가 배제될 수 있을 때까지 모든 성능 특성을 반영해 검토해야 한다.

통합 제품 팀에 의한 요구조건 조합

앞에서 언급한 바와 같이, 고객 및 정부가 주관하는 프로그램의 경우 신제품의 성능 요구조건을 규정하는 것은 획득기관의 책임이다. 그러나 프로세스의 세부적인 구성과 주요 참여자는 제품의 특성, 개발 규모, 고객의 후원 정도에 따라 크게 달라진다.

최근 미 국방부가 도입한 시행 방안은 획득 과정 전반에 걸쳐 통합 제품 팀(IPTs, Integrated Product Teams)을 활용하는 것이다. 프로세스를 수행하기 위해 통합 제품 팀을 활용하는 경우에는 많은 이점을 기대할 수 있다.

1. 그들은 경험이 많은 관련 산업의 종사자들을 가능한 한 빨리 시스템 개념 설계 프로세스로 끌어들여 운용상의 니즈를 확인하고, 개발을 추진하는 단계에서부터 그들의 아이디어를 포함시킬 수 있다.
2. 그들은 개발과정 전반에 걸쳐서 다양한 분야와 전문 엔지니어링의 관점을 통합할 수 있다.
3. 팀 협업과 합의를 통해서 동기 부여를 할 수 있는 이점이 있다.
4. 첨단기술과 COTS 지식을 시스템 설계 접근방식에 적용할 수 있다.

여느 조직의 경우와 마찬가지로, 이 접근방식의 성공은 팀 조직을 책임지는 사람의 리더십 자질과 더불어 참가자의 경험과 대인관계 능력에 크게 좌우된다. 그리고 아마도 더 중요한 것은 팀장과 구성원이 가진 시스템엔지니어링 경험일 것이다. 이러한 경험이 없는 경우에는, 전문가로 구성된 팀원 대다수가 효과적으로 의사소통을 할 수 없게 되고, 따라서 통합 제품팀은 그 목적을 달성하지 못할 것이다.

구성품 수준의 요구조건 및 사양

구성품 수준의 요구조건은 시스템의 기술적 측면에 초점을 맞추고 더 낮은 수준에 대한 기술적인 세부사항에 적용된다. 이러한 요구조건은 성능 기준을 충족하는지를 확인하기 위한 것이므로 설계적인 측면과 관련될 수도 있다. 시스템 수준의 요구조건과 유사하게 이는 본질적으로 매우 정량적이며 구체적으로 정의된 조건에서 요구되는 성능을 제시한다. 전체 시스템의 신뢰도 수치를 달성할 수 있는지를 확인하기 위한 목적을 기반으로 구성품 수준에서의 신뢰도에 초점을 맞출 수도 있다. 사양은 구성품 수준의 요구조건을 개발한 이후에 수행하는 절차를 통해서 개발된다. 사양을 개발하는 목적은 구성품을 제작하는 제조업체에게 요구되는 수준의 성능과 정밀도를 제시하기 위한 것이다.

개발의 각 과정에서 수행하는 첫 번째 업무는 모든 요구조건 및 후속 프로그램에서 기준으로 사용되는 다양한 참조 조건을 자세하게 분석하는 것이다. 이는 문제해결이라는 측면에서 볼 때 먼저 주어진 문제에 대해 완전히 이해하는 것이 중요하다는 의미가 있다.

기술된 성능 요구조건 분석

개념 정의 과정에서 수행하는 요구조건 분석은 특히 중요하다. 앞에서 작성된 시스템 성능 요구조건에는 사용자의 실제 니즈를 불완전하게 해석해 작성된 부분이 포함되는 경우가 많기 때문이다. 비록 이전의 과정들이 철저히 수행되었다고 해도, 복합 시스템에 대한 일련의 성능 요구조건을 도출하는 작업은 반복적인 경향이 있는 것은 물론이고 대부분 정확하지 않으며 때로는 주관적인 의견이 많이 개입되는 문제점을 갖고 있다. 이러한 이유로 인해, 제시되는 요구조건이 주관적으로 작성되는 경향이 많다. 또한 정확한 근거 없이 달성하기 어려운 요구조건과 쉽게 달성할 수 있는 요구조건을 추정하는 경우가 종종 있다. 이는 일부 성능 요구조건의 경우에는 그것을 쉽게 달성할 수 있다는 믿음(결국에는 잘못된 추정으로 판단될 수 있는) 때문에 성능 충족 기준을 필요없이 엄격하게 설정하는 결과를 초래할 수 있다. 따라서 요구조건의 기초와 그 근간이 되는 가정 사항을 모두 명확히 이해하는 것이 필수적이다. 이에 따라, 실제로 실행 가능한 시스템 개념을 정의하기 위해서는, 요구조건을 세분화하는 작업을 수행해야 할 필요가 있다. 요구조건을 만족시키는 것이 상대적으로 어려울 것으로 예상하는 부분에 대해서는, 개발을 수행하는 과정에서 충분한 자원을 할당하는 것을 고려해야 한다.

사용자의 니즈 측면을 고려해 주어진 성능 요구조건의 출처를 확인해야 하는 책임은 시스템엔지니어링이 갖는 고유한 영역이다. 이 작업을 수행하기 위해서는 여건이 허락하는 범위에서 최대한 운영 환경 및 시스템 사용자에 대한 깊은 이해가 필요하다. 복잡한 운용 시스템의 경우 이러한 이해는 현장에서 수년간의 경험을 축적했을 때 가장 잘 얻을 수 있다.

시스템 요구조건 범주. 일반적으로 요구조건 분석이라는 주제를 논할 때는 시스템은 어떤 기능을 수행해야 하며 또 얼마나 잘 수행해야 하는가에 관심을 집중하게 된다. 우리는 잘 정의된 이러한 유형의 요구조건에 기능(functional)과 성능(performance)이라는 이름을 붙였다. 그러나 이 과정에서는 아직 정확하게 정의되지 못하거나 생략될 수도 있는 다른 유형의 요구조건도 있다. 이러한 요구조건에는 아래의 사항이 포함된다.

1. **호환성 요구조건.** 시스템이 운용 사이트, 물류지원 및 다른 시스템과 상호작용하는 방법을 명시.
2. **신뢰도, 유지관리성 및 가용성(RMA) 요구조건.** 그 목적을 달성하기 위해서는 얼마나 신뢰도가 높은 시스템이어야 하는지, 어떻게 유지될 것인지, 어떤 지원시설이 필요한지를 명시.
3. **환경 요구조건.** 시스템이 수명주기 동안 어떤 극한의 물리적 환경을 견딜 수 있도록 구축되어야 하는가에 대한 정의

RMA 요구조건은 명시적으로 작성되는 경우에 임의로 기술되는 경향이 있고 제대로 정의되지 못하는 경우가 많다. 다른 두 범주의 경우 요구조건은 대개

시스템의 작동 모드로 한정하게 된다. 다시 말해 시스템의 포장, 보관, 운송, 조립 및 지원조건은 배제하게 된다는 것을 의미한다. 이러한 상황에서는 제품 납품부터 운용, 수명 종료 및 도태까지 시스템의 전체 수명을 상세하게 조사할 필요가 있다.

시스템 수명주기 시나리오. 시스템이 수명주기 동안 직면하게 될 모든 상황을 이해하기 위해서는, 시스템이 노출되는 다양한 상황을 모두 식별할 수 있는 모델이나 시나리오를 개발할 필요가 있다. 여기에는 최소한 다음과 같은 사항들이 포함되어야 한다.

1. 시스템 및/또는 그 구성품의 보관
2. 시스템 운용 현장으로의 이동
3. 가동을 위한 시스템 조립 및 준비
4. 현장 배치 확대
5. 시스템 운용
6. 정기 및 비상 정비
7. 시스템 수정 및 업그레이드
8. 시스템 도태

이러한 시스템 운용 과정들에 관한 모델은 충분히 상세해야 한다. 이는 설계에 영향을 미칠 수 있는 시스템과 환경 간의 상호작용에 관한 내용이 표현되어야 하기 때문이다. 예를 들어 시스템을 유지 보수하기 위해서는 예비부품, 특수시험장비, 특수시험 시점 및 기타 알아야 하는 규정을 제정하는 것도 필요하다. 예상되는 시스템의 전체 수명을 시각화할 수 있는 경우에만 필요한 요구조건은 물론이고 관련된 비용을 추산할 수 있다.

시스템 요구조건의 완성 및 정교화

대부분의 경우 시스템 수명주기 모델을 개발하다 보면 많은 중요한 시스템 요구조건이 명시적으로 언급되지 않았다는 사실을 발견하게 된다. 요구조건이 명시되지 않는 부분에는 시스템이 작동하지 않고 대기 중인 기간이 포함되는 때도 있으며, 물리적 환경과의 상호작용에 관한 사항 역시 언급되지 않는 경우가 많다. 이러한 환경 사양은 종종 실제적인 운용환경 모델을 이용해 도출되는 것이 아니라 "통상적인 표준 문구(Boiler Plate)"로부터 도출되는 경우가 많다. 어떤 경우에는 표준 상용 구성품을 사용하고자 하는 욕구로 인해 이러한 환경 사양을 지나치게 완화하거나 완전히 생략하기도 한다.

자주 언급되지는 않지만 가장 중요한 요구조건은 아마도 경제성이다. 특히 경쟁적인 환경에서 시스템을 개발해야 하는 경우에, 시스템 개발 비용에 대한 추정값은 성공적인 제안을 선택할 때 고려되는 요소 중의 하나가 된다. 따라서 경제성은 앞서 언급한 다른 요구조건들과 동등하게 간주해야 하며, 예상되는 시스템 개발 비용, 생산 및 지원 수준이 수용 가능한(또는 경쟁적) 수준인지에 대해 가능한 한 많은 통찰력을 확보하는 것이 필요하다.

요구조건으로 거의 명시되지 않는 또 다른 시스템 특성 중의 하나는 사용수명이다. 개발된 시스템이 조기에 노후화되는 것을 방지하기 위해서는 첨단기술을 사용하는 시스템이 주기적으로 업그레이드 또는 최신화될 수 있어야 한다. 이러한 프로세스를 경제적으로 실행하기 위해서는 시스템을 개발할 때 관련이 있는 목표를 염두에 두고 설계를 해야 하며, 가까운 미래에 노후화로 인해 취약해질 것으로 예상되는 하부시스템이나 구성품을 새로운 기술로 쉽게 수정하거나 대체할 수 있도록 해야 한다.

일부 프로그램에서는 이러한 업그레이드 또는 확장 능력이 명시적으로 제공된다. 이 과정을 "사전 계획 제품 개선(P^3I, Pre-Planned Product Improvement)"이라고도 한다. 그러나 대부분의 경우에 특히 초기 비용이 주요 관심사일 때는 이러한 업그레이드 능력에 대한 명시적인 요구조건은 없다. 그럼에도 불구하고 이는 대안이 될 수 있는 시스템 개념을 비교하기 위한 중요한 기준으로 사용되어야 한다. 실제로 시스템을 운용하는 중에는 미래의 운용조건 및/또는 시스템 환경(또는 제품 경쟁)의 변화가 시스템을 업그레이드해야 하는 압력으로 작용할 것이기 때문이다.

비정량적인 요구조건. 시스템이 유용성을 갖도록 하기 위해서는 그 시스템의

요구조건을 검증해야 한다. 이는 일반적으로 요구조건이 측정 가능해야 한다는 것을 의미한다. 요구조건이 계량화할 수 없는 용어로 명시되어 있는 경우에는, 요구조건 분석 업무를 통해서 가능한 한 많은 요소를 정량화시켜야 한다. 다음의 두 가지 예는 그러한 요구조건의 전형적인 예다.

일반적으로 계량화되지 않은 부분은 사용자 요구조건, 특히 사용자-시스템 인터페이스 영역에서 많이 나타난다. 너무나 자주 사용되는 "사용자 친화적"이라는 용어는 쉽게 측정이 가능한 형태로 변환되지 않는다. 이러한 이유로 사용자의 니즈와 제약사항들을 직접 이해하는 것이 중요하다. 이는 결국 서로 다른 인터페이스 조건 및 숙련도 수준을 가진 여러 사용자가 있을 수 있다는 사실로 인해서 복잡해진다. 또한 완전히 다른 요구조건을 갖는 유지관리 인터페이스도 있다.

시스템과 운용현장에서 찾아볼 수 있는 다양한 장비와 관련 시스템 간의 인터페이스도 측정 가능한 용어로 명시되지 않는 경우가 많다. 이를 정량화하기 위해서는 예상되는 시스템 환경을 대상으로 직접적인 검토를 수행해야 한다. 또한 때에 따라서는 이러한 인터페이스와 관련된 이슈들을 확인하는 것이 필요하다. 예를 들면 현장에서 사용 가능한 전력 또는 입력 신호와 관련이 있는 파라미터에 대한 사양이 있는가? 등이 이러한 이슈에 해당할 수 있다.

요구조건 및 기존 시스템. 앞에서 언급한 바와 같이, 일반적으로 그렇듯이, 희망하는 시스템과 같거나 유사한 기능을 수행하는 기존(현행) 시스템이 있다면, 그것은 새로운 시스템이 갖추어야 하는 요구조건에 관한 정보를 확보할 수 있는 유일하고도 풍부한 원천이 된다. 개발의 모든 단계에서, 특히 형성기에 해당하는 과정에서는 시스템엔지니어링의 주도하에 상세한 연구를 수행할 가치가 있다.

기존 시스템은 새로운 시스템 개발의 원인으로 작용했던 부족한 점이 무엇이었는지에 대한 정확한 상황을 이해할 수 있는 훌륭한 근거를 제공한다. 기존 시스템의 모든 속성은 측정할 수 있으므로, 그것들은 새로운 시스템에 대한 요구조건을 정량화하는 출발점 역할을 할 수 있다. 새로운 시스템의 요구조건과 직접 비교할 수 있는 문서들이 있는 경우가 많다.

대개 새로운 시스템 개발에 필요한 정보를 얻을 수 있는 가장 좋은 출처는 이전 시스템의 사용자이다. 그러므로 시스템엔지니어링은 시스템 작동에 대한 상세하고 직접적인 이해를 얻기 위해 노력해야 한다.

운용 가용성. 요구조건에 따라서 시스템이 작동할 준비가 완료되어야 하는 기한을 명시하는 경우도 있고 그렇지 않은 때도 있다. 준수해야 할 완료 일정이 있는 경우에는 개발 비용, 성능 및 기타 시스템 특성 등과 같은 중요 요소와 함께 이러한 완료 기한을 충족하는 것이 얼마나 중요한 사항인지 관련된 우선순위를 이해하는 것이 중요하다. 이러한 요소는 상호 의존적이고 시스템의 성공적인 개발을 위해 적절한 균형이 필수적이기 때문에 이와 관련된 지식이 필요하다.

모든 경우에서 시스템의 유효한 운용 기간은 시스템이 갖는 궁극적인 가치 측면에서 언제나 중요하다. 이는 기술의 성장과 경쟁 압력으로 인해 새로 개발한 시스템을 효과적으로 운용할 수 있는 수명이 지속해서 단축되기 때문이다. 따라서 시스템 개발 계획에서는 유효 수명을 주요한 요소로 간주해야 한다. 상업적 개발일 때는 새로운 기술을 이용하는 첫 번째 제품이 종종 시장에서 큰 점유율을 확보하게 된다.

고객/사용자의 니즈 파악. 앞에서 언급한 바와 같이, 항상 고객뿐 아니라 현재 시스템 또는 이와 유사한 시스템의 사용자와 접촉할 기회를 얻는 것이 중요하다. 이를 통해서 제시된 시스템 요구조건을 명확히 이해하는 것은 물론, 확장 및 검증할 필요가 있기 때문이다.

경쟁적 획득 프로그램의 경우 고객에 대한 접근은 공식적으로 통제되는 때도 있다. 그러나 가능한 범위에서 위와 같은 소통을 통해 초기에 명시된 요구조건이 모호성이나 불일치성을 내포하고 있는지를 확인해야 한다. 이것은 직접 접촉하거나, 문서를 통해서 또는 입찰자 회의 등의 다양한 방법을 이용해 이루어질 수 있다.

시스템 요구조건을 명확히 할 수 있는 더 좋은 기회는 공식적인 제안을 하기 이전 단계에 있다. 많은 대형 획득 프로그램을 수행할 때는 제안서(RFP, Request For Proposal) 초안을 예비 입찰자들에게 회람해 그들의 의견을 구하게 된다. 일반적으로 RFP를 공식적으로 발행한 이후보다 이 기간에 고객의 요구조건을 더 잘 이해할 수 있다. 이러한 사실은 각 업체에서 수행하는 시스템 획득 RFP에 대한 대응 노력은 공식적인 RFP가 발행하기 훨씬 전부터(몇 개월 또는 몇 년 전에) 시작되어야 한다는 사실을 강조하고 있다.

상용 시스템을 개발하는 경우 고객/사용자의 니즈를 확인하기 위해 항상 적극적이고 폭넓은 시장 조사가 이루어져야 한다. 이러한 경우 명시적인 시스템 요구조건은 아직 존재하지 않는 경우가 많다. 시스템 개념 및 관련 성능 요구조건을 정의하기 위한 전제조건으로, 시스템엔지니어링은 잠재적인 고객 및 현재 시스템 사용자와 최대한 직접적으로 소통해야 한다. 이러한 과정을 통해서 시스템의 강점, 한계는 물론이고 관련된 운용 절차를 직접 관찰하는 것이 중요하다.

6.6 요구조건 측정지표(metrics)

측정지표는 분석가, 엔지니어 및 의사 결정자에게 시스템이 운영 환경 속에서 의도한 목표를 성공적으로 달성할 수 있는지를 알려주는 데 사용된다. 또한 측정지표는 시스템 분석을 수행하는 동안 주어진 측정지표의 값을 기반으로 계획된 시스템 개념의 성공 여부를 추정하기 위해 활용할 수도 있다. 측정지표는 개발자에게 개발 목표를 제공할 수도 있는데, 이 목표는 측정지표를 충족하는 시스템을 설계하는 것이다. 이때 측정지표는 시스템에서 구성품까지의 능력(capabilities)을 포함하는 경우가 많다. 측정지표는 많은 사용자가 사용할 수 있다. 개념 설계자는 측정지표를 사용하여 새로운 시스템 개념이 추구하는 성능(performance)을 구상하고 주변 환경에 대한 기여도를 측정하게 된다. 요구사항 분석가는 모델 및 시뮬레이션 내에서 시스템 개념을 평가하기 위해 평가지표를 사용한다. 시험 엔지니어는 평가지표를 이용하여 선택한 시스템의 시험이 성공했는지를 평가한다.

효과도 척도 및 성능 척도

운용 효과 분석을 수행하기 위해서는 특정한 측정지표의 개념과 의미를 탐구할 필요가 있다. 측정지표는 궁극적으로 시스템을 정의하고, 의미 있고 검증

가능한 요구조건을 수립하기 위한 핵심 요소이다. 또한 시스템을 시험하는 과정에서도 측정지표는 필요하다. 따라서 이러한 측정지표를 개발 수명주기 동안 적절하고 일관되게 정의하는 것이 중요하다. 효과 및 성능과 관련된 측정지표를 묘사하기 위한 표현에는 여러 가지가 있다. 일반적으로 사용되는 두 가지 방법(이 책 전반에 걸쳐 사용하고 있는)은 효과 척도(MOE, Measures Of Effectiveness)와 성능 척도(MOP, Measures Of Performance)이다. 불행히도 이러한 용어에 대한 보편적인 정의는 존재하지 않는다. 그러나 그들이 내포하는 기본 개념은 시스템 개념을 이해하고 소통하는 데 결정적이다.

1. **효과 척도**(Measure Of Effectiveness). 특정 조건에서 목적을 달성하는 정도를 나타내는 시스템 전체 성능의 정성적 또는 정량적 측정지표. MOE는 항상 시스템 전체를 가리킨다.
2. **성능 척도**(Measure Of Performance). 특정 속성 또는 하부시스템의 시스템 특성 또는 성능에 대한 정량적 측정지표. MOP는 일반적으로 시스템 전체보다 낮은 수준의 물리적 성능을 측정한다.

일반적으로 MOE 또는 MOP는 세 부분으로 구성된다: 평가지표, 평가지표의 단위 및 평가지표가 적용되는 조건 또는 콘텍스트. 예를 들어, 새로운 레크리에이션 항공기의 MOE는 표준 대기일의 해수면 조건에서 해리 단위로 측정되는 최대 비행 범위가 된다. 여기서 평가지표는 "최대 범위"이고, 단위는 "해리(Nautical Miles)"이며, 조건은 "해수면에서 (잘 정의된) 표준 대기일"이다. 이 MOE는 항공기 전체와 관련이 있으며 비행 목표를 달성하는 데 필요한 항공기 성능의 한 가지 측면을 설명한다.

MOE는 다양한 형태일 수 있으나, 본 교재에서는 일반적으로 사용되는 세 가지 범주인 측정(measurement), 우도(likelihood) 및 이진(binary)로 나누어 정의하고자 한다. 측정은(실제 시스템, 하부시스템 또는 수학적, 물리적 모델로부터) 직접 측정할 수 있는 MOE를 말한다. 이것은 결정론적이거나 무작위적일 수 있다. 우도 MOE들은 이벤트가 발생할 확률과 관련이 있으며, 다른 MOE들을 포함할 수 있다. 예를 들면, 우도 MOE는 항공기가 최대 고도 20,000ft에 도달할 확률

(probability)일 수 있다. 이 경우 확률은 다른 측정 MOE를 기준으로 정의된다. 마지막으로 이진 MOE는 이벤트 발생 여부를 알 수 있는 논리적인 변수이다. 이벤트가 발생하거나 발생하지 않는다는 것을 의미한다.

MOE를 측정하거나 확인하는 경우에, 우리는 결과적으로 측정된 값을 MOE 값이라고 한다. 따라서 우리의 항공기 예에서 새로운 항공기의 최대 범위가 1,675nm로 측정되었다면, "1,675"가 그 값이다. 물론 MOEs는 다른 어떤 측정지표와 마찬가지로 서로 다른 조건에서 다양한 값을 가질 수 있다.

마지막으로 엔지니어는 시스템의 어떤 특성이 특정한 한계값(threshold)을 초과하는지를 확인하기 위해 이진법 MOE를 사용한다. 예를 들어, 우리는 표준일의 해수면에서 항공기의 최대 비행 범위에 대한 한계값을 1,500nm로 정의할 수 있다. 이진법 MOE는 측정된 MOE 값이 우리의 한계값을 초과하는지를 결정하기 위해 정의될 수 있다. 예를 들어, 이진수 MOE가 "예"일 경우, 1,675nm이라는 측정값은 한계값인 1,500nm를 초과한다는 것을 의미한다.

6.7 요구조건 검증 및 확인

실현 가능성이 높은 몇 가지 대안이 될 수 있는 개념으로부터 운용적인 측면에서 유의미한 성능 특성을 도출하였고, 이 모든 것들이 시스템 운용 요구조건을 충족할 수 있는 것으로 보인다고 가정하자. 이제 다음으로 수행해야 하는 절차는 이러한 특성들을 세분화하고 단일 세트로 통합함으로써 공식적인 시스템 성능 요구조건을 작성하는 것이다. 앞서 언급한 바와 같이, 공학 단위로 제시된 이 성능 요구조건은 최종적으로 개발이 완료된 시스템을 실제 환경에서 시험하는 단계에 이르기까지 시스템 개발 후속 과정에서 명확한 근거로 사용하게 된다.

시스템 성능 요구조건을 개선하고 확인하기 위한 작업은 밀접하게 연관된 두 개의 프로세스와 관련이 있다. 첫 번째는 통합 프로세스이다. 이 프로세스는 실현 가능성이 크고 대안이 될 수 있는 개념들의 성능 특성을 비교하고 결합하는 과정이다. 두 번째는 효과 분석 프로세스이다. 이 프로세스는 통합된 특성을 운용 요구조건 측면에서 그 유효성을 평가하기 위한 것이다.

성능 특성 통합

통합 프로세스는 탐색 프로세스를 통해서 확인된 다양한 시스템 개념들의 특성을 선택하고 개선하는 역할을 한다. 여기서 탐색 프로세스는 필수적인 운용 특성을 가질 수 있는 시스템을 정의하기 위한 필요충분조건을 갖추고 있어야 한다. 활용할 수 있는 분석도구와 관계없이, 이 프로세스를 수행하기 위해서는 최고 수준의 시스템엔지니어링 판단이 필요하다.

이전에 언급한 바와 같이, 이 과정에서 수행되는 프로세스는 선행 시스템과 관련된 경험이 있는 시스템 엔지니어가 참여하는 경우에 큰 이점을 얻을 수 있다. 선행 시스템을 통해서 제공되는 지식과 데이터베이스는 새로운 요구조건과 개념을 개발하는 데 매우 중요한 정보의 원천이 되기 때문이다. 선행 시스템의 개발을 주도했던 주요 엔지니어 및 관리자 중 일부는 여전히 새로운 요구조건 및 개념을 개발하는 과정에 이바지하게 된다. 그들은 현재 시스템이 갖고 있는 부족한 부분이 무엇인지를 인지하고 있을 뿐만 아니라 이미 다양한 개선 방안을 고려했을 가능성이 크다. 또한 수년간에 걸친 운용적 측면의 요소들에 대한 지식을 바탕으로 고객이 진정으로 원하는 것이 무엇인지 알고 있을 것이다. 관련된 배경을 보유한 핵심 시스템 엔지니어가 한 명만 있어도 상당한 도움을 받을 수 있다. 이러한 유형의 업무에 정통한 사람들 대부분은 충족시키고자 하는 요구조건 및 개념의 실행 가능성에 대해 훈련된 “직감”을 갖게 된다. 어떤 경우에는 자문 역할 정도로 참여하기도 하는 그들의 도움이 요구조건 분석 업무 자체를 수행하지 않아도 될 만큼 그 역할이 큰 것은 아니지만, 요구조건 분석을 위해 투입되는 노력을 올바른 방향으로 집중할 수 있도록 도와줄 수 있다. 즉 만약 이러한 도움이 없다면 잘못된 방향을 향해서 맹목적으로 추구할 수도 있는 실수를 피할 수 있게 해준다.

성능 특성 확인

이 프로세스의 마지막 절차는 도출된 성능 특성을 운영 요구조건과 제약조건에 대해서 확인하는 것이며, 그런 다음 확인된 성능 특성을 요구조건 문서 형태로 변환해야 한다. 이상적으로 생각하면 구체화 절차를 통해 얻는 성능 특성은 구현 개념 탐색 프로세스를 수행하여 확인되는 개념들로부터 만들어지게 될 것이다. 그러나 통합 절차를 거치면서 특성 세트에는 큰 변화가 생기게 된다. 통합 절차에서는 관련이 없거나 중복된 특성을 제거하는 것은 물론이고 효과 모델에는 포함되지 않았던 외부 제약조건을 추가하려는 노력을 기울이기 때문이다. 따라서 효과 분석을 한 번 더 실시해 운용 요구조건을 준수하는지를 검증해야 한다. 일반적으로 위의 절차에서 사용되는 효과 모델은 이전 절차에서 사용되었던 모델보다 더 엄격하고 상세해야 한다. 이는 최종 생산품에서 중요한 평가기준이 누락됨에 따라서 발생하는 결함이 없도록 해야 하기 때문이다.

위의 프로세스는 다음과 같은 목표를 충족하면서도 모순점이 없는 시스템 성능 특성들이 확보될 때까지 폐쇄형 루프 방식으로 수행된다.

1. 시스템 성능 특성은 시스템이 무엇을 해야 하고, 얼마나 잘해야 하는지를 규정하지만, 시스템이 어떻게 그것을 수행해야 하는지 구체적인 방법에 관한 규정은 하지 않는다.
2. 시스템 성능 특성은 분석 수단이나 실험적인 방법으로 검증이 가능한 공학적 용어를 사용해 그 특성들을 정의함으로써 시스템 개발의 후반부에 수행되는 엔지니어링 과정들의 기초가 된다.
3. 시스템 성능 특성은 외부 인터페이스 및 상호작용을 포함해 시스템 운용 요구조건 및 제약사항을 완전하고 정확하게 반영하고 있으므로, 시스템이 제시된 특성을 수행하게 되면 운용 요구조건을 충족하게 될 것이다.

요구조건 문서

시스템 성능 특성을 요구조건 문서로 변환하려면 전문적인 구성과 편집 과정이 필요하다. 시스템 성능 요구조건은 뒤이어 이어지는 개념 정의 과정과 이후에 이어지는 과정에서도 주요한 기준으로 사용될 것이기 때문에, 이 문서는 명확하고 일관성이 있고 완전해야 한다. 그러나 이렇게 작성된 문서가 돌에 새긴 것이 아니라 살아있는 문서임을 인식하는 것도 중요하다. 이것은 시스템이 개발되고 실험됨에 따라 계속 진화하고 개선될 수 있기 때문이다.

니즈-주도형 방식으로 시스템을 개발하고자 할 때는, 개념 정의 과정에서 개발에 참여하고자 하는 여러 업체 사이의 경쟁을 유도하게 된다. 이런 경우 시스템 성능 요구조건은 참여 업체들에게 제공되는 제안 요청서에 포함되어야 하는 주요 항목이 된다. 물론 기타 조건 및 제약사항과 관련된 내용 역시 상세하게 제공되어야 한다. 종종 이러한 제안 요청서는 그 완전성과 명확성을 보장할 수 있도록 사전에 잠재적 참여 업체들에게 초안 형태로 회람하는 것이 필요하다.

기술-주도형으로 시스템을 개발하는 절차에서는, 탐색과정을 수행하는 개발업체가 이후의 개념 정의와 후속 과정도 담당하게 된다. 일반적으로 탐색과정에서 만들어지는 최종 산출물은 이어지는 개념 정의 과정의 승인 및 예산 지원 여부를 결정하는 기초가 되기 때문이다. 여기서 개념 정의 과정은 새로운 시스템을 본격적으로 개발하게 되는 공학 개발과정 바로 이전의 과정을 말한다. 이 목적을 충족시키기 위해서 통상적으로 요구조건 문서에는 조사된 대안 중 가장 매력적인 대안 개념에 대한 철저한 설명이 포함되어야 한다. 또한 그 대안 개념이 실현 가능하다는 증거, 새로운 시스템의 니즈를 확인할 수 있는 시장 분석 결과는 물론이고 개발, 생산 및 시장 도입 비용의 추정치도 제시되어야 한다.

6.8 요구조건 개발: TSE 대 애자일

기존 시스템 엔지니어들(TSE, Traditional Systems Engineers)은 새로운 요구조건을 개발하는 방법으로 폭포수 접근법을 사용하는 경우가 많다. 폭포수 접근법을 사용하는 이유는 적절한 이해당사자들의 의견을 수렴했는지, 다양한 운용환경을 고려하였는지 그리고 새로운 시스템이 맞닥뜨리게 될 미래의 위협에 대해서도 충분한 검토가 이루어졌는지 등을 확인하기 위해서이다. 새로운 시스템의 개념과 그 개념이 주변 환경에 어떠한 영향을 미치게 될지를 평가하기 위해서는 더 많은 전략적 접근방법들을 살펴봐야 하므로, 이 접근방식은 종종 더 많은 시간이 소요될 수 있다.

대부분의 애자일 시스템 엔지니어는 요구조건을 개발할 때 더 빠른 개발 접근방식을 선택한다. 그들 역시 이해관계자들과 상담을 진행하게 된다. 그러나 이러한 과정을 이용해 시스템 요구조건의 일정 부분을 개발하기 위해서는 반복적인 접근방식이 필요할 수 있다. 다양한 이해관계자들로부터 피드백을 받을 수는 있지만, 시스템 중 일부 선택된 부분과 관점에 초점을 맞출 필요가 있다. 이러한 접근방식 때문에 이 방식은 시스템에 대해서 보다 상향식 관점을 취할 수 있으며, 시스템의 전술적 관점과 요구조건을 살펴볼 수가 있다.

6.9 요약

시스템 요구조건 개발

개념 탐색과정(여기서 정의된)의 목적은 공통적인 특성을 도출하기 위해 대안이 될 수 있는 개념들을 탐색하는 것이다. 또한 지금까지 갖고 있던 운용 지향적인 관점을 공학 지향적인 관점으로 전환하는 것이다. 개념 탐색을 통한 산출물은 ① 시스템 성능 요구조건, ② 하부시스템 수준 이하의 시스템 아키텍처 및 ③ 대안이 될 수 있는 시스템 개념들이다.

개념 탐색과정에 포함되는 활동들은 다음과 같다.

- 운용 요구조건 분석: 완전성과 일관성을 확인.
- 구현 개념 탐색: 기능 특성을 정교화.
- 성능 요구조건 작성: 기능 및 매개변수를 도출.
- 성능 요구조건 확인: 운용적 타당성을 확인.

요구조건 개발 및 출처

요구조건이 만들어지는 출처는 다양할 수 있다. 요구조건 작성자는 기존 시스템이 가진 결함 정보를 활용할 수 있을 뿐만 아니라, 새로운 개념을 평가하는 과정에서 얻게 되는 지식을 기반으로 미래의 임무를 성공적으로 수행하기 위해 사용자에게 필요한 요구조건이 무엇인지 도출할 수도 있다. 일반적으로 사용되는 네 가지 접근법은 다음과 같다.

- 미래 환경에서 운용할 수 있는 최신 기술이나 개념을 적용한 새로운 시스템을 개발.
- 개선: 기존 시스템이 존재하는 경우에, 소비자의 수요를 기초로 기존 시스템을 개선할 수 있는 새로운 방법을 찾아낼 수 있음.

- 위협 주도형: 새로운 위협은 이러한 위협에 대응하기 위한 개선과 함께 기존 시스템과 개념에 대한 재검토가 필요함.
- 기능 추가: 새로운 제휴 시스템이나 보완 시스템이 도입되는 경우 기존의 시스템의 기능은 향상되지만, 상호 접속과 운용과 관련된 새로운 방법이 필요.

요구조건 기능 및 속성

일반적으로 기능이란 더 높은 수준에서 추상적으로 표현되어있는 목표를 만족시킬 수 있는 일련의 요구조건들이다. 이러한 기능들은 사용자의 요구조건과 시스템의 니즈에 따라 다를 수 있다. 그러나 특정한 사용자 그룹에 성능을 설명하기 위해서는 요구조건 목록을 작성하는 것이 효과적일 수 있다. 그런 다음 이러한 일련의 기능들은 발전시켜야 한다. 이때 적절한 이해관계자 집단과 함께 그들의 특정한 니즈를 만족시키기 위해 충분히 협의가 이루어졌는지 확인이 필요하다.

요구조건 속성은 요구조건의 기술적인 특성을 묘사한다: 측정 가능 여부, 정량화 가능 여부, 어떤 조건과 기준이 요구조건을 충족시킬 수 있는지 등.

요구조건 개발 프로세스

요구조건 개발 프로세스에는 도출, 분석, 검증 및 문서화의 네 가지 기본 절차가 포함된다. 이러한 절차를 올바르게 수행하면 일련의 완벽한 요구조건을 만들어낼 수 있다.

요구조건 계층구조

요구조건은 몇 가지 다른 계층구조로 구분되어 있다; 요구조건을 적절한 범위에 맞추어서 개발하기 위해 본 교재에서는 요구조건의 내용을 운용, 시스템, 성능 및 구성품으로 정의하고 있다. 운용 요구조건은 운용 범위 내에서 실행할 필요가 있는 것으로 묘사할 수 있다. 시스템 수준의 요구조건은 시스템 및 운용 환경에서 시스템이 어떻게 수행되는지에 더 초점을 맞춘다. 성능 수준의 요구조건은 일반적으로 공학적인 특성의 용어로 기술되는 시스템 활동을 통해 기대하는 필수적인 결과물로 명시하는 것이다. 구성품 수준의 요구조건은 시스템의 기술적 측면에 초점을 맞추며 낮은 수준의 기술적 세부사항을 제공한다.

요구조건 측정지표

측정지표는 시스템이 실제 운용조건을 가진 운용환경 내에서 의도한 목표를 성공적으로 달성할 수 있는지에 관한 정보를 분석가, 엔지니어 및 의사결정자에게 제공하기 위해 사용된다. MOE는 특정 조건에서 시스템 목표를 달성하는 정도를 나타내는 시스템 전체 성능의 정성적 또는 정량적 측정지표를 가리킨다. MOE는 언제나 시스템 전체를 가리킨다. MOP는 특정 속성 또는 하부시스템의 시스템 특성이나 성능에 대한 정량적인 측정지표를 말한다. MOP는 일반적으로 시스템 전체보다 낮은 수준의 물리적 성능을 측정한다.

요구조건 검증 및 확인

성능 요구조건을 확인하기 위해서는 두 가지 상호 관련이 있는 활동을 수행해야 한다: 여기에는 ① 대안이 되는 시스템 개념들로부터 도출한 요구조건의 통합과 ② 운용 요구조건의 만족도를 입증하기 위한 효과 분석. 성능 요구조건은 살아있는 문서로 인식되어야 한다. 즉, 요구조건은 시스템 수명주기 전체에 걸쳐서 검토가 이루어지고 업데이트되어야 한다.

요구조건 개발: TSE 대 애자일

전통적인 폭포수 기법은 요구조건 개발을 좀 더 체계적인 접근방식을 이용해 수행할 수 있다는 장점이 있지만, 소요 시간이 더 걸릴 수 있다. 애자일 기법은 요구조건을 반복적으로 더 빠르게 개발할 수 있다.

연습문제

6.1 미래의 배출가스 기준을 충족시키기 위해, 몇몇 자동차 생산업체들은 전기로 구동되는 자동차를 개발하고 있다. 새로운 전기 자동차에 대한 5가지 요구조건을 개발하시오.

6.2 문제 6.1의 예를 들어, 이 새로운 전력 공급 장치를 기존의 자동차에 적용하기 위해 개조가 필요한 5가지 요구조건을 개발하시오.

6.3 문제 6.1의 예를 들어, 새로운 전기 자동차와 충전소에 대한 5가지 운용 요구조건을 작성하시오. 이러한 요구조건을 정량화하여 설명하시오.

6.4 문제 6.1의 예를 들어, 새로운 전기 자동차와 충전소에 대한 5가지 성능 요구조건을 작성하시오. 이러한 요구조건을 정량화하여 설명하시오.

6.5 문제 6.1의 예를 들어, 새로운 전기 자동차와 충전소에 대한 구성품 요구조건 5가지를 작성하시오. 이러한 요구조건을 정량화하여 설명하시오.

6.6 문제 6.1의 예를 들어, 새로운 전기 자동차와 충전소에 대해 5개의 MOE를 작성하시오. 이러한 요구조건을 정량화하여 설명하시오.

추가 자료

Blanchard, B. and Fabrycky, W. (2013). *System Engineering and Analysis*, 5e. Prentice Hall.

Chase, W.P. (1974). *Management of Systems Engineering*. Wiley, Chapters 4 and 5.

Eisner, H. (1997). *Essentials of Project and Systems Engineering Management*. Wiley, Chapter 8.

Hitchins, D.K. (2007). *Systems Engineering: A 21st Century Systems Methodology*. Wiley, Chapters 5 and 8.

Kendall, K. and Kendall, J. (2003). *Systems Analysis and Design*, 6e. Prentice Hall, Chapters 4 and 5.

Law, A.M. (2014). *Simulation, Modeling & Analysis*, 5e. McGraw-Hill.

Lykins, H., Friedenthal, S., and Meilich, A. (2000). Adapting UML for an Object-Oriented Systems Engineering Method (OOSEM). *Proceedings of Tenth International Symposium INCOSE*, Minneapolis, MN (July 2000).

Meilich, A. and Rickels, M. (1999). An application of object-oriented systems engineering to an army command and control system: a new approach to integration of systems and software requirements and design. *Proceedings of Ninth International Symposium INCOSE*, Brighton, England (July 1999).

Rechtin, E. (1991). *Systems Architecting: Creating and Building Complex Systems.* Prentice Hall, Chapter 1.

Reilly, N.B. (1993). *Successful Systems for Engineers and Managers.* Van Nostrand Reinhold, Chapters 4 and 6.

Sage, A.P. and Armstrong, J.E. Jr. (2000). *Introduction to Systems Engineering.* Wiley, Chapter 4.

Shortell, T.M. (ed.) (2015). *INCOSE Systems Engineering Handbook: A Guide for System Life Cycle Processes and Activities*, 4e. Wiley.

Stevens, R., Brook, P., Jackson, K., and Arnold, S. (1998). *Systems Engineering, Coping with Complexity.* Prentice Hall, Section 8.

7. 기능 분석

7.1 시스템 개념의 선택

기능 분석은 새로운 아이디어와 개념을 개발하였던 니즈 분석 단계로부터 새로운 시스템 개념을 본격적으로 개발하기 위한 기능 분석과정으로 전환되는 핵심적인 활동이다. 시스템의 활동, 상호작용 및 작동 등을 묘사하는 기능들이 이 과정에서 만들어진다. 이 기능 분석과정에서 시스템 엔지니어는 위와 같은 산출물들을 생산하기 위해 다양한 도구를 사용하게 된다. 시스템 엔지니어의 역할은 아이디어를 공론화해 시각화된 시스템의 완전성을 보장하고 물리적 설계의 기초를 마련하는 것이다.

시스템 수명주기의 일부분인 개념 정의 과정의 목적은 개념적인 과정을 통해 정의된 운용상 니즈와 요구조건을 충족하기 위해 제안되었던 새로운 시스템(또는 기존 시스템의 주요 업그레이드)에 대한 기능적 및 물리적 특성을 정의하기 위한 것이다. 개념 정의 과정은 이전 과정보다 좀 더 진지하고 본격적인 노력을 시작하는 시기이기도 하다. 이 과정에 참여하는 관계자들은 시스템의 운용 효과, 개발 시간, 수명주기 비용 등을 예측할 수 있을 만큼 충분히 상세하고 정량적으로 시스템을 특성화하겠다는 목표를 가져야 한다. 개념 정의 과정에 투입되어야 하는 노력의 수준은 이전 과정에서 주도적으로 기여했던 시스템 엔지니어와 분석가들은 물론이고 시스템 설계자와 엔지니어링 전문가의 참여가 추가로 필요하므로 이전의 과정들보다 그 규모가 훨씬 크다. 대부분의 니즈-주도형 방식의 시스템 개발 프로그램에서 이 과정은 경쟁에 참여하는 다수의 개발업체에 의해 수행된다. 이러한 개발 경쟁은 사용자의 주도로 또는 외부 전문기관의 도움으로 이전 과정에서 개발된 성능 요구조건을 기반으로 한다. 이 과정을 통해서 얻고자 하는 산출물은 대안이 될 수 있는 다수의 시스템 개념 중에서, 이후에 이어지는 개발 및 엔지니어링을 위한 기준으로 사용하게 될 특정한 하나의 개념을 선택하는 것이다. 이 과정을 기점으로 하여, 시스템 개발과정은 하드웨어 및 소프트웨어를 모두 고려하게 되며, 선택한 시스템 개념(필요에 따라서는 수정도 가능)을 구현하고자 하는 노력은 물론이고 향후 생산 및 운용을 목표로 엔지니어링을 시작하게 된다.

개념 정의 과정에서는 시스템 아키텍처가 처음으로 작성되고 그 의미가 공식적으로 정의되게 된다. 이러한 이유로 일부 문헌에서는 이 과정을 시스템 아키텍처 과정으로 지칭하기도 한다. 이것이 완벽하게 적절한 것이 아닐 수도 있지만, 현재 정의되고 이해하고 있는 바와 같이 시스템 아키텍처를 작성하는 것은 이 과정에서 수행되어야 하는 주요한 활동인 것은 사실이다. 시스템 아키텍처의 세부사항은 9장에서 설명할 예정이다.

시스템 수명주기에서 개념 정의 과정의 위치

전체 시스템 개발 절차에서 개념 정의 과정의 위치는 그림 7.1과 같다. 이 과정은 개념 개발 단계의 마지막 과정에 해당하고 공학 개발 단계의 첫 번째 과정인 선행 개발 과정으로 이어진다. 이 과정을 수행하기 위한 입력물은 시스템 성능 요구조건, 실행 가능한 여러 시스템 개념을 포함하는 기술 영역, 시스템 개발과 관련된 계약 및 조직과 관련된 프레임워크이다. 이 과정을 수행함으로써 얻게 되는 산출물에는 시스템 기능사양, 정의된 시스템 개념 및 이어지는 엔지니어링 프로그램을 진행하기 위한 세부적인 계획들이 포함된다. 일반적으로 이

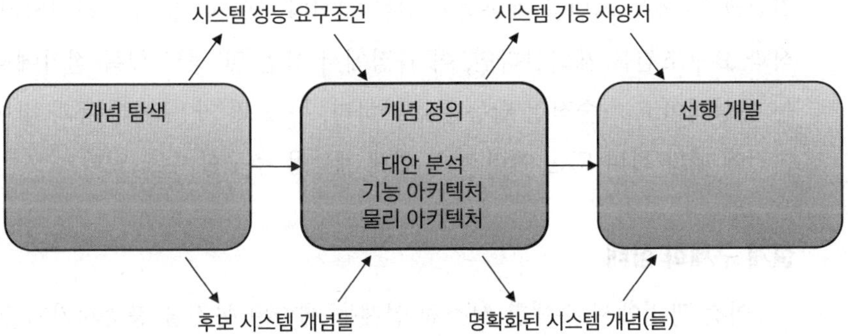

그림 7.1 시스템 수명주기에서 개념 정의 과정

과정에서 만들어지는 계획과 관련된 결과물에는 시스템엔지니어링 관리 계획(SEMP), 프로젝트 업무 분할 구조(WBS), 개발 및 생산을 위한 비용 추정, 시험 계획 및 기타 후속 지원과 관련된 자료들이 포함된다. 여기서 주목해야 할 것은 시스템엔지니어링 관리 계획에는 이어지는 과정에서 따라야 하는 시스템엔지니어링 수행방식에 대한 자세한 내용도 포함되어야 한다는 것이다.

고객이 정부기관인 경우, 관련 법률은 특별한 경우가 아니라면 모든 획득 프로그램을 경쟁 방식으로 수행하도록 규정하고 있다. 이러한 경쟁 방식은 특히 개념 정의 과정에서 자주 나타난다. 보통 이 과정은 공식적인 제안 요청을 통해서 시작된다. 이때 제안 요청서에는 전체 시스템의 기능, 성능 및 호환성 수준에서의 시스템 요구조건과 관련된 내용이 포함되는 것이 일반적이다. 이러한 제안 요청서를 확인하고 경쟁에 참여하는 계약자는 프로그램의 개념 정의 과정을 구현하는 노력을 통해 제안서를 작성하게 된다. 결과적으로는 경쟁에 참여한 복수의 개발업체 중에서 경쟁을 통해서 선정된 업체가 제안한 시스템 개념과 접근법(때에 따라서는 한 개 이상)이 이후에 이어지는 시스템 개발을 위한 기준이 된다.

상업용 제품을 개발하는 경우에는 타당성 분석을 통해 얻어진 결과를 바탕으로 개념 정의 과정을 착수하는 것이 일반적이다. 이때 타당성 분석을 통해서 얻은 결과는 생산품에 대한 유효한 니즈가 있다는 것과 하나 이상의 기술적 접근방식을 이용해 이러한 니즈를 충족시킬 수 있는 가능성이 높다는 것을 보여주어야 한다. 이는 상용 제품 개발에서 개념 정의 과정은 일정 수준의 자원을 추가로 투입해야 하는 시점이다. 여기서 자원을 투입하는 이유는 제안된 제품을 좀 더 구체화시킴으로써 회사가 본격적이고 완전한 규모의 개발을 진행할지를 결심할 수 있는 기반을 제공하기 위한 것이다. 상세한 문서를 작성하기 위한 형식과 요구조건을 제외한다면, 이 과정에서 상업 및 정부 획득 절차에서 수행되는 통상적이고 기술적인 활동은 유사하다. 목표 및 가용 예산 등과 같이 주어진 여건에 따라 하나 또는 여러 개의 설계 개념을 추구할 수도 있다.

설계 구체화 상태

이전 과정에서 수행한 시스템 설계는 제한된 목적을 충족시키기 위한 것이었다. 즉 제안된 개념이 실현 가능한 시스템 설계로 발전될 수 있고, 다른 유리한 설계 개념들을 배제시킬 수 있는 문제점을 갖지 않는 일련의 성능 요구조건을 정의하는 데 필요한 수준까지만 시스템 설계를 수행하였다. 이와 같은 목적을 달성하기 위해서는 하부시스템 수준의 기능을 정의하고 개념을 구현하는 것과 관련이 있는 구성품만을 시각화하는 것만으로 충분하였다.

하지만 새로운 시스템에 대한 운용 성능, 개발에 필요한 노력 및 생산 시 소요 비용 등을 어느 정도 신뢰성 있게 추정할 수 있는 수준으로 정의하기 위해서는(기존에 개발된 시스템과 유사한 수준으로), 개념 설계의 수준을 한 단계 더 깊게 진행해야 한다. 이러한 이유로 인해, 개념 정의 과정에서의 이루어지는 디자인의 초점은 시스템의 기본적인 빌딩 블록인 구성품에 맞추어져 있다. 표 3.1을 반복해서 보여주고 있는 표 7.1에 나타나 있는 것처럼 이 과정에서는 시스템의 구성품을 선택하고 기능을 정의하는 활동에 중점을 둔다. 또한 구성품들이 하부시스템 내에서 어떠한 형상을 갖게 되는지도 정의하게 된다.

위와 같은 작업을 수행하기 위해서는 주로 특정한 전문기술 분야와 조직의 경계를 넘나드는 기술적인 문제들을 해결해야 하므로, 시스템엔지니어링이 담당해야 하는 책임이다. 하지만, 기능 정의 작업은 다음과 같은 경우에만 효과적으로 수행될 수 있다. 먼저 이전에 결정된 각 기능을 달성하기 위해 사용되는 구성품 구현 방안을 적절한 수준까지 잘 이해하고 있어야 한다. 또한 기능적인 수

표 7.1 개념 정의 과정의 시스템 구체화 상태표

과정 / 수준	개념 개발			공학 개발		
	니즈 분석	개념 탐색	개념 정의	선행 개발	공학 설계	통합 및 시험
시스템	시스템 능력 및 효과 정의	개념 식별, 탐색 및 합성	선택한 개념 정의 (사양서 포함)	개념 검증		시험 및 평가
하부시스템		요구조건 정의 및 실현 가능성 확인	기능 및 물리 아키텍처 정의	하부시스템 검증		통합 및 시험
구성품			기능을 구성품에 할당	사양서 정의	설계 및 시험	통합 및 시험
하부구성품		시각화		기능을 하부 구성품에 할당	설계	
부품					제작 또는 구매	

준에서는 완료할 수 없었던 위험 평가 및 비용 분석 업무를 수행할 수 있을 만큼 구성품 구현 방안에 대한 충분한 시각화가 필요하다. 따라서 많은 시스템엔지니어링 작업과 마찬가지로 숙련된 설계 전문가와의 상담 및 조언이 거의 항상 필요하다. 특히 하부시스템 성능을 기존 시스템이 달성했던 수준 이상으로 높이기 위한 목적으로 첨단기술을 적용하는 경우에는 더욱 그렇다.

개념 정의에서 시스템엔지니어링 방법

개념 정의 과정에서 수행해야 하는 활동은 시스템엔지니어링 방법을 구성하는 네 가지 절차(3장 참조)를 기준으로 다음 절에서 논의될 것이다. 또한 계속해서 수행해야 하는 시스템 개발 노력에 관한 기획 방안과 시스템 기능 요구조건 작성에 대한 설명이 이어질 것이다.

이 과정을 수행하기 위해 적용되는 네 가지 절차는 아래에 요약되어 있다(괄호 안에 있는 일반 명칭).

성능 요구조건 분석(필수 분석). 대표적인 활동은 다음과 같다.

- 시스템 성능 요구조건을 분석하고 이를 운용 목표 및 전체 수명주기 시나리오와 연관시킴.
- 명시되지 않은 제약사항들을 포함하고 가능한 경우 정성적인 요구조건은 정량화할 수 있도록 요구조건을 구체화함.

기능 분석 및 조합(기능 정의). 대표적인 활동은 다음과 같다.

- 시스템 기능 요소 측면에서 하부시스템 기능을 구성품 수준에 할당하고 요소 간의 상호작용을 정의.
- 기능 아키텍처 산출물을 개발.
- 할당된 기능에 부합하는 예비 기능 요구조건을 조합.

개념 선택(물리 정의). 대표적인 활동은 다음과 같다.

- 성능 요구조건을 충족하도록 설계된 다양한 기술 접근법 및 구성품 형상을 통합.

- 물리 아키텍처 산출물을 개발.
- 구성품과 아키텍처를 이용해 정의된 시스템 개념 중에서 선호하는 시스템 개념을 선택하기 위한 성능, 위험, 비용 및 일정 간의 절충 연구 수행.

개념 확인(디자인 확인). 일반적인 활동은 다음과 같다.

- 시스템 분석 및 시뮬레이션을 수행함으로써 선택한 개념이 요구조건을

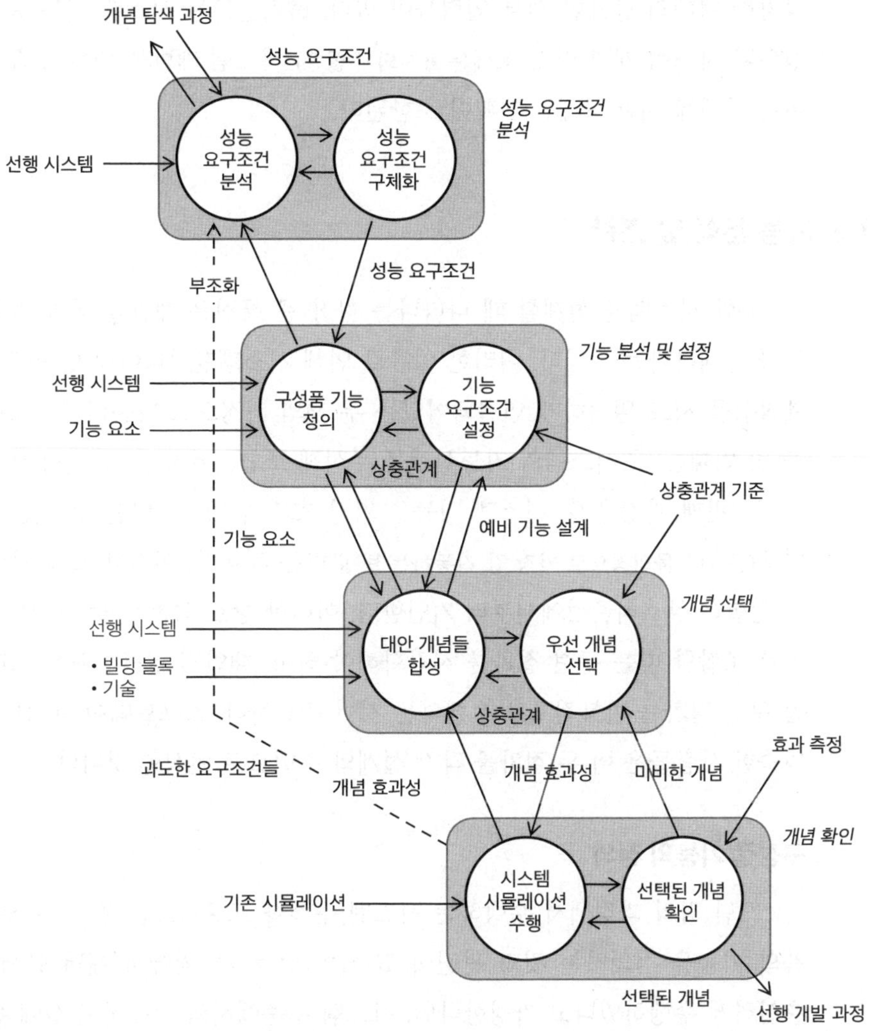

그림 7.2 개념 정의 과정 흐름도

충족하는지, 다른 경쟁 개념보다 우수한지를 확인.

- 필요한 경우 개념을 수정.

개념 정의 과정에서 시스템엔지니어링 방법을 적용하는 세부적인 절차는 그림 7.2에 나타나 있다. 입력사항에는 시스템 성능 요구조건과 경쟁적인 설계 개념들이 포함된다. 이러한 입력사항은 이전 과정(요구조건 정의)을 통해서 도출된 것이다. 또한 기술, 시스템 빌딩 블록(구성품), 도구, 모델, 경험 지식 기반 등 다양한 형태의 중요한 외부 입력들이 있다. 출력물로는 시스템 기능 요구조건, 정의된 시스템 개념 및 (도표에는 표시되지 않은) 시스템 개발을 위한 후속 엔지니어링 단계에 대한 상세한 계획이 포함된다.

7.2 기능 분석 및 조합

복합 시스템을 설계할 때 나타나는 가장 큰 특징은 개발을 위한 업무의 규모가 방대하다는 것이다. 이러한 이유로 인해 시스템엔지니어링 방법에서는 설계작업을 서로 밀접하게 연결되어있는 두 개의 과정으로 나눈다. 두 개의 과정 중 첫 번째는 ① 시스템의 기능설계를 분석해 조합(수행해야 하는 작업)하는 것이고, 두 번째 과정은 ② 시스템 기능을 가장 효과적으로 구현할 수 있는 방안을 선택(동작이 물리적으로 가장 잘 작동하는 방법)하는 것이다. 이러한 절차 간의 긴밀한 결합은 상호의존성에서부터 기인한다. 이러한 상호 의존성으로 인해 기능 설계를 조합할 때는 구현 절차를 시각화해야 하고, 대안적 접근방식을 고려할 때는 구현 절차를 반복적으로 수행하는 것이 필요하다. 소프트웨어 엔지니어링에 익숙한 사람들은 이 두 절차를 각각 설계와 구현으로 인식할 것이다.

구성품 기능의 정의

개념 정의 과정에서 수행하는 시스템 구체화 프로세스는 주로 시스템 구성품의 기능을 정의하는 것과 관련이 있다(표 7.1 참조). 앞에서 개념 탐색과정을 충실하게 수행하였다고 가정한다면, 시스템 수준에서의 기능적 구성에 관한 탐구는 이미 완료되었다는 것을 의미한다. 만약 개념 탐색과정이 없었다면, 개념 정의 과정을 공식적으로 착수하기 전에 어떠한 형태로든 탐색적인 연구를 수행했을 가능성이 있다. 이러한 연구를 통해서 제시하게 되는 하나 이상의 시스템 수준의 개념들은 구성품 기능설계를 시작하는 출발점 역할을 하기 때문이다.

기능 빌딩 블록. 성능 요구조건을 시스템 기능으로 전환할 때 수행하게 되는 업무의 일반적인 특징은 시스템 기능 구성 블록 개념을 이용해 설명할 수 있다. 다음 절차가 여기에 포함된다.

1. **기능적 매체의 식별**. 각 주요 시스템 기능과 관련된 매체 유형(신호, 데이터, 소재, 에너지 및 물리력)은 대개 이 다섯 가지 분류 중 하나와 관련이 있다.
2. **기능적 요소의 식별**. 다섯 가지 매체가 담당하는 역할은 각각 5개 또는 6개의 기본 기능적인 요소로 표현할 수 있다. 각각 중요한 기능을 수행하며 다양한 시스템 유형에서 찾아볼 수 있다. 시스템의 활동(기능)은 이러한 기능 빌딩 블록을 선택해 구성할 수 있다.
3. **성능 요구조건과 요소 속성의 관계**. 각 기능 요소는 몇 가지 주요한 성능 속성(예: 속도, 정확도, 용량)을 가지고 있다. 만약 어떤 기능 요소를 관련이 있는 시스템 성능 요구조건과 연관 지을 수 있다면, 그것은 기능 요소가 올바르게 선택되었다는 것을 의미한다.
4. **기능적 요소의 구성**. 요구되는 성능 특성을 충족시키기 위해 선택된 기능적 요소들은 상호 연결되고 통합된 하부시스템으로 그룹화되어야 한다. 이러한 작업은 연결성을 확보하기 위해 인터페이스(입력/출력) 요소들을 추가해야 할 수도 있다.
5. **모든 외부 상호작용의 분석 및 통합**. 종종 성능 요구조건을 작성할 때 시스템이 작동하게 될 운용(또는 기타)환경(예: 외부 제어 또는 에너지원)과 시스템 간의 중요한 상호작용에 관한 내용이 생략되는 경우가 많다. 이러한 상호작용은 전체 기능 구성 내용에 통합되어야 한다.

이 단계에서 최적화를 시도하는 것은 바람직하지 않다. 여기서 만들어진 시스템 기능설계에 관한 초기 조합은 물리 정의를 수행하는 과정에서 그리고 이어지는 후속 절차를 통해서 계속적이고 반복적인 수정이 필요하기 때문이다.

기능적 상호작용. 원칙적으로 기능적 요소들은 주요한 입력 및 출력 사항 이외의 다른 요소에 대해서는 상호연결을 최소화할 수 있도록 구성된다. 그러나 대부분의 기능적 요소들의 경우 외부의 제어 및 에너지원에 의존할 뿐만 아니라 물리적인 구조물에 의해 지지가 되거나 형상을 유지하게 된다. 하부시스템으로 그룹화를 진행할 때는 각 하부시스템은 가능한 자체적으로 동작하도록 설계해야 한다.

서로 다른 하부시스템 간의 중요한 기능적인 상호작용을 최소화해야 하는 이유는 두 가지이다. 하나는 시스템 개발, 엔지니어링, 통합, 시험, 유지보수, 물류지원을 쉽게 하기 위한 것이다. 다른 하나는 향후 운용 수명 동안 시스템의 효율성을 높일 수 있는 업그레이드를 용이하게 하기 위한 것이다.

비교적 효과적으로 기능 그룹화가 가능한 방안(기능 구성)이 여러 가지일 때, 이러한 대안들은 설계 프로세스의 다음 절차까지 가져가야 한다. 다음 절차에서는 우수한 구성을 좀 더 분명하게 선택할 수 있기 때문이다.

기능 블록 다이어그램 작성을 위한 도구

시스템의 기능과 그것들 사이의 상호작용을 표현할 수 있는 몇 가지 공식적인 도구와 방법이 존재한다(그리고 계속 개발되고 있다). 상업적 분야에서는 공식적으로는 기능 흐름 블록 다이어그램(FFBD, Functional Flow Block Diagram)라고 불리는 기능 흐름 다이어그램(FFD, Functional Flow Diagram)을 기능적 측면에서뿐만 아니라 제어의 흐름(또는 다섯 가지 기본 요소 중 하나)을 나타내기 위한 목적으로 사용해왔다. 이 다이어그램 기법은 기능의 계층을 구성하기 위한 목적으로 다양한 수준에서 사용할 수 있다.

통합 정의(IDEF, Integrated DEFinition) 방법은 1970년대와 1980년대에 개발되었다. 실제로 IDEF는 기능성을 넘어 이제는 시스템의 능력을 묘사하기 위한 목적으로도 사용된다. IDEF0(Integrated DEFinition Zero)는 시스템 기능을 나타낼 수 있는 기본적인 기법이다. 기본이 되는 구조는 그림 7.3과 같이 직사각형으로 표시되는 기능적 엔티티이다. 이 기법에는 기능과 관련이 있는 인터페이스를 식

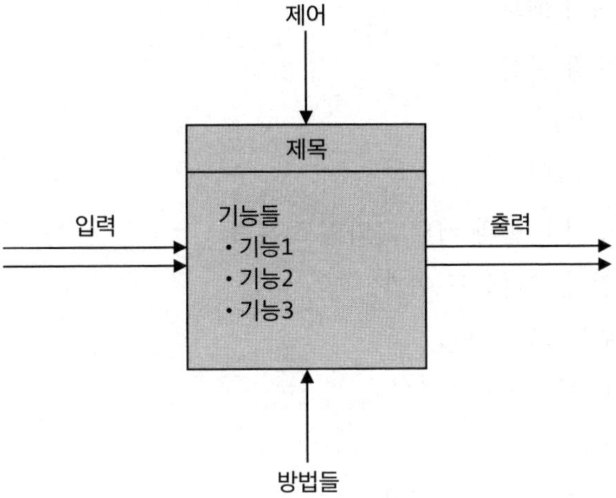

그림 7.3 IDEF0 기능 모델 구조

별하기 위한 엄격한 규칙이 있다. 때때로 엔티티가 수행하는 여러 기능의 목록과 같은 세부정보가 박스 안에 표시되는 때도 있으나, 어떤 경우에는 직사각형 내부가 비어 있는 때도 있다. 입력은 항상 왼쪽에서 들어오고, 출력이 오른쪽으로 나간다. 제어(입력에서 분리)는 위쪽에서 기능을 입력하고, 메커니즘(또는 구현)은 하단으로부터 입력된다.

가장 간단한 다이어그램 기법의 하나는 기능 블록 다이어그램(FBD, Functional Block Diagram)이다. 이 기법은 흐름 구조는 없지만 FFBD와 유사하고, 다이어그램 규칙은 없지만 IDEF0와 유사하다. 기본적으로 각 기능은 직사각형으로 표시된다. 기능 간의 인터페이스는 방향 화살표로 식별되며, 전달되는 내용을 나타내도록 라벨이 표시된다. 만약 기능이 외부 엔티티와 상호작용하는 경우에 이 엔티티는 어떤 특정한 방식(예: 직사각형, 원 등)으로 표시되고 인터페이스 화살표가 추가된다.

커피메이커의 사례를 고려한다면, 11가지 기능을 식별할 수 있다.

입력 기능

- 사용자 명령 접수(켜기/끄기)
- 커피 재료 공급

- 전기 배분
- 중량 분산

변환 기능

- 물 가열
- 뜨거운 물과 커피 그라인드 혼합
- 커피 그라인드 여과
- 원두 커피 가열

출력 기능

- 상태 표시
- 간편한 잔여물 제거
- 열 방출

그림 7.4는 11가지 기능을 사용한 FBD를 나타낸다. 또한 사용자, 전원 공급원(전원 콘센트로 가정), 환경 등 세 가지 외부 엔티티를 볼 수 있다. 기능 목록과 다이어그램에서는 유지보수가 고려되지 않는다는 점에 유의해야 한다. 이는 일반적인 생활가전, 특히 커피메이커가 갖는 특성 때문이다. 이러한 제품들은 유지보수가 필요한 것으로 설계되지 않았으며, "소모품" 또는 "쓰고 버리는 것"으로 분류될 수 있다.

교차선(Crossing Lines)을 사용하지 않는 것이 어려우므로, 서로 다른 인터페이스를 의미하는 화살표를 구별할 수 있는 다양한 방법이 필요하다. 다른 색깔을 사용하는 것은 아마도 가장 일반적인 방법일 것이다. 그러나 다른 방법들, 예를 들어, 점선과 같은 것들도 사용된다. 전력의 경우 단순히 전력을 필요로 하는 기능(예: "F5")을 나열했다. 우리는 이 교재를 보는 독자가 이 예제를 통해서 기능을 식별하고 시스템의 기능적 구조를 개발하는 과정을 파악할 수 있도록 세부적인 설명을 추가하였다. 이 다이어그램을 단순화하는 것은 어렵지 않다. 나중에 다시 기억만 할 수 있다면 이 단계에서는 여러 기능을 생략할 수도 있기 때문이다. 예를 들어, 최종 설계에서는 실제로 사용자가 쉽게 잔여물을 제거할 수 있도록 해준다면, 기능 번호 10인 잔여물 제거 촉진 기능은 이 단계에서 생략할 수도 있다. 또한 다음과 같이 다양한 기능들을 5가지 기본 요소로 분류할 수 있

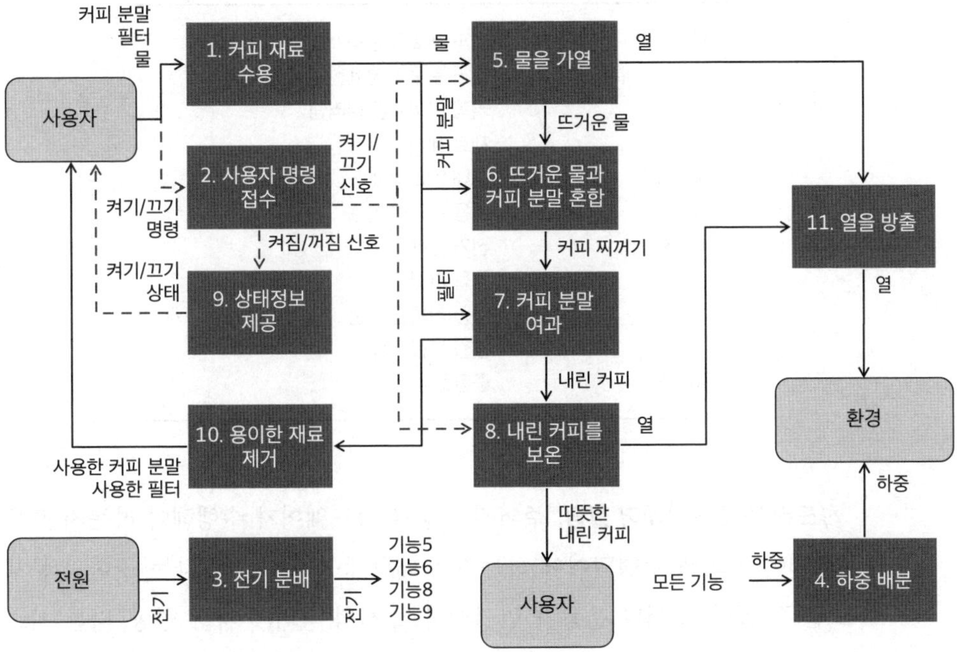

그림 7.4 표준 커피 메이커의 기능 블록 다이어그램

다는 점을 유의해야 한다.

일부 기능들은 하나의 요소 유형으로 입력된 이후에 다른 유형으로 변환되기 때문에 이것은 "분명한" 분류는 아니다. 예를 들어, 기능 2, 사용자 명령 접수의 경우는 정보를 입력하고 이후에 신호로 변환한다. 주관적인 판단이 필요한 부분이다.

SysML도 유사한 기능을 제공하고 있으며 기능 입력과 출력을 상세하게 정의할 수 있다는 장점이 있다. 이러한 기능은 일반적으로 작동, 신호 및 파라미터와 같은 모델 요소를 사용해 표현된다. 효과적인 SysML 모델링은 이러한 기능적 표현을 인터페이스 정의와 통합하고 자동화된 오류 검사를 지원한다(데이터, 에너지 또는 재료를 교환하는 기능을 가진 두 시스템 요소 사이에 규정화된 인터페이스가 존재하는지 확인하는 등).

재료	커피 재료를 받음
	뜨거운 물과 분쇄한 원두를 섞음
	커피 찌꺼기를 걸러냄
	재료 제거
데이터	상태정보 제공
신호	사용자 명령 접수
에너지	전기 분배
	물을 가열
	내린 커피를 보온
	열을 분산시킴
물리력	중량을 배분

하드웨어-소프트웨어 할당. 주어진 기능을 하드웨어가 수행해야 하는지 혹은 소프트웨어에 의해 수행되어야 하는지에 대한 문제는 기능보다는 구현의 문제로 보일 수 있다. 그러나 운용자 인터페이스, 시험 장비에 따른 영향, 다른 시스템 요소와의 광범위한 상호작용과 같은 시스템 수준의 이슈들은 거의 항상 이러한 결정과 관련이 있다. 따라서 기능 빌딩 블록의 정의는 소프트웨어 요소와 하드웨어 요소 간의 명확한 구분을 만들어준다. 이러한 이유로 구성품 수준에서 이루어지는 기능 정의 활동에는 모든 중요한 프로세스 기능을 하드웨어 또는 소프트웨어에 할당하는 것이 포함되어야 한다. 이와 같은 결정 과정에서 중요하게 고려해야 하는 또 다른 사항은 빠르게 발전하는 데이터 처리 기술에 뒤처지지 않음으로써 미래 성장 잠재력을 제공할 수 있어야 한다는 점이다.

소프트웨어 내장형 시스템에서는 소프트웨어가 가진 다양한 기능들로 인해 대부분의 중요한 기능, 특히 제어와 관련된 기능이 소프트웨어에 할당되는 경향이 있다. 거의 모든 기능이 소프트웨어에 의해 수행되는 소프트웨어 집약적 시스템의 경우에는, 일반적으로 찾아볼 수 있는 기능적인 요소들이 없으므로 기능 할당을 직관적으로 수행하는 것은 어려운 일이다.

기능 요소의 선택 및 구성 또는 기능 특성을 정량화하기 위해 의사결정을 할 때는, 사전에 정의된 일련의 기준을 적용하여 후보 개념 간에 절충이 이루어져야 한다.

시뮬레이션

시스템을 운용하게 될 주변 환경으로부터 발생하는 이벤트에 대해 동적인 대응 모드를 가진 시스템의 동작을 분석하기 위해서는, 그러한 동작을 시뮬레이션할 수 있는 컴퓨터 기반의 모델을 구축해야 하는 경우가 많다. 여기에는 항공기 또는 차량의 움직임을 분석하기 위해 운동학적 특성을 구현할 수 있는 시뮬레이션을 사용하는 사례 등이 포함된다.

시뮬레이션은 실험적인 테스트의 한 형태로 생각할 수 있다. 시뮬레이션을 사용하는 이유는 시스템 구성품을 제작하고 시험하는 것보다 훨씬 짧은 시간과 더 적은 비용을 투입해 설계 프로세스에 필요한 중요한 정보를 얻기 위해서이다. 실제로 시뮬레이션은 물리적 형태가 존재하기 전에 설계자와 분석가가 시스템이 어떻게 작동할 것인지에 대한 이해를 얻을 수 있도록 도와준다. 또한 시뮬레이션을 통해 설계자는 주요 매개변수를 선택적으로 변경함으로써 "만약"에 해당하는 이벤트를 대상으로 실험을 수행할 수 있다. 시뮬레이션은 역동적이다. 즉, 시간의 흐름에 따른 행동의 변화를 표현할 수 있다. 시뮬레이션은 프로그램된 입력 또는 시나리오 목록에 따라 구동되며, 분석이 필요한 특정한 반응을 만들어내기 위해 관련 매개변수를 변경할 수도 있다. 그리고 선택된 시스템 요소의 입력-출력 기능 모델을 포함할 수도 있다. 이러한 특성은 특히 시스템 절충 연구를 수행하는 데 유용하다.

개념 정의 과정에서 시스템이 가진 기능 중에서 동적 특성이 중요한 경우에 선호하는 개념을 선택하기 위해서는 시스템 시뮬레이션을 수행하는 것이 특히 유용하다. 여러 대안이 되는 개념들에 대한 시뮬레이션을 수행함으로써, 후보 개념들이 다양하고 가능성이 있는 도전적인 환경을 겪어볼 수 있도록 하는 "실험"을 수행할 수 있다. 일반적으로 후보 개념들을 평가할 때 시뮬레이션 결과를 사용하는 것은 단순한 판단만을 사용하는 것보다 더 의미 있고 설득력이 있게 된다.

기능 사양의 조합

개념 정의 과정을 통해서 작성되는 산출물 중 하나는 뒤에 이어지는 선행 개발과정의 입력물로 사용하게 될 시스템 기능사양 목록이다. 보다 공식적인 문서를 작성하는데 필요한 기초를 마련하기 위해 개발 프로세스의 이 절차에서 예비 기능 사양 목록을 조합하여 생산하는 것은 적절하다고 할 수 있다. 이것은 또한 기능 분석의 완전성과 일관성을 확인하는 역할을 하게 된다.

기능 사양을 작성할 때는 성능 및 호환성 요구조건으로부터 유추가 가능한 범위 내에서 이를 정량화하는 것이 중요하다. 이 시점에서 정의하는 정량화는 임시적인 것으로 간주해야 한다. 정량화는 뒤따르는 물리적인 정의 절차에서 다시 반복적으로 수행되고, 이후 개념 정의 과정을 마무리할 때 비로소 공식적인 시스템 기능사양 문서에 통합될 것이기 때문이다.

7.3 기능 할당

시스템을 개발하는 전체 과정 중에서 초기에 해당하는 이 시점에서 수행하는 기능 분석은 운용 연구의 확장된 형태라고 할 수 있다. 여기서 기능 분석을 수행하는 주요 목적은 운용 목표를 충족할 수 있는 시스템을 실현할 수 있는 기술적 접근방식이 있는지를 확인하기 위한 것이기 때문이다. 이 단계에서 "실현할 수 있는"이라는 용어는 "가능한"과 동의어이다. 이는 현재 존재하는 최신 기술을 이용해 그러한 시스템을 구현할 수 있을 가능성이 크다는 것을 의미한다.

운용 목표를 시스템 기능으로 변환

운용 목표를 시스템 기능으로 변환하기 위해서는 관련된 시스템의 유형을 시각화할 필요가 있다. 여기서 시스템은 시스템이 속한 환경에 대응해 희망하는 운용 목표를 충족할 수 있도록 특정한 작동을 수행할 수 있는 시스템을 의미한다. 이러한 시각화를 위해서는 시스템이 희망하는 운용적인 작동을 수행하기 위해 갖추어야 하는 기능적인 능력의 유형을 분석하는 것이 필요하다.

니즈-주도형 시스템을 개발하는 경우 이러한 분석은 기존 시스템이 만족스럽게 수행하지 못하는 운용 목표를 충족시키기 위해 필요한 기능적 특성은 무엇인지에 초점을 맞춘다. 기술-주도형 시스템의 경우에는 기능적 성능의 향상을 만들어낼 수 있는 것은 아마도 연관된 첨단기술과 관련이 있을 것이다. 어떤 경우이든, 제안된 접근법의 실현 가능성과 함께 시스템이 희망하는 운용상 이득을 실현할 수 있는 능력을 갖추게 되리라는 것을 적절하게 입증해야 한다.

실현 가능한 시스템 개념을 시각화한다는 것은 본질적으로 유추를 기반으로 한 추론에 의존할 수밖에 없는 추상적인 과정이다. 이는 모든 개념 요소들이 실제 시스템을 구성하는 요소와 기능적으로 관련되어야 한다는 것을 의미한다. 운용 목표를 기능으로 변환할 때 사용할 수 있는 유용한 접근방식은 다양한 운용 목표를 달성하는 데 가장 많이 관여할 것으로 판단되는 주요 매체(신호, 데이터, 재료 또는 에너지)의 유형을 고려하는 것이다. 일반적으로 이러한 연결은 신호의 경우 센서나 통신 하부시스템, 데이터용 컴퓨팅 하부시스템 등과 같은 매체에서 작동하는 하부시스템 클래스를 가리킨다. 위의 프로세스를 수행할 때는 모든 주요한 시스템 기능, 특히 이전 시스템보다 진보된 기능일 때는, 고려하는 기능이 어떤 실제 상황에서 이미 입증된 기능과 유사하다는 것을 보여주어야 한다. 유추를 기반으로 하는 이러한 추론 과정을 적용할 수 없는 상황도 있을 수 있는데, 그것은 완전히 새로운 유형의 첨단기술 또는 애플리케이션을 새로운 시스템의 주요 부분에 적용해야 하는 경우이다. 이 경우에는 단순한 분석 수준이 아니라 모델링 그리고 궁극적으로는 실험을 통해서 실행 가능성을 입증해야 할 수도 있다.

시스템이 수행해야 하는 최상위 수준의 기능을 식별하기 위해서는, 이 초기 단계에서부터 시스템이 잠시 운용을 멈추고 대기하는 기간까지도 포함해 시스템의 전체 수명주기를 시각화하는 것이 중요하다.

위와 같은 논의를 통해서 강조하고자 하는 것이 이 단계에서 고려하는 모든 요소가 정성적이라는 것을 의미하는 것은 아니다. 오히려, 정량적 이슈와 관련된 많은 부분은 이용 가능한 자원과 기존 지식을 이용해 정량적 분석이 이루어져야 한다.

하부시스템으로의 기능 할당

모든 운용 목표가 현재 운용 중인 다양한 형태의 실제 시스템에서 찾아볼 수 있는 시스템 수준의 기능과 직접 관련이 있을 수 있는 때도 있다. 이러한 경우에는 운용 목표를 어떻게 새로운 시스템에서 할당, 결합 및 구현할 것인지를 시각화하는 것은 중요하다. 이러한 목적을 달성하기 위해서 최상의 시스템 형상을 시각화해야 할 필요는 없다. 오히려, 실제로 적절한 시스템을 개발하고 생산하는 것이 가능하다는 것만을 보여줄 수 있는 수준이면 충분하다. 이를 위해서는 모든 정의된 기능을 구현할 수 있는 최상위 시스템의 개념을 시각화해야 한다. 시각화하는 목적은 사전에 정의된 기능과 기술적 특성의 타당한 조합을 통해서 원하는 능력을 얻을 수 있음을 입증하기 위한 것이다. 여기서는 특히 시스템의 외부 및 내부에서 발생하는 모든 상호작용 및 인터페이스 요소를 식별하고 시스템 기능과 연결하는 것이 중요하다. 또한 절충 분석 프로세스도 수행해야 한다. 이는 다양한 시스템 속성들이 완벽하고 적절하게 균형을 이룰 수 있도록 하는 데 필요하다. 일반적으로 이러한 일들은 초기 운용 개념 측면에서 수행된다.

그림 7.5와 같이 하부시스템을 어떤 특정한 기능에 할당하는 간단한 매트릭스를 개발할 수 있다. 이렇게 작성된 매트릭스는 어떤 기능을 담당하는 하부시스템이 하나도 없는지 혹은 하나 또는 그 이상의 하부시스템이 담당하는지를 시각적으로 보여줄 수 있다. 하부시스템이 할당되지 않은 경우는 기능 배정에 문제가 있다는 것을 의미하므로 해결이 필요하다. 무게 또는 크기 등과 같이 전체 시스템이 부여된 제약조건으로 인해 특정 기능을 하나의 하부시스템에만 할당해야 하는 때도 있다. 이러한 방식의 기능 할당이 갖는 최대 단점은 기능을 담당하는 하부시스템에서 결함이 발생하면 시스템 전체에 영향을 미칠 수 있다는 것이다. 동일한 기능을 다수의 하부시스템이 수행하는 때도 있는데, 이는 다음과 같은 상황에 해당할 수 있다: 중복적인 하부시스템(사전에 계획된) 또는 중첩

		하부시스템들				
		A	B	C	D	E
기능들	1	X				
	2		X	X		
	3					
	4		X			X
	5			X		X
	6		X			X

그림 7.5 기능을 하부시스템으로 할당하는 매트릭스 예시

된 하부시스템의 기능 범위(실패할 경우 충돌이 발생할 수 있고 서로 다른 성능들이 다른 능력을 만들어낼 수도 있는). 이러한 할당 매트릭스의 예시가 그림 7.5에 나타나 있다. 여기서 기능 1은 하부시스템 A에만 할당되어있다. 기능 2에는 중복성을 위해 하부시스템 B와 C에 모두 할당되어있다. 기능 3은 할당된 하부시스템이 없으므로 검토 및 수정이 필요하다. 하부시스템 A, B, C, E에는 하나 이상의 기능이 할당되었지만, 하부시스템 D는 어떤 기능에도 할당되지 못했으므로 제거하는 것을 고려할 수도 있다.

기능 탐색 및 할당

개발 가능한 시스템 형상을 탐색하는 노력은 기능적 수준과 물리적 수준 모두에서 수행된다. 일반적으로 물리적 구현방안이 가질 수 있는 다양성과 비교했을 때, 시스템 운용 요구조건을 충족하는 데 적합한 시스템의 작동방식을 정의할 수 있는 기능적 접근법의 다양성은 매우 제한적이다. 그러나 운용적인 활동을 선정하는 것은 상당히 다양한 방법을 통해서 수행할 수 있다. 시스템 성능 요구조건이 갖는 한계를 설정할 때는 이러한 다양한 기능적 접근법에 따른 성능 특성을 고려하는 것이 중요하다.

이 절차를 통해 얻을 수 있는 산출물 중의 하나는 개별적인 하부시스템에 운용상의 기능을 할당하는 것이다. 이는 다음 절차를 위한 발판을 마련하기 위해서 중요하다. 다음 절차에서는 구현 개념을 탐색하기 위해 기초적인 물리적 빌딩 블록 구성요소를 시각화할 것이기 때문이다. 이 두 절차는 반복 루프를 통해 매우 견고하게 묶여 있다. 기능 할당 프로세스를 수행하는 데 필요한 두 가지 중요한 입력물은 이전 시스템과 기능 구성품들이다. 대체로 이전 시스템의 하부시스템에 의해 수행되었던 기능들은 새로운 시스템으로 이어지게 될 것이다. 따라서, 이전 시스템은 새로운 시스템의 기능 아키텍처를 정의하는 출발점으로서 특히 유용하다. 그리고 각 기능 빌딩 블록은 성능 특성 목록 및 특정한 유형의 물리적 구성품과 관련되어 있다. 그러므로, 빌딩 블록은 기본적인 기능들과 함께 이전에 지정된 하부시스템의 기능을 구현하는 데 필요한 구성품을 선택하고 상호 연결성을 설정하기 위해 사용할 수 있다.

이러한 시스템의 작동 특성을 담당하는 기능을 식별하는 과정에서 기능 매체를 네 가지 기본 유형으로 분류할 수 있음을 상기할 필요가 있다. 앞에서도 언급했던 바와 같이 기능 매체는 신호, 데이터, 재료 및 에너지라는 네 가지 기본 유형으로 구분할 수 있다. 이 과정은 다음과 같은 일련의 질문을 다룬다.

1. 감지 또는 통신이 필요한 운용 목표가 있는가? 만일 그렇다면, 이것은 신호 입력, 처리 및 출력 기능이 포함되어야 한다는 것을 의미한다.
2. 시스템의 작동을 제어하기 위해서는 정보가 필요한가? 만약 그렇다면, 데이터는 어떻게 생성, 처리, 저장 또는 그 외의 방법으로 사용되어야 하는가?
3. 시스템의 운용에는 물자의 보관, 지지 또는 가공하기 위한 구조물 또는 기계를 포함하고 있는가? 만일 그렇다면, 물리적 요소를 수용, 지원, 처리 또는 조작하기 위해서 어떠한 운용이 필요한가?
4. 시스템의 작동, 이동, 전원 공급 또는 기타 필요한 동작이나 열을 제공하기 위해서 에너지가 필요한가?

더 나아가 기능은 다시 입력, 변환, 출력이라는 세 가지 범주로 나눌 수 있다. 입력 기능은 시스템에 신호, 데이터, 재료 및 에너지를 감지하고 입력하는 과정과 관련이 있다. 출력 기능은 신호, 데이터, 재료 및 에너지를 시스템이 해석, 표시, 합성 및 출력하는 프로세스와 관련이 있다. 변환 기능은 입력물을 네 가지 기능 매체의 출력으로 변환하는 프로세스와 관련이 있다. 물론 복합 시스템의 경우 변환 기능의 수는 상당히 많을 수 있으며 변환 시 연속적인 "시퀀스"를 가질 수 있다. 그림 7.6은 기능 범주 대 기능 매체와 관련이 있는 2차원 구조에 대한 개념을 나타내고 있다.

초기 기능 목록을 작성할 때는 입력 및 출력 사항을 식별하는 것이 도움이 된다. 엔지니어들은 이 목록을 기준으로 입력 및 출력 기능 목록을 작성하게 된다. 변환 기능들의 경우에는 시스템의 입력 및 출력 측면에서 비추어볼 때 더 쉽게 식별할 수 있다.

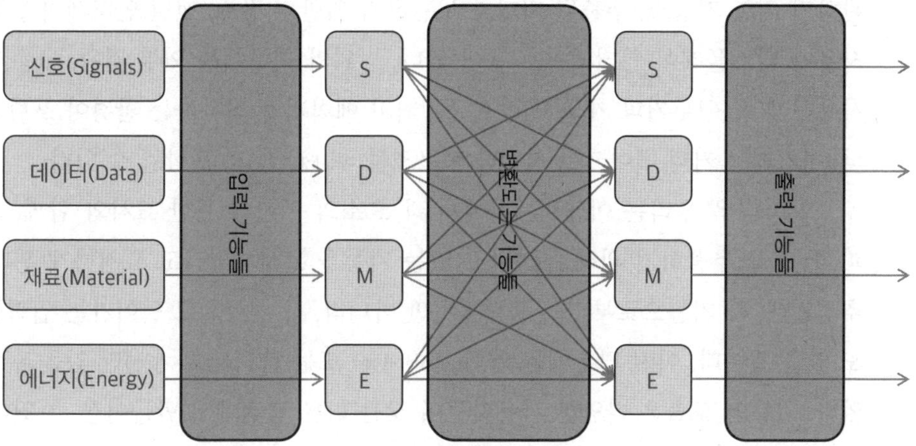

그림 7.6 기능 범주 대 기능 매체

7.4 기능 분석 산출물

시스템 엔지니어들이 시스템의 기능을 설명하기 위한 목적으로 사용하는 몇 개의 산출물들이 있다. 가장 일반적인 3가지 산출물에는 FBD(Functional Block Diagram), FFD(Functional Flow Diagram) 및 시퀀스 다이어그램(SD, Sequence Diagrams)이 있다. 아래에는 시스템 엔지니어가 이러한 각각의 산출물을 만들기 위해서 어떻게 문제에 접근하는지에 대한 간략한 설명이 이어진다. 설명을 단순화하기 위해 앞에서 언급했던 커피메이커 사례를 계속해서 다루고자 한다.

FBD 구축 방법

그림 7.4와 같이, 앞에서 우리는 커피 메이커에 포함되는 기능들을 식별한 바 있다. 그런데 이런 기능들은 어떻게 도출하였을까? FBD가 완성되었는지는 어떻게 알 수 있을까? 아래에 설명된 일부 절차들은 독자가 FBD를 구축하는데 필요한 기본적인 개념을 이해하는 데 도움을 줄 수 있을 것이다.

우리는 이 설명을 컨텍스트 다이어그램부터 시작하고자 한다. 여기에는 우리 시스템 범위의 안과 밖에 해당하는 것은 무엇인지에 대한 설명이 포함되어 있다. 범위의 내부에는 우리 시스템의 기본 개념 및 구조가 포함되어야 한다. 커피 메이커의 경우에 범위의 내부에는 내부 가열 요소, 액체 저장소, 찌꺼기를 보관하기 위한 저장소, 추출된 커피를 보관하기 위한 저장소, 전원 인터페이스 및 사용자 디스플레이 인터페이스 등이 있다. 범위의 외부에는 외부 전원, 사용자, 사용하게 될 원두커피 가루, 사용할 물, 커피 메이커가 작동하는 환경이 포함된다. 여기에는 커피 메이커를 지원하는 구조물(예: 테이블)도 포함될 수 있다.

그런 다음 우리는 이해관계자에게 각 요소의 역할에 관한 묘사와 함께, 커피 한 잔을 추출하기 위해 구상하고 있는 기능을 묘사해달라고 요청하게 된다. 추정컨대, 각 기능으로부터의 출력물뿐만 아니라, 각 기능으로 들어가는 입력물도 있을 것이다. 어떤 경우에는 입력(시작 기능) 또는 출력(종료 기능)만 있을 수도 있다. 기능의 도출은 다양한 사용자들이 갖는 다른 관점에서 만들어질 수 있다. 사용자 또는 유지관리자(커피 메이커의 기능이 제대로 작동하지 않는 경우)가 그 예일 수 있으며, 이들은 서로 다른 기능들을 가질 수 있다. 본 교재의 목적을 고려해

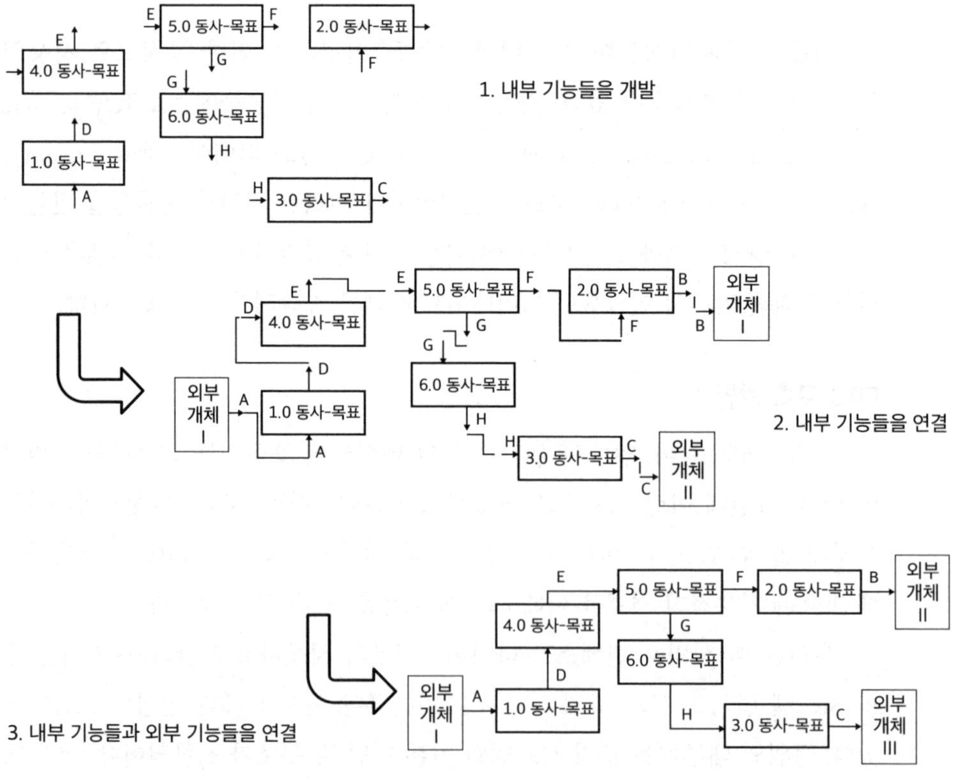

그림 7.7 내부 관점으로부터의 기능 블록 다이어그램의 개발

서, 이용자의 관점과 FBD의 개발에 초점을 맞출 것이다.

그런 이후 우리는 두 가지 방법으로 FBD를 개발할 수 있다: 첫째, 커피 메이커 내부에서 수행하는 모든 기능을 나열한 다음, 내부 기능을 추적하고, 마지막으로 범위에서 벗어난 모든 외부 기능과 연결한다. 이와 관련된 예는 그림 7.7에 나타나 있다. 만약 우리가 새로운 시스템을 개발할 때, 우선 시스템 특성에 초점을 맞춘 이후에 외부 인터페이스를 개발하는 경우에는 이 접근법을 적용할 수 있다.

둘째, 우리는 커피 메이커의 모든 외부 기능을 외부 엔티티와 함께 나열함으로써 FBD의 작성을 시작할 수도 있다. 그런 다음 커피 메이커의 내부 기능들을 묘사하고 다양한 외부의 출력과 연결할 수 있다. 이와 관련된 예시가 그림 7.8에 나타나 있다. 이 프로세스는 사전에 모든 외부 엔티티와 인터페이스를 알고 있는 경우에 사용할 수 있다. 이는 기존 시스템과 함께 작동해야 하는 레거시

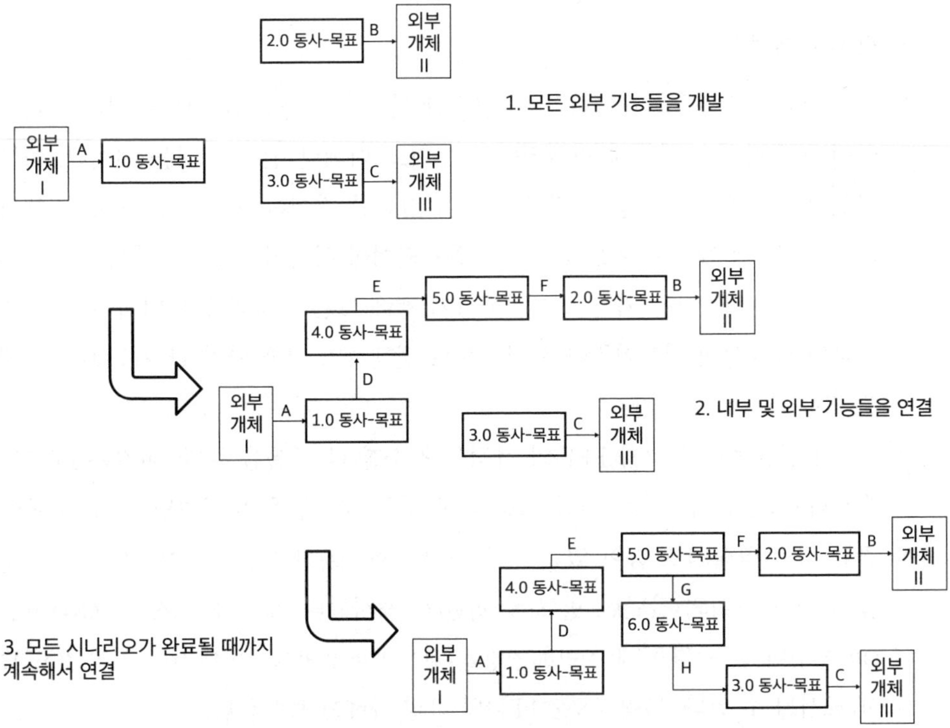

그림 7.8 외부 관점으로부터의 기능 블록 다이어그램 개발

환경을 가진 시스템에 적용할 수 있다.

마지막으로, FBD가 완성되었는지 아닌지는 어떻게 알 수 있는가? 커피를 추출하는 방법에 관한 다양한 사례 또는 시나리오를 살펴보면서 시스템 작동방식을 구현할 수 있는 다양한 방안을 살펴볼 수 있다. 각각의 시나리오는 시작 기능으로 시작하고 다양한 중간 기능으로 추적한 후 마무리 기능으로 끝나야 한다. 일반적으로 기능이 서로 연결된다는 것은 한 기능이 만들어낸 출력이 다른 기능에 대한 입력에 해당한다는 것을 의미한다. 여러 기능 중 일부의 경우, 그 결과는 다르지만 유사한 기능 블록을 재사용할 수 있다는 사실도 알아둘 필요가 있다. 이러한 상황에 해당하는 한 가지 시나리오는 커피 메이커를 물만 데우는 데 사용하는 것이다. 또 다른 시나리오는 커피 메이커를 사용해 물을 데우고 원두커피 위에 붓는 것이다. 또 다른 시나리오는 커피 메이커를 타이머로만 사용하는 것이다. 위의 세 가지 시나리오 모두에서 사용자의 명령은 유사할 수 있지만(예: 타이머 설정), 서로 다른 출력물을 만들어낸다.

FFD 구축 방법

우리는 시스템을 개발하는 데 필요한 기능을 구하고 있으므로, 이러한 기능들이 논리적으로 어떻게 연결되어 있는지도 이해할 필요가 있을 것이다. 이를 확인하기 위해서는 다음과 같은 질문이 필요할 것이다: 다음 기능으로 진행하기 이전에, 각 기능은 완전히 실행이 완료되어야 하는가? 병렬로 진행되는 다른 기능이 있는가? 다음 기능으로 진행하기 전에 모든 기능이 완료되어야 하는 기능들의 종속성이 있는가? 다음 기능으로 진행하기 전에 단지 한 기능만 충족해도 되는 옵션이 있는가?

이 질문들은 우리가 FFD의 작성을 착수할 때 도움을 준다. 이것은 FBD와 유사하지만, 인터페이스 대신 기능 뒤에 있는 로직만을 명시하면 된다. 활동에 관한 직렬 형식의 흐름이 있는 경우(예: 하나의 기능이 실행된 후 연속적인 기능으로 출력) 기능 사이의 간단한 링크(예: 라인)가 표시된다. 도표에 로직(예: AND 또는 OR 결정)이 있는 경우(예: 이러한 결정을 "합산 게이트"라고 함), 이러한 로직은 FFD에 표시될 수 있다. 그림 7.9는 FFD의 작성 사례를 보여준다.

커피 메이커 사례에 대한 FFD는 그림 7.10에 나타나 있다.

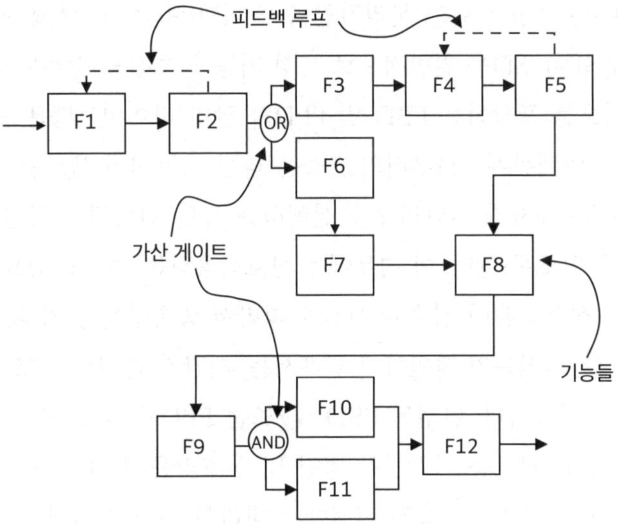

그림 7.9 기능 흐름도 사례

시스템 기능들:

F1. 사용자 명령 접수(켜기/끄기)
F2. 커피 재료 수용
F3. 전기 배분
F4. 하중 분산
F5. 물 가열
F6. 뜨거운 물과 커피 분말 혼합
F7. 커피 분말 여과
F8. 내린 커피 보온
F9. 상태 표시
F10. 용이한 재료 제거
F11. 열 방출

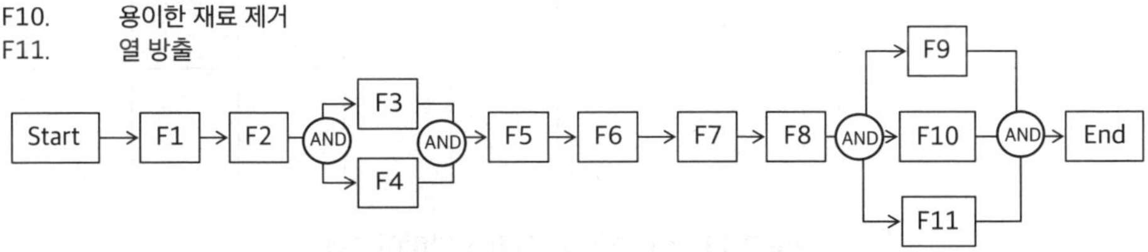

그림 7.10 커피 메이커 기능 흐름도

시퀀스 다이어그램 구축 방법

SD(Sequence Diagram)의 작성 목적은 FFD와 유사하게 행위자 간의 상호작용을 연속적으로든 병렬적으로든 그래픽으로 보여주기 위한 것이다. SD는 상호작용이나 메시지에 더 초점을 맞춘다. 또한 SD는 기능적일 수도 있고(이 경우 행위자가 기능이 될 수 있음) 물리적일 수도 있다(행위자가 구성품, 조직, 사람 또는 시스템일 수도 있음). SD는 일반적으로 특정 기능에 초점을 맞추도록 제한되므로, 여러 시나리오를 포괄하는 FBD 및 FFD와 달리 다이어그램은 단일 시나리오로 제한된다. 이해관계자로부터의 도출은 다른 기능적인 생산품의 경우와 유사하다. 즉, 이해관계자가 시나리오를 실행하는 동안 진행되는 작업 및 상호작용을 묘사할 수 있도록 한다. 이 경우에는 상호작용하는 순서가 중요하다. 일부 기능 및 활동은 상호작용이 접수된 시점에 따라서 종속성을 갖기 때문이다. SD가 올바르게 구성되었는지 확인하기 위해서는, 시간적 순서로 상호작용을 문서로 만드는 것이 필요하다. 완성된 FBD 및/또는 FFD를 갖게 되면 시스템 엔지니어는 SD를 구성하는 동안 적절한 명령 및 상호작용 순서를 도출하는 데 사용할 수 있다. 그림 7.11은 기능적 관점에서 바라본 커피 메이커의 SD 작성 사례를 보여준다.

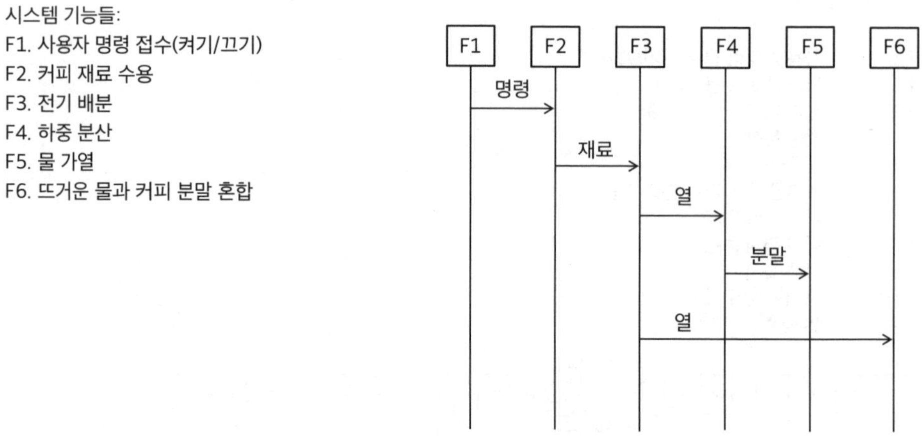

그림 7.11 커피 메이커 시퀀스 다이어그램

7.5 요구조건에 대한 추적성

기능 아키텍처를 개발하는 과정에서는 기능과 관련된 요구조건을 추적하는 것이 매우 중요하다. 이는 시스템의 기능들이 어떤 목적을 갖고 개발되고 있는지 확인하는 데 필요한 작업이다. 또한 이러한 시스템 기능의 개발이 사용자 및 이해관계자들의 니즈와 연관된 요구조건을 기반하고 있다는 점도 확인하기 위해서도 중요하다. 시스템 엔지니어는 할당 업무를 완료하기 위해 이러한 기능과 요구조건을 할당할 수 있다. 이와 함께 초과 할당된 이러한 쌍(예: 너무 많은 기능이 하나의 요구조건에 의존) 또는 전혀 할당되지 않은 요구조건이나 기능에 대한 분석을 수행할 수도 있다. 전자의 문제를 해결하기 위해서는 요구조건이나 기능에 대한 고유성이나 특이성의 수준을 높이고 보다 세부적인 사항으로 분해하는 것이 필요하다. 후자의 경우에는 더 큰 문제가 있을 수 있다. 어떤 요구조건은 그 요구조건을 수행할 수 있는 관련 기능이 없을 수 있기 때문이다(따라서 시스템이 요구조건을 실행하지 못할 수도 있다). 또한 관련된 요구조건이 없이 기능만 존재하는 때도 있다(따라서 애초에 왜 기능이 존재하는지에 대한 의문이 제기되는 경우이다).

여러 다양한 기능을 포함하고 있는 요구조건의 경우에는, 할당 상태를 평가하기 위해 논리적 검사를 수행해야 할 수도 있다. 아마도, 모든 기능이 성공적으로 실행된다면 요구조건은 충족될 것이다. 그러나 하나 이상의 기능이 실행되지 않을 때에는 어떻게 될까? 요구조건이 완전히 실패하게 될까? 부분적으로만 실패하게 될까? 요구조건이 실패하게 되면 시스템에는 어떠한 영향을 미치게 될까?

요구조건과 관련이 있는 기능 할당이 완벽하게 이루어졌음을 보여주기 위해 추가적인 분석을 수행해야 할 수도 있다. 시스템 엔지니어는 자동화된 도구를 사용해 기능 및 요구조건을 신속하게 검토해 어떤 기능이 할당되고 어떤 기능이 할당되지 않았는지 확인할 수도 있다. 다만 이러한 업무를 수행할 때는 추가적인 주의가 필요하다. 표 7.2는 의료 시스템 사례에 대한 할당 프로세스의 수기식 버전을 보여주고 있다(체크 표시는 기능이 요구조건에 할당되었음을 나타낸다). 또한 기능과 요구조건의 페어링 개수는 모든 페어링된 숫자를 합친 것이다. 시스템 엔지니어가 할당이 과도하게 이루어졌다고 판단할 수 있는 임계값이 있는 경우, 팀은 기능/요구조건을 분해하고 나머지 기능/요구조건을 재할당할지를 다시 평가할 수 있다.

시스템 엔지니어는 기능 아키텍처(이 경우 FBD)를 체계적으로 자세하게 살펴볼 수 있다. 그리고 각 기능에 대해서 이 기능이 어떤 요구조건을 충족시키기 위한 것인지 확인한다. 때에 따라서는 한 가지 기능은 복수의 요구조건을 충족

표 7.2 요구조건에 대한 기능 할당 사례

기능	R1	R2	R3	R4	R5	R6	횟수
환자 수속	X			X			2
데이터 검색		X	X				2
상담 수행				X			1
다음 단계 결정					X		1
항암화학요법 일정						X	1
횟수	1	1	1	2	1	1	

R1: 시스템은 입원 후 TBD분 이내에 환자를 처리해야 한다.
R2: 시스템은 요청 후 TBD분 이내에 E.H.R. 데이터를 쿼리 및 검색해야 한다.
R3: 시스템은 E.H.R.에 접근하기 위해 TBD 인증 조치를 요구해야 한다.
R4: 암 전문의는 입력 후 추후 결정되는 시간 내에 환자와 상담해야 한다.
R5: 시스템은 상담 시작 후 TBD분 이내에 의사결정 및 일정을 수립할 수 있어야 한다.
R6: 암 전문의는 결정 후 TBD분 이내에 후속 치료 일정을 잡아야 한다.

시킬 수도 있다. 이것은 또한 요구조건이 없이 기능만 있는 요구조건의 허점을 식별할 수도 있다. 이러한 이슈들은 요구조건 엔지니어에게 통보되어야 하고, 이해관계자들과 사용자가 함께 논의를 시작해야 한다. 사용자는 이러한 기능들이 필요하고 유효한 기능인지 확인해야 한다. 이해관계자는 요구조건을 하나하나씩 확인해나가야 한다.

기능 아키텍처를 요구조건과 비교할 때는 형상관리가 유지되어야 한다. 아마도 개별 팀이 이러한 제품에 대해 작업 중일 수 있고, 다른 팀과는 독립적으로 작업하고 있을 수 있기 때문이다. 전통적인 시스템엔지니어링 접근방식에서 이러한 팀은 시간에 따라 분리될 수 있으며, 기능적인 팀은 요구조건 팀의 임무가 완료될 때까지 시작되지 않을 수 있다. 또한 만약 추가적인 요구조건이나 수정된 니즈가 만들어지는 경우에는, 요구조건 팀을 일부 재구성하는 것이 필요하다. 애자일 시스템엔지니어링 접근방식의 경우에는 위의 두 개의 산출물이 동시에 개발되고 있기 때문에 이러한 팀은 자주 협력할 수 있어야 하며, 분석을 수행하는 과정에서는 버전 제어와 조정이 필요하다.

MBSE에서 사용하는 모델링 도구는 이러한 기능 분석, 할당 및 보고를 쉽게 수행할 수 있도록 도와준다. 구체적인 내용은 도구와 언어에 따라 다르지만,

독자들은 사용 가능한 도구가 갖는 잠재력을 추가로 탐구하는 것이 권장된다. 예를 들어 활동 다이어그램에 연결된 노드에는 적절하게 정의된 매트릭스와의 연결 상태를 자동으로 표시할 수 있다(수동으로 동기화할 필요가 없음).

7.6 개념 개발 범주

대부분의 개발 범주는 문제의 범주를 묘사하는 것으로부터 시작한다. 그리고 이 프로세스는 그림 2.3에서 설명하고 있는 컨텍스트 다이어그램에서부터 시작하게 된다. 이는 예상하는 시스템 컨텍스트에 해당하는 범위의 내/외부 요소를 식별하는 기능 분석과정에서 찾아볼 수 있다. 시스템 엔지니어는 이해관계자들로부터 추가로 입력이 필요한 사항에 대한 의견을 얻기 위한 방법으로 컨텍스트 다이어그램을 사용할 수 있다. 이를 통해서 시스템 엔지니어는 첫째, 시스템이 기능과 인터페이스 측면에서 올바르게 묘사되었는지 확인할 수 있다. 그리고 두 번째로는 현재 존재하지 않는 시스템 컨텍스트를 이용해 상상이 가능한 부분에 대해 창의적인 사고를 할 수 있다. 이는 자문을 줄 수 있는 이해관계자들의 창의성을 증진시킬 수 있는 방법일 수도 있다. 완전성 여부를 확인하기 위해 컨텍스트 다이어그램을 조사하는 절차에는 다음과 같은 질문이 포함될 수 있다.

- 컨텍스트의 범위를 올바르게 설정하였는가? 범위 내부에 누락된 다른 항목들이 있는가? 적용 범위에 미래의 능력들을 설명할 수 있는 항목들이 있는가?
- 적절한 외부 엔티티(예: 시스템, 조직, 인력)가 열거되어 있는가? 인터페이스(및 방향성)가 올바르게 묘사되어있는가? 향후에 시스템과 함께 운용될 것으로 예상할 수 있는 엔티티가 있는가?
- 시스템이 어떻게 운용되어야 하는지에 대한 상황(예: 평상시 운용, 비상시 운용, 유지보수를 위한 운용)이 주어진 상태에서, 컨텍스트 다이어그램이 필요한 조직과 인터페이스를 올바르게 포함하고 있는가? 시스템이 어떠한 작동방식을 가져야 하는지를 결심할 때 영향을 미칠 수 있는 다른 인적

요소 또는 사용자가 있는가?

또한 형태학적 측면에서 박스의 개념을 개발하려는 노력도 필요하다. 이러한 노력은 시스템 컨텍스트 다이어그램이 표현하는 방법에 대해 추가적인 창의성을 촉진할 수 있다. 이 시스템 사고를 위한 도구는 솔루션을 식별하기 위한 목적으로 다양한 요소를 표시하는 것을 가능하게 해준다. 여기서 시스템 개념은 다양한 관점과 조직의 조합과 결합하게 되고, 그것이 유효한 조합인지 잘못된 조합인지 평가를 받게 된다. 이는 기존에 운용하고 있던 시스템을 계속해서 유지하고자 하는 조직의 편견을 배제하기 위한 목적으로 수행될 수 있다. 또한 아직 실현되지 않은 잠재적인 조합을 받아들일 수 있도록 장려하기 위한 방법으로 사용될 수도 있다. 이에 관한 예제가 표 7.3에 나타나 있다. 이 예제에서 커피메이커에는 가열 코일, 물통, 찌꺼기 홀더 및 전압을 이루어진 네 가지 구성요소가 포함되어 있다. 각 구성요소는 소형과 대형으로 구성된 두 가지 레벨이 있다. 8×8 칸으로 구성된 테이블을 모든 잠재적 조합을 보여주고 있다. 허용 가능한

표 7.3 커피 메이커의 형태학적 표

기능	가열 코일 (소형)	가열 코일 (대형)	물받이 (소형)	물받이 (대형)	분쇄물 용기 (소형)	분쇄물 용기 (대형)	전압 (작음)	전압 (큼)
가열 코일(소형)	N/A	No	Yes	Sub	Yes	Sub	Yes	No
가열 코일(대형)	No	N/A	No	Yes	Sub	Yes	Sub	Yes
물받이(소형)	Yes	No	N/A	No	Yes	Sub	Yes	Sub
물받이(대형)	Sub	Yes	No	N/A	Sub	Yes	Sub	Yes
분쇄물 용기(소형)	Yes	Sub	Yes	Sub	N/A	No	Yes	Sub
분쇄물 용기(대형)	Sub	Yes	Sub	Yes	No	N/A	Sub	Yes
전압(작음)	Yes	Sub	Yes	Sub	Yes	Sub	N/A	No
전압(큼)	No	Yes	Sub	Yes	Sub	Yes	No	N/A

커피 메이커 구성요소 수준:

- 가열 코일(소형, 대형)
- 물받이(소형, 대형)
- 분쇄물 용기(소형,대형)
- 전압(작음, 큼)

조합은 "예(Yes)", 차선책은 "하위(Sub)", 다른 수준으로 연결되지 않아 해당이 없는 경우에는 "해당 없음(N/A)" 그리고 구성품 수준에서는 실행할 수 없는 조합이면 "아니오(No)"로 표시되었다.

7.7 요약

시스템 개념의 선택

개념 정의 과정의 목표는 선호하는 시스템 형상을 선택하고 시스템 기능사양과 개발 일정 및 비용을 정의하는 것이다.

개념 정의를 수행함으로써 개념 개발 단계가 마무리되고, 시스템 수명주기의 일부인 공학 개발 단계의 기초가 다져지게 된다. 선호하는 개념을 정의한다는 것은 개발 및 엔지니어링을 수행하기 위한 기준을 제공하는 것을 의미한다.

개념 정의를 수행하기 위한 활동에는 다음이 포함된다.

- 성능 요구조건 분석: 운용 목표 관련.
- 기능 분석 및 조합: 구성품에 기능을 할당.
- 개념 선택: 절충 분석을 통해 선호하는 개념을 선택.
- 개념 검증: 선택한 개념의 타당성과 우수성을 확인.

기능 분석 및 조합

기능 시스템 구성 블록은 기능을 정의하기 위해서 유용하게 사용할 수 있다. 선호하는 개념을 선택하기 위해서는 대안이 될 수 있는 다양한 개념들을 폭넓게 구성하고 상호 비교를 수행해야 하므로 시스템엔지니어링의 기능이다.

기능 할당

대안이 되는 개념을 개발하기 위해서는 예술 및 과학적인 부분이 모두 필요하다. 분명히 이전 시스템은 발전적인 개념의 기준점 역할을 할 수 있다(이전 시스템이 이용 가능하다고 가정할 때). 브레인스토밍과 다른 팀의 혁신 기법은 대안을 개발하는 데 도움을 줄 수 있다.

기능 분석 산출물

FBD: 시스템 기능 그리고 시스템과 상호작용하는 외부조직들을 식별한다. 먼저 이러한 내용을 내부적으로 또는 외부적으로 함께 연결한다. 이때 어느 쪽이든 시스템이 운용환경과 상호작용하는 방식을 시각화하는 데 더 편할 수 있는 방식을 선택한다.

FFD: 시스템 기능을 식별하고 논리 게이트를 사용해 연결: 이때 기능을 실행하기 위해서는 이전 기능으로부터의 모든 입력사항들이 필요한지 아니면 일부 입력만 필요한지를 고려해야 한다.

SD: 조직, 사용자, 시스템, 하위 시스템 또는 시스템 개념의 구성요소를 식별한다. 시나리오가 시작되면서 연결을 시작한다: 상호작용에 하나의 고유한 입력이 필요한가 아니면 다양한 입력사항이 있는가? 발신되는 메시지와 유사한가: 출력에 해당하는 단독 또는 동시에 발송되는 메시지가 있는가?

요구조건에 대한 추적성

기능을 요구조건에 매핑하고 할당되지 않았거나 초과해 할당된 기능/요구조건이 있는 위치를 식별한다. 차이가 있는 경우에는 요구조건을 지원해주는 기능이 없거나, 기능이 그것과 관련이 있는 요구조건이 없다는 것을 의미한다. 이런 경우 시스템 엔지니어가 적절한 페어링을 찾거나 기능/요구조건을 삭제해야 한다. 초과해 할당된 쌍이 있는 경우 기능을 추가적인 하부 기능들로 분해하거나 요구조건을 여러 요구조건으로 분해한다.

개념 개발 범주

세부 범위와 수준 모두에서 올바른 개념을 개발해야 한다. 팀이 대표적 기능 집합을 고려하고 올바른 조직/시스템/위협과 상호작용하며 전형적인 운용환경에서 운용되도록 하기 위해서는 여러 가지 관점이 필요할 수도 있다.

연습문제

7.1 기능 요소를 빌딩 블록으로 사용하여 개인용 컴퓨터의 FBD를 작성하시오. 각 빌딩 블록에 대해, 그것이 어떤 기능을 수행하고, 다른 빌딩 블록과 어떻게 상호 작용하며, 컴퓨터 시스템의 외부 입력 및 출력과는 어떻게 관련되는지 고려하시오.

7.2 ATM(자동입출금기) 시스템에 대한 최상위 기능 목록을 작성하시오. 목록은 12개 기능 이하로 제한하시오.

7.3 주어진 ATM기에 대해 문제 7.2의 기능을 이용하여 ATM의 FBD를 작성하시오.

7.4 주어진 ATM기에 대해 문제 7.2의 기능을 이용하여 ATM의 FFD를 작성하시오.

7.5 주어진 ATM에 대해 사용자가 ATM기와 어떻게 상호 작용하고 성공적으로 현금을 인출 하는지를 묘사하는 시나리오를 개발하시오. 문제 7.2와 7.3의 기능들에 기초하여 시나리오의 SD를 개발하시오.

7.6 ATM 시스템에 대한 12가지 최상위 요구조건 세트를 개발하시오. 문제 7.2의 기능 목록을 사용하여 기능 요구 할당 매트릭스를 개발하시오. 동일한 요구조건에는 할당되는 기능을 2개 이하로 제한하고, 같은 기능에는 요구조건을 2개 이하로 할당하시오.

추가 자료

Baker, L., Clemente, P., Cohen, B. et al. (2000). *Foundational Concepts for Model Driven System Design. INCOSE Model Driven Design Interest Group Paper.*

Balmelli, L., Brown, D., Cantor, M., and Mott, M. (2006). Model-driven systems development. *IBM Systems Journal* 45 (3): 569–585.

Blanchard, B. and Fabrycky, W. (2011). *Systems Engineering and Analysis*, 5e. Pearson Prentice Hall.

Chase, W.P. (1974). *Management of Systems Engineering*. Wiley, Chapters 3, 4.

Chesnut, H. (1967). *Systems Engineering Methods*. Wiley.

Dam, S. (2015). *DOD Architecture Framework 2.0: A Guide to Applying Systems Engineering to Develop Integrated, Executable Architectures*. SPEC Innovations.

Defense Acquisition University (2001). *Systems Engineering Fundamentals*. Department of Defense, Chapters 5 and 6. http://www.dau.mil/pubscats/Pages/sys_eng_fund.aspx.

Defense Acquisition University (2006). *Risk Management Guide for DoD Acquisition*, 6e. Department of Defense http://www.dau.mil/pubscats/Pages/risk_management.aspx.

Delligatti, L. (2013). *SysML Distilled: A Brief Guide to the Modeling Language*. Addison-Wesley Professional.

Department of Defense, Chief Information Officer (2010). The DoDAF Architecture Framework Version 2.02. https://dodcio.defense.gov/Library/DoD-Architecture-Framework/ (accessed 25 December 2018).

Estefan, J.A. (2008). Survey of Model-Based Systems Engineering (MBSE) Methodologies. *INCOSE Technical Document INCOSE-TD-2007-003-02*, Revision B.

Kasser, J. (2013). *A Framework for Understanding Systems Engineering*. CreateSpace Independent Publishing Platform.

Maier, M. and Rechtin, E. (2009). *The Art of Systems Architecting*. CRC Press.

Pressman, R.S. (2001). *Software Engineering: A Practitioner's Approach*. McGraw Hill.

Sage, A.P. and Armstrong, J.E. Jr. (2000). *Introduction to Systems Engineering*. Wiley, Chapter 3.

Schmidt, D. (2006). *Model-driven engineering*. IEEE Computer 39 (2): 25–31.

Shortell, T.M. (ed.) (2015). *INCOSE Systems Engineering Handbook: A Guide for System Life Cycle Processes and Activities*, 4e. Wiley.

The Open Group (2009). TOGAF Version 9 Enterprise Edition. *Document Number G091, The Open Group*. https://www.opengroup.org/togaf (accessed 2 February 2020).

8. 평가 및 선정

8.1 시스템 개념 평가 및 선정

대안적 기능 방안들을 물리적으로 구현하기 위해서는 다양한 기술적 접근법들을 검토해야 한다. 따라서 이러한 과정을 거치는 동안 더욱더 다양한 대안들이 만들어지는 것이 일반적이다. 대안적 기능 개념들을 검토할 때와 마찬가지로, 구현 개념을 탐구하는 목표는 일련의 시스템 성능 요구조건을 구체화할 수 있을 만큼 충분하면서도 다양한 접근방식들을 고려하기 위한 것이다. 이때 선정되는 시스템 성능 요구조건들은 현실적으로 실현 가능한 것이어야 하며, 의도치 않게 다른 바람직한 개념들을 배제해서는 안 된다. 이러한 목적을 달성하기 위해서는 시스템 개념들을 광범위하게 탐구해야 한다.

다양한 시스템 개념을 평가하기 위해서는 응용수학 기법이 필요할 수도 있다. 응용수학 기법은 전체 시스템의 성능을 극대화하면서 비용은 최소화할 수 있기 때문이다. 시스템 엔지니어는 다양한 성능 및 비용으로 구성된 접근방법들을 개발함으로써 의사결정자들에게 시스템 개념과 관련해 다양한 선택권을 제공할 수 있게 된다. 또한 시스템 엔지니어는 고려해야 할 비용 요소를 산출하기 위해서 비용 분석가의 도움을 받게 된다.

8.2 대안 분석

설계 요소들을 평가할 때는 적용 가능한 모든 대안들을 고려해야 한다. 시스템 개념과 관련된 기능들이 정립되고 검증이 완료된 이후에 시스템 엔지니어는 이러한 기능들을 효과적으로 구현할 수 있는 설계방안은 무엇인지 검토해야 한다.

전체 대안 공간을 고려하는 과정에서 시스템 엔지니어는 해결 또는 고려해야 하는 제약 공간은 무엇인지를 식별할 수 있는 기회를 얻게 된다. — 아마도 여기에는 시스템 작동에 필요한 운용환경적인 제약조건을 고려하는 것이 포함될 것이다. 또한 시스템 운용과 관련이 있는 외부조직과 같이 조직 측면에서의 제약조건도 고려하게 될 것이다. 이러한 제약사항들에는 성능, 비용 또는 일정 등이 포함될 수 있다. 성능 제약에는 상호 운용성, 개발 가능 시기, 형식 또는 언어 등이 포함될 수 있다. 비용 측면의 제약은 시스템 엔지니어로 하여금 허용 예산 범위를 초과하지 않는 설계방안을 선택하도록 강요할 수도 있다. 이러한 재정적인 제한이 지속되는 경우에는 개발하고자 하는 시스템의 전체적인 운용 효과를 잠재적으로 감소시킬 수도 있다. 개발 일정의 제약 역시 시스템 엔지니어로 하여금 원하는 설계방안을 선택할 수 없게 만들 수도 있다. 이러한 경우에는 비록 차선의 시스템일지라도 전체 시스템 일정을 준수할 수 있는 설계안을 선택할 가능성이 크다.

한 가지 접근방식은 제약조건에 구애받지 않고 시스템을 설계할 수 있는 가능한 모든 조합을 식별해 보는 것이다. 이를 통해 시스템 엔지니어는 시스템 개념에 부과된 모든 제약조건을 충족할 수 있는 시스템을 개발하기 위해 시스템의 각 부분을 대상으로 작업할 수 있다. 이는 세 가지 제약조건(성능, 비용 및 일정) 중 어느 것이 가장 제한적인 요소로 작용하는지 확인한 후 만족할 수 있는 시스템 설계가 도출될 때까지 각각의 다른 제약조건을 대상으로 작업을 수행함으로써 얻을 수 있는 결과물이 될 것이다.

대안적 구현 개념들

일반적으로 기존에 운용해왔던 이전 시스템은 새로운 시스템을 탐색하고자 하는 스펙트럼의 한쪽 끝에 해당한다. 기존 시스템이 향후 예측되는 니즈를 충족시킬 수 없다는 운용상의 결함을 갖고 있다는 점을 고려할 때, 우선 이러한 결함을 제거하기 위한 관점에서 기존 시스템 개념을 수정하는 방안을 탐구해야 한다. 근본적으로 새로 개발된 다른 접근방안들과 비교할 때, 이러한 방식으로 만들어진 개념들은 분명한 장점을 갖게 된다. 그것은 성능, 개발 위험 및 비용적인 측면을 평가하는 것이 상대적으로 쉽다는 것이다. 또한 일반적으로 이러한 개념들은 혁신적인 개념들보다 더 빠르고, 더 저렴하며 낮은 위험으로 구현될 수 있다는 장점도 있다. 반면 성장 잠재력은 크게 제한될 가능성이 크다.

스펙트럼의 다른 한쪽 끝단은 첨단기술 등과 같은 혁신적인 기술을 구현하는 방안이 될 수 있을 것이다. 예를 들어, 강력하고 현대적인 마이크로프로세서의 도입은 기존의 수동작업을 광범위한 자동화 방식으로 대체할 수 있게 해주었다. 일반적으로 이러한 개념들은 더 위험하고 구현 비용이 더 많이 소요되지만, 크고 점진적인 개선이나 운용비용 절감은 물론이고 더 큰 성장 잠재력을 가져다준다. 이러한 기존과 혁신적인 개념 사이에는 중간 또는 하이브리드 개념들이 존재하게 된다. 또한 이러한 중간적인 개념에는 제안된 시스템 니즈의 충족 가능성을 확인하기 위한 목적으로 니즈 분석과정에서 만들어진 개념들도 포함된다.

새롭고 혁신적인 개념을 개발할 수 있는 다양한 기법들이 개발되어왔다. 아마도 가장 긴 역사를 가진 방법은 개별적으로 혹은 집단 내에서 이루어지는 브레인스토밍(brainstorming)일 것이다. 또한 브레인스토밍이라는 개념 안에서는, 기존 방식과는 다른 몇 가지 현대적 방법들 또는 변형들과 같이 많은 부분에서 구조화되지 않은 브레인스토밍 프로세스가 발전해왔다.

단일 개념이나 "점 설계(Point Design)" 방식에 빠르게 초점을 맞추고자 하는 유혹은 매우 자연스러운 것이다. 그러나 이러한 접근방식은 이전과는 근본적으로 다른 개념을 기반으로 하면서 높은 잠재력을 가진 또 다른 접근법들을 식별하는 것을 불가능하게 할 가능성이 크다. 따라서 다양한 설계방안을 포함하는 몇 가지 개념을 정립하고 탐구해야 한다. 이 단계에서 중요한 것은 창의적 사고를 장려하는 것이다. 제시된 요구조건들을 모두 충족하지 못하는 일부 개념들을 포함시키는 것도 허용되어야 한다. 심지어 어떤 경우에는 이러한 개념들이 더 바람직할 수도 있다. 그렇지 않으면, 상대적으로 중요도가 낮은 것으로 밝혀질 수 있는 요구조건을 충족시키지 못한다는 이유만으로 우수한 대안을 간과하게 되는 문제가 발생할 수도 있다. 니즈 분석과정에서와 마찬가지로, 어떤 요구조건이 정말로 필요하고 어떤 요구조건이 그렇지 않은지와 관련해 고객과 협의하는 것은 매우 중요하다. 이러한 협상 결과는 종종 성능에 미치는 영향은 최소화하면서도 비용 및 위험 요소 측면에서는 큰 차이를 만들 수 있기 때문이다.

사례: 새로운 항공기를 위한 개념 탐색. 탐색해야 하는 두 가지 주요 기능 옵션은 프로펠러 항공기 또는 제트 항공기이다. 이러한 각 옵션을 물리적으로 구현하기 위해서는 다양한 대안적 구현 방법들을 모색해야 한다. 일반적으로, 이러한 물리적 대안들은 기초적인 기능적 대안들보다 더 다양하다.

많은 기술이 계속해서 진보하고 있다. 예를 들어 자동화는 오토파일럿과 내비게이션 시스템에서 더욱 널리 활용되어왔다. 자율 항법 비행기가 미래일 수도 있다. 예를 들면, 자동화는 많은 분야에 걸쳐서 적용되어왔으며, 특히 자동조종과 항법장치에서는 눈부신 발전을 이루었다. 미래에는 자율비행기의 개발도 가능할 것이다. 예를 들어 결빙제거 규정과 같이 안전 이슈와 관련해 변경이 필요한 요구조건들에 대해서도 검토를 수행하고, 그에 따라서 요구해야 하는 성능 특성을 식별해야 한다. 대안이 될 수 있는 구현방안을 탐구할 때는, 각 후보 시스템들의 주요 특징을 먼저 분석해 개념적인 측면에서 달성 가능 여부를 확인해야 한다. 일반적으로 이 개발 단계에서는 개념이 아직 충분히 정립되지 않았기 때문에 설계 분석을 구체적으로 수행하는 것은 불가능하다. 그러나 이전의 경험과 공학적인 판단을 근거로, 제안된 개념을 주어진 기간, 비용 및 위험범위 내에서 실현할 가능성이 있는지를 결정해야 한다. 이때 시스템 엔지니어들은 이러한 판단을 수행하는 주체가 되어야 한다.

장점 혹은 단점을 가진 다른 수많은 옵션과 방안들이 있을 수 있다. 일반적으로 이러한 방안들에 대해서는 고객에게 분명한 선택권이 주어지지는 않는다. 또한 제트 항공기를 도입하는 옵션의 경우 단거리 운항 기능을 유지해야 한다는 운용 요구조건을 완전히 충족시키지는 못할 수도 있다는 점에 유의해야 한다. 하지만 앞에서도 언급했듯이, 이 단계에서는 초기 요구조건들을 모두 충족시키지 못하는 옵션 역시 고려하는 것이 전혀 드문 일이 아니다. 이는 혹시나 어떤 바람직한 옵션이 간과되는 경우가 발생하지 않도록 하기 위한 것이다. 항공사는 일부 노선을 포기하는 데 따른 손실을 전체적으로 제트 항공기를 운용함으로써 얻게 되는 장점으로부터 충분히 보상받을 수 있을 것으로 판단할 수도 있다.

대안을 모색할 때는 전체 시스템의 수명주기도 고려해야 한다는 점 역시 중요한 부분이다. 예를 들어, 성능 측면에서 볼 때는 제트 엔진 옵션을 선택하는 것이 많은 이점을 기대할 수 있지만, 훈련과 물류지원시설을 구축하기 위해서는 상당한 투자가 필요할 것이다. 따라서 이러한 지원 기능을 평가한 결과도 시스템 요구조건을 정립할 때 포함되어야 한다. "똑똑한 구매자"가 되기 위해서 항공사는 사업적인 측면에서 항공사를 운용하는 것뿐만 아니라 항공기 자체의 특성에 대해서도 해박한 지식을 갖춘 직원들 역시 고용해야 한다. 또한 적절한 성능 요구조건을 개발하는 데 필요한 분석을 수행할 수 있는 컨설턴트 또는 공학 지원 조직과의 협력도 필요하다.

선호하는 시스템. 일반적으로 너무 조기에 우월한 시스템 개념을 선택하지 않는 것이 중요하다. 그러나 어떤 경우에는 다수의 다른 실행 가능한 대안적 시스템들을 고려하는 것 외에 소위 "선호하는 시스템"을 선정하기 위한 목적으로 요구조건을 정립하는 것이 허용되기도 한다. 예를 들어 상당한 수준으로 선행 개발 작업이 진행되었고, 그 결과 기존 시스템을 업그레이드하는 것이 타당하다는 결과를 도출한 경우라면, 그러한 시스템 또는 하부 시스템에 우선권을 부여하는 것이 가능하다. 이러한 유형의 업무는 고객이 직접 수행하거나 후원하는 경우가 많다. 선호하는 시스템을 선정하는 것에 대해서 정당성을 부여할 수 있는 또 다른 상황은 허용 가능한 위험 수준 내에서 높은 성능 향상을 약속할 수 있는 최신의 주요한 기술적 혁신이 있는 경우이다. 선호하는 시스템 접근법이 갖는 근본적인 아이디어는 하부 시스템을 분석할 때 이러한 상황을 기반으로 시작할 수 있다는 것이며, 이는 시간과 비용 절감으로 이어질 수 있다.

기술 개발

새로운 시스템을 개발하게 되는 원인이 니즈 주도적이든 기술 주도적이든지에 관계없이, 대부분의 새로운 시스템은 직접 또는 간접적으로 기술 성장에 따른 결과물이라고 할 수 있다. 새롭게 정립된 니즈를 충족시킬 수 있는 잠재적 개념들을 탐구하는 과정에서 필요로 하는 주요한 입력은 기술 기반이라고 불리는 정보들로부터 도출된 것들이기 때문이다. 여기서 기술 기반의 정보는 개발 당시에 존재하는 기술의 총합을 의미한다. 그러므로 시스템 엔지니어들은 제안된 시스템 개발과 관련이 있는 기술들의 발전 현황에 대한 깊은 이해가 필요하다.

시스템 지향적 · 탐색적 연구 개발(RAD, Research and Development)은 새로운 니즈-주도형과 기술-주도형 시스템 중 어느 것과 관련이 있는지에 따라서 구별할 수 있다. 전자는 주로 운용환경에 대한 확고한 이해를 얻기 위한 것이다. 또한 새로운 시스템의 필요성을 증가시키는 요인들을 이해하기 위한 것도 여기에 포함된다.

일반적으로 후자의 경우는 신기술에 관한 지식 기반을 넓히고 정량화하는 데 중점을 둔다. 또한 신기술을 새로운 시스템의 목표를 충족시키기 위해 적용하는 것도 포함된다. 두 경우 모두에 해당하는 공통적인 목표는 추진하는 시스템을 개발하는 데 필요한 확고한 기술적 기반을 마련하는 것이다. 이러한 기술적 기반은 특정한 구현 개념을 선택할 때 필요한 판단기준을 명확하게 해준다. 또한 밝혀지지 않았던 특성과 상호관계들을 파악할 수 있도록 해준다.

산업계와 정부 모두는 구성품, 설비, 소재 및 제조 기술과 관련해 수많은 RAD 프로그램을 지원하고 있으며, 이러한 프로그램들을 통해서 성과나 비용 측면에서 상당한 이득을 얻고 있다. 최근 몇 년간 전자산업, 특히 컴퓨터와 통신장비 분야에서 가장 주목할 만한 기술적인 성과를 이루어왔으며, 이는 결국 정보시스템과 자동화의 폭발적인 성장으로 이어졌다.

정부가 후원하는 RAD 프로그램에는 정부가 관심을 두고 있는 기술을 개발하기 위한 대규모 사업도 포함된다. 이러한 사업들은 주로 정부기관, 연구소, 대학 등을 통해서 수행된다. 앞서 언급한 바와 같이 방위산업체는 정부와의 계약을 통해서 발생하는 수익의 일정 비율을 독립적인 RAD(IRAD, Independent RAD)에 투입할 수 있다. 그러한 자금의 상당 부분은 잠재적인 새로운 시스템을 개발하는 데 필요한 활동에 사용하게 된다.

성능 특성

구현 개념을 탐색함으로써 성능 특성을 도출하는 과정은 성능분석과 효과분석 프로세스를 조합한 것으로 생각할 수 있다. 성능분석을 통해서는 각 후보 개념들의 특징을 정의할 수 있는 일련의 성능 매개변수를 도출하게 된다. 효과분석은 후보 개념이 운용 요구조건을 충족하는지를 판단하기 위한 것이다. 만약 충족하지 못하는 것으로 분석되는 경우에는 개념을 어떻게 변경해야 충족시킬 수 있는지를 결정한다. 이를 위해서는 효과 모델 적용이 필요하다. 효과 모델은 선정된 일련의 기준 관점에서 개념적인 시스템 설계의 성능을 평가하는 것뿐만 아니라, 효율성을 측정하는 데도 사용할 수 있기 때문이다. 이것은 이전 과정에서 사용되었던 모델은 물론이고, 성능 요구조건을 검증하기 위한 다음 절차에서 사용하게 될 모델과도 유사한 모델이다. 사용 측면에서 구분할 수 있는 주요한 차이점은 상세함과 엄격함의 수준이 달라지는 것이라고 할 수 있다.

성능분석. 이 프로세스에서 성능분석 부분은 각 후보 시스템 개념을 대상으로 적절한 일련의 성능 특성을 도출하기 위한 것이다. 이때 대상이 되는 후보 시스템 개념들은 유효성 판단기준을 통과한 개념들로 한정해야 한다. 여기서 적절성과 관련된 이슈가 발생하는 이유는 복합 시스템 전체를 묘사하기 위해서는 많은 매개변수가 포함되어야 하기 때문이다. 게다가 이러한 매개변수 중 일부는 주요 임무와 직접적인 관련이 없을 수도 있으므로 신중한 판단이 필요하다. 예를 들어 어떤 특정한 기능은 시스템 시험 또는 보정을 쉽게 하기 위한 목적으로 포함되는 때도 있다. 특정하게 코딩된 비컨 응답기(Beacon Transponder)를 추적하는 항공기 탐지 레이더의 기능 역시 이러한 예시 중의 하나라고 할 수 있다. 따라서 성능분석 프로세스를 통해서는 식별된 시스템 특성 중에서 시스템의 운용 효율성에 직접적인 영향을 미치는 특성들만 도출되어야 한다. 동시에 하나 또는 다른 특정한 작동조건에서 효율성에 영향을 미칠 수 있는 모든 특성 역시 포함될 수 있도록 주의해야 한다.

주요 임무와 무관한 특성들은 특정한 하부 시스템의 개념을 설계할 때 만들어지는 경우가 많다. 즉 다른 개발 프로그램에서 이미 적용하였던 기존의 하부 시스템의 설계 개념을 도입하는 경우에 주요 임무와 무관한 특성들이 포함되기 쉽다. 예를 들어, 상대적으로 높은 수준인 레이더 안테나의 최대 상승률은 현재 검토 중인 개발사업과는 관련이 없을 수도 있다. 따라서, 그것이 전체적인 하부 시스템 설계 개념에서 결정적인 요소가 아닌 경우에는, 기존 시스템으로부터 파생된 모델에 이러한 요구조건을 포함해서는 안 된다. 간단히 말해서, 앞에서 언급한 바와 같이, 정립된 특성들의 집합은 각 후보 시스템 개념의 효율성에 대해서 올바른 판단을 내릴 수 있도록 필요충분조건을 갖추고 있어야 한다.

제약조건. 프로젝트의 이 과정에서 중점을 두는 것은 당연히 시스템 성능 특성들과 함께 그 성능 특성들을 달성하기 위해 필요한 기능들이 될 것이다. 하지만, 상호 연관성이 있는 다른 성능 특성들을 간과하지 않는 것 역시 중요하다. 특히 다른 시스템 또는 시스템 일부분과의 인터페이스 및 상호작용들은 신중하게 다루어져야 한다. 인터페이스 및 상호작용은 항상 새로운 시스템에 제약조건으로 작용하게 될 것이기 때문이다. 이러한 제약조건들은 물리적 형태와 규격, 중량, 전력, 일정(예: 출시일), 필수 소프트웨어 도구, 운용 빈도 및 운용자 교육 등에 영향을 미칠 수 있다. 제약조건의 유형들은 개발 프로세스의 후반부에서도 매우 자세히 다루어지겠지만, 요구조건을 정립하는 프로세스를 수행하는 과정에서 이러한 제약조건들의 영향성을 고려하는 것이 그렇게 빠른 것은 아니다. 위와 같은 문제들에 대해서 조기에 관심을 가짐으로써 기대할 수 있는 즉각적인 이점 중의 하나는 상충하는 개념을 걸러낼 수 있다는 것이기 때문이다. 또한 좀 더 유망한 개발 방안을 분석하는 데 더 많은 시간을 할애할 수 있다는 장점도 있다.

8.3 운영 분석 기법

시스템 엔지니어들은 다양한 운영 분석 기법(Operations Research Techniques)들에 대한 개략적인 지식을 갖추고 있어야 한다. 운영 분석 기법들은 시스템 개념을 개발하고 대안 공간을 고려하기 위한 목적으로 사용될 수 있기 때문이다. 시스템 엔지니어들이 이러한 각각의 기법을 사용함으로써 시스템의 다양한 측면에 대한 검토가 가능하다. 또한 시스템에서 무엇이 가장 중요한 측면인지에 대해서 이해관계자들과 소통하기 위한 목적으로도 사용할 수 있다.

최적화 기법

최적화란 시스템의 선택된 속성을 최소화 또는 최대화하는 것이다. 고전적인 최적화 사례로는 얼마나 많은 다양한 제품을 개발하고 판매해야 이익을 극대화할 수 있는지를 찾아내는 방법을 들 수 있다. 따라서 제한된 자원을 최소한으로 사용하여 제품을 개발하고 예상 수익은 극대화하는 방안을 모색하는 것이라고 할 수 있다.

선형계획법(LP, Linear Programming)은 최상의 결과를 얻기 위해 최댓값 또는 최솟값을 찾는 데 사용할 수 있는 기법이다. 예를 들어 이것은 이윤을 최대화하거나 비용을 최소화하는 것일 수도 있다. 또한 이 기법은 모든 시장 수요를 만족시키면서 운송비용을 최소화하기 위해 한정된 출처(창고 등)와 출처 간의 거리를 고려해 제품 수요(도시 등)를 충족시키는 데 필요한 운송 플랫폼의 수를 정확히 파악하고자 하는 목적에도 적용할 수 있다. LP는 변수의 변화가 결과에 선형적으로 영향을 준다고 가정한다. LP의 하위 집합은 정수 프로그래밍이라고 불리며, 여기서는 정수의 결정 변수들을 다룬다. 이것은 단위장치들 또는 개체들로 구성되는 전체적 관점의 문제를 해결할 때 유용할 수 있다. 이러한 문제와 관련된 사례에는 할당된 차량, X선 장비 또는 컴퓨터 등이 해당된다.

그림 8.1은 LP의 사례를 보여주고 있다. 이는 모든 기능을 만족시키는 데 필요한 전체 시스템의 수를 최소화하고자 하는 문제이다. 또 다른 목표는 총 소요 비용을 최소화하는 것이다. 이는 각 시스템이 여러 가지 기능을 수행할 수 있다는 점을 고려한 것이다. 이 사례에서는 (A~F 라벨로 표시된) 6개의 시스템과 10개의 기능("1"은 시스템이 해당 기능을 수행할 수 있음을 의미함)을 포함하고 있다. LP 예제에서는 각 시스템의 적용 여부(1: 예, 0: 아니오)를 선택하도록 하고 있으며, 충족하는 각 기능을 포함하고 비용을 합산하게 된다(여기서 행의 길이는 원하는 범위와 같아야 한다). 작동 기능들 사이에 발생하는 중복에 대해 임계값을 설정하는 것이 필요한 경우에는 부가적인 제약조건을 추가할 수 있다. 이는 최종 결과에서 중복되는 기능의 숫자를 최소화하려는 조치이다. 최종 결과는 총비용을 최소로 유지한 상태에서 모든 기능을 만족시키는 데 필요한 시스템 B, C, E, F로 표시된다. 시스템 엔지니어는 이와 같은 도구를 사용해 시스템엔지니어링 수명주기의 초기 과정에서 "만약(What-if)"과 관련된 분석을 수행할 수 있다. 이러한 분석은 전체 시스템 개념이 어떠한 형태를 보이게 될지를 탐구하는 데 필요하다.

6개 시스템 사용 가능

시스템 사용 여부

각 시스템 비용

충족시켜야 하는 10가지 기능

"1"은 시스템이 기능을 수행할 수 있음을 나타내며, "0"은 해당 성능이 없음을 표시

				기능										
시스템 유형	사용(Y/N)	비용	플렛폼 비용	1	2	3	4	5	6	7	8	9	10	
단일-역할 시스템 A	0	2	0	1	0	1	0	0	0	0	0	0	0	
단일-역할 시스템 B	1	3	3	0	0	0	0	0	0	0	1	0	0	
단일-역할 시스템 C	1	4	4	0	0	0	0	0	1	0	0	0	1	
다중-역할 시스템 D	0	8	0	0	1	0	1	0	0	1	0	0	0	
다중-역할 시스템 E	1	12	12	1	0	1	0	1	0	0	0	0	0	
다중-역할 시스템 F	1	15	15	1	1	0	1	0	0	1	0	1	0	
		총 비용	34	2	1	1	1	1	1	1	1	1	1	담당 시스템
				1	1	1	1	1	1	1	1	1	1	희망 담당 시스템
				2	1	1	1	1	1	1	1	1	1	중복 한계점
목표		총 비용을 최소화하면서 모든 기능을 충족												
제약조건		Integer solution (>=0) - 정수 솔루션 (>=0)												
		희망하는 모든 임계값을 충족하거나 초과해야.												
		희망하는 중복값 이하를 유지.												

선택한 시스템을 기준으로 한 총 비용

그림 8.1 사용되는 기계장치의 수를 최소화하기 위한 할당 문제

의사결정

의사결정은 의사결정 공간(예: 가능한 모든 의사결정)을 식별하기 위한 정량적 기법이다. 또한 의사결정 경로를 통해서 얻을 것으로 예상하는 결과와 그 발생 가능성을 판단하기 위한 목적으로도 사용된다. 의사결정 트리(Decision Tree)와 같은 그래픽 묘사 기법은 이해관계자들이 평가 또는 고려해야 하는 대상에 대한 통찰력을 가질 수 있도록 도와준다. 이러한 통찰력이 필요한 이유는 결정해야 하는 전체 범위와 그 결정에 따라 영향을 받을 수 있는 이해관계자들을 식별하기 위해서이다. 의사결정은 의사결정자가 대안적 의사결정 경로를 식별할 수 있는 것은 물론이고, 다른 의사결정 과정을 평가하고 비교하는 데에도 도움을 주기 위해서 수행된다. 이러한 개념은 확률 이론을 활용함으로써 대안적 결정 경로들이 갖는 가치 또는 유용성을 판단하게 된다.

이름에서도 알 수 있듯이, 이 트리는 의사결정 공간을 형성하는 데 사용된다. 일반적으로 두 가지 기호가 사용된다 – 하나는 의사결정을 위한 것이고, 다른 하나는 의사결정자의 통제 범위 밖에서 발생할 수 있을 것으로 예상하는 이벤트에 대한 것이다. 그림 8.2는 결정과 이벤트를 각각 두 개씩 포함하고 있는 단순한 결정 트리를 보여주고 있다. 결정은 직사각형으로 표시되며 A와 B로 표시되어있다. 반면에 이벤트는 원으로 표시되고 E_1 및 E_2로 지정되어있다. 이 사례에서는 각 결정지점마다 두 가지 가능한 선택사항이 있다. 이벤트에도 둘 이상의 결과가 있으며, 각각 관련된 확률이 표기되어있다. 끝으로, 각 의사결정 경로의 값이 오른쪽에 표기되어있다. 여기서 값은 의사결정 경로가 갖는 양적 결

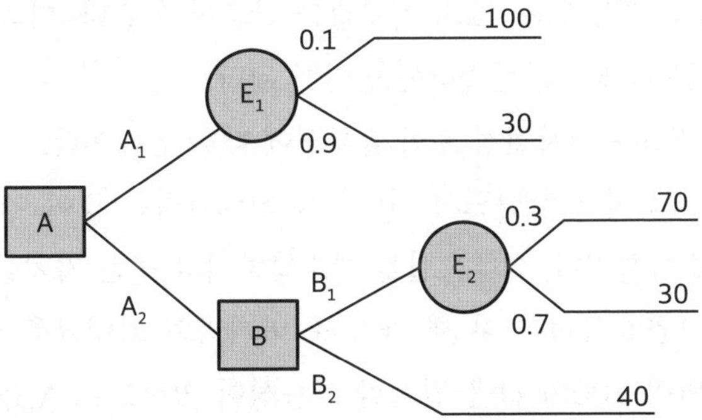

그림 8.2 의사결정 트리 예제

과를 나타낼 수 있는 모든 것이 될 수 있다. 예들 들면 돈, 생산, 판매, 이익 등이 이에 해당할 수 있다.

이 사례에서 공학자는 최초의 결정지점인 A에 직면하게 된다. 이 지점에서는 A_1과 A_2의 두 가지 선택이 가능하다. A_1을 선택하면 각각 0.1 또는 0.9의 확률로 100 또는 30의 값을 제공하는 이벤트가 발생하게 된다. A_2를 선택하면 즉시 두 번째 결정인 B와 직면하게 되고 B_1과 B_2라는 두 가지 선택이 기다리고 있게 된다. B_2를 선택했을 때 얻을 수 있는 값은 40이 된다. B_1을 선택한다면 두 가지 가능한 결과를 포함하고 있는 이벤트 E_2가 생성된다. 두 가지 가능한 결괏값은 70과 30이고 각각의 발생 확률은 0.3과 0.7이 된다. 이 경우에 어떤 의사결정 경로를 '최선(best)'이라고 할 수 있을까?

마지막 질문에 대한 답은 절충 연구의 목표(들)에 따라 달라진다. 연구 목적이 결정 경로의 기댓값을 최대화하려는 것이라면 정의된 방법을 사용해 트리를 풀 수 있을 것이다(여기서 자세히 다루지는 않지만). 이런 경우에 기본적으로, 분석가나 공학자는 오른쪽에 표기된 값에서부터 시작해서 왼쪽으로 작업을 해나가게 될 것이다. 먼저 각 이벤트를 통해서 얻게 될 것으로 예상되는 값을 추정하게 된다. 그런 다음 각 결정지점에서 기댓값이 가장 큰 옵션을 선택한다. 기댓값은 다이어그램의 가지에 포함되어있는 가중치들의 총합이며, 가장 큰 값을 선정해 원이나 정사각형으로 그 값을 기재한다. 이 예에서 이벤트를 계산하면 E_1의 경우 100(0.1)+30(0.9)=37이고 E_2의 경우 70(0.3)+30(0.7)=42의 기댓값이 산출된다. 따라서 결정 B는 B_1을 선택함으로써 42의 값을 얻는 것과 B_2를 선택해 40의 값을 얻을 수 있는 선택이 있다. 이제 결정 A는 두 개의 예상값 사이에 있다. 즉 A_1은 37, A_2는 42의 기댓값을 산출하게 된다. 따라서 A_2를 선택하는 것이 가장 큰 기대치를 산출하는 방안이 된다.

그림 8.3은 의사결정 트리 솔루션에 대한 설명이다.

물론, 그 목표가 반드시 기대치를 최대화하는 것이 아닐 수도 있다. 예상손실을 최소화하거나, 최대손실을 최소화하거나 또는 가치를 최대화하는 것일 수도 있다. 만약 목적이 이 세 가지 중 마지막인 최댓값을 선택하는 것이었다면, 오직 A_1만이 100의 값을 달성할 가능성이 있으므로 A_1을 선택하는 것을 선호하게 될 것이다. A_2를 선택했을 때 얻을 가능성이 있는 최댓값은 70에 불과하기

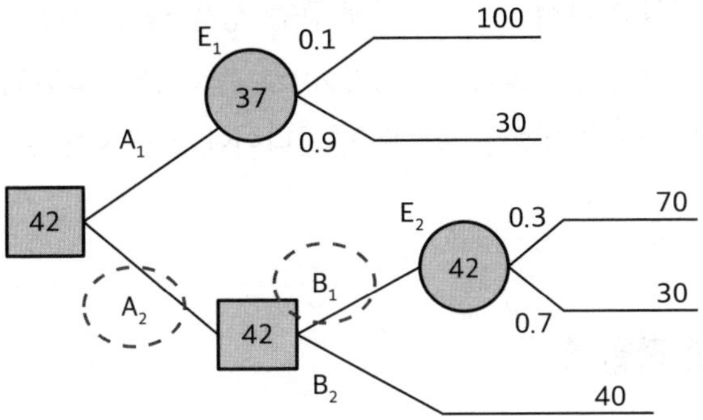

그림 8.3 결정 경로

때문이다. 따라서 절충 연구를 수행하는 목표는 트리를 풀어가는 방법을 결정하기 위한 것이다.

의사결정 트리를 사용하는 또 다른 방법은 효용평가를 추가하는 것이다. 기본적으로, 우리는 값을 사용하는 대신에 유틸리티를 사용하게 된다. 실제 값을 유틸리티로 대체하려는 이유는 위험을 방정식에 통합시키기 위한 것이다. 예를 들어, 그림 8.4에서 보여주고 있는 의사결정 트리는 기대치를 최대화하기 위한 목적으로 이미 해결되었다고 가정하자. 그러나 고객은 극도로 위험을 회피하고자 한다. 다른 말로 하자면, 고객은 많은 양의 가치를 잃지 않기 위해서 더 큰 이익을 포기하게 될 것이다(이 경우, 가치가 이익이 될 수 있다).

이러한 탐색을 용이하게 하기 위해 수많은 자동화 도구를 활용할 수 있다는 점에 유의해야 한다. 이러한 주제들을 중점적으로 다루는 많은 출판된 책들

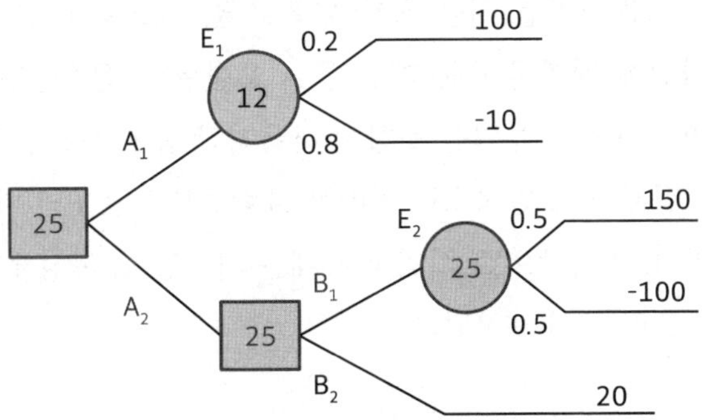

그림 8.4 해결된 의사결정 트리

이 있다. 『절충 분석: 시스템 거래 공간 생성 및 탐색(*Trade-off Analytics: Create and Exploring the System Tradespace*, Parnell, 2016)』은 최근에 발간된 책 중에서 이러한 주제들을 실무에 종사하는 시스템 엔지니어에게 필요한 수준에서 다루고 있는 교재이다.

8.4 경제성과 적합성

시스템 엔지니어는 의사결정자가 최적의 시스템 개념을 식별하는 데 도움을 줄 수 있도록 적합성 평가에 대한 지식을 갖고 있어야 한다. 적합성 평가는 또한 의사결정자가 자원 할당 프로세스를 이해하고, 이해관계자들이 갖는 기대치를 정량화할 수 있도록 하는 것은 물론이고 추정되는 예산 안의 범위에서 가능한 포트폴리오를 제공할 수 있도록 도와준다. 여기서는 적합성의 세 가지 주요 구성요소인 '비용 추정 및 분석', '투자 의사결정 분석' 그리고 '자원 효율성'에 대해서 설명하고자 한다.

비용 추정 및 분석

종종 수명주기 비용을 정량화하는 방법에는 어떤 것들이 있는지에 관한 의문을 가질 수 있다. 가장 많이 사용되는 비용 추정방법으로는 요람에서 무덤까지의 추정치를 제공하는 수명주기 비용 추정치(LCCE, Life Cycle Cost Estimate)가 있다. 여기에는 초기 RAD, 생산, 운용/지원 및 폐기 비용 등이 포함된다. RAD 비용에는 모든 프로그램 RAD 장비, 인력, 시설 및 시험 등이 포함된다. 생산비용에는 시스템 생산을 위한 초기 자재 조달, 제조시설, 인력 및 교육, 예비 제품 그리고 사전에 계획된 제품 개선 등이 포함된다. 운용/지원 비용에는 인력, 유지보수 및 지속적인 투자를 포함해 사용기간 동안 시스템을 운용하고 지원하는 비용이 포함된다. 일반적으로 이러한 사항들은 LCCE의 비용에서 가장 큰 부분을 차지한다. 마지막으로, 처리 비용에는 비무장화, 독성제거, 장기 폐기물 저장, 환경복구 노력 등이 포함된다.

투자 결정 분석

또한 시스템 엔지니어는 의사결정 시 비용이 얼마나 소요되는지, 투자 가치는 무엇인지 그리고 가격은 적당한지도 파악해야 한다. 일반적으로 비용-편익 분석(Cost-benefit Analysis)은 의사결정자가 왜 다양한 대안들의 성능을 비교해야 하는지를 이해하는 데 도움을 줄 수 있다. 또한 대안들을 선정하거나 최종적인 대안을 결정하기 위해서 소요되는 비용에 관해서도 설명이 가능하다. 비용-편익 분석의 요소에는 다음이 포함된다.

- 목표 정의. 원하는 연구 결과가 무엇을 달성해야 하는지를 분명히 해야 한다.
- 문제 이해. 성능은 물론이고 비용 범위와도 문제를 결합해야 한다. 이것은 명확하고 달성할 수 있으면서도 측정 가능한 목표를 개발하는 데 필요하다.
- 가정 및 기본 규칙 수립. 기술적 성능에 대해서 가정하는 것과 유사하게, 문제, 데이터 수집 및 데이터 분석의 범위를 결정하는 데 필요한 경제적 측면도 가정해야 한다.
- 대안 파악 및 검토. 이상적으로는 최소한 두 가지 대안이 있어야 한다: 이해를 도와줄 수 있는 베이스라인(baseline)과 기준점(Point of Reference)을 제공해줄 수 있는 기존("As-is") 시스템과 제안된 미래("To-be")의 대안이 그것이다. 고려 대상이 되는 대안들은 몇 가지가 있을 수 있다.
- 비용 및 편익 추정치 개발. 이는 금전적인 이득과 비금전적인 이득으로 나눌 수 있다. 여기서 금전적 이득은 다시 세 가지 영역으로 분류할 수 있다. 첫 번째는 비용 절감이다. 특정한 대안을 선택하면 향후에 소요 예산 감소로 이어질 수 있다. 두 번째는 비용 회피이다. 이는 대안이 미래에 소요될 것으로 예측되는 비용이나 자원을 절감하거나 감소시키는 경우를 말한다. 세 번째는 생산성 향상으로, 대안이 업무 수행능력, 효율성 및/또는 품질 향상에 영향을 미치는 것을 말한다.

비금전적인 이득을 통해서도 시스템 목표를 평가할 수 있다. 또한 비금전적인 이득은 목표달성 수준에 대한 기준을 제시해주는 것 외에도 대안의 성능을 평가할 수 있는 수단이 될 수 있다. 이것은 금전적 측면보다 성능에 더 중점을 둘 수 있으며, 시스템 엔지니어는 이와 같은 성능 및 비용 요소가 별도로 평가될 수 있도록 해야 한다. 그림 8.5는 잔디 깎는 기계를 대상으로 성능을 평가하는 예시를 보여주고 있다.

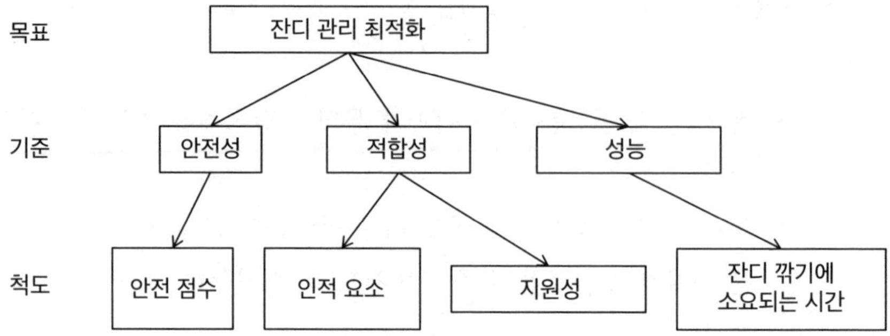

그림 8.5 비금전적 이득의 예

모든 대안을 상호 비교하고 순위를 지정함으로써 목표 달성 측면에서의 상대적 이점을 보여줄 수 있다. 산포도(scatterplot)를 활용하면 성과와 비용을 그래픽으로 표시할 수도 있다. 대안을 비교하는 또 다른 방법은 다중 기준 결정분석 기법(Multi-criteria Decision Analysis Techniques)을 활용하는 것이다. 이 기법을 적용하면 평가기준의 가중치/중요도를 평가할 수 있고, 의사결정자들에게 대안이 되는 방안이 어떻게 가장 중요한 기준을 충족시킬 수 있는지를 보여줄 수 있다. 그림 8.6은 비용 절감 대 성능에 대한 산포도 작성 예시를 보여주고 있다. 각 축을 따라서 표시되어있는 오차범위 막대는 계산 결과에 포함된 불확실성을 나타내고 있다. 또한 의사결정자에게는 성능과 비용의 범위를 보여줄 수 있다. 기준 시스템(Baseline Systems)도 이 도표에 포함되어야 한다. 이는 성능과 비용 측면에서 기존 시스템과 대안 시스템이 얼마나 큰 차이를 보이는지를 비교하는 데 필요하다. 이 사례에서는 비용 절감액이 가장 높으면서도 성능 역시 가장 높은 대안(이 도표의 오른쪽 위 사분면)이 우선 대안이 될 것이다.

선정기준을 기준으로 민감도 분석을 수행하는 성능평가와 유사하게, 비용

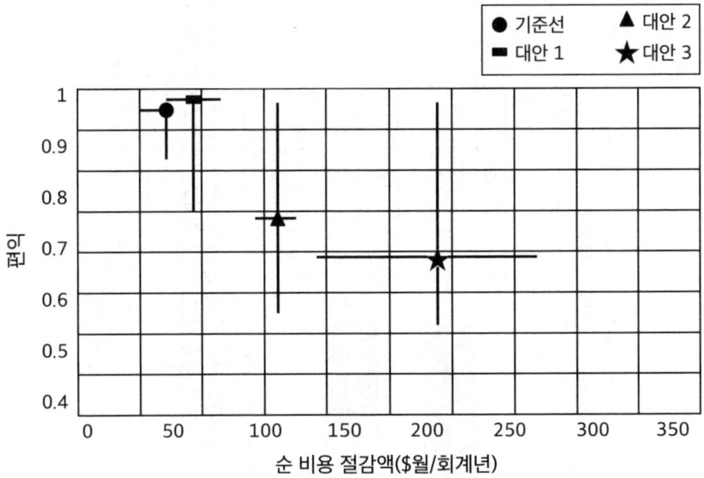

그림 8.6 성능 및 비용 비교 산포도

기준 역시 전체 선택에 미치는 영향을 결정하기 위해 수정될 수 있다. 마지막으로, 최종 권고와 함께 선정결과에 대한 정당성도 함께 제시되어야 한다.

자원 효율성

여기서 가질 수 있는 질문은 다음과 같다: 자원을 효율적으로 사용하는 방법 또는 자원이 제한된 환경에서 추구해야 하는 최선의 행동방침은 무엇인가? 다시 말하지만, 대안이 갖는 상대적 이점을 비교하는 데 도움이 될 수 있도록 베이스라인 또는 현재 시스템과의 비교가 필요하다. 가장 중요한 성능/금전적 기준이 무엇인지를 식별하는 것도 어떤 대안을 선택해 추진해야 할지를 결정하는 핵심적인 열쇠가 된다. 서로 다른 대안이 기준 시스템과 비교해 얼마나 큰 장점을 제공해줄 수 있는지를 계산하기 위해서는, 시스템 운용 시 작업 흐름과 함께 자원을 사용하는 특성을 파악해야 할 수도 있다. 때때로 컨텍스트 다이어그램은 시스템 엔지니어가 분석을 수행하는 데 필요한 시스템의 다양한 비용 요소를 식별할 수 있도록 도움을 줄 수 있다. 또한 가장 핵심적인 비용 구성요소를 계산하기 위해서도 필요하다. 그림 8.7은 다양한 의료 비용을 논의하기 위한 컨텍스트 다이어그램의 사례를 보여주고 있다. 그림에서 내부에 있는 사각형은 포괄적인 범주들을 나타내고 있으며, 외부 사각형은 다양한 구성요소들을 보여주고 있

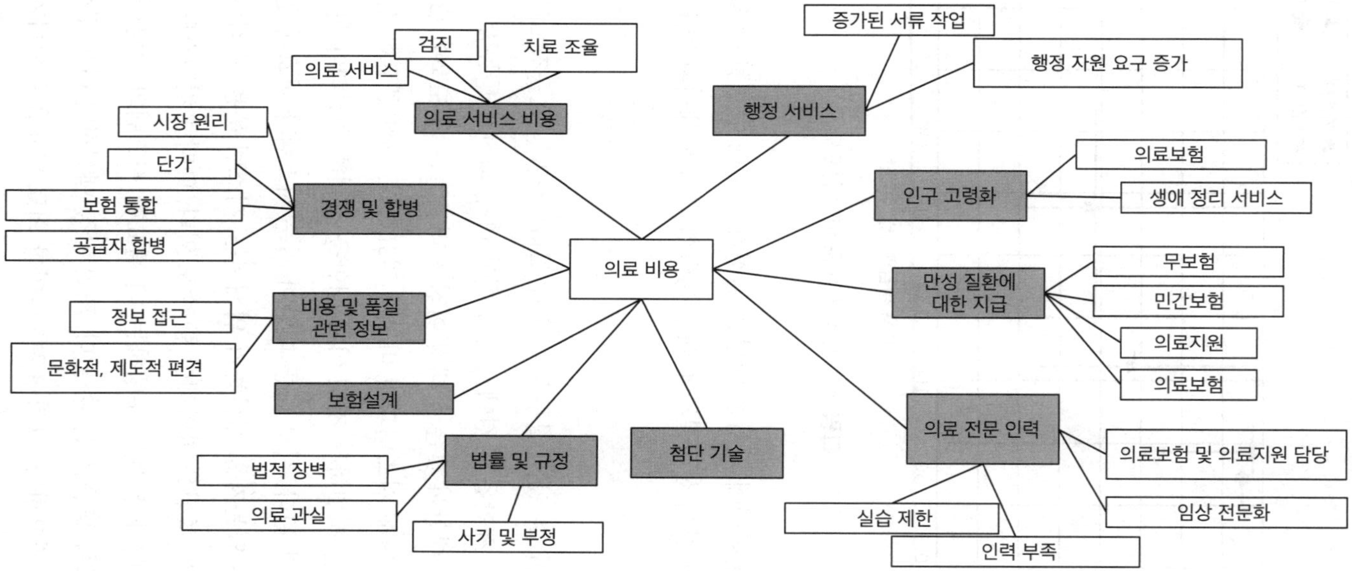

그림 8.7 의료 비용의 컨텍스트 다이어그램 예

출처: Bipartisan Policy Center에서 발췌 (2012).

다. 시스템 엔지니어는 이 다이어그램을 활용해 의사결정자와 협의함으로써, 효율성 개선을 위해 검토해야 할 가장 중요한 요소는 무엇인지 식별할 수 있다.

8.5 고려해야 할 이벤트 및 의사결정

시스템엔지니어링 수명주기 동안 이루어지는 전형적인 결정들

시스템엔지니어링 수명주기 전체에 걸쳐서 이루어지는 일부 결정은 시스템이 예상되는 환경 속에서 개발 및 운용을 위해 필요한 절차들을 어떻게 관리할 것인지에 영향을 미치게 된다. 시스템 엔지니어는 시스템 개발 중에 내려지는 결정에 대해서 이해해야 하는 것은 물론이고, 그러한 결정이 프로젝트의 나머지 과정에 어떠한 영향을 미치게 될지도 인식하고 있어야 한다.

대상이 되는 프로젝트에 관한 결정은 광범위하게 이루어질 수 있다. 우리는 결정이 이루어지는 지점들을 확인하기 위해 몇 가지 시스템 획득 참고사례들을 참조하였다. 여기서 결정 지점들을 설정하는 이유는 시스템 개발을 이어지는 절차로 계속 진행해도 되는지 또는 시스템 운용을 중단해야 하는지 등을 결심하기 위한 것이다. 이 장의 내용은 평가 및 선택과 관련이 있으므로, 우리는 후보 시스템 개념들이 얼마나 기능을 잘 발휘할지에 관한 의사결정을 중점적으로 다루고자 한다. 우리는 시스템 컨텍스트 다이어그램을 고려하고 성능, 비용 및 유용성과 관련된 몇 가지 질문을 할 수 있다. 이것은 선택된 결정을 평가하기 위한 것으로, 자세한 내용은 표 8.1에서 찾아볼 수 있다.

표 8.1 시스템 결정 질문들

시스템과 관련된 질문	고려해야 할 의사결정 사항
시스템이 요구조건을 충족하는가?	요구조건 수용 또는 수정
해당 시스템과 상호작용하게 될 사용자가 지정되어있는가?	시스템 개념에 대한 사용자 승인
시스템이 예상되는 임무/목표를 충족하는가?	추가적인 개발을 수행할 가치가 있는 개념을 선택
시스템 개념이 다른 시스템 또는 조직과 연계해 작동해야 하는가?	상호 운용성 승인
임무를 수행하는 동안 시스템이 내적인 역량을 발휘하는가?	통합 승인
임무를 수행하는 동안 시스템이 내적인 역량을 발휘하는가?	시험 승인

시스템과 관련된 질문	고려해야 할 의사결정 사항
시스템이 설계된 임무 기능을 달성하는가?	개발시험 승인
시스템이 실제적인 운용조건 아래에서도 그 기능을 효과적으로 달성할 수 있는가?	운용시험 승인
시스템이 인간과 상호작용할 때 안전성을 보장할 수 있는가?	안전 승인
시스템 획득을 지원할 수 있는 적절한 프로그램과 예산이 있는가?	자원관리 의사결정
시스템 개발 일정은 아직 진행 중인가?	일정 조정

다른 조직들은 다른 의사결정에 관심을 가질 수도 있다. 이러한 의사결정은 산업, 이해관계자의 책임, 공공 안전 또는 기타 요소를 기반으로 하기 때문이다.

국방부(DoD, Department of Defense)는 시스템이 개발되고 있는 진행 상황을 평가하는 방법으로 일련의 획득 마일스톤(MS, Mile Stones)을 사용한다. 다음은 각 마일스톤에 대한 간략한 설명이다. MS A의 목적은 기술 성숙도 증진과 시스템 개념의 예비설계에 투자할 것인지를 결정하기 위한 것이다. 이에 반해 MS B에서는 제품 개발, 통합, 제조를 위한 투자 여부를 결정한다. 또한 MS C는 운용시험을 위한 생산-표본 단위(Production-representative Units)의 제조를 결정한다. 자세한 내용은 DoD의 국방획득 가이드북 3장(시스템엔지니어링, 국방획득대학)을 참조하기 바란다.

NASA는 "핵심 의사결정 포인트(KDP, Key Decision Points)" 개념을 사용해 프로젝트 또는 프로그램이 다음 수명주기 과정에 진입할 수 있는지를 결정한다. 폭넓은 내용을 포함하는 과정들에는 다음 사항들이 포함된다: 니즈를 해결하기 위해 기대되는 성숙도, 임무 및 시스템 아키텍처가 신뢰할 수 있는지를 판단하는 데 필요한 상태, 프로젝트의 기술/비용/일정에 대해 기대되는 성숙도, 마무리가 필요한 계획이 아직 남아 있는 프로젝트를 예측할 수 있는 개발 성숙도, 출시 준비가 되었을 때 예측할 수 있는 상태, 임무 운용 및 작동이 가능할 것으로 예측되는 상태, 그리고 프로젝트 해체 및 폐기와 관련해 예측되는 상태 등. KDP에 대한 자세한 설명은 NASA의 우주 비행 프로그램 및 프로젝트 관리 요구조건(NASA's Space Flight Program and Project Management Requirements, 2012)에 상세히 기술되어있다.

국토안보부(DHS, Department of Homeland Security)는 시스템 개발과정을 진행할 때 획득 결정 이벤트(AED, Acquisition Decision Event)들을 활용한다. 이러한 이벤트들은 DoD 프로세스를 충실하게 따른다. 네 가지 주요 과정은 니즈 정당화, 대안 분석/선택, 대안 결정 그리고 생산/전개/지원이다. 여기서 지원은 폐기될 때까지 지속적으로 능력을 지원하는 것을 의미한다. 자세한 내용은 DHS의 획득 관리 지침 102-01 및 DHS 지침 메뉴얼 102-01-001(가이드북)(DHS, 2008, 2015)에 명시되어있다.

또한 상용 개발자들은 다른 사항들을 고려해 시스템 개발 프로세스를 평가할 수 있다. 예를 들면 시장 성과, 이전 고객의 경험, 경쟁사의 전략, 전반적인 경제 상황, 생산비용, 제조 프로세스 등이 여기에 해당한다. 기업은 이러한 조사 결과에 따라서 시스템 개념 개발을 진행 또는 중단하는 것을 결정할 수 있다.

INCOSE는 개발 프로세스에 일련의 수명주기 단계들은 물론이고, 다음 과정으로 계속 진행할지 아니면 개발을 중단할지에 관한 의사결정을 위한 관문들을 포함할 것을 추천하고 있다. INCOSE가 제안하는 수명주기 단계들은 탐색(새로운 기회 조사), 개념(개념 및 이해관계자의 니즈 평가), 개발(계획 및 위험관리), 생산(생산 및 시험), 활용 및 지원(운용 및 지속 가능한 역량 제공), 퇴역(저장 또는 폐기)으로 구성되어있다. 자세한 내용은 INCOSE 시스템엔지니어링 핸드북(Shortell, 2015)에 기재되어있다.

의사결정 마일스톤 수행 중에 영향을 받는 자원의 유형

자원은 시스템 개발 중에 다양한 형태로 제공될 수 있다. 어떤 경우에는 사람, 조직, 기술, 보안, 예산, 개발(하드웨어/소프트웨어), 통합 또는 시험 등이 포함된다. 자원은 종종 이전 과정에서의 의사결정 내용과 연관이 있다. 초기 과정에서 수행된 요구조건 개발 결과가 이후 과정의 설계 및 시험에 필요한 자원을 결정하게 된다는 것은 이러한 주장의 전형적인 사례라고 할 수 있다. 만약 요구조건이 잘못 개발된 것으로 확인되는 경우에는, 향후 자원 배분 계획에 부정적인 영향을 미치게 되는 것은 물론이고, 요구조건을 수정하는 동안 사업이 지연될 수도 있다.

필요한 자원의 유형을 계획 및 고려하는 활동은 본격적인 개발과정 진입 또는 핵심적인 의사결정이 이루어지는 시점 이전에 완료하는 것이 중요하다. 생산용 소재 또는 시험범위와 같은 일부 자원들은 대체 자원을 탐색하는 데 상당한 시간이 필요하기 때문이다. 프로젝트 개발과정 중에 예기치 못한 지연이 발생할 때는 비상조치를 계획하고 프로젝트가 지연되는 동안 일부 자원을 적절하게 활용해야 한다(예를 들어 유휴 인력들을 다른 프로젝트로 이동시키거나, 프로젝트 내에서 일반적인 작업을 담당하게 하는 등의 조치가 가능하다).

시스템 엔지니어 및 의사결정권자는 위험 감소 이벤트를 통해 이러한 결정을 내리는 데 필요한 자원의 수준을 파악할 수 있는 통찰력을 가질 수 있다. 이러한 통찰력은 유용성을 조사하고 계획된 운용환경에서 기술을 평가하는 데에도 사용된다. 이를 통해 새로운 개념을 개발하고 새롭게 시작하는 프로그램을 위한 요구조건을 개발할 수 있다. 다른 시제품을 제작하게 되면 능력을 구현하는 것이 기술적으로 타당한지를 평가할 수 있다.

8.6 대안적 개념의 개발 및 개념 선정

개념 정의 프로세스에서는 특정 시스템 구성 또는 개념을 선택하는 데 노력을 집중하게 된다. 이때 선정되는 구성이나 개념은 시스템이 수행해야 하는 기능을 만족시킬 수 있어야 한다. 이러한 의사결정은 새로운 시스템의 궁극적인 성능, 비용 및 유용성 결정 측면에서 이후에 수행되는 후속 개발과정보다 더 많은 영향을 미치게 된다. 게다가 경쟁적인 획득 프로세스에서는, 시스템을 개발할 사업자의 선정은 주로 제안한 개념과 후속 지원 관련 문서에 대한 평가를 기초로 한다. 이러한 이유로, 대안 개발은 의사결정자들에게 개발을 추진하는 데 필요한 일련의 실행 가능한 개념들을 보여주기 위한 측면에서 매우 중요하다.

시스템엔지니어링 방법은 그러한 결정을 내릴 때 구조화된 프로세스를 사용하는 것을 가능하게 한다. 여기서 구조화된 프로세스는 최종 선택이 이루어지기 전에 여러 대안을 대상으로 상대적인 장점을 고려하는 것을 의미한다. 이 프로세스를 "절충 연구(Trade-off Studies)" 또는 "절충 분석(Trade-off Analysis)"이라고 하며 시스템을 개발하는 과정 전반에 걸쳐 수행되는 의사결정 프로세스에 사용된다. 절충 분석은 개념 정의 과정에서 시스템 구성품의 물리적 구현방안을 선택할 때 가장 많이 사용된다.

대체 개념들의 정립

개발 초기 과정들에서, 대안이 될 수 있는 시스템 개념을 구축하기 위한 첫 번째 절차는 식별된 기능을 시스템의 물리적 구성품에 할당하는 것이다. 다시 말해서, 우리는 그 기능들을 어떻게 구현할지를 결정해야 한다. 물론 기능 블록 다이어그램(또는 다른 기능 표현)의 최상위 기능을 하위 수준 기능들로 분해하는 작업이 수반될 수도 있다. 일반적으로 이러한 활동은 각 기능을 구현할 수 있는 다양한 방법에 대한 통찰력을 제공해준다.

우리가 시스템의 구성품을 결정하는 과정에서는, 하부 시스템부터 시작해 공통으로 직면하게 되는 질문이 있다. 그것은 다수의 기능을 한 개의 물리적 구성품만으로도 구현할 수 있는지 그리고 그러한 구현방법을 반드시 추구해야 하는지에 대한 질문이다. 그 반대의 경우도 쟁점이 된다: 단일 기능이 다수의 하부 시스템에 의해 구현되어야 하는가? 이상적으로는 하나의 구성품이 하나의 기능을 수행하도록 하는 것이 우리의 목표이다. 하지만, 다른 다양한 요인들의 영향으로 인해 여러 기능을 하나의 구성품에 할당하거나 그 반대의 경우가 있을 수도 있다.

기능을 어떤 물리적 구성품에 구체적으로 할당하는 것과 그러한 할당으로 인해 발생하는 기능적 및 물리적 인터페이스는 단일한 대안으로 간주된다. 서로 다른 할당 체계가 서로 다른 대안들을 만들어내게 된다. 위에서 언급한 절충은 전체 시스템에서 개별 구성품에 이르기까지 다양한 수준에서 발생할 수 있다. 이러한 절충과정은 기능 할당 프로세스의 일부인 경우가 많다.

여기서 중요한 목표는 잠재적으로 가치 있는 개발 방안들이 누락되지 않도록 하는 것이다. 다음 단락에서는 대안이 되는 방안들을 개발하는 것과 관련된 이슈들에 대해서 논의가 이어질 것이다.

베이스라인으로써의 이전 시스템. 앞서도 언급했듯이, 시스템을 개발하는 주요 목적은 확장된 능력을 갖추기 위한 것이다. 또한 기존 시스템에 의해 불충분하게 수행되고 있는 일부 기능들의 효율성을 증가시키기 위한 것도 중요한 목

적 중의 하나이다. 현재 운용 중인 시스템의 기능이 새로 개발하고자 하는 시스템이 갖게 될 기능과 같거나 유사한 경우에는 자연스럽게 기존 시스템은 시스템의 개념을 정의할 수 있는 출발점을 제공하게 된다. 현재 시스템 중 일부분에서 심각한 결함이 발견되었고 그것이 개발을 추진하게 되는 주요한 동력으로 작용하는 경우에는, 시스템의 변경을 최소한으로 할 수 있는 분명한(또는 부분적인) 대안을 포함하는 접근 방식부터 채택하게 된다. 예를 들어 결함을 포함하고 있는 것이 확실하다고 판단되는 하부시스템 또는 주요 구성품만을 변경하는 것이다. 그 외의 대안들은 현대 기술에 의해 진부화될 수 있는 다른 하부시스템들을 점진적으로 수정하거나 교체하는 접근 방식이 될 것이다. 시스템의 전체적인 구성 또는 형상은 유지된다.

부품 수준에서 새롭고 향상된 기술 발전이 있거나, 새로운 시스템에 적용할 수 있는 표준 상용부품이 있는 경우, 새로운 시스템을 개발하고자 하는 추진력은 기술 주도적인 형태가 될 것이다. 이 경우 일반적으로 사용되는 접근방식은 현재 시스템 형상을 시간에 따라 순차적으로 수정함으로써 개선을 이루어나가는 것이다.

예를 들어 기존의 수동 제어 프로세스에서 자동화된 고속 작업으로의 전환과 같이 현재 시스템의 일부를 더 이상 유지할 수 없는 사유가 발생했다고 가정하자. 이런 경우 기존 시스템이 가진 전반적인 기능 구성, 적용 구성품, 구성 소재, 특수 기능 및 기타 특성 등은 일반적으로 대체 개념을 발전시킬 수 있는 유용한 출발점을 제공하게 된다.

기술적 진보. 일부 새로운 시스템의 개발은 이전 시스템이 내포하고 있는 운용적 결함보다는 기술의 진보 때문에 더 많이 추진된다. 이러한 기술적 발전은 첨단 제트엔진 개발과 같은 특정 응용 분야에 한정된 탐색적 RAD 프로그램에서 이루어질 수도 있고, 고속 컴퓨팅 및 통신장치와 같은 광범위하게 적용되는 기술로부터 올 수도 있다.

이러한 발전은 특정한 성능 향상 목표를 달성하기 위해 종종 기존 시스템에 통합되기도 한다. 그러나 기술적 발전에 따른 영향이 큰 경우에는 기존 시스템이 갖는 구성으로부터 급진적으로 이탈할 가능성도 있다는 것을 대안 중에 하나로 포함시켜야 한다. 특정 지점을 넘어서면, 기존 프레임워크는 미래에 달성 가능한 이점을 지나치게 제한할 수 있으므로 포기해야 한다. 따라서 시스템 개발에 첨단기술과 관련된 이슈가 포함될 때는, 변화를 가져올 수 있는 광범위한 방안들을 검토해야 한다.

독창적인 새로운 개념. 비교적 드문 경우이긴 하지만, 운용적 니즈를 충족시키기 위해서 완전히 새로운 개념이 제시되는 때도 있다. 이러한 상황은 특히 이전에 그 니즈를 충족시키지 못했을 때 많이 나타난다. 이런 경우에는 기존과는 다른 유형의 대안들을 검토해야 할 필요가 있으므로 비교를 위해 사용할 수 있는 이전 시스템이 없을 가능성이 크다. 많은 경우에, 새로운 개념을 갖는 다양한 버전을 고려할 수도 있다. 이는 새로운 기술과 검증되지 않은 기술에 대한 의존도에 따라서 예측 가능한 성능과 비용의 차이가 크기 때문이다.

대안의 모델링

대안적 개념들을 상호 비교하기 위해서는 각각의 개념들을 모델 형태로 표현해야 한다. 또한 모델들은 대안 간의 상대적 가치를 판단할 수 있도록 핵심적 속성들을 포함하고 있어야 한다. 각각의 모델들은 기본적으로 기능 흐름 블록 다이어그램으로 구성되어야 한다. 시스템 후보들을 보다 사실적으로 표현할 수 있도록 다양한 그림 또는 물리적 설명도 포함되어야 한다.

개념 선택. 개념 정의 과정에서 절충 연구를 수행하는 목적은 다음과 같은 사항을 기초로 대안적 시스템 개념들 간의 상대적인 '우위'를 평가하기 위한 것이다.

- 운용 성능 및 양립성(compatibility)
- 프로그램 비용
- 프로그램 일정
- 위와 같은 목표를 달성하는 데 따르는 위험

결과를 판단하는 것은 각각의 특성을 달성할 가능성뿐만 아니라 이러한 요소들 사이의 균형에 의해서도 좌우된다. 위에 열거된 특징들의 우선순위가 서로 상이하므로 이러한 판단은 프로그램 특성에 따른 의존도가 높다.

설계 마진. 경쟁 방식의 프로그램에서는 항상 시스템 성능을 극대화해 다른 경쟁 시스템보다 우위를 점하려는 경향이 있다. 이는 종종 다양한 설계 마진이 최소가 되는 지점까지 시스템을 설계하는 결과를 초래하기도 한다. '설계 마진'이란 시스템 전체가 허용할 수 없는 동작을 발생하지 않는 범위에서 어떤 시스템의 매개변수가 명목값에서 벗어날 수 있는 양을 말한다. 설계 마진의 감소는 필연적으로 환경적 요인으로 인해 발생할 수 있는 구성품 특성의 변화를 엄격하게 제한시켜야 하는 요인이 된다. 일반적으로 이러한 제한은 시스템 운용 중 및/또는 생산 공정 시 준수해야 하는 제작 공차를 결정하는 과정에서 발생한다. 이러한 영향들은 프로그램의 위험, 비용 또는 둘 다로 이어질 수 있다. 따라서 설계 마진 이슈는 선호하는 시스템 개념을 선택할 때 중요한 기준으로 지정하고 명시적으로 다루어져야 한다.

시스템 성능, 비용 및 일정. 제시된 성능 요구조건들이 정량화되고, 운용적 니즈를 정확하게 표현하고 있으면서도 현재 시스템이 수행할 수 있는 능력 범위 내에 있다면, 이러한 요구조건들은 시스템의 최소 베이스라인으로 간주할 수 있다. 하지만, 요구조건들이 최첨단기술들을 필요로 하거나, 진정으로 핵심적인 사항이라기보다는 희망하는 정도의 내용이라는 것이 밝혀진다면, 비용, 일정, 위험 또는 기타 요인을 참고해 탄력적이고 절충적인 방안을 고려할 수 있어야 한다. 아직 제시되지 않은 요구조건 중에서도 중요한 것으로 밝혀진 조건들도 항상 변수에 포함되어야 한다.

프로그램 비용은 시스템 수명주기 비용으로부터 나와야 한다. 이것은 결국 전체 시스템 수명주기 모델로부터 산출되어야 한다는 것을 의미한다. 단기 예산과 장기 예산에 대한 적절한 상대적 비중은 획득 전략이 가진 재무적인 제약조건에 따라 달라진다. 가능한 한 구체적인 비용 요인을 파악해야 한다.

일정과 관련된 요구조건에 대한 적절한 가중치를 산정하는 것은 프로그램에 따라 달라지며, 설정하는 것이 어려울 수도 있다. 특히 계약자들 사이에 치열한 경쟁이 벌어지는 프로그램에는 항상 잠재하고 있는 문제점이 있다. 그것은 새로운 시스템을 개발할 때 미처 예상하지 못했던 '불확실성' 문제로 인해 발생할 수 있는 개발 지연의 사태를 사전에 준비하지 않고 낙관적인 측면만을 고려해 획득 비용과 일정을 추정하게 된다는 문제점이다. 이러한 낙관적인 판단은 시스템 성능 및 기술적 위험을 추정하는 때도 적용하게 된다. 전반적으로 이러한 성향은 좀 더 보수적인 개념을 선택하기보다는 진보적인 개념과 낙관적으로 판단한 일정을 선택하는 쪽으로 절충 분석을 수행하게 만든다.

프로그램 위험. 위험 평가는 시스템엔지니어링이 담당하는 또 다른 주요 과제이다. 여기에는 적절한 비용 범위에서 주어진 기술적 접근법이 의도하는 목적을 달성할 수 없을 수 있는 확률을 추정하는 것이 포함된다. 이러한 실패 위험은 이전에 시도하지 않았던 모든 접근법이 갖고 있다. 새로운 복합 시스템을 개발할 때는 실패 위험을 명백하게 고려해야 하는 많은 영역이 존재한다. 또한 그러한 위험을 회피하거나 잠재적 영향을 관리 가능한 수준으로 줄일 수 있는 조치들이 필요하다.

위험관리에 관한 주제를 다루고 있는 10장에서는 프로그램 위험이 두 가지 요소로 구성될 수 있음을 보여주고 있다: ① 실패 확률: 시스템이 필수적인 프로그램 목표를 달성하지 못할 확률, ② 실패 위험성: 실패가 프로그램의 성공에 미치는 영향. 따라서 각 위험의 심각성은 시스템에 대한 중요도에 따라서 가중치가 달라지는 고장 확률의 조합을 이용해 정량적으로 판단할 수 있다. 아래는 높은 확률로 프로그램 실패를 초래할 수 있는 조건들의 예시를 보여주고 있다.

- 검증되지 않은 첨단기술을 적용해야 한다.
- 성능을 크게 향상시켜야 한다.
- 동일한 성능에 대해서 소요 비용을 크게 절감해야 한다.
- 훨씬 더 심각한 운용환경을 가정해야 한다.
- 지나치게 짧은 개발 일정이 부과된다.

선정 전략. 앞의 논의에서는 선호하는 시스템 개념을 선택하기 위해 사용할 수 있는 주요 기준들이 복잡한 특성이 있는 것은 물론이고 기껏해야 반정량적인 특성만을 갖고 있다는 것을 보여주었다. 심지어 서로 비교하는 것이 불가능한 요소들도 포함되어 있다. 이는 대안들이 가진 상대적인 장점들을 상호 평가하기 위해서는 가장 중요한 특성을 드러내고 조명할 수 있어야 한다는 것을 의미한다. 또한 평가과정 전반에 걸쳐서 판단력을 최대한 발휘할 수 있도록 해야 한다.

복잡한 절충 분석을 수행하기 위해서는 두 가지 추가적인 지침이 유용할 수도 있다: ① 분석을 위한 노력을 지속하기 위해, 가능성이 가장 큰 대안들만을 선택하여 전체 시스템 평가를 받도록 하는 단계별 접근방식을 사용한다. ② 최종 선택이 이루어질 때까지 각 개념에 대한 완전한 평가 프로필(각각의 중요한 효율성 측정에 대해)에 대한 가시성을 유지한다. 다시 말해 단일의 성능지수를 만들어내기 위해서 다양한 구성품들을 결합하지 않는 것이다. 이러한 구성품 결합방식은 자주 사용되지만, 개념들 사이의 상당한 차이를 숨기는 경향이 있기 때문이다.

단계적 접근방식을 추구할 때는 다음과 같은 제안이 점검표 역할을 할 수 있으며, 해당하는 경우 적용할 수 있다.

1. 첫 번째 평가 단계에서는 충분한 수의 대안적 접근법들을 고려하였는지 확인한다. 이는 모든 니즈를 다루고 관련된 기술적인 접근방안을 전부 탐색하기 위한 것이다.
2. 대안들의 수가 개별적으로 상세히 평가할 수 있는 범위를 벗어난다면, 예비 비교를 수행해 '기준치에 미달하는 대안'을 파악하는 것이 필요하다. 이것은 후보 개념들에게 자격을 부여하는 것과도 같다. 그러나 후보 개념들이 본질적으로 자격을 갖추고 있지 못하는 경우가 아니라면, 새롭고 독특한 기술적 기회를 제시하는 후보 개념들을 너무 일찍 누락시키지 않도록 주의해야 한다.
3. 다음 평가 단계에서는, 성능 및 호환성 요구조건 목록을 검토한다. 이를 통해서 부적합한 시스템 개념을 제외할 가능성이 가장 크면서도 가장 중

요한 요구조건들을 별도의 목록으로 작성한다. 필요에 따라서는 발전 가능성과 설계 마진도 고려사항에 포함해야 한다.

4. 각 후보 개념에 대해서, 선택된 각 기준을 대상으로 기대할 수 있는 적합성을 평가한다. 만약 부분적으로 기준을 만족시키지 못한 경우에는, 가능한 한 기준을 만족시킬 수 있도록 개념을 조정하기 위한 시도가 필요하다. 결과적인 성능, 비용, 위험 및 일정을 추정해야 한다. 위 사항에서 현저한 불균형이 발생하면, 모든 요구조건에 대해서 수용 가능한 균형을 달성할 수 있도록 개념을 추가로 수정하려는 노력을 기울여야 한다.
5. 비용, 위험, 일정을 포함한 평가기준에 가중 요소나 우선순위를 부여하고, 각 개념의 순위에 적용한다. 위의 요소들에 대해서 적절한 균형을 갖지 못하는 개념은 피해야 한다.
6. 각 평가기준에 대해서 몇 가지 후보 개념의 순위를 정한다.
7. 다른 개념에 비해서 현저히 부족한 개념을 찾아서 제거한다.
8. 단 하나의 확실하게 우수한 대안을 발견할 수 없다면, 두 개 또는 세 개의 잠재적으로 우수한 대안들을 대상으로 훨씬 더 상세한 비교를 수행한다. 이를 위해서는 업무 분할 구조(WBS, Work Breakdown Structure) 및 위험 완화 계획과 함께 각 개념에 대해서 별도의 수명주기 모델을 개발해야 한다.

최종적으로 시스템 개념을 선정하기 위해서는 효율성과 관련된 중요 척도들에 대해서 각 후보 개념들이 가진 장점에 대한 평가 프로파일을 검토한다. 이는 최종 선택에 큰 문제점은 없는지를 확인하는 데 필요하다. 또한 개별적인 기준 가중치에 타당한 수준의 변동을 가했을 때 미치는 결과에 대한 민감도를 확인한다.

8.7 개념 확인

개념을 확인할 때 기초로 사용되는 시스템 환경 모델을 설계하는 작업은 일련의 매개변수들을 기반으로 한다. 여기에 사용되는 매개변수들은 선택 프로세스를 수행하는 중에 절충 분석을 위해 처음 설정된 것이다.

시스템 및 시스템 환경 모델링

이 단계에서는 전체적으로 기능적인 수준에서 시스템을 정의한 상태이기 때문에, 확인작업은 시험보다는 주로 분석에 의존하게 된다. 최근 몇 년간 급속하게 발전한 컴퓨터 모델링과 시뮬레이션 기법들은 복합 시스템 개념을 확인할 수 있는 강력한 도구들로 활용되고 있다.

시스템 효과 모델. 복합 운영 시스템을 개발할 때 시스템 효율성 모델은 니즈 분석 및 개념 탐색 과정을 통해서 개발된다. 이때 효율성 모델은 기존 시스템의 임무 수행 상태와 함께 개선이 필요한 결함을 식별함으로써 효율성과 관련된 완전한 분석 결과를 얻을 수 있게 해준다. 이 경우 대부분 컴퓨터 시뮬레이션이 활용된다. 컴퓨터 시뮬레이션은 환경 및 시스템 매개변수 변화에 대한 전반적인 성능의 민감도를 확인하기 위해 주요 매개변수들을 변경할 수 있는 기능을 포함하고 있다. 또한 확인된 결함을 상쇄시키기 위해 시스템을 어떻게 변경시켜야 하는지와 함께 그 방법과 범위를 결정할 수 있다.

개념 정의 과정에서, 시스템 개발자가 시스템 효과 모델을 구축해야 하는 필요성은 이전 과정에서 사용된 모델을 활용할 수 있는지에 따라 달라진다. 예를 들어 개발자가 고객이기도 한 경우에는 기존 시스템 효과 모델을 활용할 수 있다. 이 경우 검증 프로세스의 대상으로 선택된 시스템 개념에 적합하도록 모델을 쉽게 확장시킬 수 있다. 그렇지 않다면, 모델 구축은 개념 정의 과제의 일부분이 되어야 한다. 이것을 포함한 여러 가지 이유로 인해, 경쟁 방식의 획득 프로세스에 참여하고자 하는 노력은 공식적으로 경쟁이 시작되기 몇 달 전부터 (때로는 몇 년 전부터) 시작되는 것이 일반적이다.

컴퓨터 모델을 활용하면 다수의 하부시스템 또는 구성품 수준의 기술적인 설계 특징도 검증할 수 있다. 공기역학 설계, 마이크로파 안테나, 유체역학, 열전달 등의 영역은 특수한 컴퓨터 코드를 기반으로 한 모델링을 이용해 분석할 수 있다. 컴퓨터 기능의 지속적인 발전 덕분에 시스템의 동작을 더욱더 정확하게 예측할 수 있는 모델링이 가능하게 되었으며, 이러한 모델링 기법들 활용해 시스템을 설계하고 평가하는 것이 용이해졌다.

임계 실험. 제안된 시스템 개념이 이전에 유사한 적용을 통해서 입증되지 않은 기술적 접근법에 의존하는 경우가 있는데, 이런 때에는 해당 기술에 대한 실현 가능성을 입증해야 한다. 많은 경우에 이러한 입증은 분석만으로는 불가능하고 실험적인 검증을 받아야 한다. 실험적인 방법은 경쟁 방식의 획득 프로세스가 가진 제한된 시간과 자원을 고려할때 수용하기 어려운 경우가 많지만, 그럼에도 불구하고 제안된 시스템 개념의 타당성을 뒷받침하기 위해서는 실험적인 방법이 수행되어야 한다.

위와 같은 경우에는 '임계 실험'이라는 용어를 사용하는 것이 적절하다. 임계 실험은 설계에 포함된 중요한 특징을 입증하고자 하는 특정한 목적과 관련이 있기 때문이다. 이 방식은 제안된 설계 특성에 극한 수준의 부하를 가하는 것이다. 이것은 시스템이 갖는 성능이 제한적인 범위에서만 만족하는 것이 아니라는 것을 입증하는 데 필요하다. 어떤 구성품이 단순히 특정 한계 내에서만 작동 가능한지 아닌지를 측정하기보다는 시스템 요소의 거동을 철저하게 이해할 수 있는 충분한 데이터를 얻기 위해 수행하는 것이기 때문에 '시험(test)'이 아닌 '실험(experiment)'이라는 용어를 사용하는 것이 더 적절하다. 같은 의미로, 시스템 동작을 설명하기 위한 광범위한 데이터 분석도 수행된다.

확인 결과 분석

시스템 확인 시뮬레이션 결과를 분석하면 다음과 같은 세 가지 유형의 불만족스러운 결함을 확인할 수 있으며, 이러한 결함에 대해서는 교정 조치가 필요하다: ① 모델링되는 시스템이 가질 것으로 예측하였던 특성에 포함된 결함, ② 시험 모델 자체가 가진 결함 또는 ③ 지나치게 엄격한 시스템 요구조건들. 분석 프로세스를 수행하는 목적은 시뮬레이션 결과를 이용해 위의 원인 중 하나 이상을 밝히는 것이다. 이러한 발견을 넘어, 분석은 어떤 종류의 변화를 얼마나 강하게 도입했을 때 이러한 불일치를 제거할 수 있는지도 알려줄 수 있어야 한다. 일반적으로 후자와 같은 결과를 발견하기 위해서는 대안이 될 수 있는 교정 조치에 따른 효과를 시험하기 위한 일련의 시뮬레이션 또는 분석이 필요하다.

검증 분석결과에 따른 피드백은 반복적인 프로세스로 이어진다. 이 프로세스를 통해서 요구조건을 충족시킬 수 있는 시스템 모델이 될 수 있도록 필요에 따라 시스템 모델 설계 및 환경 모델을 개선하게 된다.

시스템 개념 및 요구조건의 반복

위에서 설명한 검증 프로세스에서는 개념 절충 분석을 통해서 오직 하나의 우수한 개념만을 선정하는 것을 가정하고 있다. 또한 여기서 선정된 개념은 전체 시스템 요구조건들에 대해서 그 효과가 확인되었다는 것을 암시하고 있다. 자주는 아니지만, 두 가지 때로는 더 많은 개념이 예비 순위에서 거의 같은 수준인 것으로 밝혀지는 경우가 있다. 이러한 경우에는 전체 요구조건을 기준으로 각각의 대안들을 평가해야 한다. 이는 더 엄격한 비교를 수행하게 되면 우수한 개념을 선택할 수 있는 정확한 판별력을 제공해줄 수 있는지 확인하기 위한 것이다.

어느 정도까지는 시스템 요구조건들을 유연한 것으로 간주해야 한다. 검증 또는 절충 분석을 통해서 하나 또는 다수의 요구조건들이 시스템의 복잡성, 비용 또는 위험을 과도하게 상승시키는 요인이 되고 있다는 것이 밝혀지는 경우가 있다. 이런 경우에는 해당하는 요구조건들을 비판적인 시각으로 분석해야 하며, 가능하다면 프로그램 관리자가 고객과 이 문제를 논의할 수 있도록 조치해야 한다.

8.8 전통적 vs. 애자일 시스템엔지니어링 접근법을 이용한 개념 평가

개념을 평가하고 선발하는 관점에서 본다면, 전통적인 시스템엔지니어링에서는 후보가 될 수 있는 대안 시스템 개념은 물론이고 시스템의 목표, 요구조건 및 기능을 수집하기 위한 목적으로 체계적인 접근방식을 사용하게 될 것이다. 시스템엔지니어링 팀은 어떤 대안이 어떤 요구조건과 기능을 충족시킬 수 있는지를 분석함으로써, 다양한 대안 중에서 설계 및 인터페이스 방안을 추가로 탐색할 가치가 있는 개념을 선택할 수 있게 된다. 이 접근법을 가장 효과적으로 적용할 수 있는 경우는 요구조건과 기능이 적절하면서도 변경해야 할 사항은 거의 없다고 판단되는 때이다. 그러나 이 접근법이 가진 단점은 모든 대안을 수집하고 분석하는 데 많은 시간이 소요될 수 있다는 것이다. 이러한 분석과정을 수행한 후에 더 유망한 대안들이 발견된다면, 분석과정을 다시 수행하기 위해서 시간을 낭비해야 할 수도 있다.

애자일 시스템엔지니어링 접근법 역시 대안을 분석하기 위해서는 유사한 절차들을 수행하게 될 수도 있지만, 아마도 시스템의 더 작은 부분에 집중하게 될 것이다. 이것은 이러한 작업이 진행되는 동안에 시스템의 다른 부분과 통합할 방법이나 추가로 고려해야 할 가치가 있는 대안들이 발견되는 경우에는 여러 번 수행하게 될 수도 있다. 개념을 비슷한 방식과 형태로 배치하는 것이 도움이 된다. 이는 분석을 신속하게 진행할 수 있고 서로 다른 그룹이 연구를 수행하고 있는 경우에 그룹 간에 피드백을 공유하는 데 도움이 될 수 있기 때문이다. 이 접근방식은 시스템 개념에 많은 변화가 발생할 때 적절하게 대응할 수 있다.

8.9 요약

시스템 개념 평가 및 선정

평가과정의 목표는 시스템 개념 개발을 수행하였던 이전 장에서 개발된 옵션의 범위를 분석하는 것이다. 의사결정자들이 본격적으로 설계를 추진할 가치가 있는 개념을 결정하기 위해서는 개발 일정 및 비용뿐만 아니라 시스템 성능에 대해서도 이해가 필요하다.

대안 분석

7장에서 개발된 기능 아키텍처를 충족시킬 수 있는 설계를 평가할 때는 가능성 있는 모든 대안을 고려해야 한다. 시스템 개념과 함께 그 기능들이 정립되고 검증이 완료된 이후에, 시스템 엔지니어는 기능들을 효과적으로 실행하기 위한 설계방안은 무엇인지를 고려해야 한다. 가능한 모든 설계 조합을 평가하는 것은 하나의 시작점이 될 수 있으나, 최종적으로는 의사결정자들에게 설계로 진행할 가치가 있으면서도 실행 가능한 제한된 숫자의 시스템 개념들을 제공해야 한다.

운영 분석 기법

시스템 엔지니어는 주어진 문제에 대해 몇 가지 분석을 수행할 수 있다. 이러한 분석은 전체 대안 공간을 고려할 때 최적의 성능과 비용 조합을 계산하기 위해 사용된다. LP 기법은 목적 함수를 최소화 또는 최대화로 만드는 방안을 모색한다. 의사결정 분석 기법을 사용하면 추진하고자 하는 최적의 솔루션을 결정할 때 가능한 의사결정 공간들을 시각화하는 데 도움이 될 수 있다.

경제성과 적합성

시스템 엔지니어는 적합성 평가와 관련된 내용을 인지하고 있어야 한다. 적합성 평가는 의사결정자가 자원 할당 프로세스를 이해할 수 있도록 도움을 주기 때문이다. 또한 이해 당사자들이 가진 기대치를 계량화하는 것은 물론이고 추산된 예산 범위 내에서 포트폴리오 결과를 제공할 수 있도록 도움을 준다. 시스템 개발 주기 중 이 단계에서는 타당성과 관련된 요소들을 고려해야 한다. 이러한 요소들에는 비용 추정 및 분석, 투자 결정 분석 그리고 자원 효율성 등이 포함된다.

고려해야 할 이벤트 및 의사결정

시스템엔지니어링 수명주기 전반에 걸쳐서 내려지는 의사결정 중 일부는 시스템이 개발 일정을 준수하는 방법에 영향을 미친다. 또한 의도한 환경 속에서 시스템이 작동하는 방식도 결정하게 된다. 시스템 엔지니어는 시스템을 개발하는 과정에서 내려지는 의사결정에 대해서는 물론이고, 이후에 계속되는 프로젝트 수행에 영향을 미칠 수 있는 결정에 대해서도 이해하고 있어야 한다.

대안적 개념의 개발 및 개념 선정

시스템 엔지니어는 분석, 시제품 제작 및 초기 개념 설계를 통해서 얻은 다양한 대안들을 의사결정자에게 제시하는 데 필요한 모든 작업을 주관하게 된다. 이때 시스템 개념의 평가는 다음과 같은 기준을 기초로 한다: ① 운용성과 및 호환성, ② 프로그램 비용 및 일정, ③ 위의 각 항목을 달성하는 데 따르는 위험. 프로그램 위험은 다음 두 가지 요인의 조합으로 구성된다: 시스템이 목표를 달성하지 못할 가능성 및 그러한 실패가 프로그램 성공에 미치는 영향.

프로그램 위험은 다음과 같은 다양한 원인으로 인해 발생할 수 있다.

- 검증되지 않은 기술.
- 까다로운 성능 요구조건.
- 열악한 환경.
- 부적절한 예산 지원 또는 인력 배정.
- 지나치게 짧은 개발 일정.

모든 체계적인 의사결정에서 절충 분석은 기본적이고 필수적인 요소이다.

개념 확인

개념 선택을 위한 절충 분석은 다음과 같아야 한다.

- 조직화: 별도의 프로세스로 설정.
- 완전성: 모든 범위의 대안들을 고려.
- 반정량적: 기준의 상대적 가중치를 사용.
- 종합적: 모든 주요 특성들을 고려.
- 문서화: 모든 결과를 기록.

선택한 개념이 실제 개발로 이어져야 하는 필요성을 입증하기 위해서는 다음과 같은 사항을 보여주어야 한다.

- 충족시켜야 할 니즈의 타당성 제시.
- 여러 대안 중에서 해당 개념을 선택해야 하는 이유를 설명.
- 프로그램 위험 및 억제 방안을 설명.
- WBS, SEMP 등과 같은 세부 계획을 제시.
- 과거 경험 및 성공과 관련된 증거를 제시.
- 현재 수명주기 비용을 제시.

- 환경 영향과 같은 기타 관련 이슈를 포함.

전통적 vs. 애자일 시스템엔지니어링

적기에 개념 평가결과를 확인하기 위해서는 시스템 엔지니어가 개념 평가에 주의를 기울여야 한다. 애자일 접근법은 유사한 방식으로 경쟁 개념들을 제시하고, 분석 팀 간에 의견을 공유하며, 주요 후보에 대한 정량적 평가를 효과적으로 수행함으로써 도움이 될 수 있다.

연습문제

8.1 경쟁력 있는 시스템을 획득하기 위해서는 일련의 시스템 성능요구 조건을 정의하기 이전에 다양한 대체 시스템 개념을 검토할 필요가 있는 이유를 설명하시오. 대중교통과 관련된 주제를 대상으로 3~5개의 대체 시스템 개념을 만드시오.

8.2 새로운 시스템의 운용 요구조건을 충족시키기 위해 잠재적인 시스템 개념을 고려할 때, 시스템 요구조건에 대한 분명한 해결책으로 보이는 특정한 개념이 종종 존재한다. 조기에 "단일 해결방안(Point Solution)"에 초점을 맞추는 것은 바람직하지 않은 시스템엔지니어링 실행방안이라는 점을 알고 있는 상태에서, 고려 대상이 될 수 있는 대체 시스템 개념의 범위를 식별할 수 있는 두 가지 접근 방식을 설명하시오.

8.3 대중교통체계 개념을 다루는 시스템 엔지니어는 LP 개념을 어떻게 사용할 수 있는지 논의하시오. 운송 시스템이 달성해야 하는 두 가지 목표를 설명하시오. 이러한 목표를 달성하기 위해 대중교통 시스템이 고려해야 하는 세 가지 변수를 설명하시오.

8.4 대중교통체계 개념을 연구하는 시스템 엔지니어가 의사결정 분석 개념을 어떻게 활용할 수 있는지 논의하시오. 운송 시스템이 달성해야 하는 두 가지 목표를 설명하시오. 이러한 목표를 달성하기 위해 대중교통 시스템이 고려해야 할 세

가지 의사결정 변수를 설명하시오.

8.5 회사원을 가정에서 사무실로 이동시키는 개인용 자동차를 이전 시스템이라고 할 때, 이 이전 시스템을 대신할 수 있는 5~7개의 대체 개념을 개발하시오. 사용된 기술에 따라 개념을 구분하고 모든 대안을 비교할 수 있는 3~5개의 기준을 개발하시오.

참고문헌

Bipartisan Policy Center (2012). *"What Is Driving US Health Care Spending." America's Unsustainable Health Care Cost Growth.* Washington, DC: Bipartisan Policy Center.

Defense Acquisition University. *Defense Acquisition Guidebook.* https://www.dau.edu/guidebooks/Shared Documents HTML/Chapter 3 Systems Engineering.aspx (accessed 2 February 2018).

Department of Homeland Security (2008). *Acquisition Instruction/Guidebook 102-01-001*, Version 1.9.

Department of Homeland Security (2015). DHS Directives System 102-01, *Acquisition Management Directive.*

NASA (2012). NASA Procedural Requirements NPR 7120.5E, NASA Space Flight Program and Project Management Requirements w/Changes 1-16.

Parnell, G.S. (ed.) (2016). Trade-Off Analytics: Creating and *Exploring the System Tradespace.* Wiley.

Shortell, T.M. (ed.) (2015). *INCOSE Systems Engineering Handbook: A Guide for System Life Cycle Processes and Activities*, 4e. Wiley.

추가 자료

Baker, L., Clemente, P., Cohen, B. et al. Foundational concepts for model driven system design. INCOSE Model Driven Design Interest Group Paper. https://www.opengroup.org/togaf (accessed 2 February 2020).

Balmelli, L., Brown, D., Cantor, M., and Mott, M. (2006). *Model-driven systems development.* IBM Systems Journal 45 (3): 569-585.

Blanchard, B. and Fabrycky, W. (2013). *Systems Engineering and Analysis*, 5e. Prentice Hall.

Donndelinger, J. (2007). Information flow and decision-making in advanced vehicle development. https://www.mne.psu.edu/simpson/courses/me546/lectures/me579.Cafeo.GM.slides.pdf (accessed 23 December 2018).

Estefan, J.A. (2008). *Survey of Model-Based Systems Engineering (MBSE) Methodologies*, INCOSE Technical Document INCOSE-TD-2007-003-02, Revision B. INCOSE.

Fowler, M. (2004). *UML Distilled: A Brief Guide to the Standard Object Modeling Language*, 3e. Addison-Wesley.

Hillier, F. and Lieberman, G. (2009). *Introduction to Operations Research*, 9e. McGraw-Hill.

Hoffmann, H. (2008). SysML-Based Systems Engineering Using a Model-Driven Development Approach. Telelogic White Paper, Version 1. http://www.ccose.org/media/upload/SysML_based_systems_engineering-08.pdf (accessed 2 February 2020).

Sage, A.P. and Armstrong, J.E. Jr. (2000). *Introduction to Systems Engineering*. Wiley, Chapter 3.

Taha, H. (2017). *Operations Research: An Introduction*, 10e. Pearson.

United States Government Accountability Office (2009). *GAO Cost Estimating and Assessment Guide: Best Practices for Developing and Managing Capital Program Costs*, GAO-09-3SP. US Government.

Winston, W. (2003). *Operations Research: Applications and Algorithms*, 4e. Cengage Learning.

9. 시스템 아키텍팅

9.1 아키텍처 일반

많은 사람들은 "아키텍처"라는 단어는 건물을 가리키는 것으로 생각하고 있으며, 건축가(architect)는 건물을 설계하는 사람으로 이해하고 있다. 하지만 20여 년 전, 남부 캘리포니아 대학의 한 교수가 그러한 기존의 생각에 도전장을 던졌다. 그는 시스템의 복잡성이 증가함에 따라, 당시 정의한 최상위 수준의 설계 또는 시스템 개념 설계라는 용어가 공학자와 설계자들에게 정확하고 효율적인 설계를 수행할 수 있도록 안내하기에는 충분하지 않다고 판단했다. 그는 복합 시스템(즉, 건물)이 어떻게 만들어지고 발전할 수 있는지를 이해하기 위해 건축 분야를 바라보았고, (우리가 이해하는 한) "시스템 아키텍처"라는 용어를 만들었다. 그 개발자의 이름은 에버하르트 렉틴(Eberhardt Rechtin) 이었다.

아키텍처는 구조와 구조들의 관계 그리고 설계를 통해서 기대하는 것과 연관되어있다. 이는 건물만큼이나 복잡한 항공기, 발전소, 우주선과 같은 복합 시스템에 적용된다. 따라서, 렉틴의 전제는 아키텍처 분야의 원칙을 시스템엔지니어링에 적용하는 것이었으며, 이것은 기존의 방법을 대체하기 위한 것이 아니라 시스템을 개발하는 과정의 일부로 적용하기 위한 것이었다.

렉틴 박사는 "시스템 아키텍팅"이라는 용어를 다음과 같이 정의했다.

> "아키텍팅의 본질은 구조화다. 구조화란 형태를 기능화하거나, 혼돈에서 질서를 끌어내거나, 고객이 부분적으로 형성한 아이디어를 실행 가능한 개념 모델로 전환하는 것을 의미한다. 이때 필요한 핵심적인 기술이 니즈의 균형을 찾고 인터페이스를 맞춤으로써 극단적인 선택안들 사이에서 절충안을 찾는 것이다."

자세히 읽어보면, 개념 개발 및 정의에서 사용된 원칙이 그의 정의 내에도 있다는 것을 알 수 있다. 한때 개념적인 설계와 아키텍팅을 구성하는 요소들은 "예비설계"라는 문구로 통합되는 과정을 거쳐, 현재는 더욱 광범위한 용어인 "아키텍팅"으로 대체되었다.

시스템엔지니어링에서 시스템 아키텍트의 역할

시스템 아키텍트(Systems Architect)의 역할은 이해 당사자 및 엔지니어링 팀과 소통하면서, 이해 당사자가 생각하는 시스템에 대한 비전을 해석함으로써 시스템을 개발하고자 하는 설계자가 그 비전을 이해할 수 있는 형태로 변환하는 것이다. 이를 위해서 아키텍트는 시스템에 대한 최초의 비전을 충실히 이행하기 위해 다른 관점에서 문제를 볼 필요가 있다. 일반적으로 시스템 개념이 개발되고 발전하는 과정에서, 아키텍트는 프로젝트가 시작되는 초기에 상당 부분 관여한다. 시스템 아키텍트는 팀이 변경되고 설계자 및 다른 조직이 프로젝트에 새롭게 참여하거나 떠날 때도 프로젝트가 수행되는 동안 계속해서 팀의 일부로 남아 있게 된다. 이상적인 운용 방향은 시스템 아키텍트가 최초에 구성된 팀의 일부로 계속 남아 있으면서 새로운 팀 구성원의 교육을 위해 시스템이 개발되기 시작한 기원을 포함해 통합된 지식을 전달해줄 수 있도록 하는 것이다. 또한 중요한 결정을 내려야 하는 시기마다 충분하고 다양한 관점을 제공할 수 있도록 하는 것이다.

9.2 아키텍처의 유형

수많은 아키텍처 프레임워크들이 있지만, 이 교재에서 우리는 시스템 엔지니어들이 중점적으로 다루는 세 가지 주요 아키텍처 유형인 기능, 물리, 할당 아키텍처에 집중할 것이다. 이 장 전체에 걸쳐서 우리는 세 가지 유형의 아키텍처 개발 방법을 설명하기 위해 의료 영역에서 사용되는 혈당 측정기의 개념적인 사례를 사용하고자 한다. 혈당 측정기는 환자의 혈류에 얼마나 많은 혈당이 있는지 계산하기 위한 것으로 환자가 다음에 취할 행동을 결정할 수 있게 한다.

기능 아키텍처

기능 아키텍처는 주로 시스템엔지니어링 프로젝트 노력이 시작되는 시점에서 수행된다. 이 아키텍처는 시스템이 목표 또는 임무를 완수하기 위해 작동하는 동안 수행해야 하는 기능 또는 활동을 묘사한다. 이것은 일반적으로 시스템 또는 솔루션에 구애받지 않고 수행해야 할 작업을 묘사하는 기능을 설명하는 데 중점을 둔다. 이러한 기능은 임무 과정별로 구성될 수 있으며, 기능을 수행할 책임이 있는 조직/시스템/사람에 의해 분류될 수도 있다. 이와 같은 방식을 "수영 레인(Swim Lanes)"이라고 지칭하기도 한다. 많은 경우에 기능 간의 연결은 상호 교환하는 정보 또는 데이터의 유형으로 표시되며 명사로 기재된다. 이는 책임과 관련된 방침에 대한 그래픽적인 표현을 제공하고, 이해관계자들 간의 소통에 도움을 줌으로써 어떤 조직 또는 시스템이 이러한 기능을 수행해야 하는지를 분명히 해준다. 우리는 아직 개념적인 과정에 머물러 있으므로, 여기서 지칭하는 시스템은 실제적인 시스템이라기보다는 시스템 개념에 더 가깝다.

기능 아키텍처를 개발하기 위해서는 혈당 측정기가 수행해야 하는 여러 가지 기능들, 주변 환경과의 상호작용 방법, 환자와의 상호작용하는 방법 등을 파악하는 것부터 시작해야 한다. 식별된 12가지 기능은 다음과 같다.

F1	전압 반전
F2	음전압 적용
F3	혈당 용액 접수
F4	음전압 접수
F5	전류 생성
F6	기준 전압 제공
F7	전류를 전압으로 변환
F8	신호 증폭
F9	잡음 여과
F10	전압 측정
F11	조회표 비교
F12	혈당 판독값 제공

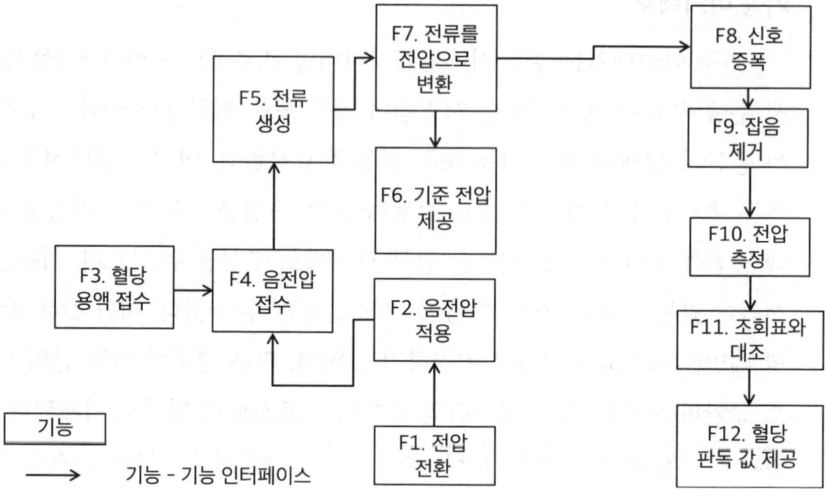

그림 9.1 혈당 측정기 사례의 기능 아키텍처

그림 9.1은 혈당 측정기에 관한 기능 아키텍처의 사례를 보여주고 있다.

물리 아키텍처

다음 과정은 실제적인 시스템 구성품과 하부시스템이 개발되는 물리 아키텍처이다. 이러한 구성품과 하부시스템들은 통상적으로 시스템을 구성하는 실제 구성품을 보여주는 물리적 블록 다이어그램에 표현된다. 구성품은 하부시스템을 구성하는 그룹으로 그룹화될 수도 있다. 또한 하부시스템들은 시스템을 구성하기 위해 함께 그룹화될 수 있다. 구성품과 하부시스템 사이의 인터페이스는 배선, 인터넷 연결, 이더넷 연결 또는 무선 연결과 같은 물리적 인터페이스들이다. 소프트웨어 구성품인 경우, 이것은 데이터 구조와 클래스 간에 교환되는 다양한 유형의 정보를 보여주는 클래스 다이어그램으로 생각할 수 있다.

물리 아키텍처 개발을 위해 우리는 환경 및 환자와 상호작용하는 모든 구성품과 혈당 측정기의 물리적 구성품에 초점을 맞춘다. 혈당 측정기와 관련해 확인된 8가지 구성품은 다음과 같다.

P1	전압 인버터
P2	기준 전극 스트립
P3	기준 전극
P4	테스트 스트립
P5	트랜스피던스 증폭기
P6	작동 증폭기
P7	저주파 통과 필터
P8	사용자 인터페이스

그림 9.2는 혈당 측정기에 관한 물리 아키텍처의 사례를 보여주고 있다.

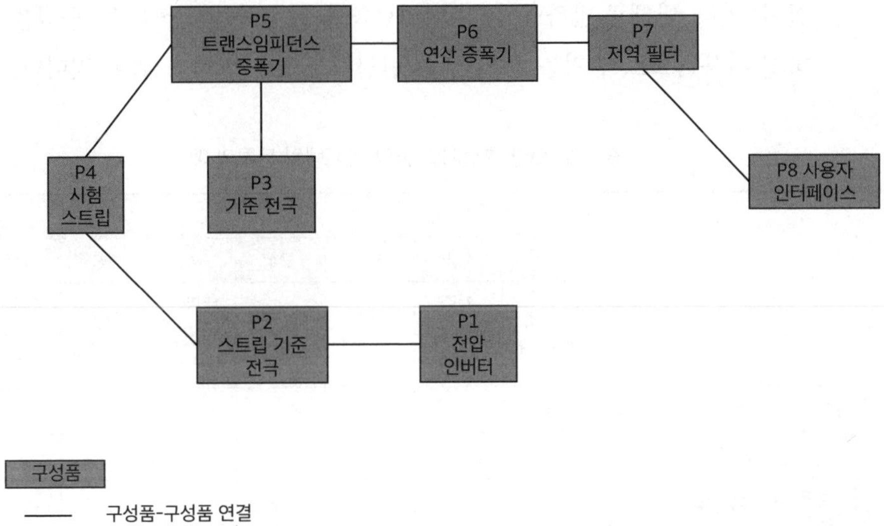

그림 9.2 혈당 측정기의 물리 아키텍처 사례

할당 아키텍처

이것은 우리가 모든 기능과 물리적 구성품들을 적절하게 할당했는지 판단하기 위해 기능과 물리 아키텍처가 합쳐지는 곳이다. 할당 아키텍처를 통해서 시스템 내의 어떤 구성품이 어떤 기능을 수행하는지에 대한 간단한 확인이 가능하다. 이상적인 할당은 한 가지 기능이 한 요소에 의해서만 수행된다는 것이다. 그러나 복합 시스템에서는 한 구성품이 둘 이상의 기능을 수행할 수 있는 다기능 구성품을 가지고 있으므로 그렇지 않을 수 있다. 이러한 접근방식은 한 개의 구성품에 결함이 발생하게 되었을 때 많은 기능을 수행할 수 없는 경우가 발생할 수 있으므로 약간의 주의가 필요하다. 또 다른 접근방식은 여러 구성품이 같은 기능을 수행하는 경우이다. 이렇게 설계를 하는 경우는 협력적 노력이나 구성품의 중복(예: 선행 구성품이 고장 났을 경우 이 기능을 수행할 예비부품이 존재)을 위한 것일 수 있다. 상호 협력적인 방식에서 성공적으로 작동하기 위해서는, 구성품들 일부가 시간 또는 순서에 의존하게 되므로 구성품들은 각각 담당한 기능을 적시에 완료해야 한다. 할당 아키텍처의 주요 목적은 물리 아키텍처의 구성품들이 모든 기능을 충족시킬 수 있도록 하는 것이다. 그렇지 않으면 일부 기능이 수행되지 않은 채로 남아 전체 시스템이 목적을 달성하는 것을 위태롭게 할 수 있다. 반대로 말하면, 할당 아키텍처를 작성하는 목적은 각 구성품이 적절하게 사용됨으로써 기능 중 일부를 담당하도록 보장하기 위한 것이다. 그렇지

표 9.1 혈당 측정기의 할당 아키텍처 목록의 예

			물리적 구성요소							
			P1	P2	P3	P4	P5	P6	P7	P8
			전압 인버터	기준 전극 스트립	기준 전극	테스트 스트립	트랜스 피던스 증폭기	작동 증폭기	저주파 통과 필터	사용자 인터 페이스
기능	F1	전압 반전	60Hz							
	F2	음전압 적용		60Hz						
	F3	혈당 용액 접수				1초				
	F4	음전압 허용				60Hz				
	F5	전류 생성				60Hz				
	F6	기준 전압 제공			60Hz					
	F7	전류를 전압으로 변환					60Hz			
	F8	신호 증폭						60Hz		
	F9	잡음 여과							60Hz	
	F10	전압 측정								1초
	F11	조회표 비교								5초
	F12	혈당 판독값 제공								1초

않으면 일부 구성품의 경우 전체 시스템에서 쓸모없이 자원만 낭비하는 요소가 될 수 있다.

할당 아키텍처를 개발하는 과정에서 우리는 기능들을 물리적 요소들과 연결하는 것을 볼 수 있다. 일대일 매핑이 이상적이지만, 항상 그런 것은 아니다. 여기서 중요한 개념은 모든 기능 및 구성품을 포함해야 한다는 것이다. 그렇지 않은 경우에는 기능 또는 물리 아키텍처로 돌아가서 기능 / 구성품이 결합, 수정, 추가 또는 삭제되어야 하는 위치를 결정해야 한다. 표 9.1은 혈당 측정 기능과 구성품의 할당 사례를 보여주고 있으며, 구성품에 의해서 해당 기능이 얼마나 자주 실행되는지 식별할 수 있다. 그림 9.3은 할당된 혈당 측정기 아키텍처의 시각적 예를 보여주고 있다. 여기서 기능은 밝은 색상의 블록이며 화살표로 연결되어 있다. 물리적 구성품은 회색 블록으로 표시되고 점선으로 기능에 할당되어있다.

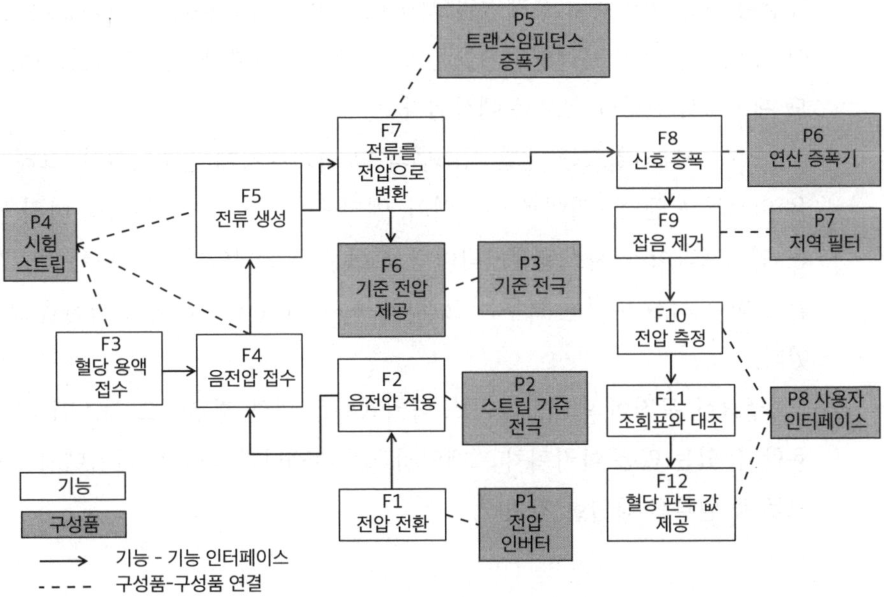

그림 9.3 혈당 측정기 예제의 할당 아키텍처

9.3 아키텍처 프레임워크

현재 대형 복합 시스템 개발 프로그램에서 아키텍처가 광범위하게 사용되고 있다. 일단 시스템 아키텍처가 필요하다고 판단한 이후에는, 아키텍트와 그의 팀은 제품을 개발하고 통합하는 데 있어 상당한 재량권을 가지게 되었다. 이러한 현상은 초기에 기술적으로는 정확하지만 다양하고 서로 다른 형태의 아키텍처들이 개발되는 결과로 이어졌다. 이러한 이유로 인해 아키텍처 개발 노력과 아키텍처와 관련된 산출물의 형태를 표준화하기 위한 목적으로, 많은 조직들은 아키텍처 프레임워크를 개발 또는 사용하는 것을 의무화했다.

아키텍처 프레임워크는 시스템 아키텍처를 개발하기 위한 구조화된 접근방식이며 산출물과 작성 원칙을 규정하는 표준들의 집합이다. 초기에 등장한 두 개의 프레임워크가 있는데, 그것은 미국 국방부가 개발한 C4ISR(명령, 제어, 통신, 컴퓨터, 정보, 감시 및 정찰) 아키텍처 프레임워크와 상업적 조직을 위해 개발된 개방형 그룹 아키텍처 프레임워크(TOGAF, The Open Group Architecture Framework)이다. 이러한 초기 프레임워크들은 모두 상당한 진화과정을 거쳐왔으며, 앞으로도 계속해서 진화할 것으로 예상된다.

초기 프레임워크는 개별 시스템과 그 아키텍처에 집중되었다. 그러나 새로운 버전들은 엔터프라이즈 아키텍처, 엔터프라이즈 엔지니어링의 하위 집합 또는 엔터프라이즈 시스템엔지니어링 분야로 확장되었다. DODAF와 TOGAF를 포함한 최신 버전들 모두는 프레임워크 내에 엔터프라이즈 버전을 포함하고 있다.

주요한 목적이 엔터프라이즈 아키텍팅을 위한 경우에도 시스템 개발에 적용할 수 있는 많은 아키텍처 프레임워크가 존재한다. 다음은 아키텍처 프레임워크들 중 일부를 나열한 것이다.

- DOD 아키텍처 프레임워크(DODAF)
- 개방형 그룹 아키텍처 프레임워크(TOGAF)
- 잭맨(Zachman) 프레임워크
- MODAF(Ministry of Defense Architecture Framework)

- FEAF(Federal Enterprise Architecture Framework)
- NATO 아키텍처 프레임워크(NAF)
- 재무부 TEAF(Financial Enterprise Architecture Framework)
- 통합 아키텍처 프레임워크(IAF)
- PERAF(Purdue Enterprise Reference Architecture Framework)

DODAF. 다른 프레임워크보다 더 중요하거나 “더 나은”것은 아니지만, 프레임워크의 기본 구성품에 관해 설명하기 위해 DODAF의 기본 산출물에 대해서 논의하고자 한다. DOD 프레임워크는 앞에서 언급된 모든 프레임워크와 마찬가지로 일련의 시점(perspectives)이나 관점(viewpoints)으로 나뉜다. 그림 9.4에는 DODAF를 묘사하는 그림을 이용해 이러한 관점에 관해 보여주고 있다. 여기서 관점은 다시 세 묶음으로 관찰할 수 있다.

첫 번째 묶음은 전체 시스템과 해당 환경을 설명하는 네 가지 관점(능력, 운용, 서비스 및 시스템)으로 구성된다. 이 묶음이 의도하는 것은 시스템 개념 개발의

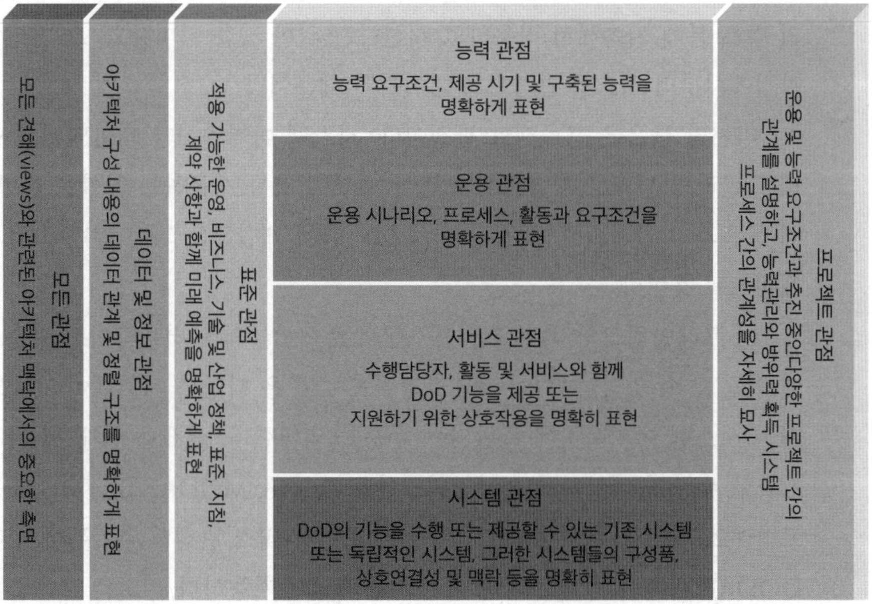

그림 9.4 DODAF 버전 2.0.2의 관점들

시작을 능력 관점을 갖고 시작하고자 하는 것이며, 이는 시스템이 가져야 하는 광범위한 기능을 정의하기 위한 목적으로 수행된다. 이것은 어떤 유형의 능력을 고려해야 하는지에 대해 초기 이해관계자에게 의견을 구하는 수단이 될 수 있다. 능력 관점의 개발을 완료한 이후에 아키텍트는 운용관점을 개발하기 시작한다. 운용관점을 개발하기 위해서는 운용환경에서 시스템의 역할을 더욱 발전시키기 위해 운용 영역의 다양한 시나리오와 개념을 탐구해야 한다. 이 작업이 완료된 이후에는 시스템으로부터 얻을 수 있을 것으로 기대하는 다양한 서비스를 정의하고 있는 운용적 통찰력으로부터 서로 다른 서비스 관점을 도출한다. 마지막으로 시스템 관점은 앞서 알아본 세 가지 관점으로부터 확인할 수 있는 필요한 사항을 이해한 후에 개발할 수 있다.

두 번째 묶음은 기본원칙, 인프라 그리고 표준으로 구성되며, 관점 측면에서는 모든 관점, 데이터 및 정보 관점, 표준 관점으로 구분된다. 모든 관점은 일부 형상관리를 제공하고 아키텍처의 전체적인 의도를 설정한다. 데이터 및 정보 관점에서는 시스템 전체에 걸쳐 교환될 것으로 예상하는 데이터의 유형을 정의한다. 마지막으로, 표준 관점은 전체 시스템 아키텍처에 적용할 수 있는 다양한 표준들을 목록화한다. 두 번째 묶음은 가로 방향으로 그려져 있다. 이는 아키텍처의 각 부분에 지속해서 적용하고 개선하기 위한 것을 의미하고, 그 진행이 능력 관점에서부터 시스템 관점으로 이어지기 때문이다.

마지막 묶음은 프로젝트 관점이다. 시스템 아키텍처가 개발되는 동안 프로젝트 관리의 형태로 개발과정에 관한 세부 절차를 제공하는 역할을 한다. 두 번째 묶음과 마찬가지로, 이것은 전체 아키텍처 개발하는 과정 전반에 걸쳐서 업데이트될 것이다.

이 프레임워크의 버전 2는 시스템 수준에서부터 엔터프라이즈 수준으로 쉽게 확장할 수 있다. 여기서 엔터프라이즈 수준은 다양한 시스템이 개발되고 레거시 시스템 아키텍처에 통합되는 수준을 의미한다. 실제로 현재 세 가지 주요 시스템 수준의 아키텍처 프레임워크인 DODAF, MODAF 및 TOGAF는 엔터프라이즈 개발 노력과 호환할 수 있다. 또한 서비스 관점이 추가됨에 따라 이제 DODAF 내에서 서비스 지향 아키텍처 개발이 가능하다.

각 관점에서는 일련의 견해(views)가 정의된다. 총 52개의 견해가 DODAF

에 의해 정의되며, 이것들은 8개의 관점으로 구분해 구성된다. 각 견해에 대해서 해당 견해를 나타내는 다양한 방법과 기법을 사용할 수 있다. 예를 들어, 운용 관점에서의 한 가지 견해는 운용 활동 모델이다. 이 견해는 기능 흐름 블록 다이어그램과 같은 다양한 모델로 나타낼 수 있다. IDEF0 다이어그램 또는 다이어그램 조합과 같은 운용 활동 모델을 나타내기 위해 다른 모델을 사용할 수도 있다. 그러므로 아키텍처 프레임워크는 일반적으로 세 가지 계층의 엔티티를 갖게 된다: 프레임워크를 정의하는 관점의 집합, 각 관점을 정의하는 견해의 집합, 그리고 견해를 나타낼 수 있는 모델의 집합.

모든 대규모 시스템 개발 노력에는 가능한 최소한의 아키텍처 견해가 포함되도록 해야 한다. 시스템 아키텍처가 52개의 아키텍처 견해를 모두 포함하는 경우는 드물다. 타당한 견해의 개수 등은 의도하고 있는 의사소통의 성격과 적절한 이해관계자에 따라 시스템 엔지니어 및 시스템 설계자가 사전에 결정한다.

성공적인 시스템 아키텍처 개발의 핵심은 아키텍처의 목적을 이해하는 것이다. 시스템에 따라서 개발 노력은 서로 다르지만, 시스템의 규모와 복잡성에 따라 모든 아키텍처는 정보 전달이라는 최소한 하나의 공통된 목적을 갖게 된다. 사용할 프레임워크, 프레임워크 내의 관점, 관점 내의 견해 및 견해 내의 모든 모델을 선택하는 것은 설계자가 달성하려는 목적에 따라 다르다. DODAF 버전 2.0.2는 시스템 아키텍트가 특정 시점에 시스템 개발에 적용할 수 있는 관점과 견해만을 생성하도록 장려하는 "목적에 적합"을 강조하고 있다. 필요하지 않거나 시스템에 적용할 수 없는 모든 견해를 생성하는 것은 좋지 않다. 시스템 아키텍트가 시스템에 대해 더 많이 이해하고 배우게 되면 아키텍처에 추가적인 견해가 더해질 수도 있다.

기존의 프레임워크는 아키텍처 내에 포함될 수 있는 관점 및 견해의 상위 집합을 정의하고 있다. 통상적으로 프레임워크는 각 견해 내에서 그 견해를 나타내는 데 사용할 수 있는 후보 모델을 제안한다. 그러나 현재 사용되고 있는 대부분의 프레임워크의 특징은 각 견해에 내재해있는 유연성이다. 만약 아키텍트가 후보 목록에 포함되지 않은 모델을 사용하고자 할 때도 전체적인 프레임워크 제약조건을 위반하지 않는 수준에서는 가능하다.

예를 들면, 현재의 많은 프레임워크는 견해를 정의하는 방법으로, 초기에 기존에 구조화된 분석 모델(예: IDEF0, FFBD 및 데이터 흐름 다이어그램)을 사용하였다. 그러나 객체 지향(OO, Object-Oriented) 모델에 익숙한 엔지니어들은 객체 지향과 구조화된 분석 모델의 조합을 이용해 견해를 표현하기 시작했다. 이러한 추세가 증가함에 따라 공통 아키텍처 프레임워크를 담당하는 조직들은 사용 가능한 모델을 수정해 견해를 나타낼 수 있는 객체지향 모델을 포함할 수 있도록 했다.

이 출판물을 기준으로 통합 아키텍처 프레임워크(UAF, Unified Architecture Framework)가 공개되었으며 기존의 DODAF를 대체하게 되었다. UAF의 장점은 SysML 모델 및 상업용 애플리케이션과의 통합이 더욱 쉬워졌다는 것이다.

9.4 아키텍처 견해

아키텍처 견해(Architectural Views)의 개념은 광범위한 개발이 이루어지기 전에 이해관계자들이 시스템 개념을 이해하고 그러한 가치 있는 균형적인 의사결정을 하는 데 도움을 주기 위해 복수의 관점 또는 견해를 통해서 시스템의 표현을 개발하는 것이다. 오늘날 다양한 아키텍처 개발 방법과 지침이 존재하지만 모두 이러한 시점에 대해 매우 공통적인 목록을 가지고 있다. 일반적으로 시스템 아키텍처는 시스템에 대한 세 가지 공통적인 견해를 제공한다.

운용 견해

이 표현은 사용자 또는 운용자의 시점으로부터 시작된다. 이 견해는 운용 시스템의 과정들, 시나리오 및 작업 흐름을 다루는 산출물을 포함하게 된다. 사용자 시점에서의 정보 흐름도 다루어질 수 있으며, 사용자 인터페이스도 설명될 것이다. 이 견해에 포함될 수 있는 산출물의 예로는 운용 수치 또는 그래픽, 시나리오 설명(이용 사례 포함), 작업 흐름도, 조직도 및 정보 흐름도 등이 있다.

논리 견해

이 표현은 관리자 또는 고객의 시점에서 이루어진다. 논리 견해에는 환경과 시스템 사이의 경계를 정의하는 산출물이 해당된다. 또한 외부 시스템과의 기능 인터페이스, 주요 시스템의 기능 및 행동, 데이터 흐름, 내부 및 외부 데이터 세트, 내부 및 외부 사용자 및 내부 기능 인터페이스 등도 포함할 수 있다. 이러한 견해의 예시로는 기능 흐름도, 컨텍스트 다이어그램, N2 다이어그램, IDEF0 다이어그램, 데이터 흐름도 및 다양한 이해관계자별 제품(비즈니스 관련 제품 포함) 등이 있다.

물리 견해

이 표현은 설계자들의 시점으로부터 나온 것이다. 이 견해는 물리적 시스템 경계, 시스템의 물리적 구성품 및 이들이 서로 접속하고 상호작용하는 방법을 정의하는 제품, 내부 데이터베이스와 데이터 구조, 시스템이 접속하는 시스템과 외부 IT 인프라 그리고 해당 개발과정에 적용 중인 표준 등을 포함한다. 산출물의 예에는 상당히 높은 수준의 세부사항, 데이터베이스 토폴로지, 인터페이스 제어 문서(ICDs, Interface Control Documents), 표준 등의 물리적 블록선도가 포함된다.

서로 다른 아키텍처 지침과 표준은 각기 다른 명칭을 사용할 수 있지만, 이 세 가지 시점들 모두는 모든 아키텍처적인 묘사에 포함된다.

시스템 아키텍처 개념에 대해 방금 소개받은 사람이 흔히 하는 질문은 "아키텍팅과 설계의 차이점은 무엇인가?"이다. 그 질문에 대답하는 간단한 방법은 아키텍처와 설계의 용도를 비교하는 것이다.

시스템 아키텍처는 아래의 경우에 사용된다.

- 운용 및 기능 요구조건 발견 및 세분화.
- 시스템을 특정 용도 또는 목적에 맞게 운용.
- 옵션 간 차별화.
- 개발/구매 결정 문제를 해결.

시스템 설계는 아래의 경우에 사용된다.

- 시스템 구성품 개발.
- 시스템 구성품 구축 및 통합.
- 시스템 수정에 따른 형상 변경의 이해.

이러한 용도의 특성은 아키텍팅과 엔지니어링 사이에 차이가 있음을 시사한다. 시스템 아키텍팅은 대체로 기능성과 행동에 초점이 맞추어진 귀납적인 과정이다. 결과적으로, 아키텍팅은 측정 가능한 매개변수보다는 적을 수 있지만, 다수의 측정할 수 없는 매개변수와 특성을 다룬다. 도구 세트는 대체로 정량적이지 않고 부정확하다 — 다이어그램은 아키텍트 도구 세트의 큰 부분을 차지한다. 휴리스틱스(heuristics)는 일반적으로 알고리즘보다는 아키텍트의 결정을 안내한다.

설계 엔지니어링은 연역적 프로세스에 의존하기 때문에 아키텍팅과 대조적이다. 엔지니어링은 형태와 물리적 분해 및 통합에 중점을 둔다. 결과적으로 설계 엔지니어링은 측정 가능한 수량, 특성 및 속성을 다룬다. 따라서 물리학에서 파생된 분석도구는 엔지니어의 기본 도구이다. 두 분야(느슨하게 결합한 것으로 간주해서는 안 되는)의 이러한 특성을 고려할 때 아키텍트는 시스템 개발 수명주기의 초기 과정에서 활동하는 경향이 있다. 아키텍트는 세부설계, 제작 및 단위 시험 과정에서 다소 휴식기를 갖는 경향이 있다. 통합 및 시스템 시험을 수행할 때는 요구조건과 최상위 아키텍처가 준수되고 있는지 확인하기 위해 아키텍트가 다시 등장한다. 반대로 설계 엔지니어의 활동은 아키텍트가 휴식기에 있는 과정들에서 그 활동이 최고조에 달한다.

엔지니어링 계층구조에서 아키텍팅

아키텍팅과 엔지니어링의 차이점 때문에, 두 활동은 별개임이 분명하다. 그러면 누가 누구를 위해서 일을 해야 하는가 하는 의문이 생긴다. 예외가 있기는 하지만 시스템 아키텍트는 시스템엔지니어링의 하위 부분이다. 이는 전형적으로 최상위에 있는 전통 건축가들의 역할 및 위치와는 상이한 측면이 있다. 새로운 건물이 설계 및 개발되고 건설될 때, 건축가는 건물을 디자인하는 과정에서 주요한 역할을 하고, 개발과 건축 과정에서도 주도적인 역할을 계속한다. 시스템 개발에서는 시스템 엔지니어가 중요한 기술적 위치를 차지한다.

9.5 아키텍처 개발

시스템 엔지니어는 이해 당사자, 사용자, 설계자, 유지관리자 등 여러 팀 간의 의사소통을 효과적으로 하기 위해 시스템 아키텍처가 어떻게 개발되는지 어느 정도 알고 있어야 한다. 일부 아키텍처 유형을 개발하는 동안 시스템 엔지니어가 취할 수 있는 간단한 접근방식은 다음과 같다.

이해 당사자들은 의도된 시스템이 어떻게 운용될지에 대한 어느 정도의 비전을 갖고 있으므로, 아키텍트는 그들과 접촉하고 어떤 시스템 개념을 만들어야 하는지를 습득해야 한다. 이해 당사자들은 운용환경과 관련된 도면과 설명을 활용해 환경이 어떤 모습인지, 시스템이 무엇을 해야 하는지, 시스템이 직면해야 하고, 협업해야 하고, 충돌 또는 극복해야 하는 것은 무엇인지 그리고 목표를 성공적으로 완료한 후의 최종 상태는 어떤 모습인지에 대한 그림을 그릴 수 있다. 이러한 묘사를 수행하는 중에 기능 아키텍처의 역할이 시작된다. 이 시점에서 기능 아키텍처가 해야 할 일은 주 시스템뿐만 아니라 협력 시스템 그리고 상대 시스템이 수행하는 다양한 기능을 문서로 작성하는 것이다. 다양한 기능 간의 연결뿐만 아니라 올바른 기능들을 묘사하고 있는지 확인하기 위해서도 이해 당사자들 간의 소통이 필요하다.

아키텍처 개발은 이러한 기능을 수행할 시스템의 구성요소인 구성품들을 정의하기 위해 물리적 관점으로 계속 진행된다. 여러 구성품이 하부시스템으로 그룹화되므로 물리 아키텍처는 계속해서 구축되고, 이후에는 그룹으로 묶어서 시스템을 형성하게 된다. 이 프로세스는 협업 또는 상대 시스템을 대상으로도 계속된다. 이러한 과정에서 서로 다른 시스템 간에 해결되어야 하는 특정한 상호 운용적인 기능(예: 올바른 데이터 필드, 데이터 형식, 주기성)을 발견할 수 있다.

아키텍처 개발은 모든 기능과 구성품을 적절히 할당하기 위해 기능 및 물리적 아키텍처 산출물들을 조율함으로써 마무리된다. 설계자와 기능 아키텍트가 모든 구성품과 기능을 고려하기 위해서는 약간의 조정이 필요하므로, 이러한 노력은 반복적으로 수행되어야 한다. 그렇지 않으면 할당 문제를 해결하기 위해서 요구조건, 기능 또는 설계와 관련해 재작업이 필요할 수 있다.

9.6 아키텍처 추적성

아키텍처 개발의 각 단계가 완료된 후에 만들어지는 다양한 시스템엔지니어링 산출물 사이에는 어느 정도 추적성이 보장되어야 한다. 기능 아키텍처는 그들이 만족시키는 요구조건과 연결되어야 할 것이다. 물리 아키텍처는 그들이 실행해야 하는 기능과 연결될 것이다. 다른 비기능적인 요구조건(예: 안전, 내구성, 복원력, 유지관리성, 상호운용성 요구조건 등)을 기준으로 물리적 시스템의 어떤 부분을 평가할 수도 있다. 결국 아키텍처의 모든 부분은 다른 부분으로 추적할 수 있어야 한다. 현재 활용 가능한 상용 도구 세트는 이러한 기능을 제공하므로 시스템 엔지니어가 수동으로 이러한 추적성을 생성하고 유지할 필요는 없다. 게다가 시스템의 복잡성이 증가하는 경우에는 이러한 도구들은 더욱더 효과적이다. 추적 가능성은 아키텍처, 설계, 시험 또는 요구조건에 대해서 변경이 이루어질 때도 중요하다: 한 부분이 변경될 때 어떤 일이 일어날까? 그 변화에 적응하기 위해 다른 부분 중 얼마나 많은 부분이 수정되어야 하는가? 변경이 발생할 때마다 영향을 받는 각 요소를 수동으로 검토하기 위해서는 상당한 노력이 필요할 것이다. 현재 사용 가능한 도구들을 이용하면 아키텍처 내에서 변경이 발생할 때 영향을 받는 부분이 무엇인지 자동으로 식별할 수 있다(그리고 많은 경우에 수정도 가능함).

이해관계자는 자신의 비전과 방향이 아키텍처 개발의 어느 부분에 영향을 주었는지 보여주기 위해 추적성을 사용할 수도 있다. 또한 설계자는 추적성을 사용하여 제약조건, 표준 및 기타 이해관계자의 경쟁적 요구를 따르면서 올바른 방향으로 충실하게 구현되도록 할 수 있다. 이러한 추적성 덕분에 시스템 개념이 어떻게 개발될 것인지를 보여주기 위한 목적으로 경쟁 관계자들 사이의 이해를 증진시킬 수 있으며, 나아가 추가적인 협력을 촉진할 수도 있다.

아키텍처 할당

앞서 언급한 구성품에 대한 기능 할당과 관련해, 아키텍처의 추적성은 할당 원칙을 충족시킬 수 있다. 게다가 단일 장애 지점을 방지하기 위해 하나의 구성품에 너무 많은 기능이 부과되는 경우 설계자에게 자동으로 경고 표시를 하는 것도 가능하다. 기능과 구성품 간의 할당 방법을 평가하게 되면 특정 기능과 구성품에 대한 중요성을 확인할 수 있게 되고, 추가적인 복원력을 보장할 수 있도록 조처를 하게 된다. 이러한 복원력은 중복적인 구성품, 예비적인 부품, 추가적인 로직의 형태로 확보할 수 있다. 그리고 어떤 형태의 기능 저하에 직면했을 때 시스템이 계속 작동하도록 보장할 수 있는 다른 수단을 통해서도 가능하다.

도구 세트

아키텍처 산출물을 개발할 때는 다양한 상업용 도구 세트를 활용할 수 있다. 도구 세트를 선택할 때 시스템 엔지니어는 몇 가지 요소를 고려해야 한다. 일차적인 선택은 아키텍트의 전문성이다. 이는 이해관계자들이 원하는 산출물을 생산하는 데 필요하다. 시스템이 직면하게 될 운용환경과 도적적인 과제들이 제시되었을 때, 아키텍트는 산출물을 만들고 상호운용성을 촉진하며 개발을 평가할 수 있는 능력을 갖추고 있어야 한다. 다음으로 중요한 선택은 사업 내의 협업과 관련된 잠재력이다. 팀 내의 조직이 공통적인 도구를 사용한다면 상호 소통 시 효율성이 확보될 가능성이 클 뿐만 아니라, 도구와 관련된 특정 용어를 사용하는 데 따른 혼란을 최소화할 수 있다. 팀이 같은 도구 세트로 작업하는 경우 상호 이해와 더욱 완벽한 시스템 설계를 수행할 수 있다고 기대할 수 있다. 도구를 선택할 때 고려해야 하는 다른 요인은 이해당사자가 보유하고 있는 도구에 대한 숙련도이다. 이러한 숙련도의 측정은 주변의 평판이나 이전의 경력을 통해서 가능하다. 이해관계자의 숙련도는 시스템 비전과 기능을 묘사하는 과정에서 강력한 역량을 발휘할 수 있는 중요한 요인이 된다.

시스템 엔지니어와 시스템 아키텍트를 지원할 수 있는 또 다른 도구는 아키텍처의 기술적인 세부사항을 설명하는 이미지 또는 보고서와 같이 내보내기가 가능한 문서 형식이 될 수 있다. 디지털 데이터를 상호 교환할 수 있는 여건은 팀과의 협업 측면에서 아키텍처를 이용할 때 추가적인 상호운용성과 이해도를 높일 수 있다. 많은 도구 세트에는 사용자가 아키텍처를 살펴볼 수 있는 대화형 웹사이트를 만드는 기능이 있으므로, 산출물을 읽기 위해 별도의 도구가 필요하지는 않다.

9.7 아키텍처 확인

아키텍처 확인은 목적, 대상 및 개발된 생산품에 따라 다르다. 아키텍처가 기존 시스템의 프로세스와 기능을 캡처해 다른 사람들에게 문서로 전달하고 설명하기 위한 것이라면, 이는 비교적 간단한 작업일 수 있다. 이는 이 아키텍처가 시스템을 정확하게 표현하고 있는지 확인해줄 수 있는 기존 시스템에 익숙한 사용자가 있을 것이기 때문이다. 평가를 위해서 같은 시스템을 사용하는 여러 사용자가 모일 때는, 시스템을 어떻게 사용하고 있는지 서로 의견을 나눌 수 있다는 장점이 있다. 이것은 현재 사용자뿐만 아니라 시스템의 작동방식을 이해하고자 하는 새로운 이해관계자를 위한 지침이 된다.

만약 아키텍처가 미래의 "to-be" 시스템 개념을 묘사하기 위한 것이라면, 특히 시스템이 기존 설계와 임무로부터 상당한 발전이 있는 경우에는, 개념을 확인하는 데 도움을 줄 수 있는 올바른 이해 당사자를 찾는 것이 더 어려울 수 있다. 시스템 아키텍트는 열린 마음을 가지고 있고, 다른 생각(자신과 근본적으로 다를 수 있음)을 기꺼이 받아들이고, 시스템 아키텍처가 미래 목표를 달성하기 위해 개발되고 진화할 수 있다는 믿음을 가져야 한다. 사용자 대표들은 신중하게 선택되어야 한다. 일부 사용자들은 기존의 운용 방식으로 되돌아가는 것을 선호하기 때문에 미래 시스템이 어떻게 운용될지를 판단하는 데 필요한 충분하고도 비판적 의견을 제공하지 않을 수 있기 때문이다. 이해관계자와 파트너들은 향후 운용, 환경, 위협, 협력방안을 염두에 두는 것은 물론, 개발하고자 하는 실제적인 미래 시스템 개념을 구상할 기회를 가지는 것이 중요하다.

개념 확인은 사용자, 유지관리자 그리고 이해관계자들로 참여하는 충분한 규모의 모집단을 구성해 아키텍처를 검토하도록 하였을 때 의미가 있을 수 있다. 이것은 시범적으로 사용하거나 미래의 운용환경에서 새로운 개념을 시험하기 위한 제한적인 효용성 실험을 수행하고자 할 때 가능하다. 아키텍처가 미래 세계에서 유망한지를 시험하고 평가할 수 있으며, 만약 결과가 만족스럽지 않을 때는 재평가 및 폐기/수정을 할 수 있는 것이 이 시점이다. 아키텍처 개념을 평가하기 위한 목표, 예비 사용 데이터 및 질문들의 집합은 아키텍처의 유용성을 결정하는 데 사용할 수 있다.

9.8 요약

아키텍처 일반

시스템 아키텍트의 역할은 이해 당사자 및 엔지니어링 팀과 소통함으로써 개발하고자 하는 시스템에 대해 비전을 해석한 다음, 그 비전을 시스템을 개발할 설계자가 인식할 수 있는 형태로 변환하는 것이다. 이를 위해서는 아키텍트는 원래의 시스템 비전을 충실히 수행할 수 있도록 다양한 시점에서 문제를 볼 필요가 있다.

아키텍처의 유형

수많은 아키텍처 프레임워크가 존재하므로, 이 교재에서 우리는 시스템 엔지니어들이 중점적으로 다루게 될 세 가지 주요 아키텍처 유형인 기능, 물리적, 할당 아키텍처에 집중하고자 한다. 기능 아키텍처는 주로 시스템엔지니어링 사업 노력의 시작과 함께 수행된다. 이때 기능 아키텍처는 시스템이 주어진 목적이나 임무를 완수하기 위해 수행해야 하는 기능이나 행동을 기술한다. 다음 과정은 실제 시스템 구성품과 하부시스템이 개발되는 물리적 아키텍처이다. 이것은 일반적으로 시스템을 구성하는 실제 구성품을 보여주는 물리 블록 다이어그램의 형식을 갖는다. 여기서는 기능과 물리적 아키텍처가 병합되어 있으므로 모든 기능과 물리적 구성요소가 제대로 할당되었는지를 확인할 수 있다.

아키텍처 프레임워크

아키텍처 프레임워크는 시스템 아키텍처 개발을 위한 구조화된 접근방식은 물론 생산품 및 원칙을 규정하는 표준들의 집합이다. 모든 대규모 시스템 개발 노력은 최소한의 아키텍처 견해를 가져야 한다. 성공적인 시스템 아키텍처를 개발하는 열쇠는 아키텍처의 목적을 이해하는 것이다. 각 시스템 개발에 투입되는 노력은 다르지만, 시스템의 규모와 복잡성에 따라서 모든 아키텍처는 적어도 하나의 공통적인 목적, 즉 정보 전달이라는 의미가 있다.

아키텍처 견해

아키텍처 프레임워크는 시스템 아키텍처를 개발하고 제시하는 데 사용되는 구조와 모델을 정의한다. 이러한 프레임워크는 다양한 시점을 표현하는 데 있어서 프로그램과 관계없이 일관성을 보장하기 위한 것이다. 일반적으로 시스템 아키텍처는 시스템의 세 가지의 공통적인 견해를 제시한다.

- 운용적 견해: 이 표현은 사용자 또는 운용자의 시점에서 나온다.
- 논리적 견해: 이 표현은 관리자 또는 고객의 시점에서 나온다.
- 물리적 견해: 이 표현은 설계자들의 시점에서 나온다.

아키텍처 개발

이해관계자들은 의도하고 있는 시스템이 어떻게 작동해야 할 것인지에 대한 비전을 갖고 있으므로, 아키텍트는 그들과 소통하면서 어떠한 시스템 개념이 개발되어야 하는지 확인해야 한다. 아키텍처 개발은 이러한 기능을 수행할 시스템 내의 실제 구성품들을 정의하기 위해 물리적 시각을 바탕으로 수행된다. 아키텍처 개발은 모든 기능과 구성품들을 적절히 할당하기 위해 기존의 두 아키텍처 산출물을 조율함으로써 마무리된다.

아키텍처 추적성

아키텍처 개발의 각 단계가 완료된 후, 다양한 시스템엔지니어링 산출물들 사이에는 어느 정도 수준의 추적성이 보장되어야 한다. 기능 아키텍처는 그들이 만족시키는 요구조건과 연결될 것이다. 물리 아키텍처는 그들이 실행하는 기능과 연결될 것이다. 또한 다른 비기능적인 요구조건(예: 안전, 내구성, 복원력, 유지관리성, 상호 운용성 요구조건 등)에 대해서는 물리적 시스템의 어느 부분을 평가해야 하는지 식별이 가능할 것이다. 결국, 아키텍처를 구성하는 모든 부분은 다른 부분으로 추적이 가능해야 한다.

아키텍처 확인

아키텍처를 제대로 검증하기 위해서는 아키텍처의 목적을 파악하는 것이 중요하다. 아키텍처가 미래의 "to-be" 시스템 개념을 묘사하기 위한 것이고, 특히 해당 시스템이 기존의 설계와 임무로부터 급진적으로 변화된 경우에는, 개념을 검증하는 데 도움을 줄 수 있는 적절한 이해 당사자를 찾는 것이 더 어려울 수 있다. 아키텍처가 문서화 또는 다른 사람에게 설명하기 위한 것이기 때문에 기존 프로세스와 시스템의 능력을 캡처하고자 하는 정도의 목적이라면, 산출물이 시스템을 정확하게 표현하고 있는지 확인하는 것을 도와줄 수 있는 기존 시스템 사용자만 필요하므로, 이것은 비교적 간단한 작업이 될 수 있다.

연습문제

9.1 대중교통 시스템 개념에 대한 기능 아키텍처 견해(views)를 개발하시오. 8개에서 10개의 기능을 포함하는 기능 아키텍처를 생성하시오.

9.2 대중교통 시스템 개념에 대한 물리적 아키텍처 견해를 개발하시오. 8개에서 10개의 구성품을 포함하는 물리적 아키텍처를 생성하시오.

9.3 대중교통 시스템 개념에 대해 할당 아키텍처 견해를 개발하고, 9.1 및 9.2 제품에 기초하여 할당 아키텍처를 생성하시오.

9.4 개념 개발 중에 시스템 아키텍트(architect)가 아키텍처를 어떻게 사용하는지 기술하시오. 개념 개발 중에 시스템 엔지니어가 아키텍처를 어떻게 사용하는지 기술하시오. 아키텍트와 엔지니어는 어떤 면에서 비슷하고 또 어떤 면에서 다른지 설명하시오.

9.5 DODAF와 TOGAF가 사용자, 사용법, 애플리케이션 면에서 어떻게 비슷하고 다른지 비교하고 대조하시오.

9.6 대중교통 아키텍처의 경우 아키텍처 검증이 어떻게 수행되는지 기술하시오. 누구에게 자문을 얻어야 하는지, 무엇을 질문해야 하는지 그리고 성공적인 결과는 무엇인지 설명하시오.

추가 자료

Delligatti, L. (2013). *SysML Distilled: A Brief Guide to the Modeling Language*. Addison-Wesley Professional.

Department of Defense, Chief Information Officer (2010). The DoDAF Architecture Framework Version 2.02. https://dodcio.defense.gov/Library/DoD-Architecture-Framework (accessed 25 December 2018).

Estefan, J.A. (2008). Survey of Model-Based Systems Engineering (MBSE) Methodologies. *INCOSE Technical Document INCOSE-TD-2007-003-02*, Revision B.

International Council on Systems Engineering (2015). *Systems Engineering Handbook: A Guide for System Life Cycle Processes and Activities*, Version 4.0. Wiley.

Maier, M. and Rechtin, E. (2009). *The Art of Systems Architecting*. CRC Press.

The Open Group (2009). TOGAF Version 9 Enterprise Edition. *Document Number G091*. http://www.opengroup.org/architecture.

Yanez, M. (2013) Glucose Meter Fundamentals and Design. Freescale Semiconductor.

10. 위험관리

10.1 SE 수명주기에서의 위험관리

위험관리는 시스템엔지니어링(SE) 수명주기의 모든 과정에 적용될 수 있다. 시스템 엔지니어는 개발 위험이 포함된 시스템을 실현하는 과정에서 시스템의 요구조건, 설계, 시험 및 운용 과정에서 위험이 어떤 영향을 미칠 수 있는지를 인지해야 하기 때문이다. 이 장에서는 위험 고려, 평가 및 완화에 관한 내용을 소개하고자 한다. 이러한 내용은 의사결정자와 엔지니어들이 대안이 될 수 있는 개발 경로에 대한 통찰력을 가지기 위해 필요한 것이며, 특히 전체 수명주기 동안 시스템 개념을 성공적으로 개발하기 위한 기초가 된다.

이 장에서는 복합 시스템을 개발하는 초기 과정에서 발생하는 전형적인 위험의 원천에 대해서 알아보고자 한다. 또한 위험을 완화하는 방법들에 대해서도 다루고자 한다. 위험 평가는 위험을 식별하고 그 크기를 평가하는 활동이다. 이에 반해 위험 완화에서는 개발과정에서 나타날 수 있는 잠재적인 위협을 제거하거나 감소시키는 활동이다.

10.2 위험관리

본질적으로 새로운 복합 시스템을 개발하기 위해서는 아직 완전히 개발되지는 않은 첨단 장치에 대한 지식을 습득해야 한다. 또한 합리적인 비용으로 안정적으로 임무를 수행할 수 있는 시스템을 설계할 수 있도록 안내해야 한다. 그러나 모든 절차에서는 예측할 수 없는 결과가 발생할 수 있다. 예를 들어 성능 부족, 환경적 민감성, 실제 생산의 부적합성 또는 기타 허용할 수 없는 결과들이 여기에 해당한다. 이러한 결과들은 프로그램 비용과 일정에 영향을 미치게 되며 어떤 경우에는 전체 개발과정을 변경해야 할 수도 있다. SE의 가장 큰 도전 과제 중 하나는 최소한의 위험만을 포함하는 개발 경로를 안내하는 동시에 최대의 결과를 달성하는 것이다.

개발 초기에는 모든 면에서 불확실성과 위험이 존재한다. 인지된 운용 요구조건이 현실적인가? 그것들은 새로운 시스템의 작동 수명 내내 유효할 것인가? 시스템 개발 및 생산에 필요한 자원은 필요할 때 이용이 가능한가? 운용 목표를 달성하기 위해 필요한 첨단기술이 예상대로 개발이 완료될 수 있을 것인가? 예상되는 생산 자동화의 발전이 실현될 것인가? 개발 조직은 업무 중단 등의 사태로부터 자유로울 수 있는가?

SE는 그러한 가능성을 인식하고 실제로 발생할 가능성과 그 영향을 최소화(완화)할 수 있도록 개발을 지도해야 하는 특별한 임무를 갖고 있다. 시스템 개발과정이 내포하고 있는 위험을 식별하고 최소화하기 위해 적용하는 방법론을 위험관리라고 한다. 이는 시스템 개발이 시작되는 시점은 물론 전체 수명 기간에도 계속해서 수행되어야 한다.

시스템 수명주기에 걸친 위험 감소

프로그램 위험을 줄이는 것은 수명주기 전체에 걸쳐 지속적으로 필요한 프로세스이다. 예를 들어, 니즈 분석과정에서는 중요한 운용 니즈를 해결하지 못하는 시스템을 개발하기 시작할 수 있는 위험을 감소시켜야 한다. 개념 탐색과정에서는 부적절하거나 비현실적인 시스템 성능 요구조건을 도출하게 되는 위험을 감소시켜준다. 또한 시스템 정의 과정에서는 지나치게 부족하거나 감당할 수 없는 시스템 개념이 아니라, 모든 목표를 달성할 가능성이 가장 큰 기술적 접근법을 활용할 수 있는 시스템 개념을 선택할 수 있도록 해야 한다.

그림 10.1은 가상의 시스템을 개발하는 프로그램의 위험(임의 단위를 사용)이 수명주기의 과정들을 거치면서 어떻게 감소하는지를 개략적으로 나타낸 것이다. 가로축은 시스템 개발을 위한 과정들로 나누어진 시간의 흐름이다. 그림에는 각 과정에 투입되는 일반적인 상대적 노력 역시 계단 형태의 그래프로 표시되어있다.

우측 아래 방향으로 하강하는 위험 곡선은 개발이 진행됨에 따라 예측하지

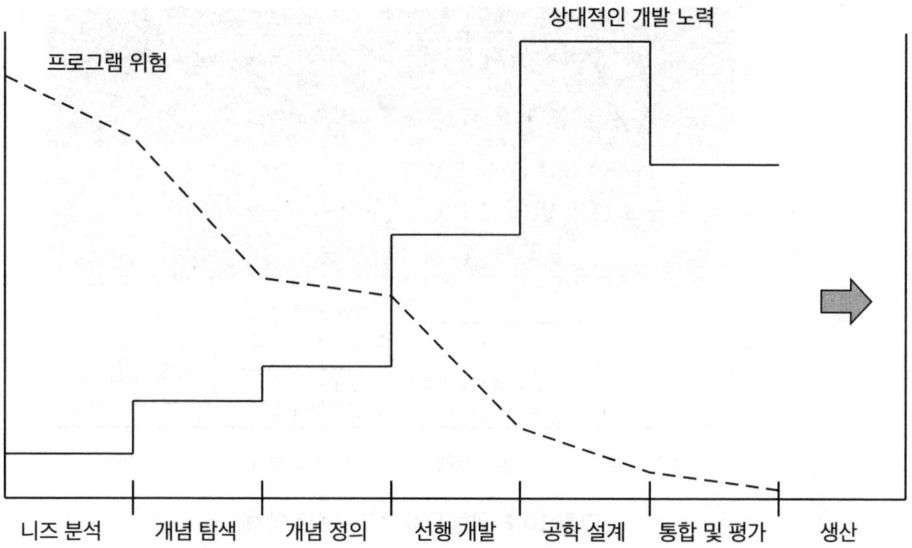

그림 10.1 시스템 개발 전반에 걸친 프로그램 위험 및 노력의 변화

못했던 위험이 발생할 수 있는 불확실성(알 수 없는)이 분석, 실험, 시험 또는 개발과정이 진행되어감에 따라서 체계적으로 제거되거나 감소한다는 사실을 보여주고 있다. 이 곡선을 "위험 완화 폭포수(그림 10.2)"라고 한다. 대체로 상승하는 형태를 보이는 노력과 관련된 그래프는 시스템 개발의 후속 과정에 드는 비용이 단계적으로 증가한다는 것을 보여주고 있다. 이 그래프는 개념으로부터 엔지니어링, 통합 및 평가에 이르기까지의 진행 과정을 보여주고 있다.

1. 일반적으로 개발이 진행됨에 따라 프로그램 수행에 필요한 노력은 가파르게 증가한다. 프로그램을 지속할 수 있도록 지원을 받기 위해서는 재무적인 위험을 합리적인 수준에서 유지할 수 있도록 실패 위험을 줄여야 한다.
2. 프로그램의 초기 단계에서는 위험이 크게 감소하게 되는데, 이는 시스템 요구조건과 시스템 개념에 관한 기본적 의사결정이 올바르게 내려질 때 가능하다. 이것은 개념을 형성하는 과정에 적절한 노력을 투자하는 것이 얼마나 중요한지를 보여준다.
3. 일반적으로 가장 큰 위험 감소 효과를 가져올 수 있는 두 가지 과정은 **개념 탐색**과 **선행 개발**과정이다. 개념 탐색은 시스템 접근법과 형상에 대

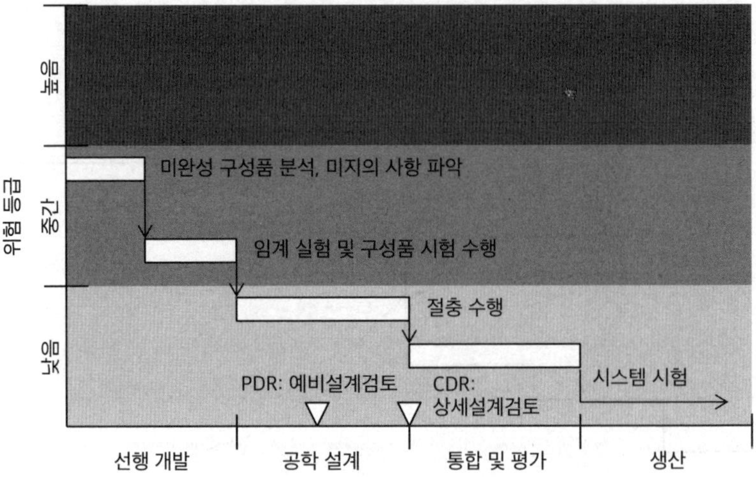

그림 10.2 위험 완화 폭포수 차트의 예

한 확고한 개념적 기초를 다지는 과정이다. 선행 개발은 새로운 첨단기술을 발전시켜 성능 목표를 달성할 수 있도록 하는 과정이다.

4. 개발이 완료되고 시스템을 생산 및 인도할 수 있는 준비가 완료될 때까지, 시스템 개발이 성공적으로 마무리되기 위해서는 내포하고 있는 위험이 극도로 낮아야 한다.

위험관리의 구성품

SE 표준, 특히 정부의 획득 프로그램에서 위험관리는 공식적으로 수행되어야 하는 프로세스이다. 이는 모든 정부 주도의 개발 프로그램은 위험관리 계획을 포함해야 한다는 것을 의미한다. 미 국방부(DoD)에서는 주요 시스템을 개발하는 프로그램에는 위험관리를 위한 자체 조직, 인력, 데이터베이스, 보고 체계는 물론 독립적인 검토가 이루어지도록 강제하고 있다. 또한 이러한 활동은 프로그램 개발은 물론 생산, 운용 및 지원과 관련된 모든 과정으로도 확대되어야 한다. 미 국방부(2006)에서 정의하고 있는 위험관리에 대한 자세한 설명은 미 국방획득대학(DAU, Defense Acquisition University)에서 발간하는 DoD 획득 위험관리 가이드(Risk Management Guide for DoD Acquisition)에 수록되어 있다.

DoD 위험 관리 가이드는 위험관리 업무를 위험 계획, 위험 평가, 위험 우선순위 지정, 위험 처리, 위험 모니터링 등으로 구분하고 있다. 이어서 논의하게 될 주제들은 다음의 두 가지 범주로 나눌 수 있다. 첫째는 위험 계획 및 우선순위를 포함하는 위험 평가이고, 둘째는 위험 처리 및 모니터링을 포함하는 위험 완화이다. 위험 계획과 관련된 주제는 위험관리계획에서 다루게 되는데, 이는 시스템엔지니어링 관리 계획(SEMP)의 일부이다.

위험 평가

위험 평가를 수행하는 일반적인 과정은 미래의 불확실성을 포함하는 모든 의사결정 내에 본질적으로 포함되어 있다. 위험 평가는 대안이 되는 개념 중에서 일부를 제거하기 위해서 수행된다. 여기서 제거해야 하는 개념을 선별하는 기준은 미성숙한 기술 또는 검증되지 않은 기술적 접근방식에 지나치게 의존하는지 여부가 될 수 있다. 기타 실현 가능성을 고려할 때 예상하는 이익을 보장할 수 없음에도 불구하고 너무 큰 기대를 하는 경우도 해당된다.

선행 개발과정을 수행할 때 위험 평가는 제안된 설계방안들을 식별하고 그 특징을 이해할 수 있는 유용한 접근방식으로 사용된다. 구체적으로 위험 평가는 설계안이 얼마나 높은 개발 위험을 포함하고 있는지(즉, 요구조건을 충족하지 못할 가능성이 있는지)를 확인할 수 있도록 해준다. 또한 설계안에 대한 분석 또는 개발 및 시험이 필요한 정도로 프로그램에 상당한 영향을 끼칠 가능성이 있는지도 평가할 수 있다. 따라서 위험 평가는 설계방안이 가진 가장 취약하고 불확실한 특징은 무엇인지 식별하고 주의를 집중할 수 있도록 도와준다. 또한 위험 평가는 이어지는 개발과정에서 이러한 특징들이 복합적으로 나타날 가능성과 설계를 변경해야 하는 위험성을 사전에 제거해준다.

일단 의심스러운 설계 특징을 가진 시스템 구성품이 확인되면, SE의 임무는 이러한 취약점을 제거할 수 있도록 분석, 개발 및 시험 프로그램 계획을 정의하는 것이다. 또한 프로그램에 영향을 미칠 수 있는 잠재적인 위험을 허용 가능한 수준으로 낮출 수 있는 다양한 노력을 기울여야 한다. 이 프로세스에서 수행되는 위험 평가 방법은 더욱더 높은 가치를 가질 수 있다. 이는 위험 평가를 수행하면 위험이 확인된 영역들을 대상으로 가용한 시간과 노력을 가장 잘 할당할 수 있는 방법을 식별할 수 있기 때문이다. 이러한 목적을 위해 위험 평가는 해당

설계 특징으로 인해 유발되는 상대적인 위험의 정도를 판단하는 용도로 적용할 수 있다.

프로그램에 위험이 되는 여러 원천의 잠재적 중요성을 비교하기 위해서는 다음의 두 가지 위험 요소를 고려할 필요가 있다. 첫 번째는 주어진 구성품이 목표에 부합하지 못할 **가능성**이고, 두 번째는 이러한 실패가 프로그램의 성공에 미치는 **영향**의 정도 또는 **치명도**이다. 따라서 어떤 실패의 영향이 치명적일 경우에는, 그 발생 가능성이 작다고 해도 수용할 수 없다는 것을 의미한다. 또는 주어진 접근방식의 실패 가능성이 큰 경우에는, 그에 따른 영향성이 낮다고 해도 다른 접근방식을 취하는 것이 신중한 선택이 될 수 있다.

이러한 위험 요소는 일반적으로 3 또는 5차원의 "위험 큐브" 형태로 표시되는 경우가 많다. 5차원 입방체는 그림 10.3에 나타나 있으며, 3차원 입방체

출처:
위험 관리 — Bob Scalamera의 프로세스 개요

가능성

위험이 발생할 가능성은 얼마나 되는가?		
수준		접근방식과 프로세스
1	가능성 없음	… 표준 관행에 따라 위험을 효과적으로 방지하거나 완화
2	낮은 가능성	… 이러한 유형의 위험은 유사한 경우에서도 최소한의 감독으로 완화
3	가능성 있음	… 이러한 위험을 완화할 수는 있지만 해결방법이 필요
4	가능성 높은	… 이 위험을 완화할 수는 없으며, 다른 접근방법이 필요
5	거의 확실함	… 이러한 유형의 위험은 완화할 수 없음; 알려진 프로세스나 가용한 해결방법이 없음

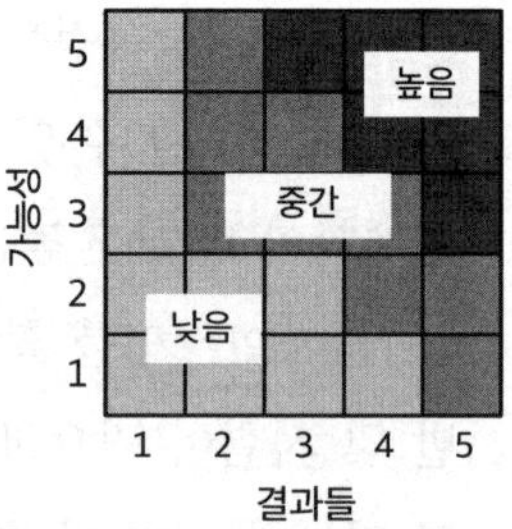

결과들

수준	위험이 현실화할 경우, 그 영향은 얼마나 되는가?		
수준	기술적	일정	비용
1	최소 또는 영향 없음	최소 또는 영향 없음	최소 또는 전혀 영향없음
2	약간의 성능 부족, 동일한 접근방식 유지	주요 일정을 준수하기 위해서는 추가 활동 필요	예산 증가 또는 단위 생산비용 증가율 1% 미만
3	중간의 성능 부족, 해결 가능함	약간의 일정 지연, 요구 일정 미준수	예산 증가 또는 단위 생산비용 증가율 5% 미만
4	수용할 수 없지만, 해결 가능함	프로젝트 주요 과정에 영향	예산 증가 또는 단위 생산비용 증가율 10% 미만
5	수용할 수 없음; 대안이 없음	주요 프로젝트 마일스톤을 충족할 수 없음	예산 증가 또는 단위 생산비용 증가율 10% 이상

그림 10.3 위험큐브 표시의 예

는 아래에 설명되어 있다. 확률은 대개 본질적으로 정성적이므로, 정보에 입각한 위험 할당을 개발하기 위해서는 많은 경험에 따른 판단이 필요하다. 이미 상세하게 잘 정의되어있는 사양에 따라서 시스템을 개발하는 작업보다 기초 연구 분야에서 수행해야 하는 작업이 더 많은 위험을 포함하고 있다는 점을 고려할 때, 분야별로 서로 다른 업무 특성을 이해하는 것도 중요하다. 고객이 가진 위험에 대한 포용력 역시 도메인과 경험에 따라 차이가 있을 것이다.

위험 가능성: 고장 확률. 특정 프로그램 목표가 달성될 가능성을 판단할 수 있는 정확한 수치값을 계산하기 위해서는 고려해야 할 불확실성이 너무 많다. 따라서 상대적 우선순위를 판단하기 위한 목적으로 다소 단순하고 개략적인 척도를 넘어 위험을 정량화하기 위해 시도하는 것은 유용하지 않다.

검증되지 않은 기술의 경우, 그 기술의 공학적인 상태로부터 상대적인 성숙도를 매우 개략적으로 추정할 수 있다. 이는 기술이 유사한 기능적 적용과 관련해 사용되는 하나 이상의 사례를 식별하고 그 개발 수준(예를 들어 실험실 설계부터 실험 프로토타입, 높은 품질의 생산부품에 이르는 범위)을 결정함으로써 수행될 수 있다. 고위험, 중간위험, 저위험은 일반적으로 사용이 가능한 정도의 정확성을 갖는다. 그 이상의 경우에는, 위험해 보이는 부분을 서열화하고 가장 미성숙하고 복잡하다고 판단되는 몇 가지 부분에 집중하는 것이 좋은 방법이다. 고려해야 하는 대안들이 너무 많다면, 그것은 전체 시스템 설계 접근방식이 너무 도전적이라는 것을 의미하므로 재고가 필요하다는 신호일 수 있다.

고도로 복잡한 구성품 및 인터페이스와 관련된 위험은 첨단기술을 사용하는 위험보다 정량화하기가 훨씬 더 어렵다. 인터페이스 중에서도 특히 인간과 기계의 상호작용에 관한 이슈들은 더욱 특별한 주의가 필요하다. 후자는 항상 초기 시제품 제작과 시험을 필요로 한다. 여기서도 상대적 복잡성에 관해 우선순위를 지정하는 것은 위험관리에 필요한 노력을 얼마나 배당할 것인가에 관한 우선순위를 정할 수 있는 효과적인 방법이다.

소프트웨어 개발 위험에 우선순위를 정하는 것 역시 판단의 문제이다. 수많은 외부 방해 요소가 있는 실시간 프로그램은 동시 프로세스와 마찬가지로 항상 특별한 주의가 필요하다. 새 운용체제나 크게 변경된 운용체제는 특히 복잡

표 10.1 위험 가능성

위험 가능성	설계 상태
높음	• 이전 설계로부터 크게 확장 • 이전에 적용하지 않았던 다수의 구성품 • 복잡한 구성품 및/또는 인터페이스 • 분석도구 및 데이터의 부족
중간	• 과거 설계에서 중간 정도의 확장 • 구성품이 복잡하지만 크게 문제가 되지는 않음 • 분석도구 활용 가능
낮음	• 적격한 부품의 적용 • 중간 정도의 복잡성 요소 • 성숙한 기술 및 도구 사용

할 수 있다. 논리 콘텐츠가 높은 프로그램은 주로 계산적인 프로그램보다 감지되지 않은 결함으로 인해 오작동할 가능성이 더 크다.

표 10.1은 일반적으로 위험 확률이 특정한 우선순위에 해당하는지를 판단할 때 사용할 수 있는 고려사항 중 일부를 보여주고 있다.

위험 치명도: 실패의 영향. 앞서 특정한 고장 위험의 심각성은 두 가지 요인의 관점에서 고려할 수 있다고 언급하였다. 즉, 장애가 발생할 가능성과 프로그램의 성공에 미치는 영향의 치명도이다. 반정량적(semiquantitative) 측면에서 위험의 심각성은 이 두 요인의 조합으로 생각할 수 있다.

위험 가능성을 평가할 때와 마찬가지로, 위험 중요도를 측정할 수 있는 수치적인 척도는 없으며, 다음과 같이 가능성에서 사용되었던 것과 유사한 상대적인 수준(높음, 중간 또는 낮음)을 고려할 수 있다. 각 수준에는 표 10.2에 열거된 것과 같이 일부 합의된 정의를 배정할 필요가 있다.

표의 중간 열에서는 위험에 처한 시스템 구성품이 기능을 수행하지 못할 때 예상할 수 있는 시스템 작동에 미치는 영향을 나타내고 있다. 오른쪽 열에는 개발과정의 후반부에서 시스템 구성품에 결함이 있는 것으로 판명될 경우 예상되는 전체 프로그램에 대한 영향의 유형이 나열되어 있다.

표 10.2 위험 치명도

치명도	시스템 영향성	프로그램 영향성
높음	• 주요 성능 저하(50~90%) • 심각한 안전 문제	• 비용 및/또는 일정의 대폭 증가(30~70%) • 생산량 감축
중간	• 상당한 성능 저하(10~50%) • 짧은 운용상의 손실 • 비용이 많이 드는 운용 지원	• 상당한 비용 및/또는 일정 증가(10~30%) • 강도 높은 검토 및 감독 • 생산 지연
낮음	• 약간의 성능 저하(〈10%) • 간헐적인 짧은 지연 • 유지관리 강화	• 약간의 비용 및/또는 일정 증가(〈10%) • 강력한 검토 및 감독

일부 시스템엔지니어링과 관련된 교과서에서는 종합적인 위험 인자를 도출해 사용하는 방법을 선호하기도 한다. 여기서 위험 인자로는 위험 가능성과 위험 중요도를 추정한 결과를 수치 값으로 나타낸 이후에 두 값을 곱한 값을 사용하게 된다. 단일 위험 인자를 사용하는 이러한 방식이 외견상으로는 단순하고 명료해 보일 수는 있지만, 장점보다 더 큰 문제점이 있을 것으로 보인다. 우선 추정결과를 수치로 표현해 할당하는 것은 실제적인 근거 없이 만들어진 정량적인 결괏값에 대한 과도한 믿음을 만들어낼 수 있다. 두 번째 문제점은 두 지수를 하나로 결합하면 각각의 정보가 갖고 있던 본래의 의미가 감소하는 부작용이 있다. 이는 시스템의 개별적인 부분이 갖는 의미를 나타내는 지수들을 단일한 한 개의 숫자로 통합하는 것과 유사한 효과라고 할 수 있다. 이러한 문제점들을 고려할 때, 개별 등급은 높음, 중간 및 낮음과 같은 추상적인 수준으로 유지하는 것이 바람직하다. 또한 중-저와 같은 표현을 사용함으로써 등급을 구성하는 두 요소의 독자성을 유지하는 것이 추천된다.

치명도 척도와 관련해, 표 10.2에 열거하고 있는 치명도 중에서 가장 높은 수준의 치명도는 임무 실패를 초래할 수 있을 정도로 시스템이 본래의 성능을 완전히 잃어버리기 직전의 상황을 의미한다. 그러한 상황이 발생하면 프로그램이 취소될 위험이 있고, 받아들일 수 없는 것으로 판단하게 될 것이다. 이는 또한 이 정도 수준의 치명도를 갖는 설계 위험이 있는 경우에는 실현 가능한 옵션으로 고려하지 않을 것을 의미한다.

시스템엔지니어링의 역할. 위험 평가를 수행하는 임무(및 위험관리 이후의 후속 과제)는 분명히 SE의 책임이다. 이는 이러한 판단을 내리기 위해서는 설계 전문가가 보유한 시스템 특성과 구성품 기술에 대한 폭넓은 지식이 필요하지만, 위험 치명도를 판단하기 위해서는 시스템과 프로그램 수준에서 평가가 이루어져야 하기 때문이다. 따라서 위험 평가 프로세스는 시스템 엔지니어가 시스템의 특정한 기능을 식별하는 데 도움이 된다. 여기서 특정한 기능이란 가장 철저한 이해가 필요한 기능과 생산을 할 수 있는 수준으로까지 공학적인 설계 성숙도를 높여야 하는 기능을 말한다.

위험 완화

식별된 프로그램의 위험을 처리하는 가장 일반적인 방법은 다음과 같다. 아래의 내용은 인지된 위험의 심각도가 증가하는 순서로 나열하였다.

1. 엔지니어링 프로세스에 대한 기술 및 관리 검토 강화.
2. 식별된 구성품 엔지니어링에 대한 특별 감독.
3. 중요 설계 항목에 대한 특별 분석 및 시험.
4. 신속한 시제품 제작 및 시험 피드백.
5. 주요 설계 요구조건 완화에 대한 고려.
6. 대안 방안을 마련하기 위한 병행 개발의 개시.

위의 각 방법은 아래에 간략하게 설명되어 있다.

기술 및 관리 검토. 공식적인 설계검토는 하부시스템 전체를 다룰 수도 있다. 그러나 실제 적용 범위는 주로 가장 중요하다고 판단되는 설계에 적용된다. 중요하게 다루어져야 하는 위험 항목을 완전히 식별하고 논의함으로써 특별한 관리가 이루어지도록 하는 것은 물론이고, 추가적인 노력이 필요한 문제에 자원을 집중시킬 수 있도록 하는 것은 시스템 엔지니어의 책임이다. 이때 가능한 한 빨리 문제를 해결하는 것이 목표이므로, 과거에 경험했거나 예상되는 어려움을 완전히 공개하는 것이 필요하다.

식별된 구성품 엔지니어링 감독. 주기적으로 편성되어 있는 설계검토 회의는 식별된 설계 문제에 관해 적절한 감독을 제공할 만큼 충분히 빈번하지도 심도가 깊지도 않다. 문제가 있는 것으로 식별된 각 영역에는 더욱 적절하고 빈번한 검토가 이루어질 수 있는 특별한 조치가 있어야 한다. 나아가 이러한 조치는 선임 설계자와 시스템 엔지니어의 감독을 받아야 한다. 이 과정에는 적절한 외부 자문단의 참여도 필요하다. 문제 영역이 해결될 때까지 위험 완화 계획을 준비하고 수행해야 한다.

특별 분석 및 시험. 선행 기술 과정에서 해결되지 못한 문제가 설계에 포함된 구성품인 경우에는, 추가적인 분석은 물론이고 필요한 경우 제작 및 시험을 통해 기술적 접근방식을 충분히 검증할 수 있는 설계 데이터를 확보해야 한다. 이를 위해서는 자원을 추가로 할당하고 그러한 분석 및 시험 결과를 수용할 수 있도록 개발 일정을 수정해야 한다.

신속한 시제품 제작. 분석 및 제한된 시험만으로는 설계의 타당성을 충분히 검증할 수 없는 구성품의 경우에는, 그 유효성을 확인하기 위해 시제품을 제작 및 시험해야 할 수도 있다. 이러한 조치는 일반적으로 첨단 기술 적용 과정에서 수행된다. 그러나 때로는 이 시기에 문제를 인지하지 못하는 경우가 있고, 어떤 경우에는 이러한 조치로 문제를 해결하지 못할 때도 있다.

과도한 요구조건 완화. 경험에 따르면 초기에 제기된 모든 요구조건을 충족하려고 시도하는 경우에는 전체적인 관점의 솔루션을 달성하지 못하고 일부 성능 또는 양립성과 관련이 있는 요구조건을 조율해야 하는 경우가 많다. 요구조건을 완벽하게 충족시키기 위해 필요한 노력이 지나치게 복잡하고, 비용이 많이 들고, 신뢰할 수 없거나, 실무적 관점에서 바람직하지 않은 해결책이라는 판단이 있을 때마다 이러한 가능성을 탐색해야 한다. 이를 위해서는 성능, 비용 및 일정 등 모든 요소를 함께 고려해야 하므로 이 문제는 SE의 고유한 과제이다. 이것은 예외적인 경우에만 호출해야 하는 옵션이기는 하지만, 요구조건을 충족시키기 위해 과도한 자원과 시간을 낭비하는 일이 벌어질 때까지 미루어서는

안 된다.

예비 대안

대안적인 설계 접근법을 개발하는 것은 성공적인 결과를 보장할 수 없을 정도로 최첨단기술을 적용하는 구성품에 적합하다. 성공 위험이 낮은 새로운 설계의 경우 그 기대치를 충족하지 못할 경우를 대비해 선행 개발과정에서 적절한 대체 접근법을 확립해야 하기 때문이다. 예비 대안들은 거의 항상 최초에 선택되었던 접근방식에 비해 성능 감소, 비용 증가 또는 일부 다른 결여사항을 초래하지만, 더 보수적인 설계 방식이기 때문에 성공할 가능성이 더 크다.

최초에 계획했던 기술적 접근방식이 궁극적으로 성공할지에 대한 명확한 결론에 도달하기 전에 공학 설계과정이 시작되는 경우가 드물지 않다. 따라서 최종 결정을 내리기 전에 더욱 보수적인 대안을 다시 선택할지를 결정해야 한다. 이때는 추가적인 개발, 분석 및 시험을 통해 그러한 결정에 도달할 수 있도록 가속화된 프로그램을 시작해야 한다. 다시 강조하지만, 이러한 결정은 SE의 책임이다. 또한 많은 경우에 이러한 선택에는 이전 단락에서 논의된 초기 요구조건에 대한 재검토가 포함된다.

위와 같은 방법은 단독으로 적용할 수도 있지만, 대부분은 조합해 사용하는 것이 가장 효과적이다. 감독 책임은 프로그램 관리자의 몫이지만 계획 및 방향을 안내하는 것은 SE의 기능이다.

위험관리 계획

시스템 개발의 전반적인 성공을 위해서는 위에서 설명한 조치의 중요성이 전체 프로그램 관리 프로세스의 일부가 되어야 한다. 이를 위해서는 위험 완화를 주요 목적으로 하는 공식적인 위험관리 계획을 개발하고 점진적으로 업데이트해나가야 한다.

모든 중대한 위험에 대해서는 특정한 조치를 함으로써 잠재적인 영향을 최소화할 수 있는 계획이 있어야 한다. 이러한 계획은 개발을 진행하면서 병행해 추진하거나 예상되는 위험이 실제로 발생하였을 때 수행할 수도 있다. 계획을 수립할 때는 예상되는 총 프로그램 비용의 최소화를 목표로 해야 한다. 즉, 프로그램 위험을 억제하는 데 필요한 비용이 위험의 영향으로 발생할 수 있는 비용보다 더 많이 소요되지는 않아야 한다. 예비 접근법을 개발해야 하는 항목의 경우, 백업 계획에는 백업이 활성화되는 조건이 포함되어야 한다. 또한 개발 초기부터 백업을 시작하는 경우에는, 기본이 되는 주요 접근방식이 만족스럽지 못하다는 증거가 없는 상태에서 언제까지 백업을 유지해야 하는지를 결정할 수 있는 기준을 제시해야 한다. 위험 계획 워크 시트의 예는 그림 10.4에 나타나 있다.

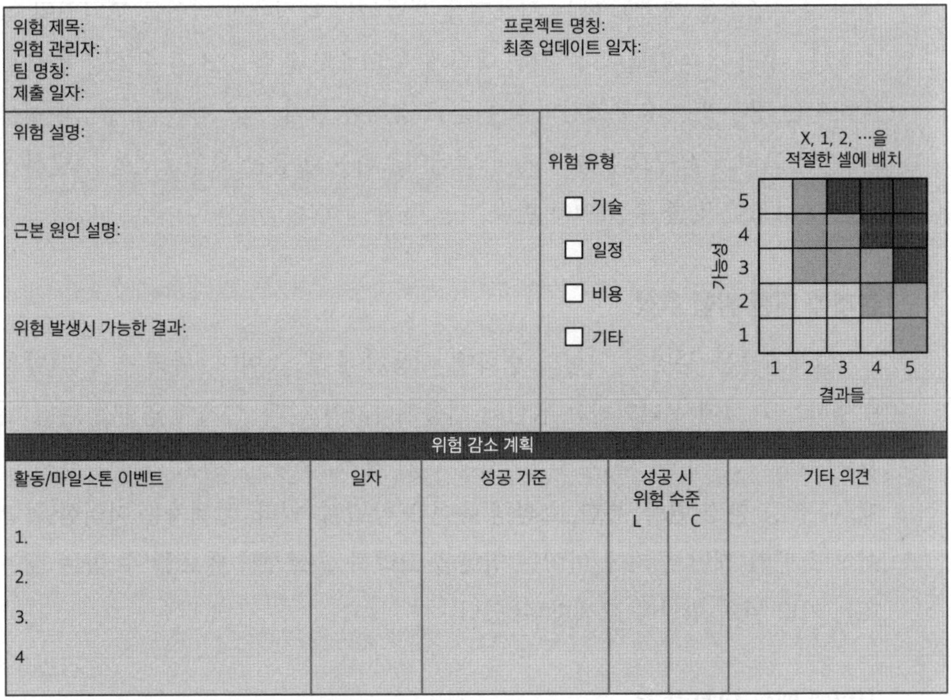

그림 10.4 위험 계획 워크 시트 예시

10.3 위험 추적성/배분

다른 SE의 특성과 마찬가지로 위험 역시 다른 SE 산출물과 연결되고 추적이 가능해야 한다. 이는 위험이 존재하는 위치를 최신 상태로 유지하기 위해서

뿐만 아니라 어떻게 요구조건, 설계, 시험 그리고 최종적으로는 운용에 영향을 미칠 수 있는지를 확인하기 위해서도 필요하다. 이 절에서는 다양한 산출물에 대한 추적 가능성에 관해 설명할 것이다.

요구조건에 대한 위험 추적

요구조건은 SE 수명주기 전체에 걸쳐서 평가와 개발이 이루어질 수 있다. 또한 운용환경, 위협, 체계적 또는 기타 위험 요소가 요구조건의 실행 능력에 영향을 미칠 수 있는 경우에는 위험 요소로 인식하고 대응할 수 있어야 한다. SE 팀이 요구조건을 개발할 때는 시스템을 개발하는 과정에서 위험을 모니터링 할 수 있는 수단이 마련되어야 한다. 이렇게 함으로써 위험 요소가 유효한 것으로 밝혀지는 경우에는 요구조건의 내용을 조정해야 한다. 시스템 형상제어의 형식과 위험 그리고 요구조건을 주기적 업데이트하는 활동은 요구조건을 개발하는 과정과 보조를 맞출 수 있어야 한다.

설계에 대한 위험 추적

설계자들은 분명히 위험의 변화에 대응하게 될 것이며, 특히 설계 개발을 수행하는 과정에서 변화하는 위험에 대응해나가야 한다. 설계에 영향을 미칠 수 있는 위험에는 제조시설, 공급망, 제조 품질 문제, 노동력 공급, 하도급 업체 문제, 제조 중 환경 변화, 통합, 호환성 등이 포함될 수 있다. 설계자는 이러한 위험이 시스템의 개발 주기에 미치는 영향을 고려하고 설계를 완료할 수 있는 대안 또는 기타 완화 방안을 모색할 수 있다.

시험에 대한 위험 추적

시험 담당자는 시험을 수행하는 과정에서 위험을 경험할 수 있다. 어떤 요인은 통제 범위 내에 있을 수 있고(시험 조항, 시험 장비, 데이터 분석, 시험 담당자, 시험 사용자 등), 어떤 요인은 통제 범위를 벗어날 수도 있다(자연 환경조건 또는 간섭, 필요한 경우라면 배경 트래픽 등). 다른 일부는 시험범위 시간 스케줄링, 시험 자산, 시험과 관련된 다른 조직과의 조정과 같이 계획을 수립하는 방식과 관련된 것일 수도 있다.

시험을 수행하고 분석하는 과정에서도 다양한 형태의 위험이 발생할 수 있다. 이러한 위험으로는 데이터 수집, 적시적인 분석, 정확한 분석을 위한 올바른 형식/주기적 수집 가능성 등이 포함된다. 또한 위험 상황이 발생하는 경우 시험 담당자는 여러 가지 완화 방안 또는 대안 수립 등 다양한 조치를 할 수 있어야 한다. 이러한 조치에는 시험 일정 연기, 시험 목표 수정, 부분적인 시험 실행 등이 포함될 수 있다.

위험의 할당

위험은 시스템 일부에 매핑될 수 있다. 시스템 내에서 위험을 할당하는 전략에는 다양한 방안이 있을 수 있다. 시스템의 작은 부분에 더 많은 위험을 가할 수도 있고, 위험 발생 가능성이 큰 영역에 추가적인 주의를 기울일 수도 있다. 추가적인 노력을 기울이는 예로는, 구성품의 이중화를 증가시키거나 구성품 운용 측면에서 추가적인 논리를 포함하는 것 등이 있다. 또 다른 전략은 시스템 내부에 존재하는 위험 전체를 대상으로 적용할 수도 있다. 이러한 방법은 시스템 전체가 사전에 정의된 위험 수준을 초과하지 않도록 하는 것이다. 즉 위험을 시스템 내부 전체로 분산 시킴으로써 시스템 전체의 위험 가능성이 개선될 수 있다는 것을 의미한다. 이 전략은 프로그램 담당 부서와 고객의 위험 허용 전략에 따라 달라질 수 있다.

10.4 요약

시스템 개발 및 위험관리

SE는 기술적인 지침 수립, 시스템 통합, 기술 조정 등을 제공하는 프로젝트 관리의 일부분이다.

위험관리

모든 새로운 시스템 개발은 불확실성과 위험을 포함하고 있으므로 위험관리는 SE 분야의 중요한 과제다. 프로그램 위험 감소는 수명주기 전체에 걸쳐 지속적으로 이루어지는 과정이다. 더욱이 프로그램에 대한 투자가 증가함에 따라 위험은 감소해야 한다.

위험관리를 지원하기 위해서는 위험관리 계획이 중요하다. 위험 평가는 위험 가능성(발생 가능성)과 위험 치명성(위험 발생 시 그 영향과 결과) 측면에서 위험의 중요성을 식별해야 한다.

중요 영역의 위험 완화에는 관리 검토, 특수 엔지니어링 감독, 특별 분석 및 시험, 신속한 시제품 제작, 엄격한 요구조건의 조정 및/또는 대안 개발 중 하나 이상이 포함될 수 있다.

연습문제

10.1 이 장에서 논의되었던 위험 관리의 두 가지 주요 구성요소를 정의하고 각각에 대해 두 가지 예시를 들어보시오. 입증되지 않은 기술을 활용하는 하나 이상의 구성품을 사용하고자 하는 시스템 개발사업에 위험 관리 프로세스를 적용하는 방법을 예시로 보여주시오.

10.2 시스템 개발의 위험 가능성(실패 가능성)을 추정하는 방법 중 하나는 현재 설계 상태를 기존 시스템의 유사한 상황과 비교하는 것이다. 실제 시스템에서 이러한 조건을 갖는 예를 간략하게 설명하거나 이러한 위험 특성을 가진 가상의 예를 설명하시오.

10.3 당신이 새로운 기술을 포함하는 중요한 첨단 시스템 개발을 담당하는 새로운 시스템 엔지니어라고 가정하자. 분명히 이것은 중대한 기술적인(프로그래밍 방식이 아닌 경우) 위험을 내포하고 있는 영역임을 의미한다. 이러한 기술적 위험을 완화하기 위해 시스템 개발 초기에 어떤 활동을 권장해야 하는가? 제안하는 각각의 완화 활동에 대해서, 그 활동이 위험 가능성(Likelihood of the Risk) 또는 위험 결과(Consequences of the Risk)를 낮추는 것인지, 아니면 둘 다를 낮추는 것인지 설명하시오.

10.4 프로그램 위험을 처리하기 위한 많은 위험 완화 방법들이 있다. 당신이 참여했던 과거 프로젝트에서 위험 치명도(Risk Criticality)를 줄이기 위해 당신은 위험 완화 방법을 어떻게 사용하였는지 설명하시오.

10.5 당신이 새로운 시스템 개발 프로젝트를 담당하는 시스템 엔지니어인 상황에서, 당신의 설계 엔지니어가 이 새로운 시스템 개발에 필요한 하부시스템과 구성품을 개발한 경험이 없다고 가정하자. 이것은 분명히 주요한 위험 요인이 될 것이다. 이러한 기술적 위험을 완화하기 위해 시스템 개발 초기에 어떤 활동이 권장되는가? 제안하는 각각의 위험 완화 활동에 대해서, 그 활동이 위험 가능성 또는 위험 영향성을 낮추는 것인지, 아니면 둘 다를 낮추는 것인지 설명하시오.

10.6 이 장에서는 가능성과 중요도로 구분되는 두 가지 요소로 위험을 정량화하고 이 두 가지 지표를 위험 행렬에 표시하는 방법을 제시하였다. 당신이 이 두 지표를 하나로 합쳐진 위험 지표로 결합하려고 한다고 가정해 보자. 이때 가능성과 중요도를 하나의 지표로 결합할 수 있는 세 가지 방법을 제시하시오. 각각의 장점과 단점을 나열하시오.

참고문헌

Department of Defense (2006). *Risk Management Guide for DOD Acquisition Sixth Edition(Version 1.0)*. Department of Defense http://www.acq.osd.mil/damir/documents/DAES_2006_RISK_GUIDE.pdf (accessed 1 June 2019).

추가 자료

Buede, D.M. and Miller, W.D. (2016). *The Engineering Design of Systems: Models and Methods*. Wiley.

Department of Defense (2017). Risk, Issue, and Opportunity Management Guide for Defense Acquisition Programs. http://acqnotes.com/wp-content/uploads/2017/07/DoD-Risk-Issueand-Opportunity-Management-Guide-Jan-2017.pdf (accessed 4 February

2020).

Department of Health and Human Services (2005). OIG Final Report: Risk Management at Health Centers. *OEI-01-03-00050*. https://oig.hhs.gov/oei/reports/oei-01-03-00050.pdf (accessed 1 June 2019).

Government Accountability Office (GAO) (2017). High-Risk Series: Progress on Many High-Risk Areas, While Substantial Efforts Needed on Others. *GAO-17-317*. https://www.gao.gov/assets/690/682765.pdf (accessed 1 June 2019).

Hegde, V. (2011). Case study: risk management for medical devices (based on ISO 14971). *2011 Proceedings-Annual Reliability and Maintainability Symposium (RAMS)*, Lake Buena Vista, FL (24-27 January 2011). IEEE.

NASA (2014). NASA guidelines for risk management. https://www.nasa.gov/sites/default/files/atoms/files/ivv_s3001_-_ver_f.doc (accessed 1 June 2019).

National Research Council (2006). *Going the Distance: The Safe Transport of Spent Nuclear Fuel and High-Level Radioactive Waste in the United States*. National Academies Press.

National Research Council (2010). *Review of the Department of Homeland Security's Approach to Risk Analysis*. National Academies Press.

Systems Engineering Body of Knowledge. Risk management. https://www.sebokwiki.org/wiki/Risk_Management.

The University of Scranton. The purpose of risk management in healthcare. https://elearning.scranton.edu/resource/business-leadership/purpose-of-risk-management-in-healthcare (accessed 4 February 2020).

US Department of Transportation Federal Highway Administration (2012). Transportation risk management: international practices for program development and project delivery. https://international.fhwa.dot.gov/scan/12030/12030.pdf (accessed 1 June 2019). c12.

III

공학 개발 단계

11. 선행 개발

11.1 불확실성의 감소

선행 개발과정은 선택된 시스템 개념이 포함하고 있는 불확실성의 상당 부분을 분석, 시뮬레이션, 개발, 시제품 제작을 통해서 해결하기 위한 과정으로 시스템 개발 주기의 일부분이다. 선행 개발과정의 주요 목적은 새로운 복잡한 시스템을 개발할 때 나타날 수 있는 잠재적인 위험을 줄이는 것으로, 위험을 줄이는 작업은 이전에 입증되지 않은 모든 하부시스템 및 구성품의 기능설계가 검증될 수 있는 수준까지 수행된다. 최종적으로 심각한 문제를 발견할 가능성이 매우 낮다고 확신할 수 있어야 본격적인 엔지니어링을 자신 있게 시작할 수 있기 때문이다. 이 과정의 주요 목표는 필요한 경우 시스템을 설계하기에 타당한 기술적 접근방식을 개발하고 검증하는 것이다. 그리고 이렇게 확인된 결과들을 시스템의 본격적인 개발을 승인해줄 수 있는 결정권자들에게 제시할 수 있어야 한다.

위의 목적을 달성하기 위해서는, 시스템 설계를 정의하는 정도와 묘사 수준이 시스템 기능 설계로부터 물리적 시스템 형상으로 발전되어야 한다. 여기서 물리적 시스템 형상은 시스템을 본격적으로 엔지니어링할 수 있는 기초로 사용할 수 있도록 설계 사양과 결합되고 검증된 구성품들의 조합이어야 한다. 새로운 복합 시스템을 개발하는 과정에서 이러한 목적을 달성하기 위해서는 여러 구성품 또는 하부시스템의 설계 수준을 상당히 성숙시켜야 하는 것이 일반적이다. 초기 시스템 요구조건에 포함되어 있던 모든 모호함은 반드시 제거되어야 하고, 많은 경우에 시스템의 초기 개념에서 너무 낙관적으로 판단하였던 설계 목표 중 일부를 상당 부분 감소시켜야 한다.

모든 새로운 시스템 개발을 하기 위해서는 반드시 공식적인 선행 개발과정을 거쳐야 하는 것은 아니라는 점에 유의해야 한다. 만일 모든 주요 하부시스템이 입증된 기존의 하부시스템 또는 다른 성숙한 하부시스템에서 직접 파생될 수 있고, 높은 신뢰도를 갖고 그 특성을 예측할 수 있다면, 시스템 개발은 선행개발 다음 과정인 공학 설계과정으로 바로 진행될 수 있다. 대부분의 신모델 자동차를 개발할 때는 대다수 부품이 이전 모델의 부품들과 직접 관련된 경우가 많은데, 이러한 경우가 대표적인 사례이다. 이때 에어백 시스템, 하이브리드 파워 또는 자율 작동과 같은 중요한 개발 대상 항목들은 새 모델을 개발하면서 병행해 개별적으로 제작 및 시험을 할 수 있다.

시스템 수명주기에서 선행 개발과정의 위치

선행 개발과정은 시스템 개발이 개념 개발에서 공학 개발 단계로 이동하는 것을 의미한다. 그림 11.1에서 볼 수 있듯이, 선행 개발과정은 개념 정의 과정 이후에 수행된다. 앞에서도 언급한 바와 같이 개념 정의 과정을 통해서는 시스템 기능사양 및 정의된 시스템 개념이 만들어지는데 이는 선행 개발과정의 입력물이 된다. 공학 설계 단계의 입력물로 사용하게 될 선행 개발과정으로부터의 출력물은 시스템 설계사양과 검증된 개발 모델이다. 따라서 이 과정을 통해서는 시스템이 수행해야 할 작업이 **무엇인지**와 관련된 요구조건과 함께 시스템 형상에 대한 이전의 개념적 접근방식을 **어떻게** 하드웨어 및 소프트웨어를 통해서 필요한 기능을 구현할 수 있는지 그 방법을 묘사하는 사양으로 전환해야 한다. 그림에는 나타나 있지는 않지만, 기타 필요한 산출물로는 업데이트된 업무 분할

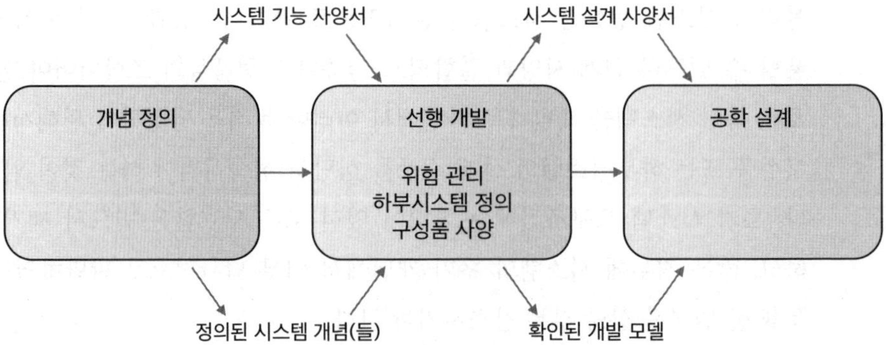

그림 11.1 시스템 수명주기에서 선행 개발과정

구조(WBS), 수정된 시스템엔지니어링 관리 계획(SEMP) 또는 이에 준하는 계획 문서 등이 있다. 또한 시스템 아키텍처 역시 최신 변경사항을 반영할 수 있도록 업데이트되어야 한다.

위에서 언급한 바와 같이, 이 과정은 첨단기술 및/또는 검증되지 않은 새로운 개념을 광범위하게 적용해야 하는 복합 시스템 개발 절차에서 특히 중요하다. 기존에 없던 새로운 기능을 개발하고, 전체 규모의 개발을 시작할 수 있을 정도로 실현 가능성을 충분히 입증하기 위해서는 수년간의 집중적인 개발 노력이 필요할 수도 있다. 또한 제안된 최신 기술을 지원하기 위해서는 새로운 생산 공정을 개발할 필요가 있을 수 있다. 이러한 이유로 인해 선행 개발과정은 이후에 이어지는 후속 개발과정들과는 별도로 계약을 체결하는 경우가 많다.

이와는 극단적으로 상반되는 상황 즉, 유사한 이전 시스템에 비해 주요 기술 발전을 많이 포함하지 않는 시스템 같은 경우에는 약간의 추가적인 개발만 필요하므로 선행 개발과정을 생략할 수도 있다. 대신 이와 유사한 활동을 다음에 이어지는 공학 설계과정의 앞부분에서 수행할 수 있다. 하지만, 시스템 기능 요구조건을 시스템 구현 개념 및 시스템 수준의 설계 사양으로 변환하기 위해 필요한 작업들은 상세 엔지니어링을 수행하기 전에 반드시 완료해야 한다.

설계 구체화 상태

표 11.1은 선행 개발과정에서 시스템의 구체화 상태를 나타낸다. 여기서 시스템 상태 측면에서 확인할 수 있는 주요한 변화는 "유효성 확인"이라는 용어로 표현할 수 있다. 즉, 선택된 개념의 건전성 검증, 구성품 분할 검증, 구성품 및 하부구성품에 대한 기능 할당 검증 등이 이루어진다. 따라서 이 과정에서의 개발 초점은 할당된 기능을 구현하기 위해 구성품들을 어떻게 구축할 것인가에 대해 정의하는 것이다. 이 장에서는 이러한 작업을 수행하는 방식에 대해서 알아보고자 한다.

표 11.1 선행 개발과정에서 시스템 구체화 현황

수준 \ 과정	개념 개발			공학 개발		
	니즈 분석	개념 탐색	개념 정의	선행 개발	공학 설계	통합 및 시험
시스템	시스템 능력 및 효과 정의	개념 식별, 탐색 및 합성	선택한 개념 정의 (사양서 포함)	**개념 검증**		시험 및 평가
하부시스템		요구조건 정의 및 실현 가능성 확인	기능 및 물리 아키텍처 정의	**하부시스템 검증**		통합 및 시험
구성품			기능을 구성품에 할당	**사양서 정의**	설계 및 시험	통합 및 시험
하부구성품	시각화			**기능을 하부 구성품에 할당**	설계	
부품					제작 또는 구매	

선행 개발에서의 시스템엔지니어링 방법

이 장은 시스템엔지니어링 방법을 구성하는 네 개의 절차에 따라서 구성되었다. 그리고 위험 감소에 관해 짧은 소개가 이어진다. 위험 감소는 시스템 개발 전반에 걸쳐서 사용되는 방법론이지만, 이 과정에서는 특히 더 중요하다. 이 과정을 수행하는 동안 개발이 필요한 하부시스템과 구성품을 대상으로 시스템엔지니어링 방법을 구성하는 네 가지 절차를 적용할 것이기 때문이다. 이때 각 절차에서 수행해야 하는 주요 활동이 아래에 간략하게 요약되어 있으며 그림 11.2에 도해로 나타나 있다.

각 과정에서 수행하는 전형적인 활동이 아래에 열거되어 있다.

요구조건 분석

- 시스템 기능사양 분석은 다음의 두 가지 측면에 대해서 수행함. 첫째, 운용 및 성능 요구조건으로부터 도출된 시스템 기능사양을 분석. 둘째, 이러한 시스템 기능사양을 하부시스템 및 구성품 기능 요구조건으로의 변환함에 따른 타당성 분석.
- 개발이 필요한 구성품을 식별.

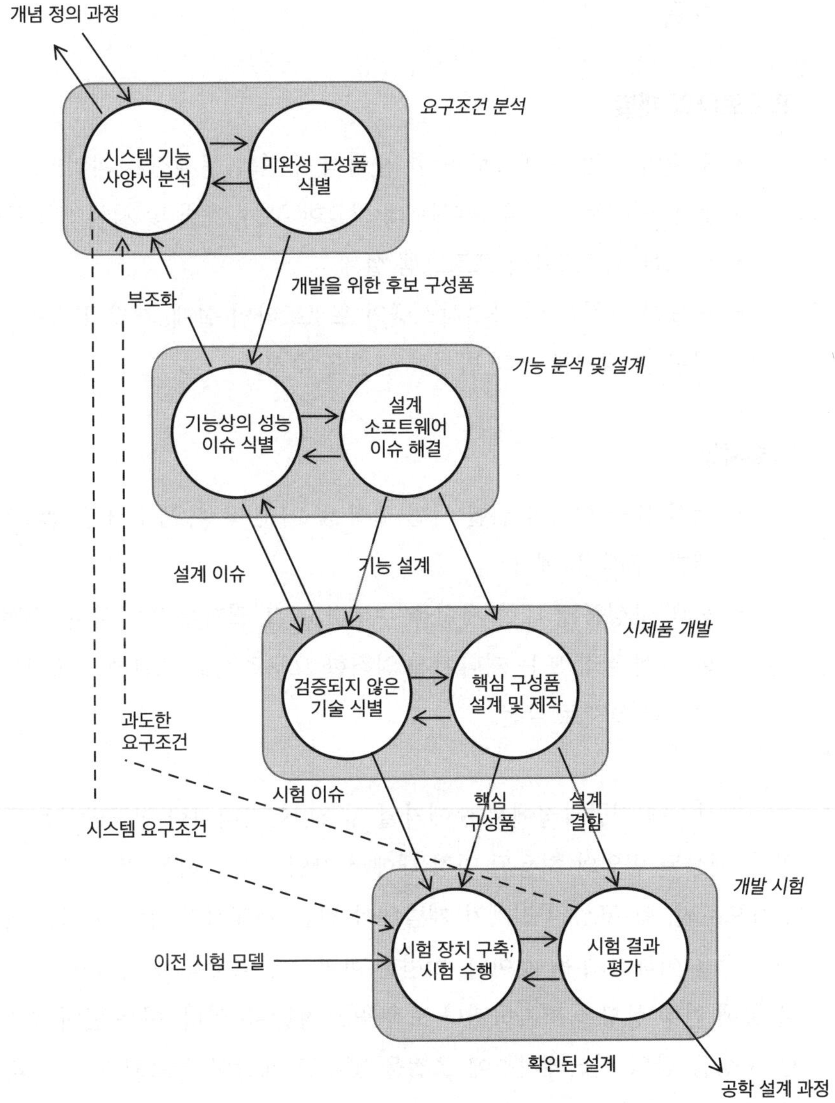

그림 11.2 선행 개발과정의 흐름도

기능 분석 및 설계

- 구성품 및 하부구성품에 대한 기능 할당을 분석하고, 다른 시스템의 요소 중에서 유사한 기능을 가진 요소를 식별.
- 분석 및 시뮬레이션을 통해 성능과 관련해 아직 해결되지 못한 이슈를

해결.

프로토타입 개발

- 검증되지 않은 기술로 인한 물리적 구현의 문제점을 파악하고, 수용 가능한 범위로 위험을 줄이는 데 필요한 분석, 개발 및 시험의 수준을 결정.
- 중요한 소프트웨어 프로그램 설계.
- 중요한 구성품 및 하부시스템의 프로토타입 설계, 개발 및 구축.
- 시험 및 평가를 통해 발견한 결함을 수정.

개발시험

- 핵심 요소 평가를 위한 시험 계획 및 기준 작성, 특수시험 장비와 시설의 개발, 구매 및 예약.
- 중요 구성품에 대한 시험을 수행하고 그 결과를 평가하며, 수정에 필요한 설계 결함 또는 지나치게 엄격한 요구조건을 보완해 성숙하고 검증된 시스템 설계로 발전.

이 시스템 개발과정에서는 애자일 시스템엔지니어링 접근방식을 활용할 수 있다. 제한된 범위와 허용된 일정 내에서 작업을 완료하는 것을 목표로 팀을 구성함으로써, 팀 구성원 전체가 개발해야 하는 구체적인 능력에 대한 목표와 기대 수준을 이해하게 될 것이다. 빈번한 회의와 상호작용(예: 매일 또는 주 1회 미팅)을 통해 진행 상황을 평가하거나 도움을 요청할 수 있다. 이는 팀이 추가로 시스템 구성품 간의 인터페이스에 초점을 맞추고 개발이 완료되기 전에 다양한 통합 및/또는 시험과 관련된 이슈를 제기할 기회를 제공해준다.

11.2 요구조건 분석

위에서 말한 바와 같이, 선행 개발과정의 초기에 이루어지는 노력은 주로 다음 두 분야와 관련이 있다.

1. 개념 정의 과정 또는 개념 정의 과정 이후에 개발된 시스템 기능사양의 유효성을 재검토한다.
2. 전체 규모의 개발에 적용하기에는 아직 충분히 성숙하지 않은(즉, 기존 시스템에서 입증되지 않은) 상태로 선택된 시스템 개념의 구성품들을 식별하고, 선행 개발과정에서 추가로 개발되어야 한다.

시스템 기능사양

개념 정의 과정에서 선호하는 시스템 개념을 정의할 때 시스템 기능은 주요 하부시스템에 할당되었고, 이것들은 기능적 요소로 더 세분되었다. 그런 다음 이러한 기능설계 개념은 선행 개발과정을 시작하기 위한 입력물로 작성된 시스템 사양 문서에 포함되었다.

이렇게 문서로 작성된 사양을 분석하기 위해서는 개념 정의 과정이 수행된 특수한 상황을 고려해야 한다. 흔히 그렇듯이 수개월의 공간과 제한된 예산 안에서 수행되었다면, 게다가 경쟁적인 환경에서 수행되었다면, 그 결과는 예비적이고 수정이 필요한 대상으로 간주해 매우 철저한 분석이 이루어져야 한다. 이전에 결정된 설계를 검토할 때는 그 근거가 충분한 것으로 확인되기 전까지는 회의적인 시각으로 보아야 한다. 이것은 이미 선택한 기술적 접근법을 반드시 변경해야 한다는 것을 의미하는 것은 아니다. 다만 그 기술들이 어떤 과정을 통해서 선택된 것인지에 대한 충분한 이해 없이 수용해서는 안 된다는 것을 의미한다.

요구조건 도출

시스템 기능사양의 중요성과 민감도를 이해하기 위한 핵심적인 방법은 시스템 성능 요구조건으로부터 도출된 항목을 추적하는 것이다. 그러한 이해는 하드웨어 및 소프트웨어 기능을 물리적으로 구현하기 위해 필요한 설계 측면의 결정을 내리는 데 필수적이다.

시스템 수명주기 지원 시나리오를 다시 검토해야 한다. 이는 시스템을 운용 이전과 운용 기간에 노출되는 다양한 환경에서도 유지하는 데 필요한 기능을 식별하기 위한 것이다. 또한 호환성, 신뢰도, 유지관리성, 가용성(RMA, Reliability,

Maintainability, Availability), 환경 민감성에 대한 요구조건뿐만 아니라, 운용 성능에 대한 요구조건도 검토해야 한다. 이때 인간-시스템 인터페이스 문제 및 안전에 관한 사양은 하부시스템과 구성품 사양에 통합하게 된다.

때로는 요구조건이 명시적으로 기재되어있지 않거나, 어떤 요구조건들은 측정할 수 없을 때도 있다. 예를 들어, 경제성과 시스템 성장 잠재력은 명시적으로 다루지 않는 경우가 많다. 사용자 인터페이스 요구조건은 종종 정성적이어서 측정이 쉽지 않다. 위의 각 이슈와 기능설계의 관계를 확인하고 기록할 필요가 있다.

운용 요구조건과의 관계

만약 쉽게 충족시키기 어려운 시스템 사양이 있는 경우에는, 한 단계 더 깊게 추적함으로써 그러한 사양의 타당성을 더 깊이 확인하는 것이 필요하다. 즉, 시스템이 수행해야 하는 임무와의 관계를 살펴봐야 한다. 이를 다르게 표현하면 시스템 운용 요구조건과의 관계를 확인할 필요가 있다. 이러한 관계에 관한 정보는 시스템 정의를 수행하는 초기 과정에서 손실되는 경우가 많다. 하지만 개발 중에 항상 발생하는 이슈를 처리하는 과정에서, 시스템 엔지니어에게 정보에 입각한 근거를 제공하기 위해서는 이러한 관계들을 다시 확인할 수 있어야 한다.

그러한 정보를 얻기 위한 수단 중 하나는 잠재적인 시스템 사용자들과 접촉할 기회를 만들어가는 것이다. 이 방법은 또한 공식적으로 문서에 기재되어있는 사항을 넘어서는 운용적인 요소들을 파악할 수 있는 방법이기도 하다. 그러한 접촉이 항상 가능한 것은 아니지만, 실제로 이러한 만남이 이루어졌을 때는, 그것이 매우 가치 있는 기회라는 것을 알게 될 것이다. 운영 분석을 전문으로 하는 조직과 시스템을 현장에서 평가하는 업무를 수행하는 조직의 경우에도, 이러한 기회는 다양한 시스템 분야에서 매우 귀중한 기회가 될 것이다. 시스템을 개발하는 과정에 사용자를 팀 구성원으로 포함하는 것이 가능한 환경이라면 긍정적으로 고려해야 한다.

기존 시스템과의 관계

새롭게 개발되는 시스템과 유사한 기능을 수행하는 기존 시스템이 있는 경우에는, 유사한 점과 차이점은 무엇인지 그리고 새로운 요구조건이 이전의 요구조건과는 어떻게 다른지를 확인해야 한다. 또한 새로운 요구조건이 기존의 요구조건과 차이가 나는 이유는 무엇인지를 완전히 이해하는 것이 중요하다. 여기에는 기존 시스템이 가진 부족한 점과 새로운 시스템이 이러한 부분을 어떻게 보완할 수 있을 것인지에 대한 이해도 포함된다.

물론 이와 같은 비교를 통해 얻을 수 있는 성과의 정도는 기존 시스템 개발을 주도했던 핵심적인 인력과 기록에 얼마나 접근할 수 있느냐에 달려 있다. 선택된 접근법에 대한 신뢰도의 상승 또는 추가적인 탐색이 필요한 다른 대안을 확인할 수 있는 것도 이러한 비교로부터 얻고자 하는 결과물에 해당한다. 기존 시스템을 개발했던 핵심 참여자들에게 접근할 수 있는 경우, 잠재적인 문제점과 현장에서 얻은 교훈을 얻을 수 있는 매우 귀중한 기회가 될 것이다.

개발이 필요한 구성품의 식별

선행 개발과정을 수행하는 주요 목적은 시스템의 모든 구성품이 전체 규모로 개발을 시작할 수 있는 준비가 되었음을 입증하는 것이다. 이는 구성품에 대한 설계가 기능적 또는 물리적 결함 등과 같은 심각한 위험 없이 구현될 수 있을 정도로 완전해진다는 것을 의미한다. 이때 만약 기능적 · 물리적 결함이 발견된다면 요구조건을 충족하기 위해 다른 접근방식이 필요하다는 것을 의미한다.

위에서 언급한 내용은 모든 시스템 구성품들과 관련된 중요한 설계 문제가 완전히 해결되는 수준까지 성숙도를 끌어올려야 함을 의미한다. 성숙도를 높이는 과정을 "개발"이라고 한다. 따라서 선행 개발과정에서는 이전 과정에서 원하는 수준만큼 그 성능이 입증되지 않은 시스템 구성품에 초점을 맞추는 개발 노력이 필요하다. 이는 다시 말해 본격적인 개발을 시작하기에 아직 충분히 성숙하지 않았다고 판단되는 모든 구성품을 추가로 개발하고 설계 상태를 확인해야 한다는 것을 의미한다. 추가적인 개발이 필요하지 않을 정도로 충분히 성숙한 것으로 간주한 구성품의 경우에는 최종적으로 개발을 승인하기 전에 분석이나 시험을 통해 그 유효성을 확인해야 한다.

구성품 성숙도의 평가. 주어진 구성품이 전체 규모의 개발을 수행할 수 있을 정도로 충분히 입증되었는지에 대한 판단은 해당 구성품을 이전에 성공적으로 개발되고 생산되었던 유사한 구성품과 비교함으로써 알 수 있다. 검증된 기존 구성품이 새 구성품과 유사하지 않을 경우, 종종 다음과 같은 질문을 통해 기능적 요소와 물리적 요소의 두 부분을 비교할 수 있다.

1. 기능과 성능 특성이 매우 유사한 것으로 검증된 구성품이 있는가? 현저한 차이가 존재하는 경우, 이러한 유형의 구성품들이 이전에 입증한 성능 범위 내에 있는가?
2. 물리적 구조의 측면에서 유사한 재료와 아키텍처를 사용하는 기존 구성품이 있는가? 예상되는 응력, 공차, 안전 및 수명주기 특성이 유사한 기존 구성품에서 이미 입증된 한계 내에 있는가?

이 두 가지 질문에 모두 긍정적으로 대답하면 개발이 필요하지 않을 수도 있다. 그러나, 여기에 덧붙여서 중요한 질문은 구성품과 운용환경의 기능적 상호작용 및 물리적 인터페이스에 대한 사항이다. 즉, 기능적 상호작용 및 물리적 인터페이스와 관련해서도 개발 및 실험이 필요하지 않을 만큼 충분히 이해하고 있는지를 확인해야 한다. 이 질문에 대한 대답은 다음 두 가지 사항에 따라 달라진다. 첫째는 제안된 구성품 설계와 이전에 입증된 구성품 간의 차이점이 기존에 밝혀진 공학적인 관계를 이용해 안정적으로 예측 가능한지 여부이다. 두 번째는 제안된 구성품과 기존 구성품의 관계가 너무 멀거나 복잡해 예측 결과를 보장할 수 없는 경우이다. 후자의 경우의 일반적인 예는 인간-기계 인터페이스와 관련이 있다. 이러한 관계를 충분히 이해하기는 쉽지 않기 때문에 일반적으로 실험적 검증이 필요한 경우가 많다.

위험 분석. 추가로 개발이 필요한 시스템 요소를 식별한 이후에 수행해야 하는 다음 절차는 그러한 개발을 위해 필요한 적절한 방안과 범위를 결정하는 것이다. 이러한 결정 과정에서는 시스템엔지니어링 지식과 판단이 특히 중요하다. 이 결정을 위해서는 다양한 요소들 사이에서 주의 깊은 균형이 포함되어야 하

기 때문이다. 이러한 요소에는 개발 노력을 투입하는 동안에 발생하는 비용이 포함된다. 또한 불충분하게 개발되는 경우에 발생할 수 있는 위험들 그리고 그에 따라 만들어질 수 있는 다른 측면의 불확실성 등이 포함된다. 시스템 개발에 대한 위험 평가 적용과 관련된 내용은 아래 단락에 포함되어 있다.

개발 계획. 위의 논의에서 분명히 밝혀진 바와 같이, 선행 개발과정을 수행하기 위한 계획을 수립할 때는 제안된 시스템 설계를 구성하는 구성품들을 대상으로 판단된 기술적 성숙도 평가를 기반으로 해야 한다. 이러한 계획을 수립하는 목적은 ① 검증되지 않은 설계 기능의 구체적인 내용과 ② 남아있는 문제점을 해결하는 데 필요한 분석, 개발 및 시험 활동의 유형을 정의하기 위한 것이다. 새로운 시스템이 갖는 불확실성은 제한된 수의 중요한 영역에 집중되어 있는 경우가 많기 때문에 개발 노력 역시 설계 성숙도가 부족한 구성품에 집중할 수 있다.

위험 감소 예산. 위의 위험 분석 결과와 적절한 위험 감소 노력 방안은 상세한 개발 계획에 통합되어 선행 개발 과정에서 수행되는 분석, 개발 및 시험과 관련된 노력을 안내해야 한다. 이러한 과정에서 수행해야 하는 필수적인 업무는, 개발을 위해 이미 계획되었던 개별 구성품 또는 하부시스템에 대한 상대적인 노력의 할당 규모를 신중하게 수정하는 것이다. 상대적 배분은 잠재적인 투자 대비 이익의 관점에서 적절하게 균형을 유지하고 있는지? 각각의 할당은 필요한 데이터를 획득하기에 적절한지? 자주 발생하는 상황이지만, 제안된 모든 노력을 수행할 수 있을 만큼 충분한 자원이 확보되지 못한 경우에는, 일반적으로 가장 위험도가 높은 구성품 중 일부를 보다 보수적인 대안으로 교체하는 것이 좋다. 이렇게 하는 것이 불확실한 구성품의 작동 가능성을 실제 시스템에 장착해 확인하는 것보다는 더 현명한 방법이다. 이러한 이유로 인해 위험 감소 계획에는 위험 경감 예산이 포함되어야 한다. 위험 경감 노력은 중요한 독립적인 개발 노력 중의 하나이기 때문이다.

예: 검증되지 않은 구성품. 표 11.2는 새로운 기능적/물리적 설계 접근법 또는 생산방법의 적용이 필요한 가상의 입증되지 않은 구성품을 개발하는 몇 가지 대표적인 예를 나열함으로써 위의 고려사항을 설명하고 있다. 첫 번째 열에서는 설계 접근방식의 기능적, 물리적 및 생산과 관련된 특성에 관한 상대적인 성숙도를 기재하였다. 두 번째 열은 세 개의 수직 막대가 갖는 상대적 높이를 비교함으로써 이러한 세 가지 특성(약어 사용)의 성숙도를 막대그래프로 나타내었다. 세 번째 열은 개발 유형을 보여주고 있다. 이 열에서는 각각의 새로운 디자인들을 적용함에 따라서 발생하는 이슈들을 해결하는 데 적합하게 적용할 수 있는 일반적인 개발 유형들은 제시하고 있다. 네 번째 열에는 검증을 해야 하는 특정한 특성들이 나열되어 있다. 물론 이러한 예는 실제 복합 시스템을 개발할 때 고려해야 하는 요소들과 비교하면 매우 단순하지만, 선행 개발 프로세스와 관련된 구성품별 분석 및 계획과 관련된 일부 사례를 보여주고 있다. 이 표는 새로운 시스템에 포함되는 구성품들이 다양한 유형의 검증되지 않은 특성들을 포함하고 있을 수 있음을 보여주고 있으며, 각각의 특성에 맞는 개발 접근방식이 필요함을 알 수 있다. 개발 전략의 선택과 관련된 결정은 시스템엔지니어링의 주요한 책임이다. 아래에 이어지는 세 개 절에서는 위와 같은 설계와 관련된 이슈들을 해결하기 위해 적용할 수 있는 시스템엔지니어링 방법의 나머지 절차를 설명할 것이다.

표 11.2. 새로운 구성품들의 개발

설계 접근방식	성숙도	개발	확인
새로운 기능 검증된 물리적 매체 및 생산방법	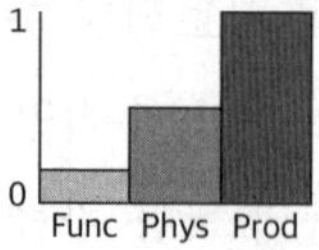	신속한 시제품 설계, 제작 및 시험	기능 성능
새로운 구현 검증된 기능 및 생산방법	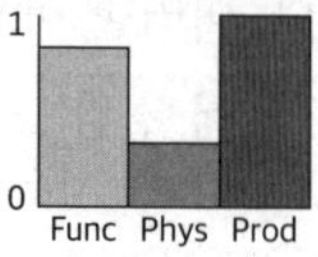	신속한 개발 모델의 설계, 제작 및 시험	공학 설계

설계 접근방식	성숙도	개발	확인
새로운 생산방법 검증된 기능 및 구현	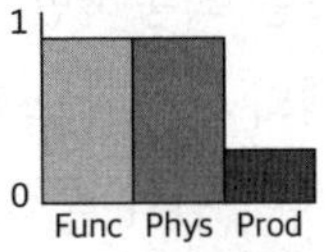	생산방법에 대한 핵심적인 실험 수행	생산방법
확장된 기능 검증된 구성품	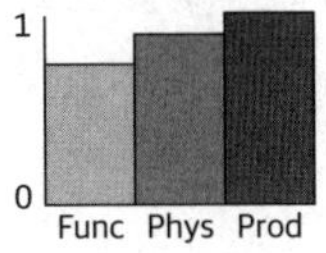	기능 시뮬레이션 설계 및 실행	기능 성능

예: 대체 동력 자동차. 가솔린을 대체해 천연가스, 전기 또는 태양전지를 연료로 사용하는 자동차를 개발하는 것은 위에서 언급된 원칙 중 일부가 적용된 사례라고 할 수 있다. 이러한 개발은 미래의 엄격한 자동차 오염 기준과 연비를 준수하는 동시에 저렴한 가격을 포함해 전통적인 현대 자동차가 추구하는 특성을 모두 만족시켜야 하는 이중적인 목표를 가지고 있다. 따라서 기존의 표준화된 자동차 설계 방식에 대한 변경을 최소화하기 위해, 연료 시스템과 그와 관련된 간단한 인터페이스 정도만 개선하는 것으로 제한하게 된다. 기타 차체, 엔진 및 기타 구성품에 대한 변경사항은 최소화한다.

그러나 연료 하부시스템에 대한 변화는 상당한 수준이며, 차체의 다양한 부분에 대한 설계에도 영향을 미친다. 충분한 양의 천연가스 또는 전력을 저장해 연료 재보급 없이 원하는 이동 거리를 확보하면서도 연료 저장 또는 전력 충전에 필요한 공간을 적당히 작게 유지하기 위해서는, 기존 저장 탱크에 사용된 것보다 더 높은 가스 저장 압력 또는 적절한 수준의 배터리 저장 무게와 공간이 필요하다. 안전을 극대화하기 위해 저장 탱크는 프레임에 고정해 심한 후방 충격을 견뎌야 한다.

연료 탱크의 물리적 구조는 물리적인 설계와 재료의 측면에서 기존 탱크와는 크게 차이가 있게 된다. 또한 충돌 시 폭발에 대비할 수 있는 안전성을 확인하는 것은 공학적으로 계산된 데이터를 이용해 도출할 수 있는 것이 아니고, 실험을 통해서 검증되어야 한다. 연료 제어, 충전 방법 또는 재충전과 관련된 사항도 새롭게 설계하는 것이 필요할 것이다. 따라서 설계의 유효성을 입증하기 위해 상당한 개발 노력이 수행되어야 하며, 아마도 몇 가지 다양한 설계 대안들을 비교 시험하는 과정이 필요할 것이다. 또한 최종적인 성공 여부는 충분한 충전 스테이션의 가용성을 포함한 전체 시스템의 구축과도 관련이 있다.

엔진 및 차체 구조와 함께 연료 하부시스템과 직접 연결되는 구성품들도 연료 저장장치와 함께 시험해야 한다. 이 시스템 요소와 연관되지 않은 구성품의 경우에는 개발이 필요하지 않지만 중요한 상호작용이 간과되지는 않았는지 확인이 필요하다.

위의 사례는 기존 시스템과 크게 다른 새로운 시스템을 개발하는 경우를 보여준다. 그러나 달라지는 부분은 몇 개의 구성품으로 제한되는 사례이다.

11.3 기능 분석 및 설계

현대 기술의 급속한 발전으로 인해, 노후화된 기존의 시스템을 대체하기 위해 개발되는 새로운 시스템은 대부분 기존 시스템과 비교해 훨씬 높은 수준의 성능 요구조건을 갖게 될 것이다. 게다가, 경쟁사 또는 적성 국가가 보유하게 될 시스템의 기능이 더욱더 향상될 것으로 예상하는 상황에서 새로 개발되는 시스템이 장기간의 유용한 작동 수명을 갖기를 희망하는 경우에는 더욱 그렇다. 즉, 이런 경우의 요구조건은 현재의 니즈를 충족하는 것 이상의 성능을 가질 수 있도록 만들어지게 된다. 일반적으로 개념 정의 과정에서는 지나치게 위험도가 높은 접근방식을 제거해야 하지만, 위와 같은 요구조건이 필요한 환경에서는 선행 개발과정을 통해서 일부 첨단 시스템 요소를 개발하는 것이 필요하다.

오늘날의 많은 컴퓨터 기반의 자동화된 시스템에서 볼 수 있는 것처럼, 시스템 성능을 향상시키기 위해서는 구성품의 복잡성을 상당히 증가시켜야 한다. 그러나 단순히 공학적인 분석 또는 시뮬레이션만으로는 얼마나 높은 수준의 성능 향상을 달성할 수 있을지에 관한 판단을 정확하게 예측할 수 없는 경우가 많다. 이런 경우에는 실험적인 방법을 통한 확인이 필요하다. 피드백이 있는 동적인 동작이 포함되는 시스템 요소의 경우에는 시뮬레이션을 통해서 분석이 가능하다. 그러나 일반적으로 개발을 착수하기 위해 필요한 유용하고 확실한 기반을 구축하기 위해서는 실험 모델을 구성해 시험을 수행하는 것이 필요하다.

시스템 기능을 개발해야 할 필요성이 있는 일반적인 예는 사용자의 니즈와 환경을 잘 이해하지 못하고 있는 경우이다. 이러한 사례는 특히 의사결정 지원 및 기타 복잡한 자동화 시스템을 개발할 때 자주 나타난다. 이러한 상황에서 유일하고도 확실한 접근방식(특히 사용자 인터페이스와 관련된 경우)은 중요한 시스템 요소와 관련이 있는 구성품을 시제품으로 구축하고 실험을 통해 적합성을 시험하는 것이다.

요약하면, 일반적으로 개발이 필요한 세 가지 유형의 구성품은 다음과 같다.

1. 기능적 측면에서 성능이 이전에 입증된 한계를 초과해 향상되어야 하는 구성품.
2. 고도로 복잡한 기능을 수행하는 데 필요한 구성품.
3. 환경과의 상호작용 방식을 불완전하게 이해하고 있는 구성품.

이들 각 항목에 대한 자세한 설명은 다음 단락에서 이어진다.

확장된 기능적 성능

요구되는 성능이 입증된 한계치를 초과할 수 있는 시스템 요소(구성품 또는 하부시스템)를 식별하는 방법은 2장에서 논의된 기능적인 시스템 구성 빌딩 블록을 참조해 설명할 수 있다. 표 2.2에는 신호, 데이터, 재료 및 에너지로 구분해 네 가지 등급으로 분류된 24개의 기본적인 기능 요소가 나열되어 있다. 각 기능 요소는 기능적 능력을 정의하는 여러 가지 주요한 특성을 갖고 있다. 이러한 특성 중 대부분은 이것을 구현할 때 포함되는 물리적 특성의 한계로 인해 제한이 따르게 된다. 그리고 기능 간의 기본적인 상호의존성(예: 정확도 대 속도)에 의해서도 이러한 한계가 발생한다. 어떤 새로운 시스템의 기능 요구조건은 이전에 증명된 한계를 초과하는 시스템 요소를 필요로 하는 경우가 있다. 이런 경우에는 관련된 구성품을 새로 개발하거나 요구조건을 재할당해야 하는 잠재적 니즈가 있다는 것을 의미한다.

이러한 유형의 비교를 설명하기 위해 표 11.3은 기능 요소와 함께 새로운 시스템에서 가장 중요한 것으로 판명되는 몇 가지 특성을 나열하고 있다. 이 표

표 11.3 시스템 기능 요소의 주요 특성에 관한 예시

기능 요소	주요 특성
입력신호	충실도, 속도
송신신호	고출력, 복합 파형
변환신호	게인, 빔 패턴, 다중 요소
수신신호	감도, 동적 범위
공정신호	용량, 정확성, 속도
출력신호	해상도, 다기능성
입력 자료	충실도, 속도
공정 자료	다기능성, 속도
제어 데이터	사용자 적응성, 다기능성
제어 처리	아키텍처, 논리, 복잡성
데이터 저장	용량, 접근 속도
출력 자료	다기능성
데이터 표시	해상도
지지 재료	내구성, 다기능성
자재 보관	용량, I/O 기능
반응 물질	용량, 제어
형성 재료	용량, 정확성, 속도
접합 재료	용량, 정확성, 속도
제어 위치	용량, 정확성, 속도
추력 생성	전력, 효율성, 안전
토크 생성	전력, 효율성, 제어
전기 생성	전력, 효율성, 제어
온도 제어	용량, 범위
동작 제어	용량, 정확도, 응답 시간

는 시스템 기능 요구조건을 분석하고 개발 목표를 식별하기 위해 시스템엔지니어링 접근방식을 적용하는 사례를 보여준다.

시스템 빌딩 블록을 사용해 개발이 필요한 기능 요소들을 식별하고자 할 때 사용하는 절차는 다음과 같다. 첫 번째 절차는 각 시스템 요소를 기능적으로 동등한 일반적인 요소와 연결하는 것이다. 그런 이후에는 요구되는 성능을 해당 물리적 구성품의 성능과 비교한다. 이때 비교 대상이 되는 물리적 구성품의 성능은 이미 기존 시스템의 일부로서 그 기능이 입증되었어야 한다.

대략 일치하는 것으로 확인된 이후에 수행하는 다음 절차는, 전통적으로 확립된 공학적 원리 등과 같은 관계를 이용해 새롭게 요구되는 요소와 기존 요소 간의 차이를 정량적으로 비교할 수 있는지 확인하는 것이다. 이렇게 함으로써 이미 입증된 성능과 직접 관련이 있는 공학적인 기법을 기반으로 하여 새로운 요소를 성공적으로 설계할 수 있다는 확신을 가질 수 있다. 이러한 과거 사례를 확인할 수 없는 경우에는, 목표로 했던 성능 요구조건을 수용 가능한 수준으로 낮추거나, 추가로 필요한 공학적인 데이터를 얻기 위해 개발 및 시험 프로그램을 계획해야 한다.

개발이 필요한 요소를 식별하는 과정은 종종 "위험 식별" 또는 "위험 평가" 과정의 일부에 해당하는 경우가 많다. 위험 평가는 선택한 결정(이 경우 특정 기술 접근방식을 선택)이 전체 목표의 성공 또는 실패에 어떠한 영향을 미치는지를 고려해야 한다. 따라서 검증되지 않은 시스템 구성품을 활용하는 것은 시스템이 설계 목표를 달성하지 못할 위험이 있다는 것을 의미한다. 어떤 요소가 입증되지 않았고 전체 시스템 운용에 주요한 영향을 차지하고 있어서 그 위험이 상당한 경우에, 해당 요소는 성능이 입증되고 확인될 수 있는 수준(예: 낮은 위험)까지 개발되어야 한다.

매우 복잡한 구성품

시스템 아키텍처의 구성품 중 하나로 기능 빌딩 블록을 사용하는 것은 매우 복잡한 기능을 식별하는 데에도 유용하다. 이때 이와 유사하게 중요한 사항은 복잡한 인터페이스와 상호작용을 식별하는 것이다. 이는 심지어 중간 정도의 복잡성을 갖는 요소들도 서로 간의 상호작용은 복잡한 방식으로 수행될 수 있기 때문이다. 인터페이스와 관련된 문제를 적기에 해결하는 것은 특히 중요하다. 요소 내부의 복잡성과 관련된 문제는 설계과정 중에 감지되고 해결될 가능성이 있지만, 인터페이스의 복잡성으로 인한 문제는 통합 시험이 이루어질 때까지 드러나지 않을 수도 있다. 더욱더 큰 문제점은 통합 시험 과정에서 인터페이스를 변경하기 위해서는 많은 시간과 노력이 필요하다는 사실이다. 과도하게 복잡한 인터페이스가 존재한다는 것은 시스템 분할이 부적절하게 이루어졌다는 것을 의미한다. 이러한 분할과 관련된 문제점을 발견하고 해결해야 하는 책임은 시스템 엔지니어에게 있다. 여러 조직이 참여하는 경우에는 시스템을 개발하는 과정 중에 이러한 이슈에 관심을 갖는 것이 특히 중요하다.

전문화된 소프트웨어. 특정 맞춤형 소프트웨어 구성품은 본질적으로 가진 복잡한 특성으로 인해 프로그램의 위험 요소로 작용하게 되므로 적절한 조치가 필요하다. 특히 세 가지 유형의 소프트웨어는 프로토타입을 개발하지 않고 분석하는 것이 어렵다는 특징이 있다. 이 세 가지 소프트웨어에는 ① 실시간 소프트웨어, ② 분산 처리 및 ③ 그래픽 사용자 인터페이스 소프트웨어가 해당한다. 실시간 시스템에서는 예측 불가능한 시간에 시스템 중단이 발생하고 서비스 우선순위가 달라지는 경우에 타이밍을 제어하는 것이 특히 복잡할 수 있다. 분산된 소프트웨어 시스템에서 설계자는 네트워크로 연결된 데이터 프로세서와 메모리 간의 시스템 데이터 및 프로세싱과 관련된 넓은 부분에 대한 제어는 포기하게 된다. 이것은 시스템이 운용되는 경로를 분석하는 것을 매우 어려운 작업으로 만들게 된다. 그래픽 사용자 인터페이스에서 요구조건은 종종 불완전하고 변경될 수도 있다. 더욱이 이러한 시스템들을 유용하게 만드는 유연성 그 자체가 복잡성을 일으키는 원인이 되기도 한다. 그러므로, 오늘날의 정보 시스템에서 컴퓨터 시스템이 강력하면서도 유비쿼터스 한 특성을 가질 수 있게 만들어 준 위와 같은 특수 소프트웨어의 방식은 본질적으로 복잡성을 내포한다. 이러한 복잡성은 여러 가지 방법을 통해서 해결되어야 하는데, 여기에는 고도로 규칙화된 설계, 광범위한 실험 및 엄격한 검증 등이 포함된다. 또한 공식적인 설계검토와 코드에 대한 "상세한 검토" 및 통합 시험 등도 포함된다.

동적 시스템 요소들. 일반적으로 개발 및 시험이 필요한 또 다른 형태의 복잡성은 자동화된 제어(예: 자동 조종 장치)에 사용되는 폐쇄 루프 동적 시스템에서도 나타난다. 위와 같은 시스템은 디지털 또는 아날로그 시뮬레이션으로 묘사하는 것이 적합하지만, 종종 커플링 및 2차 효과(예: 관성 부품이 장착된 부위의 변형) 등 물리적 구현이 필요한 현상을 수반하는 경우가 많다. 그러므로, 그와 같은 시스템 요소들은 대부분이 구축이 필요하고, 전체적인 시스템 안정성 문제가 충분히 해소되었는지를 확인하기 위해 시험을 수행해야 한다.

잘못 정의된 시스템 환경들

정확히 정의하기 어려운 시스템 환경과 부정확한 외부 인터페이스 요구조건 역시 신중하게 검토하고 명확하게 해야 하는 설계와 관련된 이슈들이다. 예를 들어 날씨 또는 표면으로부터 다양한 반사파가 발생하는 혹독한 환경 속에서 표적을 감지해야 하는 레이더 시스템을 설계하는 경우에, 레이더를 기존의 정형화된 방식으로 특성화하는 것은 어려움이 있다. 이는 레이더가 운용되어야 하는 환경조건이 매우 다양한 것은 물론이고 복잡하면서도 비정상적인 레이더파의 산란 현상을 물리학적으로 완벽하게 이해하는 것은 어려움이 있기 때문이다. 마찬가지로 우주환경은 과거에 수행된 임무를 통해서 얻은 데이터가 제한적일 수밖에 없다는 한계로 인해 이를 충분히 이해하고 특성화하는 것이 불가능하다. 시스템을 우주환경에 배치하는 데 필요한 비용 중 많은 부분이 시험 및 운용 데이터를 확보하기 위해서 사용된다. 이는 항공기 등과 같이 관련 데이터 획득이 대기 상태에서 이루어진 것에 비해서 부족하기 때문이다.

사용자-대화형 시스템의 작동에는 인간-기계 인터페이스가 포함되는데, 이것을 정의하는 것은 본질적으로 어려운 문제이다. 물리적 측면에서 볼 때는 사용자에게 정보를 표시하고 사용자로부터의 입력을 받아서 응답하는 것이 비교적 복잡하지 않은 경우가 많지만, 논리적으로는 매우 복잡하다. 때때로 이러한 복잡성은 시스템의 최상위 목표부터 시작해 여러 수준에서 작용하는데, 이러한 사례는 의사, 간호사, 사무직 직원들에게 필요한 의료 정보 시스템에 대한 개념설계에서 찾아볼 수 있다. 또한 시스템과의 상호작용이 잘못 정의되거나 매우 가변적이고 논쟁의 대상이 되는 경향이 있는 경우에도 마찬가지이다. 낮은 레벨에서 시스템 설계 이슈에 포함되는 사항들에는 시스템 디스플레이의 형식, 정보 액세스 형식(메뉴, 명령, 음성 등), 이동성 및 데이터 입력 수단 등이 포함된다. 이러한 이슈들을 해결하기 위해서는 제안된 대안들을 대상으로 한 광범위한 시험이 필요하다.

자동차 에어백은 광범위한 개발이 필요한 복잡한 환경 인터페이스를 가진 또 다른 유형의 구성품이다. 이 경우 에어백 작동조건에 대한 철저한 조사가 필요하다. 이를 통해서 과도하게 빈번히 발생하는 잘못된 경보와 실제 충돌 정보를 분명하게 구분할 수 있는 범위를 설정해야 한다. 팽창의 형태, 크기, 속도를 조절하고 팽창 이후에는 에어백을 감압시키는 등의 기능은 에어백의 팽창력으로 인한 운전자의 부상 가능성을 최소화하면서 최대의 안전을 제공하기 위한 메커니즘이다. 이 예시는 오로지 실험을 통해서만 정확하게 정의가 가능한 시스템과 환경과의 상호작용 사례를 보여준다. 또한 이는 물리적 구현과 분리해 운용 및 기능 성능을 개발할 수 없는 시스템 구성품의 사례이기도 하다.

기능설계

이 과정에서는 추가적으로 개발이 필요한 시스템 요소를 식별하는 것 외에도, 전체 시스템의 기능설계 및 통합이 완료되어야 한다. 이것은 시스템 설계사양을 개발하기 위해 필요한 절차이다. 또한 이렇게 작성된 시스템 설계사양은 다음에 이어지는 공학 설계과정을 시작하기 위한 전제조건이 된다.

기능 및 물리 인터페이스. 본격적인 개발을 시작하기 전에 전체 시스템 기능 분할이 제대로 이루어졌는지 그리고 공학 설계과정에서 또다시 변경해야 하는 사항은 없는지를 확인하는 것은 특히 중요하다. 개별 구성품의 세부설계에 큰 노력을 기울이기 전에 하부시스템과 구성품에 설정된 기능 할당과 그 상호작용과 관련된 사항을 주의 깊게 검토해야 한다. 이것은 최대의 기능적 독립성과 함께 최소의 인터페이스 복잡성이 달성되었는지를 확인하기 위해서 필요하다. 또한 이를 통해서 각 구성품을 변경은 물론이고 큰 규모의 교정 없이 다른 구성품들과 함께 설계, 제작, 시험 및 조립이 가능하다. 이 검사에서는 인터페이스에서의 시험 포인트가 가용하는지를 고려해야 한다. 이러한 시험 포인트는 구성품 사이의 결합을 분리하기 위해 필요하다. 기타 유지 보수, 환경 조항, 관련된 구성품에 대한 변경을 최소한으로 하면서 성능개량 가능성도 포함되어야 한다. 또한 성공적인 생산품에서 찾아볼 수 있는 시스템엔지니어링의 특성 등도 이 검사를 통해서 확인해야 한다. 이 과정에서는 시스템의 기능 및 물리 아키텍처가 중요하다. 왜냐하면, 위와 같은 판단을 의미 있게 수행할 수 있을 만큼 설계가 충분히 발전해 있을 것이기 때문이다.

소프트웨어 인터페이스. 위에서 언급한 바와 같이 많은 새로운 소프트웨어 구성품은 분석을 통해서만 검증을 완료하기에는 너무 복잡하므로 이 과정에서 설계하고 시험을 수행할 필요가 있다. 또한 많은 하드웨어 요소들은 소프트웨어

에 의해 또는 소프트웨어와의 인터페이스를 통해서 제어된다. 따라서 일반적으로 많은 소프트웨어 시스템 요소들의 경우 먼저 설계가 이루어지고, 이후에 시스템 개발의 한 부분인 이 과정에서 계속해서 구현이 진행된다.

시뮬레이션의 사용

위에서 언급한 많은 문제들을 해결하기 위해서는 하드웨어와 소프트웨어로 구성된 시제품을 실제로 구축하는 것이 필요하지만, 어떤 경우에는 시뮬레이션을 이용함으로써도 효과적인 탐색이 가능하다. 이와 관련된 몇 가지 예는 다음과 같다.

- **동적 요소.** 고주파를 갖는 동적 효과를 제외하고 대부분의 시스템 다이내믹스는 적절한 충실도를 기반으로 시뮬레이션이 가능하다. 시뮬레이션을 이용하면 항공기나 미사일 등과 같이 6 자유도를 갖는 역학 문제도 매우 상세하게 탐구할 수 있다.

- **인간-기계 인터페이스.** 사용자 인터페이스는 가장 복잡한 시스템에서 제어를 담당하는 요소이다. 적절한 설계를 위해서는 이 시스템 요소를 설계하는 과정에 잠재적인 사용자들의 적극적인 참여가 필요하다. 개발 초기에는 인터페이스 시뮬레이션을 제공함으로써 이러한 참여의 효과를 가장 잘 얻을 수 있다. 이후에는 사용 경험을 축적함으로써 시뮬레이션 기능을 향상해 나갈 수 있다.

- **운용 시나리오.** 일반적으로 운용체제는 서로 다른 방식으로 시스템에 영향을 미치게 되는 다양한 시나리오에 노출된다. 변화하는 입력조건을 갖는 시뮬레이션은 시스템 시제품을 구축하거나 현장 시험을 수행하기 훨씬 전에 이러한 다양한 효과를 사전에 모델링하는 것이 효과적이다.

예: 항공기 설계. 시뮬레이션을 사용하는 사례를 이해하기 위해, 어떤 항공기 회사가 새로운 중거리 상업용 비행기의 개발을 고려하고 있다고 가정한다. 고려

하는 두 가지 기본 옵션은 터보프롭 또는 제트 엔진을 장착하는 방안이다. 이러한 옵션에 대한 전체적인 특성은 이미 알려진 사항이지만, 다양한 엔진 타입과 장착 개수에 따라 항공기가 갖게 되는 전반적인 성능에 관한 이해는 최종 선택을 결심할 수 있을 만큼 충분하지 않은 경우가 많다. 필요한 데이터를 얻기 위해 프로토타입 항공기를 만드는 것은 분명히 실용적이지 않은 방법이다. 대신에 시뮬레이션을 이용하는 것이 더욱더 실용적이고 적절한 방법이다. 시뮬레이션을 통해서 다양한 조건에서 항공기 성능에 대한 광범위한 공학적인 데이터를 확보할 수 있기 때문이다.

이 단계에서 주된 이슈는 엔진의 종류와 필요한 장착 개수이기 때문에, 비행기의 공기역학 및 비행 역학의 1차 함수 2차원(즉, 수직적 및 수평적) 모델만 있으면 된다. 다양한 엔진들의 성능은 측정된 성능 데이터를 통해서 알려진 연료 흐름, 속도, 고도 등의 함수를 이용해 추력을 표현할 수 있다. 이 단순한 모델을 이용해 총중량, 엔진 수 및 유효하중과 같은 다양한 설계 매개변수와 이륙 거리, 상승 속도 및 최대 순항 속도와 같은 특성 간의 관계를 확인할 수 있다. 이러한 프로세스를 통해서 최적의 형상을 얻었다고 가정하면, 이 단순한 시뮬레이션을 더 높은 차원으로 상세화하고 확장하는 경우 선행 분석에 필요한 데이터를 얻을 수 있다. 따라서 이러한 시뮬레이션은 각 개발 단계에서 얻은 경험을 바탕으로 구축될 수 있고 비용을 절약할 수 있다.

위와 같은 형식을 갖춘 프로토타입 엔진에 관한 분석 결과를 검증하거나 보강하기 위해서는, 예측되는 비행조건 범위 전반에 걸친 기류와 대기조건 환경을 시험할 수 있는 엔진 시험 시설을 이용한 작동시험이 필요할 것이다. 그런 다음 측정된 엔진 추력과 연료 소비량 데이터는 전체적인 성능 분석을 위해 사용할 수 있다. 그러나 여전히 더욱더 실제적인 시험 방법은 "모체"가 되는 항공기의 날개 아래 프로토타입 엔진을 장착하고 다양한 속도와 고도에서 시험을 수행하는 것이다. 이 경우 모체가 되는 항공기 자체를 개발시설로 생각할 수 있다.

11.4 위험 감소 기법으로서의 시제품 개발

시제품을 이용하면 위험을 식별, 관리 및 궁극적으로 완화할 수 있는 원칙과 기술을 향상시킬 수 있다. 이 시점에서는 중요하게 다루어야 할 영역이 식별되었을 수 있으며, 독립적인 전략이 선행 개발 과정에서 완전히 구현된다. 하지만 새로운 복잡한 시스템을 개발할 때는 본격적인 개발에 앞서 추가 개발 및 시험을 해야 하는 구성품과 하부시스템이 어떤 것인지를 결정해야 한다. 또한 이러한 요소들을 물리적으로 구현해야 하는 것과 관련이 있는 이슈들을 해결해야 한다. 대부분의 경우 이러한 과정은 이전의 기능설계 및 성능과 관련된 업무보다 더 어렵고 중요하다. 그 이유 중 하나는 많은 물리적 특성(예: 피로 균열)들은 분석이나 시뮬레이션만을 수행해 쉽게 파악하는 것이 어렵기 때문이다. 오히려 잠재적인 문제를 확인하기 위해서는 구성품을 실제로 설계, 구축 및 시험하는 것이 필요하다. 아래에 이어지는 단락에서는 이러한 방법을 이용해 문제를 감소시키기에 적합하지 않은 영역 및 문제를 식별하고 해결해나가는 일반적인 접근방식에 대해서 다루고 있다.

개발 초기에 위험관리를 목적으로 잠재적인 문제 영역을 식별하기 위해 수행되는 시스템엔지니어링 접근방식은 회의적인 태도를 견지해야 한다. 특히 설계안을 뒷받침해줄 수 있는 관련 사례 또는 실질적인 공학 데이터가 없는 경우에는 더욱더 그렇다. 시스템 엔지니어는 다음과 같은 질문을 해야 한다.

1. 어떤 일이 잘못될 수 있을까?
2. 그것들이 어떻게 처음으로 문제점을 드러낼 것인가?
3. 그렇다면 그들을 바로잡기 위해 무엇을 할 수 있을까?

잠재적 문제 영역

잠재적인 문제를 찾기 위해서는 개발, 생산, 저장, 운용 사용 및 운용유지 보수 등 전체 시스템의 수명주기에 걸쳐서 검사를 수행하는 것이 필수적이다. 생산 공정, 신뢰도, 가용성 및 유지관리성 그리고 물류지원 및 운용환경에 각별한 주의를 기울여야 한다. 접근방식은 다음과 같다. 각 과정마다 어떤 위험이 수반될 수 있으며, 이전에 많은 경험을 하지 못했던 분야와 같이 아직 확인되지 않은 미지의 영역은 어디에 있는가? 각 잠재적 위험과 관련된 영역에 대한 결함 발생 가능성 및 영향을 결정해야 한다.

기능적 특성에서의 경우처럼, 제안된 구성품을 구현하는 방식이 이전에 경험했던 것과는 현저히 다를 가능성이 가장 큰 분야를 다음 네 가지 범주로 분류할 수 있다.

1. 신뢰도, 내구성, 안전성 또는 극도로 엄격한 생산 공차 등 비정상적으로 엄격한 물리적 성능이 요구되는 구성품.
2. 신소재나 새로운 생산방법을 활용한 부품.
3. 극한 환경조건 또는 정의되지 않은 환경조건에 노출되는 구성품.
4. 특이하거나 복잡한 인터페이스를 포함하는 구성품의 응용.

이러한 각 범주의 예는 아래에 설명되어 있다.

비정상적으로 높은 성능. 대부분의 새로운 시스템은 이전의 시스템보다 훨씬 높은 성능을 제공하도록 설계된다. 어떤 시스템이 높은 성능은 물론이고 더 복잡하고 더 높은 신뢰도와 작동 수명이 요구되는 경우에는, 대부분 실험적으로 설계 접근법을 수행해 타당성을 확인하는 것이 필요하다. 항공 교통관제 시스템에 사용되는 레이더는 매우 높은 신뢰도가 필요한 복잡한 구성품의 한 예이다. 이러한 레이더는 대부분 무인화 기능을 갖추고 있으며, 유지보수 기간을 제외하고는 몇 주 동안 중단 없이 작동되어야 한다. 성능, 복잡성 및 신뢰도를 적절하게 조합하기 위해서는 세부적인 설계와 광범위한 검증 시험을 수행하는 과정에 특별한 주의를 기울여야 한다. 이러한 레이더의 모든 주요 구성품은 본격적인 개발에 앞서 개발 및 시험이 필요하다.

현대 항공기는 매우 높은 스트레스를 감당하면서도 신뢰성을 유지하면서 그 기능을 정상적으로 수행해야 하는 시스템의 한 사례이다. 항공기 대부분은 30~40년 정도의 작동 수명을 갖는다. 이러한 수명은 상대적으로 스트레스를 많이 받는 일부 구조 및 동력과 관련된 구성품에 대해서만 제한적인 교환을 하면서도 가능해야 한다. 이러한 이유로 항공기 구성품의 개발 및 시험은 매우 광범위에 걸쳐서 수행된다.

유인 우주 비행에 사용되는 구성품은 안전성과 신뢰성을 특별히 신중하게 고려해 설계되어야 한다. 발사 및 재진입 환경은 우주선의 모든 부분과 승무원들에게 엄청난 스트레스를 주기 때문에 발생 가능한 모든 사고를 고려해야 한다. 예를 들어 광범위한 중복설계 원칙을 적용해 그 원인을 근본적으로 제거하거나 다른 방법으로 처리할 수 있도록 특별한 절차를 채택해야 한다.

위와 같은 극적인 요구조건들은 우리가 일상생활에서 친숙하게 볼 수 있는 시스템들에서는 찾아볼 수 없다. 그럼에도 불구하고 많은 시스템이 뛰어난 성능을 요구하고 있다. 오늘날 일부 자동차의 엔진은 50,000~100,000마일까지 유지보수가 필요하지 않다. 이러한 안정적인 성능을 달성하기 위해서는 수년간의 개발 및 시험이 필요하다.

특수 소재 및 프로세스. 기술의 진보와 함께 새로운 공정과 생산 기법들은 주목할 만한 특성을 가진 신소재를 계속 생산하고 있다. 이전 단락에서 논의되었던 구성품들이 진보된 성능을 가질 수 있게 된 것은 대부분 이러한 새로운 소재와 프로세스의 역할이 크다.

표 11.4에는 최근 몇 년 동안 개발된 많은 특수한 소재들이 구성품의 성능에 큰 영향을 미친 몇 가지 예가 나타나 있다. 그러나 각각의 새로운 응용을 위해서는, 이러한 소재들은들은 그것이 의도된 기능을 수행하고 원하지 않는 부작용은 발생하지 않으리라는 것을 검증하기 위한 광범위한 시험을 거쳐야 한다. 티타늄은 많은 용도에서 매우 효과적이라는 것이 증명되었지만, 기존의 강철이

표 11.4 특수 소재의 몇 가지 사례

소재	특징	응용 유형
티타늄	중량 대비 높은 강도, 내부식성	경량 구조물
텅스텐	내온성, 작업하기 어려움	전원
소결금속	조형하기 쉬움	복잡한 모양
접착제	고강도	복합재료 구조
갈륨 비소	내온성	신뢰할 수 있는 초소형 전자기술
유리섬유	광전송	광섬유 케이블
세라믹 구성품	강도, 내온성	압력 용기
플라스틱	조형이 쉽고 가볍고 저렴함	컨테이너

나 알루미늄보다 기계 가공을 하는 것이 더 까다롭다. 소결금속은 복잡한 형태로 쉽게 형성될 수 있지만, 전통적으로 사용되어온 금속과 같은 수준의 강도를 갖지는 못한다. 새로 개발된 접착제 중에는 눈에 띄게 강한 것도 있지만, 높은 온도에서는 힘을 유지하지 못하는 것이 있다. 이러한 사례들은 구성품의 주요 요소에 특수한 소재를 사용하기 위해서는 면밀한 검토가 필요하며, 대부분은 실제로 적용하기 전에 실질적인 환경에서 시험을 해야 하는 이유를 보여준다.

구성품을 생산하는 과정에 새로운 공정을 도입하는 경우에도 동일한 고려사항을 적용하는 것이 필요하다. 일반적으로 생산 공정에 광범위한 자동화를 도입하는 경우에는 정밀도는 증가시키면서도 생산비용을 감소시킬 수 있었다. 그러나 이러한 자동화는 예상치 못한 셧다운의 위험과 함께 더 큰 복잡성을 초래하기도 하므로 새로운 장비의 개발과 시험을 위해 수년간의 노력이 요구되어왔다.

불행히도 실제 개발 및 전면적인 시험을 수행하기 전에 새로운 생산 공정을 도입하는 데 걸리는 기간과 비용을 평가하는 것은 매우 어렵다. 이런 이유로 도입을 고려하는 최신 생산 공정의 가용성에 의존해야 하는 새로운 시스템의 경우에는 공정 개발 및 엔지니어링에 적절한 시간과 자원을 투자할 수 있도록 보장해야 한다. 또한 이 프로세스의 가용성에 너무 많이 의존하지 않을 수 있도록 대체 계획도 수립되어있어야 한다.

극한 환경조건. 모든 시스템 구성품이 적절하게 기능을 수행하는지 아닌지는 주어진 환경 내에서 만족스럽게 작동할 수 있는 능력에 달려 있다. 여기서 환경에는 운송, 보관 및 수명주기 동안 발생할 수 있는 다양한 조건들이 포함된다. 또한 충격, 진동, 극심한 온도 및 습도의 일반적인 요인과 특수한 경우 복사, 진공, 부식성 유체 및 기타 잠재적으로 손상을 가할 수 있는 환경도 포함된다.

열악한 환경에 대한 구성품의 민감성은 종종 기본적인 구성을 통해서도 유추할 수 있다. 예를 들어 브라운관 형태의 구성품(예: 디스플레이)은 본질적으로 깨지기 쉬운 특성이 있다. 제트 엔진과 같은 일부 열역학적인 부품은 극저온을 갖는 고고도 환경에서 매우 높은 내부 온도를 유지하면서 작동해야 하므로 내부 부품에 큰 스트레스를 가하게 된다. 항공기 엔진의 터빈과 같은 구성품에 포함된 내구성 문제는 항상 잠재적으로 존재하는 문제이다.

군사용 장비는 큰 폭의 온도 변화에서도 운용할 수 있어야 하고, 거칠게 다루어야 하는 야전 상황에서도 견딜 수 있도록 설계해야 한다. 군사용 시스템에 표준 상용부품(예: 컴퓨터)을 사용하는 최근 추세와 함께 비용 절감을 위해 군사적인 측면의 사양을 완화하는 경우에는 잠재적인 문제가 발생할 수 있으므로 각별한 주의가 필요하다. 다행히 이러한 상업적 장비는 대개 신뢰할 수 있고 경험이 부족한 운용자가 운송 및 취급을 할 때도 내구성을 유지할 수 있을 만큼 견고하게 설계되어 있다. 그러나 각 구성품은 예상하는 환경에서 실제로 생존할 수 있는지 세심하게 검사할 필요가 있다. 이러한 상황은 군사 규격을 엄격히 적용할 때 시스템엔지니어링에 더 큰 책임을 부여하게 된다.

구성품 인터페이스. 아마도 시스템을 설계하는 과정에서 가장 간과하고 있는 측면은 구성품 인터페이스일 것이다. 인터페이스와 관련된 업무를 중요한 사항으로 식별하는 경우가 거의 없으며, 인터페이스가 개별 설계 전문가의 영역들의 사이에 해당하기 때문에 시스템엔지니어링만이 이것의 적절성에 대해 책임감을 느끼는 경우가 많다. 그리고 더 긴급한 문제를 해결해야 하는 압박은 인터페이스 관리를 적절하게 보장하는 데 필요한 노력을 피하게 만든다. 이러한 노력을 회피하게 만드는 또 다른 요인은, 물리적 인터페이스 측면에서 호환성을 확보하기 위해서는 관련이 있는 구성품들의 세부설계는 물론 어떤 경우에는 비용이 많이 소요되는 실제 구축 과정도 필요하기 때문이다.

위에서 언급한 어려움을 극복하기 위해서는, 인터페이스 제어그룹 설정, 인터페이스 문서 및 표준 그리고 인터페이스 설계검토와 같은 특별한 조치가 필요하다. 또한 사업 후반에 불일치와 관련한 문제점이 발생하는 것을 피하기 위해서는 적기에 결함을 확인할 수 있는 다른 수단들도 필요하다. 이러한 조치사항들은 공학 설계과정에서 인터페이스와 관련된 활동을 지속하기 위한 견고한 기초를 제공해주기 위해서도 필요하다.

구성품 설계

앞 절에서는 본격적인 개발이 가능한 수준까지 설계의 완성도를 끌어올리기 위한 노력이 필요한 구성품을 식별할 때 사용할 수 있는 여러 기준을 논의하였다. 이러한 개발 노력은 분석, 시뮬레이션, 설계 및 시험으로 구성되는 특정한 조합과 관련이 있다. 세부적인 조합방식은 제안된 설계 접근방식이 어떤 특성을 갖는지 그리고 이전에 증명된 기술로부터 얼마나 많은 발전이 필요한 첨단기술을 사용하느냐에 따라서 달라진다.

개발이 필요한 범위는 본질적으로 매우 다양할 수 있다. 한 극단적인 사례로는, 설계는 검사 및 분석을 통해서 적합성을 검증할 수 있는 단계까지만 수행할 수도 있다. 이는 이전 모델을 기초로 해 개발되는 부품이 그 성능이나 생산성보다는 크기와 맞춤 특성 등의 이슈와 관련이 있는 구성품을 개발하는 경우에 수행될 수 있다. 또 다른 극단적인 사례로는, 신소재 검증이나 엄격한 생산 허용오차(또는 생산품의 다른 특성)의 검증이 필요한 구성품의 경우이다. 이때는 설계, 제작은 물론 광범위한 시험이 수행되어야 할 수도 있다. 이러한 경우에도 프로그램 위험, 기술 성능, 비용 및 일정 등이 포함된 시스템엔지니어링의 절충안을 이용해 결정이 이루어져야 한다.

동시 공학. 위의 내용으로부터 신뢰도, 유지관리성, 가용성, 안전성 및 생산성과 같은 문제들은 공학 설계과정까지 미루기보다는 프로그램의 이 단계에서 매우 심각하게 검토되고 확립되어야 한다는 것을 명백하게 알 수 있었다. 그렇지 않으면 다른 구성품과 시스템 전체에 미칠 수 있는 영향은 물론이고 이어지는 후속 과정에서 주요 설계 변경을 수행해야 하는 위험성이 높아지게 된다. 이것은 많은 시스템 개발이 심각한 어려움에 직면하게 되고 결과적으로 비용과 일정이 초과하는 문제를 발생시킨다.

이러한 상황이 발생할 수 있는 위험을 최소화하기 위해 소위 "전문 엔지니어(Specialty Engineers)"라는 전문가의 참여가 필요하다. 전문 엔지니어는 특별히 생산, 유지보수, 물류, 안전 및 기타 최종 생산품과 관련이 있는 고려사항에 관해서 정통한 전문가들이다. 이러한 전문가가 선행 개발 프로세스에 참여함으로써 그들의 경험을 설계 및 조기 검증을 위해 활용할 수 있다. 이러한 관행을 "동시 공학(Concurrent Engineering)"이라고 하며, 이는 국방 시스템 획득을 위해 조직되는 통합제품팀(IPTs, Integrated Product Teams)이 수행하는 기능 중의 일부이다. "동시 공학"이라는 용어를 "동시성(concurrency)"이라는 용어와 혼동해서는 안 된다. 이 용어는 선행 개발 및 공학 설계와 같은 시스템 수명주기의 두 과정을 동시에(즉, 같은 시간대에) 수행하는 관행을 지칭할 때 종종 사용된다. 전문 엔지니어들을 개발 프로세스에 효과적으로 통합시키기는 쉽지 않기 때문에 시스템 엔지니어의 조정이 필요하다.

동시 공학을 효과적으로 수행하는 데 어려움을 주는 문제점은 이름에서도 알 수 있듯이 설계 전문가는 자신의 분야에 대해서는 깊은 이해를 하고 있지만, 일반적으로 다른 분야에 대한 지식은 제한적이기 때문에 다른 분야 전문가들과 원활한 의사소통을 위해 필요한 공통의 어휘(그리고 관심이 있음)를 잘 알지 못한다는 사실이다. 그러므로 시스템 엔지니어는 그러한 공통의 어휘 및 사항에 관심을 가져야 한다. 이러한 지식을 갖춘 시스템 엔지니어는 코디네이터, 통역사 그리고 필요한 경우에는 멘토 역할을 해야 한다. 전문 엔지니어가 자신의 의견을 적절하고 의미 있게 표현하기 위해서는 특정한 설계 요구조건에 대해 충분한 이해가 바탕이 되어야 한다. 이것은 구성품 설계 전문가가 신뢰할 수 있고 생산 가능하며 우수한 제품을 설계하기 위해서는 구성품 설계와 관련된 문제 및 방법에 대해 충분한 지식을 갖추고 있어야 하는 것과 마찬가지이다. 이러한 상호 이해가 없으면 동시 공학 프로세스는 오히려 완전히 비효율적인 접근방법이 될 수도 있다. 상호 학습 과정을 도입하면 연속적으로 이어지는 시스템 개발에 참여하는 전문가들의 업무 효과를 높이고, 엔지니어링 조직 전체의 숙련도를 증진할 수 있다는 점에서 주목할 만하다.

소프트웨어 구성품. 소프트웨어 구성품도 유사하게 다루어져야 한다. 다시 말해 각 구성품에 대한 복잡성을 평가하고 그에 따른 위험 전략을 개발하고 구현해야 한다. 특별히 복잡한 구성품, 특히 시스템 하드웨어 요소를 제어하는 구성품의 경우에는 이 시스템 개발과정에서 많은 프로토타입 형태의 시스템 소프트웨어 구성품을 설계하고 시험할 필요가 있다. 전체 사업 측면에서 볼 때 이것은 일반적으로 큰 규모의 노력에 해당하며 시스템 개발과정에서 매우 중요한 요소이다. 소프트웨어 설계를 지원하려면 일련의 개발 및 문서 표준뿐만 아니라 다양한 지원 도구(컴퓨터 지원 소프트웨어 엔지니어링 또는 CASE)가 필요하다. 이러한 시설과 확립된 품질관리 기준을 갖추는 것은 성공적인 소프트웨어 시스

템 개발을 위한 최선의 조건이 된다. 카네기멜론대학교(Carnegie Mellon University)에서 운용하는 SEI(Software Engineering Institute)는 조직의 소프트웨어 엔지니어링 성숙도를 평가하는 표준 및 평가기준과 관련된 업무를 수행하고 있다.

설계 시험

우리가 시스템 개발 프로세스에서 살펴본 것과 마찬가지로, 구성품 설계 프로세스도 반복적인 특성을 갖는다. 즉, 시험은 설계가 제대로 완성되었는지를 확인하기 위한 마지막 단계가 아니라 설계를 수행하는 과정의 필수적인 부분이어야 한다. 이는 이전에 없던 새로운 기능을 갖는 구성품 또는 검증되지 않은 구현방식을 사용하는 구성품을 설계하는 경우에는 더욱 그렇다. 이러한 상황에서 적용할 수 있는 적절한 프로세스는 "일부분만 제작하고 시험"을 수행함으로써 모든 절차마다 설계 피드백을 제공하는 것이다. 이것이 비효율적인 방법으로 들릴 수도 있지만, 대부분의 경우 이것이 가장 빠르고 경제적인 절차라는 것이 증명되어왔다. 이러한 과정을 수행할 때의 목표는 좀 더 낮은 수준에서 대부분의 설계 요소를 검증하는 것이다. 여기서 낮은 수준이란, 좀 더 낮은 복잡도를 갖는 시험 구성을 이용해 결과를 좀 더 쉽게 확인할 수 있고 가장 신속하게 오류를 수정할 수 있는 수준을 의미한다.

이 선행 개발과정에서 어떤 구성품의 설계가 완료되는 수준은 중요한 의미가 있다. 이 설계 수준은 이후에 이어지는 개발과정에 대한 견고한 기초를 보장하는 데 있어서 매우 큰 부분을 차지하기 때문이다. 따라서 구성품 설계 문제가 대체로 기능적인 측면이면, 시뮬레이션을 통해 시스템의 필수 기능 요구조건을 가장 잘 충족시키는 방안은 무엇인지 확인할 수 있다. 그러나 설계 문제가 물리적 특성과 관련된 경우, 구성요소는 일반적으로 시제품 형태로 설계되고 제작되어야 한다. 그런 다음 시제품을 이용해 물리적 환경과 같은 운용조건을 시뮬레이션함으로써 시험을 수행할 수 있다. 이러한 시험 및 시험 관련 장비의 설계에 관한 내용은 다음 장에서 설명이 이어진다.

신속한 시제품 제작

이 용어는 시험 모델을 신속하게 설계 및 구축하는 프로세스를 설명하는 용어이다. 여기서 시험 모델은 구성품, 하부시스템은 물론 때로는 전체 시스템을 대상으로 구축된 것일 수 있으며, 시스템을 개발하는 초기 단계에서 실제 운용 환경을 이용해 시험하는 것을 목적으로 한다. 이 프로세스는 시스템의 운용 모델을 실험하지 않고는 사용자 요구조건을 충분히 정의할 수 없을 때 가장 자주 사용된다. 이는 특히 의사결정 지원 시스템, 동적 제어시스템 및 비정상적인 환경에서 작동해야 하는 시스템에 적용된다. 신속한 시제품 제작은 설계방안을 생산 엔지니어링 과정을 통해서 실제로 실현하기 전에 전체 규모의 시연 단계를 수행하는 것으로 생각할 수 있다.

신속한 시제품 제작을 고려할 때, 일반적으로 "신속한"이라는 용어는 시스템 개발에서 중요하게 다루는 부분인 엄격한 품질 표준의 준수가 중단되는 것을 의미한다. 목표는 시스템의 기능 중 일부 선택된 기능의 특징을 잘 나타낼 수 있는 시제품을 가능한 한 빨리 제작하는 것이다. 생산된 시제품은 계속 사용하기 위한 것이 아니고, 일단 시제품을 사용해 요구조건을 개발하고 검증한 후에는 해당 시제품 자체는 폐기해야 한다. 때로는 사용된 시제품이 또 다른 신속한 시제품 제작을 위한 기초가 되기도 한다. 이 과정에서 발생 가능한 위험은 시제품으로 구축한 제작품을 실제 양산까지 이어질 수 있는 기초로 사용하라는 압력이 증가할 가능성이 있다는 사실이다. 그러나 안타깝게도 시제품은 엄격한 품질 기준 없이 구축되었기 때문에 생산용으로는 적합하지 않다.

신속한 시제품 제작이 적용됨으로써 품질관리(예: 개발 표준, 문서화 및 시험) 없이 시제품이 개발된 사례가 많다. 불행히도 많은 고객이 시제품으로 제작된 제품을 신뢰하면서 개발자에게 생산을 위해 해당 제품을 사용할 것을 요구한다(결국 고객이 시제품 제작비용을 지원하였고 실질적인 소유자이기 때문에). 그러나 실제로 생산이 시작되면 이러한 프로세스가 가진 문제점은 금방 분명하게 드러나게 되고, 시스템은 개발 및 운용시험 과정에서 실패하게 된다. 결국에는 개발 및 생산 일정이 지연되고 생산비용은 초과하게 되는 문제로 이어지게 된다.

시제품을 제작해 가용한 능력을 소개함으로써 이해관계자가 생각하는 요구조건을 도출할 수도 있다. 그런 다음 이해관계자 또는 사용자가 새로운 시스템과 어떻게 상호작용해야 하는지 그 방식을 관찰하고 분석할 수 있다. 시제품의 제작은 다양한 니즈로부터 출발할 수 있다. 일부는 운영 환경이 가진 결함으로부터 시작될 수 있는데, 여기에는 사용자가 특정 작업 수행하거나 어떤 수준의 품질을 만들어 내는 것이 제한되는 경우가 포함된다. 그런 다음 시스템엔지니어링 팀은 문제점을 청취하고, 잠재적인 솔루션을 개발하는 것은 물론 사용자가 시제품을 평가함으로써 실제 임무 수행과의 차이를 관찰하게 된다. 마지막으로 이러한 활동에 대한 피드백을 바탕으로 필요한 부분을 수정할 수 있다. 이 과정은 반복적인 프로세스일 수 있다. 즉, 사용자를 만족시키기 위해(그리고 설계를 수행하기 위해)서는 반복적인 노력이 필요하다. 또한 시제품이 원하는 기능을 제공하지 못할 때도 다른 접근방식을 선택하기 위해 이 과정을 반복적으로 수행한다. 관련된 모든 당사자에게 체험할 기회를 제공하는 것이 시제품을 제작하는 의도이다. 다양한 분야에서 발생하는 변화의 속도는 SE 팀이 시제품을 수정하도록 하는 주요한 요인이 되며, 이는 환경 및 업데이트를 제공할 수 있는 여건에 따라 달라질 수 있다. 콜롬비와 콥(2009)은 긴급한 작전 소요를 해결하기 위한 목적으로 근접 항공 지원에 관한 시제품을 개발한 그들의 성과를 발표하기도 하였다.

시제품을 제작하는 목적은 사용자가 시제품이 가진 성능에 어떻게 반응하는지에 대한 정보를 수집하기 위한 것이므로, 항상 하드웨어 지향적인 것만이 아니라 소프트웨어 지향적일 수도 있다. 쿨리와 맥닐리(2012)는 사용자에게 운용 공간에 대한 향상된 상황 인식을 제공하기 위해 인지공학과 결합한 명령 및 제어 응용 프로그램을 개발한 사례를 소개하고 있다. 그들은 시제품을 개발할 때 몇 가지 도전적인 과제를 식별하였다. 그것은 “전장의 불확실성(Fog of War)”이 상황을 이해하고 처리하는 것을 방해할 수 있는 경우에는, 실질적인 환경에서 시제품을 평가해야 하고 많은 운용자와 함께 빠른 속도로 운용을 수행해야 한다는 것을 강조하였다. 예를 들어 인지공학자들은 기능 할당, 업무량 추정 등과 같이 사용자가 운용 개념을 얼마나 잘 실행하는지 평가하는 것과 관련된 분석을 수행할 수 있다. 시제품을 다루는 임베디드 엔지니어는 신속한 피드백을 제공하는 것이 가능하고 운용환경과 작업자가 작업 중에 처리해야 하는 사항을 직접 확인할 수 있다.

때때로 시제품은 동시에 하드웨어와 소프트웨어 지향적일 수 있다. 퍼완다 외(2017)는 많은 고객이 사용할 수 있는 자전거 공유 시스템의 시제품에 관해서 연구하였다. 자전거의 도난 방지를 위해 물리적 콘센트를 시험하고, 자전거 시스템과 금융기관 간의 데이터 교환 방식을 확인함으로써 소프트웨어의 안정성과 보안성을 시험하였다. 연구팀은 시제품 제작을 통해 자전거 공유 시나리오상에서 서로 다른 작동과 상호작용을 평가함으로써 전반적인 서비스 품질을 개선할 수 있었다.

개발 초기 과정을 통해서 개념화되었던 추가적인 능력을 실제로 실현할 수 있는 솔루션이 있는지를 탐색하기 위한 목적으로 구축되는 시제품은 대부분 최신 기술과 관련이 있는 구성품에 초점을 맞추게 된다. 하부시스템 또는 구성품의 시제품을 제작하는 것은 성능, 비용 또는 구성품의 조합을 어떻게 해야 하는지 결정하기 위해 다양한 시험을 하는 과정으로 간주할 수 있다. 시제품을 제작하는 또 다른 이유에는 위험 감소, 설계 확인, 하부시스템/구성품의 통합, 기술평가, 요구조건 탐색 또는 추가적인 제조 프로세스의 평가 등이 포함될 수 있다. 기타 새로운 시스템 개발사업에 참여하고자 하는 개발업체 간에 경쟁이 이루어지는 상황에서, 각 업체가 제안하는 최첨단 설계안을 사업 주관부서가 평가하기 위해서 시제품을 개발하는 것이 필요할 수도 있다.

시제품은 잠재적인 "만약에(What-if)"라는 문제를 탐색하기 위한 것일 뿐만 아니라 기존 시스템의 운용 효율성도 향상시킬 수 있다. 디지털 쌍둥이(Digital Twins) 개념은 운용 중인 물리적 시스템을 가상으로 복제(쌍둥이)하고 주 시스템의 수명주기 전반에 걸쳐 성능, 유지보수 및 작동 상태를 지속해서 확인하기 위한 목적으로 사용된다. 이 개념을 이용해 엔지니어는 성능을 평가하고 추가적인 최적화를 위해 취해야 할 조치 또는 개선사항을 예측할 수 있으며, 오류가 발생하면 문제 해결을 위한 도구로도 사용할 수 있다. 가상 쌍둥이를 이용해 솔루션으로 사용 가능한 방안들을 탐색함으로써 엔지니어가 최적의 작업을 추진하는 방향을 결정할 수 있고, 결과적으로 물리적 시스템에서 발생할 수 있는 위험은 줄어들게 된다.

개발시설

여기서 언급하는 개발시설 또는 환경시험시설은 시스템과 관련이 있는 특정 환경조건이나 그 일부를 현실적이고 정량적으로 시뮬레이션하기 위해 구축하는 물리적인 시설물을 의미한다. 일반적으로 다양한 물리적 또는 가상의 모델(또는 임베디드 소프트웨어가 포함된 실제 시스템 구성품)을 사용할 수 있는 고정되어 있는 장치이다. 여기서 다양한 물리적 또는 가상의 모델은 서로 다른 시스템 또는 구성품을 표현할 수 있다는 것을 의미한다. 이 설비는 개발 또는 검증 시험에 사용할 수 있지만, 그것은 환경의 영향을 받는 시스템/구성품의 성숙도에 따라 달라진다. 이러한 설비에는 시뮬레이션 환경을 제어하고 시스템에 미치는 영향을 측정하기 위한 일련의 계측 장치가 포함된다. 계측 장치들은 시스템 시뮬레이션과 함께 사용될 수 있으며, 보통 출력을 표시하고 분석할 수 있는 연산 장비와 연동해 사용된다.

일반적으로 개발시설을 구축하기 위해서는 상당한 투자가 필요하다. 다시 말해 개발을 위한 다양한 전용 건물과 상당한 규모의 면적이 필요한 경우가 많다. 풍동(風洞)은 공기역학 데이터를 얻기 위해서 사용되는 시설 중의 하나이다. 여기에는 매우 다양한 장비, 시험실, 공기 압축기, 정밀한 힘을 측정하는 장치 및 데이터 변환 컴퓨터와 출력 장비등이 포함된다. 종종 풍동 시험실의 경우 건설 및 운용 비용이 너무 많이 소요되기 때문에 정부와 여러 민간 이용자들이 소요 비용을 분담하기도 한다. 풍동을 사용해 제안된 다수의 공기역학 구조물 또는 제어 표면의 데이터를 확보하는 경우에, 이 설비는 개발도구로 생각할 수 있다. 하지만 풍동을 이용해 전체 규모의 항공기를 대상으로 제어 표면을 점검하기 위한 목적으로 고속의 공기 흐름을 공급하고 그 결과를 측정하는 경우에는 개발과정에서 확인 시험을 수행하는 시설로 간주할 수 있다.

자동차 생산업체들은 새로운 모델의 자동차를 설계하고 시험하기 위해 테스트 트랙을 사용한다. 또한 테스트 트랙은 생산을 시작하기 전에 최종 시제품을 시연하기 위한 목적으로도 사용된다. 테스트 트랙은 자동차를 고속으로 주행함으로써 과부하 상태를 경험하게 하거나, 거친 포장도로 위를 주행함으로써 가속화된 노화 조건에서 다양한 마모 조건을 시뮬레이션할 수 있다. 다른 개발시설에서는 전자기파를 이용해 안테나 패턴 측정, 수신기 감도 시험, 무선 주파수(RF) 간섭 확인 등 다양한 전자기기를 시험한다.

대부분의 개발시설은 시험을 수행할 때 특정 형태의 모델과 시뮬레이션을 사용한다. 시험의 직접적인 대상이 되는 시스템 일부분은 실제로 구현된 것이지만, 다른 부분은 시뮬레이션으로 대체하는 것이 일반적이다. 다양한 RF 간섭 신호가 존재하는 상태에서 실제 미사일 탐색기(추적장치)를 시험할 수 있는 RF 무반향실이 그 예다. 이 경우 미사일의 비행도 컴퓨터로 시뮬레이션할 수 있으며, 이는 시스템의 적절한 공기역학 및 동적 모델을 사용해 운동 방정식 문제를 해결함으로써 가능하다.

외부 응력, 고온 그리고 우주환경에서 겪는 진공조건 등에 노출되는 하드웨어 구성품을 공학적으로 설계하기 위해서는 응력 시험, 환경 챔버 및 기타 특수한 시험 시설을 광범위하게 이용해야 한다. 이러한 구성품을 개발할 때에도 시스템 개발과 마찬가지 수준의 설비가 요구된다. 따라서 진동 및 충격 시설, 진공 챔버, 고온/저온 챔버 및 기타 많은 공학적인 시험 시설은 엔지니어링 단계와 마찬가지로 구성품을 개발하는 과정에서도 필요하다. 주요 차이점은 일반적으로 개발시험을 하기 위해서는 더 많은 성능 데이터를 획득하고 그 결과에 대해 더 광범위한 분석이 필요하다는 것이다.

11.5 개발시험

선행 개발과정에서 식별된 모든 설계 문제가 만족스럽게 해결되었다고 판단하기 위해서는 직접 관련된 특정 구성품 또는 하부시스템뿐만 아니라, 시스템의 다른 부분과의 인터페이스 및 상호작용에 대한 분석, 시뮬레이션 및 시험을 수행하기 위한 체계적인 프로그램이 필요하다. 또한 운용환경과 그것이 시스템 성능에 미치는 영향을 반드시 고려해야 한다.

개발시험(Development Testing)을 전통적으로 불러왔던 "개발상의 시험(Developmental Testing)" 그리고 "운용상의 시험(Operational Testing)"와 혼동해서는 안 된다. 일반적으로 개발상의 시험은 통제된 시나리오가 있는 일련의 시험 환경 내에 엔지니어링된 시스템을 포함해 시험을 수행하는 것이다. 이러한 유형의 시험은 개발자가 수행한다. 운용상의 시험 역시 엔지니어링 된 시스템을 대상으로 수행된다. 그러나 고객과 관련이 있으며 환경 및 시나리오를 비롯해 더욱 현실적인 운용조건에서 시험이 수행된다. 반면에 "개발시험"은 하부시스템 및 구성품을 대상으로 개발자가 수행한다.

잘 계획된 개발시험 프로그램은 일반적으로 다음과 같은 절차가 필요하다.

1. 시험계획서, 시험절차서, 시험분석계획서 작성.
2. 시험장비와 특수시험시설의 개발 또는 획득.
3. 소프트웨어 유효성 검사를 포함한 시현 및 확인 시험 수행.
4. 시험결과의 분석 및 평가.
5. 설계결함의 시정.

시험 및 시험 분석 계획

선행 개발 프로세스에서 필수적으로 수행해야 함에도 간혹 충분히 강조되지 않았던 절차는 시험 계획을 개발하는 것이다. 잘 설계된 시험 계획은 시스템에 대한 설계 수준이 공학 설계과정을 시작할 수 있을 정도로 충분히 성숙하였는지를 결정하는 데 필요한 중요한 요소임에도 불구하고 간과되는 경우가 종종 발생한다.

시험 계획 방법론. 전체적인 시험 수행방식은 잠재적인 설계결함을 밝혀내고, 이러한 결함의 근원을 식별하고 제거할 수 있을 만큼 충분한 시험 데이터를 획득할 수 있도록 설계되어야 한다. 이러한 접근방식은 개발이 성공할 것이라는 전제하에 적은 양의 데이터만을 수집하기 위한 목적으로 최소한의 시험만을 수행하는 접근방식과는 매우 다르다. 후자의 경우 초기에는 적은 비용으로 개발할 수 있지만, 이러한 부적절한 시험 수행방식은 종종 설계결함을 간과하게 되는 문제점을 갖고 있다. 이러한 방식은 궁극적으로 프로그램 중단 및 지연을 초래해 훨씬 더 큰 비용이 필요하게 된다. 아래의 절차들은 시험 프로세스를 설계할 때 활용할 수 있는 점검사항을 나열한 것이다.

1. 시험 프로그램의 목적을 결정. 물론 일차적인 목적은 선택된 운용 및 성능 요구조건 세트를 기준으로 하부시스템과 시스템을 시험하는 것. 단, ① 시스템의 특정 측면에 대한 고객 신뢰도 제고, ② 고위험 영역에서 잠재적 설계결함 발견, ③ 선택된 기능 공개 및 ④ 선택된 외부 엔티티와의

인터페이스 입증 등이 포함될 수 있음.

2. 운용 및 최상위 요구조건을 검토. 평가해야 하는 기능과 매개변수를 결정함. 개발 프로세스 초기에 식별된 주요 성능 매개변수가 이 세트에 포함되어야 함. 그러나 일반적으로 모든 요구조건을 시험하는 것은 불가능함.
3. 이러한 항목을 시험할 조건을 결정. 상한 및 하한 그리고 허용한계를 고려하는 것이 필요함.
4. 개발이 필요한 구성품을 선택하는 프로세스 및 선정기준과 관련이 있는 설계 이슈들을 검토.
5. 개발시험 결과 및 설계와 관련된 이슈가 얼마나 해결되었는지 검토.
6. 환경뿐만 아니라 선택한 구성품과 시스템의 다른 부품 간의 모든 인터페이스와 상호작용을 확인.
7. 위의 요인들을 바탕으로, 해당 구성품을 시험할 수 있는 적절한 테스트 프로세스를 정의.
8. 구성품을 시험하는 데 필요한 시험 입력값과 시스템 응답을 측정할 수 있는 출력값을 식별.
9. 상기 측정을 지원하는 시험장비 및 설비에 대한 요구조건을 정의.
10. 시험을 수행하기 위한 비용 및 인력과 관련된 요구조건을 결정.
11. 시험의 준비, 실시, 분석을 수행하기 위한 시험 일정 개발.
12. 상세한 시험계획서를 작성.

어느 한 작업의 중요도와 이를 수행하는 데 필요한 노력은 시험 대상인 특정 시스템의 요소, 시험 수행 시 가용한 자원 및 관련 위험도에 따라 달라진다. 어떤 경우든 시스템 엔지니어는 이러한 각 항목을 숙지하고 전체 개발 프로그램의 성공에 주요한 영향을 미칠 수 있는 결정을 내릴 준비가 되어 있어야 한다. 위의 작업을 수행하기 위해서는 시스템 엔지니어와 시험 엔지니어 간의 긴밀한 협업이 필요하다.

T&E를 수행할 때 모델 기반 시스템엔지니어링(MBSE, Model-Based Systems Engineering)을 고려하게 되면 시험절차를 개선하고, 반복적인 설계절차에 필요한 시간을 단축할 수 있는 것은 물론이고 팀 내 의사소통에 도움을 줄 수 있다.

비요크맨과 연구진(2013)은 시스템엔지니어링 팀이 요구조건에 관한 정성적인(그러므로 잠재적으로 부정확할 수 있는) 해석을 줄이기 위해 모델 등의 구조화된 수단으로 정보를 교환하는 방안으로 MBSE를 고려할 수 있다고 주장하였다. MBSE를 사용하면 시험 환경 내의 인터페이스에 더욱더 집중할 수 있으므로 통합성을 향상할 수 있다. 이는 모델 간에 이루어지는 피드백 주기를 단축시키고 검증 및 확인 절차를 개선할 수 있는 효과가 있다. 그렐로(2011)는 MBSE 기술을 사용해 주요 설비의 하드웨어에 관한 검증을 수행하였을 뿐만 아니라 요구조건을 모두 확인하였다. 아궐라(2012)는 MBSE를 활용해 차량 설계에서 고장관리를 수행하고, 알고리즘의 성능을 평가해 자동차 모델을 지속해서 개선하였다.

시험 우선순위. 종종 시험 계획 과정에는 시간과 비용의 제약으로 인한 상당한 스트레스가 동반된다. 이러한 자원의 제한 속에서도 사용 가능한 시간과 자원을 가장 효율적인 방법으로 할당하기 위해서는 시험 일정과 시험장비에 대해 우선순위를 엄격하게 지정해야 한다. 시험과 관련해 우선순위를 결정하는 것은 시스템엔지니어링의 특정한 책임이어야 한다. 우선순위를 결정하기 위해서는 성능, 일정 및 비용 측면에서 가능한 결과에 대한 비교를 기반으로 광범위한 위험 요인들을 신중하고 균형 있게 조정해야 하기 때문이다.

위의 고려사항들은 시험을 어떻게 구성할 것인지를 정의할 때 특히 적절하게 사용할 수 있다. 이상적인 구성은 모든 구성품을 운용환경 상태에 있는 전체 시스템 내에 배치하는 것이다. 하지만 이러한 구성을 갖추기 위해서는 전체 시스템과 환경에 대한 시제품을 제작하는 것이 필요하므로, 일반적으로 자원 측면에서 너무 큰 비용이 소요된다. 아마도 가장 적은 자원을 이용해 시험 환경을 구성하는 방안은 시험 대상이 되는 개별 구성품 이외의 모든 인터페이스 요소들을 간단한 시뮬레이션으로 표현하는 것일 것이다. 좀 더 실질적인 중간 수준은 시제품으로 제작된 하부시스템에 시험 대상인 구성품을 통합시키는 것이다. 다만 이러한 구성 역시 시스템의 나머지 부분 및 운용환경과 관련이 있는 부분에 대해서는 시뮬레이션 기법을 이용해야 한다. 각각의 경우에 효과적으로 사용할 수 있는 특정한 시험 구성을 선택하기 위해서는 여러 관련 요소 간의 적절한 균형을 유지할 수 있는 노력이 필요하다. 이때 고려해야 하는 요소에는 가장 높은 수준의 시스템엔지니어링 판단이 필요한 위험, 비용 및 비상 계획들이 포함된다.

시험 분석 계획. 시험 결과를 분석하는 방법을 계획하는 것은 시험 자체를 어떻게 수행할 것인지를 결정하는 것만큼이나 중요하다. 시험 분석 계획을 수립하기 위해서는 다음과 같은 절차를 수행해야 한다.

1. 수집해야 할 데이터를 결정.
2. 이러한 데이터를 획득할 방법(예: 특수 실험실 시험, 시뮬레이션, 하부시스템 시험 또는 전체 규모의 시스템 시험)을 고려.
3. 모든 데이터를 어떻게 처리, 분석 및 제시할 것인가를 정의.

시험이 시스템의 동적 성능을 측정하기 위한 것이라면, 분석 계획을 세부적으로 수립하는 것이 특히 중요하다. 따라서 동적 시스템 입력을 기준으로 분석이 가능한 데이터 추세를 생성해야 한다. 특히 대량의 데이터가 생성되는 경우라면, 해당 시험결과를 분석하기 위해 특별하게 맞춤형으로 설계된 컴퓨터 프로그램의 도움이 필요하다. 또는 기존의 프로그램을 분석하고자 하는 목적에 맞게 개선된 프로그램이 사용되기도 한다. 그러므로 분석 계획에는 어떠한 분석 소프트웨어가 정확히 언제 필요한지 명시되어야 한다.

또한 시험 분석 계획에는 시험 수행을 위해 필요한 시험 지점이 있음을 명시해야 한다. 분석에 필요한 수준의 정확도를 갖고 측정할 수 있는 보조 센서에 관한 내용도 포함되어야 한다. 시험 중에 시스템을 어떻게 구동할 것인지에 관한 시험 시나리오 역시 기재되어야 한다. 일반적으로 시험 분석 계획에 관한 세부사항은 시험 엔지니어와 분석가가 작성하지만, 시험 및 시험 분석에 필요한 요구조건을 정의하는 것은 시스템엔지니어링의 임무이다. 시험 구성, 시험 시나리오, 시험 분석 및 설계 적정성을 판단하는 기준 사이에는 폐쇄 루프 방식이 적용된다. 이러한 상호관계가 있는 요소들을 분석하기 위해서는 시스템 엔지니어의 전문지식이 필요하다. 시스템 엔지니어의 고유한 역할 중의 하나가 시험을 통해서 분석에 필요한 데이터가 확보되었는지를 확인하는 것이기 때문이다.

인간-기계 상호작용과 인터페이스를 시험할 때는 더욱더 특별한 고려가 필요하다. 일반적으로 이러한 상호작용에 대한 평가를 통해서 정량적 측정 및 분석 결과를 얻을 수는 없지만, 그럼에도 불구하고 시험 및 분석 계획에 포함되어야 한다. 이것은 전문가의 적극적인 참여가 필요한 분야이다. 위의 모든 계획은 공식적인 시험이 시작되기 전에 필요한 지원 장비와 분석용 소프트웨어를 개발하거나 획득할 수 있는 시간을 확보할 수 있도록 선행 개발과정의 초기에서부터 중간 과정에 이르기 전까지 정의되어야 한다.

시험평가기본계획서. 정부가 주관하는 개발사업인 경우에 포괄적인 시험 계획을 개발하는 것은 공식적인 요구조건 중의 하나이다. 일반적으로 시험평가기본계획서(TEMP, Test and Evaluation Master Plan)로 불리우는 이 계획은 개념 정의를 수행하는 과정에서 우선 일부가 작성되어야 한다. 이후 개발이 수행되는 동안 각 과정에서 그 내용이 지속해서 확장 및 상세화되어야 한다. TEMP는 시험 관리 계획(Test Management Plan)이 제시하는 수준만큼 상세한 시험 계획을 포함하지는 않는다. 따라서 TEMP는 시스템을 평가하는 세부적인 방법이나 사용할 절차를 설명하는 것이 아니라 수행할 계획과 시기를 지정하는 것을 주요 목적으로 한다. 시스템 TEMP에 포함되는 일반적인 내용은 다음과 같다.

시스템 소개:
- 임무 개요
- 운용환경
- 효과 및 적합성 측정
- 시스템 개요
- 주요 기술 매개변수

통합 시험 프로그램 요약:
- 시험 프로그램 일정
- 관리
- 참여 조직

개발시험 및 평가:
- 접근방법

구성 설명
시험 목표
이벤트 및 시나리오

작동시험 및 평가:

목적
구성 설명
시험 목표
이벤트 및 시나리오

시험 및 평가 자원 요약:

시험 조항
시험 장소
시험 계측기
시험 환경 및 사이트
시험 지원 운용
컴퓨터 시뮬레이션 및 모델
특별 요구조건

특수시험 장비 및 시험시설

시스템 시험 및 평가를 위해서 시스템 운용환경의 시뮬레이션을 구축하는 것 자체가 대규모의 작업이 될 수도 있으며, 때로는 시스템 설계 및 개발 노력 자체와 비슷한 규모일 수도 있다. 선행 개발과정에서 시스템 개발의 한 부분을 차지하는 이러한 업무를 수행하는 것은 매우 중요할 뿐만 아니라 종종 큰 비용이 필요하다. 따라서 이러한 시뮬레이션이 필요하다는 당위성과 정밀도를 판단하는 것은 시스템엔지니어링의 중요한 기능이다.

당연히 적절한 시험 장비와 시설의 규모는 시스템의 특성과 개발자가 얼마나 유사한 시스템에 대한 사전 경험이 있는지에 따라 달라진다. 예를 들어 새로운 우주선을 개발하기 위해서는 우주 및 발사환경을 시뮬레이션하는 진공 격실과 떨림 및 진동 시설, 우주선에서 명령을 보내고 데이터를 수신하는 우주통신 시설과 같은 다양한 장비와 시설은 물론, 우주선의 제작 및 시험 중 오염을 방지할 수 있는 청정실도 필요하다. 이러한 시설 중 일부는 개발시설과 관련된 장에 설명되어 있다. 이러한 장비와 시설을 완벽하게 보완하게 되면 이전에 우주선 개발 경험이 있는 개발자는 새로운 우주선 개발에 필요한 시설을 구축하는 데 필요한 비용과 시간을 절약할 수 있다. 그러나 이렇듯 개발이 필요한 장비의 대부분을 이전의 유사한 시스템 개발에서 사용했던 자원을 활용할 수 있다고 해도 모든 새로운 프로그램에는 필연적으로 이전과 다른 장비 조합 및 구성이 필요한 경우가 많다. 기술 변화의 속도는 새로운 요구와 함께 새로운 기회를 창출하게 되는데, 이는 시스템 설계 영역에서는 물론 시스템 시험 분야에서도 마찬가지이다.

시험 환경 구축. 주요 구성품 또는 하부시스템을 검증하기 위한 시험 환경을 설계 및 구축할 때는, 모든 입력 기능을 실제로 생성할 수 있고 출력물을 측정할 수 있는 장치가 필요하다. 또한 시스템 요소가 요구조건에 따라 작동하는 경우에는 어떠한 산출물이 생산되어야 하는지를 사전에 예측할 수 있어야 한다. 후자의 경우에는 실제 시험 결과와 비교할 수 있는 이론적인 결과물이 있어야 한다는 것을 의미한다. 이러한 이론적인 결과물을 만들어낼 수 있는 것은 수학적 또는 물리적으로 설계된 모델들이다.

그림 11.3은 위의 작업을 기능 흐름도 형식으로 보여주고 있다. 그림 왼쪽의 네 가지 기능은 시험 환경의 설계(The Design of the Test Environment)가 어떻게 예측 시험 모델(Predictive Test Model)과 시험 시나리오(Test scenario)를 생성하는지, 그리고 결과적으로 시험 자극 발생기(Test Stimulus Generator)를 작동시키는지에 관한 절차를 보여준다. 시험 자극들(Test Stimuli)은 시험 대상이 되는 시스템 요소(구성품 또는 하부시스템)를 작동시킨다. 시험 자극들은 또한 시스템 요소의 수학적 또는 물리적 모델에서 실제 시험 출력과 비교할 수 있는 예측 출력 세트(Predicted Outputs)를 만드는 데 사용된다.

시험 소프트웨어. 시험 지원 및 분석 소프트웨어는 사실상 모든 개발에서 특별한 주의를 필요로 하며, 대상이 되는 시스템에 매우 구체적으로 맞춰져야 한다. 시험 소프트웨어의 목표와 세부 요구조건을 설정하는 것은 시스템엔지니어

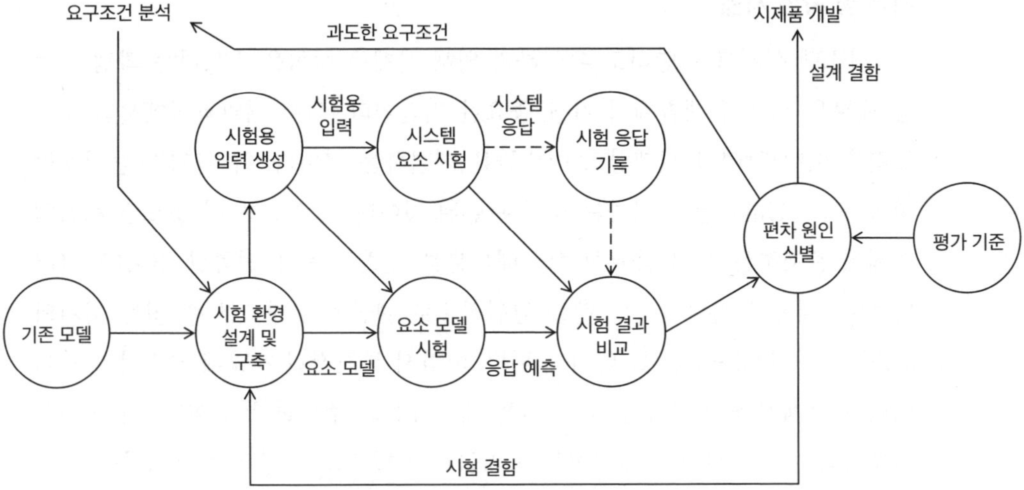

그림 11.3 시스템 요소의 시험 및 평가 프로세스

링의 주요한 과제이다. 사용자(인간-기계) 인터페이스가 포함되는 경우에 이 작업은 더욱 복잡해진다. 이러한 지원 소프트웨어는 대부분 신속한 시제품 제작을 통해서 가장 잘 개발되며, 이것을 설치하고 사용하는 데 책임이 있는 시험 엔지니어와 분석가로부터 많은 영향을 받는다. 이러한 이유와 함께 소프트웨어 개발 완료 가능 시간을 예측하는 데 내재한 어려움 때문에, 가능한 한 빨리 이 업무를 시작하는 것이 중요하다.

시험 장비 유효성 검사. 다른 시스템 요소와 마찬가지로, 시스템 설계를 검증하기 위해서는 시험장비 자체도 검증이 필요하다. 다시 말해 시험장비가 시스템 성능을 측정하는 임무를 수행할 수 있을 만큼 정확하고 신뢰할 수 있는 상태인지 확인하기 위한 별도의 시험과 검증이 필요하다는 것을 의미한다. 이 프로세스는 장비의 측정 능력과 관련된 한계를 확인하는 경우가 많으므로 신중한 분석과 검토가 필요하다. 종종 이러한 검증 업무는 과소평가되고 충분한 시간과 노력이 할당되지 않는 경우가 많다.

시연 및 확인 시험

시스템 설계를 시연하고 확인하기 위해 실제로 시험을 수행하는 과정은 종종 새로운 시스템 개발에서 가장 중요한 기간이다. 선행 개발과정에서의 주된 노력은 이미 알려진 설계상의 이슈들을 해결하는 것이다. 즉 알려진 불확실한 항목 또는 "Unks"를 제거하는 것과 관련된 것이다. 그리고 운이 좋으면 시스템 설계에 존재하는 초기 불확실성의 대부분을 해결하는 데 성공할 것이다. 그러나 모든 새롭고 복잡한 시스템은 필연적으로 예상치 못한 "알 수 없는 미지의 요소" 또는 "Unk-unks"를 만나게 된다. 따라서 본격적인 개발에 착수하기 전에 이러한 문제점을 발견하는 것도 선행 개발과정의 주요한 목표이다. 이를 위해 검증시험은 시스템에 잠재되어있는 지금까지 발견되지 않은 설계결함을 드러낼 수 있을 정도로 충분한 범위의 조건을 적용할 수 있도록 설계되어야 한다.

시험 실패에 따른 조치. 위와 같은 프로세스를 수행하는 것은 필요하지만 동시에 프로그램에 위험을 초래할 수 있다는 것을 알 수 있다. 일반적으로 시험을 통해서 "Unk-unk"를 발견하게 된다는 것은 시스템 요소가 예상대로 작동하지 않을 수 있다는 것을 의미한다. 어떤 경우에는 새로운 항공기 또는 유도 미사일을 시험할 때와 같이 그 실패가 눈에 보이고 공개적으로 나타날 수 있다. 예상치 못한 오류이므로 조치가 가능한 솔루션을 구현하기 위해서는 일정한 기간이 필요하다. 이 기간에는 발생한 결함이 시스템 개발에 미치는 영향이 심각할 수 있다. 공학 설계과정을 다시 진행하기 위한 결정은 시스템 설계의 성공적인 검증에 달려 있으므로 프로그램 중단으로 이어질 수도 있으며, 적절한 솔루션을 찾지 못하면 전체 프로그램이 위험에 처할 수도 있다.

위와 같은 상황이 발생할 때 시스템 엔지니어의 역할이 가장 필요하다. 그들은 예기치 않은 시스템 문제에 대한 해결책을 찾기 위한 노력을 안내하는 데 필요한 광범위한 지식과 경험을 모을 수 있는 유일한 구성원이기 때문이다. 종종 주어진 구성품의 설계에서 발견된 결함은 지엽적인 수정으로 극복할 수 없으며, 해당 구성품과 연관이 있는 시스템의 특정 부분의 변경을 통해서 해결이 가능한 경우가 많다. 다른 경우에는 분석과정을 통해서 시스템 자체가 아닌 시험 장비 또는 절차에 결함이 있음을 보여주는 예도 있다. 때에 따라서는 분석을 통해서 문제가 발생한 특정 시스템의 성능 요구조건이 운용상의 니즈에 비추어 볼 때 완전히 정당화될 수 없다는 것을 입증할 수 있다. 이러한 경우를 포함한 다양한 사례에서, 문제 해결에 필요한 가장 바람직한 솔루션을 신속하게 검색하고 식별하는 것은 시스템엔지니어링에 의해 주도되어야 한다. 프로그램 관리, 제안된 솔루션이 신뢰와 지원을 받을 가치가 있다고 고객 및 기타 의사결정권자들을 설득하는 역할 역시 시스템 엔지니어가 담당해야 한다.

시험과 시스템 수명주기. 새로운 시스템은 실제 운용환경에서 성능을 발휘해야 할 뿐만 아니라 배송, 보관, 설치 및 유지보수와 같이 수명주기 동안 노출하게 될 다양한 조건에서도 살아남을 수 있도록 설계되어야 한다. 이러한 운용 조건들은 특히 시스템 설계의 초기 단계에서 충분히 다루지 않는 경우가 많으며, 이로 인해 수정을 위해 큰 비용이 소요되는 단계에서 예기치 못한 문제를 일으키는 경우가 많다. 이러한 점을 고려할 때, 설계 확인 시험에는 시스템이 직면하게 될 것으로 예상하는 모든 조건을 명확하게 포함하는 것이 필요하다.

설계 수정 시험. 위에서 언급한 바와 같이, 시험 프로그램을 수행하는 과정에서는 설계결함으로 인한 예기치 못한 결과가 발생할 수 있다고 예상해야 한다. 따라서, 그러한 결함을 바로잡기 위해 설계를 변경하고 검증할 수 있는 시간과 자원을 확보해야 한다. 많은 사업에서 시험 일정은 100% 성공을 전제로 계획하게 되며 우발적인 상황에 대한 대비가 거의 또는 전혀 없는 경우가 많다. 이러한 비현실적인 시험 계획으로 인해 새로운 복합 시스템을 개발할 때 시간 및 비용이 초과하는 경우가 빈번하게 발생한다.

시험결과 분석 및 평가

시험 대상이 되는 구성품 또는 하부시스템으로부터 만들어지는 출력물은 후속 분석을 위해 기록되거나 시뮬레이션 요소 모델로부터 획득한 예측값과 실시간으로 비교하게 된다. 그런 다음 결과를 분석해 중요한 불일치 사항을 모두 확인하고 그 출처를 식별해야 한다. 또한 일련의 평가기준을 적용해 교정 조치가 필요한지 아닌지를 평가한다. 이때 사용되는 기준은 시스템 요구조건에 대한 주의 깊은 해석과 시스템 요소의 중요한 설계 특징에 대한 이해를 기반으로 시험을 수행하기 이전에 개발되어야 한다.

시험결과가 일치하지 않는 원인을 찾기 위해 가장 먼저 해야 할 일은 시험 장비나 절차에 결함이 있는지를 확인하는 것이다. 이는 일반적으로 시험 대상인 시스템 요소의 설계에 투입되는 노력보다 시험과 관련된 설정을 검증하는 데 사용할 수 있는 시간과 노력이 적기 때문이다.

설계 접근방식의 적절성을 확인하거나 특정한 설계결함을 식별하기 위한 목적으로 시험결과를 성공적으로 사용하기 위해서는, 고품질 데이터 획득과 시스템 요구조건을 기반으로 한 올바른 해석이 필요하다. 효과적인 시험 분석의 필수 요소는 분석가, 시험 엔지니어, 시스템 엔지니어 등으로 구성된 다양한 분야에 걸쳐서 풍부한 경험을 갖춘 분석팀이다. 분석가의 역할은 분석도구와 기법을 적용해 가공되지 않은 시험결과를 특정 시스템 요소의 성능을 측정할 수 있도록 변환하는 것이다. 시험 엔지니어는 시험 조건, 센서 및 기타 시험 변수에 대한 그들의 전문적인 지식을 이용해 시스템 분석에 도움을 주어야 한다. 시스템 엔지니어는 시험 결과를 요구조건과 관련된 시스템 성능 측면에서 해석하기 위해 위와 같은 지식을 활용한다.

결함을 해결하기 위해 상당한 재설계가 불가피하다면, 명시된 시스템 요구조건과 관련이 있는 성능 결함을 추적하는 것이 특히 중요하다. 이런 경우 시스템의 효율성에는 큰 영향을 주지 않으면서도 요구조건을 비판적으로 검토해 일부 조건을 완화할 수 있는지를 결정해야 한다. 이러한 접근법은 요구조건을 완전히 충족시키기 위해 시스템을 전반적으로 변경하기 위한 목적으로 시간과 비용을 투입하기 전에 고려되어야 한다. 시험 분석 프로세스에서 발견된 결함의 잠재적인 영향력을 고려해, 분석을 신속하게 마무리해 그 결과를 이후의 시험에 반영할 수 있도록 해야 한다. 또한 추가로 필요할 수 있는 설계상의 결함을 조사하는 것 역시 중요하다.

사용자 인터페이스 평가

시스템 설계 확인과 관련된 특별한 이슈는 사용자/컨트롤러와 시스템 간의 인터페이스 및 상호작용에서 빈번히 발생한다. 이러한 사례는 특히 의사결정 지원 시스템에서 많이 찾아볼 수 있다. 의사결정 지원 시스템의 경우 시스템 응답은 컴퓨터 기반의 로직에 의해 작동하는 디스플레이를 통해서 작업자가 입력한 복잡한 정보를 빠르고 정확하게 해석하는 것에 의존하기 때문이다. 항공 교통관제사의 기능은 이러한 인터페이스의 대표적인 사례이다. 그러나 최근에는 훨씬 낮은 수준의 정보 집약적인 시스템인 경우에도, 자동화가 증가하는 추세이기 때문에, 사용자 인터페이스를 이용한 상호작용의 비중 증가와 함께 더욱더 복잡해지고 있다. 개인용 컴퓨터와 사용자 간의 기본적인 인터페이스는 더욱 직관적이고 강력해졌지만, 이에 따라 전문적이지 않은 사용자에게는 더욱 복잡해지고 까다로워졌다.

사용자 인터페이스 제어 및 디스플레이를 시험하고 평가하는 과정에는 어려움이 뒤따른다. 인터페이스는 가장 기초적인 특징(예: 디스플레이 광도)을 제외하고는 본질적으로 대부분 데이터를 객관적이고 정량적으로 측정하는 것이 불가능하기 때문이다. 경험, 시각적 및 논리적 기술의 큰 변화, 개별 사용자의 개인적 선호도 또한 주어진 상황에 반응하는 방식에 영향을 미친다. 한 가지 유의해야 할 사항은 설계팀 구성원이 사용자 인터페이스를 평가하기 위한 유일한 주체가 되지 않아야 한다는 점이다. 오히려, 가능하다면 유사한 시스템을 운용하는 운용자들의 많은 참여가 필요하다.

그럼에도 불구하고, 대부분의 시스템 성능에 있어서 효과적인 사용자 인터페이스가 차지하는 중요성으로 인해, 해당 시스템 기능에 대해 실행할 수 있고 가장 실질적인 평가가 가능한 계획을 수립하고 이행하는 것이 필수적이다. 이것은 특히 개발 초기에는 사용자 요구조건을 설정하는 것이 어렵다는 특성과도 관련이 있다. 따라서 사용자가 시스템 운용 업무를 처음 접하게 되면 놀랄 일이 생기기 마련이다.

사용자 인터페이스는 신속한 시제품 제작이 특히 효과적일 수 있는 영역이다. 전체 시스템 또는 심지어 전체적인 인간-컴퓨터 인터페이스가 설계되기 이전에 시제품을 개발해 잠재적인 사용자가 사용해볼 수 있도록 함으로써 정보 표현 방식에 대한 선호도를 포함하여 다양한 초기 피드백을 확보할 수 있다.

사용자 인터페이스의 평가는 다음 네 가지 부분으로 고려할 수 있다.

1. 조작 제어장치를 사용하는 학습의 용이성.
2. 시각적 상황 표시의 명확성.
3. 시스템 운용에 대한 정보 콘텐츠의 유용성.
4. 온라인 사용자 지원.

이 중 첫 번째와 마지막 항목은 명시적으로 기본 시스템 운용의 일부는 아니지만, 그 효율성은 사용자의 성능에 결정적인 역할을 할 수 있다. 따라서 사용자 교육과 기본적인 사용자 도움말 기능 제공에 충분한 주의를 기울이는 것이 중요하다. 이와 같은 노력은 이러한 요소들이 기본적인 시스템 설계 특성을 평가하는 과정에서 걸림돌이 되지 않도록 하기 위해서이다.

대부분의 다른 설계 특성보다 훨씬 더 많은 양의 결함이 사용자 인터페이스에서 발견되고 수정이 이루어져야 한다는 점을 예상하고 시험을 진행해야 한다. 실무적으로 가능하다면, 이용자들은 단 하나의 유일한 설계방안에 대해 단순히 만족도만 표기하는 것이 아니라, 선택할 수 있는 다양한 설계 대안을 검토할 수 있어야 한다. 이것은 일반적으로 하드웨어보다는 소프트웨어와 관련된 설계에 적용할 수 있다.

신뢰도, 생산 가능성 등과 같은 다른 운용특성의 경우와 마찬가지로 인간-기계 인터페이스와 관련된 설계를 수행할 때는 잠재적인 미래의 사용자뿐만 아니라 인간공학 전문가도 포함되어야 한다. 개발자가 잠재적인 사용자의 참여를 얻기 위해서는 고객의 지원을 받아야 할 수도 있다. 이러한 경우를 포함한 여러 경우에서, 개발과정에 대한 고객의 참여는 최종 제품의 효용성과 수락 가능성을 실질적으로 향상시키는 데 도움을 줄 수 있다.

사용자 인터페이스의 효과를 평가하기 위해 전통적이고 정량적인 기법의 공학적인 방법을 사용하는 것은 효과적이지 못하기 때문에, 인간과 기계의 상호작용을 평가하는 분야는 시스템 엔지니어가 담당하는 것이 적절하다. 이러한 상호작용을 평가하기 위한 특정한 분야의 참여자(보통 심리학자)는 대부분 전문가(예: 시각적 반응 등에 대한)이며 다른 전문가와 함께 평가과정에 통합되어야 한다. 사용자에게 가장 효과적인 시스템을 개발할 수 있도록 설계를 변경해야 하는 경우 시스템을 대상으로 한 시험 및 분석을 계획, 주도 및 해석하는 것은 시스템

엔지니어링의 책임이다. 시스템 엔지니어가 이러한 책임을 완수하기 위해서는 기술적 측면의 리더십은 물론이고 시스템 수준의 의사결정을 수행할 수 있도록 인간-기계 상호작용과 관련된 기초를 충분히 습득해야 한다.

설계 결함의 수정

앞에서의 모든 논의는 개발 및 시험 과정에서 제거되지 않았을 수 있는 시스템 설계가 가진 잠재적 결함을 발견하는 데 초점을 맞추었다. 만약 이전의 개발과정이 전체적으로 성공적이었다면, 남아있는 문제점은 비교적 많지 않은 것으로 판명될 것이다; 그러나 결함을 제거하는 방법은 항상 분명하지 않을 수도 있고 상당한 수준의 노력이 필요할 수도 있다. 또한 이 시점에서는 체계적으로 재설계 및 재시험을 수행하는 데 필요한 시간과 가용한 자원이 거의 남아있지 않다. 따라서 앞에서도 언급한 바와 같이, 높은 성공 가능성을 갖고 본격적으로 개발을 시작할 수 있는 수준까지 시스템 설계를 완성하기 위해서는 신속하면서도 효과가 큰 부분에 노력을 투입할 수 있어야 한다. 그러한 노력에 대한 구체적인 계획을 수립하고 리더십을 발휘하는 것은 시스템엔지니어링의 특히 중요한 책임이다.

11.6 위험 감소

시스템의 전체 수명주기에서 위험 감소와 관련된 주요한 업무는 선행 개발 과정에서 완료되어야 한다. 다시 한번 강조하자면, 선행 개발과정의 주요 목적은 새로운 복합 시스템을 개발하는 과정에서 발생 가능한 잠재적 위험을 줄이는 것이며, 이는 이전에 입증되지 않은 모든 하부시스템과 구성품의 기능설계에 더 이상 남아있는 위험이 없다는 것을 확인할 수 있는 수준이어야 한다.

개발 위험이 시작되는 전형적인 근원은 “기능 분석 및 설계”와 “시제품 개발”과 관련된 장에 설명되어 있다. 대부분의 위험은 시스템 설계의 핵심 요소인 새로운 기술, 장치 또는 프로세스에 대해 적절한 지식을 갖추고 있지 못하기 때문에 발생한다. 따라서 이 과정에서의 위험 감소 프로세스는 분석, 시뮬레이션, 구현 및 시험을 통해 추가적인 지식을 습득하는 활동과 관련이 있다.

우리는 이 과정 내에서 위험을 줄이기 위한 두 가지 주요 방법, 즉 시제품 개발(하드웨어와 소프트웨어 모두)과 개발시험을 주장해왔다. 두 방법 모두 더 일찍 구현할 수도 있지만(많은 경우에 그래야 함), 시제품 제작 및 선행 시험을 올바르게 수행하는 데 필요한 시스템 아키텍처(기능적 및 물리적인 면 모두)와 관련해 충분한 정보를 확보할 수 있는 것은 선행 개발 과정에 이르러서야 가능하다.

프로그램 관리자와 시스템 엔지니어 모두 서로 다른 위험 감소 전략을 사용할 수 있다. 프로그램 관리자의 관점에서는 사용 가능한 자원의 수준에 따라서 위험을 줄일 수 있는 몇 가지 다양한 획득 전략을 사용할 수 있다: ① 기본 기술 또는 프로세스가 성숙하지 못한 경우 대안이 될 수 있는 기술 또는 프로세스를 개발하는 병렬 개발 노력(Parallel Development Efforts), ② 대안이 될 수 있는 인터페이스 옵션을 강조하는 대체 통합 전략(Alternative Integration Strategies), ③ 기술이 성숙하는 동안에 우선 기능적 증진을 도모하기 위해 점진적으로 개발을 추진하는 전략(Incremental Development Strategies).

또한 시스템 엔지니어는 시제품 제작 및 시험 외에도 다음과 같은 여러 전략을 사용할 수 있다. ① 환경과 시스템 프로세스에 대한 이해도를 높이기 위해 물리적 시제품보다는 모델링 및 시뮬레이션의 활용도를 높이고, ② 인터페이스와 관련된 위험을 감소시킬 수 있도록 설계된 구성품을 사용하기 전에 인터페이스를 개발하고 시험을 수행할 수 있다. 궁극적으로는 위험을 줄이기 위해 어떠한 전략을 적용하는가와는 별도로 프로그램 관리자와 시스템 엔지니어는 위험 감소 효과를 적기에 얻을 수 있도록 서로 협조해야 한다.

얼마나 많은 개발이 필요한가?

위험 감소 노력을 계획할 때 내려야 할 주요한 결정 중의 하나는 각 위험 영역에 대해서 어떤 수단을 이용해 얼마나 광범위한 개발이 이루어져야 하는가이다. 개발이 너무 제한적이면 남아있는 위험은 여전히 큰 수준을 유지하게 될 것이다. 만약 반대로 그러한 노력이 매우 광범위하게 이루어진다면, 위험 감소에 소비되는 시간과 비용이 필요 이상으로 전체 시스템 개발 비용을 부풀릴 수 있다. 적절한 균형을 맞추기 위해서는 경험이 많은 시스템엔지니어링 판단이 필요하다.

주어진 요소에 대해 얼마나 많은 개발을 수행해야 하는지에 대한 결정은 위험관리 계획의 일부가 되어야 한다. 이 계획의 목적은 각 주요 위험 영역 관리에 드는 총비용을 최소화하는 것이다. 이 "위험 비용"은 일반적으로 빈번하게 수행되는 분석, 시뮬레이션, 설계 및 시험 비용, 즉 개발 비용과 잔여 위험을 낮은 수준으로 감소시키는 데 필요한 비용의 합계이다. 여기서 잔여 위험이 낮은 수준이라는 의미는 공학 설계과정을 착수할 수 있는 수준이라는 것을 의미하며, 이러한 노력에 드는 비용을 "완화 비용"이라고 한다. 개발의 성격과 규모를 다양화함으로써 가장 효율적인 균형점을 모색하기 위한 판단을 내릴 수 있을 것이다. 따라서 중요성이 높음에도 불구하고 아직 개발 수준이 낮은 구성품에 대한 적절한 개발 규모는 시제품 단계까지 요구할 수 있다. 그러나 중요도가 낮거나 이미 개발이 완료되고 검증된 구성품의 경우에는 분석만을 요구할 수도 있다.

11.7 요약

불확실성의 감소

선행 개발과정의 목표는 분석 및 개발을 통해 대부분의 불확실성(위험)을 해결하고 전체 규모의 개발을 위한 기반을 마련할 수 있도록 시스템 설계 접근방식을 검증하는 것이다. 선행 개발로부터 얻을 수 있는 산출물은 시스템 설계(B) 사양과 검증된 개발 모델이다.

선행 개발을 수행하기 위해서는 수년간의 개발 노력이 필요할 수도 있다. 이는 광범위한 첨단기술 개발 또는 검증되지 않은 개념을 포함하는 시스템을 개발하고자 할 때 더욱 그렇다.

선행 개발에 포함되는 활동은 다음과 같다.

- 요구조건 분석: 기능 요구조건과 니즈를 연관.
- 기능 분석 및 설계: 성능과 관련된 이슈를 식별.
- 프로토타입 개발: 핵심 부품의 시제품 제작 및 시험.
- 시험 및 평가: 중요한 구성품의 성숙도 검증.

요구조건 분석

시스템 기능사양에 관한 분석은 운용 요구조건, 특히 쉽게 충족되지 않는 요구조건을 그것의 출처와 연관시키는 데 필요하다. 이전 시스템과의 차이점도 확인해야 한다.

기능 분석 및 설계

추가적인 개발이 필요할 수 있는 구성품은 다음과 같다.

- 새로운 기능 구현.
- 기존 기능을 새로운 방식으로 구현.
- 기존 구성품 유형에 대해 새로운 생산방법 적용.
- 검증된 구성품의 기능을 확장.
- 복잡한 기능, 인터페이스 및 상호작용을 포함.

위험 감소 기법으로서의 시제품 개발

시제품을 개발하는 목적은 다양하다. 일부는 프로그램에 대한 위험을 줄이거나, 기술적인 한계를 탐색하거나, 비용과 기술 성숙도와 관련된 정보를 고객에게 알려주기 위한 것일 수 있다.

추가적인 검토가 필요한 프로그램 위험은 다음과 같은 여러 조건에서 발생할 수 있다.

- 비정상적으로 높은 성능 요구조건.
- 새로운 소재 및 프로세스.
- 극한 환경조건.
- 복잡한 구성품 인터페이스.
- 새로운 소프트웨어 요소.

개발시험

위험이 해소되었음을 검증하기 위한 목적으로 확인 시험을 수행하기 위해서는 공식적인 시험 계획(TEMP)의 개발이 필요하다. 또한 시험장비를 개발하고 검증을 수행하는 것은 물론이고 시험결과를 분석하고 평가해야 한다. 이 시험의 결과는 설계결함을 수정하기 위한 작업으로 이어진다. 그러나 특수한 시험장비와 시설을 구축하기 위해서는 종종 대규모의 투자가 필요하다. 따라서 인터페이스 설계 초기에 실험적인 탐색을 수행하는 것이 필수적이다.

시스템과 구성품에 대한 모델은 시스템을 개발하는 과정에서 광범위하게 사용된다. 시뮬레이션은 개발의 모든 과정에서 그 중요성이 점점 더 증가하고 있으며, 개발이 필요한 동적 시스템과 소프트웨어 분석에 유용하게 사용되고 있는 것은 물론이고 분석가와 운용자들에게도 필수적이다.

개발설비는 환경조건을 모사하는 설비로서 개발시험 및 구성품을 평가하는 목적으로 사용된다. 이러한 설비를 구축하기 위해서는 대규모의 투자와 함께 전담 운용 인력이 필요하다.

위험 감소

위험 평가는 기본적인 시스템엔지니어링 도구로서 개발과정 전반에 걸쳐 사용되며, 특히 선행 개발 중에 많이 사용된다. 그것은 위험, 위험 가능성 및 치명적인 위험 등을 유발할 수 있는 요인을 식별하기 위한 목적으로 사용된다.

연습문제

11.1 시스템엔지니어링 방법은 이전의 개념 정의 과정에서와 마찬가지로 네 개의 절차를 이용하여 선행 개발과정에 적용된다. 두 과정에서 이루어지는 시스템엔지니어링 방법의 각 절차에 해당하는 활동을 서로 비교하여 (i) 그들이 어떻게 유사하고 (ii) 어떻게 다른지 자신의 표현방식으로 설명하시오.

11.2 종종 "위험 감소" 과정으로 지칭되는 선행 개발과정에서의 구체적인 활동은 무엇인가? 실제 또는 가상 시스템을 고려하여 각 활동의 예시를 제시하시오.

11.3 왜 그렇게 많은 새로운 복합 시스템 개발들이 미성숙한 기술을 적용하는 전략을 선택함으로써 큰 위험을 초래하는가? 그러한 선택이 어디에서 어떻게 성과를 냈는지, 반대로 그렇지 못했던 경우가 있었는지 예시를 제시하시오. 이때 시제품은 어떤 위험을 줄일 수 있는지 논의하시오.

11.4 표 11.2는 시스템의 서로 다른 측면과 관련이 있는 네 가지 개발 사례를 보여주고 있다. 각각의 결과를 검증하기 위해서는 서로 다른 개발 활동 목록이 필요한 것으로 나타났다. 주어진 조건을 고려하여 네 가지 개발 프로세스 각각에 대한 근거를 설명하시오.

11.5 터미널 항공 교통 관제 시스템에 대한 주요 업그레이드 개발에서, 예상되는 세 가지 중요한 위험은 무엇이며, 이러한 위험을 완화하기 위해 어떤 시스템엔지니어링 접근 방식을 권장할 것인가(일정을 지키지 못할 수 있는 문제와 안전 문제를 고려하시오). 이러한 위험을 해결할 수 있는 시제품이 있는가? 시제품의 결과가 의사결정자에게 추가적인 통찰력을 제공하리라는 것을 어떻게 기대할 수 있는가?

11.6 이전에 입증된 한계를 훨씬 초과하여 확장된 기능 성능이 요구되는 구성품은 종종 추가 개발이 필요하다. 표 11.3에 표시된 네 가지 기능 요소 범주(신호, 데이터, 재료 및 에너지) 각각에 해당하는 구성품 한 개씩을 예시로 제시하시오. 각각의 예시를 선택한 이유를 설명하시오.

11.7 그래픽 사용자 인터페이스 소프트웨어는 일반적으로 설계 및 시험이 어렵다. 이것이 사실인 이유를 설명하고 당신의 주장을 뒷받침하기 위해 최소한 세 가지 이상의 상황을 제시하시오. 당신은 각 상황에 대해 어떤 유형의 개발 시험을 제안할 수 있는지 설명하시오?

11.8 대부분의 폐쇄 루프 동적 시스템(Closed-loop Dynamic Systems)은 분석 및 시험이 어렵다. 이러한 목적을 위해 특수 시험 시설이 종종 건설된다. 광학 센서를 사용하여 원격 감시용으로 설계된 무인 항공기(UAV)를 평가하기 위한 시험 개념을

다이어그램으로 표시하시오. 시험 장비에 실제 광학 센서가 포함되고 다른 시스템 구성품은 시뮬레이션 된다고 가정하시오. 시뮬레이션에서 시험 중인 요소 중에서 어떤 것이 시스템의 일부 요소인지 그리고 외부 입력을 나타내는 요소는 무엇인지 표기하시오. 모든 블록과 입력/출력 라인에 레이블을 지정하시오.

선행 개발에서 시스템엔지니어링이 갖는 한 가지 책임은 시스템 개념이 신호, 데이터, 재료 및 에너지의 네 가지 기능적 요소를 어떻게 받아들이고, 변환하고, 소비하고, 생산하는지를 이해하는 것이다. 이 개념에 대한 예시를 보여줄 수 있도록 문제 11.9부터 11.12에 대해서 자동으로 잔디를 관리하는 시스템을 어떻게 설계할 것인지를 묘사하시오. 이때 포함해야 할 예시로는 잔디의 수분 상태를 모니터링하여 자동 스프링클러를 시작/정지할 시기를 결정하는 방법; 자동 예초기가 잔디 깍기를 언제 시작해야 할지를 결정하는 방법; 사용자에게 제공해야 하는 디스플레이 및 명령 등이 포함된다.

각 문제에 대해 "수락", "변환", "소비" 및 "생산"이라는 레이블이 지정된 네 개의 열이 있는 테이블을 구성하시오.

11.9 "수락" 열에서 모든 외부 엔터티로부터 시스템이 어떤 신호를 수락하는지 설명하시오. "변환" 열에서 이러한 신호의 변환을 설명하고, 시스템이 이러한 신호를 무엇으로 변환할 것인지 묘사하시오. "사용" 열에서 시스템이 어떤 신호를 어떤 목적으로 사용할지 설명하시오. 시스템은 모든 입력 신호를 변환하거나 소비한다는 점을 염두에 두시오. "생산" 열에서 시스템이 출력을 위해 생성할 신호를 설명하시오.

11.10 "수락" 열에서 모든 외부 엔티티로부터 시스템이 어떤 데이터를 수락할지 설명하시오. "변환" 열에서 이러한 데이터의 변환을 설명하고, 시스템이 이러한 데이터를 무엇으로 변환할 것인지 묘사하시오. "사용" 열에서 시스템이 어떤 데이터를 어떤 목적으로 사용할지 설명하시오. 시스템은 모든 입력 데이터를 변환하거나 소비한다는 점을 염두에 두시오. "생산" 열에서 시스템이 출력을 위해 생성할 데이터를 설명하시오.

11.11 "수락" 열에서 모든 외부 엔티티로부터 시스템이 어떤 재료를 수락할지 설명하시오. "변환" 열에서 이러한 재료의 변환을 설명하고, 시스템이 이러한 재료를 무엇으로 변환할 것인지 묘사하시오. "사용" 열에서 시스템이 어떤 재료를 어떤 목적으로 사용할지 설명하시오. 시스템은 모든 입력 재료를 변환하거나 소비한다는 점을 염두에 두시오. "생산" 열에서 시스템이 출력을 위해 생성할 재료를 설명하시오.

11.12 "수락" 열에서 모든 외부 엔티티로부터 시스템이 어떤 에너지를 수락할지 설명하시오. "변환" 열에서 이러한 에너지의 변환을 설명하고, 시스템이 이러한 에너지를 무엇으로 변환할 것인지 묘사하시오. "사용" 열에서 시스템이 어떤 에너지를 어떤 목적으로 사용할지 설명하시오. 시스템은 모든 입력 에너지를 변환하거나 소비한다는 점을 염두에 두시오. "생산 열에서 시스템이 출력을 위해 생성할 에너지를 설명하시오.

참고문헌

Aguilar M. (2012). Fault Management Using Model Based System Engineering (MBSE) Tools and Techniques. NASA Engineering and Safety Center (NESC). https://www.nasa.gov/pdf/637605main_day_1-michael_aguilar.pdf (accessed January 2019).

Bjorkman, E., Sarkani, S., and Mazzuchi, T. (2013). *Using model-based systems engineering as a framework for improving test and evaluation activities. Systems Engineering* 16 (3): 346-362.

Cooley, J. and McKneely, J. (2012). Command and control systems engineering: integrating rapid prototyping and cognitive engineering. *Johns Hopkins APL Technical Digest* 31 (1): 31-42.

Colombi, J. and Cobb, R. (2009). *Application of Systems Engineering to Rapid Prototyping for Close Air Support.* Air Force Institute of Technology Wright Patterson AFB United States.

Costa, N., Jakobsen, J.J., Weber, R. et al. (2018). Assessing a maritime service website prototype in a ship bridge simulator: navigators' experiences and perceptions of novel e-Navigation solutions. *WMU Journal of Maritime Affairs* 17 (4): 521-542.

Grello, L. (2011). Model based systems engineering and modeling and simulation adding value to test and evaluation. *National Defense Industrial Association (NDIA) 27th Annual National Test and Evaluation Conference*, Tampa, FL (14-17 March 2011).

Purwanda, I., Adiono, T., Situmorang, S., et al. (2017). Prototyping design of a low-cost bike sharing system for smart city application. *Proceedings of 2017 International Conference on IEEE ICT for Smart Society (ICISS)*, Tangerang, Indonesia (18-19 September 2017), 1-6.

추가 자료

Blanchard, B. and Fabrycky, W. (2013). *System Engineering and Analysis*, 5e. Prentice Hall.

Brooks, F.P. Jr. (1995). *The Mythical Man Month: Essays on Software Engineering*. Addison-Wesley.

Chase, W.P. (1974). *Management of Systems Engineering*. Wiley, Chapter 9.

Defense Acquisition University (2001). *Systems Engineering Fundamentals*. Department of Defense, Chapter 4. http://acqnotes.com/wp-content/uploads/2017/07/DAU-Systems-Engineering-Fundamentals.pdf (accessed 3 February 2020).

DeGrace, P. and Stahl, L.H. (1990). *Wicked Problems, Righteous Solutions*. Yourdon Press, Prentice Hall.

GAO (2017). Weapon Systems: Prototyping has Benefited Acquisition Programs, But More Can Be Done To Support Innovation Initiatives. *GAO-17-309*.

Madni, A., Madni, C., and Lucero, S. (2019). *Leveraging digital twin technology in model-based systems engineering*, MDPI. Systems 7 (1).

Martin, J.N. (1997). *Systems Engineering Guidebook: A Process for Developing Systems and Products*. CRC Press, Chapter 10.

Reilly, N.B. (1993). *Successful Systems for Engineers and Managers*. Van Nostrand Reinhold, Chapter 13.

Sage, A.P. (1992). *Systems Engineering*. McGraw Hill, Chapter 6.

Sage, A.P. and Armstrong, J.E. Jr. (2000). *Introduction to Systems Engineering*. Wiley, Chapter 6.

Stevens, R., Brook, P., Jackson, K., and Arnold, S. (1998). *Systems Engineering, Coping with Complexity*. Prentice Hall, Chapter 11.

12. 공학 설계

12.1 시스템 빌딩 블록의 구현

공학 설계과정은 새로운 시스템을 개발하는 절차의 일부분이다. 이 과정은 시스템의 모든 구성품을 설계하는 것과 관련이 있으며, 구성품 전체가 정상적으로 작동하게 되면 시스템이 운용 요구조건을 충족시킬 수 있어야 한다. 이 과정을 수행하기 위해서는 구성품 설계에 초점을 맞춘 집중적이고 고도로 조직화된 노력이 필요하다. 구성품을 설계할 때는 시스템이 겪게 될 수 있는 다양한 조건 속에서도 구성품의 신뢰도에 영향이 없고 유지보수가 가능하면서도 안전성을 확보할 수 있어야 한다. 또한 사전에 설정된 비용 및 일정 목표 내에서 구성품을 생산할 수 있도록 해야 한다. 위의 목표를 충족하는 데 필요한 일반적인 설계 접근방식은 아마도 앞에서 수행된 과정들에서 이미 확립되었을 것이다. 그러나 공학 설계과정은 상세한 내부 및 외부 인터페이스가 설정되고 설계가 처음으로 하드웨어 및 소프트웨어의 형태로 완전히 구현되는 과정이다.

과거에 입증되지 않았던 구성품을 대상으로 수행하였던 선행 개발과정에서는 기능 및 물리적 성능과 관련된 모든 중요한 문제가 해결될 수 있는 수준까지 개발이 완료되었다고 가정할 수 있다. 그러나 새로운 복합 시스템을 개발해왔던 경험에 비추어 보면 일부 "알 수 없는 미지"의 항목은 거의 항상 사전에 발견되지 못하고 구성품 설계 및 통합과정에서 비로소 문제점을 드러내게 된다. 따라서 이러한 상황이 공학 설계과정에서 나타날 수 있다고 가정하고 비상 계획을 수립해야 한다.

시스템 수명주기에서 공학 설계과정의 위치

그림 12.1과 같이, 시스템엔지니어링 수명주기에서 공학 설계과정의 위치

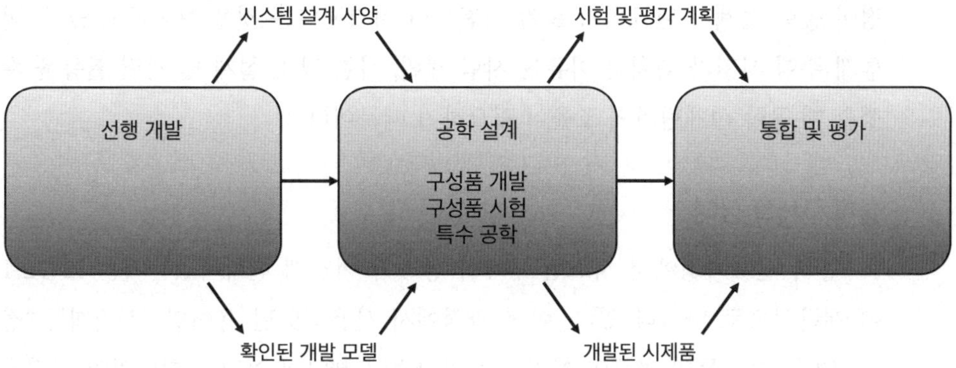

그림 12.1 시스템 수명주기에서의 공학 설계과정

는 선행 개발과정의 이후이면서 통합 및 평가과정의 이전에 있다. 선행 개발과정으로부터 입력되는 내용은 시스템 설계사양과 검증된 시스템 개발 모델인 것을 알 수 있다. 표기되지 않은 다른 입력 변수에는 해당 상용 구성품과 부품, 그리고 이 과정에서 사용하게 될 설계도구와 시험시설 등이 포함된다. 통합 및 평가 과정으로 입력되는 공학 설계 과정의 출력물은 상세한 테스트 및 평가 계획과 함께 완전히 설계되고 테스트된 전체 구성품 세트이다. 업무 분할 구조(WBS) 및 시스템엔지니어링 관리 계획(SEMP)과 같은 프로그램 관리 계획 문서와 함께 시험 및 평가 종합계획(TEMP) 또는 이에 상응하는 문서가 이 프로세스를 수행하는 과정에서 활용되고 업데이트된다. 그림 12.2는 실제로는 통합 및 평가과

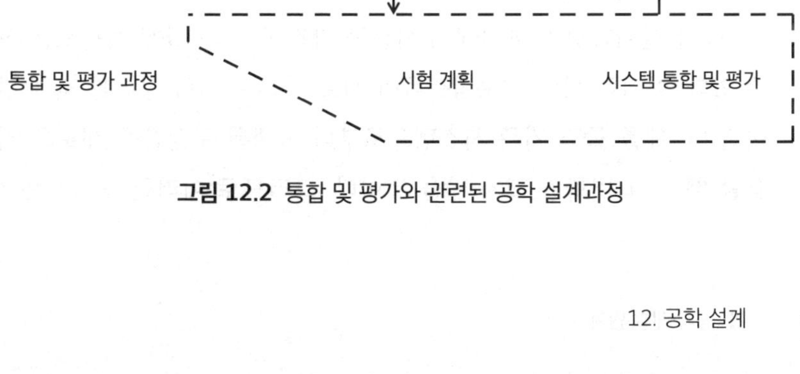

그림 12.2 통합 및 평가와 관련된 공학 설계과정

정이 공학 설계가 완료되기 훨씬 이전부터 시작된다는 것을 보여주고 있다. 이렇게 수행 시기가 겹치는 이유는 시험 계획, 시험 장비 설계 및 관련 활동을 수행할 때 공학 설계팀과의 조율이 필요하기 때문이다.

설계 구체화 상태

공학 설계과정에서 시스템 구체화 상태가 어떻게 변화하였는지는 표 12.1에 개략적으로 나타나 있다. 이전 과정에서 사용되었던 용어인 "시각화", "정의" 및 "확인" 등의 활동이 여기서는 임시적인 제안이 아닌 구현방안이 결정되었다는 사실을 표현할 수 있는 결정적인 용어인 "설계", "제작" 및 "시험" 등과 같은 용어로 대체되었다는 것을 확인할 수 있다. 이것은 이 과정에서는 이전 과정을 거치면서 결정된 개념 및 개발 결과가 마침내 통합되고 상세한 시스템 설계로 구현된다는 사실을 보여준다.

표 12.1 공학 설계과정에서 시스템 구체화 상태

과정 / 수준	개념 개발			공학 개발		
	니즈 분석	개념 탐색	개념 정의	선행 개발	공학 설계	통합 및 시험
시스템	시스템 능력 및 효과 정의	개념 식별, 탐색 및 합성	선택한 개념 정의 (사양서 포함)	개념 검증		시험 및 평가
하부시스템		요구조건 정의 및 실현 가능성 확인	기능 및 물리 아키텍처 정의	하부시스템 검증		통합 및 시험
구성품			기능을 구성품에 할당	사양서 정의	설계 및 시험	통합 및 시험
하부구성품		시각화		기능을 하부 구성품에 할당	설계	
부품					제작 또는 구매	

공학 설계과정의 초기에 구성품들 각각이 갖는 설계 성숙도는 상당히 다를 수 있다. 이러한 차이는 구성품들이 서로 다른 구체화 상태를 갖게 만드는 요인이 된다. 예를 들면 기존 시스템으로부터 파생된 구성품을 새로운 시스템에 적용할 때는 그 변화가 크지 않을 것이다. 그러므로 이러한 구성품은 실질적으로

이전과 동일한 환경에서 완전히 개발되고 시험 되었을 수 있다. 이에 반해 새로운 기술이나 혁신적인 기능이 포함된 다른 구성품들의 경우에는 실험적인 시제품 단계에 머물러 있을 수도 있다. 그러나 공학 설계 단계가 끝날 때까지 이러한 구성품 간의 서로 다른 개발 상태는 해소되어야 하며, 모든 구성품은 세부적인 하드웨어 및 소프트웨어 설계는 물론 구축 측면에서 완전히 "구체화"되어야 한다.

이 과정에서 필요한 주요한 노력은 내부 구성품 및 외부 엔티티 간의 인터페이스와 상호작용을 정의하는 것이다. 과거의 개발 경험에 따르면 시스템엔지니어링의 적극적이고 기술적인 리더십은 공학 설계과정 중에 드러나는 인터페이스 측면의 비호환성과 관련된 문제를 신속하게 해결하는 데 있어 필수적이다.

공학 설계에서 시스템엔지니어링 방법

공학 설계과정 중에 적용되는 시스템엔지니어링 방법의 네 가지 절차에 관한 주요 활동은 아래에 간략하게 기술되어 있으며, 그림 12.3에 도해로 나타나 있다. 이 과정을 수행하기 위해 필요한 대부분의 노력은 세 번째와 네 번째 절차에 투입하게 된다.

대표적인 활동은 다음과 같다.

1. **요구조건 분석**
   - 일관성과 완전성을 위한 시스템 설계 요구조건 분석.
   - 모든 외부 및 내부 상호작용 및 인터페이스에 대한 요구조건 식별.
2. **기능 분석 및 설계**(기능 정의)
   - 구성품 상호작용 및 인터페이스 분석, 설계, 통합 및 시험 문제 파악.
   - 상세한 사용자 상호작용 모드 분석.
   - 사용자 인터페이스 설계 및 프로토타입 제작.
3. **구성품 설계**(물리 정의)
   - 모든 하드웨어 및 소프트웨어 구성품과 인터페이스의 예비설계 배치.
   - 검토 후 상세 하드웨어 설계 및 소프트웨어 코드 구현.
   - 엔지니어링된 구성품의 시제품 제작.

4. **설계 확인**

- 기능, 인터페이스, 신뢰도 및 생산성과 관련해 엔지니어링된 구성품의 시험 및 평가 수행.
- 결함 수정.
- 제품 설계 문서화.

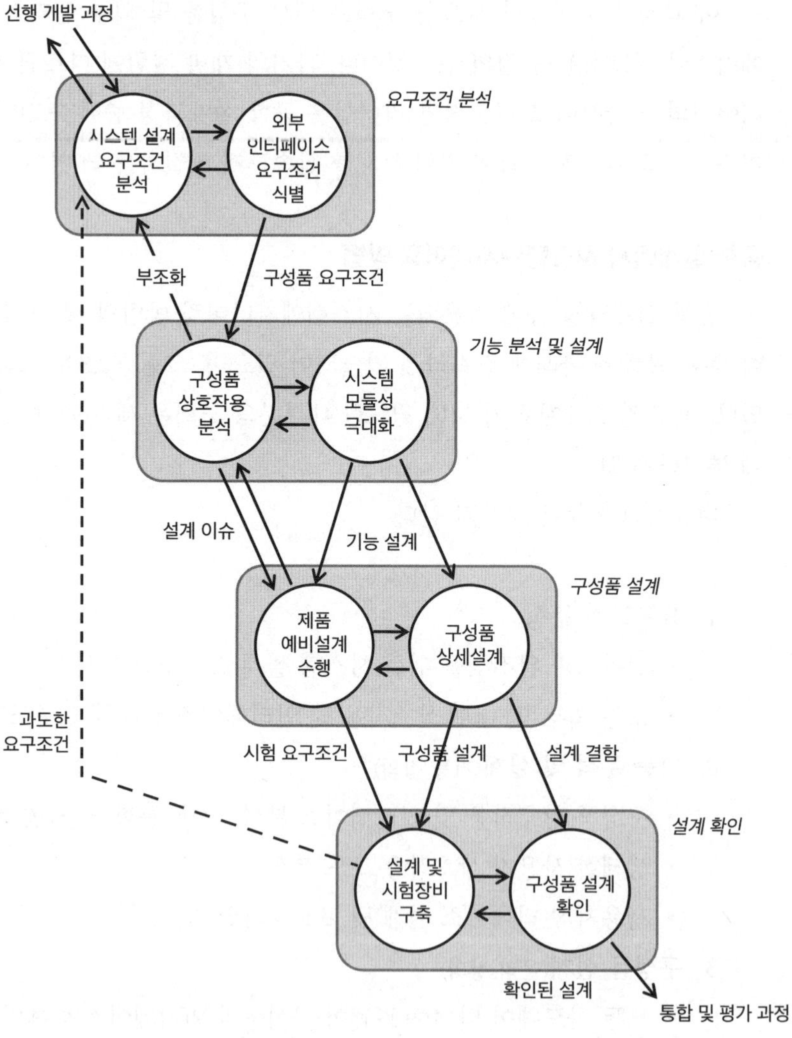

그림 12.3 공학 설계과정 흐름도

12.2 요구조건 분석

앞서 수행된 선행 개발과정에서는 시스템 기능사양을 시스템 설계사양 목록으로 변환시켰다. 여기서 시스템 설계사양 목록은 최종적으로 선택한 설계 접근방식을 정의하는 것으로 시스템 운용 목표를 완전히 충족시킬 수 있는 것으로 확인이 완료된 것이다. 개발 프로세스를 구성하는 이전 과정들에서와 마찬가지로, 이러한 사양은 이제 본격적인 개발을 시작할 수 있는 탄탄한 기반을 제공하기 위해 타당성, 완전성 및 일관성 측면에서 다시 한번 더 분석되어야 한다. 특히, 이러한 분석을 수행할 때는 시간의 경과 또는 외부 이벤트로 인해 발생하는 모든 변경 사항을 고려해야 한다.

시스템 설계 요구조건

선행 개발과정에서는 분석, 설계, 개발 및/또는 시험 측면에서 추가적인 개발이 필요했던 시스템 구성품에 초점이 맞추어져 있었다는 점을 상기해보자. 이들은 가장 큰 개발 위험을 내포하고 있는 구성품들이므로 잔류 위험이 관리 가능한 수준으로 감소하였는지를 확인할 수 있도록 설계 접근방식을 신중하게 분석해야 한다. 예를 들어, 초기에 잘못 정의된 외부 인터페이스 기술이 포함된 구성품의 경우에는 남아있는 불확실성을 완전히 해소하기 위한 재검토가 이루어져야 한다.

특별한 개발 노력이 필요하지는 않지만 위험을 수반할 것으로 확인된 일부 구성품과 이전 프로세스를 통해서 더 높은 수준 또는 더 많은 스트레스를 받는 환경에서 작동해야 하는 것으로 식별된 구성품은 이 과정에서 특히 더 정밀한 조사가 이루어져야 한다. 이러한 분석 결과는 공학 설계 중 위험 관리 계획에 포함되어야 한다(10.2 참조).

외부 시스템 인터페이스 요구조건

이전의 과정에서는 전체 시스템이 물리적으로 조립되지 않았었기 때문에 환경과 관련이 있는 인터페이스 설계를 엄격하게 수행하지는 못했을 가능성이 크다. 따라서 공학 설계를 시작하기 전에 시스템 수준에서 환경 인터페이스에 관한 포괄적인 분석을 수행해야 한다.

사용자 인터페이스. 앞에서 언급한 바와 같이, 많은 경우에 사용자와 시스템의 기능적 상호작용과 물리적 인터페이스는 중요할 뿐만 아니라 올바르게 정의하기도 어렵다. 이러한 상황은 한 가지 사실 때문에 더욱 나빠지게 된다. 그것은 새로운 시스템의 잠재적인 사용자들이 실제로 물리적인 방법을 통해서 새로운 시스템과 상호작용하기 전에는 어떻게 해야 개발되는 시스템을 가장 잘 작동시킬 수 있는지 알 수 없다는 문제가 있기 때문이다. 따라서 매우 단순한 인간-기계 인터페이스를 제외하고, 사용자 콘솔, 시현장치 및 제어장치와 같은 시제품 모델은 가능한 가장 이른 시간에 구축되어야 한다. 이는 시스템 입력에 대한 다양한 사용자의 반응을 확인하고, 대체 인터페이스 방안을 설계하고 실험할 수 있도록 하는 데 필요하다. 이러한 작업이 선행 개발과정에서 제대로 완료되지 않았다면 공학 설계 초기에 수행해야 한다.

시스템 유지보수와 관련이 있는 사용자 인터페이스에는 결함 제거, 구성품 교체, 물류지원 등과 관련된 문제들이 다수 포함되어 있다. 공학 설계과정 이전에는 인터페이스 설계와 관련한 이슈들에 대해서 피상적인 관심만 두게 되는 경우가 많다. 그러나 이러한 개발 방식은 이전에 정의되었던 구성품 간의 인터페이스에 대해 상당한 규모의 재설계를 하게 만들 가능성이 크다.

환경 인터페이스. 충격, 진동, 극한 온도 및 기타 잠재적 손상 환경에 노출되는 외부 인터페이스를 정의하기 위해서는 시스템 수명 주기의 모든 단계를 다시 고려하는 것이 중요하다. 이때 생산, 배송, 저장, 설치, 운용 및 유지보수와 관련된 사항을 포함시켜야 하고, 각 단계에서 발생할 수 있는 환경과의 모든 상호작용을 예측해야 한다. 봉인 부품, 조인트, 방사선 차폐, 절연체, 쇼크 마운트 등과 같은 인터페이스 요소들은 최종 설계에서 기능의 완전성을 보장할 수 있도록 필요한 경우 검토를 수행하고 다시 정의해야 한다. 위의 주제 중 일부는 "사용자 인터페이스 설계" 절에서 더 자세히 다루고 있다.

조립 및 설치 요구조건

시스템을 설계하기 위해서는 일반적인 설계 요구조건 외에도 운용 현장에서 시스템 조립 및 설치와 관련이 있는 모든 특수한 요구조건들도 고려해야 한다. 이것은 전체 시스템을 부분별로 나누어서 배송해야 하는 대형 시스템의 경우에 특히 중요하다. 예를 들어 기존 선박의 갑판 아래에 설치되어야 하는 하부시스템 중 하나인 선상 시스템을 생각해보자. 이 경우 해치와 통로의 크기에 따라 통과할 수 있는 가장 큰 물체의 크기가 결정된다. 또 다른 사례는 항공기에 시스템을 설치할 때이다. 건물도 화물용 엘리베이터로 이동시킬 수 있는 제품의 하중 및 크기에 제한이 있다. 어떤 경우든 현장 조립이 필요한 경우 시스템 설계는 시스템을 "절단"할 위치와 재조립 방법을 고려해야 한다. 예를 들어 물리적 결합을 위해 볼트를 체결해야 하는 경우 이 작업에 사용되는 볼트 등의 위치와 크기는 체결에 필요한 렌치의 크기와 위치를 고려해 결정해야 한다. 많은 개발자가 규정된 조립 절차를 수행하기 위해서는 반드시 필요한 팔꿈치를 움직일 수 있는 공간이 충분하지 않다는 것을 깨달았을 때 당황하는 경우가 많았다.

조립 프로세스가 복잡하고 수행 속도가 느린 경우 또 다른 현장 문제가 발생할 수 있다. 오래전에 있었던 사례 중의 하나는 중서부 호텔 로비에 매달리는 방식으로 설치되었던 통로가 있다. 대규모 댄스파티에서 많은 사람이 이 통로에서 춤을 추고 있었는데, 이 통로가 붕괴하면서 다수의 사상자를 만들어내는 사건이 발생했다. 이 사고를 조사한 결과, 원래 지정된 긴 나사의 지지봉을 설치하는 것이 어렵다는 이유로 조립 현장에서 설계 변경이 이루어졌다는 사실이 밝혀졌다. 이렇듯 소위 "사소한" 설계 변경은 조립을 쉽게 할 수 있도록 하였지만, 연결구조에 부과되는 하중을 2배로 증가시켰다. 결함은 설계 변경과 관련된 사람들 때문이었다. 그러나 최초의 설계자가 이렇듯 어려운 조립 공정과 관련해 더 많은 주의를 기울였다면 이러한 사고가 발생하지 않았을 수도 있었을 것이다.

위험 완화

앞서 10장에서도 언급한 바와 같이, 개발 및 엔지니어링 프로세스를 계획할 때 필요한 절차는 프로그램의 위험을 고려하는 것이다. 선행 개발과정에서는 새로운 기술이나 복잡한 기능을 적용함에 따라 발생할 수 있는 개발과 관련된 문제를 제거하거나 크게 줄이기 위해 추가적인 개발이 필요한 구성품들을 식별하고 그 위험을 평가하였다. 공학 설계과정이 일단 시작되면 그러한 위험은 추가적인 개발을 통해서 해소해나가야 하는데, 이때 위험관리 기법을 적용함으로써 프로그램 위험을 허용할 수 있는 수준으로 감소시켜야 한다. 이러한 위험관리를 위해서는 잔여 위험의 확률과 영향을 식별하고 완화(감소 또는 최소화)하는 프로세스가 필요하다.

확인이 필요한 설계 요구조건

이전에 수행한 분석을 통해서 어떤 요구조건은 공학 설계에 과도한 스트레스를 가한다는 것을 알 수 있었다. 공학 설계과정은 이러한 위험을 완화함으로써 설계가 실패할 수 있는 위험을 줄일 가능성을 진지하게 탐구할 수 있는 마지막 기회이다.

12.3 기능 분석 및 설계

공학 설계과정은 시스템 구성품의 설계에 초점이 맞추어져 있다. 구성품의 기능 정의에 관한 업무 중에서 일차적인 기능 할당은 이전 과정을 통해서 수행되었다고 가정할 수 있다. 그러나 상호작용과 관련된 사항은 아직 확정되지 않은 상태이다. 기능 분석 및 설계과정을 수행하는 주요 목표 중의 하나는 구성품 간은 물론 시스템 환경과의 상호작용을 정의하는 것이다. 상호작용을 정의할 때 가장 중점을 두어야 하는 사항은 상호 독립성을 극대화하는 방식으로 진행되어야 한다는 것이다. 이러한 원칙은 구성품의 획득, 통합 및 유지보수는 물론이고 향후 시스템 업그레이드를 수행하는 과정을 좀 더 쉽게 추진할 수 있는 효과가 있기 때문이다.

이 절에서는 기능 분석 및 설계와 관련된 세 가지 중요한 영역을 알아보고자 한다.

1. 모듈식 구성: 시스템 구성품 및 환경과의 상호작용 단순화.

2. 소프트웨어 설계: 모듈형 소프트웨어 아키텍처 정의.
3. 사용자 인터페이스: 효과적인 인간-기계 인터페이스 정의 및 입증.

모듈식 구성

공학 설계과정에서 기능 분석 및 설계절차를 수행하는 가장 중요한 목표는 구성품과 하부시스템 간의 경계를 정의하는 것이다. 물론 이러한 정의는 상호작용(즉, 서로에 대한 의존성)을 최소화하는 방법으로 수행되어야 한다. 또한 다음 사항을 보장할 수 있어야 한다.

1. 각 구성품은 독립된 장치로 지정, 개발, 설계, 생산 및 시험이 가능해야 한다.
2. 다른 구성품과 조립이 이루어질 때, 구성품은 더 이상의 조정이 필요하지 않은 상태로 적절하게 기능을 수행해야 한다.
3. 결함이 있는 구성품은 동일하고 교환 가능한 구성품으로 직접 교체할 수 있어야 한다.
4. 구성품은 다른 구성품의 설계에 영향을 미치지 않고 내부적으로 업그레이드할 수 있어야 한다.

위와 같은 특성을 가진 시스템 설계를 "모듈형" 또는 "분할형"이라고 한다. 이러한 특성은 하드웨어 및 소프트웨어 구성품 모두에 적용된다. 구성품의 특성은 물리적 상호작용은 물론 기능적 상호작용과 관련이 있지만, 후자는 기본적인 조건으로서 물리적 인터페이스를 결정하기 전에 정의되어 있어야 한다.

기능 요소. 시스템의 기능적 요소들은 고도로 모듈화된 시스템 빌딩 블록의 한 사례이다. 이 빌딩 블록들은 아래의 세 가지 기준을 적용해 선택하게 된다.

중요성: 각 기능 요소는 구별되고 유의한 기능을 수행하며, 일반적으로 몇 가지의 기본적인 기능이 포함된다.
특이성: 각 기능 요소는 대부분 단일의 전통적인 공학 분야의 기술적 범위

에 포함된다.

공통성: 각 요소에 의해 수행되는 기능은 매우 다양한 다른 시스템 유형에서도 찾아볼 수 있다.

각각의 기능 요소는 구성품 요소의 유형별 기능적 전형 즉 대표적인 예시를 의미한다. 여기서 구성품 요소는 현대 시스템에서 공통으로 찾아볼 수 있는 빌딩 블록을 말한다. 구성품 요소들이 "공통성"이라는 특성은 가질 수 있게 된 것은 기능과 구성 측면에서 구성품 요소들이 고도로 모듈화되어 있기 때문이다. 새로운 시스템의 기능 요소를 선택할 때는 상황이 허락하는 한 표준 빌딩 블록을 따라야 한다.

모듈식 설계 사례: 해군 유도 미사일. 1950년대 초에 해군은 최초의 지대공 유도 미사일을 개발하는 과정에서 대규모 생산 단계로 신속하게 전환하기 위한 작업에 착수하였다. 당시에 유도 미사일 기술은 아직 초기 단계에 있었기 때문에 이것은 매우 야심에 찬 사업이었다. 다행히 공장에서 제작된 미사일 구성품들이 조립 및 시험이 이루어지기까지의 개발과정은 비교적 성공적으로 진행되었다. 하지만 개별 구성품들은 추가적인 재조정 없이 조립할 수 있을 만큼 충분히 안정적이거나 독립적이지 않았기 때문에 개발 프로세스는 중단되어야만 했다. 더 심각한 상황은 하나의 구성품을 조정하게 되면 상호작용하는 다른 구성품의 성능에도 영향을 주게 되었다는 것이었으며, 결과적으로 미사일은 수락시험을 통과하지 못했다. 이 문제를 해결하기 위해서는 구성품의 허용오차를 증가시키는 것이 필요했으며, 이를 위해 광범위한 수준의 재설계가 완료될 때까지 생산을 중단시키게 되었다. 결국은 몇 년의 기간이 지난 후에야 구성품들을 고도로 모듈화된 형태로 완전히 재구성할 수 있었으며, 이를 통해 생산 과정을 매우 효과적이고 효율적으로 만들 수 있었다.

소프트웨어 설계

앞에서 언급한 바와 같이 소프트웨어 요소의 개발 및 엔지니어링은 하드웨어 부품의 개발 및 엔지니어링과 다르다. 아래 단락에는 공학 설계와 관련된 몇 가지 주제를 다루고자 한다.

프로토타입 소프트웨어. 현재 개발되고 있는 대부분의 복합 시스템에서 소프트웨어를 광범위하게 사용하고 있다. 이러한 현상으로 인해 선행 개발과정에서 프로토타입 형태로 다양한 소프트웨어 구성품을 설계하고 시험하는 것이 일반적이다. 이러한 사례는 임베디드 실시간 프로그램 및 사용자 인터페이스에서도 쉽게 찾아볼 수 있다. 공학 설계과정의 초반에 이러한 프로토타입 소프트웨어가 이미 존재한다면, 개발되는 시스템에서 이 소프트웨어를 재사용할지에 관한 결정이 필요하다. 만약 재사용을 결정하게 된다면, 이 목적에 맞게 어떻게 조정해야 하는지에 대한 논의도 필요하다.

프로토타입 소프트웨어를 처음부터 다시 만드는 것은 엄청난 비용이 들 수 있다. 또한 재사용을 하는 경우에도 신중한 평가와 수정이 필요하다. 성공적인 재사용을 위해 필요한 조건은 다음과 같다.

1. 프로토타입 소프트웨어는 높은 품질, 즉 개발되는 버전을 위해서 확립된 표준에 따라 설계 및 제작해야 한다(아마도 공식적인 검토와 문서화 수준은 제외).
2. 요구조건의 변경은 제한적이어야 한다.
3. 소프트웨어는 기능적으로 완전하거나 직접 관련이 있는 소프트웨어와 호환되어야 한다.

위에 주어진 조건에 따라, 프로토타입 소프트웨어를 개발하고자 하는 시스템에 통합시키기 위해 수행해야 하는 분석, 수정 및 문서화를 쉽게 하기 위해서는 컴퓨터 지원 소프트웨어 엔지니어링(CASE, Computer-Aided Software Engineering)과 같은 최신 도구를 이용할 수 있다.

소프트웨어 방법론. 소프트웨어 분석 및 설계에는 구조화 해석 및 설계(Structured Analysis and Design)와 객체지향 분석 및 설계(OOAD, Object-Oriented Analysis and Design)라는 두 가지 주요한 방법론이 사용된다. 전자의 더욱 성숙한 방법론은

일반적으로 절차 또는 기능이라고 불리는 기능 단위를 중심으로 구성한 이후에 모듈 또는 패키지 형태로 구축된다. 구조화가 잘되어있는 설계에서 데이터값은 호출 매개변수를 통해 절차 간에 전달된다. 이때 외부로 보내지는(글로벌) 데이터는 최소한으로 한다. 객체지향 분석(OOA)과 객체지향 설계(OOD)는 보다 최근의 소프트웨어 시스템 개발 방법이며 모든 방대한 정보를 처리하는 시스템에서 중요한 이슈인 복잡성 관리에 있어서 우수한 특성을 가진 것으로 알려져 있다. 하드웨어와 결합한 하드웨어/소프트웨어 시스템을 개발할 때는 객체지향 방법을 사용하는 것이 더 보편적이며, 일반적으로 객체지향 시스템엔지니어링(OOSE)으로 알려져 있다. 이 방법에 대한 자세한 내용은 뒤에서 이어질 것이다. 따라서 오늘날 시스템 엔지니어는 이러한 방법론의 기본 요소와 기능을 알아야 한다. 시스템 개발하는 과정에서 이 방법론들을 어떻게 적절하게 적용할 수 있는지 평가가 필요하기 때문이다.

사용자 인터페이스 설계

복합 시스템에서 가장 중요한 요소 중에는 사용자가 시스템을 제어하는 것과 관련된 요소들이 많다 — 자동차의 스티어링 휠, 가속기, 시프트 레버 및 브레이크 등의 사례가 이에 해당한다. 시스템과 관련된 용어에서는 이러한 요소들을 집합적으로 "사용자 인터페이스"라고 부른다. 사용자 인터페이스가 중요한 이유는 대부분 이러한 요소들이 시스템을 효과적으로 운용하는 데 필수적인 역할을 하기 때문이다. 시스템을 운용하게 되는 다양한 사용자의 특성을 고려해야 한다는 점도 사용자 인터페이스를 중요하게 인식해야 하는 이유가 된다. 특정 시스템을 설계할 때는 서로 다른 직무 지식을 보유한 운용자들이 가진 광범위하고 다양한 개인별 성향과 특성을 일치시켜야 한다는 본질적인 문제가 있다는 것을 염두에 두어야 하기 때문이다. 특히 시스템 운용자들은 시스템이 폐기되는 시기까지 전체 수명주기 동안 시스템을 사용할 사람들이기 때문에 이러한 문제는 매우 중요하다. 만약 여러 사람이 시스템의 다른 부분을 동시에 작동시켜야 하는 상황이라면, 설계를 수행하는 과정에서 상호작용은 추가적인 별도의 이슈로 다루어져야 한다.

사용자 제어와 관련이 있는 주요한 요소들은 다음과 같다.

디스플레이: 사용자에게 제공되는 시현장치, 사용자 조치가 필요한 상황을 나타내는 시스템 상태에 대한 정보가 제공된다. 시현 방법은 디스플레이 화면에 나타나는 다이얼, 단어, 숫자 또는 그래픽, 인쇄물, 사운드 또는 기타 신호일 수 있다.

사용자 반응: 시스템 운용 및 제어에 대한 지식을 기반으로 디스플레이 내용에 대한 사용자의 해석과 취해야 할 조치에 대한 결심을 의미.

사용자 명령: 시스템을 원하는 상태 또는 동작으로 변경하는 사용자의 작업. 이것은 제어 레버의 작동, 표시된 메뉴에서의 항목 선택, 입력된 명령 또는 시스템이 응답하도록 설계된 다른 형태의 신호일 수도 있다.

명령 액추에이터: 사용자의 동작을 시스템 응답으로 변환하도록 설계된 장치. 이것은 직접적인 기계 또는 전기적 링크일 수도 있다. 자동화된 시스템에서는 사용자 명령을 해석하고 적절한 대응장치를 작동시키는 컴퓨터일 수도 있다.

위의 목록을 통해서도 알 수 있듯이 사용자-시스템 인터페이스 설계과정은 광범위하게 다양한 분야가 참여해야 하는 문제이기 때문에 시스템엔지니어링의 영역에 해당한다. 그 자체로 학문으로 간주하고 있는 인간공학(Human Factors Engineering)조차도 여기서는 실제로 감각 및 인지 측면에서 전문분야로 세분된다. 많은 연구가 수행되었음에도 불구하고 공학 설계의 기반이 되는 정량적 데이터는 많지 않다. 그러므로, 각각의 새로운 시스템은 자체적인 고유의 문제를 확인하고, 많은 경우에 인터페이스 요구조건을 정의하기 위한 추가적인 실험이 필요하다.

현대 시스템에서 컴퓨터 자동화의 사용이 증가함에 따라 최근에는 컴퓨터-주도형 디스플레이와 제어장치가 사용자들이 선호하는 인터페이스 매체로 도입되고 있다. 컴퓨터 인터페이스는 사용자에게 더 명확하고 잘 정리된 형태로 시스템 상태 정보를 표시하고, 의사결정 과정을 단순화시킬 수 있는 장점이 있다. 또한 더 단순하고 간편한 제어 모드를 제공하는 이점을 갖고 있다.

기능적 시스템 설계 도형. 복합 시스템의 구성품들이 통합되어가는 추세에

따라, 기능적 시스템 아키텍처가 시스템 전체를 폭넓게 표현하는 것이 점점 더 중요해지고 있다. 이를 통해서 상호작용하는 시스템 요소를 설계하는 과정에 참여하는 모든 참여자의 이해를 도울 수 있기 때문이다.

12.4 구성품 설계

공학 설계과정에서 수행하는 구성품 설계의 목적은 시스템 요소의 기능설계를 호환 및 시험이 가능하고 인터페이스가 포함된 하드웨어 및 소프트웨어 구성품으로 구현하는 것이다. 이 과정에서는 아직 개발이 완료되지 못한 시스템 구성품을 하부시스템에 통합시킬 수 있도록 설계, 구축 및 시험을 수행한다. 그런 다음 통합 및 평가과정에서 공학적인 시제품의 형태로 조립된다. 이 과정에 투입되는 개발 노력은 다른 시스템 수명주기 동안에 이루어지는 노력보다 크다고 할 수 있다. 복잡한 새 시스템을 설계하는 동안에는 예상치 못한 문제가 불가피하게 발생할 수 있기 때문이다. 이러한 문제들을 적기에 해결하기 위해서는 신속하고 과감한 결심을 내리는 것이 중요하다. 이 높은 수준의 활동과 예상치 못한 문제가 프로그램의 성공적인 수행에 미칠 수 있는 잠재적인 영향이 매우 높으므로, 이 기간 동안 관련된 이슈들은 시스템엔지니어링에 심각한 스트레스를 주는 경향이 있다.

주요 국방 및 우주 시스템 개발을 수행하는 과정에서 공학 설계를 위한 노력은 예비설계와 상세설계로 구성되는 두 절차로 나누어서 수행된다. 일반적으로 예비설계는 시스템 아키텍팅의 활동으로부터 시작되기는 하지만, 많은 공식적인 프로그램들은 초기 버전의 아키텍처들을 예비설계로 변환시키기 위한 연속적인 하위 과정들을 포함하고 있다. 여기서 강조하고 싶은 것은 각 하위 과정들을 수행할 때는 후속 과정의 착수가 승인되기 전에 사용자가 공식적으로 설계 결과를 검토할 수 있는 절차를 거쳐야 한다는 것이다. 이렇듯 철저한 통제 기능을 포함하는 프로세스를 적용하는 목적은 본격적으로 큰 비용이 필요한 설계 작업을 전체 하드웨어 및 소프트웨어로 확대해 구현하기 전에 매우 철저하게 준비할 기회를 보장하기 위한 것이다. 이러한 일반적인 방법론은 어떤 형식으로든 모든 시스템 개발에 적용될 수 있다.

위와 같은 설계 프로세스를 집중적으로 수행하기 위해 시스템을 나눈 수준을 "형상 품목(CI, Configuration Item)"이라고 한다. 이 수준은 여기서 "구성품"으로 언급되는 것과 가장 밀접하게 일치한다. 이 교재에서 사용하고 있는 공학 용어인 "구성품"이라는 용어가 다른 책에서는 훨씬 느슨하게 사용되기도 한다는 점에 유의해야 한다. 즉 다른 책에서는 종종 하위 수준의 시스템 요소(이 교재에서는 이것을 하부구성품으로 지칭하고 있다)로 불리기도 한다. 형상 품목(CI)과 "형상 베이스라인"에 관해서는 12.6절에 자세한 설명이 이어질 예정이다.

예비설계

예비설계의 목적은 선택한 시스템 설계가 시스템 성능 및 설계 사양에 부합하고 비용과 일정 등 정해진 제약조건 내에서 적용 가능한 방법을 이용해 생산할 수 있음을 입증하는 것이다. 이것은 다음 절차인 상세설계를 위한 프레임워크로 제공하게 된다. 12.3절에 기술된 기능설계를 위한 노력의 대부분은 예비설계와 관련이 있다.

예비설계를 통한 대표적인 산출물은 다음과 같다.

- 설계 및 인터페이스 사양(B 사양)
- 디자인 및 효과 절충 연구 지원
- 실물모형, 모델, 브레드보드(breadboards)
- 인터페이스 디자인
- 최상위 수준의 소프트웨어 설계
- 개발, 통합, 검증 시험 계획
- 공학 전문분야 연구(RMA, 생산 가능성, 물류지원 등)

시스템엔지니어링 측면에서 위의 모든 항목에 대해 검토하고 의견을 제시하는 것은 필수적이다. 여기서 특히 중요한 것은 기능설계 프로세스를 통해서 정의된 기능 모듈이 하드웨어 및 소프트웨어에서 실제로 구현되는 방식이다. 종종 이것은 기능적 상호작용뿐만 아니라 단순한 물리적 인터페이스를 보장할 수 있도록 구성품들 사이의 경계에 대한 상세한 조정이 요구되기 때문이다. 앞서 수행된 선행 개발 과정에서 모든 주요한 위험을 해결하지 못한 경우에는, 이 과정에서 예비설계 프로세스를 지원하기 위해 추가적인 분석은 물론이고 시뮬레이션 및 실험을 수행해야 할 수 있다.

예비설계 검토. 일반적으로 정부의 획득 프로그램에서는 획득기관이 예비설계검토(PDR, Preliminary Design Review)를 실시함으로써 예비설계가 완료되었음을 인증하게 된다. 이와는 대조적으로 주요 상업 프로그램에서는 회사 경영진이 고객의 역할을 대신하게 된다. 이러한 프로세스를 상용 또는 비영리 시스템엔지니어링 조직이 주도하거나 지원하는 때도 많다. 검토는 하루 이틀 또는 며칠에 걸쳐서 계속될 수 있으며, 추가적인 개발 노력이 필요한 것으로 확인되는 경우에는 수차례의 후속적인 과정이 필요할 수도 있다. 일반적으로 PDR을 통해서 중점적으로 다루어져야 하는 문제에는 주요 인터페이스(예: 하부시스템 및 외부), 위험 영역, 제작 소요기간이 많이 필요한 구성품 및 시스템 수준의 절충 연구가 포함된다. 또한 설계 요구조건 및 사양서, 시험계획서, 물류지원계획서 등도 검토가 이루어져야 한다. 시스템엔지니어링은 PDR 프로세스의 중심적인 역할을 해야 하므로, 위의 과정에서 발생할 수 있는 모든 질문에 대처할 수 있도록 준비해야 한다.

정식 PDR에 앞서 개발팀은 제시할 자료가 적절하고 충분하게 준비되었는지 확인하기 위해 내부 검토를 수행해야 한다. 이때 준비 과정과 관련 조직은 물론 검토과정의 적절성 역시 매우 중요하다. 이것은 검토과정이 조금은 비공식적으로 진행될 수는 있지만, 상업적인 시스템인 경우에도 마찬가지로 중요하다. 개발사업의 성공 여부는 결정적으로 이 단계의 설계 품질에 달려 있기 때문이다. 예비설계가 완료되었다는 것은 베이스라인 역할을 할 수 있는 시스템 형상이 결정되었다는 것을 의미한다.

상세설계

상세설계의 목적은 전체 시스템을 구성하는 구성품 중에서 최종 말단에 해당하는 부품에 이르기까지 완전한 형태의 사양서를 생성하는 것이다. 대규모 시스템을 개발하는 경우, 시스템 생산을 착수하는 것이 타당하다는 최종 결정을 내리기 전에 관련된 계획, 사양, 도면 및 기타 문서들이 필요하며, 이러한 자료를 생성하기 위해서는 엄청난 규모의 엔지니어링 노력이 필요하다. 특정 구성품의 세부설계를 수행하는 데 필요한 노력의 정도는 "성숙도", 즉 이전 과정을 통해서 수행된 설계의 완성도 수준에 따라 달라진다. 일반적으로 새로 개발되는 구성품들의 경우에는 프로토타입을 제작하고 시뮬레이션된 작동조건에서 시험을 수행함으로써 공학 설계가 유효함을 입증해야 한다.

상세설계를 통한 대표적인 산출물은 다음과 같다.

- 초안 C, D 및 E 사양(생산용 사양서)
- 하부시스템에 대한 상세 엔지니어링 도면
- 프로토타입 하드웨어
- 인터페이스 제어 도면
- 형상관리 계획
- 상세시험 계획 및 절차
- 품질보증 계획
- 세부통합 물류지원 계획

시스템엔지니어링 측면에서의 의견은 인터페이스 설계와 시험 계획을 작성하는 과정에서 특히 중요한 역할을 한다. 필요한 경우 위험이 발생할 수 있는 문제를 해소하기 위해 상세 분석, 시뮬레이션, 구성품 시험 및 시제품 제작을 수행해야 한다.

상세설계검토. 일반적으로 상세설계를 통해 얻은 산출물을 검토하기 위한 상세설계검토(CDR, Critical Design Review) 절차는 PDR 절차와 유사하다. 보통의 경우 CDR의 범위는 좀 더 광범위하며 하드웨어와 소프트웨어 CIs에 대해서는 별도의 검사를 할 수 있다. CDR을 수행하는 경우 도면, 도식, 데이터 흐름도, 시험 및 물류 공급 계획 등을 검토함으로써 그 건전성과 적정성을 확보할 수 있어야 한다. CDR에서 해결되는 문제들은 PDR에서 중요한 것으로 예측되었던 문제들 중 일부이다. 따라서 PDR 이후에 시행되었던 추가 분석, 시뮬레이션,

브레드보드(breadboard) 및 브래스보드(brassboard) 또는 시제품 시험을 고려해 추가적인 검토가 이루어져야 한다.

PDR의 경우와 마찬가지로, 시스템엔지니어링은 특히 통합 및 시험 과정에서 인터페이스에 관한 검토 및 통합 계획 수립과 관련해 중요한 역할을 한다. 또한 공식적으로 수행되는 CDR에서 해결되지 못하는 문제가 발생하지 않도록 하기 위해서는 사전에 내부적인 검토가 필요하다. 이러한 검토과정에서 시스템엔지니어링은 가능한 한 빠르게 문제를 해결해야 할 책임을 갖게 된다. 완성된 상세설계는 향후 제품 생산을 위한 베이스라인으로 사용하게 된다.

컴퓨터 지원 설계

마이크로 전자 분야의 혁명은 하드웨어 부품의 설계와 제작과정을 크게 변화시켰다. 이러한 혁명은 급격한 비용 증가와 신뢰도 저하 없이 더욱 복잡한 시스템의 개발 및 생산을 가능하게 했다. 기계 구성품의 경우 컴퓨터 지원 설계(CAD, Computer-Aided Design)를 도입함으로써 이전에 수행되어온 설계 및 생산방법을 완전히 바꾸어 놓았다. 더욱 극적인 것은 마이크로 전자칩 분야의 엄청난 발전에 따라 디지털 컴퓨터와 같은 전자제품들이 폭발적으로 발전했다는 사실이다.

기계 구성품. CAD(Computer-Aided Design)는 기존과 같이 도면이나 모델을 만들지 않고 엔지니어가 컴퓨터를 이용해 복잡한 기계 형상에 대한 상세설계를 수행할 수 있도록 도와준다. 설계는 컴퓨터 데이터 기반에서 수행되며 확인하고자 하는 위치와 단면을 자유롭게 변경할 수 있는 장점이 있다. 또한 원하는 크기로 확대도 가능하다. 이러한 기능은 특히 3D 설계와 제작을 할 때 더욱 편리하다. 응력 및 가중치는 물론 다른 구성품과의 연결 위치 및 기타 관련 정보를 계산할 때에도 같은 데이터베이스를 사용할 수 있다. 설계가 완료된 이후에는 데이터를 제작 모드로 변환하고 CAM(Computer-Aided Manufacturing) 기능을 이용해 설계된 형상을 정확하게 제작할 수 있다. 또한 필요한 모든 형식의 생산과 관련된 문서를 작성할 수 있다.

이 기술이 설계와 생산 과정에 미친 극적인 영향 중 하나는 부품이 한번 올바르게 설계되고 제작된 이후에는, 이어지는 모든 복사본 역시 생산 기계의 허용오차범위 내에서 정확하게 생산할 수 있다는 것이다. 또 다른 주요한 영향은 기계적 구성품들을 서로 통합하기가 쉬워졌다는 것이다. 구성품의 물리적 인터페이스를 컴퓨터의 3차원 기능을 이용해 정확하게 설계할 수 있으므로 인터페이스 사양에 따라 만들어진 두 개의 인접한 구성품을 결합할 때는 정확하게 일치하게 된다. 오늘날 복잡한 마이크로파 안테나는 안테나 설계를 결정하는 데 필요한 몇 개월간의 시도와 오류 수정 과정 없이 정교하게 조정이 가능한 장치를 이용해 설계, 제작 및 조립을 할 수 있다. 또한 이 기술은 부품을 정교하게 결합하는 데 필요했던 정교한 도구들의 필요성을 줄여주었다. 이전에는 공차 등을 세밀하게 측정하기 위해 정교한 지그 및 특수한 게이지 등을 제작하고 기타 많은 검사 장치가 필요했으나, 이제는 이러한 복잡한 과정을 생략할 수 있게 되었다.

전자 부품. 현대 기술을 접목함으로써 대부분의 전자 부품의 설계는 기계 부품보다 훨씬 더 혁명적으로 발전해왔다. 프로세싱의 경우 표준 메모리 칩과 프로세서를 사용해 거의 모든 것이 디지털화되었다.

회로 카드, 카드 케이지, 커넥터, 장비 랙 등 모든 부품은 엄격한 기준에 따라 구매해야 한다. 모든 물리적 인터페이스는 표준에 맞게 만들어졌으므로 사용에 큰 문제는 없을 것이다. 또한 디지털 회로의 경우 사용 전압은 낮고, 열 발생은 거의 없으며, 전기적인 인터페이스는 디지털 스트림이 된다. 입력과 출력은 컴퓨터 기반의 시험 장비를 사용해 생성 및 분석이 가능하다.

대부분의 회로는 표준 회로 카드를 이용해 조립되며 프로그래밍이 된 기계를 사용해 연결한다. 과거와 같이 개별 저항기, 콘덴서, 트랜지스터 등으로 구성되는 대신 회로 기능 대부분은 회로 칩에 통합되는 경우가 많다. 칩의 설계와 제작과정은 이전에 회로기판을 사용하는 것보다 높은 수준으로 자동화되어있다. 기본 구성품(예: 트랜지스터, 다이오드, 커패시터)과 상호연결이 소형화되는 추세는 1980년대 초반부터 18개월마다 구성품 밀도와 작동 속도를 두 배로 증가시키는 성과를 이루어왔는데, 이러한 추세는 아직도 유지되고 있다. 그러나 복잡한 새로운 칩을 생산하기 위한 조립설비를 구축하기 위해서는 수억 달러에 달하는 비용이 소요되기 때문에 대형 메모리 및 가공 칩 생산 분야에서 경쟁할 수 있는 회사의 수는 제한적이다. 반면에 더 작은 맞춤형 칩을 만드는 것은 비용적인 측면에서 제한이 없으며 저렴한 가격에 높은 신뢰도를 제공할 수 있는 이점이 있다.

송신기나 전원 공급장치와 같이 높은 전력과 고전압을 취급하는 부품은 일반적으로 위와 같은 기술의 이점을 갖지 못하고 있으며, 대부분의 부품이 가진 신뢰도 문제를 해소하기 위해 매우 세심하게 맞춤형으로 제작되고 설계되어야 한다.

시스템엔지니어링 고려사항. 위와 같은 개발 사례들은 부품의 비용, 신뢰도 및 설계 타당성에 큰 영향을 미치기 때문에 시스템 엔지니어에게 중요한 의미가 있다. 그러므로 시스템 엔지니어는 사용 가능한 자동화된 도구, 그 기능 및 한계 그리고 부품 성능, 품질 및 비용에 미치는 영향에 대한 지식을 습득해야 한다. 이러한 지식은 제안된 구성품에 대해 추정한 성능과 비용의 적절성과 함께 설계과정에서 그러한 도구가 적절하게 활용되었는지를 판단하는 데 필수적이다.

시스템 엔지니어에게는 설계 및 제조를 위한 자동화 도구들이 발전되어가는 추세와 속도를 인식하는 것 역시 중요하다. 이러한 지식은 시스템 개발주기의 후반부에서 자동화 기능이 얼마나 발전할 것인지를 더 잘 예측할 수 있기 때문이다. 이것은 경쟁적으로 개발되는 시스템의 상태를 예측하기 위한 중요한 요소일 뿐만 아니라, 운용 중인 시스템의 노후화가 시작되기까지의 유효 수명을 판단하는 데도 도움을 준다.

예: 국제우주정거장, 넥스트젠, 포드 자동차 회사. 과거 국제우주정거장(ISS, International Space Station) 개발사업에는 15개국이 참여하였다. 이때 모듈에 관한 개념과 기술 수준의 차이로 인해 시스템을 통합하는 것은 어려운 과제였다. 개발에 참여한 파트너들은 자신이 담당한 시스템의 기술 개발뿐만 아니라 일정과 예산도 관리해야 했으며, 다른 파트너가 개발한 제품과의 통합도 고려해야 했다. 또한 F-35 Joint Strike Fighter 프로그램은 30개국에 걸쳐 최대 600개 공급업체로 구성된 다양한 국가가 개발에 참여했다.

넥스트젠(Next Generation Air Transportation System) 프로젝트는 전국의 항공 수송체계를 현대화하기 위한 목적으로 수행된 훨씬 더 큰 규모의 개발사업이었다. 전국적으로 증가하는 항공기들을 안전하게 운항 관제하기 위해 GPS(Global Positioning System) 및 INS(Inertial Navigation System) 기능을 도입하였다. 이 정밀 내비게이션을 장착한 항공기는 지상 관제사의 지시에 따를 필요 없이 일부 지역을 자체적으로 비행할 수 있게 되었다. 이러한 변화는 과거와 같이 엄격하게 지정된 항로만을 비행하기보다는 더 빠른 경로를 선택해 비행하는 것을 가능케 하였으므로, 연비를 개선할 수 있는 효과도 얻을 수 있었다. 거버넌스에 포함되어야 할 많은 이해관계자 및 요소가 있었는데, 미국 항공운송 네트워크(항공사, 공항 및 항공 교통관리 시스템) 및 외부 요인(날씨, 경제 상황, 서비스에 대한 공공 수요, 진화하는 기술 및 국제 규정 등) 등이 여기에 해당하였다.

포드 자동차 회사는 특히 Ford Production System(FPS)을 통해 설계 프로세스를 발전시켰으며, 이를 통해서 2000년대 중반에는 제품 개발 측면에서 큰 변화를 가져왔다. 포드는 최초로 분산형 제품 개발 프로세스를 도입했다. 이는 그들이 이전에 사용하였던 제조 공정과는 다르게 자동차에 공통으로 사용되는 부품을 중심으로 제조하고 사용하는 방식으로 변경되었음을 의미한다. 이로 인해 이러한 부품이 다양한 모델에 어떻게 사용되는지를 계획하기 위한 자동차 아키텍처가 개발되었다. 대중이 구매하고 싶어 하는 자동차를 생산하기 위해 기능 팀 간의 커뮤니케이션이 강조되고 고객이 바라는 가치에 중점을 두게 되었다. 디지털 도구는 디자인을 보다 반복 가능한 프로세스로 만드는 데 큰 역할을 했을 뿐만 아니라, 디자인에 기업이 가진 지식을 포함할 수 있도록 개발되었다.

신뢰도

시스템의 신뢰도는 시스템이 지정된 조건에서 지정된 기간 동안 기능을 올바르게 수행할 확률이다. 그러므로 시스템의 총 신뢰도(P_R)는 각각의 기능을 수행하는 모든 구성품이 정확하게 작동할 확률이다. 공식으로 보면 신뢰도는 시스템이나 구성품의 고장분포 함수를 1에서 뺀 값으로 정의된다.

$$R(t) = 1 - F(t) = \int_t^{\infty} f(t)\,dt$$

여기서 $F(t)$는 고장분포 함수, $f(t)$는 $F(t)$의 확률 밀도 함수, $f(t)$는 알려진 확률 분포를 임의로 따를 수 있다. 고장 함수에 대한 일반적인 표현은 지수 분포이다.

확률 밀도 함수(pdf) : $fx(x) = \begin{Bmatrix} \lambda e^{-\lambda} & \text{if } x \geq 0 \\ 0 & \text{if } x < 0 \end{Bmatrix};$

누적분포함수(cdf) : $Fx(x) = \begin{Bmatrix} 1 - e^{-\lambda} & \text{if } x \geq 0 \\ 0 & \text{if } x < 0 \end{Bmatrix}$

기대치: $E[X] = \frac{1}{\lambda}$; 분산: $\mathrm{Var}[X] = \frac{1}{\lambda^2}$

이 분포는 전기 및 기계 장치 등과 같은 일반적인 구성요소의 신뢰도를 판단할 때 매우 광범위하게 사용된다. 지수 분포를 사용함에 따른 장점은 신뢰도와 관련된 다양한 속성과 관련이 있다:

$f(t) = \frac{1}{\theta} e^{-t/\theta}$ θ = 평균 수명 그리고 t는 관심 기간

$\lambda = \frac{1}{\theta}$ λ = 고장률

$R = e^{-t/M}$ R = 시스템 신뢰도
M = MTBF

MTBF는 "결함 발생 시점 사이의 평균 시간"이며 아래에 설명되어 있다. 지수 분포를 사용하면 개별적인 신뢰도를 상당히 쉽게 계산할 수 있고 간단한 수학을 통해서 신뢰도의 근사치를 얻을 수 있다.

확률 계산은 개별 시스템 구성품의 구성에 따라 달라진다. 각 구성품이 다른 구성품의 작동에 따라 영향을 받게 되는 직렬형태로 구성품을 배열하는 경우에 총 시스템의 확률은 각 구성품의 신뢰도(Pr)들의 곱과 같다. 각각 신뢰도 확률이 $Pr_1 = 0.9$, $Pr_2 = 0.8$, $Pr_3 = 0.75$인 3개의 센서가 있는 공항 선별 시스템을 예로 들어보자. 총 시스템 확률을 찾기 위해서는 다음과 같은 방식으로 계산하면 된다.

$$P_R = Pr_1 \times Pr_2 \times Pr_3$$
$$P_R = 0.9 \times 0.8 \times 0.75 = 0.54$$

이 예에서 시스템 전체의 안정성을 높이고 싶다면, 각 구성품의 성능을 향상시킬 필요가 있다.

시스템이 작동 측면에서 중복성을 갖는 병렬로 구성된 구성품이 포함된 경우에는 다른 방정식이 사용된다. 예를 들어, 두 구성품이 병렬로 작동하는 경우, 두 센서 신뢰도 $Pr_1 = 0.9$ 및 $Pr_2 = 0.8$을 사용하는 공항 검사 시스템을 고려할 때, 신뢰도는 다음과 같이 계산할 수 있다.

$$P_R = Pr_1 + Pr_2 - (Pr_1 \times Pr_2)$$
$$P_R = 0.9 + 0.8 - (0.9 \times 0.8) = 1.7 - 0.72 = 0.98$$

위의 예와 같은 순수한 병렬 구성품의 경우 적어도 하나의 구성품이 작동하면 전체 시스템이 효과적으로 작동할 수 있다. 중복성은 아래에서 더 자세히 논의된다.

대부분 시스템은 병렬과 직렬 구성품으로 구성된다. 위의 두 예에서 시간은 확률을 정의하기 위한 필수적인 요소로 고려되어야 한다. Pr_i는 t를 포함하는 고장분포 함수로부터 정의되고 계산된다. 지수 분포의 경우 Pr_i은 $1/e^{-t/M}$으로 표현된다.

지속해서 작동해야 하는 시스템의 경우에는 신뢰도는 MTBF 측면에서 표현하는 것이 일반적이다. 방금 언급한 10개 구성품을 가진 시스템에서 시스템 MTBF가 1,000시간이어야 하는 경우 구성품 MTBF는 평균 10,000시간이어야 한다. 이러한 점을 고려할 때 복합 시스템의 구성품은 매우 엄격한 신뢰도를 충족해야 한다.

시스템 고장은 거의 항상 구성품 수준 또는 그 이하에서 발생하므로, 신뢰할 수 있는 설계를 위한 주요 책임은 설계 전문가에게 있다. 이러한 이유로 설계 전문가는 구성품과 그 하부구성품 및 부품이 어떻게 작동하고 생산되는지에 대한 세부사항을 이해하고 있어야 한다. 그러나 구성품마다 주어진 신뢰도 수준을 달성하는 데 필요한 노력의 수준은 크게 다르다. 예를 들어, 대부분 통합된 마이크로 회로의 형태로 구성된 구성품은 신뢰도가 매우 높을 것으로 예상할 수 있지만, 전원 공급기와 기타 고전압과 관련된 구성품은 훨씬 더 높은 스트레스를 받고 있으므로 신뢰성을 확보하는 데 필요한 "예산"을 더 많이 요구할 가능성이 크다. 따라서, 이러한 불균형을 해소하기 위해서는 구성품들 각각에 허용 가능한 신뢰도 요구조건을 할당해야 한다. 할당되는 신뢰도 요구조건은 실행 가능한 수준이어야 하며 구성품 간의 신뢰도는 균형을 유지할 수 있어야 한다. 할당과 관련된 책임은 시스템엔지니어링이 담당해야 한다. 또한 이러한 결정을 내릴 때는 유사한 기능 및 구성품에 관한 신뢰도 기록을 포괄적으로 분석한 결과를 기반으로 해야 한다.

신뢰도와 관련된 많은 이슈를 전적으로 구성품 설계자의 재량에만 맡겨서는 안 된다. 이러한 이슈들은 공식적인 검토를 통해서 확인해야 할 뿐만 아니라 설계 과정 전반에 걸쳐 감독되어야 한다. 이슈들에는 다음과 같은 사항들이 포함된다.

외부 인터페이스: 환경에 노출된 표면은 부식, 누출, 방사선, 구조적 손상, 열 응력 및 기타 잠재적 위험으로부터 보호되어야 한다.

구성품 장착: 작동 또는 운송 중 충격 또는 진동에 노출되는 시스템은 깨지기 쉬운 구성품을 보호할 수 있는 충격 흡수장치가 있어야 한다.

온도 및 압력: 극한의 온도 및 압력에 노출되는 시스템은 전체 시스템 또는 구성품에 대한 보호가 가능한 제어시스템을 갖추어야 한다.

오염: 먼지 또는 기타 오염물질에 취약한 구성품은 깨끗한 실내 조건에서 조립하고 필요한 경우 밀봉해야 한다.

고전압 구성품: 전원 공급장치와 같이 고전압을 사용하는 구성품은 단락 또는 전기 아크 등을 방지하기 위한 특별한 대책이 필요하다.

제작 기술: 정밀한 제작 기술이 필요한 부품의 경우 작동 불량과 관련이 있는 결함을 쉽게 탐지할 수 있도록 설계해야 한다.

잠재적 위험: 적절하게 제작 또는 사용하지 못한 경우에 작동 위험을 초래할 수 있는 구성품은 큰 신뢰도 마진을 갖도록 설계되어야 한다. 여기에

는 로켓 구성품, 대규모 불꽃놀이, 유해 화학물질, 고압 용기 등이 포함된다.

소프트웨어 안정성. 소프트웨어는 하드웨어에서 발생하는 오류의 대표적인 원인인 파손, 단락, 마모 등과 같은 오류가 발생하지는 않는다. 그럼에도 불구하고 복잡한 시스템의 경우에는 하드웨어에서 발생하는 오류와 비교할 때 거의 같은 수준으로 또는 더 자주 오작동이 발생한다. 컴퓨터 키보드가 "잠겨"있거나 "컴퓨터가 다운"되는 결함으로 인해 항공권 발권에 애로를 겪은 사람들은 이러한 사실을 이해할 수 있을 것이다. 최근 복잡한 소프트웨어에 점점 더 의존하는 시스템이 증가함에 따라 그 신뢰도는 더욱더 중요해지고 있다.

소프트웨어 작동 실패는 불완전한 코드, 즉 의도하지 않은 조건이 발생할 수 있는 컴퓨터 프로그램의 결함으로 인해 발생하며 시스템이 잘못된 출력물을 생성하거나 극단적일 때 중단("충돌")이 되기도 한다. 이러한 이벤트를 유발하는 조건의 예로는 무한 루프(종료되지 않고 반복되는 시퀀스로 인해 시스템이 중단되지 않는 경우), 데이터 배열에 할당된 메모리 공간의 오버플로(과잉 데이터가 명령어 공간을 덮어쓰게 되어 "쓰레기" 명령어가 생성) 및 외부 인터럽트의 잘못된 처리(입력 또는 출력의 손실 또는 오류에 따른 고장)가 있다.

검사를 통해 복잡한 코드의 모든 결함을 찾을 수 있는 가능성은 거의 없으며, 가능한 모든 결함을 발견하기 위해 충분하고 정확한 시험 방법을 고안하는 것 또한 실용적인 방법이 될 수 없다. 신뢰할 수 있는 소프트웨어를 개발하는 가장 효과적인 방법은 다음과 같은 체계적인 소프트웨어 설계절차를 따르는 것과 함께 숙련된 소프트웨어 설계자와 시험전문가를 활용하는 것이다:

1. 고도로 모듈화된 프로그램 아키텍처.
2. 통제된 데이터 조작으로 절제된 프로그래밍 언어.
3. 광범위한 코멘트가 필요한 정형화된 코딩 규칙.
4. 디자인 리뷰 및 코드 "워크 스루(Walk-throughs)".
5. 모든 중요 인터페이스의 시제품 제작.
6. 형상 관리(CM, Configuration Management).

7. 독립적인 검증과 확인.
8. "초기 결함률"을 제거하기 위한 내구성 시험.

중복성. 항공 교통관제 시스템, 전화 네트워크, 전력망, 여객기와 같이 필요한 기간에 중단 없이 매우 안정적으로 작동해야 하는 복합 시스템은 중복 또는 백업 역할을 하는 하부시스템 또는 구성품을 추가로 적용해야 한다. 전력 그리드 라인이 벼락으로 인해 손상을 입었을 때도 서비스가 중단되는 것을 최소화하기 위해 다른 라인을 이용해 전력을 지원할 수 있도록 전환되어야 한다. 항공기 착륙 기어의 모터가 고장 나면 수동으로 작동시킬 수 있어야 한다. 항공 교통관제의 경우 1차 시스템에서 고장이 발생하는 경우, 안전한(비록 성능은 다소 저하되지만) 운항이 가능하도록 몇 가지 수준의 백업이 필요하다.

병렬 구성품의 신뢰도를 계산하는 방정식은 앞에서 제시되었다. 병렬 구성품 신뢰도에 대한 또 다른 관점은 고장 확률이 개별 시스템 모드의 고장 확률의 곱이라는 것을 이해하는 것이다. 신뢰도(P_R)은 1에서 고장 확률(P_F)을 뺀 값이므로 두 개의 중복(병렬) 하부시스템이 있는 시스템의 신뢰도는 아래와 같이 계산된다. 두 개의 센서 신뢰도(P_{F1} = 0.1 및 P_{F2} = 0.2)를 사용하는 공항 검사 시스템을 고려할 때, 신뢰도를 계산하면 다음과 같다.

$$P_R = 1 - (P_{F1} \times P_{F2})$$
$$P_R = 1 - (0.1 \times 0.2) = 1 - 0.02 = 0.98$$

독자는 제시된 두 신뢰도 방정식이 실제로 동등하다는 것을 스스로 증명해 보기를 바란다. 예를 들어, 어떤 시스템이 99.9의 신뢰도를 필요로 하지만, 99% 이상의 신뢰도를 갖도록 설계할 수 없는 경우, 동일한 신뢰도를 갖는 백업 하부시스템을 장착하면 병렬 하부시스템의 유효 신뢰도는 99.99%(1 - 0.01 × 0.01 = 0.9999)로 상승할 것이다.

결함이 발생한 부품을 대체하기 위해 백업 구성품으로 자동 전환하는 기능을 갖는 시스템은 적절한 고장 탐지 센서와 스위칭 로직을 갖고 있어야 한다. 일반적인 사례로는 컴퓨터용 무정전 전원 공급장치의 작동방식이 있다. 이 장치는 외부전원이 중단되면 자동으로 배터리 전원 공급장치로 전환되어 전원 공급을 지원한다. 전화 네트워크의 경우에는 링크가 실패할 때뿐만 아니라 과부하가 발생할 때도 자동으로 경로를 전환하는 기능이 있다. 자동 스위칭 시스템이 갖는 문제점은 추가 센서와 스위치 등이 포함됨에 따라 더 복잡해지고 자체적인 내부 오류가 발생할 수 있다는 것이다. 이러한 문제점 중의 다수는 다중 상태 전력망 정전 또는 전화망 중단 등의 사태를 발생시킨다. 자동으로 경로를 재구성하는 것이 가능한 시스템의 경우 상상할 수 있는 모든 조건에 대해서 매우 포괄적인 시스템엔지니어링 측면의 분석, 시뮬레이션 및 시험을 수행해야 한다. 이와 같이 체계적이고 전문적인 노력을 수행하였던 유인 우주 프로그램의 경우에는 전례 없는 수준의 신뢰도를 달성할 수 있었다.

신뢰도 향상을 위한 기술. 시스템을 설계하는 과정에서 신뢰도를 증가시키거나 심지어 최대화할 수 있는 몇 가지 기법이 존재한다. 몇 가지 사항은 이미 논의된 바 있다.

- 시스템 모듈화. 시스템 구성품의 모듈성을 높여 구성품 간의 느슨한 결합을 실현함. 이렇게 하면 직렬로 연결되어 시스템 고장의 원인이 될 수 있는 구성품의 숫자를 최소화할 수 있음.
- 중복성. 병렬로 작동하는 구성품을 사용하거나 백업 구성품을 자동으로 제어 및 작동시키는 스위치를 사용해 구성품의 중복성을 향상.
- 다중 기능 경로. 중복적인 구성품을 반드시 추가하지 않고 신뢰도를 높이는 기법에는 시스템 설계 내에 기능적 다중 경로를 포함하는 것이 포함된다. 이것은 때때로 “운용 채널”이라고 알려져 있음.
- 구성품 디레이팅(derating). 디레이팅은 설계 측면에서 신뢰도 마진을 확보하기 위해 운용 가능한 성능 값보다 상당히 낮은 응력 조건에서 구성품을 사용하는 기술을 의미.

고장 모드, 영향 및 완화 전략을 분석할 수 있는 몇 가지 방법과 공식적인 기법이 있다. 5가지 일반적인 기법(여기서 설명하지 않음)에는 고장 모드 영향 및 임계 분석(FMECA, Failure Mode, Effects, and Criticality Analysis), 고장 트리 분석, 중요 내용 수명 분석, 응력 강도 분석 그리고 신뢰도 증가 분석이 있다. 독자들이 효과적인 분석 전략으로 어떤 것이 적합한지 다양한 기법의 일부 또는 전부를 탐구해볼 것을 추천한다.

정비도

시스템의 유지 보수성은 시스템을 완전히 작동 가능한 상태로 유지하는 데 필요한 기능을 유지할 수 있는 척도를 나타낸다. 시스템의 유지보수는 두 가지 형태로 수행된다. ① 작동 중 시스템에 고장이 발생한 경우 수리하는 것과 ② 발생 가능한 고장을 사전에 감지하고 수리하기 위한 시험 절차를 포함하고 있는 주기적인 수리가 여기에 포함된다. 높은 유지 보수성을 위해서는 기능이 수행되는 방법에 대한 명시적이고 상세한 지식을 바탕으로 시스템 구성품과 물리적 형상에 대한 설계가 이루어져야 한다.

시스템 장애를 복구하려면 먼저 결함의 위치와 특성을 식별할 수 있어야 한다. 즉, 장애 진단을 수행해야 하므로, 시스템을 설계할 때는 진단을 쉽고 빠르게 할 수 있는 수단이 포함되어야 한다. 설계는 물류지원 계획과 연계해 결함이 발생할 수 있는 구성품 또는 부품을 사전에 확보할 수 있도록 하고, 수리가 필요한 경우에는 최단 시간 내에 교체할 수 있어야 한다.

하드웨어 결함과 달리 소프트웨어 결함은 코드 결함으로 인한 것이므로, 고장이 발생한 구성품을 교체하는 방법은 소프트웨어에는 적합한 방안이 아니다. 대신 오류가 발생한 코드를 확인하고 해당 코드를 수정해야 한다. 이 작업은 세심한 주의를 기울여서 수행해야 하며 프로그램 구성에 대한 변경사항은 문서로 작성되어야 한다. 동일한 오류가 시스템의 다른 장치의 결함으로 연결되는 것을 방지하기 위해서는 이러한 수정 작업은 통합적으로 수행되어야 한다. 따라서 소프트웨어 유지관리는 중요한 업무가 될 수 있다.

작동 중 시스템 정비성의 척도는 평균 수리(또는 복원) 시간(MTTR, Mean Time To Repair)이다. "수리 시간"은 고장 감지 및 진단 시간, 필요한 교체 부품을 확보하는 시간, 교체 또는 수리에 영향을 미치는 시간을 모두 합산한 시간이다. "복원 시간"에는 시스템을 완전 가동 상태로 복원하고 운용 준비 상태를 확인하는 데 필요한 시간도 포함된다.

내장형 시험 장비. 시스템의 MTTR을 줄이기 위한 직접적인 방법은 시스템에 감지 센서를 장착하는 것이다. 이때 감지 센서는 발생하는 결함을 감지하고 시스템을 중단시키거나 일시 정지상태로 만든 이후에 작업자에게 수리가 필요하다는 신호를 보내는 것은 물론 고장 위치를 표시할 수 있는 기능을 갖추어야 한다. 이렇게 내장된 감지 센서는 오류를 파악하는 데 걸리는 시간을 효과적으로 감소시키고 특정 기능에 대한 집중적인 진단도 가능하게 해준다. 내장된 오류 감지 및 신호 발생 장치의 사례는 대부분의 최신 자동차에서 찾아볼 수 있다. 에어백 또는 잠금 방지 브레이크 상태, 낮은 오일 레벨 또는 배터리 전압 등에 대한 오류를 감지하고 표시하는 것 등이 대표적인 사례이다. 자동으로 경로를 재설정할 수 있는 시스템("중복성"절 참조)에 포함된 내장 센서는 시스템 운용자가 아닌 자동 제어장치로부터 신호를 받는다.

내장형 시험 장비(BITE, Built-In Test Equipment)를 설계에 반영하는 경우에는 두 가지 중요한 시스템 수준의 문제가 발생한다. 첫째, 전체 시스템의 복잡성이 높아지기 때문에 잠재적인 고장 발생 및 개발 비용이 증가한다. 둘째, 시험 장비 자체의 문제로 인해 잘못된 고장 신호를 표시할 수 있으므로 시스템의 효율성에 영향을 미칠 수 있다. 이러한 문제를 자세히 조사해야만 내장형 시스템 시험 장비가 너무 부족하거나 과도하지 않도록 적절한 균형을 맞출 수 있다. 시스템 엔지니어링은 이러한 균형과 관련해 주요한 역할을 해야 한다.

정비성을 위한 설계. 유지관리가 가능한 시스템을 설계하기 위해서 해결해야 하는 이슈들은 시스템 수준에서 시작하여 구성품, 부품에 이르기까지 다양하며 아래의 사항들을 포함해야 한다:

1. 모듈형 시스템 아키텍처: 높은 수준의 시스템 모듈성(간단한 인터페이스가 있는 자체적으로 작동하는 구성품)은 세 가지 형태의 유지관리(운용 장애 복구, 주기적인 관리 및 시스템 업그레이드)에 절대적으로 중요하다.
2. 교체 가능한 장치: 결함이 발생한 부품을 가동 중에 수리하는 것이 비실

용적인 경우가 많으므로 해당 장치는 동일한 예비 장치로 교체해야 한다. 이러한 장치는 쉽게 접근할 수 있고 간편하면서도 안전하게 교체할 수 있어야 하며 물류지원 공급의 일부가 되어야 한다.

3. 시험 지점 및 기능: 교체 가능한 특정 장치의 고장 위치를 식별하기 위해서는 계층화된 검사 지점과 기능이 있어야 한다. 이러한 계층화는 짧은 검사 시퀀스를 통해서 어떤 장치에서 결함이 발생했는지 찾을 수 있도록 도와주기 때문이다.

위의 사항을 달성하기 위해서는 시스템 정의, 개발 및 공학 설계 등 프로세스 전반에 걸쳐서 유지보수를 염두에 두고 설계를 진행해야 한다. 설계 이외에 종합적인 문서화 및 훈련도 필수적이다.

가용도

지속적으로 운용되지 않는 시스템의 운용 가치를 측정할 수 있는 중요한 척도를 시스템 가용도라고 한다. 이를 다르게 표현하면 요청 시 시스템이 기능을 올바르게 수행할 수 있는 확률이라고 할 수 있다. 가용도는 상대적으로 짧은 수리 시간과 낮은 고장률과 관련이 있는 시스템 신뢰도 및 유지 보수성의 간단한 함수로 표현할 수 있다.

$$P_A = 1 - \left[\mathrm{MTTR} / \mathrm{MTBF}\right]$$

여기서

P_A는 시스템이 작동을 요구받았을 때 기능을 수행할 수 있는 확률이고,

MTTR은 평균 복원 시간이며, MTBF는 고장 사이의 평균 시간이다.

우리의 가상 시스템은 1,500시간의 MTBF와 20시간의 MTTR을 가지고 있다. $P_A = 1 - (\mathrm{MTTR}/\mathrm{MTBF}) = 1 - (20/1{,}500) = 0.987$이라는 공식을 사용해 가용도를 계산할 수 있다. 이 공식은 시스템 유지보수가 신뢰도 만큼이나 중요하다는 것을 보여주고 있다. 또한 신속한 고장 감지, 진단, 수리 또는 부품교체의

중요성을 강조하고 있다. 필요한 교체 부품교체를 즉시 수행하기 위해서는 물류 지원 역시 매우 중요하다.

생산성

상업용 항공기, 자동차 또는 컴퓨터 시스템과 같이 대량으로 생산되는 시스템의 경우, 생산 공정과 관련된 비용을 줄이는 것은 중요한 설계 목표 중의 하나이다. 상대적인 시스템의 생산비를 나타내는 특성을 "생산성"이라고 한다. 소프트웨어 복제 비용은 소프트웨어를 저장하는 매체를 구매하는 비용에 불과하므로 생산성 문제는 거의 전적으로 하드웨어 구성품과 관련이 있다.

생산성을 보장할 수 있는 설계는 설계 전문가의 주요한 책임이다. 그러나 시스템 엔지니어는 비용이 증가할 우려가 있는 문제를 사전에 파악하고 제거해야 하는 책임이 있으므로, 생산 프로세스 및 기타 생산비용과 관련된 이슈들에 대한 충분한 지식을 갖추어야 한다. 이러한 이해는 시스템 엔지니어가 시스템 성능(신뢰도 포함), 일정(시기의 적절성) 및 비용(수용 가능성) 간에 최적의 균형을 달성하기 위해서도 필요하다.

생산성을 높이기 위해 사용되는 몇 가지 조치는 다음과 같다.

- 시중에서 판매되는 부품, 하부구성품 및 구성품(COTS 품목으로 지칭하는)을 최대한 사용. 이를 통해 개발 비용도 절감 가능.
- 생산 기계의 일반적인 정밀도 내에서 기계 부품의 치수 공차를 설정.
- 자동 생산 및 시험을 위한 서브 어셈블리 설계.
- 고속 생산에 적합한 금형, 주물 및 기타 형태를 최대한 사용.
- 쉽게 성형되거나 가공이 가능한 소재를 사용.
- 회로기판, 케이지 등과 같은 부분 조립품을 최대한 표준화.
- 아날로그 회로보다는 디지털 부품을 최대한 사용.

11장에서 언급한 바와 같이, 생산성 목표는 다른 특수 엔지니어링의 참여와 함께 수명주기 초기에 수행되는 시스템 설계 프로세스에 포함되어야 한다. 그러나 특수한 설계적인 특징과 관련이 있는 구성품에 관해 생산성을 적용하는 것은 설계 프로세스의 일부로 공학 설계과정에서 주로 이루어진다.

위험관리

10장에서 열거한 다양한 위험 완화 방법은 공학 설계과정에서 수행하는 구성품 설계절차와 관련이 있다. 잠재적인 위험 요소를 포함하고 있는 구성품의 경우에는 특별한 기술 및 관리적인 감독의 대상이 되어야 한다. 이러한 감독에는 분석 및 시험을 포함해 설계와 관련된 문제를 조기에 발견하고 해결할 수 있는 노력이 포함된다. 사용자 인터페이스의 경우와 같이 주어진 설계의 적절성 여부를 실제로 작동하는 조건에서 시험을 수행해야 하는 경우가 있다. 이때는 신속한 시제품 제작과 사용자 피드백이 필요할 수 있다. 선택한 접근방식에 내재한 위험이 용납할 수 없을 정도로 높은 예외적인 상황이 있을 수 있다. 이런 경우에는 좀 더 보수적인 방안으로 설계를 수행하기 위해 백업을 마련하는 노력을 해야 할 수도 있다. 또는 시스템의 효율성 측면에서 약간의 이득밖에는 얻을 수 없는 기존의 엄격한 요구조건을 완화할 수 있는 방안을 찾는 것이 현명할 수 있다. 위의 모든 조치에는 시스템엔지니어링 리더십이 필요하다.

12.5 설계 확인

설계 확인은 시스템 수명주기의 공학 개발 단계에 걸쳐 다양한 수준에서 진행된다. 이 절에서는 구성품 시스템 빌딩 블록의 물리적 구현을 검증하는 것과 관련된 내용을 설명하고자 한다.

시험 계획

설계와 구축과 관련해 그 유효성을 확인하기 위해 구성품의 시험을 계획하는 것은 전체적인 시험 및 평가 계획에서 필수적인 부분이다. 여기에는 두 가지 유형의 시험이 포함된다. 그것은 구성품 설계 프로세스 과정에서 수행되는 개발 시험과 최종 생산설계 결과가 사양을 충족하는지 확인하기 위한 단위 품질 시험이다.

구성품 시험 계획이 공학 설계과정의 초기에 완료되어야 하는 이유는 크게 세 가지로 나눌 수 있다. 첫째, 많은 경우에 시험 장비가 매우 복잡하게 구성되어있기 때문이다. 이로 인해 시험 장비를 설계하기 위해서는 시스템 구성품 자체를 설계하고 구축하는 데 필요한 노력과 유사한 노력이 필요하다. 둘째, 일반적으로 시험을 수행하기 위한 도구와 관련된 비용은 시스템을 개발하기 위한 예산 중에서 매우 중요한 부분을 차지하므로 총비용을 산출하는 총비용 산출식에 반영되어야 한다. 셋째, 시험 계획에는 설계 엔지니어, 시험 엔지니어 및 시스템 엔지니어 모두가 팀 작업의 형태로 참여해야 한다. 많은 경우에 이러한 참여 인력들은 조직 전체에 걸쳐서 또는 계약을 체결한 개발업체에 소속되어 있다. 지금까지 언급한 세부 계획으로부터 시험 수행 과정에 포함되어야 하는 시험 절차를 도출할 수 있다.

시스템 수준의 시험 계획을 수립할 때 시스템엔지니어링은 구성품 시험 계획의 개발, 즉 전체 개발과정 중 어느 단계에서 어떤 시험을 해야 하는지, 어느 정도의 정확도 그리고 어떤 데이터를 얻어야 하는지 등을 식별하는 데 있어서 중요한 역할을 담당해야 한다. 이때 시스템엔지니어링이 특별하면서도 중요하게 이바지해야 하는 사항은 잠재적인 위험을 포함하고 있는 것으로 식별된 구성품의 특성을 제거 또는 완화할 수 있는 시험이 수행되도록 하는 것이다.

구성품 제작

12.3, 12.4절에서는 설계 프로세스를 목표 측면에서 논의하였다. 또한 기존과 같이 종이 또는 컴퓨터 데이터 형태의 도면, 회로도, 사양 및 기타 다양한 형태의 설계적 표현 방법을 통해서 정의해야 하는 설계안 확정과 관련된 내용도 다루었다. 이 과정에서는 설계가 실제로 원하는 구성품의 성능을 얼마나 구현할 수 있는지 그리고 구성품이 다른 구성품들과 적절하게 상호작용이 이루어질 수 있는지를 결정해야 한다. 이러한 목적을 달성하기 위해서는 설계를 물리적 엔티티로 변환한 후에 시험을 수행해야 한다. 이때 시험을 위해 필요한 하드웨어 요소를 제작하고 개별 소프트웨어 구성품을 코딩하는 것이 필요하다. 제작에 앞서 설계 전문가와 제작 담당자 간에는 실질적인 검토가 진행되어야 한다. 설계한 방안이 사용 가능한 시설의 능력 범위 내에서 제작이 가능한 것인지를 확인해야 하기 때문이다.

구현 프로세스가 단방향성(즉, 비반복적)인 특성을 갖는 경우는 많지 않다. 특히 하드웨어 구성품의 경우 많은 설계 결함이 해당 구성품을 구현하는 동안 또는 심지어 시험을 수행하기 직전에 발견되어서 수정이 필요한 경우가 발생한다. CAD가 치수 및 기타 비호환성과 관련된 문제가 발생할 가능성을 크게 줄였음에도 불구하고, 성공적으로 작동하는 제품을 얻기 위해서는 설계를 일부 변경해야 할 수도 있다는 점을 예상해야 한다. 이러한 구성품 개발 단계에서는 향후 본격적인 생산을 위해 필요한 도구(예: 컴퓨터 기반의 금속 성형 기계, 자동 조립장치 등)는 거의 사용할 수 없으므로, 초기에 구성품을 제작할 때는 종종 수동으로 작동되는 기계 또는 수작업으로 조립하는 과정을 적용해야 한다. 그러나 비전통적인 제조 공정을 적용해 구현하는 구성품의 경우에는 이와 다르다. 시험을 위해서 사용된 제작 프로세스를 복제하여 양산에도 사용하게 된다. 이 과정에서는 시제품을 제작하는 과정에서 사용된 프로세스의 결과를 무효화시키지 않고 생산 툴링으로 전환하는 것이 필수적이다. 제작 대상이 제조시설에 도착하기 전에 필요한 생산 승인 절차를 진행하는 과정에 생산 담당자를 참여시키게 되면 제작 기간을 크게 단축할 수 있다.

복잡한 전자회로의 경우, 최종적으로 완전히 적합한 설계로 완성해나가는 과정에서는 초기에 제작된 모델을 상당 부분 변경해야 하는 상황이 발생할 수 있다. 따라서 구성품을 최종 형태로 확정하기 전에 회로 변경을 쉽게 할 수 있도록 해야 한다. 이러한 이유로 보다 개방적인 "브레드보드(breadboard)" 또는 "브래스보드(brassboard)" 형태(기본적인 패키징 제약 조건을 포함)에서 이러한 회로를 먼저 구성하고 시험하는 것이 관례였다. 이렇게 하면 구성품을 최종 형태로 패키징하기 전에 회로 변경을 용이하게 할 수 있다. 그러나 현대의 자동화된 도구를 사용하면 패키지가 완료된 형상으로 직접 이동하는 것이 더 효율적인 경우가 많다. 이는 비록 적절한 설계가 최종적으로 달성되기 전에 다양한 패키지를 제작하는 것이 필요할 수 있다고 해도 유용한 방법이 될 수 있다.

개발시험

공학 개발시험의 목적은 생산을 승인하는 시험과는 다르다. 후자는 주로 구성품을 승인하는 것과 관련이 있지만, 전자의 경우에는 각 불일치를 정량화하는 것은 물론이고 그 원인을 진단하기 위한 목적으로 수행되어야 한다. 요구조건을 준수하기 위한 과정에서도 설계 불일치가 발견되고 설계 변경이 필요할 수 있다는 점을 예상해야 한다. 따라서 구성품 시험은 개발 프로세스에서 많은 부분을 차지한다. 이 시점에서의 변경은 혼란스럽고 사전에 조정되지 않은 변경이 이루어지는 것을 피해야 하며, 이를 위해서는 모든 관련 당사자가 동의한 "엔지니어링 변경 공지"를 통해서 수행되어야 한다.

개발시험은 구성품의 기본 설계를 확인하는 것과 관련이 있다. 이 과정에서는 특히 시스템 내에서 시스템의 작동과 연관성이 높은 중요한 성능, 스트레스를 많이 받는 환경 및 새로 개발된 구성품 등에 초점을 맞춘다. 기타 유사한 유형의 기존 구성품에서 일반적으로 겪어왔던 수준보다 높은 조건에서 작동할 것으로 예상하는 구성품에 대한 시험도 수행해야 한다. 또한 개발시험은 충격, 진동, 외부 복사 등과 같이 심각한 환경조건에 노출되는 설계적인 조건에도 중점을 둔다.

회전하는 부품이 포함된 구성품과 같이 운용 중 마모 가능성이 큰 요소의 경우에는, 개발시험 항목에 가속적인 조건에서 수행되는 내구성 시험도 포함하는 것이 일반적이다. 이러한 가속 시험을 수행하게 되면 몇 개월이라는 짧은 시간 내에 몇 년간의 마모 정도를 시뮬레이션할 수 있다.

신뢰도 및 정비성 데이터. 개발과정에서 구축하는 구성품을 실제 생산 시에 만들어지게 될 구성품과 동일하게 제작할 수 없을 때도 있다. 그러나 작동 및 시험을 수행하면서 모든 오류 사항을 기록하고 그 원인을 식별함으로써 가능한 한 빠른 시간 내에 신뢰도와 관련된 통계 데이터를 수집하는 것이 좋다. 이렇게 하면 초기에 발생하는 실패가 생산되는 구성품으로까지 이어질 가능성이 줄어든다. 이는 생산하게 될 구성품의 수량이 너무 적어서 생산되는 구성품을 대상으로 적절한 통계 데이터를 수집할 수 없는 경우 특히 유용하다. 이 프로세스에는 품질보증 엔지니어의 참여가 필수적이다.

또한 개발시험을 수행하는 과정에서는 시스템을 유지관리하는 동안에 발생할 수 있는 오류를 진단하고 그 결과를 제공해줄 수 있는 시험 지점의 적절성과 접근 편의성을 확인해야 한다. 시스템을 유지관리하기 위한 목적으로 구성품을 분해하고 회로기판과 같은 하부구성품을 교체해야 할 때도 이러한 기능은 필요하다.

시험 운용

구성품 개발시험은 설계 프로세스의 일부이며, 일반적으로 수석 설계 엔지니어가 이끄는 팀 중에서 설계를 담당하는 그룹의 주도하에 시험이 수행된다. 이 팀은 설계 팀의 구성원은 물론이고 개발하고 있는 구성품과 유사한 유형의 제품을 시험한 경험이 있는 다른 직원들도 포함할 수 있다. 이 팀은 시험을 수행하는 데 필요할 수 있는 시험 도구 및 특수시험시설의 사용에 관해서 잘 알고 있어야 한다. 시험 설정 및 분석 절차의 타당성과 적절성은 시스템엔지니어링에 의해 감독되어야 한다.

시스템 엔지니어(및 시험 엔지니어)가 알아야 하는 중요한 교훈은 구성품 일부가 시험 목표를 충족하지 못하는 명백한 실패가 발생하였다고 해서 그 원인이 반드시 설계 결함 때문만은 아닐 수 있다는 사실이다. 어떤 경우에 이러한 실패는 시험 장비 또는 시험 절차의 문제 때문일 수 있다. 이러한 오류는 새로 설계된 시험 장비를 이용해 구성품을 처음으로 시험할 때 특히 많이 발생한다. 그러므로 시험 장비 자체를 시험해야 하는 경우가 매우 많이 발생한다. 이와 같은 문제가 발생하는 직접적인 원인은 시스템 요소이든 시험 장비의 유닛(하드웨어 또는 소프트웨어)이든 관계없이, 두 개 이상의 상호작용 및 인터페이스 구성품 간의 완벽한 호환성을 보장하기 어렵기 때문이다. 따라서 새로운 구성품을 시험 장비와 적절하게 통합하기 위한 예비시험기간을 계획해야 하며, 모든 시험과 관련된 문제점이 제거될 때까지 실제 시험을 시작해서는 안 된다.

형상 변경 통제

앞에서 언급한 바와 같이 CDR(Critical Design Review) 이후에는 복합 시스템의 상세설계가 확정되어야 하고, 공식적인 CM(Configuration Management)으로 채택되어야 한다는 것을 기억할 수 있을 것이다. 즉, 이후에 설계 변경을 제안하기 위해서는 "형상 통제 위원회" 또는 동등한 수준에서의 타당성 확인은 물론이고 별도의 평가와 형식 승인 절차를 받아야 한다. 일반적으로 이러한 승인은 서면으로 작성된 엔지니어링 변경 요청서에 의해서만 가능하다. 이 변경 요청서에는 시험 과정을 통해서 밝혀진 결함의 특성에 대한 정확한 정의가 포함되어야 한다. 또한 제안하고 있는 변경 방안이 시스템 성능, 비용 및 일정에 미치는 영향에 대한 철저한 분석 결과도 기재되어야 한다. 요청 내용에는 요구조건을 완화할 수 있는지를 포함한 대안이 될 수 있는 해결 방안과 같은 절충사항도 포함되어야 한다. 그리고 변경을 수행함에 따라 발생 가능한 위험 및 추가 비용에 대한 심층적인 평가결과도 필요하다. 이처럼 공식적인 프로세스를 설정하는 이유는 추가적인 변경을 하지 못하도록 하고자 하는 것이 아니라, 체계적이고 문서로 만들어지는 방식으로 변경을 할 수 있도록 하려는 것이다.

적합성 시험

생산된 구성품을 통합시설로 전달하기 전에 시험("초도 생산품" 시험)하는 것은 생산 설비에서 단위 부분품에 대해 승인 시험을 하는 것과 매우 유사하다. 일반적으로 적합성 시험은 개발시험보다 더 제한적이기는 하지만, 결합하게 될 시스템 구성품과 엄밀하게 조립될 수 있도록 하기 위해서는, 단위 부분품이 인터페이스 공차를 정확히 준수하는지를 확인해야 하므로 대부분 더 정량적인 경향이 있다. 따라서 이러한 목적으로 사용되는 장비는 생산 시험 장비와 매우 유사해야 한다. 적합성 시험은 제품이 작동되는 조건보다 더 엄격한 상황에서 수행되는 것이 일반적이다.

개별 시스템 구성품에 대한 설계 검증을 할 때는 전체 시스템의 일부로 작동하게 될 환경과 동일한 환경을 조성해 시험하는 경우에만 올바른 수행이 가능하다. 그러나 복잡한 구성품의 경우 환경을 정확하게 재현하는 것은 거의 불가능하다. 따라서 실제 상황에 근접한 시험 환경을 구축해 사용해야 한다.

대부분의 구성품 개발사업의 계약이 독립적으로 체결되기 때문에, 구성품들이 서로 다른 엔지니어링 그룹에서 개발되고 제작된다는 사실이 문제를 더욱 어렵게 만든다. 소프트웨어 프로그램의 경우, 일반적으로 설계자들은 같은 회사에 소속되어 있음에도 불구하고 서로의 설계 내용에 대해서는 자세히 이해하지 못한다. 따라서 시스템 개발자는 구성품 설계자가 시스템 통합을 위해 사용할 수 있는 표준 사양을 준수하여 제품을 시험하도록 하는 책임을 갖게 된다. 물론 중요한 점은 각 구성품의 인터페이스가 상호 연결되는 구성품 및 환경에 정확히 상호작용할 수 있도록 설계되어야 한다는 것이다.

허용오차. 적합성과 호환성을 보장하기 위한 구성품 인터페이스 사양에는 각 치수 또는 기타 인터페이스 매개변수에 대해 허용오차가 포함되어야 한다. 공차는 적절하게 결합할 수 있는 범위를 표현하기 위한 목적으로 명목 매개변수 값으로부터의 양수 및 음수 편차의 형태로 기술된다. 공차를 할당할 때는 제조의 용이성을 보장하면서도 동시에 만족스러운 적합성 및 성능 간의 균형을 유지할 수 있도록 해야 한다. 생산성이나 신뢰도에 크게 영향이 발생할 때마다, 시스템 엔지니어는 적절한 균형을 설정하기 위한 프로세스를 시작해야 한다.

컴퓨터-지원 도구들

CAD와 CAM의 광범위한 사용은 많은 유형의 장비에서 위와 같은 문제들을 크게 단순화시켰다. 이러한 도구들을 사용함으로써, 구성품의 사양들은 디지털 형태로 변환되었으며 설계작업에 직접 사용하는 것이 가능해졌다. CAD 데이터베이스에 저장되어있는 데이터들은 시스템 개발자와 구성품 설계자 그리고 생산자들이 전자적으로 공유할 수 있다. 또한 동일한 데이터는 자동화 기능을 갖춘 시험 장비에도 사용할 수 있다.

전자 장비 분야에서는 칩에서 보드, 캐비닛, 커넥터에 이르기까지 표준 상용 부품이 널리 사용됨에 따라 고객 맞춤형 구성품과 비교하면 인터페이스를 하기가 훨씬 쉬워졌다. 이러한 발전으로 인해 시험 및 통합은 물론 구성품과 관련된 소요 비용의 절감 효과를 얻을 수 있었다. 소형화로 인해 회로기판들은 더 많은 기능을 수행할 수 있게 되었으며, 회로 칩이 캡슐화됨에 따라 상호연결 및 소요 기판의 수도 최소화할 수 있었다.

시험 운용. 구성품의 적격성 검사를 수행하는 목적은 최종 생산용 구성품 설계가 전체 시스템의 일부로서 모든 요구조건을 충족하는지 확인하는 것이다. 따라서 이 시험은 개발시험보다 훨씬 더 공식적인 절차에 따라서 시험을 담당하는 조직이 주관해 수행하며, 때로는 시스템 계약자의 감독을 받는다. 특히 설계

엔지니어링은 시험 장비 점검 및 데이터를 분석하는 과정에 참여함으로써 시험 운용을 지원한다.

시험 도구들

시스템 구성품의 성능 및 호환성을 검증하기 위한 시험 장비는 적절한 입력값들을 제공하고 출력된 결괏값들을 사양에 명시된 값과 비교할 수 있도록 설계해야 한다. 사실상 이러한 시험 장비들은 시뮬레이터의 형태로 구축되는데, 시스템 외부 및 내부 구성품의 물리적 및 기능적 환경을 모델링하고 중요한 모든 상호작용 및 인터페이스와 관련된 사항을 측정하게 된다. 기능적인 측면에서 볼 때, 이러한 시뮬레이터는 시험용으로 설계되는 구성품만큼이나 복잡할 수 있으며, 통상적으로 실제 개발을 위해서는 비슷한 수준의 분석 및 엔지니어링 노력이 필요하다. 게다가 구성품이 지정된 매개변수 공차 값을 얼마나 잘 준수하는지를 평가하기 위해서는, 구성품이 갖는 허용 가능한 매개변수의 오차보다 시험 장비의 정밀도가 몇 배 더 정교해야 한다. 때때로 이러한 요구조건들은 쉽게 확보할 수 있는 수준보다 더 큰 정밀도를 요구하는 경우가 많기 때문에, 요구되는 수준의 능력을 개발하기 위해서는 특별한 노력이 필요하다.

개발시험용 장비는 종종 즉시 사용이 가능한 상태이거나, 다른 프로그램으로부터 차용이 가능할 수도 있다. 또한 신호 발생기, 스펙트럼 분석기, 디스플레이 등과 같은 표준 측정기기들은 컴퓨터를 기반으로 작동하는 시험 장비의 일부에 통합되는 방식으로 쉽게 사용할 수 있다. 반면에 제트 엔진과 같이 고도로 전문화되고 복잡한 구성품의 경우에는 해당 구성품이 개발되는 과정에서 또는 생산 중에 필요한 시험을 지원하기 위해 전용 시험 시설이 필요한 경우가 많다.

어떤 경우라고 해도 구성품 개발과정에서 설계 및 시험을 지원하기 위한 특수 공구는 공학 설계과정 초기에 설계 및 제작되어야 한다. 더욱이 이러한 특수 공구들은 생산 과정에서도 같은 구성품을 시험하는 데 필요하므로, 개발과 생산 과정에서 사용되는 시험 장비의 설계 및 형상에 관해서는 긴밀하게 조정되고 상호 지원이 가능하도록 노력해야 한다. 이러한 시험 도구와 관련된 비용이 허용 가능한 범위를 초과하지 않도록 하기 위해서는, 일반적으로 설계 및 성능 요구조건에 관한 계획을 수립하고 정의하는 과정에서 상당한 시스템엔지니어링 노력이 필요하다.

시스템엔지니어링의 역할

위의 논의를 통해서 우리는 구성품에 대한 검증 프로세스를 수행할 때 시스템엔지니어링의 역할이 필수적이라는 것을 확인하였다. 시스템 엔지니어는 전체 시험 계획을 수립하고, 시험해야 할 매개변수와 그 정확도는 물론, 불일치를 진단하는 방법 및 시험 결과를 분석하는 방법을 결정해야 한다. 또한 시스템엔지니어링은 변경이 필요한 경우에 관련된 작업을 착수하고 이후에 진행되는 프로세스에서 조정자 역할을 해야 한다. “부족한 시험”과 “과도한 시험” 사이의 적절한 균형을 유지하기 위해서는 전체 소요 비용을 포함해 각 시험이 시스템에 미치는 영향에 관한 지식이 필요하다. 이는 결국 시스템 엔지니어가 시스템의 다른 부분 및 환경과의 상호작용에 관해 얼마나 깊은 지식을 갖고 있는가에 따라 그 결과가 달라진다.

12.6 형상 관리

앞 장에서 설명된 내용을 통해서 우리는 새로운 복합 시스템을 개발하기 위한 노력이 일련의 단계 또는 과정으로 이루어진 절차로 세분화해 분해될 수 있다는 것을 알 수 있었다. 또한 각 단계 또는 과정을 통해서 구체화해가는 시스템의 각 특성은 개발이 진행될수록 보다 구체적인 시스템 요구조건 및 사양의 관점에서 정의될 수 있다는 것도 확인하였다. 이처럼 시스템 개발과정들이 진행될 때 시스템 설계의 연속성과 일관성을 유지할 수 있도록 해주는 시스템엔지니어링 프로세스를 CM(Configuration Management)이라고 한다.

일반적으로 CM 프로세스는 개념 탐색과정에서부터 점진적으로 시작된다. 초기에는 대안이 될 수 있는 다양한 시스템 개념 간의 절충 연구 프로세스를 수행한 결과에 따라 기능 요구조건 측면에서 선택된 최상위 시스템의 형상을 정의하는 것으로부터 시작된다. 이후 공학 개발과정을 수행하면서 계속해서 발전하게 되는데, 이 과정의 산출물인 시스템 생산 사양을 작성하면서 정점에 이르게 된다. CM의 영향성과 그 중요성은 공학 설계과정에서 가장 크게 발전하게 되므로, CM 프로세스에 관한 내용은 이 장에서 더 자세히 설명하고자 한다. 공식적으로 사용되는 CM이라는 용어에는 "형상 품목(CIs, Configuration Items)"과 "형상 기준(Configuration Baselines)"이라는 두 가지 기본 요소를 포함한다. 이들 각각은 아래에 간략하게 설명되어 있다.

형상 품목

CI는 시스템 설계를 묘사하고 공식적으로 통제할 수 있는 시스템 요소이다. 시스템을 정의하는 초기 과정 즉, 시스템을 개발하는 과정 중에서 초기에 해당하는 시기에는 하부시스템 수준에 머물러 있을 수 있다. 그러나 이후의 과정에서 CM은 "구성품" 수준과 일치하게 되는 것이 일반적이다. 구성품에서와 마찬가지로, CI는 독립적인 단일 조직에서 설계하고 구축되는 시스템의 기본 빌딩 블록으로 간주된다. 그러므로 CI가 시스템 전체 내에서 적절하게 작동할 수 있도록 다른 빌딩 블록과의 상호 특성과 인터페이스를 정의하고 통제해야 한다. 이때 하드웨어 구성 항목(HWCIs)과 컴퓨터 프로그램(소프트웨어) 구성 항목(CSCI, Computer Software Configuration Items)을 구별하는 것이 일반적이다. 이는 설계를 정의하고 제어하기 위해 사용하는 프로세스가 근본적으로 상이하기 때문이다.

형상 기준

시스템 수명주기 동안 계속해서 진화해가는 시스템 설계를 관리하는 것과 관련된 중요한 개념은 형상 기준(Configuration Baselines)에 관한 개념이다. 가장 널리 사용되는 형식은 기능 기준(Functional Baseline), 할당 기준(Allocated Baseline) 및 제품 기준(Product Baseline)이다. 표 12.2는 각 기준이 정의되는 일반적인과정과 함께 각 기준의 사양 형식과 주요 특성을 나타내고 있다.

기능 기준(Functional Baseline)은 개념 정의 과정을 수행하는 동안 시스템 성능 요구조건으로부터 파생된 시스템의 기능 사양을 묘사한다. 그리고 이것은 이후에 선행 개발과정에 대한 입력물로도 사용된다.

할당 기준(Allocated Baseline)은 공학 설계과정에서 정의된다. 이는 시스템 구성품에 대한 기능 할당(CIs)이 분석 및 시험을 통해서 확인되기 때문이다. 최종

표 12.2 형상 베이스라인

베이스라인	과정 정의	사양서 유형	특징들	요소 사양
기능	개념 정의	A	기능 사양	시스템
할당	공학 설계	B	개발 사양	형상 품목
제품	공학 설계	C, D, E	제품, 프로세스 사양	형상 품목

적인 개발 사양은 지정된 목표를 충족하기 위해 개발된 기술적 접근방식은 물론이고 각 CI에 대한 성능 사양을 정의한다.

제품 기준(Product Baseline)의 세부설계 사양은 공학 설계과정에서 설정된다. 이것은 생산품, 프로세스 및 소재 사양과 엔지니어링 도면으로 구성된다.

인터페이스 관리

본 교재에서는 시스템 빌딩 블록은 물론이고 시스템과 환경의 상호작용과 인터페이스를 정의하고 관리하는 것이 시스템엔지니어링의 필수적인 기능이라는 점을 강조해왔다. 앞에서 언급했던 CIs 및 베이스라인의 관점에서 공식적으로 정의되는지 여부와 관계 없이, 이 기능은 CM의 개념에 구현되어있다. 따라서 이 임무를 수행하는 데 필요한 인력과 절차를 구성하는 것은 시스템엔지니어링의 도움을 받는 프로젝트 관리 차원에서 수행해야 하는 의무이다.

주어진 인터페이스를 효과적으로 정의하고 관리하기 위해 필요한 일차적인 조건은 CIs의 설계에 필요한 모든 주요 인력과 조직의 참여를 보장하는 것이다. 이는 일반적으로 ICWG(인터페이스 구성 작업그룹, Interface Configuration Working Groups) 또는 그것과 동등한 그룹을 통해서 이루어진다. 이때 구성원은 각 인터페이스가 완전하게 호환되고 쉽게 달성할 수 있도록 협상을 하는 과정에서 조직을 대표할 수 있는 기술적 지식과 권한을 갖고 있어야 한다. 대규모 시스템의 경우 합의를 통해서 작성된 인터페이스 조정 문서(ICDs, Interface Coordination Documents)와 관련이 있는 모든 이해 당사자들이 결정된 사항에 따라서 할당된 임무를 이행하는 것이 중요하다. 담당한 임무를 확실하게 이행할 수 있도록 하기 위해서는 공식적인 승인 절차가 필요하다는 사실이 과거의 경험을 통해서 확인되었다. 이러한 문서의 형식은 문서화해야 하는 인터페이스의 유형에 따라서 달라지게 된다. 그러나 공학 설계과정에서는 인터페이스 조건을 구체적이고 완전하게 지정하기 위해 데이터 및 도면들을 활용한 충분히 구체적인 내용이 포함되어야 한다. 이러한 구체적인 정의가 있을 때만 개별 구성품 개발자들이 그들이 담당한 제품을 독립적으로 설계하고 시험하는 것이 가능하기 때문이다.

형상 변경 통제

형상 변경은 새롭고 진보된 시스템을 개발하는 과정에서 필수적으로 고려해야 하는 사항이다. 특히 혁신적인 기술을 활용함으로써 시스템의 능력을 충분히 발휘하면서도 긴 사용 수명을 제공하기 위한 목적을 달성하기 위해서는 반드시 필요한 사항이다. 따라서 시스템 개발과정 중에서 형성 단계를 진행하는 동안에는, 개발하고자 하는 시스템과 관련이 있는 기술적인 기회들을 수용할 수 있도록 설계 측면의 유연성을 충분히 유지하는 것이 바람직하다. 이러한 유연성을 확보하기 위해 감수해야 하는 대가는 각각의 변화가 불가피하게 관련 시스템 요소에 영향을 미친다는 것이다. 또한 초기에 관심을 가졌던 영역을 훨씬 넘어서는 새로운 분야에 대한 다양한 적응이 필요한 경우가 많다. 따라서 시스템 프로세스를 진화적으로 관리하기 위해서는 많은 시스템엔지니어링 분석, 시험 및 평가가 필요하다.

변경사항을 수용하는 데 필요한 노력과 비용은 설계가 성숙해감에 따라 빠르게 증가하게 된다. 공학 설계과정에서는 시스템 설계가 세부적으로 공식화되는 시기이므로 시스템의 추가적인 개선을 위해 새로운 방안을 모색하는 것은 적절하지 않다. 따라서, 시스템 설계안이 확정된 이후에는 필요한 변경사항을 처리하기 위한 공식적인 변경 통제 절차가 필요하다. 이 시기에 가능한 변경사항으로는 비호환성, 외부 변경 또는 예상치 못한 설계 결함의 발견으로 인해 추가로 요구되는 내용 등이 포함될 수 있다. 일반적으로 위와 같은 상황은 CDR 또는 그에 상응하는 노력을 성공적으로 완료한 후에 발생한다.

제안된 변경사항은 "클래스(classes)"로 분류하는 것이 일반적이다. 여기서 클래스는 비용, 일정, 주요 인터페이스, 안전, 성능, 안정성 등과 같이 시스템 또는 프로그램 수준에 영향을 미치는 것을 의미한다. 통상적으로 시스템 수준의 변경에 대한 공식적인 변경 통제는 지정된 그룹에 의해 실행된다. 이 그룹은 성능,

비용 및 일정을 판단할 수 있도록 기술적 및 관리적인 전문지식을 갖춘 선임 엔지니어들로 구성된다. 대규모 프로그램의 경우 이러한 그룹을 변경 통제 위원회라고 한다. 이 위원회는 시스템엔지니어링이 이끄는 것이 필수적이며, 일반적으로 그 결과는 프로그램에서 최상위 수준에 있는 관리자에게 보고된다.

12.7 요약

시스템 빌딩 블록의 구현

공학 설계과정의 목표는 성능, 비용 및 일정과 관련된 요구조건에 따라 시스템의 구성품을 설계하는 것이다. 또한 이 과정을 통해서 내부 및 외부 인터페이스의 일관성을 확립해야 한다.

공학 설계는 시스템 빌딩 블록의 최종 설계에 초점을 맞추는 과정이며, 새로운 시스템의 구성품을 구체화하는 것으로 마무리된다. 공학 설계를 구성하는 활동은 다음과 같다.

요구조건 분석: 모든 인터페이스 및 상호작용 식별.
기능 분석 및 설계: 모듈식 구성에 중점.
구성품 설계: 모든 구성품 설계 및 시제품 제작 수행.
설계 확인: 시스템 구성품 시험 및 평가.

요구조건 분석

외부 시스템 인터페이스 요구조건은 시스템을 개발하는 과정 중, 이 시점에서 특히 중요하다. 사용자 인터페이스와 환경적인 상호작용은 특별한 주의가 필요하다.

기능 분석 및 설계

기능설계는 아래와 같이 세 가지 영역에 집중해야 한다.

모듈형 구성: 상호작용 단순화.

소프트웨어 설계: 모듈형 아키텍처.

사용자 인터페이스: 효과적인 인적 상호작용.

모듈식 분할을 통해서 "밀접하게 관련이 있는" 기능들이 "느슨한 관계에 있는" 모듈들과 함께 그룹화된다.

구성품 설계

주요 국방 및 우주 시스템엔지니어링은 두 개의 절차로 수행된다: 예비설계 후에 수행하는 PDR 그리고 상세설계 후에 수행되는 CDR.

공학 설계 프로세스는 CIs에 초점을 맞추고 있다. 이것들은 이 책에서 정의한 "구성품"과 실질적으로 동등한 관계에 있다.

예비설계는 선택된 설계방안이 비용 및 일정 목표 내에서 생산될 수 있고, 시스템 성능 및 설계 요구조건에 부합한다는 것을 입증하는 것을 목적으로 한다. PDR은 주요 인터페이스, 위험 영역, 장기간 소요되는 항목 및 시스템 수준의 절충 연구를 중심으로 수행한다.

상세설계는 전체 시스템을 구성하는 최종 항목(CIs)에 대해 완전하게 묘사하는 것을 목적으로 한다. CDR을 통해서는 건전성과 적정성을 확인하기 위해 도면, 계획서 등을 검토한다. CAD는 상세설계를 수행하는 과정에서 하드웨어의 구현 방식에 혁명을 일으켰다. 이제 기계 부품 설계는 소프트웨어를 이용해 분석 및 설계를 할 수 있다. 디지털 전자제품은 소형화, 표준화가 되었기 때문에 브레드보딩이 필요하지 않다.

신뢰도는 인터페이스, 환경 및 기술력이 취약한 구성품 수준에서 설계되어야 한다. 또한 소프트웨어는 정확한 표준에 맞게 구축하고 프로토타입을 제작해야 한다. 극도로 높은 신뢰도가 요구되는 경우에는 대부분 중복성을 이용해 그 목표를 달성한다. 일반적으로 신뢰도를 측정하는 방법에는 MTBF가 포함된다.

정비성을 유지하려면 신속한 고장 감지 진단 및 수리를 할 수 있는 능력이 필요하다. MTTR은 정비성을 측정하는 대표적인 척도로 사용된다. BITE는 고장을 감지하고 진단하기 위한 목적으로 사용된다.

가용도는 시스템이 운용을 요구받을 때 가용 상태를 유지하고 있을 확률을 측정하는 것이다. 가용도는 MTBF에 따라 증가하고 MTTR에 따라 감소한다.

생산성은 시스템 구성품의 생산 용이성과 함께 상용 구성품, 디지털 회로 및 광범위한 허용오차를 적용함에 따른 이점을 평가한다.

설계 확인

시험 장비를 설계 및 제작하기 위한 노력은 많은 시간이 필요하므로 시험 계획은 조기에 수행되어야 한다. 또한 충분한 자원을 확보하기 위해서는 시험 비용을 개발 초기에 할당해야 한다. 마지막으로, 시험 계획을 수립하기 위해서는 팀 단위의 노력이 필요하다.

개발시험은 설계 프로세스의 일부이며, 고장에 대한 신뢰도 통계를 축적하기 시작해야 한다. 이러한 시험 실패가 발생하는 원인으로는 시험 장비나 절차에 포함된 문제로 인한 경우가 많다. CDR 이후의 변경은 공식적인 CM의 통제 대상이 되므로 필요한 계획을 수립해야 한다.

자격 시험(Qualification Testing)은 구성품이 전체 시스템으로 통합되는 것이 적절한지를 확인하는 것으로, 구성품의 인터페이스에 중점을 둔다. 시험 과정과 관계없이 시험 도구는 시스템 통합 프로세스에서 사용하는 도구와 일치해야 한다.

형상 관리

CM은 시스템 설계의 연속성과 무결성을 유지하기 위한 시스템엔지니어링 프로세스이다. 주요 시스템 개발에서 정의하는 형상 기준은 다음과 같다.

기능 기준: 시스템 기능사양
할당 기준: 시스템 개발 사양
제품 기준: 제품, 프로세스 및 소재 사양

CI는 시스템 설계를 묘사하고 공식적으로 통제하는 데 사용되는 시스템 요소이다.

연습문제

12.1 선행 개발 동안에 투입되었던 주요 시스템 구성품을 개발하기 위한 노력에도 불구하고 공학 설계 중에 "알 수 없는 미지의 것"이 나타날 것으로 예상할 수 있다. 시스템 엔지니어가 이러한 상황을 예상하고 어떤 비상조치를 취해야 하는지를 논의하시오. 답변에는 비용, 일정, 인원 할당 및 시험 절차에 대한 잠재적 영향이 포함하시오.

12.2 공학 설계 시 외부 시스템 인터페이스는 특히 중요한 요소이다. 새로운 지하철 시스템을 고려하고 지하철이 작동하기 위해 상호 작용이 필요한 6가지 외부 인터페이스를 나열하시오.

12.3 모듈형 또는 분할형 시스템 설계는 우수한 시스템 설계 방법이 가진 기본적인 특성이다. 상용 항공기를 예로 들어 모듈화의 관점에서 주요 하부시스템에 대해 논의하시오. 모듈화된 것과 그렇지 않은 것을 기술하시오. 후자의 경우 모듈식 설계에서 어떻게 그리고 왜 벗어났다고 생각하는지 설명하시오.

12.4 PDR은 공학 설계 중에 중요한 이벤트이며, 시스템 엔지니어는 이 검토를 수행하는 과정에서 중요한 역할을 한다. 당신(시스템 엔지니어)이 중요한 PDR의 주요 발표자로 지정되었다고 가정해 보자. 이 회의를 준비하기 위해 취해야 할 구체적인 조치에 대해 논의하시오. 논란이 될 만한 아이템에 대해서는 어떻게 준비해야 하는지 설명하시오?

12.5 개인용 노트북 컴퓨터는 인터페이스가 많고, 다양한 사람이 조작하며, 거의 연속적으로 작동해야 하고, 다수의 내부적으로 이동이 많음에도 불구하고 높은 신뢰성이 입증된 제품이다. 개인용 노트북 컴퓨터는 광범위한 환경(온도, 충격, 진동 등)에서 작동하는 휴대용 장치이다. 노트북 신뢰성과 관련이 있는 6가지 설계 특징 또는 특성을 나열하시오. 전체 시스템 신뢰성을 계산하시오.

12.6 설계 변경은 특히 진화하는 기술이 포함된 새로운 첨단 시스템을 개발하는 과정에서는 필수적으로 겪게 된다. 이러한 이유로 인해 시스템 개발 중에는 어느 정도 설계 유연성이 유지되어야 하지만, 설계가 성숙함에 따라 설계 변경에 필요한 비용은 상승하게 된다. 당신이 새로운 대중교통 시스템 개발을 위한 시스템 엔지니어라고 가정할 때 공학 설계 단계의 초기, 중간 및 후반에 각각 수용할 수 있는 두 가지 유형의 설계 변경을 열거하시오.

추가 자료

Badiru, A.B. (2006). *Handbook of Industrial and Systems Engineering*. CRC Press, Chapters 8, 9, 11, and 15.

Blanchard, B. and Fabrycky, W. (2013). *System Engineering and Analysis*, 5e. Prentice Hall.

Brooks, F.P. Jr. (1995). *The Mythical Man Month: Essays on Software Engineering*. Addison-Wesley.

Buede, D.M. (2016). *The Engineering Design of Systems: Models and Methods*, 3e. New York: Wiley.

Defense Acquisition University (2001). *Systems Engineering Fundamentals*. Department of Defense, Chapters 6 and 10. http://acqnotes.com/wp-content/uploads/2017/07/DAU-Systems-Engineering-Fundamentals.pdf (accessed 3 February 2020).

Dieter, G.E. and Schmidt, L.C. (2009). *Engineering Design*, 4e. McGraw-Hill, Chapters 1, 2, 9, 13, and 14.

Ebeling, C.E. (2005). *An Introduction to Reliability and Maintainability Engineering*. Waveland Press, Inc., Chapters 1, 2, 5, 8, 9, and 11.

Gorod, A., White, B.E., Ireland, V. et al. (2014). *Case Studies in System of Systems, Enterprise Systems, and Complex Systems Engineering*. CRC Press.

Hyman, B. (2003). F*undamentals of Engineering Design*, 2e. Prentice Hall, Chapters 1, 5, 6, and 10.

Liker, J.K. and Morgan, J. (2011). *Lean product development as a system: a case study of body and stamping development at Ford. Engineering Management Journal* 23 (1): 16–28.

O'Connor, P.D.T. (2008). *Practical Reliability Engineering*, 4e. Wiley, Chapters 1, 2, and 7.

Pressman, R.S. (2014). *Software Engineering: A Practitioner's Approach*, 8e. McGraw Hill.

Rechtin, E. (1991). *Systems Architecting: Creating and Building Complex Systems.* Prentice Hall, Chapter 6.

Sage, A.P. and Rouse, W.B. (eds.) (2009). *Handbook of Systems Engineering and Management*, 2e. Wiley.

Shortell, T.M. (ed.) (2015). *INCOSE Systems Engineering Handbook: A Guide for System Life Cycle Processes and Activities*, 4e. Wiley.

Stockman, B., Boyle, J., and Bacon, J. (2010). *International Space Station Systems Engineering. Case Study.* Air Force Institute of Technology, Wright-Patterson AFB OH, Center for Systems Engineering.

Wasson, C.S. (2015). *System Analysis, Design, and Development: Concepts, Principles, and Practices*, 2e. Wiley. c15.

13. 시스템 통합

13.1 전체 시스템 통합

명칭에서도 알 수 있듯이 통합과정은 새로운 시스템에 적용하기 위해 개발된 구성품을 전체 시스템으로 조립 및 통합해 효율적으로 작동하도록 하는 것을 목표로 한다. 이러한 통합을 통해서 구축된 시스템은 모든 운용 요구조건을 충족한다는 것을 입증해야 한다. 목표는 시스템을 구축하기 위해 작성된 공학 설계 결과물을 실제 생산은 물론 이후의 운용 과정에서도 적합하게 사용할 수 있도록 하는 것이다.

앞에서도 언급했듯이 시스템엔지니어링 수명주기 모델에서는 통합 절차를 시스템 개발 내에서 별도의 과정으로 분류하고 있다. 이는 그 목표와 활동 측면에서 이전에 수행되는 공학 설계과정과는 크게 다르기 때문이다. 이러한 차이는 기술적인 노력을 수행하는 주요 참여 인력의 변화에서도 나타난다.

개발하고자 하는 시스템의 모든 빌딩 블록이 올바르게 개발되었고 설계에 따라서 정확하게 구현되어있는 경우라면 통합 및 후속 평가를 수행하는 절차는 비교적 간단할 것이다. 그러나 현실적으로는 급속한 기술의 진화가 이루어지는 환경 속에서 복합 시스템을 개발해야 하는 개발팀이 위와 같은 상황을 맞이하는 것은 거의 불가능하다. 그러므로 시스템 통합 작업은 항상 복잡하고 어려운 임무에 해당한다. 이러한 이유로 높은 수준의 시스템엔지니어링 리더십과 함께 전문기술팀의 노력이 필요하다.

따라서 통합과정은 아직 준비가 필요한 사항이 많이 남아있는 상태에서 시작될 수 있으므로, 기존에 수립하였던 계획보다 상당히 느리게 진행될 수도 있다. 이 장에서는 이러한 과정을 수행하기 위해서 일반적으로 요구되는 필수적인 활동과 통상적으로 직면하게 되는 많은 문제들 그리고 결과적으로 발생하는 장애물을 극복하는 데 도움이 되는 접근법을 설명하고자 한다. 애자일 시스템엔지니어링, 인적 요소 및 시스템 복합체계(SoS)와 같은 추가적인 주제도 통합과 관련해 다루고자 한다.

시스템 수명주기에서 통합의 위치

그림 13.1은 시스템 수명주기 내에서 통합 및 평가과정과 인접한 두 개의 과정을 보여주고 있다. 기능 흐름을 나타내고 있는 그림 13.1은 통합과정이 공학 설계과정으로부터 생산 및 운용 과정으로 전환하는 중간과정 역할을 하고 있다는 것을 보여주고 있다. 공학 설계과정으로부터의 입력물은 구성품을 포함해 엔지니어링된 시제품이다. 통합 및 평가과정을 수행함으로써 얻게 되는 결과물은 시스템 생산 사양 및 검증된 생산 시스템 설계이다.

아래의 단락에서는 통합 및 평가과정을 수행하는 주요 목표 및 활동에 대해서 설명이 이어질 것이다. 또한 기술 참가 인력 측면에서 이전에 수행되었던 공학 설계과정과는 어떤 차이가 있는지도 간략하게 다루고자 한다.

프로그램 중점. 앞에서 설명한 바와 같이 공학 설계과정은 개별 시스템 구성품의 설계 및 시험에 중점을 두고 있으며, 일반적으로 여러 개의 서로 다른 공학 조직에 의해서 수행된다. 그리고 이러한 공학 조직들에 대해서는 시스템 개발자 주관으로 시스템엔지니어링 및 프로그램 관리 측면의 감독이 이루어지게 된다.

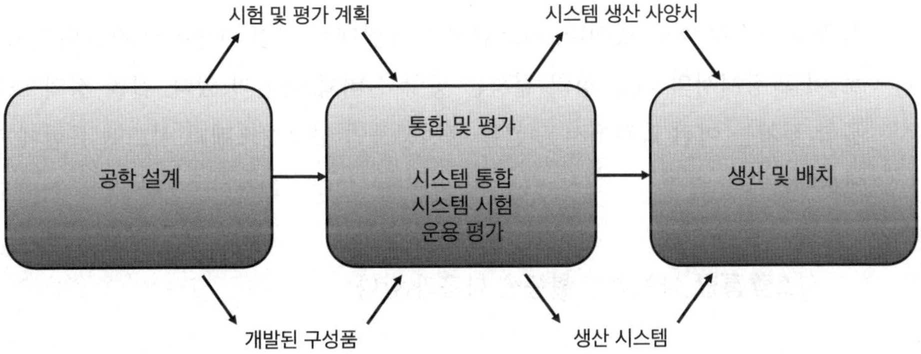

그림 13.1 시스템 수명주기에서의 통합 및 평가과정

이에 반해서, 통합과정은 앞에서 개발된 구성품들을 조립하고 완전한 운용 시스템으로 통합하는 것과 관련이 있다.

프로그램 참가자. 통합과정에 참여하는 주요 기술 분야는 시스템엔지니어링과 설계 엔지니어링이다. 여기에 참여하는 인력들은 시스템의 여러 기능에 포함되는 학문 분야를 대표하게 되는데, 일반적으로 구성품 및 하부시스템의 능력을 중심으로 구성하게 된다.

중대한 문제들. 시스템 통합 프로세스가 갖는 가장 큰 의미는 이전 과정을 통해서 완전히 개발된 구성품과 하부시스템이 처음으로 서로 연결되는 시점이라는 것이다. 또한 구성품과 하부시스템들이 통합된 기능 엔티티로 작동할 수 있도록 만드는 과정이다. 최선의 계획과 노력을 기울였음에도 불구하고, 새롭게 개발되는 구성품을 포함하는 시스템을 통합하는 과정에서는 대부분 예상치 못한 비호환성 문제가 발생하게 된다. 개발의 막바지 단계에서 발생하는 이러한 비호환성과 관련된 이슈는 몇 주나 몇 달이 아니라 며칠 안에 해결되어야 한다. 시스템 평가시험 중에 결함이 발견된 경우에도 마찬가지다. 그러한 중대한 문제를 해결하기 위한 비상조치 프로그램은 사업관리자와 긴밀한 협력관계를 유지하고 있는 시스템 엔지니어가 주도해야 한다.

통합을 위한 시스템엔지니어링 방법

통합 절차는 시스템의 요구조건을 충족할 수 있도록 개발된 구성품의 설계 결과를 준수하게 될 것이다. 시스템의 기능설계는 이전 과정에서 완료되었으므로 이 과정에서의 기능 정의 절차는 통합 설비와 관련이 있다. 물리 정의 또는 통합 절차는 이전 과정에서 구현된 구성품들인 하부시스템과 시스템 통합에 해당한다.

시스템 통합. 대표적인 활동은 다음과 같다.

- 시험을 거친 구성품을 하부시스템에 통합하고 다시 하부시스템을 전체

운용 시스템으로 통합. 이러한 통합은 구성요소들을 순차적 통합 및 시험을 수행함으로써 진행.
- 시스템 통합 프로세스를 지원하고 종단 간 운용을 시연하기 위해 필요한 통합 시험 장비 및 시설을 설계하고 구축.

애자일 시스템엔지니어링 및 통합

애자일 접근방식으로 개발되는 시스템은 개발, 통합 및 시험을 수행할 때 스프린트 주기(Sprint Cycle)를 설정해 많은 통합 노력을 투입하게 된다. 이 접근방식은 잠재적 사용자에게 시험 및 피드백을 제공하기 위해 마지막 스프린트 이후 추가 진행 상황과 기능을 여러 번 평가할 수 있는 기회를 제공한다.

애자일의 원칙은 지속적인 통합을 위해 노력하는 것이므로, 그 노력의 정도는 개발팀이 통합 및 시험 주기를 어떻게 설정하는가에 달려 있다. — 소규모 프로젝트인 경우에는 일일 단위로도 가능할 수 있으나, 대규모 프로젝트의 경우에는 주 단위로 수행할 수도 있다. 집중적으로 통합 작업을 수행하기 위해 추가적인 인력 및/또는 자원이 필요한 경우에는 특별전담팀을 구성해야 한다. 단기 및 장기간의 통합 노력을 계획하는 것에 주의를 기울여야 하며, 전체 시스템 개발에 영향을 미칠 수 있는 요소는 어떤 것인지에 대해서도 관심을 가져야 한다.

13.2 시스템 통합 계층구조

상호작용하는 다수의 구성품으로 구성되는 새로운 복합 시스템을 개발하는 경우에 시스템 수준의 통합을 본격적으로 시작하기 위해서는 선행되어야 하는 전제조건이 있다. 그것은 시스템이 완전히 조립되고 통합된 상태에서 작동하는 것에 문제가 없음을 사전에 입증해야 한다는 것이다. 요소 간의 일부 인터페이스가 제대로 맞지 않거나 올바르게 작동하지 않을 가능성이 크며, 요소들 사이에서 하나 이상의 상호작용이 규정된 허용오차를 벗어날 수도 있다. 과거의 개발 경험을 통해서 알게 된 교훈은 개별 구성품들을 아무리 철저하게 시험했다고 해도, 시스템 요소가 통합될 때까지 밝혀지지 않고 예상치 못했던 비호환성 문제가 거의 항상 남아있을 수 있다는 것이었다. 통합 시스템이 제대로 작동하기 위해서는 이러한 불일치 문제를 가진 일부 구성품을 교체해야 한다. 결과적으로 이러한 변경은 시험 장비 또는 절차 중에서도 필요할 수 있고, 조치한 사항은 모두 관련 문서에 반영해야 한다. 이 장에서는 통상적으로 복합 시스템의 통합과 관련이 있는 일반적인 프로세스와 문제들을 설명하고자 한다.

복합 시스템을 얼마나 성공적이고 신속하게 통합할 수 있는가는 하부시스템이 얼마나 잘 분할되어있는지에 달려 있다. 이때 하부시스템은 서로의 상호작용 요소가 비교적 단순해야 하고 잘 정의된 구성품으로 세분되어있어야 한다. 통합 프로세스는 분할의 반대 과정으로 생각할 수 있다. 일반적으로 ① 서로 관련이 있는 구성품들은 개별적인 하부시스템으로 통합되고 ② 하부시스템은 조립을 통해서 전체 시스템으로 통합된다. 두 단계가 수행되는 시점은 차이가 있으므로, 조립된 요소들이 기대하는 바와 같이 서로 잘 부합되고 상호작용하는지를 확인할 수 있는 시험이 필요하다. 만약 그렇지 못하다는 사실이 확인되면, 수정이 필요한 특정한 설계 특성이 어떤 것인지 밝히기 위한 특별한 시험 절차를 수립해야 한다. 시스템을 통합하는 전체 과정은 순서에 따라서 진행되는 단계적 방식을 적용해야 한다. 다시 말해 시스템 요소를 한 번에 하나 또는 두 개 정도만을 추가한 후에는 그 성능을 확인하기 위한 시험을 수행해야 한다. 시험결과를 통해서 시스템이 원활하게 작동한다는 것이 확인된 이후에는 다음 절차를 진행할 수 있다. 이 절차의 장점은 프로세스에 대한 통제를 유지할 수 있는 것은 물론이고 불일치와 관련된 문제도 쉽게 진단할 수 있다는 것이다. 단계적인 시스템 통합을 수행할 때의 가장 큰 문제점은 아직 전체 시스템이 구축되지 않았다는 점이다. 이로 인해 모든 시험 절차를 수행할 때 시험 장비는 시스템에서 누락된 부품의 기능을 시뮬레이션을 통해서 구현할 수 있어야 한다. 대규모 시스템을 개발해본 경험에 비추어볼 때, 장기적으로는 이러한 방식을 적용하는 것이 비용 측면에서 상당히 효율적이라는 사실이 여러 개발사업을 통해서 입증되어 왔다. 가장 효과적인 조립 순서를 결정하고 최적의 시험 간격을 선택하는 것은 통합 프로세스를 완수하는 데 소요되는 노력과 시간을 최소화하기 위한 중요한 사항이다. 대규모 소프트웨어 프로그램의 통합에서 이 프로세스를 성공적으로 수행하기 위해서는 시스템 수준에 관한 지식과 시험과 관련된 전문지식이 필수적이기 때문에, 일반적으로 이 작업은 시스템 엔지니어와 시험 전문가로 구성된 특수작업팀의 주도하에 수행된다.

하부시스템 통합

앞서 언급했듯이 일반적으로 구성품을 이용해 하부시스템(또는 시스템)을 통합하기 위해서는 단계적 어셈블리 방식을 사용한다. 시험 역시 부품이 체계적으로 집합체로 구성되어감에 따라서 수행된다. 그리고 각 어셈블리 과정은 주기적으로 평가되어야 한다. 이는 최대한 프로세스를 진행하는 초기에 결함이 있는 인터페이스 또는 구성품의 기능을 발견하고 수정하기 위해서이다. 이러한 프로세스를 수행하기 위해 필요한 시간과 노력은 시험 업무에 정통한 전문적인 조직이 있는지 그리고 시설을 얼마나 효율적으로 사용할 수 있는지에 따라 크게 달라진다. 가장 중요한 고려사항 중 일부를 아래에서 논의하고 있다.

시스템 구성품을 통합하는 순서를 결정할 때는 한 가지 지켜야 할 원칙이 있다. 그것은 시스템 구성품이 통합되는 순서는 하부시스템 내의 구성품을 시뮬레이션으로 대체하기 위해 특수한 입력 발생기를 별도로 구성할 필요가 없도록 선택해야 한다는 것이다. 즉, 구성품이 통합되고자 하는 하부시스템의 외부 입력물을 시뮬레이션하는 것 이외에 추가적인 시뮬레이션은 불필요해야 한다. 따라서 통합이 이루어지는 어느 시점에서든지 추가하고자 하는 구성품은 입력물을 함께 갖고 있어야 한다. 이러한 입력물은 외부의 입력 생성기에서 만들어지거나 이미 조립된 구성품의 출력으로부터 파생될 수도 있다.

위의 접근방식이 의미하는 것은 하부시스템을 통합할 때는 오직 외부 입력물만을 필요로 하는 구성품을 이용해 시작해야 한다는 것이다. 여기서 외부 입력물은 시스템 환경 또는 다른 하부시스템으로부터 얻을 수 있는 것을 말한다. 이러한 구성품들의 예는 다음과 같다.

1. 하부시스템 지지 구조물
2. 신호 또는 데이터 입력 구성품(예: 외부 제어 변환기)
3. 하부시스템 전원 공급장치

그림 13.2는 위와 같은 접근방식을 간단한 하부시스템 통합에 적용하는 사

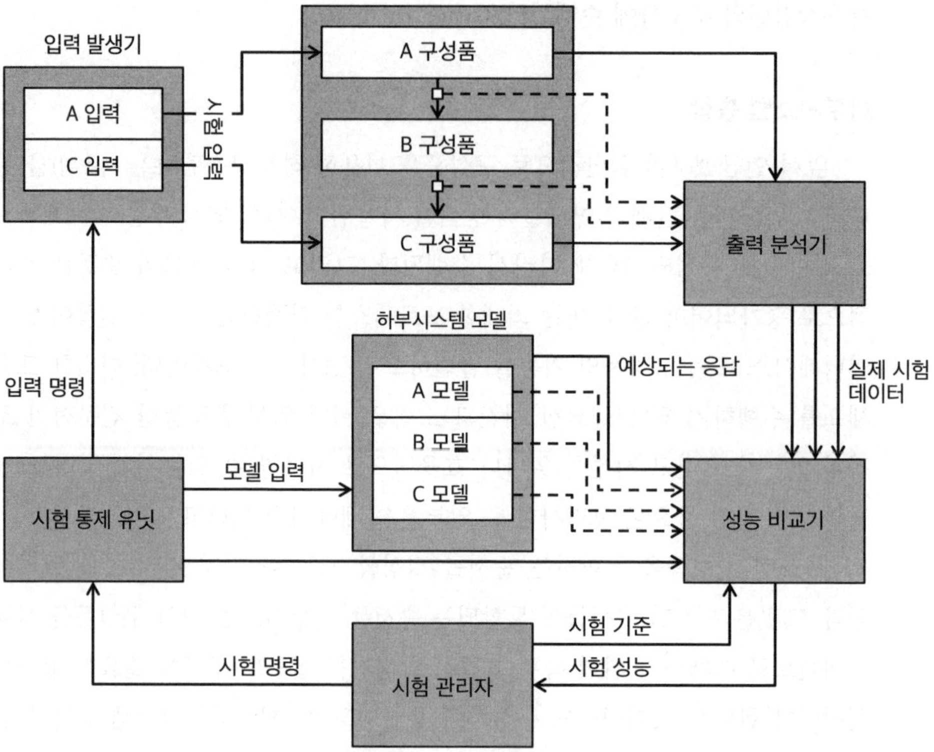

그림 13.2 하부시스템 구성

례를 보여주고 있다. 여기서는 세 가지 구성품을 갖는 하부시스템을 시험하는 것으로 가정하였다. 그림에서 볼 수 있는 구성품의 형상은 각 구성품이 다양한 입력 및 출력의 조합을 가질 수 있도록 선택하였다. 따라서 구성품 A는 외부 하부시스템으로부터의 단일 입력과 두 개의 출력이 있다. 여기서 두 개의 출력 중 하나는 구성품 B에 입력되는 내부 출력이고 다른 하나는 다른 하부시스템에 입력되는 출력이다. 구성품 B에는 외부에서부터 입력되는 인터페이스가 없다. 다만 A로부터 들어오는 입력을 처리한 결과인 출력물을 C로 전달하게 된다. 구성품 C에는 두 개의 입력이 있다. 하나는 외부에서, 다른 하나는 내부에서 들어오는 입력이다. 그리고 다른 하부시스템으로 전달되는 하나의 출력이 있다.

이 시험 구성이 갖는 특별한 특징은 다음과 같다.

1. 두 개의 외부 입력을 하부시스템에 공급하기 위한 합성 입력 생성기 – 여기서 두 개의 입력 중 하나는 A를 위한 것이고 다른 하나는 C를 위한 것이다.
2. A와 B 사이 및 B와 C 사이의 인터페이스에서 추출한 내부 시험 출력물. 이러한 출력물은 전체 성능 측면에서 확인되는 편차의 원인을 식별하는 데 필요하다. 그리고 A와 C에서부터 외부 하부시스템으로 전달되는 입력물과 함께 추가로 입력된다.
3. 구성요소가 수행하는 기능을 포함하면서 시험 인터페이스가 만들어낼 것으로 예측되는 출력을 제공하는 복합 요소 모델이다.

위에서 설명한 통합 시퀀스 접근법에 따르면 그림 13.2의 형상은 다음과 같이 조합될 것이다.

1. 내부 입력이 없는 A부터 시작한다. A의 출력을 시험한다.
2. B를 추가하고 그 출력을 시험한다. 결함을 발견한 경우에는 A의 입력이 올바른지 점검한다.
3. C를 추가하고 출력을 시험한다.

위의 통합 시퀀스는 내부 기능을 제공하기 위해 별도의 입력 생성기를 구성할 필요가 없다. 또한 결함이 있는 구성품 또는 인터페이스를 빠르게 확인할 수 있다.

위에서 설명한 접근방식은 대부분의 경우에 적용할 수 있다. 그러나 특별한 상황이 있을 수 있다는 점을 항상 신중하게 고려해야 한다. 예를 들어 안전하지 않은 시험 조건을 피하고자 어떤 절차를 생략하거나 추가해야 하는 안전과 관련된 이슈가 있을 수 있다. 일시적으로 사용할 수 없는 주요 구성품의 경우에는 대체품을 사용하거나 시뮬레이션을 통해서 그 기능을 묘사해야 할 수도 있다. 특히 중요하다고 판단되는 요소는 이상적으로 계획된 순서보다 더 일찍 시험해야 할 수도 있다. 통합 순서를 정의하기 전에 이러한 이슈들을 조사해야 하며, 이 과정에서는 시스템엔지니어링 판단이 중요한 역할을 한다.

전체 시스템 통합

앞에서 설명한 바와 같이 하부시스템의 조합을 통해서 전체 시스템을 통합하는 과정 역시 개별적인 하부시스템을 통합하는 것과 유사한 일반적인 원칙을 기반으로 한다. 주요한 차이점은 상대적인 규모, 복잡성 그리고 이러한 특성에 따른 중요도의 차이가 될 것이다. 이 단계에서 오류가 발생할 때는 추적이 더 어렵고 해결에 더 큰 비용이 소요되며 전체 프로그램에 투입되는 비용 및 일정에 더 큰 영향을 미친다. 따라서 시험 프로그램에 대한 더 자세한 계획과 목표가 필요하다. 이러한 상황에서 시스템엔지니어링 감독과 함께 진단 전문가의 의견을 수렴하고 적용하는 것은 시스템 개발의 초기 단계에서보다 훨씬 더 중요하다.

시스템 통합 시험 기능. 일반적으로 시스템과 주요 하부시스템의 통합 및 시험 과정을 지원하기 위해서는 특별히 설계된 시험시설이 필요하다. 특히 전체 시스템을 조립하고 통합하는 경우에는 더욱 그렇다. 많은 경우에 이러한 시설은 위험 감소 시험을 위한 "테스트 베드(Test Bed)" 역할을 하기 위해 시스템 개발 중에 점진적으로 구축된다. 또한 하부시스템들을 시험하기 위한 시설들을 이용해 부분적으로 조립될 수도 있다.

하부시스템 통합 시험시설의 경우와 마찬가지로, 시스템 통합시설 역시 표준 시스템 출력에서뿐만 아니라 하부시스템 간의 내부 경계에 있는 시험 지점으로부터도 데이터를 추출할 수 있는 기능을 갖추어야 한다. 또한 시스템 업데이트를 수용할 수 있을 만큼의 유연성을 고려해서 설계해야 한다. 그러므로, 필요한 시험 조건의 구축, 측정 및 데이터 분석 기능을 달성하는 데 필요한 통합 시설을 설계하는 것 자체가 시스템엔지니어링의 주요한 책임이 된다.

시스템 복합체계의 통합

SoS의 통합은 단일 시스템을 통합하기 위한 접근방식과 대부분 유사하지만, 일부 다른 점도 있다. 유사점은 요소 간의 인터페이스가 여전히 존재한다는 점과 구성단위, 상호작용 시점 그리고 일치성과 관련이 있다는 것이다. 참고로 여기서 요소의 의미는 SoS와 단일 시스템에서 차이가 있다. SoS에서의 요소는 시스템에 해당하고 단일 시스템에서는 구성품 및 하부시스템이 해당된다. 비록

SoS의 경우에는 좀 더 많은 회사와 각 시스템과 관련된 조직들이 포함되지만, 통합 계획 및 사용되는 기술을 종합하는 방식은 단일 시스템에서 수행되는 것과 유사하다. 때때로 참여하는 다양한 엔지니어들이 보여주는 시너지 효과는 관련된 추가 시스템을 발전시킬 수 있는 독특하면서도 좀 더 효율적인 관점을 제공할 수도 있다.

단일 시스템과 비교해 SoS가 갖는 다른 점은 각 시스템 내부를 완전히 이해하는 것이 어렵다는 사실이다. 내부를 알 수 없는 일련의 블랙박스를 통합하는 경우를 생각해보자. 블랙박스 간의 인터페이스가 존재한다는 것은 알 수 있지만 아마도 해당 인터페이스를 통해 전달되는 정보를 어떻게 내재화하고 이해할 수 있는지에 대한 통찰력은 없을 것이다. 어떤 경우에는 시스템이 다음에 연결되어 있는 시스템으로 전달하게 되는 출력물에 의존해야 할 수도 있다. 각 독립된 회사 또는 후원 조직이 개별 시스템 개발을 담당하고 있으므로, 통합과정이 진행됨에 따라 SoS가 완전히 그 기능을 발휘하도록 하기 위해서는 시스템에 투입되는 개발 노력에 대한 추가적인 조정이 필요할 수도 있다. SoS 개발 노력을 지원하기 위한 것이 아니라, 개별 시스템을 개발하기 위해서만 예산을 책정하는 경우에는 SoS로 통합하기 위해 필요한 개별 시스템의 변경 및 대응 수준에 영향을 미칠 수 있다.

13.3 통합의 유형

시스템 통합에는 여러 가지 접근방식(하향식, 상향식, 빅뱅 방식)을 적용할 수 있다. 각각의 접근방식은 장단점, 효율성, 리소스 수요 및 의존성 측면에서 검토되어야 한다. 통합 방식을 결정하는 것은 시스템 엔지니어, 프로그램 관리자 및 이해관계자의 책임이다. 이러한 결정은 원하는 목표, 일정, 사용 가능한 예산 및 희망하는 시스템의 최종 상태를 고려해 이루어져야 한다.

하향식 통합

이 접근방식은 높은 수준의 시스템 개념에서 시작해 더 작은 단위(하부시스템에서 형상 항목[CIs]인 구성품으로)로 분해되는 방식이다. 이 접근방식은 처음부터

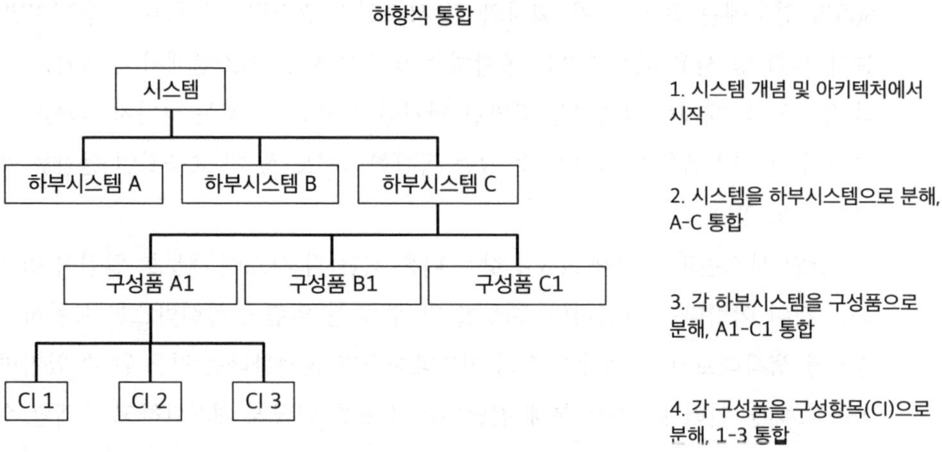

그림 13.3 하향식 통합 프로세스

더 높은 수준에서 전체 시스템 개념을 바라볼 수 있게 해준다. 이후 프로젝트가 진행됨에 따라 점진적으로 세부 수준을 구축해나가게 된다. 이 접근방식의 장점은 사용자와 이해관계자가 처음부터 더 큰 그림을 볼 수 있다는 것이다. 그러나 이 접근방식을 사용하기 위해서는 수많은 임시 구성품들을 제작해야 한다는 단점이 있다. 그리고 이렇게 임시로 제작된 요소들은 개발과정에서 시스템의 세부적인 부분이 개발될 때까지 실제 요소로 대체되어야 한다.

이 접근 방식은 프로젝트가 계속 진행됨에 따라 통합 테스트 대상 및 종료 기준을 개발해야 하므로 준수해야 할 시스템 아키텍처가 필요하다. 하위 수준의 시스템 요소에 대한 특정 기술 세트는 개발할 시기가 되었을 때 개발을 착수하게 된다. 통합 시설은 다양한 하위 수준 요소가 개발됨에 따라 계획할 수 있으며 통합 일정을 개발할 때 통합 시설도 함께 고려해야 한다. 그림 13.3은 하향식 통합 프로세스에 대한 개요도를 보여주고 있다.

상향식 통합

이 접근방식은 많은 시스템엔지니어링 교과서에서 가르치는 것과 매우 유사하다. 즉 설계된 각각의 CIs(Configuration Items, 형상 품목)들을 집계해 구성품으로 통합된다. 그런 다음 구성품 그룹이 하부시스템으로 통합하게 된다. 그리고

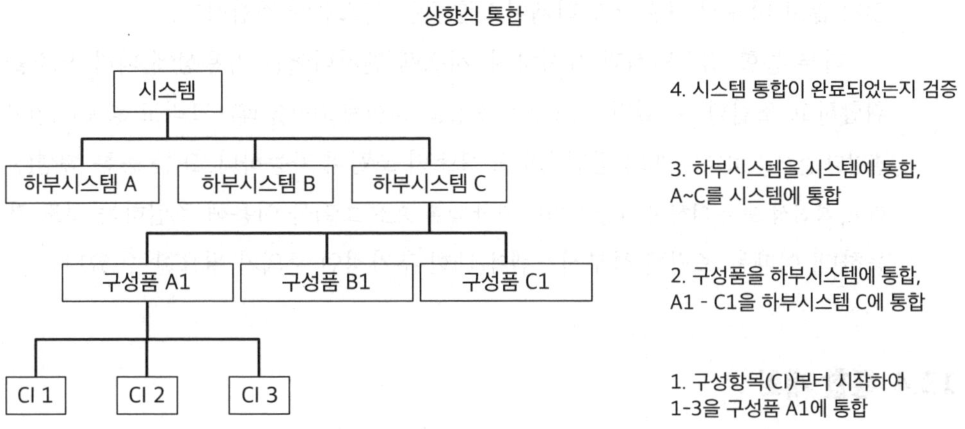

그림 13.4 상향식 통합 프로세스

최종적으로는 최상위 시스템으로 통합된다. 이는 시스템의 모든 요소를 고려할 수 있는 체계적인 접근방식을 제공해준다. 그리고 이어지는 수준에서 구성과 통합이 만족스럽게 이루어질 때까지 반복적으로 수행할 수 있다.

이 접근방식을 사용하기 위해서는 시스템 아키텍처가 필요하며, 이를 통해서 필수적인 요소들이 통합 구조에 포함될 수 있도록 해야 한다. 또한 이 접근방식에는 다음 수준의 능력을 개발할 수 있는 시기를 결정하기 위해 상당히 잘 정의된 통합 시험과 종료 기준이 포함되어야 한다. 그러나 모든 구조물이 완료되고 통합될 때까지 전체 시스템 능력이 실현되지는 않는다. 통합을 위한 시설이나 설비는 통합되는 요소를 기반으로 결정되어야 한다. 또한 추가적으로 개발이 필요한 하부 수준 요소의 기술 성숙도를 고려해야 한다. 그림 13.4는 상향식 통합 프로세스의 개요를 보여주고 있다.

빅뱅 통합

이 접근방식은 모든 요소가 한 절차에서 통합되기 때문에 글로벌 통합이라고 부르기도 한다. 피드백을 확인함으로써 통합이 성공적인지 아닌지를 즉시 판단할 수 있으며, 통합을 수행하기 위한 계획이 거의 필요하지 않다. 이 접근방식은 조립 후 시스템 구성 내에서 통합으로 인해 발생하는 결함이 존재하는 위치를 표시하기 어려울 수도 있다. 이 접근방식은 포함하는 구성품과 하부시스템이 많지 않고 비교적 단순한 인터페이스를 갖는 시스템에 적합하다.

다른 통합 접근방식과 유사하게, 시스템 엔지니어는 가용성에 따라 요소를 취합하고 조립할 수 있다(즉, 요소를 통합할 수 있게 되었을 때). 그리고 증분(사전에 결정된 순서를 따르는 방식) 방법으로도 요소의 조립이 가능하다. 또는 공통 속성(신뢰도, 복잡성 또는 위험이 가장 높거나 가장 낮은 요소 그룹)을 이용해 조립하는 것도 가능하다. 이때는 조립된 하부시스템에 대한 추가적인 주의가 필요할 수 있다.

13.4 통합 계획

시스템엔지니어링 프로젝트의 모든 다른 부분과 마찬가지로, 견고한 계획을 수립하게 되면 예기치 못한 중단 없이 프로젝트를 계획한 일정대로 유지하는 데 도움이 될 수 있다. 계획을 수립할 때 고려해야 하는 사항 중에는 전체 기술적 통합 계획(운용지역, 운용 관련 요원, 무엇을 수행할지 그리고 수행 시기 등이 포함된)이 있다. 고려해야 하는 세부사항으로는 통합 노력을 실행할 때 필요한 적절한 품질보증 계획; 인력에 대한 적절한 교육; 상호 의존성, 품질 및 인터페이스와 관련된 하도급 업체 관리; 통합 노력 중의 위험 평가; 감사 추적(요구조건과의 연결성 및 향후 시험 계획) 그리고 통합 노력에 기반한 성능 평가(Sage and Rouse, 2009) 등이 있다.

계획 수립을 위해 필요한 또 다른 고려사항으로는 설비의 위치, 상위 레벨의 통합을 위한 시설 및 설비로 구성품 및 하부시스템을 이동할 때 필요한 운송방식 등이 있다. 또한 구성품, 자원, 참여 인력 간의 소통도 고려가 필요하다. 마지막으로 무선 주파수의 차폐, 전력 타입 등 시설 자체에 필요한 특별한 제약사항 등도 고려 대상이 되어야 한다.

통합의 정확성 역시 통합을 올바르게 완료하는 데 필요한 중요한 개념이다. 이 개념이 직관적으로 보일 수 있으므로 다음 항목을 검토하는 것이 통합 과정 내에서 검증을 수행하는 데 도움이 된다. 검토가 필요한 항목에는 올바른 통합 계획에 따라 작업을 수행하는지, 통합 일정은 작업을 수행하는 데 충분한 시간을 확보하고 있는지, 모든 구성품과 CI들을 고려하고 있는지, 모든 인터페이스가 식별되고 검증되었는지, 모든 도구와 절차가 사용 가능한지 그리고 모든 작업은 문서로 만들어졌는지 등이 포함된다.

13.5 통합 설비

시스템 개념이 발전되어감에 따라 시스템 엔지니어는 접근방식과 관계없이 시스템 구성품들을 통합할 위치를 식별해야 한다. 예시를 보여주기 위해, 소프트웨어, 하드웨어 및 인적 요소의 세부 요소에 대한 몇 가지 고려사항들이 아래에 제시되어 있다. 시스템엔지니어링 프로젝트를 기반으로, 개발자, 통합 수행자, 시험 전문가, 이해관계자, 사용자 및 제조업체의 위치는 통합을 수행할 지역을 결정하는 과정에 영향을 미치는 요인이 된다.

때때로 시스템의 전체적인 통합 노력을 책임지는 선임 시스템 통합자(LSI, Lead Systems Integrator)의 주관하에 이러한 결정을 내리게 된다. 그러나 미국 내 많은 주가 시스템을 구성하는 부품 생산에 참여하는 경우에는(대부분의 대규모 국방분야 사업이 이러한 형태로 이루어짐), 통합과정이 시스템 엔지니어의 통제를 벗어날 수도 있다. 이런 경우에는 기술의 종속성 또는 이동 거리의 제한 등이 통합이 이루어지는 지역이나 하부시스템 통합 클러스터의 위치를 결정하는 주요 요소로 작용할 수 있기 때문이다.

소프트웨어 통합 설비

소프트웨어 모듈은 다양한 지역에서 통합할 수 있다. 즉 전체 개발을 책임지는 개발자가 속해있는 위치 또는 다양한 하도급 업체가 있는 지역에서도 가능하다. 작업의 흐름을 적절하게 유지하면서 기대하는 결과물을 얻기 위해서는 공통 인터페이스와 구성단위를 준수해야 한다. 또한 소프트웨어 아키텍처의 유형은 개발 중에 사용될 인터페이스, 구성단위, 모듈성 및 논리적 한계를 정의함으로써 필요한 통합의 양을 결정하는 데 도움을 준다. 다양한 사용자 관점을 보여줄 수 있는 아키텍처 뷰를 사용함으로써 소프트웨어 엔지니어는 소프트웨어 개발 방법에 대한 이해를 높일 수 있다(Maurer, 2013). 소프트웨어는 하드웨어 및 인적 요소와 동시에 개발될 수 있으며 프로젝트 접근방식을 기반으로 통합될 수 있다.

하드웨어 통합 설비

시스템은 여러 하부시스템과 구성품의 조합을 통해서 구축된다. 이때 이러한 조합은 동일한 시설(단순 시스템의 경우)에서 이루어지거나 혹은 여러 다양한 시설 및 지역(복합 시스템의 경우)에서 수행되기도 한다. 입력물을 수락(이 경우 하부시스템 또는 구성품)하기 위해서는 먼저 검사 및 통합을 위한 승인이 필요하다. 물리적 통합을 하는 과정에서 공통 인터페이스를 사용하게 되면 표준화와 통합 용이성을 촉진할 수 있다. 이러한 인터페이스는 각 설계자가 준수할 수 있도록 관련된 사양을 사전에 결정해야 한다.

시스템을 구성할 때 적용하는 통합 방식의 유형에 따라서 직렬 또는 병렬 통합 절차가 사용될 수 있다. 직렬 통합은 현재 절차를 진행하기 이전에 이미 성공했던 사례가 있는 통합과정에 의존한다. 이 방식은 오류를 발견할 수 있을 뿐만 아니라, 과정을 빠르게 진행할 수 있는 장점이 있다. 병렬 통합은 전체 통합 시간을 단축할 수 있다. 그러나 오류를 포착하고 시스템의 적절한 통합을 달성하기 위해서는 추가적인 품질보증을 위한 자원이 필요하다. 최상의 접근방식을 결정하는 것은 시스템 엔지니어와 프로그램 관리자의 역할이다. 이러한 결정에 영향을 주는 다른 요소로는 통합을 수행하기 위한 물리적 공간, 시간 및 일정의 제약 등이 있다. 또한 다른 시설을 사용하고 있는 경우에는 구성품/하부시스템을 이동시켜야 하는 운송량 등이 포함될 수 있다.

브라우닝(2001)의 DSM(Design Structure Matrix) 작업은 시스템 내에서 서로 연결된 구성품들을 쉽게 식별할 수 있는 시각적 자료를 제공해준다. DSM은 구성품들 가운데 공통적인 그룹을 결정하고 잠재적으로 보다 효율적인 시스템 조립 및 통합 방식을 결정하기 위한 목적으로 사용된다. DSM은 정적(N2 다이어그램과 유사한 형태) 또는 시간 기반(조립 단계에 따라 관계 변경 가능)일 수 있다. 이 접근방식을 적용한 좋은 사례는 자동차 조립 과정에서 찾아볼 수 있다. 자동차의 경우 여러 구성품의 조립을 통해서 하부시스템을 구축하고, 최종적으로는 자동차라는 단일 시스템으로 조립해나가는 과정을 밟는다. DSM을 사용해 각 구성품의 서로 다른 입력 및 출력을 식별함으로써, 조립 프로세스를 보다 효율적으로 재구성할 수 있다. 이러한 효율성은 다른 하부시스템과 통합하기 전에 먼저 유사한 구성품들을 그룹화함으로써 가능하다.

인적 요소(Human Factors) 통합시설

시스템 기능을 통합하기 위해 인간 운용자를 고려해야 하는 다양한 산업 분야가 있다. 국방, 항공우주 및 자동차 분야는 이러한 분야의 단지 일부분에 불과하다. 자동차 생산업체가 인적 요소를 고려하는 경우는, 자율주행, 시스템 엔터테인먼트 또는 인체공학적 요소와 같은 개념을 통합해 사용자의 경험을 향상시키고자 할 때이다. 운용자를 위해 특별히 설계된 하부시스템들은 다양한 형태의 기능을 갖고 자동차에 장착할 수 있다. 이때 어떠한 기능과 구성품의 조합방식이 최상의 결과를 만들어낼 수 있는지 평가하는 것이 필요하다.

이러한 장치 개발에 참여하는 체험 참가자는 현재의 운용과 관련된 지식을 가지고 있어야 하며 운용 측면을 대표할 수 있는 기준을 제공해야 한다. 그들은 또한 새로운 시스템의 능력을 충분히 이해할 수 있어야 한다. 나아가 새로운 시스템이 시스템의 목표를 달성하는 데 필요한 능력을 얼마나 향상 또는 감소시켰는지에 대한 확인을 할 수 있어야 한다. 체험에 참여하는 참여자의 숫자가 미래 운용자의 성향을 완전히 대표할 수도 있지만, 그렇지 않을 수도 있으므로 이러한 과정을 수행할 때는 약간의 주의가 필요하다. 좀 더 충분한 숫자의 지원자가 참여하게 된다면 이러한 문제점을 완화하는 데 도움이 될 수 있다.

이러한 사례는 인적 요소를 포함하고 있는 다양한 시스템 유형에서도 찾아볼 수 있다. 명백한 사례 중의 하나는 국방 분야이다. 통합 노력을 평가하는 동안에 운용자들은 서로 다른 운용군(예: 육군, 해군 및 공군) 또는 다른 시스템(지상, 항공 및 지하)을 대표하는 역할을 하게 된다. 이러한 경우 개별 운용자들은 그들이 처한 상황에 따라 시스템 성능에 대한 개별적인 이해가 다를 수 있으므로, 서로 다른 의견을 갖게 될 수도 있다.

13.6 요약

전체 시스템 통합

통합과정의 목표는 새로운 시스템의 설계 구성품을 운용하고자 하는 전체 시스템으로 통합하는 것이다. 또한 시스템이 모든 운용 요구조건을 충족함을 입증하는 것이다. 통합과정을 통해서 얻게 되는 산출물은 다음과 같다.

- 검증된 생산설계 및 사양.
- 생산 및 후속 운용 사용을 보장할 수 있는 품질 수준.

통합과정에서 수행되는 활동은 다음과 같다.

- 시험이 완료된 구성품을 하부시스템으로 우선 통합한 후 하부시스템은 다시 전체 운용 시스템으로 통합.
- 시스템 통합 프로세스를 지원하고 종단 간 운용을 시연하는 데 필요한 통합 시험 장비와 시설을 설계 및 구축.

시스템 통합 접근방식

시스템을 통합할 때는 세 가지 주요 접근법이 사용된다. 이 접근법들에는 시스템을 개발하는 과정에서 기준으로 사용할 수 있는 시스템 아키텍처와 전반적인 계획이 포함되어야 한다. 세 가지 접근법은 다음과 같다.

- 하향식 통합, 전체 시스템 개념에서부터 시작해 하부시스템 및 구성품 수준으로 분해.
- 상향식 통합, 구성품에서 시작해 하부시스템으로 통합한 이후 시스템과 같은 더 큰 그룹의 형태로 형성.
- 빅뱅 통합, 모든 요소가 준비된 상황에서 통합이 진행되는 상황에 해당하며 일반적으로 소규모 및 복잡도가 낮은 인터페이스에 가장 적합.

시스템 통합 계획 및 시설

통합을 수행하기 위한 시설은 사업의 규모와 복잡성에 따라 개발 및 시험이 같은(또는 다른) 장소에서 수행될 수 있다. 다른 기업과 국가가 참여하는 대규모 시스템을 개발하는 경우에는 통합 목표를 이해하고 달성하기 위해서 극복해야 하는 문화적, 조직적 및/또는 언어적 장벽이 있을 수 있다.

연습문제

13.1 그림 13.2는 통합 활동의 대상이 되는 구성품 또는 하부시스템의 형상을 도표로 나타내고 있다. 이 일반화된 구성을 자동차 개발에 적용하시오. 차량 개발에 사용되는 관련 기능 역량(예: 엔진, 전자 장치, 엔터테인먼트 시스템)을 식별하고 성공적인 통합 활동을 위해 필요한 사항을 설명하시오.

13.2. 토목 공학 영역(예: 사무소 건물, 주택 또는 고속도로 건설)을 사용하여 논의된 세 가지 통합 접근법을 비교하고 대조하시오. 각 접근 방식을 최우선 또는 차선으로 적용할 수 있는 분야는 어디인지 설명하시오.

13.3 세 가지 통합 접근 방식을 고려할 때, 여러 파트너와 국가가 참여하는 SoS 사업에 가장 적합한 통합 접근 방식은 무엇인가? 시스템을 구성하기 위해 통합 절차를 준수했는지 여부를 확인할 수 있는 방법의 예를 나열하시오.

13.4. 개발 중인 주택의 경우, 구조(기초, 프레임, 지붕)와 기능적 능력(전기, 물, HVAC, 창문/도어)을 갖추게 된다. 각 그룹에 대해 3~5개의 특정 구성품을 식별하고 DSM을 개발하십시오. 각 구성품이 올바르게 작동하도록 입력 및 출력 라벨을 기재하시오.

13.5. 문제 13.4에서 생성된 DSM을 고려하여 하향식 통합 접근 방식을 사용하여 개발 및 통합할 구성품을 식별하시오. 상향식 접근법을 이용하여 이를 반복하시오. 집 전체를 개발하려면 어떤 접근법이 더 빠른지 설명하시오. 어떤 접근법이 가장 많은 조정이 필요한지 설명하시오.

13.6. 귀사는 경전철과 연료 효율이 높은 버스로 구성된 새로운 대중교통 시스템을 개발해야 한다고 가정하자. 인적 요소 통합이 필요한 시스템의 5~7개의 요소들을 식별하시오: 이 시스템에 대한 사용자 경험과 관련된 10~15개의 요구조건을 작성하시오. 이러한 요구조건을 평가하는 데 필요한 통합 시설을 정의하고 이러한 요구사항과 연결되는 통합 활동의 유형을 설명하시오.

참고문헌

Browning, T.R. (2001). Applying the design structure matrix to system decomposition and integration problems: a review and new directions. *IEEE Transactions on Engineering Management* 48 (3): 292–306.

Maurer, M. (2013). Automotive systems engineering: a personal perspective. In: *Automotive Systems Engineering*. Berlin, Heidelberg: Springer.

Sage, A.P. and Rouse, W.B. (eds.) (2009). *Handbook of Systems Engineering and Management*, 2e. Wiley.

추가 자료

Bertrand, M. (2014). Agile! *The Good, the Hype and the Ugly*. Springer.

Blanchard, B. and Fabrycky, W. (2013). *System Engineering and Analysis*, 5e. Prentice Hall.

Buede, D.M. (2016). *The Engineering Design of Systems: Models and Methods*, 3e. New York: Wiley.

Defense Acquisition University. (2001). *Systems Engineering Fundamentals*. Department of Defense, Chapter 7. http://acqnotes.com/wp-content/uploads/2017/07/DAU-Systems-Engineering-Fundamentals.pdf (accessed 3 February 2020).

Hitchins, D.K. (2007). *Systems Engineering: A 21st Century Systems Methodology*. Wiley, Chapters 8, 11, and 12.

Liker, J.K. and Morgan, J. (2011). Lean product development as a system: a case study of body and stamping development at Ford. *Engineering Management Journal* 23 (1): 16–28.

Rechtin, E. (1991). *Systems Architecting: Creating and Building Complex Systems*. Prentice Hall, Chapter 7.

Shortell, T.M. (ed.) (2015). *INCOSE Systems Engineering Handbook: A Guide for System Life Cycle Processes and Activities*, 4e. Wiley.

14. 시험 및 평가

14.1 전체 시스템 시험 및 평가

시스템을 개발하는 과정에서 시험은 통합과정과 결합하여 수행되는 경우가 많으며, 시험을 수행하는 주요 목적은 통합 노력이 올바르게 이루어졌는지를 확인하기 위한 것이다. 평가를 성공적으로 수행하기 위해서는 평가 계획을 사전에 준비하는 것이 필요하며, 이러한 계획들은 앞에서 수행된 다양한 개발과정들을 통해서 완료되었어야 한다. 개념 탐색이 종료되는 시점까지는 상세한 시험 및 평가 종합계획(TEMP)을 작성해야 하며, 이후에 이루어지는 각 절차에서는 이 계획이 더욱더 정교하게 완성되어가야 한다. 실제로 공학 설계과정에 진입하기 전까지 매우 일반적인 내용만을 포함하게 되는데 그 이유는 아래와 같다.

1. 구체적인 시험 방식은 다양한 시스템 요소들이 물리적으로 어떻게 구현되는가에 따라 달라진다.
2. 시스템 개발의 초기 과정에서는 시험 계획에 대한 인력 배치 또는 자금 조달에 관한 업무에 적절하게 우선순위를 부여하지 않는 경우가 많다.
3. 일반적으로 시스템의 운용환경을 시뮬레이션하는 것은 복잡하고 비용이 많이 든다.

이 장의 목적은 시험 및 평가과정을 수행하기 위해 일반적으로 요구되는 필수적인 활동을 설명하는 것이다. 또한 공통적으로 발생하는 여러 가지 문제점들과 그로 인해 유발되는 어려움을 극복하는 데 도움이 될 수 있는 몇 가지 접근 방식을 다룰 것이다. 더불어서 추가로 언급하게 될 주제는 인적 요소에 관한 내용이다. 끝으로 시스템 복합체계(SoS)를 시험하는 방식을 개발할 때 고려해야 하는 사항도 언급할 예정이다.

시스템 수명주기에서 평가의 위치

13장에서는 시스템을 개발하는 모든 과정에서 시험 및 평가를 위한 일반적인 프로세스가 필수적인 부분을 차지한다는 것을 살펴보았다. 이는 시험 및 평가가 시스템엔지니어링 방법의 검증 절차에 해당하기 때문이다. 일반적으로 시험 및 평가 프로세스는 제품(이 경우 하부시스템이나 구성품과 같은 시스템 요소)의 중요한 속성을 드러내기 위해 필요한 활동을 구체화하는 과정으로 정의할 수 있다. 그런 다음 확인된 속성을 기대치와 비교함으로써 개발 중인 제품이 뒤따르는 후속 활동 또는 프로세스를 맞이할 준비가 되었는지 추론할 수 있게 된다. 이것은 일반적으로 제품의 중요한 속성(이 경우 하부시스템 또는 구성품과 같은 시스템 요소)을 드러내는 데 필요한 활동으로 정의할 수 있다. 그리고 제품이 얼마나 성공적으로 운용이나 프로세스를 수행할 수 있는지를 판단하기 위해 기대했던 수준과 비교하게 된다. 시험 및 평가 프로세스는 통합 및 평가과정의 중심적인 활동이 되며, 시스템을 운용하게 될 운용환경을 묘사한 환경에서 전체 시스템을 평가함으로써 종료된다.

그림 14.1은 수행 일정과 투입되는 노력의 수준을 보여주고 있다. 그림을

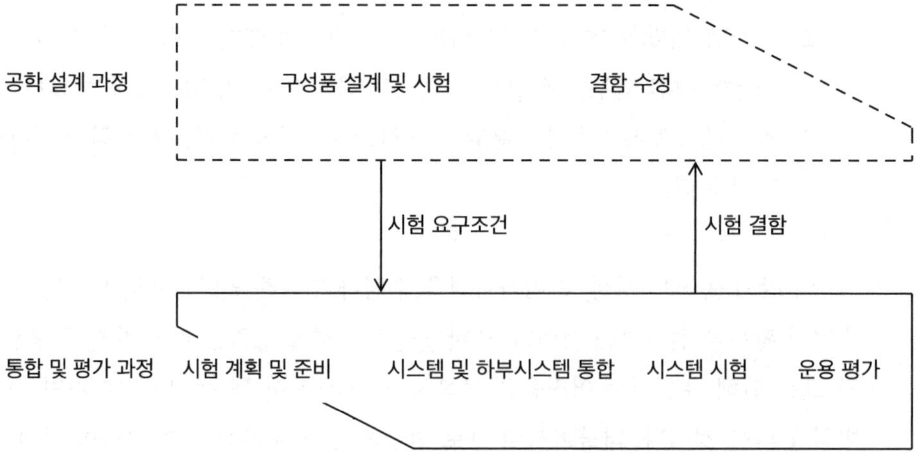

그림 14.1 공학 설계와 관련된 평가과정

통해서 우리는 통합 및 평가과정과 공학 설계과정의 수행 일정은 겹치는 부분이 있다는 것을 알 수 있다.

통합 및 평가과정에서의 주요 목표, 활동 및 기술적인 참가자들의 구성이 공학 설계과정과는 어떠한 차이점이 있는지에 대한 내용이 다음 단락에 요약되어있다.

프로그램 중점. 공학 설계 과정은 시스템의 개별 구성품 시험에 중점을 둔다. 일반적으로 공학 설계 과정은 여러 엔지니어링 조직에서 수행하며, 시스템 테스트 전문가가 시스템 엔지니어링 및 프로그램 관리 감독 역할을 수행한다. 이에 반해서 평가과정은 이렇게 개발된 구성품들을 조합함으로써 완전한 운용 시스템으로 통합하는 것과 관련이 있다. 이를 위해서는 포괄적인 시스템 시험 환경을 구축하여 시스템 전체를 평가해야 한다.

프로그램 참가자. 평가과정에 참여해야 하는 주요 공학 분야는 시스템엔지니어링, 시험 엔지니어링 및 설계 엔지니어링이다. 분야별 담당 기능은 그림 14.2의 벤 다이어그램에 나타나 있다. 그림은 각 공학 분야가 담당하는 고유한 활동과 다른 분야와 공유해야 하는 활동을 보여주고 있다. 그림을 통해서 우리는 시스템엔지니어링은 시험 요구조건 및 평가기준을 정의하는 데 주된 책임이 있다는 것을 알 수 있다. 이때 시험 계획에 대한 책임은 시험 엔지니어링과 공유해야 한다. 또한 설계 엔지니어링과는 시험 방법론과 수집해야 하는 데이터 결정과 관련된 내용을 협조해야 한다. 시험 엔지니어링은 시험 수행 및 데이터 분석에 대한 책임을 지며, 일반적으로 이 기간에 필요한 기술적 노력의 대부분을 담당한다. 많은 프로그램에서 설계 엔지니어링은 시험 장비 설계에 대한 주된 책임이 있다. 또한 시험 및 평가 프로세스를 수행하면서 발견되는 결함을 해결하기 위해 필요한 구성품의 설계 변경을 담당한다.

관리 측면의 조사. 대규모 시스템을 개발하는 프로그램의 경우에는 정부 및/또는 산업 분야의 예산 및 자원이 투입된다. 개발이 성숙해가면서 시스템 통합 및 시험 단계에 도달하면 관리적인 측면에서 많은 조사가 시작된다. 실제로 사

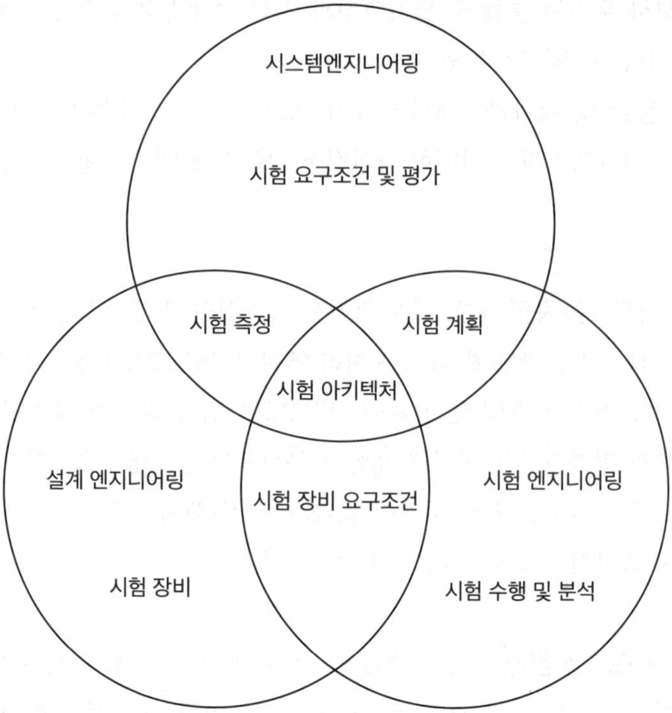

그림 14.2 시스템 시험 및 평가팀

업이 실패하였거나 실패할 것으로 예측되는 경우에는 관리적인 분야에서 의구심을 가지고 개입하려는 유혹이 강해지게 된다. 이 시기에는 프로그램 관리 및 시스템엔지니어링 리더십이 최고 경영진으로부터 완전한 신뢰를 받으면서 개발을 주도적으로 추진할 수 있는 권한을 갖는 것이 특히 중요하다.

설계 구체화 상태

통합 및 평가과정에서의 시스템 구체화 상태는 표 14.1에 나타나 있다. 이 과정에서 수행하는 주요 활동은 표의 오른쪽 상단 모서리 칸에서 찾아볼 수 있으며, 이는 이전 과정을 통해서 수행되어온 개발과정의 특징인 하향 지향적인 개발과정과는 다른 형태를 보인다. 다시 말해 앞에서 수행하였던 활동의 특징은 개별 구성품 빌딩 블록을 단계적으로 구체화하는 것이었으며, 이러한 단계적인 구체화는 먼저 시각화, 기능 정의 및 물리 정의, 세부설계, 제작 및 시험으로 진행되어왔었다. 이와는 대조적으로 통합 및 평가과정에서의 활동은 전체 시스템을 하부의 운용 엔티티로 단계적으로 구체화한 이후에 물리적으로 완전하다고 판단되는 구성품들을 상위 수준인 하부시스템으로 통합하고 시험하게 된다. 그리고 통합된 하부시스템을 최종적으로는 다시 전체 시스템으로 통합해 구축하는 방식으로 진행하게 된다.

구체화 상태에서 매우 중요한 특징은 상호작용과 인터페이스의 특성화이다. 이 프로세스는 이전 과정에서 완료되어야 하지만 전체 시스템이 조립되기 이전에 완벽하게 검증하는 것은 어렵다. 따라서 새로운 시스템이 전체적으로 통합됨에 따라 일부 비호환성과 관련된 문제점을 발견할 수도 있으리라는 것을 예상해야 한다. 이러한 문제점들을 신속하게 식별하고 해결하는 것은 시스템엔지니어링이 수행해야 하는 최우선 과제이다. 인터페이스와 상호작용의 통합을 달성하는 것은 시스템을 실현하는 과정에서 그다지 주요한 발전이 아닌 것처럼 보일 수도 있지만, 실제로는 특정한 능력을 달성하기 위해 필요한(때로는 어려운) 절차이다.

통합 및 평가과정에서의 활동과 목표를 바라보는 관점은 표 14.1의 마지막 열에 표시된 활동을 좀 더 상세하게 확인함으로써 더욱 분명해질 수 있다. 이 내용에 대한 좀 더 상세한 설명이 표 14.2에 기술되어 있다. 첫 번째 열에는 표 14.1과 같이 통합 수준에 해당하는 시스템 요소들이 나열되어있고, 두 번째 열은 해당 시스템 요소들이 평가를 받아야 하는 환경의 특성을 나타내고 있으며, 세 번째 열에는 원하는 목표가 나열되어있다. 네 번째 열에서는 활동의 특성을 정의하고 있는데, 이는 표 14.1의 해당 항목을 확장한 형태이다. 이 표에서 아래로부터 위쪽으로 진행되는 일련의 작업은 시험이 완료된 구성품을 조합해 이를 하부시스템으로 통합한 다음 최종적으로는 전체 시스템에 통합하는 과정을 보여주고 있다. 이후 먼저 시뮬레이션을 이용해 묘사된 운용환경에서 시스템 평가를 수행하고, 마지막으로 시스템이 작동할 실제 환경에서 시스템 평가를 수행하게 된다. 따라서 앞에서도 언급했듯이 통합 및 평가과정에서의 구체화 프로세스는 시스템 전체를 대상으로 하며 이전 과정들을 통해서 물리적으로 구체화한 구성품을 이용해 전체 운용 시스템으로 합성하는 목적으로 한다.

표 14.1 통합 및 평가과정에서의 시스템 구체화 현황

수준 \ 과정	개념 개발			공학 개발		
	니즈 분석	개념 탐색	개념 정의	선행 개발	공학 설계	통합 및 평가
시스템	시스템 능력 및 효과 정의	개념 식별, 탐색 및 합성	선택한 개념 정의 (사양서 포함)	개념 검증		**시험 및 평가**
하부시스템		요구조건 정의 및 실현 가능성 확인	기능 및 물리 아키텍처 정의	하부시스템 검증		**통합 및 시험**
구성품			기능을 구성품에 할당	사양서 정의	설계 및 시험	**통합 및 시험**
하부구성품		시각화		기능을 하부 구성품에 할당	설계	
부품					제작 또는 구매	

표 14.2 시스템 통합 및 평가 프로세스

통합수준	환경	목표	프로세스
시스템	실제 운용환경	운용 성능 시연	운용시험평가
시스템	모의된 운용환경	모든 요구조건 충족 시연	개발시험평가
시스템	통합시설	완전히 통합된 시스템	시스템 통합 및 시험
하부시스템	통합시설	완전히 통합된 하부시스템	하부시스템 통합 및 시험
구성품	구성품 시험 장비	구성품 성능 검증	구성품 시험

평가를 위한 시스템엔지니어링 방법

평가과정의 구조는 이전 과정들에서 볼 수 있었던 특성과는 일치하지 않으므로, 시스템엔지니어링 방법을 적용하는 절차 역시 달라져야 한다. 즉 평가과정에서 수행하는 요구조건 분석 또는 문제 정의 절차는 시험 계획에 해당한다. 참고로 여기서 시험 계획은 통합 및 평가시험을 수행하는 방법에 관한 포괄적인 계획을 의미한다. 시스템 및 구성품의 기능설계는 이전에 수행된 과정에서 완료되었기 때문에, 이 과정에서의 기능 정의 절차는 시험 준비의 일부로 정의되어야 하는 시험 장비 및 시설과 관련이 있다. 물리 정의 또는 합성 절차는 하부시스템, 시스템 시험 시설 및 이벤트 그리고 이전 과정을 통해서 구현된 구성품에 해당한다. 설계 확인 절차에서는 시스템 시험 및 평가를 수행한다.

이 장의 주요 구성은 위의 순서를 따르게 될 것이다. 그러나 시험 계획 및 시험 장비를 정의하는 부분은 시험 계획 및 준비라는 명칭을 갖는 단일 섹션으로 통합하는 것이 효과적인 설명에 도움이 될 것으로 판단되며, 시스템 시험과 평가 부분은 두 개의 섹션 즉 14.2절과 14.3절로 나누어서 설명하고자 한다.

시험 계획 및 준비

대표적인 활동은 다음과 같다.

- 시스템 요구조건 검토, 통합 및 시스템 시험을 위한 세부 계획 정의.
- 시험 요구조건 및 기능 아키텍처 정의.

개발 시스템 시험. 대표적인 활동은 다음과 같다.

- 전체 운용체제를 대상으로 시스템 수준의 시험을 수행하고 시스템 성능을 기대치와 비교.
- 시스템의 모든 작동 모드를 실행할 수 있는 시험 시나리오 개발.
- 모든 성능 부족 사항을 제거.

작동시험 및 평가. 대표적인 활동은 다음과 같다.

- 독립적인 시험 에이전트의 감독하에 완전히 실질적인 운용환경에서 시스템 성능시험을 수행.
- 최대 규모의 생산 및 운용 배치를 착수할 수 있도록 모든 운용 요구조건에 대한 충족 여부를 측정하고 시스템의 준비 상태를 평가.

애자일 시스템엔지니어링 시험

애자일 원칙은 증분형 방식으로 개발되는 제품에 대한 시험에도 적용된다. 고객 또는 최종 사용자가 참여하는 경우에는 시험보다는 코딩에 대한 설계를 조정하는 것이 더 적합하다. 이러한 조정은 개발자, 시험 담당자 및 사용자 간의 더욱 빈번하고 활발한 소통을 통해서 가능하다.

애자일 방법은 특정한 국방부(DoD, 2008) 프로그램을 수행하는 과정에서 소프트웨어 개발자가 개발을 수행할 때 개발팀이 요구조건에 집중하고 개선이 필요한 사항에 초점을 맞추게 되면서 연구가 시작되었다. 그리고 이는 개발자가 사용자의 니즈를 이해할 수 있는 기회를 얻기 훨씬 전에 이미 결정된 요구조건을 맹목적으로 구현하는 방법보다는 훨씬 우수한 방법인 것으로 확인되었다. 애자일 팀은 운용환경과 관련해 고객의 의견을 청취하고, 요구조건을 지정하고, 이러한 요구조건을 기반으로 시험 시나리오를 결정하게 된다. 이와 같은 노력을 통해 애자일 팀은 새로운 기능을 추가 및 시험하고 그 기능을 시연할 수 있도록 리팩토링(refactoring)을 수행하게 된다.

물리적 시험 구성

통합 시험을 수행하기 위해서는 다양한 시험을 수행할 수 있으면서도 쉽게 재구성이 가능한 통합적인 시설이 필요하다. 그러한 시설의 작동 원리를 이해하기 위해서는 시스템 요소를 시험하기 위한 구성과 관련된 일반적인 모델을 이해하는 것으로부터 시작하는 것이 효과적이다. 이 모델은 그림 14.3에 나타나 있으며 아래에 추가적인 설명이 이어지고 있다.

시험 대상인 **시스템 요소**(구성품 또는 하부시스템)는 그림의 상단 중앙에 있는 블록으로 표현되어있다. **입력 생성기**는 시험 명령과 함께 시스템 요소가 수신하게 될 것으로 예상하는 입력과 같은 형태의 복제본을 생성한다. 복제본은 기능적 및 물리적인 형태로 만들어진다. 이는 실제 작동조건에서 만나게 될 것으로 예상하는 범위를 포함하는 일련의 전형적인 입력 내용일 수 있다. 동일하거나 시뮬레이션된 형태의 입력 신호도 요소 모델에 공급된다. **출력 분석기**는 물리적이고 정량적인 측정값은 갖지 못한 모든 출력을 정량적인 데이터로 변환한다. 시험을 통해서 얻은 데이터를 요소 모델의 예측 응답과 실시간으로 비교하는 것과 관계없이, 추후에 수행되는 후속 분석을 위해서 출력물은 시험 입력 및 기타 조건과 함께 기록되어야 한다. 불일치가 발생하면, 저장된 산출물을 이용해 문제의 원인을 보다 상세하게 진단하고 적절하게 교정된 요소가 만들어내는

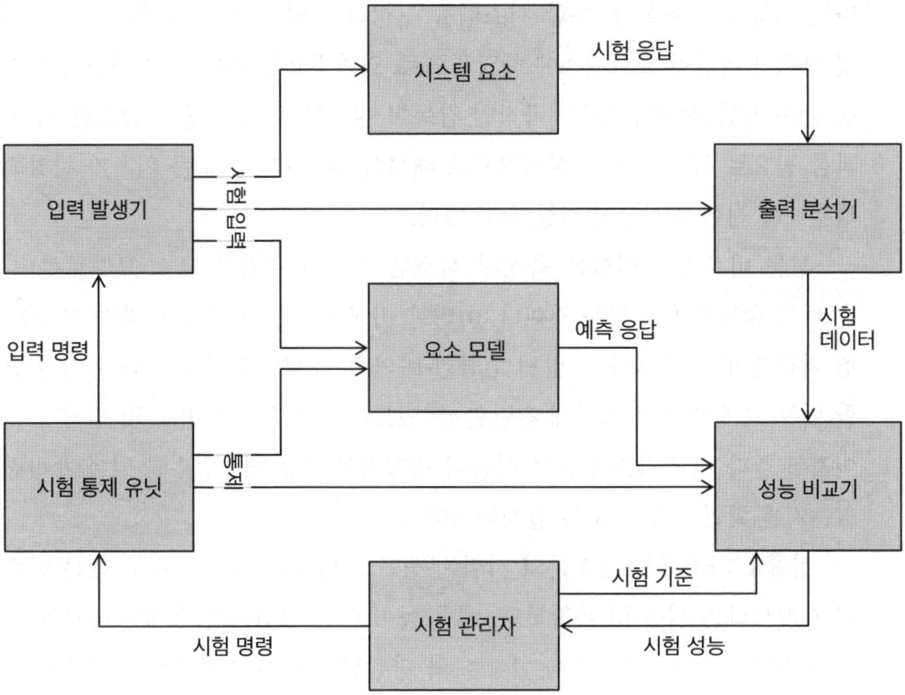

그림 14.3 시스템 요소 시험 구성

결과와 추가적인 비교가 가능하다.

그림 14.3의 중앙에 표시된 **요소 모델**은 응답을 매우 정확하게 재현할 수 있는 기능이 있다. 요소 모델이 재현하는 응답은 시험 중인 구성품 또는 성능 사양에 따라 하부시스템이 자신들에게 들어오는 각 입력에 대한 반응으로 생산할 것으로 예상하는 결과물이다. 요소 모델은 몇 가지 서로 다른 형태를 취할 수 있다. 극단적으로는 시스템 요소 자체를 특수하게 구축하고 검증이 완료된 복제품일 수 있다. 또 다른 극단적인 사례로는 요소에 대한 수학적 모델일 수도 있다. 만약 입력에 따라 예상되는 성능을 계산할 수 있는 양함수(Explicit Function)일 때는, 이러한 작업은 아마도 간단하게 테이블 형태로 데이터를 조회하는 것도 가능할 것이다. 구성 방법에 따라서 이를 구동하는 데 필요한 입력물의 형식이 결정되게 된다.

시험 관리자는 그림 14.2와 같은 기본적인 시험 아키텍처로 표현할 수 없는 다른 기능을 사용한다. 복합 시스템을 구성하고 있는 요소 대부분을 시험하는 것 자체가 복잡한 프로세스에 해당하므로, 일반적으로 제어 콘솔 시스템의 지원을 받는 시험 엔지니어의 적극적인 감독이 필요하다. 이를 통해 중요한 시험 결과를 필요로 하는 성능을 실시간으로 해석할 수 있다. 이때 큰 편차가 관찰되는 경우에는 시험 과정을 변경할 수도 있다.

성능 비교기의 역할은 측정된 시스템 요소의 출력을 요소 모델로부터 얻은 예상 출력과 비교하는 것이다. 이러한 비교 과정은 시험 관리자가 제공한 시험 기준에 따라 수행된다. 앞서 언급한 바와 같이 예측했던 결과와 차이가 발생할 때는 그 원인을 신속하게 진단할 수 있도록 실시간으로 비교 및 평가가 이루어져야 한다. 평가기준은 운용 성능이 개별적인 성능 매개변수와 얼마나 관련이 있는지를 확인할 수 있도록 설계되어야 한다.

실제로 사용되는 대부분의 시험 구성은 그림 14.3에 보여주고 있는 단순화된 사례보다는 훨씬 더 복잡하다. 예를 들어 어떤 시험의 경우에는 다양한 유형의 시스템 요소(예: 신호, 소재, 기계 등)와 관련된 여러 소스로부터 동시에 다수의 입력이 있는 상황을 고려해야 할 수도 있다. 이때 이런 다양한 입력들을 생성하기 위해서 각각 다른 유형의 신호 발생기가 필요하게 된다. 이와 유사하게 여러 개의 출력이 생성되는 것이 일반적이다. 이러한 출력들을 예측된 출력과 비교할 수 있는 데이터 형태로 변환하기 위해서는 또 다른 측정장치가 필요할 것이다. 또한 시험에는 작동 시퀀스를 나타내는 프로그래밍 된 일련의 입력이 포함될 수도 있으며, 이는 모두 올바르게 처리되어야 한다.

위의 논의를 통해서 우리는 시스템 요소를 시험하기 위한 시험 구성이 만들어내는 기능은 실제 요소가 가진 기능과 필연적으로 유사하다는 것을 알 수 있다. 따라서 시험 장비를 설계하기 위해서는 시스템 요소를 개발하는 것과 유사한 수준의 노력이 필요하다. 시험 과정을 다소 단순하게 만들어주게 되는 요소 중 하나는 일반적으로 시험 장비는 안정화되어있는 운용환경에서 작동하는 반면, 실제로 개발되는 시스템을 운용하는 환경은 상당히 가혹한 경우가 많다는 것이다. 시험 장비의 정밀도는 시스템 요소가 갖는 정밀도보다 높아야 한다. 이는 특정 요소의 성능에서 발생하는 편차를 정밀하게 측정하는 데 필요하다.

시험 수행 및 분석. 통합 프로세스의 특정한 절차가 성공적인지 아닌지를 확인하기 위해서는 부분적으로 조립된 구성품의 출력과 모델을 통해서 예측된 예상값을 상호 비교하는 과정이 필요하다. 이러한 비교를 위해 필요한 노력은 시험 구성이 갖는 자동화 정도에 따라서 달라진다. 또한 그림 14.3에 나타나 있는 성능 비교기 블록에 구현되어있는 분석도구에 따라 좌우된다. 시험 및 분석도구의 정교함 그리고 분석 노력 자체와 관련된 업무 간의 균형은 통합 프로세스를 계획할 때 내려야 할 중요한 결정 중 하나이다.

통합 노력을 계획하고 비용을 책정할 때는 실제로 측정되는 성능과 모델을 이용하여 예측된 성능 간에는 많은 편차가 관찰될 수 있다는 것을 고려해야 한다. 이러한 상황은 모든 구성품이 이전에 품질 시험을 통과하였다고 해도 발생할 수 있다. 일치하지 않는 사항들은 먼저 상세히 문서로 작성하고 편차가 발생하는 주요 원인을 식별해야 한다. 그런 다음에는 일치하지 않는 문제점을 제거하거나 해결할 수 있는 가장 적절한 방법을 고안해 처리해야 한다.

실제로 통합 프로세스 중에 발생하는 대부분의 일반적인 오류는 구성품의 오작동과 관련이 없는 다른 원인에 의한 것일 수 있다는 점에 유의해야 한다. 가장 자주 발생하는 문제 유형으로는 결함이 있는 시험 장비나 절차, 사양의 잘못된 설정, 비현실적으로 엄격한 공차, 인적 실수 등이 있다. 이것들은 다음 단락에서 논의가 이어진다.

시험 장비에서 결함이 자주 발생하는 몇 가지 원인은 아래와 같다.

1. 시험 장비의 설계 및 제작을 위해 할당된 설계 노력의 수준이 구성품 설계에 투입된 노력보다 훨씬 적다.
2. 예측을 통해서 관찰된 편차를 정확하게 측정하기 위해서는 시험 장비의 허용오차가 구성품보다 더 정밀해야 한다.
3. 개별 구성품을 별도로 시험하기 위한 장비는 통합시험 설비에 통합되어 있는 장비와 같지 않거나, 다른 교정값을 가질 수 있다.
4. 시험 요소의 거동을 정확하게 모델링하는 것이 어렵기 때문에, 요소 모델을 이용해 시험 대상 요소의 기대 성능을 예측하는 것은 불완전할 수 있다.

종종 구성품의 인터페이스를 담당하는 설계자에 따라 인터페이스 사양 및 구성품 간의 상호작용을 다르게 해석하는 경향이 나타난다. 이는 이후에 구성품을 통합하는 과정에서 심각한 불일치가 발생할 수 있다. 이러한 잠재적인 문제의 원인을 완전히 제거할 수 있는 실용적이고 안전한 방법은 없다. 그러나 관련 하드웨어 또는 소프트웨어를 설계하기 이전에, 각 인터페이스 사양에 대한 비판적인 검토를 수행한다면 문제가 발생할 가능성을 최소화할 수 있다. 많은 경우에 개발과 관련된 모든 계약자가 참여하는 인터페이스 조정팀을 구성하는 것이 바람직하다.

인터페이스가 필요한 기계, 전기 또는 기타 요소가 서로 잘 맞물리고 적절하게 상호작용을 할 수 있도록 하기 위해서는, 개별적인 각 요소의 사양에는 가능한 허용오차(규정된 값의 편차)가 포함되어야 한다. 예를 들어, 인터페이스 관계에 있는 구성품이 볼트로 체결되는 경우에는 각 구성품의 구멍 위치는 정확한 위치와 함께 +/-의 공차가 지정되어야 한다. 이러한 공차는 표준 볼트 크기에서 발생 가능한 전형적인 오차범위는 물론 생산 기계의 정밀도를 고려해 설정해야 한다. 지정된 공차가 너무 여유가 없는 경우에는 제조 과정에서 많은 불량품이 생산될 수 있다. 그러나 너무 느슨하면 정렬이 잘못되어 통합에 실패하는 경우가 발생할 수도 있다.

인적 실수는 시험을 실패하는 일반적인 원인 중의 하나이며 완전히 피하는 것은 불가능에 가깝다. 이러한 실패는 부적절한 교육, 불분명하거나 불충분한 시험 절차, 지나치게 복잡하거나 까다로운 시험 방법 그리고 피로 또는 단순한 부주의 등으로 인해 발생할 수 있다. 이러한 유형의 실수는 시험 프로세스를 계획, 실행 및 지원하는 과정 중 어느 시점에서든지 발생할 수 있다.

변경. 만약 결함 진단 시험을 통해서 특정 구성품의 설계 기능에 문제가 있다는 것을 확인한 경우에는, 문제를 해결할 수 있는 가장 실용적이고 효과적인 수단을 결정하기 위한 매우 민첩한 노력을 기울여야 한다. 개발과정 중 이 단계에서 발생하는 설계와 관련된 이슈들은 엄격한 형상 관리를 받아야 한다. 중대한 변경을 하면 비용이 많이 소요되고 개발이 잠재적으로 중단될 수 있는 문제점이 있으므로, 변경을 피하거나 최소화할 수 있는 모든 수단을 탐색한 이후에

몇 가지 대안에 대해서 검토를 해야 한다. 상당한 프로그램 비용의 증가와 일정 변경 등을 초래하는 방안이 포함되는 최종 결정을 내리기 위해서는 프로그램 관리 수준에서의 판단이 필요하다.

당장 적용할 수 있는 "빠른 수정" 방안이 없는 경우에는, 생산 물량 중 일부 초기 수량에 대해서만 특정한 사양을 준수하지 못하는 것에 대한 책임을 면제해주는 것을 고려할 수 있다. 이렇게 함으로써 양산을 위한 본격적인 생산이 이루어지기 전까지 변경사항을 설계하고 검증할 수 있는 충분한 시간을 확보할 수 있다. 이전부터 변경을 수행하기 위해 소요되는 예산에 대한 비용 대 효과 측면을 면밀하게 검토한 연구가 있었다. 연구결과에 따르면 적지 않은 경우에서 운용 성능에서 일부 오차가 있다고 해도 형상 변경을 추진하기 위해 큰 비용을 투입하는 것을 정당화하는 것은 어려우며, 오히려 이러한 일부 성능 분분의 오차를 영구적으로 허용하는 것이 타당한 경우가 많다는 것을 알 수 있었다. 이러한 상황에서 시스템엔지니어링 분석은 최선의 조치방안을 결정하고 경영진과 고객의 승인을 얻는 것에 중점을 두어야 한다.

14.2 개발 시스템 시험

시스템 통합 프로세스를 수행할 때는 구성품 및 하부시스템 간의 인터페이스와 상호작용이 원활하게 이루어지고, 설계 시 의도한 바에 따라서 작동하는지를 확인하는 것에 중점을 둔다는 것을 알게 되었다. 작업이 완료되면 시스템이 처음으로 통합된 전체로 조합되고 시험을 통해서 기술적인 요구조건을 충족하는지를 확인할 수 있다. 확인이 필요한 항목으로는 성능, 호환성, 신뢰도, 유지 보수성, 가용도(RMA), 안전성 등이 있다. 위의 과정은 시스템이 주어진 사양을 충족하는지 확인하는 과정이다. 시스템이 성공적으로 검증되었음을 입증하는 것은 개발 프로세스에서 필수적인 부분이며, 이러한 과정은 시스템 개발자의 책임하에 수행되므로 개발 시스템 시험이라고 지칭한다.

시스템 시험 목표

전체 시스템 차원에서 개발 시스템을 시험하는 주요 목적은 시스템이 정해진 사양을 만족시키는지를 확인하는 것이다. 그러나 이에 더불어서 사용자의 운용적인 니즈를 충족시키는 데 필요한 시스템의 기능에 관한 사항도 확인되어야 한다. 만약 이와 관련해 중대한 문제가 발견되는 경우에는, 시스템이 운용 평가를 받을 준비가 되었음을 선언하기 전에 문제를 해결해야 한다. 이러한 이유로 인해 시험 프로세스를 수행할 때는 실제적인 시험 환경, 광범위하고 정확한 계측 그리고 상세한 분석이 이루어져야 한다. 만약 시험 결과들이 사전에 예측되었던 값과 비교했을 때 일치하지 않으면, 그 특성과 원인을 식별해 즉각적으로 해결책을 마련해야 한다. 실제로 개발 시험에는 운용 평가를 위한 "리허설"이 포함되어 있어야 한다.

복합 시스템을 개발하는 경우에는 획득 및 검증 프로세스 과정에 관여하는 다양한 관리기관이 존재하는 경우가 많다. 시스템이 본격적인 생산 및 운용 과정으로 진입하기 위해서는 이 기관들의 동의가 필요하다. 일반적으로 이러한 기관들에는 시스템을 개발하고 생산하기 위해 계약을 체결한 획득 또는 유통 대행사(고객)가 포함된다. 개발된 제품이 일반 소비자들을 위한 것이라면, 안전 또는 환경 규정 준수와 관련된 하나 이상의 규제기관(인증 담당자)이 포함될 수도 있다. 추가로 고객은 독립적인 테스트 에이전트를 보유할 수 있다. 일반적으로 이 에이전트는 시스템에 대한 운용 측면의 가치에 중점을 두고 합격 여부를 결정하게 된다. 상용 여객기의 경우 고객은 항공사이고 인증기관은 FAA(Federal Aviation Administration) 및 CAB(Civil Aeronautics Board)이다. 군용 시스템의 경우 고객은 해군의 운용시험 및 평가부대(OPTEVFOR, OPerational Test and EValuation FORce)와 같이 운용시험 부서를 보유한 군의 획득기관이 된다. 시스템 수준의 시험을 수행하기 위한 필수적인 전제조건은 구성품 및 통합 시험이 이미 성공적으로 완료되었고, 이 결과들이 문서로 만들어져 있어야 한다는 것이다. 하위 수준에서의 불충분한 시험으로 인해 구성품 또는 하부시스템의 문제로 연결되고, 결과적으로 전체 시스템을 대상으로 한 시험이 실패하게 된다면, 시스템 평가 프로그램은 심각하게 지연될 수 있는 위험에 처하게 된다. 이 시점에서 프로그램의 진행을 "대기" 상태로 전환하게 되면, 그에 따른 시간과 비용이 많이 소요될 것이다. 이런 경우 해당 프로그램은 관리적 측면에서 심각하게 검토를 받아야 하는 대상이 된다. 그러므로 개발자와 고객이 전체 시스템의 설계는 물론 시험 장비와 세부 시험 계획의 완벽함에 대해 확실하게 신뢰할 수 없다면, 시스템 수준의 시험 프로그램은 시작할 수 없다는 것은 분명한 사실이다.

엄격한 준비 과정을 거쳤음에도 불구하고 시험을 수행할 때는 예상하지 못한 문제가 언제든지 발생할 수 있다는 것을 고려해야 한다. 따라서, 이러한 예기치 못한 문제의 원인을 신속하게 식별할 수 있는 수단을 갖추어야 하며, 비용과 시간 등 허용 가능한 자원 범위 내에서 이를 수정할 수 있는 방안을 결정해야 한다. 시스템엔지니어링의 지식, 판단 및 경험은 이러한 “후속 단계(Late-stage)”의 문제를 처리하는 데 있어서 중요한 요소이다.

개발시험 계획

개발시험 및 평가와 관련된 국방 TEMP가 규정하고 있는 시험 계획에 포함해야 하는 사항은 아래와 같다.

- 측정하고자 하는 특정 기술적인 매개변수의 정의.
- 시험 이벤트, 시험 시나리오 및 시험 설계 개념의 요약.
- 사용할 모든 모델 및 시뮬레이션 소개.
- 시스템 환경이 어떻게 표현될 것인지에 대한 설명.

시스템 시험 구성

시스템 시험에서는 시험 중인 시스템이 필요한 모든 작동 입력 및 환경조건을 경험해볼 수 있도록 시험 구성을 설계해야 한다. 이때 시험 대상 시스템에 들어가는 입력물들은 재현하거나 시뮬레이션을 통해서 생성하는 것이 실용적이다. 시스템이 산출해야 하는 모든 중요한 응답과 운용 기능 역시 측정이 가능해야 한다. 어떤 항목을 측정해야 하는지를 결정하기 위해서는 주로 시스템 수준에서의 요구조건 및 사양을 살펴봐야 한다. 시스템 시험 계획에 포함되어야 하는 주요 요소들은 아래에 요약되어있으며 이 장의 뒷부분에서 설명이 이어질 것이다.

시스템 입력사항 및 환경.

1. 시험 구성은 기본적으로 시스템에 입력되는 사항뿐만 아니라 시스템과 환경의 상호작용과 같이 시스템 작동에 영향을 미치는 모든 조건을 묘사해야 한다.
2. 위의 조건은 최대한 시스템이 실제 운용 중에 접하게 될 조건을 정확하게 묘사한 복제본이어야 한다. 그 외에 다른 것들은 시스템과의 기능적 상호작용을 현실적으로 나타낼 수 있도록 시뮬레이션을 해야 한다.
3. 실제적인 운용환경을 전체 시험 구성의 일부분으로 재현하거나 시뮬레이션할 수 없는 경우(예: 우천 상황이 초음속으로 비행하는 항공기에 미치는 영향)에는, 이러한 기능을 재현하고 시스템과의 상호작용을 측정할 수 있도록 특수한 시험을 수행해야 한다.

시스템 출력물 및 시험 지점.

1. 성능 평가에 필요한 모든 시스템의 출력물들은 측정이 가능한 정량적인 데이터로 변환하고 시험을 수행하는 동안 기록해야 한다.
2. 시험을 수행할 때는 입력 내용과 환경조건에 대해서도 측정 및 기록이 이루어져야 한다. 이렇게 함으로써 변경되는 입력과 출력의 변화에 관한 상관관계를 확인할 수 있기 때문이다.
3. 충분한 수의 내부 시험 지점에 대해서 관찰해야 한다. 이는 예상했던 시험 결과와 실제 시험 출력 사이에서 오차가 발견되는 경우에, 그 원인이 되는 특정한 하부시스템 또는 구성품 요소를 추적하기 위해서 필요하다.

시험 조건.

1. 계약업체 주관으로 수행되는 시스템 시험 역시 고객을 만족시킬 수 있는 성공적인 운용 평가로 이어질 수 있도록 보장하기 위한 노력이 필요하다. 이를 위해서는 운용 평가를 수행하는 중에 시스템에 가장 많은 영향을 줄 수 있는 조건을 최대한 시각화하고 묘사하는 것이 중요하다.
2. 일부 시스템 수준의 시험에서는 극단적인 조건에서 시스템이 얼마나 본래의 견고성을 유지할 수 있는지를 확인하기 위해, 의도적으로 시스템의

특정한 부분에 과도한 스트레스를 가할 수도 있다. 시스템이 과도한 스트레스를 받을 때는 그 성능이 갑자기 나빠지는 것이 아니라 "점진적으로" 저하되도록 설계하는 것이 일반적이다. 이러한 유형의 시험에는 시스템의 기능을 완벽하게 복구할 수 있는 프로세스의 유효성을 검증하는 것도 포함된다.

3. 상황이 허락한다면 계약자가 수행하는 시스템 수준의 시험에는 운용 및 평가를 담당하는 기관의 직원도 참여해야 한다. 이러한 조치는 시스템과 운용 측면의 지식에 관한 중요한 의사소통의 기회를 제공하게 된다. 활발한 소통은 더 나은 계획과 현실적인 시스템 시험을 수행할 수 있도록 해줄 뿐만 아니라 정보를 기반으로 시험 결과를 분석하는 것을 가능하게 해준다.

시험 시나리오 개발

최상위 시스템 요구조건을 정의할 때 실제로 발생할 것으로 예상하였던 조건들을 전체적으로 포함하여 시스템을 평가하는 것이 필요하다. 이를 위해서는 모든 관련된 경우들을 적절히 탐색할 수 있도록 구조화된 일련의 시험을 계획해야 한다. 시험은 각 시험 이벤트에 여러 관련된 목표들을 결합하는 방식으로 수행되어야 한다. 이러한 방식은 연속적으로 이루어지는 총 시험 계획이 과도하게 길어지거나 비용이 많이 소요되는 것을 방지해 준다. 시험이 수행되는 순서는 이전 시험 결과를 기반으로 계획되어야 한다. 시험을 수행하는 과정에서 예상치 못한 결과가 발생하면 최소 수준으로 재시험을 요구할 수 있도록 시험 계획을 설계해야 한다.

위에서 설명한 유형의 복합 시스템 시험들을 시험 이벤트들이라고 한다. 시험 이벤트들은 시스템에 부과할 일련의 연속적인 시험 조건을 정의한 시험 시나리오에 따라 수행된다. 전체 시험 목표는 관련된 시나리오 세트에 나누어서 할당하게 되며, 시험 이벤트 순서에 따라서 정렬하게 된다. 시험 시나리오를 계획하는 것은 시험 엔지니어의 도움을 받는 시스템 엔지니어가 수행해야 하는 작업이다. 이는 시험 시나리오 계획을 수립하기 위해서는 시스템 기능은 물론 시스템 내부 및 외부와의 상호작용에 대한 깊은 이해가 필요하기 때문이다.

주어진 시나리오 안에 몇 가지 특정한 시험 목표를 포함시키기 위해서는 일반적으로 입력사항을 변경하는 것이 필요하다. 다시 말하면 서로 다른 시스템 작동방식을 실행하거나 시스템이 가진 기능들을 확인하기 위해서는, 시스템에 부여하는 입력사항인 운용 또는 환경과 관련된 입력을 변경시켜가면서 시험을 수행해야 한다. 이러한 변경을 계획할 때는 가장 유용한 데이터를 생성할 수 있도록 그 순서가 적절하게 지정되어야 한다. 주어진 시험 이벤트를 수행할 것인가 여부는 앞에서 수행된 시험 결과가 성공적이었는지를 고려해 결정되어야 한다. 마찬가지로, 시나리오 기반의 시험 계획은 예상되는 한계치를 벗어나는 시험 결과가 발생한다면, 어떤 시험 결과가 시험 시퀀스를 중단시키게 될 것인지를 고려해야 한다. 또한 이렇게 중단된 시험 시퀀스는 언제 다시 시작해야 하는지도 검토되어야 한다.

시스템 성능 모델

시스템 구성품의 시험 및 통합에 관해서 설명할 때, 우리에게 필요한 요소는 구성품에 대한 모델이라고 언급한 바 있다. 이러한 구성품 모델은 주어진 입력 조건 집합에 구성품이 어떻게 반응할지 예측할 수 있도록 해주기 때문이다. 모델은 일반적으로 물리적, 수학적 및 하이브리드 요소들을 조합한 것이거나, 완전히 컴퓨터 시뮬레이션만으로 구성될 수도 있다.

복합 시스템이 만들어낼 것으로 예상되는 거동을 총체적으로 예측하기 위한 목적으로, 전체 시스템 거동을 상세하게 재현할 수 있는 성능 모델을 구축하는 것은 일반적으로 비실용적이다. 따라서 시스템 차원의 시험을 통해서 관찰된 시스템 성능은 일반적으로 두 가지 수준에서 분석된다. 첫 번째는 시스템 요구조건 문서에 명시된 종단 간 성능 특성과 관련이 있다. 두 번째는 특별하게 중요한 동작을 해야 하는 하부시스템 또는 구성품 수준과 관련이 있다. 후자는 종단 간 시험을 통해서 기대했던 결과를 얻지 못할 때 특히 중요하다. 이는 예상했던 결과와의 불일치가 발생한 원인을 찾아야 하기 때문이다.

시스템 전체를 시험하는 데 필요한 적절한 모델링 수준을 결정하는 것은 시스템엔지니어링 기능이다. 이때 특정한 기능을 모델링하지 않고 생략하는 경우 발생할 수 있는 위험의 크기는 모델링에 소요되는 노력의 크기와 상호 비교해야 한다. 모든 항목을 시험하는 것은 비현실적이기 때문에 시험하고자 하는 속성을 대상으로 우선순위를 결정하는 것이 필요하다. 시험 속성의 우선순위를 결정할 때는 특정한 특성을 생략했을 때 높아질 수 있는 상대적 위험의 크기를 시스템 수준에서 분석한 결과를 기반으로 해야 한다.

시스템 성능 모델의 설계, 엔지니어링 및 검증은 그 자체로도 복잡한 작업이다. 그러므로 시스템 자체를 개발할 때 적용했던 것과 동일한 수준의 시스템 엔지니어링 방법을 적용해 시스템 성능 모델을 구축해야 한다. 이와 함께 모델링 및 시뮬레이션 구축에 소요되는 비용을 전체 시스템 개발에 투입되는 비용과 비교해 합리적인 수준으로 제한하기 위한 노력이 필요하다. 모델의 충실도와 소요 비용 사이의 균형점을 찾는 것은 시스템엔지니어링에서 가장 어려운 작업 중 하나이다.

공학 개발 모델

앞서 언급한 바와 같이 대부분의 시스템 시험 프로세스에서는 최종 시스템이 생산되기 이전에 모든 관련 시스템을 시험해야 한다고 명시하는 경우가 많다. 이러한 이유로 인해 특히 매우 크고 복잡한 시스템의 경우에는, 시험을 목적으로 하는 "공학 개발 모델(EDM, Engineering Development Model)"이라고 하는 시제품을 제작하는 경우가 많다. EDM은 형태와 적합성 및 기능 면에서 최대한 최종 제품에 근접해야 한다. 이러한 이유로 EDM은 생산과 유지보수에 큰 비용이 소요될 수 있지만, 개발 프로그램에 이바지할 수 있는 긍정적인 장점이 있다는 측면에 기초해 정당화되어야 한다.

시스템 시험 수행

일반적으로 계약자가 수행하는 시스템 시험은 시험 전문조직이 담당한다. 이 시험 조직은 이전에 수행되었던 통합시험 과정에도 관여했을 것이기 때문에 시스템 설계 및 운용에 관해 매우 깊은 이해를 하고 있을 것이다. 그러나 시험 과정에는 다른 많은 중요한 참가자들도 참여하게 된다.

시험 참가자. 그림 14.2에서 볼 수 있듯이, 시스템 엔지니어는 시험 프로그

램 계획을 수립하는 초기 단계부터 적극적으로 참여해야 하며 전체 시험 계획 및 시험 구성을 승인해야 한다. 시스템엔지니어링의 또 다른 중요한 기능은 예측했던 시험 결과와 실제로 측정된 시험 결과가 일치하지 않는 경우 이를 해결하는 것이다. 앞에서 언급한 바와 같이, 그러한 불일치는 다양한 원인에 의해 발생할 수 있으며, 문제의 원인이 되는 특정 시스템 또는 시험과 관련된 요소를 신속하게 추적해야 한다. 시스템 수준의 접근방식을 적용해 가장 효과적이면서도 변경사항을 최소한으로 유지할 수 있는 조치방안을 고안해야 한다.

설계 엔지니어도 주요한 참여자 중의 한 명이다. 특히 시험 장비를 개발하고 시험 중에 발생하는 모든 설계 문제를 분석하는 역할 측면에서는 더욱 그렇다. 후자의 경우 그들은 결함을 해결하기 위해 필요한 설계 변경을 신속하고 전문적으로 수행하는 과정에서 필수적인 역할을 한다.

신뢰도 및 정비도와 관련된 공학 전문가와 안전기술자들은 각각의 전문성을 고려했을 때 필수적인 참여자들이 되어야 한다. 특히 인간-기계 인터페이스 시험에는 전문가의 참여가 매우 중요하다. 이 분야는 운용 평가과정에서 중요한 관심사로 떠오를 가능성이 크기 때문이다. 데이터 분석가는 성능 및 결함 진단 분석을 지원할 수 있는 적절한 데이터를 수집할 수 있도록 시험 계획에 참여해야 한다.

앞에서 언급한 바와 같이, 개발자의 지휘 아래 시스템을 대상으로 하는 시험이 수행되는 동안, 고객 및/또는 고객의 평가 대리인은 종종 프로세스의 관찰자로 참여해야 한다. 이는 이러한 과정을 통해서 앞으로 다가올 운용 평가시험을 준비해야 하기 때문이다. 고객 시험 담당자는 이 기간에 운용 교육을 일부분 받는 것이 바람직하다.

안전. 시스템 시험을 수행할 때마다, 시험 계획에는 반드시 안전 조항을 구체적으로 다루는 절차가 포함되어야 한다. 따라서 시험팀에 한 명 이상의 안전 엔지니어를 배치해 그들이 안전과 관련된 측면을 책임지도록 하는 것이 바람직하다. 많은 대형 시스템에는 위험에 노출된 상태로 작동하는 부품이 있다. 예를 들어, 화염 및/또는 폭발장치, 고전압, 위험한 방사선, 독성 물질 또는 시험 중에 보호장치가 필요한 기타 모든 장치가 여기에 해당한다. 특히 군사 시스템들이

여기에 해당한다.

시스템 자체뿐만 아니라, 외부 시험 환경에서도 안전과 관련된 문제가 발생할 수 있다. 안전 엔지니어는 시험에 참여하는 모든 시험 담당자에게 잠재적 위험에 관해 설명하고, 특별교육을 하는 것은 물론 필요한 안전 장비를 제공해야 한다. 시스템 엔지니어는 이와 같은 안전 문제에 대해 충분히 알고 있어야 하며 필요한 경우 안전 엔지니어를 지원할 수 있도록 준비해야 한다.

시험 분석 및 평가

시험 분석은 시스템 성능 모델을 이용해 예측한 결과와 실제 시스템의 성능을 자세히 비교하는 것으로부터 시작된다. 어떠한 경우이든 편차가 발견되면 불일치를 해결하기 위해 필요한 일련의 조치를 시작해야 한다.

불일치 원인 진단. 원인이 명확하지 않은 모든 불일치 사항이 발견되는 경우에, 그 원인을 파악하기 위한 가장 효과적인 조치과정을 결정하기 위해서는 시스템엔지니어링의 판단이 필요하다. 시간은 항상 중요한 요소이지만, 시스템 수준의 평가가 이루어지는 과정만큼 시간이 중요한 때는 없다. 시험 불일치의 원인은 ① 시험 장비, ② 시험절차, ③ 시험 수행, ④ 시험 분석, ⑤ 시험 중인 시스템 그리고 ⑥ 가끔은 지나치게 엄격한 성능 요구조건 때문일 수도 있다. 앞서 언급했듯이 결함은 처음 네 가지 원인 중 하나로 추적할 수 있으므로 긴급하게 시스템을 수정하는 방안을 고려하기 전에 이러한 원인을 제거해야 한다. 그러나 가능성이 있는 원인을 한 번에 하나씩 조사할 수 있는 시간이 거의 없으므로 일반적으로 여러 원인을 동시에 조사하는 것이 현명한 방법이다. 시스템 내의 많은 시험 지점으로부터 데이터를 수집하는 것도 중요하다. 이는 검색 범위를 빠르게 좁힐 수 있고 조사에 들어가는 노력 대비 효과 측면을 고려하여 우선순위를 지정할 수 있기 때문이다. 이것이 실제 시험을 수행하기에 앞서 시험 절차를 철저히 이해하고, 충분한 모의 연습을 해야 하는 이유이기도 하다.

시스템 성능 불일치 처리

시험 중인 시스템에서 문제점이 발견되었다면, 발생한 문제가 사소하고 쉽게 수정이 가능한 것인지 아니면 심각한 것은 물론이고 이해되지 않는 부분이 많은지 등을 결정하는 것이 중요하다. 만약 문제가 중대한 경우에는 일정을 지연시켜야 하지만, 그렇지 않다면 계약자와 고객으로부터 동의를 구함으로써 시정조치를 연기시키는 것이 필요할 수도 있다.

위와 같은 결정을 내리는 것은 시스템 엔지니어가 담당해야 하는 가장 중요한 활동 중 하나이다. 이러한 판단을 하기 위해서는 시스템 설계, 성능 요구조건, 운용 요구조건 및 "가능한 기술" 등에 대한 포괄적인 지식이 필요하다. 프로그램의 이 단계에서도 몇 가지 주요한 불일치에 대해서는 신속한 수정도 가능하다. 다만 어떠한 형태이든 설계 변경이 이루어지면, 이는 설계 문서, 시험 절차, 인터페이스 사양, 생산 조정 등과 같이 관련이 있는 일련의 업무를 변경해야 하는 원인으로 작용하게 된다. 불일치를 제거하는 방안으로 하드웨어 변경이 아닌 소프트웨어를 변경하는 대체 방법이 자주 사용된다. 많은 경우에 변경사항은 최초의 부분은 물론 다른 부분으로까지 전파되어 과도한 변경을 추진하게 된다. 일반적으로 이러한 상황을 처리하는 방법으로 "호랑이 팀(Tiger Team)"을 구성하기도 한다. 이 팀은 문제를 해결하기 위해 수용 가능한 해결책을 신속하게 만들어내야 하는 책임을 갖기 때문이다.

시스템을 변경한 이후에는 이전에 이미 통과했었던 시험 항목들을 다시 수행해야 하는지에 대한 의문이 제기된다. 이것과 관련된 결정은 프로그램 일정과 비용에 심각한 영향을 미치기 때문에 시스템엔지니어링의 관여가 필요한 또 다른 이슈이다.

기존에 계획한 생산 목표를 충족시키기 위해서는 시스템 성능이 일치하지 않는 문제를 제때 제거할 수 없는 경우가 발생할 수 있다. 이런 경우에 고객은 운용상 적절하다고 판단이 될 때 제한적인 생산을 위해 현재의 시스템 설계안을 우선 허용할 수도 있다. 물론 이러한 가정이 포함된 결정을 내리기 위해서는 사전에 모든 실행 가능한 대안에 대한 철저한 분석이 수행되어야 한다. 이러한 방식으로 초기에 생산된 시스템에 대해서는 이후에 완전히 호환되는 설계 결과를 다시 적용해 보강하는 것이 일반적이다.

14.3 운용시험 및 평가

하부시스템 및 시스템 시험을 수행하기 이전에 비교를 수행할 수 있는 기초가 된 것은 모델이었다. 모델을 이용하여 기능 설계를 이상적으로 구현함으로써 예상되는 성능을 추정하였다. 이와는 대조적으로 시스템 운용 평가를 수행할 때는, 시험 결과를 운용 요구조건 자체와 비교하게 된다. 다시 말해서 앞에서 운용 요구조건을 변환시킨 결과인 성능 요구조건과 비교하는 것이 아니라는 것이다. 따라서 이 프로세스에서는 사양을 기준으로 만족 여부를 확인하는 것보다는, 운용 요구조건 측면에서 시스템 설계 결과를 확인하는 데 중점을 두어야 한다.

새로운 시스템에 대한 운용 평가는 고객이 직접 수행하거나, 고객을 대신할 수 있는 독립적인 시험 대리인이 수행한다. 운용 평가는 시스템이 의도된 용도로 작동하게 될 환경과 동일하거나 매우 유사한 환경에서 의도한 기능을 수행하도록 하는 일련의 시험으로 구성된다. 시스템의 생산 및 운용을 시작하기 위한 필수적인 전제조건은 시스템의 성능이 운용 요구조건을 충족시켜야 한다는 것이다. 상용 항공기와 같이 이용자가 다수인 시스템을 생산하는 경우에는 더욱더 엄격한 기준이 적용된다. 이 경우에는 제품의 안전, 환경 적합성 및 정부 규정에 따른 기타 특성을 인증하는 정부기관의 특별한 시험 또는 검사가 수행되어야 한다.

운용시험 목표

운용시험과 평가는 운용 요구조건, 임무 효율성 및 사용자 적합성에 중점을 둔다. 일반적으로 운용 평가에는 본격적인 양산 이전에 제작되는 시스템의 생산용 시제품이 사용된다. 이러한 운용 평가를 착수하는 시점에서는 이전에 수행되었던 개발시험 과정을 통해서 알려진 모든 결점이 이미 완전하게 제거되었을 것이라고 기대하게 된다. 그런데도 추가로 중대한 결함이 발견되는 경우에는 평가시험이 중단될 수 있으며 발견된 결함을 개발자가 제거할 때까지 시험은 중지하게 된다. 많은 경우에 운용 평가과정에서 사용할 수 있는 시간과 자원은 제한적이므로 시험 목표에 대한 우선순위를 신중하게 결정해야 한다. 일반적으로 적용할 수 있는 우선순위가 높은 시험 항목 또는 분야에는 다음이 포함된다.

1. **새로운 기능**: 이전 시스템이 갖고 있던 결함을 보완하기 위한 목적으로 설계한 기능은 변화가 가장 큰 영역이면서 동시에 불확실성 역시 가장 큰 부분이므로, 성능 시험이 최우선으로 이루어져야 한다.
2. **환경 민감성**: 혹독한 운용환경에 대한 시스템의 취약성은 이전에 완벽하게 시험 되었을 가능성이 가장 낮은 영역이다. 운용 평가는 때때로 시스템을 설계할 때 고려했던 환경조건과 매우 유사한 조건에 노출될 수 있는 첫 번째 기회이다.
3. **상호운용성**: 비표준 통신 프로토콜 및 기타 데이터 링크 특성을 갖고 있는 외부 장비와의 호환성은 운용조건에서 연결하게 될 것과 같거나 기능적으로 동일한 외부 요소에 연결해 시스템을 시험하는 것이 필수적이다.
4. **사용자 인터페이스**: 시스템 사용자/운용자가 시스템 작동을 얼마나 잘 제어할 수 있는지 확인해야 한다. 즉, 시스템이 가진 인간 인터페이스의 효율성을 분석해야 한다. 이를 위해서는 필요한 훈련의 수준과 유형, 훈련 보조장비의 적절성, 모니터 등 시현장치의 명확성, 의사결정 지원 보조장치의 효과 평가 등이 포함되어야 한다.

예: 항공기의 운용 평가. 상용 여객기의 기능은 다수의 승객과 수화물을 멀리 떨어진 목적지까지 신속하면서도 편안하게 그리고 안전하게 운송하는 것이다. 이러한 항공기의 운용 구성은 그림 14.4 (a)에서 “컨텍스트 다이어그램” 형태로 보여주고 있다. 다이어그램은 시스템이 제대로 작동할 수 있도록 직간접적으로 영향을 미치는 주요 작동 입력 및 출력을 주변 환경 및 지원 환경과 함께 나열하고 있다. 승객과 수화물 이외에 주요한 입력물로는 연료, 승무원, 항법 보조장치 등이 있다. 그림에서 승객이 느끼는 편안함과 관련된 기능(음식, 엔터테인먼트 등)과 같은 이차적이면서도 중요한 기능들을 생략한 이유는 다른 요소들을 좀 더 명확하게 설명하기 위해서이다. 비행 환경에는 기압, 온도, 풍속 및 극한 날씨와 같이 비행 중 많은 변화가 있는 비행 매체가 포함된다. 항공기를 설계할 때는 이러한 비행 환경이 주요 기능에 미치는 영향이 최소화될 수 있도록 해야 한다.

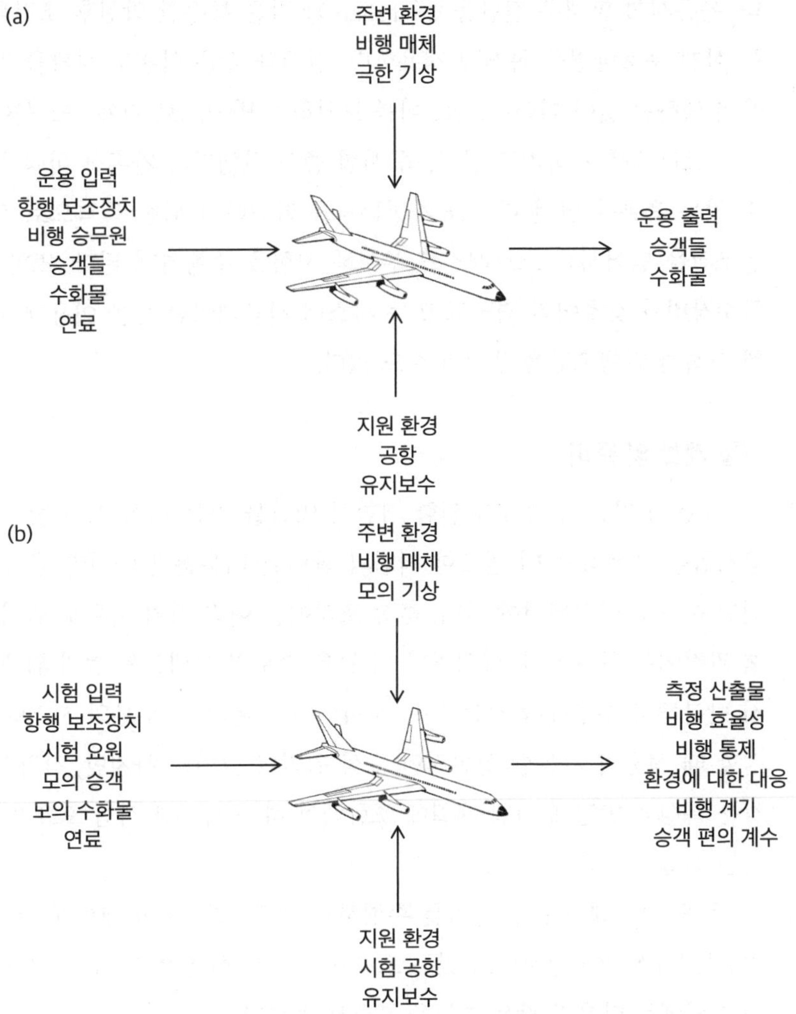

그림 14.4 (a) 여객기 운항, (b) 여객기의 운항 시험

그림 14.4 (b)는 여객기의 작동시험 모드와 관련이 있는 다이어그램이다. 그림 14.4 (a)와 비교해보면, 승객 및 수화물 대부분은 시뮬레이션 되었지만, 시험을 위한 입력은 운용 중에 겪게 되는 입력사항을 복제한 것이라는 것을 알 수 있다. 측정 대상 출력물에는 효율성, 승객의 편안함 및 안전과 관련된 성능 요소 평가와 관련된 데이터가 포함된다. 또한 비행 중 이상이 발생한 원인을 재구성하기 위해서는 비행기 계기 및 특수시험 센서로부터의 데이터도 측정되어야 한

다. 운용시험 환경은 전단풍(Wind Shear)과 같은 특수한 악천후 조건을 제외하고는 실제 운용환경을 복제해 적용한다. 실제와 같은 악천후 상황을 재현해 시험을 수행하는 것이 어려우므로, 이를 보완하는 방법으로 기체 구조물에 비정상적인 스트레스를 가하기도 한다. 즉 시험 중인 비행기가 가혹한 비행 환경을 견딜 수 있는 충분한 안전 마진을 가졌는지를 확인하기 위한 목적으로 정상적인 작동조건을 넘어서는 스트레스를 부여해 시험을 수행하게 된다. 또한 풍동 시험, 특수장비가 갖추어진 격납고 또는 시스템 시뮬레이션 등을 이용해 제어가 가능한 가혹한 비행조건을 생성할 수도 있다.

시험 계획 및 준비

운용 평가를 수행하기 위한 지침서 역할을 하는 시험 계획 및 절차에는 운용시험을 수행하는 데 필요한 지침과 관련된 내용뿐만 아니라 후속 조치와 관련된 사항도 명시되어야 한다. 후속 조치에는 여러 가지 이유로 인해 이전의 시험 과정에서 완료할 수 없었거나 더 높은 수준의 신뢰도를 얻기 위해 시험을 다시 반복해서 수행해야 하는 등의 사항이 포함된다. 대부분의 시스템 시험을 구성할 때 적용이 가능한 일반적인 구성 원칙이 있기는 하지만, 각각의 시스템이 갖는 특성을 반영해 시험 계획에 포함해야 하는 특수한 시험 소요가 있을 수 있다는 점을 유의해야 한다.

주요 시스템의 운용 평가를 수행하는 데 필요한 시험 계획에 관한 전반적인 범위는 TEMP에 명시되어 있는 조항에 따라서 설명할 수 있다. 운용시험 및 평가 계획에는 다음과 같은 항목을 포함해야 한다.

- 운용 적합성을 판단하기 위해 검토해야 할 운용과 관련된 중요 이슈를 나열.
- 상기 이슈에 중요한 역할을 하는 기술적 매개변수를 정의.
- 운용 시나리오 및 시험 이벤트를 정의.
- 사용할 운용환경을 정의하고, 운용 효율성과 관련된 시험을 수행할 때 제한을 주는 영향에 대해서 정의.
- 시험용품 및 필요한 물류지원을 확인.

• 시험 요원에 대한 교육 요구조건을 명시.

시험 및 평가 범위. 평가 계획에는 투입해야 하는 노력의 적절한 범위에 관한 정의가 포함되어야 한다. 이러한 노력의 범위를 좌우하는 요소로는 시험 조건을 얼마나 현실적으로 구성해야 하는지, 시스템이 가진 특성 중 테스트를 수행해야 하는 특성은 몇 개로 해야 하는지 등이 있다. 기타 시스템 성능을 평가하기 위해서는 어떤 매개변수를 얼마나 정확하게 측정해야 하는지 등에 관한 판단도 필요하다. 이러한 각각의 정의에는 결과의 타당성을 확인할 수 있는 신뢰 수준과 시험 및 평가 노력에 드는 소요 비용의 규모와의 절충안이 포함되어야 한다. 결과에 대한 확신의 정도는 시험 조건이 예상되는 운용환경을 얼마나 현실성 있게 묘사할 수 있는가에 따라 달라진다. 시험 및 평가를 수행할 때 모델의 충실도(realism) 수준과 평가 프로그램에 드는 비용과의 일반적인 관계가 그림 14.5에 나타나 있다. 그림에서 알 수 있듯이 이것은 수확체감의 법칙이라는 고전적인 법칙을 따른다. 즉 시험 환경을 완전히 정교하고 현실적으로 구현하고자 하는지 그리고 시험하고자 하는 매개변수의 개수에 따라서 비용이 상승한다.

"어느 정도의 시험이 충분한지"를 결정하는 것은 본질적으로 시스템엔지니어링이 관여해야 하는 이슈이다. 이러한 결정을 내리기 위해서는 운용 목표에

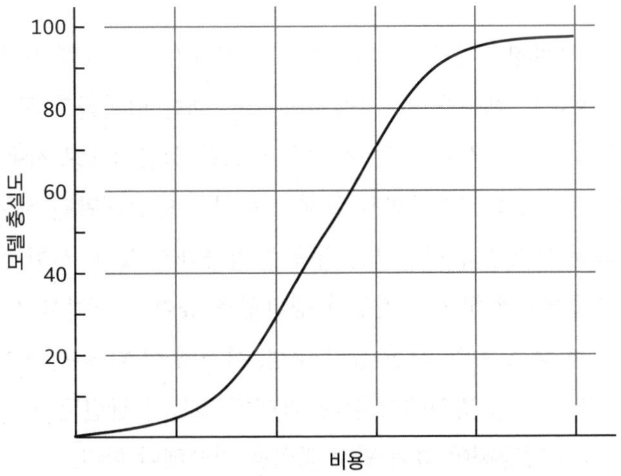

그림 14.5 사실적 묘사 대비 소요 비용

대한 기본지식을 포함해 다양한 지식이 필요하기 때문이다. 예를 들어 운용 목표는 시스템 성능과 어떤 관련이 있는지, 어떤 시스템 특성이 가장 중요하고 아직 정확하게 입증되지 않았는지, 중요한 성능 요소를 측정하는 것이 얼마나 어려운지 그리고 반드시 절충 분석이 필요한 요소는 무엇인지 등에 대한 지식이 필요하다. 또한 시험 엔지니어, 설계 엔지니어, 전문 분야 엔지니어 및 시스템 운용과 관련된 전문가들로부터의 의견 교환도 필요하다.

시험 시나리오. 시스템 운용 평가는 신중하게 계획된 일련의 시험 시나리오에 따라 수행되어야 한다. 이때 각각의 시나리오는 일련의 이벤트 또는 특정 시험 조건으로 구성된다. 가장 효율적인 방식으로 시스템 요구조건을 모두 검증하는 것이 중요하므로, 최소한의 시간과 자원을 투입해야 한다.

시험을 진행하기 위한 계획 및 순서를 결정할 때는 시험시설과 인력을 가장 효과적으로 활용할 수 있는 방안을 고려하는 것은 물론, 각각의 시험이 이전에 수행된 시험 결과를 기반으로 할 수 있도록 해야 한다. 통신, 물류 및 기타 지원 기능과 같이 시스템과 외부 시스템 간의 상호작용이 적절한지 아닌지에 관한 시험은 다른 시험보다 우선해서 수행되어야 한다. 이러한 기능들은 시스템 자체를 성공적으로 시험하기 위한 필수적인 조건이기 때문이다. 동시에 데이터 획득 장비는 물론이고 모든 시험 장비에 대한 재교정 및 재인증이 필요하다.

시험 프로세스. 운용시험의 경우 그 결과가 프로그램 성공 여부에 매우 중요하게 작용하기 때문에, 각 시험 이벤트에 대한 명확하고 구체적인 시험 절차를 사전에 계획하는 것이 특히 중요하다. 또한 일반적으로 사용자 측면의 시험 담당자는 시스템을 개발하면서 실제로 시험을 담당해왔던 시험 담당자보다 시험해야 하는 시스템의 세부적인 작동에 익숙하지 않다. 시험 절차는 공식적인 문서로 만들어져야 하며 완전성과 정확성을 높이기 위해서 철저하게 검토되어야 한다. 시험 장소 준비, 시험 장비 구성, 시스템 설정 및 각 시험을 단계적으로 수행하는 방식 등을 명시해야 한다. 데이터 획득과 관련된 작업을 포함해 각 시험 참가자들이 담당해야 하는 필수 작업을 기술해야 한다.

분석 계획. 각 시험 이벤트에 대한 분석을 어떻게 수행할 것인지에 대한 계획을 사전에 준비해야 한다. 이 계획에는 시스템의 성능을 올바로 평가하기 위해서는 시험을 어떻게 수행해야 하는지에 대한 방법이 포함되어야 한다. 다양한 분야의 전문가들이 참여하는 공동 시험 계획도 검토가 필요하다. 이는 시험 결과들을 결합하면 운용 요구조건을 충족하는 시스템의 유효성 입증에 필요한 모든 측정결과를 얻을 수 있는지 확인하기 위해서이다. 이러한 검토를 수행하기 위해서는 시스템 수준의 관점을 갖는 것이 필요하므로 시스템엔지니어링의 감독이 필요하다.

인력 교육

평가 작업을 특히 어렵게 만드는 또 다른 원인이 있다. 그것은 시험이 시스템 개발팀의 일원이 아닌 다른 구성원의 주도하에 수행되는 경우가 많다는 것이다. 따라서 운용 평가를 준비하는 과정에서 필수적인 부분 중의 하나는 시스템과 관련된 기술을 효과적으로 이전해야 한다는 것이다. 일반적으로는 개발 조직 및 획득기관이 보유하고 있던 시스템 관련 기술적인 지식은 평가 프로세스를 계획하고 실행하는 담당자에게 이전하게 된다. 이러한 지식의 이전 과정은 적어도 개발 시스템을 시험하는 기간 중에 시작되어야 한다. 또한 가급적이면 평가 에이전트에 소속된 시험 계획 및 분석 담당자의 적극적인 참여가 보장되어야 한다. 개발 담당기관이나 업체의 시스템엔지니어링 담당자는 이러한 지식 이전과 관련된 업무를 주도적으로 수행할 수 있는 준비가 되어있어야 한다.

위와 같은 지식 이전은 모든 사람에게 이익이 되는 것임에도 불구하고, 관련된 프로세스가 제대로 갖추어지지 못한 경우가 많기 때문에 지식 이전 업무를 위해 상당한 규모의 예산이 배정되는 경우는 거의 없다. 게다가 이러한 업무에 정통하고 유능한 전문가는 종종 다른 우선순위가 높은 업무에 이미 투입되어있는 경우가 많다. 통상적인 또 다른 장애물은 과도하게 독립적인 업수 수행 방식으로 인해 발생하기도 한다. 이러한 독립적인 성향의 관행은 일부 평가 에이전트들이 사전 평가시험 과정에 관여하지 못하도록 만들기 때문이다. 따라서 일반적으로 각기 다른 조직에 속해있는 경험이 풍부한 프로그램 관리자나 최고 시스템 엔지니어가 솔선수범해 이를 실현해야 한다.

시험 장비 및 시설

운용 평가의 초점은 종단 간의 시스템 성능을 확인하는 것이다. 그러므로 개별 하부시스템의 작동과 관련된 데이터는 제한된 범위만 필요하다. 반면에, 시스템 성능이 기대했던 것과 다르게 나타나는 문제는 신속하게 식별하고 해결해야 한다. 이를 위해 시스템 개발자는 특정한 하부시스템 또는 구성품의 성능을 추가로 측정해야 할 수도 있다. 이때는 개발시험 과정에서 사용했던 것과 같은 장비를 이용하는 것이 바람직하다. 또한 충분한 수의 시스템 시험 포인트로부터 출력되는 데이터를 관찰하고 기록하는 것은 평가 에이전트와 개발자 모두에게 유리하다. 필요한 경우 시스템 성능에 대한 자세한 사후진단 시험을 지원해야 할 수도 있기 때문이다.

앞서 언급했듯이 각 시스템에서 입력물로 사용되는 조건들은 예상되는 운용환경을 표현할 수 있어야 한다. 위의 상용 여객기의 사례에서, 실제 운항 환경은 항공기가 감당할 수 있는 악천후 조건만을 포함하여 재현한 비행조건과는 다를 수 있다. 이렇듯 운이 좋은 상황만을 대상으로 시험을 수행하는 것은 대부분의 복합 시스템을 평가하는 전형적인 방식은 아니다. 지상 운송차량을 대상으로 작동시험을 수행할 때는 광범위한 다양한 조건에서 어떠한 성능을 보여주는지 확인할 수 있도록 특별히 설계된 지형이 필요하다. 외부 통신에 의존하는 시스템 역시 그러한 다양한 입력을 제공하고 그에 상응하는 출력을 수신할 수 있는 특별한 보조 시험 계측기가 필요하다.

시험 수행

만약 시스템 개발에 참여했던 담당자가 참여하게 된다면, 그들은 관찰자로서 또는 더 일반적으로는 지원자의 역할을 담당하게 된다. 후자의 역할일 때는 문제 해결, 물류지원 및 특수 시험 장비의 제공 등이 포함된다. 어떤 경우에도 그들이 시험 수행 또는 결과 해석에 영향을 주는 것은 바람직하지 않다. 그들은 시스템 작동 중 일부 기능에 대한 예상치 못한 어려움이나 오해를 신속하게 해결해야 하는 상황에서는 중요한 역할을 할 수 있다.

각 시험을 수행하기 위한 사전준비 과정에서 운용 담당자는 시험 목표, 수행할 작업 및 개별 책임과 관련된 내용에 관해 상세한 브리핑을 받아야 한다. 앞서 언급했듯이 인력 및 시험 장비와 관련된 오류는 시험이 실패하는 가장 일반적인 원인이기 때문이다.

시험 지원. 시험을 성공적으로 적기에 수행하기 위해 매우 중요한 요소 중의 하나는 평가시험의 운용 및 물류지원이다. 평가시험 결과는 본격적인 양산 또는 운용 배치 승인 등과 같이 개발 프로그램 진행과 관련된 중요한 의사결정에 영향을 미치기 때문이다. 이러한 이유로 평가시험은 개발자와 고객의 관리 부서 모두에게 깊은 관심의 대상이 된다. 따라서 관련 인력과 함께 소모품 및 예비 부품, 운송, 취급 장비, 기술 데이터 및 매뉴얼 등이 적절하게 공급되어야 한다. 시험 장비는 교정을 받아야 하며 운용을 담당할 인력을 완전히 확보해야 한다. 앞서 언급했듯이 시스템 개발자로부터의 지원 역시 필수적이다. 시험을 무효화하거나 지연시킬 수 있는 어떠한 시스템상의 불일치가 발생하면 신속하게 해결할 수 있는 엔지니어링 및 기술 인력의 도움이 필요하기 때문이다.

데이터 수집. 이전 단락에서 언급한 바와 같이 운용 평가과정에서 수집되는 데이터는 개발자 주도로 수행하는 시스템 시험 과정에서 획득한 데이터보다 훨씬 더 제한적인 것이 일반적이다. 그럼에도 불구하고 운용 평가과정을 통해서 종단 간 시스템 성능을 철저하고 정확하게 측정하는 것은 중요하다. 이것은 모든 외부조건을 계측한 "실측된 정보"를 주의 깊게 관찰해야 한다는 것을 의미한다. 이러한 정보는 시험 이후에 수행하는 후속 분석을 위해서도 기록되어야 한다. 외부조건에는 중요한 환경조건은 물론이고 모든 기능적인 시스템 입력물들이 포함된다. 특히 시스템 작동을 방해하거나 영향을 미칠 수 있는 조건들에 대해서는 더 많은 관심을 가져야 한다.

인간-기계 인터페이스. 대부분의 복합 시스템에는 운용자가 정보를 관찰하고 시스템과 상호작용할 수 있도록 하는 인간-기계 인터페이스가 있다. 일반적으로 인간-기계 인터페이스는 전체 시스템이 성능을 발휘하는 데 중요한 요소로 작용한다. 전형적인 예는 항공 교통관제사이다. 다양한 센서를 이용하기 때문에 데이터의 입력은 자동으로 이루어지지만, 관제사는 생사가 달린 결정을 내

려야 한다. 이때 관제사는 콘솔에 표시된 정보와 항공기 조종사로부터 받은 정보를 기반으로 조치를 취해야 한다. 다양한 유형의 군사전투 시스템에서도 이와 유사한 운용자의 기능들은 시스템 일부분에 해당하게 된다.

운용자 상호작용 측면에서 볼 때, 시스템의 성능은 두 가지 상호 관련된 요소인 ① 운용자 교육의 효율성 그리고 ② 인간 인터페이스 장치가 얼마나 잘 설계되었는가에 따라 달라진다. 운용시험을 수행하는 과정에서 시스템 성능의 이러한 측면은 전체 평가에서 중요한 부분을 차지해야 한다. 이는 작업자가 만들어내는 부적절한 조치가 종종 시험이 실패하는 결과를 초래하기 때문이다. 이와 같은 오류가 발생하면 추적하기 어려운 경우가 대부분이다. 이는 작업자의 느린 반응 시간(예: 스테이션에서 장기간 근무하는 데 따른 피로감), 작업자가 사용하는 조종장치의 부적절한 배치 및/또는 디스플레이 기호 또는 기타 여러 관련 원인으로 인해 발생할 수 있다.

안전. 개발 시스템 시험을 수행할 때와 마찬가지로 시험 담당자와 시험지역에 인접한 주민들의 안전을 보장하기 위한 특별한 노력을 기울여야 한다. 군용 미사일 시험 범위의 경우, 통제가 상실되었을 때 그 징후를 감지할 수 있는 장치가 포함되어야 한다. 만약 비상사태가 발생할 때는 시험지역의 안전을 책임지는 담당자가 미사일에 명령을 보내 비행을 종료시키기 위해 자폭 시스템을 작동시켜야 할 수도 있다.

시험 분석 및 평가

운용 평가를 수행하는 목표는 개발된 시스템이 고객의 니즈를 충족하는지, 즉 성능이 운용 요구조건을 충족하는지를 확인하는 것이다. 데이터를 평가하는 분석의 깊이는 "진행 혹은 중단(Go No-go)"과 같은 극단적인 결론에서부터 시스템 및 모든 주요 하부시스템에 대한 자세한 분석에 이르기까지 다양하다.

어떤 상황에서는 독립적인 평가 에이전트가 새로 개발된 시스템이 사용자의 운용 목적을 충족하지 못한다고 판단할 수도 있다. 게다가 간단한 시스템 설계나 절차를 변경하는 것만으로는 발생한 문제를 해결할 수 없다는 결론을 내릴 수도 있다. 이러한 상황이 발생하는 원인은 다양하다. 개발 프로세스 중 운용 요구조건의 변화로 인해 발생할 수도 있고, 운용 원칙이 변경되었거나 평가자와 인수 대리인 간의 의견 차이에 따른 것일 수도 있다. 일반적으로 이러한 경우는 타협을 통해 해결할 수 있다. 여기에는 계약 수정을 통한 설계 변경을 개발자와 협상하거나 제한된 수량의 생산 물량만 임시로 유예를 해주는 방법 등이 포함될 수 있다.

시험 보고서

모든 관심이 운용 평가시험 결과에 집중되어 있으므로, 중요한 이벤트가 발생하면 적시에 보고하는 것이 중요하다. 그러므로 평가과정에서는 여러 유형의 보고서를 작성하는 것이 일반적이다.

예비검토 보고서(Quick-Look Reports). 이는 중요한 시험 이벤트가 발생한 직후에 예비시험 결과를 제공해준다. 이 보고서의 중요한 목적은 모든 관련 사실을 제시하고 적절한 관점을 갖고 해석을 수행함으로써 예상치 못한 방식으로 시험 결과를 잘못 해석하는 것을 방지하기 위한 것이다.

상태 보고서. 유의미한 특정 시험 이벤트에 대한 정기 보고서(예: 월별 보고서)를 말한다. 이 보고서의 목적은 이해 당사자들이 시험 프로그램의 진행 상황을 공동으로 일관성 있게 인식할 수 있도록 하는 것이다. 데이터 분석 및 최종 보고서가 작성되는 동안에 시험 프로그램이 종료되는 시점에서는 누적된 시험 결과를 종합한 중간 보고서를 작성할 수도 있다.

최종 평가 보고서. 최종 보고서에는 세부적인 시험 결과, 시스템 개발 시 의도했던 기능에 대한 평가 그리고 운용 적합성과 관련이 있는 권고사항 등이 수록되어 있다. 또한 시험 프로그램을 통해서 확인된 결함을 제거하기 위해 필요한 변경 필요사항 등의 권고사항을 포함할 수 있다.

14.4 인적 요소 시험

시스템 개발을 평가하는 과정에는 인적 요소에 대한 평가가 반드시 포함되어야 한다. 최근 사용자들에게 더욱 포괄적인 경험을 제공하기 위한 목적으로 더 많은 시스템이 새로운 인간-시스템 인터페이스(HSI, Human-System Interfaces)를 포함하고 있다. 이러한 이유로 인간-시스템 인터페이스와 관련된 요구조건을 대상으로 하는 시험 절차를 시스템공학 개발과정에 포함하는 것이 중요하다. 인체공학(ergonomics)은 사용자 성과와 안전을 보장할 수 있도록 시스템 인터페이스의 물리적 설계에 중점을 둔다. 이에 반해 인적 요소(Human Factors)는 시스템의 성능과 안전성을 향상시키기 위해 인간의 능력과 한계에 대한 지식을 습득하고 적용하는 학문이다(Silva-Martinez, 2016).

인간-기계의 상호작용에 포함되는 것은 디스플레이, 제어 및 웨어러블 시스템 등이 있다. 사용자와 함께 시제품으로 구축된 하드웨어 및 소프트웨어를 평가하면 요구조건을 충족시킬 수 있는지 측정할 수 있을 뿐만 아니라 설계방안 발전에 도움이 될 수 있다. NASA는 임무 수명주기 전반에 거쳐서 인간-시스템 활동을 확인한다. 또한 NASA는 다양한 시스템 구성, 체류지의 지형 또는 서로 다른 방법을 이용해 한정된 공간 내에서 여러 사용자들의 작업 행위를 평가할 수 있다. 베드포드 업무량 등급(Bedford Workload Scale)은 임무를 수행하는 동안 운용자가 겪는 정신적인 강도를 측정하는 데 사용된다. 운용자 인터뷰는 시스템과 운용자가 발휘할 수 있는 능력에 관한 자료를 수집할 수 있는 방법이다. 현장을 실제로 확인하거나 인지적인 검토 방법을 적용하는 것도 설계와 사용자의 성능을 평가하는 데 도움이 될 수 있다.

NASA는 다른 조직들과 함께 결점 나무 분석법(Fault Tree Analysis)을 사용해 시험 시나리오를 개발하고 일련의 작업을 수행하는 동안 오류가 발생할 수 있는 위치를 식별한다. 제안된 프로세스 및 시험에 대한 인적 오류를 분석하는 과정에서 필요한 질문에는 다음이 포함될 수 있다. 주어진 구성이 상황을 얼마나 잘 만족시키는가? 절차가 완료되기 전에 중단된 사례가 있는가? 혼란스러운 절차가 있는가? 적절하고 이해할 수 있는 정보가 제공되었는가? 좋은 HSI가 갖는 다른 특성으로는 균형 잡힌 작업 부하, 쉬운 사용성, 오류 허용, 지침 및 도움말 제공, 표준화되고 일관된 시현 가능성 등이 있다. 디스플레이와 조종장치가 발달하는 과정에서 HSI가 머큐리, 제미니 및 아폴로의 비행에 사용되었다(Adelstein et al. 2006).

아이다호 국립 연구소(Idaho National Laboratory)는 이러한 개념을 적용한 인적 요소 및 인체공학적 분석을 평가하기 위해 3D 모델을 이용해 원자력 제어실 디스플레이를 재설계했다. 인체공학적 분석의 사례 중 일부에는 디스플레이의 가독성 및 시야각, 통제 및 장비에 대한 접근성, 디스플레이와의 거리와 관련된 고려사항, 터치 영역(버튼 크기 및 간격) 및 환경에 대한 시각적 인식 등이 포함되었다. 이러한 조건들은 마네킹을 이용해 모든 신체 크기와 유형으로 구성할 수 있도록 하였다. 특히 인체공학적 요인을 평가하기 위해서는 여성의 5%에 해당하는 특징부터 남성의 95%가 갖는 신체적 특성까지 다양한 범위를 포함해야 했다. 고려할 수 있는 다른 인적 요소들로는 일관된 디스플레이 형식, 작업 관련 정보, 사용 색상, 중복되는 조종장치, 중복된 표시, 절차의 불일치 또는 앉은 작업자를 위한 워크스테이션의 디자인 등이 포함될 수 있다(Hugo et al. 2018).

위에 나열된 많은 유사한 이슈들을 포함하고 있는 철도 산업은 HSI에 많은 투자를 해왔다. 새로운 기술들이 개발되고 철도와 관련된 종사자들에게 도입됨에 따라 일부 작업은 유지되었지만, 일부 작업은 쓸모가 없어질 수 있고, 다른 임무가 새롭게 필요한 경우도 발생하였다. 일부 좀 더 새롭게 요구되는 기능(시험 포함)을 고려하는 경우에는, 다음과 같은 이슈들이 쟁점이 될 수 있다. 즉 운용자를 위한 적절한 물리적, 시각적, 청각적 인터페이스가 있는지, 인력 이동 및 장비 접근을 위한 적절한 공간이 있는지, 작업복(예: 추운 날씨) 및 개인 보호 장비를 갖추면 작업을 수행할 수 있는 여건인지, 적절한 조명이 있는지, 정상 및 비상 대비 절차를 위한 적절한 공간/여유가 있는지 등의 이슈들을 고려해야 한다(Melnik et al. 2018).

14.5 시험 계획 및 준비

앞에서 기술한 바와 같이, 시스템 개발 프로세스 전반에 걸친 시험 및 평가 계획은 개발 초기 과정에서 시작된 이후 지속해서 확장되고 구체화되어간다. 또한 시스템 설계가 성숙함에 따라, 시험과 평가과정은 더욱 정확하고 중요해진다. 개발이 공학 설계과정이 끝나는 시기에 도달하면 전체 시스템의 통합과 평가를 위한 계획과 준비 자체가 주요한 활동이 된다.

시험 및 평가 종합계획(TEMP)

많은 획득 프로그램에서 공식적인 TEMP를 준비하는 것이 필요하다는 것은 앞에서 언급한 바 있다. TEMP에서 다루는 다양한 주요 주제들은 상업 시스템을 개발할 때도 적용할 수 있다. TEMP에는 다음과 같은 요소들이 포함될 수 있다.

1. 시스템 소개: 시스템, 임무 및 운용환경을 설명하고 효과를 측정한 리스트.
2. 통합시험 프로그램 요약: 시험 프로그램 일정 및 참여 조직을 나열.
3. 개발시험 및 평가: 목표, 접근방법 및 주요 이벤트를 설명.
4. 운용시험 및 평가: 목표, 시험 구성, 이벤트 및 시나리오를 설명.
5. 시험 및 평가 자원 요약: 시험용품, 현장, 계측, 지원 운용 등을 열거.

시스템 개발에서 시험 및 평가 계획의 유사성

시험 및 평가를 계획하기 위한 프로세스의 중요성은 표 14.3에 설명되어 있으며, 이는 이 프로세스와 시스템 개발 전체의 유사성을 보여준다. 표의 왼쪽은 시스템 개발 프로세스의 네 가지 절차와 관련된 주요 활동을 나열하고 있다. 표의 오른쪽에 있는 항목에서는 시험 및 평가 계획 수립과 관련된 해당 활동이 열거되어 있다. 표에서는 시험과 평가 계획 프로세스를 구성하는 업무가 세부 절차와 시험 장비의 개발뿐만 아니라 실제성, 시험 접근방식 간의 균형, 목표의 정의 및 자원에 관한 주요 의사결정이 필요하다는 것을 보여준다. 이 표에서는 이러한 활동 간의 대응성을 강조하면서도, 동시에 시험 및 평가 노력의 규모가 성공적인 시스템 개발에 미치는 중요성을 보여주고 있다.

표 14.3 시스템 개발과 T&E 계획의 유사점

시스템 개발	시험 및 평가 계획
니즈: 현장에 배치될 시스템의 능력을 정의	목적: 시험 프로그램에 필요한 정교함의 정도를 결정
시스템 개념: 시스템 개념을 개발하기 위한 성능, 일정, 비용 간의 절충방안 분석	시험 개념: 시험 개념을 개발하기 위해서 시험 수행방안, 일정, 비용 간의 절충방안 평가
기능설계: 기능 요구조건을 (하부)시스템(들)에 대한 2개 수준의 규격으로 변환	시험 계획: 시험 요구조건을 각 시험 이벤트와 필요한 자원에 대한 명세서로 변환
상세설계: 시스템을 구성하는 다양한 구성품을 설계	시험 절차: 각 이벤트에 대한 시험 절차 및 시험 도구를 개발

표 14.3으로부터 추론할 수 있듯이, 통합 및 평가과정의 구체적인 계획은 공학 설계 프로세스를 수행하기 이전에 또는 동시에 개발되어야 한다. 이는 통합 및 시스템 시험 과정에서 요구되는 특수 시험 장비와 시설을 설계 및 구축하는 데 필요한 시간을 보장하기 위해서이다. 시스템 시험 비용과 기간은 종종 과소평가되어 전체 프로그램에 심각한 영향을 미칠 수 있으므로 시험 프로그램의 비용 및 일정을 계획하는 것은 필수적인 부분으로 인식해야 한다.

시스템 요구조건 검토

세부 시험 계획을 준비하기 전에 시스템 수준에서의 운용 및 기능 요구조건에 대한 최종 검토를 수행해야 한다. 이는 공학 설계과정에서 시스템 시험 및 평가 프로세스에 영향을 미칠 수 있는 변경사항이 있었는지를 확인하기 위해서 필요하다. 변경사항이 발생할 수 있는 세 가지 잠재적인 요인들이 아래에 설명되어 있다.

1. **고객 요구사항의 변화**: 일반적으로 새로운 복합 시스템을 개발하기 위해서는 최소한 몇 년의 기간이 필요한데, 이 기간에 고객의 니즈와 요구사항이 변하지 않을 가능성은 거의 없다. 소프트웨어 요구사항과 관련해 제안되는 변경사항은 쉽게 반영할 수 있는 것처럼 보이지만 종종 과도하게 큰 비용과 긴 시간이 소요된다.

2. **기술의 변화**: 시스템 개발을 진행하면서 축적되는 주요 기술, 특히 반도체 전자장치의 급속한 발전은 새로운 장치 또는 기술을 활용해 상당한 성능 향상을 도모하거나 비용을 절감할 수 있을 것이라는 생각을 하게 한다. 이러한 발전을 활용해 경쟁 제품의 성능이 향상됨에 따라 그렇게 해야 할 것 같은 충동은 더욱 높아진다. 그러나 일반적으로 이러한 변경이 공학 설계과정 후반에 수행되는 경우에는 심각한 위험을 수반할 수 있다.
3. **프로그램 계획의 변경**: 시스템 요구조건에 영향을 미칠 수 있지만 피할 수 없는 변경사항은 계획과 관련이 있는 원인에 의해 발생할 수 있다. 가장 흔한 것은 자원에 대한 경쟁으로부터 시작되는 예산의 불안정성에 있다. 생산 과정을 지원할 예산이 충분하지 않으면 개발 일정이 잘못될 수 있다. 대부분 이러한 사태는 프로그램 관리의 통제 범위 밖에 있으며, 일정 및 예산 할당과 관련이 있는 사항을 변경함으로써 개선되어야 한다.

핵심 이슈

시스템 통합 및 평가를 위한 시험 계획 및 준비 과정에는 특별한 주의가 필요한 몇 가지 상황이 있다. 여기에는 아래의 환경들이 포함된다.

1. **감독**: 중요한 개발 프로그램의 최종 단계에서는 관리감독이 특히 심해진다. 시스템 시험, 특히 현장 시험은 프로그램 성공의 지표로 간주하게 된다. 시험에 실패하게 되면 여러 곳으로부터 관심을 받게 되며 중요한 감사가 시작될 수도 있다. 시험 계획에는 모든 사고와 시정조치를 신속하고 완전하게 설명할 수 있는 데이터 수집과 관련된 내용이 포함되어야 한다. 그리고 이렇게 수집된 데이터는 프로그램 관리자, 고객 및 기타 관련 당국에 제공해야 한다.
2. **자원 계획**: 시험 운용, 특히 프로그램 후반에 해당하는 단계에서는 인력과 예산이 많이 소요된다. 과거에도 개발과정들이 지연되고 완료 일정을 준수하지 못하는 사태로 인해 시험 일정과 예산이 줄어드는 일이 비일비재하게 발생하였다. 이러한 유형의 심각한 문제들을 피하는 방법은 필요

한 시기에 적절하게 자원을 사용할 수 있도록 자원 계획을 신중하게 수립하는 것이다.

3. **시험 장비 및 설비**: 시험 수행을 지원하기 위한 시설은 적기에 사용할 수 있도록 시스템 개발과 동시에 설계 및 구축되어야 한다. 그러므로 이러한 시설에 대한 계획을 사전에 수립하는 것이 필수적이다. 프로그램 수행을 위해 책정된 예산 범위를 초과하지 않기 위해서는 가능한 한 개발 과정과 운용시험 과정에서 사용하는 시설을 공유할 수 있도록 하는 것이 중요하다.

시험 장비 설계

시스템 요소뿐만 아니라 시스템 전체를 대상으로 시험을 수행하기 위해서는 외부에서 입력을 공급해 시험 대상을 자극하는 것은 물론 입력에 대한 반응을 측정할 수 있는 시험 장비와 설비가 필요하다. 이 장비와 설비는 다음과 같은 엄격한 표준을 충족해야 한다.

1. **정확도**: 입력과 측정을 위한 장비는 시스템 요소에 대한 입력 및 응답이 가진 허용오차보다 몇 배 더 정확해야 한다. 시험 장비가 적절하게 교정되었는지를 확인할 수 있는 표준 교정 지침이 있어야 한다.
2. **신뢰도**: 시험 장비의 오류에 따른 시험 불일치가 발생하는 것을 최소화하기 위해서는 시험 장비의 신뢰도가 높아야 한다. 자체 시험이 가능한 모니터를 장착하거나 자주 점검해야 한다.
3. **유연성**: 소요 비용을 최소화하기 위해서는 정확도나 신뢰도를 희생시키지 않는 범위에서 시험 장비를 여러 가지 목적에 사용할 수 있도록 설계해야 한다. 부품 시험을 위해 설계된 일부 장비는 통합시험에도 사용할 수 있는 경우가 많다.

시험 장비를 설계하기 전에 시험 절차를 완전히 정의하는 것이 중요하다. 이렇게 하면 시험 장비와 시험을 수행해야 하는 구성품 또는 하부시스템 간의 호환성을 확보하기 위해 추후에 다시 설계해야 하는 사태를 방지할 수 있다. 여기서 우리는 포괄적인 시험 계획을 초기에 수립하는 것이 얼마나 중요한 것인지를 다시 한번 알 수 있다.

아래 단락에서는 통합, 시스템 시험과 관련이 있는 시험 준비의 몇 가지 측면과 함께 시험 및 평가 프로세스에서 운영 평가 부분에 대한 논의가 이어질 것이다.

통합 시험 계획

시스템 통합 프로세스의 준비는 시스템의 구성품과 하부시스템이 개발되는 방식에 따라 달라진다. 하부시스템을 구성하는 구성품 중에서 하나 이상의 구성품이 새로운 기술 접근 방식을 포함하는 경우에는, 전체 하부시스템을 같은 조직에서 개발 및 통합하여 시스템 계약자에게 납품하는 경우가 많다. 예를 들어, 일반적으로 항공기 엔진은 항공기 개발자에게 전달되기 전에 하나의 단위로 취급하여 개발되고 통합된다. 이와는 대조적으로, 이미 성숙한 기술을 사용하는 구성품의 경우에는 종종 사양에 따라 획득하고 개별 빌딩 블록으로 전달된다. 시스템 수준의 계약자가 소유한 시설에서 이루어지는 통합 프로세스에서는 각 계약자로부터 납품된 모든 구성품, 하부시스템 또는 중간 어셈블리를 다루어야 한다.

앞에서도 언급했듯이 적합한 통합시설을 이용해 하부시스템과 시스템 수준의 통합 프로세스를 지원하는 것이 중요하다. 이러한 시설들은 시험에 필요한 시험 입력, 환경적인 제약조건, 전원 및 기타 서비스, 출력 측정 센서, 시험 기록 및 제어 스테이션 기능을 반드시 갖추고 있어야 한다. 이러한 기능 중 대부분은 각각 특정한 용도에 맞게 맞추어서 설계되어야 한다. 시설은 통합을 시작하기 전에 설계, 구축 및 교정이 완료되어야 한다.

개발 시스템 시험 계획

시스템의 성능 요구조건이 충족되었는지 그리고 시스템이 운용 평가를 받을 준비가 되었는지를 확인하기 위해서는 시스템 수준의 시험이 이루어져야 한다. 그러나 이러한 시험을 준비하는 것은 단순히 통합 시험 프로세스를 확장하는 방식만으로는 불가능하다. 통합 시험을 수행할 때의 주요 관심은 시스템의 구성품과 하부시스템들이 그 형태와 기능 면에서 서로 잘 맞는지를 확인하는 것이었다. 이에 반해 시스템 성능시험을 수행하는 목표는 이를 훨씬 뛰어넘어서는 것이다. 즉 시스템 전체가 지정된 입력에 대해서 어떻게 반응하는지와 그 성능이 개발 초기에 설정된 요구조건을 충족하는지를 측정하는 것이다.

시험 프로그램의 성공 여부는 전체적인 노력이 얼마나 신중하게 계획되고 정확하게 실행되는지에 달려 있다. 시험 장비는 잘 설계되고 검증을 거쳐야 하며, 시험 및 데이터 분석을 담당하는 팀들은 자신들이 수행해야 하는 작업을 철저하게 이해하고 있어야 한다. 시스템을 시험하는 과정에서 발생하는 문제는 부적절한 시스템 운용과 같이 시험 장비의 결함, 잘못 정의된 절차 또는 인적 오류 등으로 인해 발생할 가능성이 크다. 따라서 시험과 관련된 시설들은 시스템 개발을 위해 적용되었던 것과 같은 수준의 엄격한 기준에 따라 개발 및 검증이 이루어져야 한다. 많은 프로그램에서 시험 프로세스에 할당되는 시간과 노력이 부족한 경우가 많다. 이러한 문제점은 시스템 시험을 수행하는 중에 일정이 지연되거나 과도한 비용이 소요되는 결과를 초래한다. 이러한 사태가 발생하는 것을 최소화하기 위해서는 필요한 시설, 장비 및 인력의 비용을 식별하고 추정할 수 있도록 시험 프로그램을 조기에 상세하게 계획해야 한다.

운용 평가 계획

일반적으로 운용 평가는 고객 또는 시험 에이전트가 수행하기 때문에, 그 계획을 수립하는 것은 통합 및 개발시험과는 별개로 이루어진다. 그러나 대규모 시스템 개발 프로그램의 경우 시스템 수준의 시험 비용을 절감하기 위해서는 가능한 많은 개발시험 장비와 시설을 공동으로 사용하는 것이 필요하다.

때에 따라서는 개발자와 고객이 공동으로 참여한 상태에서 시험 및 평가 프로그램을 수행하게 된다. 이때 초기 과정은 개발자 주관으로 진행되고, 고객 또는 고객의 에이전트는 후반 과정을 담당하게 된다. 이러한 협업 프로그램은 개발자와 고객 간의 정보 교환을 원활하게 할 수 있는 이점이 있으며 이는 상호에게 이익이 된다. 기타 오해를 방지하고 프로세스 수행 중에 발생하는 예상치 못한 문제를 신속하게 해결하는 데도 도움이 된다.

다른 극단적인 사례는 운용시험 및 평가 프로그램을 매우 공식적인 방식으로 수행하는 경우이다. 특히 이러한 공식적인 평가가 개발자로부터 최대한의 독립성을 갖게 되는 조건에서 특수 시스템 평가 에이전트의 주도하에 수행되는 경우에는 더욱더 그렇다. 그러나 이러한 경우에도 개발자와 시스템 평가 에이전트 사이에 소통이 가능한 채널을 설정함으로써 잘못된 정보가 만들어지거나 불필요한 지연을 최소화하는 것이 중요하다.

일반적인 시험 관련 이슈들

왓슨은 이전에 수행되었던 프로그램에서 겪었던 어려움과 일정 지연 문제 등을 방지하는 데 도움을 줄 수 있는 일련의 일반적인 시험 관련 이슈들을 식별하였으며, 그 내용은 다음과 같다. 데이터 품질은 보호되어야 하고 손상되지 않아야 한다. 시험 담당자의 기술은 최신 상태여야 하며 해당 시험과 관련성이 있어야 한다. 시험 장비는 시험 대상 시스템의 산출물을 측정하는 과정에서 어려움이 있거나 편향적이어서는 안 된다. 시험 데이터는 저장 및 보관되어야 한다. 시험 도구들은 보정이 완료되고 최신 상태여야 한다. 시험 문서의 무결성은 시험을 수행하는 동안 지속해서 유지되어야 한다. 시험을 수행하는 중에 "계획되지 않은 수정"은 없어야 한다. 시험 항목의 구성에 대한 통제가 유지되어야 한다. 시험을 완료할 수 있는 현실적이고 적절한 시간이 보장되어야 한다. 요구조건은 복합적인 것이 아니라 단일 형태의 요구조건이어야 한다. 실제 환경은 복제하기 어려운 경우가 많다.

14.6 시험 추적성

시험을 통해서 요구조건이 충족되었는지를 확인하기 위해 요구조건을 역추적하는 것이 가능해야 한다. 대부분의 최신 시스템엔지니어링 도구에는 요구조건, 기능, 구성요소 및 시험 간의 추적 가능성을 표시하는 기능이 있다. 이는 요구조건이나 기타 요소가 변경될 때 유용하다. 기타 영향을 받는 항목과 관련된 아키텍처를 자동으로 업데이트하는 것이 가능하다.

시험 요구조건을 추적할 수 있는 매우 효과적인 기법은 검증 교차 참조 매트릭스(VCRM, Verification Cross-Reference Matrix)이다. 이 기법을 이용하면 각 요구조건을 시험, 분석, 시현 또는 검사 등의 방법을 이용해 시험할 수 있다. 시험에 필요한 자원을 산정하는 것은 향후 시험 수행에 필요한 시험 시설, 장비 및 기술 세트의 초기 계획을 수립하는 데 도움이 될 수 있다.

시스템공학 개발 프로세스 내에서 추적 가능성을 구현함으로써 얻을 수 있는 또 다른 측면의 이점은 시험 담당자가 프로세스가 시작되는 초기부터 참여할 수 있도록 하는 것이다. 시험 담당자의 참여가 특히 중요한 시기는 시험 담당자가 요구조건을 정량화할 방법에 관해서 의견(또는 논쟁)을 제시할 수 있는 요구조건 개발과정이다. 이때 시험 담당자는 요구조건을 시험하기 위해 또는 요구조건의 적절한 시험에 필요한 시험 자원을 제안하기 위해 요구조건을 수량화하는 방법을 제시(또는 논쟁)할 수 있다.

14.7 시스템 복합체계의 시험

시험 및 평가 측면에서 볼 때 시스템 복합체계(SoS)에 적용하는 방식은 단일 시스템의 그것과는 다르다. 시스템 복합체계 개발 전반에 걸쳐서 SoS를 구성하는 개별 시스템들은 비동기적이고 진화적으로 개발되는 과정을 거치게 된다. 이로 인해 개별 시스템들은 그 규모, 이해관계자의 수, 목표, 관리, 자금 지원 및 사용자 측면에서 다양성을 가질 가능성이 크고 경쟁관계에 있을 수도 있다. SoS를 위한 T&E의 주요 목표는 SoS 개발과정에서 위험을 줄이는 것이다. 또한 전체 SoS가 진화적으로 개발되는 동안 여러 이벤트/소스로부터 데이터를 수집해 SoS와 관련된 의사결정자에게 제공하는 것이어야 한다(Dahmann, 2012).

SoS 시험에는 13장에서 논의한 SoS 통합과 유사한 이슈들이 포함되어 있다. SoS 시험 전체를 담당하는 책임자를 어떻게 선정해야 하는가에 대한 의문을 가질 수 있다. 시험이 수행되는 동안 시스템 엔지니어는 시험과 관련이 있는 다른 모든 시스템 및 이해관계자들과 협력해야 한다. 예산과 관련된 경제적 요인을 고려해 책임자를 결정할 수도 있다(누가 가장 많이 예산을 지원해야 하는가?). 기술적인 요소에 따라서도 누가 책임자가 되는 것이 바람직한지를 결정할 수 있다(시험에서 기술적으로 가장 큰 역할을 하는 사람은 누구인가?). 기타 조직적 요인 역시 영향을 줄 수도 있다.

시험 수행과 관련된 책임을 누가 담당해야 하는가와 더불어서 흥미로운 질문은 누가 데이터를 소유하고 있어야 하는가에 대한 질문이 될 것이다. 데이터를 분석하고 다양한 시스템으로 반환하는 절차는 까다로울 수도 있다. 특히 SoS의 시험 데이터가 여러 시스템으로부터 획득한 혼합된 데이터인 경우에는, 단일 시스템의 데이터를 다른 모든 시스템과 분리하는 절차는 더욱 어려울 수 있을 것이다. 또한 다른 시스템의 존재가 단일 시스템의 시험 결과에 영향을 줄 수도 있을 것이다.

다만 등(2010)은 이미 널리 알려진 SoS(분명한 목표, 관리 방법 및 자원이 존재하는)와 관련된 연구를 통해서 SoS에 대한 시험 및 평가를 고려할 때 필요한 수많은 과제를 식별하였다. SoS와 관련된 이해관계자 간에는 최종 형상에 관해 경쟁적인 태도를 보일 수 있으므로 유효성 검사 기준 및 운용 목표를 설정하는 것이 도전적인 과제가 될 수도 있다. 또한 SoS를 개발하기 위해서는 여러 조직이 관여해야 하므로, SoS가 모든 시스템에 대한 권한을 갖지 못한 경우에는 시험 조건을 부과하는 것이 어려울 수 있다. SoS를 구성하는 많은 시스템은 비동기적이고 개별적으로 업그레이드를 수행할 수 있다. 하지만 이러한 변경은 상호 연관되어있는 시스템에 의도하지 않은 결과를 초래할 수 있다. 결과적으로 SoS 내의 모든 구성 시스템의 동작을 측정하고 확인하기 위해 추가적인 시험 포인트가 필요할 수 있다. 시험을 수행하는 과정에서는 SoS 전체에 대해 종단 간의 입력과 결과에 대한 추적이 필요하므로, 형상 및 인터페이스 관리가 절대적으로 중요하다.

브룩스와 세이지(2005)는 프로그램이 추구하는 특정한 목표를 충족시키기 위해 SoS를 시험하는 과정에서 필요한 네 가지 측면을 제안하였다. 이는 인터페이스 및 동작에 관한 사항뿐만 아니라 요구조건을 시험하는 데에도 도움을 줄 수 있을 것으로 판단되는 사항이다. 첫 번째는 시스템 간의 호환성을 확인하기 위해 인터페이스 시험을 초기에 수행하는 것이다. 이를 통해서 SoS 설계를 검증할 수 있으며, SoS를 구성하는 하나의 시스템에서 변경 상황이 발생하였을 때 SoS 전체에 어떠한 영향을 미칠 수 있는지에 관한 통찰력을 얻을 수 있다. 두 번째는 고위험 시스템(시스템 인터페이스 또는 핵심적인 SoS 기능)에 초점을 맞춘 우선순위 시험의 수행이다. 이러한 시험 유형에서 시험 결과가 만족스럽지 못한 경우에는 추가적인 관심과 자원을 요구할 수 있다. 세 번째는 교차 프로그램 시험이다. 이 시험은 인터페이스 요구조건에 관한 사양과 시스템 간의 상호운용성을 공식적으로 확인하는 데 도움이 된다. 네 번째는 독립적인 검증 및 확인이다. 여기서 검증은 SoS 사양이 의도된 운용환경에서 임무를 수행할 수 있다는 것을 확인하는 것이다. 반면에 확인은 SoS 사양이 SoS 사용자의 니즈와 임무 목표를 충족하는지를 확인하는 것이다.

14.8 요약

전체 시스템 시험 및 평가

통합 및 평가과정의 목표는 새로운 시스템을 위해 개발된 구성품들을 전체 시스템으로 통합하는 것이다. 이 과정에서는 시스템이 모든 운용 요구조건을 충족한다는 것을 입증해야 한다. 평가과정을 수행함으로써 얻게 되는 산출물은 다음과 같다.

- 검증된 생산품 설계 및 사양.
- 생산 및 운용에 관한 승인.

평가를 위해 수행되어야 하는 활동은 다음과 같다.

- 시험 계획: 시험 관련 이슈들과 시험 시나리오 및 시험 장비를 정의.
- 개발 시스템 시험: 시스템이 사양을 충족하는지를 확인.
- 운용시험 및 평가: 시스템이 운용 요구조건을 충족하는지 확인.

개발 시스템 시험

개발 시스템 시험의 목적은 시스템이 모든 사양을 만족하는지 검증하고, 시스템이 가진 능력이 운용 요구조건을 충족하는지 확인하는 것이다.

시스템 시험 환경은 가능한 한 실제적이어야 하기 때문에, 모든 외부 입력은 실제 입력물 또는 시뮬레이션 된 입력물을 사용해야 한다. 운용 평가를 수행하는 과정에서 겪게 될 상황을 예측해야 한다. 더욱이 재현하기 어려운 효과는 특수시험을 통해서 수행되어야 한다. 다만, 전체 시스템의 수명주기를 고려해야 한다.

시험 이벤트는 신중하게 계획되어야 한다 — 연관성이 있는 시험 목표들을 조합함으로써 시간과 자원을 절약해야 한다. 상세시험 시나리오는 예상하지 못한 시험 결과에 대처할 수 있도록 충분한 유연성을 가지고 작성되어야 한다.

시스템 성능 예측 모델을 개발해야 한다. 이것은 시스템엔지니어링 리더십과 임무 수행을 위해 필요한 주요 작업이며, EDM은 이러한 목적에 잘 부합한다.

개발시험은 다음과 같은 구성원을 가진 협력팀에 의해 수행된다.

- 시스템 엔지니어: 시험 요구조건 및 평가기준 정의를 담당.
- 시험 엔지니어: 시험 및 시험 분석을 담당.
- 설계 엔지니어: 시험 장비를 설계하고 설계 불일치를 수정하는 역할을 담당.

개발시험 중 시스템 성능 불일치가 발생할 수 있다는 것은 시험 계획을 수립할 때 이미 고려해야 하며, 교정 조치 계획에 따라서 신속하게 대응해야 한다.

운용시험 및 평가

시스템 운용시험 및 평가를 수행하는 목적은 시스템 설계가 운용 요구조건을 충족하는지를 확인하는 것이다. 또한 생산 및 후속 운용을 위한 시스템의 적합성도 평가해야 한다. 일반적으로 운용시험과 관련해 우선순위가 높은 이슈들은 다음과 같다.

- 이전 시스템의 결함을 보완할 수 있도록 설계된 새로운 기능.
- 심각한 운용환경에 대한 민감성.
- 상호작용하는 외부 장비와의 상호운용성.
- 사용자 시스템 제어 인터페이스.

효과적인 운용 평가의 주요 특징은 다음과 같다.

- 고객 또는 고객을 대리하는 부서의 시험 담당자가 시스템에 익숙.
- 개발시험의 광범위한 준비 및 관찰.
- 설비의 효과적인 사용을 위한 시험 시나리오 및 시험 결과.
- 명확하고 구체적인 시험 절차 및 상세 분석 계획.
- 시험 운용 및 분석 요원의 철저한 교육.
- 작동 환경을 복제한 완전한 계기 시험시설.
- 시험 소모품, 예비 부품, 설명서 등의 완벽한 지원.
- 진단을 할 수 있는 정확한 데이터 수집.
- 사람-기계 인터페이스에 각별한 주의.
- 시험 인력과 인근 주민의 안전을 위한 완전한 규정.
- 시스템 개발 담당자의 기술 지원.
- 시기적절하고 정확한 시험 보고서.

인적 요소 시험

인간과 기계의 상호작용을 위해서는 디스플레이, 제어장치 및 웨어러블 시스템 등이 사용될 수 있다. 이를 통해서 작업 부하, 이해 용이성 및 오류 허용범위에 대해 평가할 수 있으며, 이러한 활동을 수행하기 위한 요구조건은 수명주기 전체를 고려해 설정해야 한다. 시험을 통해서 다양한 시스템 구성, 작업 공간 배치 또는 다중 사용자에 의한 운용 등을 평가할 수 있다.

시험 계획 및 준비

통합 및 평가를 통해서 시스템 전체를 "구체화"하게 된다. 이는 기능을 발휘하는 전체 시스템으로 개별 구성품들을 합성하는 것을 의미한다. 이러한 활동을 통해서 아직 남아있는 인터페이스 및 상호작용과 관련된 문제들을 모두 해결해야 한다.

국방 시스템에는 공식적인 TEMP가 필요하며, 이 TEMP에는 시스템 개발 전반에 걸쳐서 수행해야 하는 시험 및 평가 계획이 포함되어야 한다.

시험 계획을 수립하기 전에 시스템 요구조건을 검토해야 한다. 이는 만약 시스템 개발 중에 고객이 요구사항을 변경하고자 하는 경우에는 그 변경사항을 반영하기 위한 것이다. 개발이 진행되는 동안 발전된 기술을 너무 늦게 반영하는 것은 항상 위험을 초래할 위험이 크다.

시스템 통합 및 평가를 수행하는 중에 고려해야 하는 주요 이슈들:

- 시스템 시험 중에 겪게 되는 관리적 차원의 집중적인 감사.
- 개발 일정이 지연됨에 따른 시험 일정 및 소요 예산의 변화.
- 시험 장비 및 시설의 준비 상태.

시스템 시험 장비 설계는 엄격한 표준을 충족해야 하며, 정확도는 구성품이 갖는 허용오차보다 훨씬 정밀해야 한다. 시험이 중단되지 않도록 하기 위해서는 신뢰도가 높아야 한다. 마지막으로 다양한 용도로 사용할 수 있도록 설계를 해야 하고 고장 진단이 가능해야 한다.

시험 추적성

시험은 요구조건이 충족되는지를 판단하기 위해 초기의 요구조건을 추적할 수 있어야 한다. 시험과 관련된 요구조건을 추적하는 한 가지 기술은 VCRM이다. VCRM을 적용하게 되면 각 요구조건들을 시험, 분석, 데모 또는 검사 등의 방법을 이용해 시험하는 것이 가능해진다.

시스템 복합체계의 시험

더 큰 규모로 수행되는 SoS 시험에서는 서로 경쟁관계에 있는 요소들이 있다. 예를 들면 이해관계자의 수, 서로 다른 목표들, 다양한 관리 체계와 예산 배정과 같은 문제들이 이에 해당한다. SoS를 구성하는 개별 시스템들은 SoS를 개발하는 과정에서 서로 다른 개발 속도를 갖게 된다. 시스템엔지니어링이 고려해야 하는 SoS 관련 이슈들은 다음과 같다. SoS 시험 책임자는 누구인가? 모든 시스템과 이해관계자가 시험에 포함되었는가? 적절하게 수집된 데이터가 모든 참여자에게 배포되고 있는가?

연습문제

14.1 그림 14.2는 설계 엔지니어, 시험 엔지니어 및 시스템 엔지니어 개인 및 공통의 책임을 보여주고있다. 책임의 차이 외에도, 이러한 개인은 일반적으로 상당히 다른 관점과 목표를 갖고 업무에 접근한다. 이러한 차이점에 대해 논의하고 시스템 엔지니어가 전체적인 노력을 조정하기 위해 필수적으로 수행해야 하는 역할을 설명하시오.

14.2 시험 실패가 항상 구성품 결함으로 인한 것은 아니며 때로는 시험 장비의 부적절한 기능에 의해서도 발생한다. 시험 실패 시 빠른 진단이 가능하도록 시험 전, 도중 및 후에 취해야 하는 조치를 설명하시오.

14.3 시스템 시험을 설계할 때, 불일치의 원인을 빠르고 정확하게 진단할 수 있도록 시스템 출력뿐만 아니라 선택된 내부 시험 지점에 탐지 센서를 배치해야 한다. 적절한 시험 지점을 선택하기 위해 적용해야 하는 고려 사항을 나열하시오(예: 검사가 필요한 특성). 자동차의 미끄럼방지장치(ABS, Antilock Brake System)를 시험하는 예를 사용하여 이러한 고려 사항을 설명하시오.

14.4 목표와 운용 측면에서 개발 시험 및 평가와 운용 시험 및 평가의 차이를 기술하시오. 잔디 트랙터의 예를 들어 당신의 요점을 설명하시오.

14.5 "확인" 및 "검증"이라는 용어를 정의하시오. 각각에 대한 시험 유형을 설명하고 이러한 용어의 정의를 충족시킬 수 있는 방법을 설명하시오.

14.6 주어진 대중교통 시스템과 관련된 다양한 시스템(예 : 버스, 기차, 역 등)을 정의하고 대중교통 시스템의 안전하고 효율적인 운영을 평가할 일련의 요구조건과 시험을 개발하시오.

14.7 대중교통 시스템의 예를 계속 인용하여 기차 운영자, 고객 및 대중교통 시스템

감독자와 관련된 다양한 인적 요소의 요구조건 및 시험을 정의하시오.

참고문헌

Adelstein, B., Hobbs, A., Ohara, J., and Null, C. (2006). Design, Development, Testing, and Evaluation: Human Factors Engineering. NASA Technical Reports Server *NASA/TM-2006-214535, NESC-RP-06-108/05-173-E.*

Brooks, R.T. and Sage, A.P. (2005). System of systems integration and test. Information *Knowledge Systems Management* 5 (4): 261–280.

Dahmann, J. (2012) Integrating systems engineering and test & evaluation in system of systems development. *2012 IEEE International Systems Conference SysCon 2012*, Vancouver, BC (19–22 March 2012). IEEE.

Dahmann, J., Lane, J.A., Rebovich, G. et al. (2010). Systems of systems test and evaluation challenges. *2010 5th International Conference on System of Systems Engineering*, Loughborough (22–24 June 2010). IEEE.

Hugo, J.V., Kovesdi, C.R., and Joe, J.C. (2018). The strategic value of human factors engineering in control room modernization. *Progress in Nuclear Energy* 108: 381–390.

Melnik, G., Roth, E., Multer, J. et al. (2018). An Acquisition Approach to Adopting Human Systems Integration in the Railroad Industry. No. *DOT-VNTSC-FRA-16-06; DOT/FRA/ORD-18/05.* U.S. Department of Transportation, Federal Railroad Administration, Office of Research, Development, and Technology.

Silva-Martinez, J. (2016). Human systems integration: process to help minimize human errors, a systems engineering perspective for human space exploration missions. *Reach 2*: 8–23.

US Department of Defense (2008). *Systems Engineering Guide for System of Systems.* US Department of Defense.

Wheway, P. (2016). *Agile SCRUM in Systems Engineering: A Practical Application.* Thales., www.incoseonline.org.uk/Documents/Events/ASEC2016/Papers/Agile_in_Systems_Engineering_-_Paper_-_Paul_Wheway_-_Thales_UK.pdf (accessed June 2019).

Wrubel, E., Miller, S., Lapham, M.A. et al. (2014). Agile Software Teams: How They Engage with Systems Engineering on DoD Acquisition Programs. *No. CMU/SEI-2014-TN-013.* Carnegie-Mellon University, Software Engineering Institute.

추가 자료

Blanchard, B. and Fabrycky, W. (2013). *System Engineering and Analysis*, 5e. Prentice Hall.

Defense Acquisition University (2001). *Systems Engineering Fundamentals. Department of Defense*, Chapter 7. http://acqnotes.com/wp-content/uploads/2017/07/DAU-Systems-Engineering-Fundamentals.pdf (accessed 3 February 2020).

Hitchins, D.K. (2007). *Systems Engineering: A 21st Century Systems Methodology*. Wiley, Chapters 8, 11, and 12.

Montgomery, D.C. (2005). *Design and Analysis of Experiments*, 6e. Wiley, Chapters 1 and 2.

Nidiffer, K.E., Miller, S.M., and Carney, D. (2014). Potential Use of Agile Methods in Selected DoD Acquisitions: Requirements Development and Management. *No. CMU/SEI-2013-TN-006*. Carnegie-Mellon University, Software Engineering Institute.

O'Connor, P.D.T. (2005). *Test Engineering: A Concise Guide to Cost-Effective Design, Development and Manufacture*. Wiley, Chapters 6, 7, 8, and 10.

Rechtin, E. (1991). *Systems Architecting: Creating and Building Complex Systems*. Prentice Hall, Chapter 7.

Reynolds, M.T. (1996). *Test and Evaluation of Complex Systems*. Wiley.

Shortell, T.M. (ed.) (2015). *INCOSE Systems Engineering Handbook: A Guide for System Life Cycle Processes and Activities*, 4e. Wiley.

IV

개발 후 단계

15. 생산

15.1 생산공장에서의 시스템엔지니어링

시스템 수명주기에서 생산 과정에 도달했다는 것은 시스템 개발 프로세스가 정점에 이르렀다는 것을 의미한다. 이 과정에서는 개발과 시험을 거친 다양한 시스템 구성품들의 생산 및 인도가 이루어진다. 이 과정의 목표는 공학 개발 과정을 통해서 완성된 공학적 설계 및 사양과 일치하는 하드웨어 및 소프트웨어 구성품을 세트로 구현하고, 각 세트를 사용자에게 인도할 수 있는 시스템 형상으로 통합하는 것이다. 이 과정에서 필수적인 요구조건은 생산된 시스템이 기대했던 성능을 발휘하면서도, 경제적이고 안정적이면서도 안전한 상태를 유지하면서 작동하는 것이다. 이러한 요구조건을 충족시키기 위해서는 시스템엔지니어링의 원칙을 공장의 설계 및 운용에도 적용해야 한다.

이 장에서 논의되는 많은 내용은 하드웨어 시스템 요소의 생산과 관련이 있다. 그러나 대부분의 현대 시스템들은 내장형 마이크로프로세서에 의해 제어된다. 따라서 생산 시험에는 반드시 관련 소프트웨어 시험이 포함되어야 한다.

이 장은 네 개의 절로 구성되어 있다. 첫 번째 절인 15.2에서는 시스템 개발을 위해 수행하는 각 과정에서 언제부터 생산에 필요한 고려사항을 적용해야 하는지에 대한 내용을 다루고 있다. 이러한 적용 시점을 결정할 때는 최종 제품이 최소의 비용으로 성능과 신뢰도 목표를 충족할 수 있을 것으로 판단되는 시기를 선정해야 한다. 15.3절에서는 개발 담당자들로부터 생산 조직으로 책임을 이전할 때 발생하는 일반적인 문제들을 설명하고 있다. 또한 이 과정에서 발생하는 문제점을 해결하기 위해서 시스템엔지니어링은 어떤 역할을 해야 하는지 살펴볼 것이다. 15.4절에서는 그 자체만으로도 복잡한 시스템이라고 할 수 있는 전체 시스템의 생산 프로그램을 담당하는 조직에 관해서 설명하고 있다. 일반적으로 이러한 조직은 계약관계에 있는 팀의 형태로 분산되어 있기 때문에 특히 더 복잡한 경향이 있다. 마지막 부분인 15.5절에서는 개발을 담당하는 시스템 엔지니어가 시스템 개발 노력을 적절히 이끌기 위해서 습득해야 하는 지식의 범위를 알아보고자 한다. 기타 이러한 지식을 얻을 수 있는 몇 가지 수단에 대해서도 살펴보고자 한다.

시스템 수명주기에서 생산 과정의 위치

생산 과정은 시스템 수명주기의 개발 후 단계에서 첫 번째 부분을 차지하고 있다. 그림 15.1은 각 과정 간의 관계를 보여주고 있다. 그림에서 알 수 있듯이, 기능적인 흐름 측면에서 볼 때 생산 과정은 이전에 수행된 통합 및 평가과정의 후속 과정에 해당한다. 이에 반해 운용 및 지원은 생산 과정 다음에 수행되는 과정이다. 통합 및 평가과정으로부터 들어오는 입력물은 사양 및 생산 시스템 설계이다. 생산 과정을 통해서 만들어내는 출력물은 운용 관련 문서와 사용자에게 인도되는 시스템이다.

그림 15.2는 생산 과정 이전과 이후에 수행되는 과정들과 생산 과정과의 시간적인 연관성을 보여준다. 통합 및 평가과정에서와 마찬가지로 각 과정의 끝과 다음 과정의 시작 사이에는 상당한 기간의 중복이 있다. 통합 및 평가과정의 후반부와 생산 과정의 초기 부분 사이에 중복되는 기간이 필요한 이유는 확보에 장기간이 소요되는 물자들, 즉 생산 공정에 필요한 도구들을 획득하기 위해서이

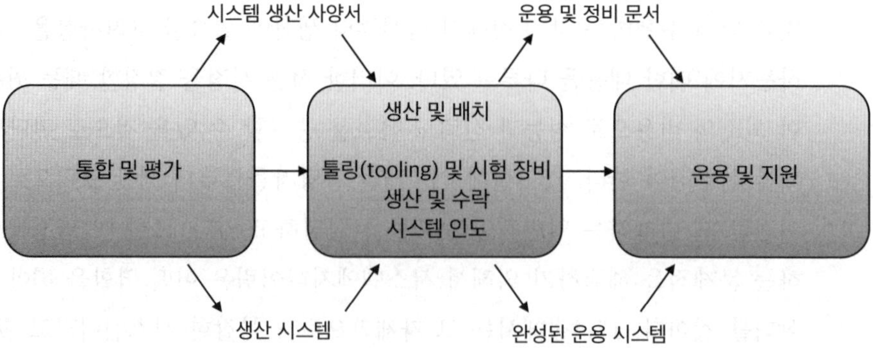

그림 15.1 시스템 수명주기 내에서 생산 과정의 위치

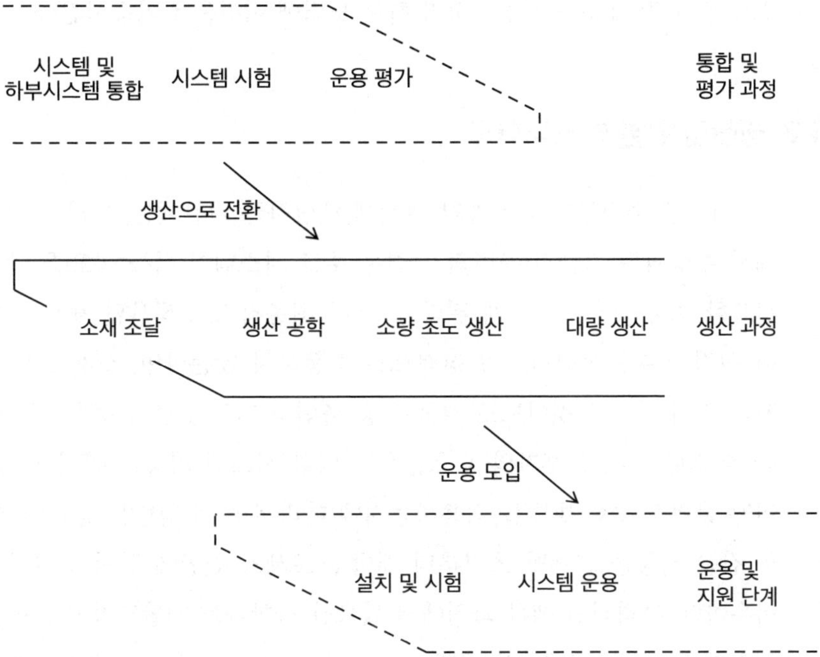

그림 15.2 인접한 과정들과 중복되는 생산 과정의 수행 기간

다. 이외에도 특수 시험 장비 및 생산 시설을 준비하기 위한 목적을 위해서도 이러한 중복되는 기간은 필요하다. 이와 유사하게 최초에 생산된 시스템은 후속 생산이 이어지는 동안에 이미 운용되고 있을 수도 있다는 것을 예상할 수 있다.

설계 구체화 상태

생산 과정에서 시스템의 구체화 상태는 이전에 보여주었던 도표의 범위를 벗어난 것처럼 보일 수 있다. 이는 시스템 개발 프로세스에서 앞부분을 차지했던 과정들은 원칙적으로 시스템 구성품들과 시스템 전체를 완전히 "구체화"하는 것을 목적으로 했기 때문이다. 그러나 복합 시스템의 주요한 부분들은 지리적으로 다양한 위치에서 생산되는 구성품들로 만들어진다는 사실을 고려해야 한다. 즉, 구체화 프로세스는 구성품들이 조합을 담당하는 중앙 위치에서 통합되고 전체 시스템으로 받아들여질 때까지는 완료되었다고 할 수 없다. 이렇듯 지역적으로 분산된 생산 시설들은 공급업체의 조정, 인터페이스 제어, 통합 테스트 및 교정 표준을 제정하고자 하는 노력에 어려움을 가중시킨다.

15.2 생산을 위한 엔지니어링

시스템 수명주기에서 개발 단계에 해당하는 기간에는, 특히 개념 개발과정에서 수행되는 기술적 측면의 노력은 주로 시스템이 성능 목표를 달성하는 데 필요한 이슈들에 집중하게 된다. 그러나 최종적으로 생산된 제품의 도입 비용이 적절한 수준이면서도 안정적으로 작동하지 않는다면, 실제 도입으로 이어지는 것이 어려울 것이므로 결국 운용 측면의 니즈를 충족시킬 수는 없을 것이다. 이러한 이유로 후자의 요소들은 어떠한 시스템 기능을 선택하는지 그리고 어떤 물리적 구현 방법을 적용하는지에 따라서 크게 영향을 받는다. 이것이 위와 같은 사항들을 개발 초기부터 개발 프로세스 전반에 걸쳐서 고려해야 하는 이유이다. 본격적인 생산 과정에서 필요한 사항들을 개발과정에 포함하는 프로세스를 일반적으로 "동시 공학(Concurrent Engineering)" 또는 "제품 개발(Product Development)"이라고 한다. 여기서는 이러한 프로세스가 시스템 개발의 각 과정에 어떻게 적용되는지를 설명하고자 한다.

생산 과정에서 고려되어야 하는 사항을 개발 프로세스에 통합시키는 데 필요한 조건은 생산 전문가 및 기타 전문 엔지니어들을 시스템 설계 팀의 구성원으로 포함시키는 것이다. 설계 팀의 구성원으로 합류하게 되는 인력에는 신뢰도, 생산성, 안전성, 유지 보수성, 사용자 인터페이스, 포장 및 배송과 같은 전문 분야의 전문가들이 포함될 수 있다.

이러한 전문가들의 참여 효과를 높이기 위해서는, 이들이 시스템 설계 프로세스에 적극적으로 참여할 수 있도록 해야 한다. 같은 맥락에서 볼 때 이들의 전문지식을 시스템 요구조건 결정 과정에 적용하는 것 역시 필수적이다. 분야별로 특수하게 사용하는 전문적인 언어들을 시스템 설계 팀들이 이해할 수 있도록 하는 것도 중요하다. 우리는 여기서 시스템엔지니어링의 리더십, 소통 기술 및 전체 시스템 균형에 대한 통찰력이 없이는 동시 공학 프로세스를 효과적으로 수행하는 것은 불가능하다는 것을 알 수 있다.

시스템 개발 전반에 걸친 동시 공학

다음 단락에서는 어떻게 하면 시스템 개발을 위해 연속적으로 이어지는 과정에 동시 공학을 적용할 수 있는지 그 사례를 통해서 설명하고 있다. 추가로 동시 공학을 효과적으로 수행하기 위해서는 시스템 엔지니어가 어떠한 역할을 해야 하는지 제시하였다. 예상할 수 있는 바와 같이, 이와 같은 노력의 적절성은 시스템 설계가 진행됨에 따라 더욱 높아지게 된다. 그러나 이러한 활동은 프로그램을 착수하는 초기부터 시작되어야 하며, 초기 과정에서도 효과적으로 실행되어야 한다.

니즈 분석. 생산 및 신뢰도와 관련된 고려사항들은 니즈-주도형 및 기술-주도형 시스템과 관계없이 니즈 분석을 수행하는 과정에 적용된다. 새로운 시스템 개발을 착수하는 것을 결정하기 위해서는 신뢰할 수 있고 합리적인 가격으로 해당 시스템을 생산할 수 있는 가능성이 있는지를 고려해야 한다. 그러한 결정을 내리기 위해서는 예측 가능한 개발 및 제조 프로세스에 대한 직접적인 지식도 필요하지만, 시스템엔지니어링 분석에도 크게 의존하게 된다. 네팔(2011)은 의료기기 제작 회사에서 뼈에 사용되는 나사를 생산하는 사례에 관해 연구를 수행했다. 이 연구에서는 생산 공정을 분석하였으며, 이를 통해서 나사에 남아있는 모든 이물질을 완전히 제거하기 위한 전해 연마 및 세척 과정에 상당한 노력을 투입하고 있다는 것을 확인하였다. 게다가 이 과정이 이후 절차에서 지연이 발생하는 원인이 되고 있다는 사실도 밝혀냈다. 끝으로 그들은 이 불균형한 생산 공정이 전체 절차를 고려해 최적화된 것은 아니라는 결론에 도달하였다. 개선된 프로세스에서는 이러한 절차를 제거하였는데, 이는 이물질을 제거하는 목적이 나사의 품질을 높이기보다는 외적으로 좋게 보이게 하는 효과에 더 가깝기 때문이었다. 이러한 변화를 통해서 그동안 프로세스 중에 발생했던 상당한 대기 시간을 절약할 수 있게 되었다.

개념 탐색. 개념 탐색과정을 통해 만들어지는 주요 산출물은 시스템 성능 요구조건 목록이다. 이 목록은 경쟁 후보 중에서 가장 바람직한 시스템 개념을 선택하기 위한 기초로 사용하게 된다. 시스템 성능 요구조건을 구체화함에 있어서

가장 중요한 고려사항은 성과, 비용 및 일정 목표 간에 균형을 이루어야 한다는 것이다. 이를 위해서는 전체적인 시스템 관점에서의 균형이 필요하며, 이는 생산 공정에 적용되어야 하는 필수적인 요소이기도 하다.

15.4절에서 논의하고 있는 바와 같이 반도체 전자, 통신, 시스템 자동화, 소재, 추진체 및 기타 여러 시스템 구성품과 관련된 기술이 빠르게 발전하고 있는 것과 마찬가지로, 생산 공정과 관련된 기술 역시 혁신적으로 발전하고 있다. 그러므로 현실적이고 실현 가능한 시스템 요구조건을 개발하기 위해서는 제조 기술의 발전 상태와 추세에 대한 명확한 이해가 필요하다. 어떠한 이슈에 관해 시스템엔지니어링 측면의 평가를 하기 위해서는 생산 전문가로부터 받은 정보를 기반으로 해야 한다. 예를 들어, 새로운 소재를 선택할 때에도 생산 프로세스의 어려움 및 비용과 관련된 정보를 기반으로 해야 한다.

개념 정의. 아마도 시스템엔지니어링이 가장 크게 이바지하는 부분은 선호하는 시스템에 대한 개념적인 설계를 결정하고 정의하는 것일 것이다. 개념 정의 과정에서는 제조 및 수명주기 비용에 관한 신뢰할 수 있는 추정치를 만들어 내야 하는데, 이를 위해서는 하드웨어와 소프트웨어 형태로 시스템을 구현하기 위한 명확한 개념이 필요하다.

제안된 시스템 설계방안을 선택하는 데 필요한 전제조건은 여러 요소 간의 균형이 유지되어야 한다는 것이다. 특히 위험 평가가 핵심 요소로 작용한다. 11장, 12장, 13장에서 언급한 바와 같이, 첨단기술을 적용하는 경우에는 반드시 구성품 설계와 공정 설계과정에서 어느 정도의 위험이 뒤따르게 된다. 위험을 평가한 결과는 해당 시스템을 생산하는 공정의 특성과 성숙도에 따라서 달라진다. 또한 대안이 되는 시스템 형상으로 변경하는 것을 고려할 때도 위험 평가결과는 중요한 고려사항이 되어야 한다. 생산 전문가의 경험을 바탕으로 판단을 내릴 때 시스템 엔지니어는 통역가의 역할을 해야 한다. 즉 시스템 엔지니어는 설계 엔지니어와 분석가 사이에서 중재자 역할을 해야 한다.

선행 개발. 선행 개발과정의 주요 목적은 프로그램의 위험을 줄이는 것이다. 이 목적을 달성하기 위해서는 분석, 시뮬레이션, 실험 그리고 주요 하부시스템

또는 구성품에 대한 시현 등을 수행해야 한다. 마찬가지로, 새로운 생산 공정과 소재를 적용하기 위해서는 최종 승인 전에 검증이 이루어져야 한다. 여기에 필요한 활동을 수행하기 위해서는 비용이 소요된다. 특히 시험과 시연에 관련해서도 큰 비용이 소요되므로, 실제로 시험과 시연 과정을 착수하기 위한 의사결정을 내리기 위해서는 관련 위험의 성격과 정도를 충분히 검토해야 한다. 기타 이러한 의사결정에 영향을 주는 요인으로는 제안된 공정과 소재를 적용함에 따라 예상되는 이득의 규모와 문제를 해결하기 위해 필요한 실험의 범위 등도 포함된다. 다시 강조하지만, 이것은 시스템엔지니어링이 담당해야 하는 중요한 이슈이다. 시스템엔지니어링은 생산뿐만 아니라 시스템 설계 및 성능과 관련된 전문지식도 갖추고 있기 때문이다.

이 과정에서는 생산 프로세스, 주요 소재, 수공구 등을 정의하는 데 필요한 기반을 제공해야 한다. 이러한 기반은 대안이 되는 접근법들이 갖는 위험과 비용에 관한 절충 연구를 통해서 얻을 수 있다. 시스템엔지니어링은 절충 연구를 수행하기 위한 계획 및 평가과정에 적극적으로 참여해야 한다. 이때 시스템엔지니어링의 역할은 위에서 언급한 사항들이 공학 설계과정에 관한 전체 계획에 적절하게 통합되도록 해야 한다. 이와 관련해 제조 방법이 구성요소 인터페이스의 호환성에 미치는 영향에 대해서도 상당한 주의를 기울여야 한다. 이는 생산, 조립 및 시험과 관련된 문제가 발생하는 것을 최소화할 수 있는 제조 방법을 선택하는 것이 중요하기 때문이다.

공학 설계. 공학 설계과정은 시스템 구성품의 세부설계과정 중에서 생산과 관련된 요소가 특히 중요하게 두드러지는 시기이다. 구성품 및 하부구성품에 관한 인터페이스 공차 사양과 같은 요소들을 결정할 때는 제조 프로세스 및 배정된 비용으로 감당할 수 있는 범위에서 가능한 수준인지를 고려해야 한다. 생산이 승인되는 시점에 즉시 사용할 수 있도록 이 과정을 통해서 공장 시험 장비의 설계 및 구축이 완료되어야 한다.

이 과정이 진행되는 동안에 설계 엔지니어는 생산성, 신뢰도, 유지 보수성 및 안전 분야에 많은 경험을 가진 전문 엔지니어로부터 주요한 정보를 얻게 된다. 이러한 공동의 노력이 필요한 환경에서 시스템 엔지니어는 최종 제품에 대한 중재자, 통역사, 분석가는 물론 검증자 역할도 수행해야 한다. 이러한 임무를 수행하기 위해 시스템 엔지니어는 기술 전문분야들 사이에서 의사소통을 원활하게 할 수 있도록 가교 역할을 해야 하며, 최선의 결과물 얻을 수 있도록 노력해야 한다.공학 설계과정에서 중요한 부분은 생산 시제품을 설계하고 제작함으로써 제품의 성능을 입증하는 것이다. 실제 제조 공구와 공정 제어를 결정하기 위해 어떠한 시제품 제작 방법을 선택할 것인지를 결정하는 것도 중요한 문제이다. 이러한 결정을 내리기 위해서는 설계 및 제조와 관련된 고려사항뿐만 아니라 시스템엔지니어링 측면의 판단도 필요하다.

일반적으로 복합 시스템에 포함되는 많은 구성품은 하도급 업체에 의해 설계되고 생산된다. 구성품을 담당할 계약자를 선택하기 위해서는 개발 능력뿐만 아니라 제조 능력도 평가에 포함되어야 한다. 특히 해당 구성품이 첨단 소재 및 생산기술을 포함하고 있는 경우에는 더욱 그렇다. 시스템 엔지니어는 후보가 되는 공급업체의 숙련도를 판단하는 데 도움을 줄 수 있어야 한다. 이러한 역할은 수행하기 위해서는 공급업체 선택 및 제품을 승인하는 데 필요한 요구조건을 설정하는 과정에 적극적으로 참여해야 한다. 그리고 하도급 계약관계를 맺은 업체 및 인력들에게는 기술적인 리더 역할을 해야 한다.

시스템 엔지니어의 지식은 구성품 공급업체 간의 인터페이스 정의 노력을 주도하는 데도 필수적이다. 이 외에도 인터페이스 공차 규격, 구성품 시험 장비 설계의 정의 그리고 개발 및 생산 승인 시험을 위한 표준 교정 등의 업무에도 필요하다.

위의 고려사항들은 모두 생산비용 추정에 영향을 미치게 되며, 시스템 엔지니어가 참여하고 평가해야 하는 부분이다. 불확실성 및 위험과 관련된 사항도 최종적으로 비용 및 일정을 추정할 때 충분한 가중치를 부여해 포함시켜야 한다.

통합 및 평가. 구성품 인터페이스에서 예상치 못한 비호환성과 관련된 문제점은 해당 시스템의 시제품을 구축하기 위해 구성품을 통합하고 후속 시험을 수행하는 과정에서 처음으로 드러나게 된다. 일반적으로 이러한 문제들은 본격적인 생산을 위해 최종 출시 전에 수행되는 구성품의 재설계, 구성품 시험 장비

의 개선 등을 통해 제거된다. 그러나 생산 시스템의 조립 및 시험 과정에서 이러한 비호환성을 해소하기 위한 설계 변경이나 생산 및 시험 활동을 좀 더 쉽게 하기 위해 시도하는 기타 "소규모" 변경 및 조정사항들은 또 다른 문제점을 만들어낼 수 있다. 즉 이러한 변경 그 자체가 새로운 비호환성 문제의 원인이 될 수도 있다는 것이다. 따라서 시스템 엔지니어는 생산 조립 및 시험 활동을 시작하는 초기에 모니터링을 해야 한다. 만약 제품을 소비자에게 인도하기 전에 해결해야 하는 문제를 발견한 경우에는 프로그램 관리자에게 알려주어야 한다. 이러한 문제를 최대한 빨리 파악하고 신속하게 처리하기 위해서는, 시스템 엔지니어가 공장 생산 및 시험을 승인하는 프로세스에 대해 잘 알고 있어야 한다. 어떤 경우에는 시스템 엔지니어가 시험 승인 절차를 작성하기도 한다.

화이트(2018)는 건물과 같은 인프라를 설계하고 건설하는 과정에 시스템엔지니어링 방법을 적용하는 방안을 연구하였다. 연구자는 이러한 대규모 인프라 프로젝트를 건설할 때 시스템엔지니어링 방법(Systems Engineering Method)이 포괄적으로 적용될 수 있기 때문에 일반적으로 건설 과정에서는 개념 증명을 개발하지는 않는다는 점을 지적하였다. 대신에 누락된 요구조건과 설계 요소를 식별하는 방법으로 모델 기반 시스템엔지니어링 생산품과 같은 보다 가상적인 프로토타입을 사용하고 있다고 주장하였다. 현재 활용되고 있는 또 다른 도구에는 설계 구조 행렬(DSM, Design Structure Matrix)이 있다. 이 도구는 핵심 인터페이스가 누락되지 않도록 구성품과 임무 간의 상호의존성을 식별하기 위해 사용된다. 건설업계는 다양한 업체와 하도급 계약을 체결하고 있으므로 이러한 업무는 매우 중요하다. 여기서 인터페이스와 범위는 계약 형태로 정의되어 통합 및 설계를 수행하는 중에 적절한 상호운용성을 보장할 수 있어야 한다.

시스템 개발과정에서 생산품 인도 시 고려 요소의 적용

앞서 12장에서 시스템 설계는 전체 수명주기 동안의 시스템 거동을 고려해야 한다는 점을 강조하였다. 특히 많은 경우에 시스템을 인도하거나 인도 프로세스를 수행할 때, 운용 현장으로 운송, 저장 및 설치 중에는 시스템과 그 구성품에 상당한 환경적 스트레스를 가하게 된다. 이러한 요소는 시스템을 정의하는 과정에서 고려되기는 하지만, 많은 경우에 선행 개발과정까지 때로는 심지어 그 이후의 과정에서까지도 정량적으로 정의되지 못하는 경우가 발생한다. 따라서 시스템 인도와 관련된 사항은 가능한 한 개발 프로세스 초기에 세부적으로 계획되어야 한다. 특히 환경에 노출되는 위험과 같은 요인들은 특별한 평가를 받아야 한다. 이러한 위험 요인들은 시스템 성능이나 신뢰도에 영향을 미칠 수 있으므로, 시스템 설계 요구조건이나 인도 프로세스 중에 준수해야 하는 제한 사항을 포함시켜야 한다. 어떤 경우에는 보호용 선적 컨테이너가 필요하다. 문제가 될 가능성이 여전히 존재하는 경우에는 추가적인 분석 및/또는 실험을 통해 해결책을 모색해야 한다.

많은 경우에 이전 시스템은 새로운 시스템이 겪게 되는 다양한 조건에 관한 주요 정보를 제공하는 소스 역할을 하게 된다. 특히 새로운 시스템이 생산자에서 인도되는 과정에서 발생할 수 있는 조건을 확인할 수 있다. 운용 현장과 시스템의 물리적 형상이 새 시스템의 구성과 같거나 유사한 경우에는, 인도 프로세스를 정량적으로 정의하는 것이 가능하다.

15.3 개발에서 생산으로의 전환

관리 및 참여자의 전환

수명주기 모델을 통해서도 추론할 수 있듯이, 프로그램 관리 측면에서의 관심과 참여자의 대대적인 변화는 새로운 시스템이 본격적으로 생산을 시작할 때 발생한다. 이렇게 변화하는 영역은 아래에 간략하게 요약되어 있다.

관리. 생산 과정을 성공적으로 수행할 수 있도록 방향을 제시하고 통제하기 위해 필요한 관리 절차, 도구, 경험 기반 및 관련 기술들은 이전에 시스템 개발 과정에서 필요했던 것들과는 크게 다르다. 따라서, 새로운 시스템을 생산하는 노력 역시 공학 개발, 통합 및 시험 과정을 주도해왔던 이전의 팀과 다른 팀에 의해서 수행되는 경우가 대부분이다. 어떤 경우에는 생산 계약을 여러 회사 간의 경쟁을 통해서 하기도 한다. 그러므로 경쟁에 참여하는 회사들 중 일부는 시스템 개발에 제한적으로만 참여했을 가능성이 크다. 이러한 이유로 인해서 일반적으로 개발과정에 참여했던 핵심 인력들이 생산 과정으로 이동하는 경우는 거

의 없다. 그러므로 개발 엔지니어링 팀에 소속되어있는 구성원을 활용할 수 있는 경우는 생산 조직에서 기술 지원을 요청하는 경우가 전부이다. 일반적으로 생산에 필요한 예산은 공학 개발을 수행하는 중에 체결되는 별도의 계약을 통해서 책정되며 이후 자체 감사추적 및 원가 데이터 관리 등을 위해서 독립적으로 관리하는 것이 필요하다.

프로그램의 중점. 앞서 언급했듯이 생산 과정은 제품 설계에 따라 정확하게 생산하고 인도하는 데 중점을 둔다. 이 과정에서는 효율성, 경제성 그리고 제품의 품질에 집중하게 된다. 가능한 경우 자동화된 생산방법을 사용한다. 이때 형상 관리는 상당히 엄격하게 이루어져야 한다.

참가자. 이 과정에서의 참가자들은 이전의 개발과정에 참여했던 참가자들과는 매우 다르다. 좀 더 구체적으로 말하면 이 과정에 참여하는 참가자 중 대다수는 기술자로 구성되어있다. 또한 이들 중 많은 인력은 자동화 장비와 공장 시험 운용자로서의 숙련도가 높다. 이에 반해 공학적인 업무를 위해 참여하는 참가자들은 주로 프로세스 설계, 도구 및 시험 장비 설계 및 교정, 품질관리, 공장 관리 감독 및 문제 해결에 관심을 두게 된다. 대부분은 각각의 분야에서 전문가들이다. 그러나, 앞에서 말한 것처럼 개발과정을 성공적으로 생산 과정으로 전환하기 위해서는, 전체 과정의 진행을 지휘할 수 있는 숙련된 시스템 엔지니어 팀 역시 필요하다.

전환 프로세스에서의 문제점들

새로운 시스템을 개발과정에서 생산 과정으로 전환하는 것은 특히 어려운 프로세스일 수 있다. 이와 관련된 대부분의 문제들은 앞서 1장에서 특별한 시스템엔지니어링 활동의 필요성을 강조할 때 언급하였던 요소들과 관련이 있다. 즉 1장에서는 기술 발전, 회사 간 경쟁 및 기술 전문화가 특별한 시스템엔지니어링 활동이 필요한 이유로 거론한 바 있다. 이러한 요인들은 아래에서 더 자세히 논의하고자 한다.

첨단기술. 새로운 시스템을 설계할 때 진보된 최신 기술을 적용하는 이유는 희망하는 기능을 발휘하면서도 조기에 노후화되는 것을 방지하기 위한 경우가 많다. 그러나 이러한 최신 기술들을 적용하는 것은 개발 및 생산 프로세스 모두에서 예상치 못한 복잡성을 초래할 수 있는 위험 역시 내포하게 된다. 개발 프로세스의 목적 중의 하나는 성능과 관련된 문제점들을 식별하고 해결하는 것이었다. 그러나 생산과 관련된 문제점의 경우에는 생산용 시제품을 제작하고 시험을 수행할 때까지 드러나지 않는 경우가 많다. 그러므로 수정 조치를 취하기 위해서는 생산 일정이 지연되고 비용이 상승하는 문제점이 발생할 수 있다. 이때 시스템엔지니어링의 전문지식은 이렇듯 의도하지 않는 결과를 예측하기 위해서는 물론이고 예기치 않게 발생하는 문제를 신속하게 해결하기 위해서도 필요하다.

전환 프로세스에서 고려해야 하는 기술적 진보의 사례는 디지털 프로세서의 속도이다. 특히 디지털 프로세스의 발전은 해당 프로세스를 수행하기 위해 필요한 업무 규모와 비용이 감소하는 효과로 이어지고 있다. 최신 제품으로 교체하고자 하는 요구를 수용하기 위해서는 패키징, 시험 및 때로는 소프트웨어를 개정해야 하는 등의 대가가 따른다. 보하누딘과 이크발(2016)은 초기 휴대전화가 9.8kg 무게의 대형 상자와 같았던 1980년대 초부터 노키아와 휴대전화 개발에 관해서 연구를 해왔다. 1990년대에 이르러서야 배터리 수명과 전자제품의 발전이 과거의 디자인을 현재와 같은 휴대용 전화기의 형태로 진화시킬 수 있었다. 디스플레이의 인체공학적 설계와 사용자 경험을 기반으로 한 노키아의 휴대전화기는 세계 시장에서 높은 점유율을 차지하게 되었다. 특히 당시에는 전화와 메시지 전송 외에 첨단 기능이 필요하지 않았던 개발도상국들을 중심으로 더욱 그러했다.

경쟁. 경쟁은 여러 가지 측면에서 전환 프로세스에 부담을 준다. 예산을 확보하기 위한 경쟁은 종종 생산 준비를 위해 필요한 예산을 책정하는 업무를 소홀하게 처리하는 요인으로 작용한다. 또한 복잡한 시스템을 개발하는 과정에서 항상 발생하는 예기치 않은 문제를 처리하기 위한 예비 자금의 확보를 어렵게 한다. 이로 인해 생산 장비, 소재 및 기타 생산 요소에 관한 결정이 내려질 때까지 생산용 시제품을 대상으로 한 시험이 너무 적거나 제작이 지연되는 사태가

벌어지기도 한다. 대부분의 경우 생산 준비 과정에서 지연이 발생한다고 해도, 프로그램 진행에 문제가 생겼다는 사실이 외부에 알려지는 것을 피하기 위한 목적으로 생산 일정을 확고하게 유지하는 경우가 많다. 생산 일정이 지연되는 경우에는 고객의 우려가 커지게 되고 어떤 경우에는 직접 개입하고자 할 수도 있기 때문이다. 조직 내에서는 어떠한 기술 분야에 숙련된 인력을 두고 서로 경쟁하는 사례도 자주 발생한다. 이런 경쟁이 발생하게 되면 비록 계속해서 해당 프로그램에 참여할 수 있을 것으로 기대를 했었다고 해도, 핵심 엔지니어를 더 높은 우선순위의 다른 개발 프로그램에 재배치할 수도 있다. 시설과 관련해 경쟁이 발생할 때는 생산을 착수하는 데 필요한 시설의 가용성을 지연시키게 될 수도 있다. 위와 같은 예시들은 전환 프로세스를 관리할 때 다루어야 하는 경쟁 사항들에 관한 일부일 뿐이다. 노키아는 경쟁사들의 변화(Apple의 iPhone 사용자 기능 또는 Google의 Android 운용체제)를 따라잡는 데 필요한 설계 변경 등의 노력을 소홀히 하였고, 이후 시장 점유율을 잃게 되어 결국 휴대폰 사업이 Microsoft와 통합되게 되었다.

전문화. 개발에서 생산 과정으로의 전환은 시스템과 관련된 기술적인 부분에 대한 책임도 변경된다는 것을 의미한다. 즉 이전에 수행되어온 개발과정에서는 기술적인 책임을 공학 및 개발 전문가가 담당했다면, 생산 과정에서는 그 책임이 생산 전문가에게 이동한다. 게다가 생산 과정에서 주요 활동들을 수행하는 장소 역시 생산 시설과 생산을 지원하는 조직으로 이동하게 된다. 이 경우 일반적으로 개발을 담당했던 조직과는 물리적으로 분리될 뿐만 아니라 관리적으로도 독립적인 관계를 갖게 된다. 또한 이러한 구조는 개발 조직과 생산 조직 간에 이루어져야 하는 필수적인 소통을 심각하게 약화시키게 될 가능성이 크다. 생산에 관해서도 일정한 수준의 지식을 가진 시스템 엔지니어는 개발과 생산 인력 간에 효과적으로 의사소통을 할 수 있도록 도울 수 있는 유일한 전문가가 된다.

주요 구성품 및 하부시스템의 개발 및 생산이 여러 하도급 업체들로 분산되는 경우에 위와 같은 문제는 더욱 커진다. 이러한 상황일 때는 생산 과정에서 어떤 이슈를 조정하는 것은 개발과정에서보다 훨씬 더 복잡하다. 이는 제조 및 시험을 수행하는 시기와 속도를 시스템을 조립하고 배송하는 일정과 밀접하게 연관시켜야 하기 때문이다. 이러한 이유로 인해 성공적인 시제품이 반드시 성공적인 생산 시스템을 보장하지는 않는다.

생산 준비

상업적 개발 및 생산 프로그램에서도 위와 같은 전환 프로세스는 매우 중요하다. 이러한 중요성을 인식한 NSPE(National Society of Professional Engineers)는 전환 프로세스를 시스템 수명주기 내에서 다른 과정들과 구분해 별도의 과정으로 두었으며, 그 과정을 "상업적 검증 및 생산 준비" 과정으로 지칭하였다. 이 개발 과정을 수행하기 위한 엔지니어링 활동에는 다음이 포함된다:

- 사전 제작 시제품의 완성.
- 생산 절차 및 장비 선택.

그리고 아래의 효과를 입증해야 한다:

- 최종 제품 설계 및 성능.
- 생산도구 및 기술의 제조 공정을 선택하기 위한 설비 및 착수 계획.
- 자재, 부품, 하부시스템 공급업체 선정 및 현장 지원 시스템의 물류 설계.
- 종합적인 구축/인도 계획 작성.

다른 관련 활동도 생산 계획에 포함되는 일부분으로 또는 별도의 부분으로 이 시기에 정의하거나 구체화해야 한다. 여기에는 다음이 포함된다:

- 물류 지원 계획.
- 형상 통제 계획.
- 문서 관리 계획 및 절차.

생산 형상 관리

지속해서 발전하고 있는 기술, 경쟁 및 전문화 등의 시대적인 흐름은 모두 시스템의 공학적인 설계를 변경하도록 강요하는 요소가 된다. 특히 시스템을 구성하는 구성품 및 하부구성품의 수준에서는 더욱더 그렇다. 앞에서도 언급했듯이 새로운 기술의 발전은 더 향상된 성능 또는 더 저렴한 요소(예: 신소재, COTS)를 도입할 수 있는 기회를 제공한다. 특히 이러한 경쟁적인 환경은 더욱 낮은 비용으로 생산이 가능한 설계를 요구하게 되며, 구성품을 생산하는 업체에 소속되어있는 엔지니어는 자신들이 보유하고 있는 특정한 생산 시설에 맞게 설계를 조정해달라고 요청할 수도 있다. 이러한 모든 요소는 수많은 ECP(Engineering Change Proposals, 공학 변경 제안)를 만들어내는 원인이 된다. 이러한 ECP를 수용하기 전에는 각각의 내용에 대한 분석, 수용, 수정 또는 거부 등의 과정을 거쳐야 한다. 시스템 계약업체의 시스템 엔지니어는 이러한 제안을 분석하고 시험하는 작업을 계획 및 감독하는 데 있어서 중요한 역할을 한다. 또한 필요한 경우에는 제안된 변경안에 대해 적절한 조치방안을 권장할 수 있다. 그러나 이러한 조치를 위해 사용할 수 있는 시간은 매우 짧은 경우가 많고 위험 역시 아주 크다. 계약으로 체결된 관계 간의 압력은 종종 의사결정 과정을 복잡하게 만들기도 한다.

이러한 관점에서 볼 때 형상 관리 프로세스에 있어서 공학 설계에서 생산으로의 전환은 가장 중요한 기간이다. 또한 이 과정을 성공적으로 수행하기 위해서는 시스템 엔지니어와 프로젝트 관리자들이 주도하는 효과적인 분석, 엔지니어링 및 의사소통 기술 등이 필요하다. 무엇보다 중요한 것은 변경 프로세스를 수행함에 따라서 문서화 역시 적기에 수행되어야 하며, 모든 관련 내용이 내부 데이터망에 저장되어야 한다. 시스템엔지니어링의 역할은 설계의 무결성을 유지하는 것이다.

생산이 착수되는 시점에서 형상 관리 프로세스가 중지되는 것은 아니다. 오히려 생산 과정 전반에 걸쳐서 더욱 집중적인 관리가 진행된다. 생산 초기에는 이전에 감지 및 제거되지 못했던(또는 제품 설계에서 실수로 생성된) 구성품 간의 인터페이스에 발생하는 비호환성 문제가 드러나게 되는데, 이러한 문제들을 신속하게 처리해야 한다. 새로 발생한 비호환성 문제가 생산을 중단 없이 지속하면서도 해결할 수 있는 문제인지 또는 생산을 중단해야 한다면 언제가 좋을지 등에 대해 결심을 해야 한다. 이러한 결정이 비용과 일정에 미치는 영향은 매우 크기 때문에 관리자 수준에서 이루어져야 하지만, 최종적인 의사결정에 결정적인 역할을 하는 것은 시스템엔지니어링에 의해 제공되는 데이터들이 될 것이다. 그러한 이유로 시스템 엔지니어링이 제공하게 되는 자료들은 형상 관리팀과 지원 시스템 그리고 생산 관련 엔지니어링 전문가 간의 긴밀한 팀워크를 통해서 만들어지게 된다. 자주 발생하는 일이기는 하지만, 생산 조직과 엔지니어링 조직 간의 의사소통이 좋지 않은 경우가 많으며, 이 경우 위와 같은 프로세스는 비효율적이고 비용이 많이 소요된다.

15.4 생산 운용

주요한 새로운 시스템의 개발 및 평가 방안을 계획하기 위해서는 충분한 검토를 거친 이후에 체계적으로 문서화된 계획이 필요하다. 이러한 계획의 대표적인 예시는 시스템엔지니어링 관리 계획(SEMP, Systems Engineering Management Plan)과 시험 및 평가 종합계획(TEMP, Test and Evaluation Master Plan) 이다. 이 계획들은 관련 부서 간의 시스템 개발 노력을 조정하기 위해 광범위하게 공표하게 된다. 같은 이유로, 생산 과정에서는 공식적인 시스템 생산 계획이 있어야 한다. 시스템 생산 계획을 통해서 조직, 작업 및 시스템 생산 일정에 관한 청사진을 공유할 수 있기 때문이다.

생산 계획

생산 계획에 포함되는 주요 요소에는 아래와 같은 하위 계획과 내용이 포함된다.

- 각 주요 하부조립체(구성품)에 관한 책임 및 납품 일정
- 생산 현장 및 시설
- 특수 공구를 포함한 생산 장비와 관련된 요구조건
- 공장 시험 장비

- 공학 자료 배포
- 구성품 제작
- 구성품 및 부품 검사
- 품질관리
- 생산 모니터링 및 제어 어셈블리
- 인증 시험
- 포장 및 배송
- 불일치 보고서
- 일정 및 비용 보고서
- 생산 준비 상태 검토

생산 계획서의 작성은 공학 설계과정 중에 시작되어야 하며, 이를 통해 생산을 개시할 수 있는 기반을 제공해야 한다. 생산 계획서는 살아있는 문서여야 하고 생산 과정을 진행하면서 진화적으로 발전해나가야 한다. 이러한 과정을 통해서 얻게 되는 교훈은 문서로 작성하여 앞으로 수행될 또 다른 프로그램에 전달해야 한다. 시스템 엔지니어는 계획 수립 과정에 기여하는 것은 물론이고, 프로세스가 진행되는 동안 생산 과정에서 관리해야 하는 다양한 활동에 관해서도 습득해야 한다.

복합 시스템으로서의 생산 조직

일반적으로 새로운 복합 시스템을 생산하기 위해서는 광범위한 시설, 장비와 기술 인력을 갖춘 계약자 팀들 간의 협력이 필요하다. 그러나 이러한 팀들의 협력은 지리적으로 분산되어있는 장소에서 이루어지기 때문에 합의를 통해서 정의된 통합 사양 및 일정에 따라 작업이 이루어진다. 엔지니어링된 시스템에서처럼, 이러한 조직의 모든 하부시스템과 그 요소들은 효율적이고 효과적으로 협력해 집합적인 임무(사용자에게 가치 있는 시스템을 생산)를 수행해야 한다. 시스템을 생산하기 위해 계획, 설계, 구현 및 운용하는 과정은 시스템 그 자체를 개발하는 것과 마찬가지 수준으로 복잡한 작업이다.

그림 15.3은 새로운 복합 시스템을 생산하는 데 필요한 시설의 전형적인 구

성을 도식화한 것이다. 큰 블록은 주 계약자가 담당하는 개발 및 생산 시설을 나타낸다. 왼쪽 블록은 새로 개발된 구성품의 공급자를 나타낸다. 반면 상단에 있는 블록은 기존의 표준 구성품을 공급하는 공급자를 나타낸다. 개발되는 구성품을 공급하는 공급업체에는 주 계약자로부터 기술적인 지시를 받아서 업무를 수행하는 엔지니어링 조직이 있다는 것을 알 수 있다. 구성품을 공급하는 업체를 주 계약자가 직접 소유하고 있는지 여부와 관계없이, 공급업체들은 주 계약업체에 소속된 엔지니어링 조직으로부터 기술적인 통제를 받는 별도의 조직이다. 이렇게 조합된 시설과 조직은 제품 성능, 품질 및 일정과 관련해 모든 인터페이스를 엄격하게 제어할 수 있도록 또 다른 통합 시스템처럼 자체적으로 관리되어야 한다.

이러한 조직 체계를 구현하기 위한 노력은 주 생산 계약자가 구성한 관리팀이 주도적으로 수행하는 것이 일반적이다. 시스템 엔지니어가 이러한 과정에 주도적으로 참여하는 것은 아니지만, 시스템 요구조건, 아키텍처, 위험 요소, 인터페이스 및 기타 주요 기능에 대해 광범위한 지식을 갖추고 있으므로 중요한 기

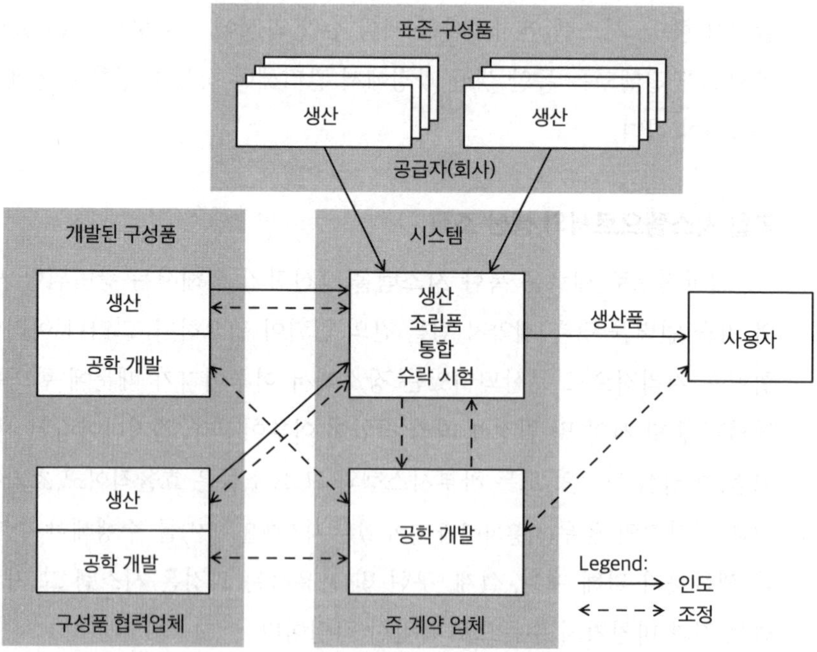

그림 15.3 생산 운용 시스템

여자의 역할을 한다.

생산 시스템의 "아키텍팅"은 다음을 포함한 여러 요인으로 인해서 복잡해진다.

1. 첨단기술, 특히 자동화된 생산 기계를 적용하는 경우에는 가장 최근에 개발된 것을 언제 도입해야 하는지, 어떤 공정에서 도입해야 하는지에 대한 이슈들이 제기된다. 첨단 소재를 적용하는 범위와 시기 등에 대해서도 비슷한 결정을 내려야 한다.
2. 인력 조직 및 교육과 새로운 프로세스의 호환성을 보장하기 위한 요구조건: 많은 경우 기술-주도형의 변화는 생산성을 저하시키는 원인으로 작용한다.
3. 분산된 생산 설비 간의 소통 방안 설계: 정보 교환이 너무 부족하거나 반대로 정보의 과부하가 발생하지 않도록 균형을 유지해야 한다.
4. 공장 및 수락 시험 장비: 분산되어있는 생산 설비 및 공정을 갖는 경우에는 고도로 정교하게 조정된 구성품 시험 장비 세트가 있어야 한다. 이러한 시험 장비는 구성품 제조업체와 통합 및 조립을 담당하는 시설에서 규정된 동일한 허용 기준을 적용할 수 있도록 보장해야 한다.
5. 생산 정보 관리: 복합 시스템을 생산할 때는 구성품 및 하부시스템 등 모든 시스템 수준에 대해서 막대한 양의 데이터를 수집해야 한다. 이는 제조 및 조립 프로세스를 효과적으로 관리하고 통제하는 데 필요하다. 이러한 정보를 처리하는 데 필요한 데이터베이스 관리 시스템은 그 자체로도 대규모의 소프트웨어 시스템이 된다. 따라서 정보 처리 시스템의 구현 및 운용을 위한 전문 인력이 필요하다.
6. 변경을 위한 조항: 일반적으로 수년간 지속되는 생산 과정의 경우 생산이 진행되는 중에 발생할 수 있는 생산 속도의 변화와 설계 변경 등의 이슈에 적응할 수 있도록 시설을 설계해야 한다. 많은 시스템의 경우 예산 확보 및 생산 프로세스 검증 등의 이유로 인해 생산이 시작되는 초기에는 생산하고자 하는 전체 물량 중 일부 물량(낮은 비율)만 생산을 시작한다. 효율적인 운용 상태를 유지하면서 이러한 변화를 프로세스가 수용할

수 있도록 하는 것이 중요한 목표이다.

위의 모든 문제를 해결할 수 있는 효과적인 솔루션을 얻기 위해서는 시스템엔지니어링 원칙을 적용해야 한다. 포드 자동차 회사는 차량 제조 방법을 보다 효율적으로 개선하기 위해 GPDS(Global Production Development System)를 개발했으며, 핵심 프로세스 및 작업의 흐름을 중심으로 인력을 조직했다. 이를 통해서 설계가 이루어지는 여러 과정 간의 가시성 확보는 물론 커뮤니케이션이 가능해졌으며, 효율성을 높이고 정보 습득은 향상되는 효과를 거두었다(Liker and Morgan, 2011).

구성품 생산

우리는 앞에서 복합 시스템의 빌딩 블록은 다양한 특정 생산품 계열을 나타내는 구성품들이라는 것을 확인한 바 있다. 하부구성품들이 통합된 형태인 이러한 구성품들은 시험이 완료된 이후에는 시스템을 조립하는 공장 또는 예비 부품 유통시설로 배송된다. 따라서 대부분의 제조 프로세스는 여러 개별 시설에서 이루어지며, 일반적으로 서로 다른 회사의 관리하에서 수행된다. "복합 시스템으로서의 생산 조직" 절에서도 언급했듯이, 이렇게 분산된 작업을 관리하는 과정에는 특별한 관심이 필요한 이슈들이 존재한다. 한 예로 구성품 제조업체와 시스템 생산자 간의 긴밀한 협력이 필요하다. 특히 생산 일정, 시험, 검사 및 품질관리 활동 등의 분야에서는 더욱더 그렇다. 새로운 복합 시스템을 개발하기 위해 적용하는 분산된 형태의 생산 프로세스를 관리하기 위해서는 별도의 통합팀을 구성할 필요가 있다. 이 팀의 구성원 중 하나인 시스템 엔지니어는 부주의로 인해서 발생할 수 있는 비호환성과 관련된 문제들을 신속하고 효율적으로 처리하는 데 있어서 필수적인 역할을 한다.

구성품을 제작하기 위해서는 특별한 장비와 도구가 필요하다. 특히 자동 재료 성형, 접합 및 기타 자동화 기계 같은 경우에는 다른 분야에 비해서 더욱 특수한 장비가 필요하다. 자동화 장비를 사용하면 생산비용을 크게 줄일 수 있는 장점이 있지만, 동시에 많은 개발 비용과 광범위한 작업자 교육이 필요할 수도 있다. 또한 새로운 장비를 추가로 도입하는 경우에는 작업 착수 일정이 지연될 수도 있다. 따라서 일정 지연 등의 문제가 발생하는 것을 최소화하기 위해서는 구성품 제조에 필요한 특수장비의 도입과 관련해서는 생산 계약자와 긴밀하게 협의해야 한다.

생산 공차는 장비나 수공구의 선택에 직접적인 영향을 끼치므로 특별한 주의가 필요하다. 또한 생산비용의 감소를 위해 약간의 변경을 추진할 때도 많은 영향을 준다. 생산 공차는 다른 계약자가 만든 구성품과의 인터페이스 기능은 물론이고 전체 시스템의 성능에도 영향을 미칠 수 있다. 이러한 이유로 생산 계약자는 주도적으로 시스템엔지니어링 측면에서의 감독을 수행해야 한다.

일반적으로 어떤 새로운 시스템을 개발한 회사가 해당 구성품을 생산하는 경우가 많다. 그러나 만약 시스템을 개발하는 회사가 조직적인 측면에서 생산과 개발 활동을 분리하는 경우 실수가 발생하게 될 가능성이 커지게 된다. 이러한 실수는 대부분 불완전한 소통으로 인한 것으로 생산과 시험 장비를 설계하는 과정에서 발생하게 될 것이다. 비용 절감 또는 기타 다른 목적을 위해 수행하는 설계 변경은 미처 인식할 수 없었던 비호환성 문제를 만들어낼 수 있다. 더 큰 문제점은 이러한 비호환성은 결과적으로 최종 구성품의 시험 또는 시스템 조립 과정이 종료될 때까지 발견하지 못하고 통과될 가능성이 있다는 것이다. 그러므로 일정 수준의 시스템엔지니어링 측면의 감독이 필요하다. 특히 구성품 제조업체에서 사용하는 시험 장비와 통합시설에서 구성품의 사용을 승인하기 위한 목적으로 보유하고 있는 시험 장비와의 호환성을 보장하기 위해서는 더욱 그렇다. 여기에는 공통적인 교정 표준과 관련된 조항에 대한 주기적인 재검증도 포함되어야 한다.

전자와 기계 구성품의 경우에는 관련된 부품 및 하부구성품 수준에서 상업 표준을 활발하게 제정함으로써 생산 및 통합과 관련된 절차를 크게 단순화 시켰으며, 규모의 경제를 이용해 비용을 절감하고 호환성을 광범위까지 확장시킬 수 있었다. 특히 구성품의 포장, 장착 및 상호연결 측면에서 더욱 큰 효과를 거두었다. 보잉은 787 드림 라이너 개발에 참여하는 하도급 업체 주관으로 만족한 성능을 갖는 구성품을 제작할 수 있도록 했다. 이를 위해서 보잉은 그들에게 부품의 사양을 제공하고, 구성품 제작 회사가 부품의 제조를 위해 자체적으로 제작 장비와 도면을 개발할 수 있도록 했다(Kotha and Srikanth, 2013).

시스템 수락 시험

생산된 각 시스템이 고객에게 인도되기 위해서는 공식적인 시스템 수락 시험을 통과해야 한다. 이것은 일반적으로 자동화된 종단 간 시험 방식으로 진행되며, 핵심 시스템 성능에 대한 합격 여부를 결정하게 된다.

복합 시스템을 개발하는 경우에 적절한 수락 시험 절차 및 장비를 설계하고 개발하기 위해서는 강력한 시스템엔지니어링 리더십이 필요하다. 수락 시험을 통해서 제품이 올바르게 제작되었을 뿐만 아니라 운용을 시작할 준비가 되었다는 것을 확인할 수 있어야 하기 때문이다. 시험 결과는 성공 또는 실패를 결정할 수 있을 만큼 분명해야 하며, 최종 결정을 위한 해석은 최대한 단순한 방식으로 가능해야 한다. 동시에, 시험은 총생산비용을 증가시키지 않으면서도 비교적 빠르게 수행할 수 있어야 한다. 이와 같은 균형을 유지하기 위해서는 시험이 필요한 필수 시험 요소와 그렇지 않은 요소를 구별할 수 있는 시스템엔지니어링의 판단이 있어야 한다.

시스템 수락 시험에는 고객의 대표자(들)가 참석하는 것이 일반적이며, 성공적으로 완료하면 종료된다.

생산기술

현대 기술의 폭발적인 발전은 제품 자체와 제품의 생산 과정에 극적인 영향을 미쳤다. 마이크로 전자 칩, 고속 컴퓨팅 장치, 저가 광학 장치와 마이크로 전자기계 장치들은 구성품의 구성과 제조 방식을 근본적으로 바꾸어 놓은 수많은 기술 발전 중 일부분에 불과하다. 전통적으로 인력에만 의존해왔던 공정들은 자동 제어 및 로봇 공학 기술로 대체되어 제조 방법과 장비 분야에서 훨씬 더 많은 변화가 발생했다. 그 외에도 다양하고 새로운 기법들은 가공 및 기타 프로세스의 속도, 정밀도 및 다양성을 크게 향상시켰다. 이와 유사한 수준으로 중요한 것은 기존에 어떤 작업 공정에 사용하던 기계를 다른 작업으로 전환하기 위해서는 며칠 또는 몇 주까지의 기간이 소요되었으나, 새로운 방법들이 개발되면서 이와 같은 소요 시간을 몇 분 또는 몇 시간으로 단축할 수 있다는 것이었다. 이러한 변화는 생산과 관련된 거의 모든 측면에서 상당한 경제적 이익을 가져왔다. 게다가 더 향상되고 균일한 품질의 부품을 생산할 수 있게 되었다.

컴퓨터 지원 기반의 제조 및 구성품 설계 기법이 널리 적용되기 이전에는, 인터페이스 제어를 하기 위해서 다양한 특수 도구와 장비를 사용해 검사 및 시험을 수행하는 방법에 의존해야 했다. 하지만 최근에는 컴퓨터를 이용해 제품을 제조 및 조립하는 것이 가능해졌다. 게다가 조직 간에 전자적으로 조정 통제가 가능한 컴퓨터 기반 형상 관리도구도 널리 사용되고 있다. 이 도구를 사용하는 경우 구성품의 인터페이스를 이전보다 훨씬 쉽게 원격으로 관리할 수 있는 장점이 있다. 그러나 이러한 수준의 자동화를 효과적으로 구현하기 위해서는 철저한 기획 과정을 거쳐야 하고, 자격을 갖춘 전문가의 확보는 물론이고 상당한 규모의 예산이 소요된다. 무엇보다 생산 시스템을 구성하는 담당자들이 시스템엔지니어링적인 사고를 할 수 있는 능력을 갖추는 것이 중요하다.

15.5 생산기술 기반 획득

경험이 부족한 시스템 엔지니어가 생각할 때는, 생산 과정에 대한 지식을 습득하는 것은 어려운 일인 것처럼 보일 수 있다. 특히 습득해야 하는 지식의 수준이 개발 프로세스에 참여해 중요한 의견을 제시할 수 있을 만큼 충분히 광범위하고 상세해야 한다고 하면 더욱더 그럴 것이다. 그러나 기본적으로 이러한 임무는 시스템 엔지니어가 다양한 공학 전문분야, 프로그램 관리 요소 그리고 조직 간의 커뮤니케이션 분야에 관해서도 지식 기반을 확장해나가는 것과 유사하다. 즉, 모든 시스템 엔지니어는 시간이 지남에 따라 이러한 지식을 습득해나가야 한다. 이 지식을 습득할 수 있는 가장 효과적인 방법 중 몇 가지가 아래에 요약되어 있다.

시스템 엔지니어들의 구성품 지식 기반

앞에서도 언급한 바와 같이 시스템 엔지니어의 주요 책임은 새로운 시스템을 개발하는 프로세스를 안내하는 것이다. 이를 위해서 시스템 엔지니어는 시스템 구성품에 관한 기본 설계는 물론이고 생산 프로세스에 대한 기본적인 수준의 지식도 습득해야 한다. 즉 시스템 엔지니어는 생산과 관련된 요소가 특정 구성품이 갖추어야 하는 적합성에 어떠한 영향을 미치는지 인식해야 한다. 이러한 적합성을 판단하는 기준은 해당 구성품을 특정 시스템에 적용하기 위해 필요한 요구조건을 충족하는지 여부이다. 관련된 지식을 더욱 쉽게 획득하기 위해서는 다음의 고려사항들이 도움이 될 수 있다.

1. 첨단기술 및/또는 최근에 개발된 생산 공정을 적용하는 구성품에 초점을 맞춘다. 이것은 성숙한 구성품과 확립된 생산 공정에 관한 관심은 상대적으로 다소 낮을 수도 있다는 의미가 있다.
2. 이전에 확인된 위험 영역이 생산에 영향을 미치거나 영향을 받을 수 있으므로 이러한 위험 영역에 초점을 맞춘다.
3. 식별된 위험 영역에 대해서는 관련 전문가의 지식을 활용할 수 있는 방법을 확보해야 한다. 여기서 전문가는 회사 내부 또는 계약업체에 소속된 핵심 엔지니어가 될 수 있다. 이러한 노력은 추후에 발생할 수도 있는 문제를 해결하기 위해서 매우 중요하다.

필요한 지식의 유형과 범위는 시스템 및 구성품의 특성에 따라 달라질 수 있다. 몇 가지 사례는 아래에 설명되어 있다.

전자 부품. 현대의 최신 전자제품들은 주로 반도체 기술에 의해 주도되고 있다. 따라서 시스템 엔지니어는 회로 칩, 회로 기판, 반도체 메모리, 마이크로프로세서 및 게이트 배열 등의 특성에 대해 잘 알고 있어야 한다. 그러나 알아야 하는 수준은 그것들이 무엇인지, 무엇을 하고 어떻게 작동하는지 등에 관한 내용 정도가 될 것이며, 가장 중요한 것은 그것들을 사용해서는 안 되는 경우가 언제인지를 판단할 수 있어야 한다. 이러한 분야에서의 개발은 상업 기술에 의해 주도되고 있으며, 많은 경우에 무어의 법칙에 따라 성능이 매년 두 배로 높아지고 있다. 따라서 최신 기술 상태(예: 구성품 밀도, 프로세서 속도, 칩 성능)와 그 변화 속도에 대한 감각을 유지하는 것이 중요하다.

전기 광학 구성품. 커뮤니케이션 및 디스플레이 부분에서는 전기광학 부품이 중요한 역할을 한다. 최근 발전하고 있는 레이저, 광섬유 및 고체 전기광학

요소들 덕분에 이 분야의 발전은 더욱더 가속화되고 있다. 일반적으로 이러한 구성품들의 개발은 상업적 목적으로 사용하기 위해 추진되며 위의 전체 영역에 걸쳐서 빠르게 진보하고 있다.

전자기계 구성품. 이름에서 알 수 있듯이 이러한 구성품은 전기 장치와 기계 장치(예: 라디오 안테나, 모터)의 특징을 동시에 갖고 있다. 그들의 특성은 특정 응용 분야에 따라서 달라지는 경향이 있으므로 다양한 사례들을 분석함으로써 가장 잘 습득할 수 있다.

기계 구성품. 기계 부품을 이용한 대부분의 응용 프로그램은 상당한 발전을 이루었다. 그러나 여전히 여러 영역에 걸쳐서 빠르게 발전하고 있다. 여기에는 첨단 소재(예: 복합재, 플라스틱), 로봇 공학 및 마이크로 장치 등이 포함된다. 이들의 설계와 생산 방식은 CAE(Computer-Aided Engineering) 및 CAM(Computer-Aided Manufacture)에 의해 혁신적으로 발전해왔다.

열역학 구성품. 열과 관련된 구성품 대부분은 에너지원 및 열 제어와 관련이 있다. 이러한 이유로 안전은 종종 열역학 구성품을 적용하는 시스템에서 핵심적인 이슈로 다루어지고 있으며, 제어와 관련된 기능도 마찬가지이다.

소프트웨어 구성품. 소프트웨어와 그로부터 파생된 임베디드 펌웨어는 사실상 모든 장치(예: 통신, 운송, 장난감)의 일부분이다. 신뢰할 수 있는 소프트웨어를 설계하고 생산하는 과정도 그만큼 빠르게 발전하고 있다. 물론 소프트웨어와 펌웨어를 생산하는 방식은 하드웨어와 매우 다르다. 모든 시스템 엔지니어는 컴퓨터 기반의 소프트웨어와 펌웨어 사이의 기본적인 차이를 이해하고 있어야 한다. 또한 소프트웨어의 품질은 물론 소프트웨어를 설계하고 구현할 때의 장점과 한계를 포함한 일반적인 기능 역시 잘 알고 있어야 한다.

생산 프로세스

시스템 엔지니어의 책임 분야에 생산 공정이 포함되지는 않는다. 그럼에도 불구하고 생산과 관련된 프로세스의 일반적 특성과 관련 문제들은 시스템 엔지니어가 이해하고 있어야 한다. 특히 시스템 엔지니어는 생산을 착수하는 단계에서 발생하는 문제를 해결할 수 있는 지식을 제공해주어야 하므로 이러한 공정에 관한 이해는 더욱더 필요하다.

생산 운용 관찰. 생산공장 현장은 종종 제조 공정과 관련해 가장 확실한 통찰력을 제공해주는 원천이다. 특히 공장 직원과의 인터뷰를 통해서 관찰했던 내용을 보완하는 경우에는 더욱더 그렇다. 생산작업 현장을 관찰할 수 있는 기회는 현장 방문, 생산 계획 및 기타 활동을 수행하는 과정에서 자연스럽게 주어진다. 그러나 일반적으로 이러한 기회들은 충분한 수준이 아니어서 제조 공정을 개략적으로 이해하는 것마저도 힘든 경우가 많다. 그렇기 때문에 시스템 엔지니어는 공장 운용 방식을 직접 파악하기 위해 별도의 공장 견학 일정을 잡으려고 노력해야 한다. 이는 최근 자동화 증가에 따른 생산도구 및 프로세스의 급속한 발전을 고려할 때 특히 중요하다. 새로운 구성품의 생산 초기에는 도구, 프로세스, 재료, 부품 가용성, 품질관리 등과 관련한 문제가 발생할 가능성이 있다. 그러므로 관련 활동의 본질에 대한 예측과 문제 해결을 위해 필요한 가능한 수단을 개발하는 것이 중요하다. 물론 생산 프로세스를 배울 수 있는 가장 좋은 기회는 생산 조직과 관련된 간단한 과제를 수행하는 것이다.

생산 조직. 앞에서 이미 시스템을 생산하기 위해서 필요한 조직 및 관리 방식은 시스템을 개발할 때의 그것과는 차이가 있다고 언급한 바 있다. 시스템 엔지니어는 일반적인 시스템에 대해서는 물론이고 특수한 시스템에 대해서도 그 차이점을 잘 알고 있어야 한다. 이러한 지식은 프로그램 관리를 위해서도 필요하지만, 개발에서 생산으로의 전환을 계획하는 방법에도 큰 영향을 미친다. 이러한 전환에는 설계 엔지니어로부터 생산 엔지니어에게로 설계 지식을 이전하는 과정에도 포함된다. 특히 많은 회사에서 개발 또는 생산과 관련된 인력 간의 의사소통이 너무 형식적이고 대체로 부적절한 경우가 많다. 이러한 경우에 회사의 경영진은 원활한 의사소통이 가능하도록 특별한 방안을 수립해야 하며, 시스템 엔지니어가 리더십 역할을 할 수 있는 기능이 포함되어야 한다. 수많은 주요

시스템의 생산 사례를 비추어볼 때, 이러한 잠재적 소통의 어려움을 적절히 해소하지 못할 때는 중대한 지연 및 실패로 이어지는 경우가 많이 발생하였다.

생산 표준. 거의 모든 유형의 제조과정에는 산업 또는 정부 표준이 적용된다. 미국 정부는 대부분의 정부 표준을 업계에서 개발한 표준으로 대체하고 있으며, 가능한 한 COTS 부품 및 구성품을 활용하도록 권장하고 있다. 이러한 표준은 주로 프로세스 지향적이며 생산을 위해 필요한 모든 측면을 정의하고 있다. 시스템 엔지니어는 자신이 담당하는 시스템의 구성품 및 하부시스템에 적용 가능한 표준들은 물론이고, 이러한 표준들이 제조 공정에 적용되는 방식에 대해서 잘 알고 있어야 한다. 대부분의 표준은 생산하게 될 구성품의 품질과 함께 감독, 특별 시험 및 기타 관리가 필요한 정도를 제시한다. 이러한 행동에 관해 최종적인 결정을 내리는 것은 프로그램 관리자의 책임이지만, 그러한 결정을 내리기 위해서는 시스템엔지니어링의 판단이 필수적인 요소로 작용한다.

15.6 요약

생산공장에서의 시스템엔지니어링

생산 과정의 목표는 일정한 품질과 제원을 갖는 하드웨어 및 소프트웨어 구성품들을 생산해 고객에게 인도하는 것이다.

핵심적인 목적은 생산된 시스템이 요구조건을 충족시키는 것이다. 이때 시스템은 적정한 예산으로 획득할 수 있어야 하고, 요구 수준을 충족시킬 정도로 안정적이면서 안전하게 작동해야 한다.

생산을 위한 엔지니어링

동시 공학 또는 제품 개발은 다음과 같은 특징을 갖고 있다. 여기서 동시 공학은 개발이 진행되는 과정에 생산 시 필요한 사항을 선제적으로 포함시키는 것이다. 생산 전문가 및 기타 전문 엔지니어는 설계 팀의 핵심 구성원이 된다. 따라서 시스템 엔지니어는 팀 구성원 간의 의사소통이 원활하게 이루어지도록 하는 역할을 해야 한다.

새로운 시스템의 개발을 결정하기 위해서는, 먼저 해당 시스템의 필요성, 기술적 타당성 및 경제성을 입증해야 한다. 실질적인 시스템 요구조건을 작성하기 위해서는 제조 기술의 상태와 추세에 대한 명확한 이해가 포함되어야 한다. 진화적으로 발전하는 기술 추세를 반영하기 위해서는 요구조건도 진화적으로 작성되어야 한다.

생산 위험의 정도는 관련 제조 방법의 특성과 성숙도에 영향을 받는다. 이를 고려해 시스템에 대한 대안 분석을 수행할 때는 관련 요소들에 높은 가중치를 부여해야 한다.

성공적인 생산을 위해서는 새로운 생산 공정과 소재에 대한 검증과정이 있어야 한다. 구성품 간의 인터페이스는 제조 공정에서도 호환할 수 있어야 하며, 조립 공장의 시험 장비는 검증을 거친 후에 사용되어야 한다. 후자는 일반적으로 제품의 성능을 시현하는 데 사용되었던 생산 시제품을 이용해 입증하게 된다.

구성품 인터페이스 사이에서 발생하는 예상치 못한 비호환성 문제들은 다음과 같은 특징이 있다.

- 시제품에 구성품을 통합하는 동안 처음 발견되는 경우가 많다.
- 비호환성 문제를 수정하기 위한 활동 자체가 새로운 비호환성 이슈를 생성할 수 있다.

시스템 엔지니어는 공장에서 이루어지는 생산 및 인증 시험 프로세스에 대해 잘 알고 있어야 한다. 생산 과정을 감독하고 통제하는 것은 다음과 같은 측면에서 시스템 개발과 차이가 있다. ① 사용되는 도구, 기반 경험 및 기술들이 다르다, ② 다른 전문가팀이 참여한다. 즉, 개발과정에서 중요한 역할을 했던 인력들은 거의 남아있지 않다.

생산 위험은 생산용 시제품을 제작하고 시험할 때까지 드러나지 않는 경우가 많다. 이를 수정하기 위해서는 큰 비용이 소요될 수도 있고 일정을 지연시켜야 할 수도 있다. 따라서 시스템엔지니어링의 전문지식은 이러한 문제를 해결을 위해 중요한 역할을 한다.

개발에서 생산으로의 전환

개발에서 생산으로 전환되는 과정에서 겪게 되는 어려움은 다음과 같은 원인으로 인해 비롯된다:

- 생산 준비를 위한 예산 부족.
- 예상치 못한 문제에 대한 예비비 부족 또는 전무.
- 생산용 시제품에 대한 시험 횟수가 너무 적음.
- 문제가 발생하더라도 생산 일정은 변경하지 않음.

생산 과정으로의 전환은 운용과 기능에 관한 연속성을 유지해야 하므로 가장 중요한 기간이다. 이러한 전환 기간을 거치면서 개발 전문가에서 생산 전문가로 책임이 이전하게 된다. 일반적으로 생산 시설은 이전에 개발을 담당했던 공학 조직과는 별개로 독립적인 경우가 많다. 따라서 공학 담당자와 생산 담당자 간의 의사소통이 어려워지게 된다. 이러한 전문가들 사이의 의사소통을 원활하게 하기 위해서는 시스템 엔지니어가 필요하다. 마지막으로 이러한 전환과 관련된 청사진을 제시하기 위해서는 시스템 생산 계획을 작성해야 한다.

생산으로의 전환은 형상 관리 프로세스에 있어서 매우 중요하다. 이는 문서화가 변화하는 프로세스에 뒤처져서는 안 되기 때문이다. 이러한 노력을 통해 시스템엔지니어링은 설계의 무결성을 지키게 된다.

생산 운용

"생산 시스템"의 계획, 설계, 구현 및 운용은 시스템 자체를 개발하는 것과도 비교할 수 있을 만큼 복잡한 작업이다. 생산 시스템을 "아키텍팅" 하기 위해서는 아래의 사항들이 필요하다.

- 광범위한 툴링 및 시험 장비 획득.
- 부품 생산 시설과의 조정.
- 엄격한 형상 관리 기능 구성.
- 공학 조직과의 효과적인 정보 시스템 구축.

- 새로운 생산 장비 사용에 대한 생산 인력 교육.
- 낮거나 높은 생산량을 모두 수용.
- 향후 제품 변화를 수용할 수 있는 유연성 확보.

특수한 구성품은 종종 별도의 생산 설비를 구축해야 하는 필요성이 있으므로 특별한 문제를 발생시키기도 한다. 생산 일정, 시험, 검사 및 품질관리 이슈와 관련해 구성품 생산과 시스템 생산자 간의 긴밀한 협력이 필요하다. 부품 및 하부구성품 수준에서 상용 표준을 도입하면 구성품의 생산 및 통합과정이 크게 단순화될 수 있다.

컴퓨터 제어 방식을 이용한 생산방법은 공장의 운용 속도, 정밀도 및 다용성 등을 크게 향상시킬 수 있다. 이 방식은 또한 서로 다른 운전 모드 사이에서 기계를 재구성하는 시간을 줄이고 더 높은 품질의 부품과 더 균일한 부품을 생산할 수 있도록 해준다. 이것은 종종 비용을 크게 절감할 수 있도록 해준다.

생산기술 기반 획득

시스템 엔지니어는 새로운 시스템의 개발을 지도할 수 있는 능력을 갖추기 위해 생산 공정에 관한 기본지식을 습득해야 한다. 이때 생산에 영향을 받을 수 있는 위험 영역은 물론 첨단기술과 새로운 생산 프로세스에도 관심을 가져야 한다.

연습문제

15.1 복합 시스템에는 하부시스템, 구성품, 부품 등이 다수 포함되어 있으므로, 일반적으로 외부 협력업체나 공급자로부터 이러한 품목의 상당수를 획득하는 것이 필요하다. 많은 경우에서, 이러한 품목들을 사내에서 직접 제작하거나 다른 곳에서 조달하는 것이 가능하다. 두 방법 모두 장단점을 갖고 있다. 주어진 상황에 따라서 어떤 접근법이 최선인지를 결정하는 데 영향을 줄 수 있는 주요 기준에는 무엇이 있는지 논의하시오.

15.2 시스템 개발에 참여하는 시스템 엔지니어가 우수한 역량을 갖추었다고 평가받을 수 있는 요구조건 중 하나는 공장 생산 및 수락 시험 프로세스에 대한 지식이 있어야 한다는 것이다. 이는 대상 시스템이 개발이 필요한 중요한 구성품을 포함하는 경우에 더욱 그렇다. 최종 생산품이 적기에 인도될 수 있도록 하는 데 있어 이러한 지식의 중요성을 보여주는 두 가지 예를 제시하시오.

15.3 시스템을 개발 단계로부터 생산 단계로 전환하는 동안에는 형상관리가 특히 중요하다. 이 과정 전환 중에 형상관리와 관련하여 세심한 관심이 특히 필요한 4가지 특정 영역을 식별하고 그 이유를 설명하시오.

15.4 생산 시스템(Production System)의 계획, 설계, 구현 및 운영을 위한 노력이 실제 생산되는 시스템 자체를 개발하는 데 필요한 노력과 동등할 정도로 복잡한 과제인 이유에 대해서 논의하시오.

15.5 "동시 공학(Concurrent Engineering)"라고 지칭되는 프로세스의 목표, 학제 간 통합 제품 팀(IPTs)의 운용 방식 및 시스템 수명주기에서 이 프로세스의 위치에 관해 설명하시오. IPT 팀에서 시스템 엔지니어의 역할을 설명하시오. IPT를 구성하는 과정에서는 어떤 문제가 발생할 것으로 예상하는지, 또한 이와 관련된 노력을 생산적으로 만드는 방법은 무엇인지 논의하시오. 기타 이러한 문제들을 관리할 수 있는 방법에는 어떤 것이 있는지 설명하시오.

15.6 개발에서 생산으로 전환하는 것을 어렵게 만드는 4가지 일반적인 문제와 이를 최소화하기 위한 접근법을 논의하시오.

15.7 일반적으로 생산은 개발 조직과는 독립된 회사의 부서에서 담당한다. 생산으로의 전환 및 생산 프로세스 자체에 포함되는 일부 특정한 중요 영역에서는 시스템엔지니어링 전문지식이 필요하다고 언급하였다. 의료기기(예: 이식형 심박 조율기)를 생산하는 생산 조직에서 시스템엔지니어링 전문지식이 필요한 몇 가지 사례를 나열하시오.

15.8 CAM(Computer-Aided Manufacturing)이 자동차 제조에 혁명을 일으킨 주요 분야에 대해 논의하시오.

참고문헌

Borhanuddin, B. and Iqbal, A. (2016). Nokia: an historical case study. *Electronic Journal of Computer Science and Information Technology: eJCIST* 6 (1): 1-13.

Kotha, S. and Srikanth, K. (2013). Managing a global partnership model: lessons from the Boeing 787 'Dreamliner' program. *Global Strategy Journal* 3 (1): 41-66.

Liker, J.K. and Morgan, J. (2011). Lean product development as a system: a case study of body and stamping development at Ford. *Engineering Management Journal* 23 (1): 16-28.

Nepal, B., Natarajarathinam, M., and Balla, K. (2011). Improving manufacturing process for biomedical products: a case study. *Journal of Manufacturing Technology Management* 22 (4): 527-540.

Whyte, J. (2018). Systems engineering and the project delivery process in the design and construction of built infrastructure. Sematic Scholar, Draft.

추가 자료

Blanchard, B. and Fabrycky, W. (2013). *System Engineering and Analysis*, 5e. Prentice Hall.

Defense Acquisition University (2001). *Systems Engineering Fundamentals*. Department of Defense, Chapter 7. http://acqnotes.com/wp-content/uploads/2017/07/DAU-Systems-Engineering-Fundamentals.pdf (accessed 3 February 2020).

Dieter, G.E. and Schmidt, L.C. (2012). *Engineering Design*, 5e. McGraw-Hill.

Shortell, T.M. (ed.) (2015). *INCOSE Systems Engineering Handbook: A Guide for System Life Cycle Processes and Activities*, 4e. Wiley.

16. 운용 및 지원

16.1 시스템 설치, 유지보수 및 업그레이드

시스템 수명주기에서 운용 및 지원 과정은 이전에 수행된 시스템 개발 및 생산 과정을 거쳐서 완성된 최종 제품이 설계된 의도에 따라 운용 현장에서 기능을 발휘하는 기간이다. 이론적으로는 시스템엔지니어링의 임무는 종료되었다고 할 수 있다. 그러나 실제로 최신의 복잡한 시스템을 운용한다는 것은 결코 단순한 문제가 아니다. 일반적으로 이러한 시스템을 설치하는 초기에는 상당한 기술적 노력이 필요하다. 또한 정기적인 유지보수 기간에는 많은 시험과 구성품의 교체가 필요할 수 있다는 것을 예상해야 한다. 운용자의 실수, 작동 하중 또는 임의의 장비 고장으로 인해 간헐적으로 작동 결함이 발생할 수도 있다. 이러한 경우 시스템 운용자, 유지관리 직원 또는 외부의 공학적인 지원 담당자들은 시스템엔지니어링 원칙은 적용해야 한다. 이를 통해서 문제의 원인을 파악하고 효과적인 해결책을 모색할 수 있기 때문이다. 또한 항공 교통관제 시스템과 같은 대규모 복합 시스템은 전체를 교체하기에는 너무 큰 비용이 필요하므로, 노후화된 하부시스템을 새로운 하부시스템으로 교체하는 작업이 필요하다. 즉, 전체 시스템이 노후화됨에 따라 주요한 업그레이드가 필요하다. 전체 시스템 수명주기에서 시스템엔지니어링이 담당하는 역할을 고려할 때 이러한 것들은 시스템 엔지니어의 관심이 필요한 중요한 요소들이다.

이 장의 주요 목적은 시스템의 운용 수명 기간에 발생하는 일반적인 활동에 관해서 설명하기 위한 것이다. 시스템의 운용 수명은 시스템이 생산 또는 통합되는 시설에서부터 운용 현장으로 인도되는 시점에서부터 시작한다. 이후 운용 수명이 종료되는 것은 새로운 시스템으로 교체되거나, 노후화되어 폐기될 때까지를 말한다. 16.2절에서는 시스템을 운용 현장에 설치하고 내부 및 외부 인터페이스와 관련된 문제를 성공적으로 수행하는 내용을 다룬다. 16.3절에서는 시스템이 정상적으로 운용되는 동안에 이루어지는 활동에 관한 내용이다. 여기에는 유지보수, 현장 서비스 지원, 물류 및 예기치 않은 운용 비상 상황 처리 등이 포함된다. 16.4절은 하부시스템에 대한 주기적인 변경과 관련이 있다. 변경이 필요한 이유는 변화하는 사용자 요구사항과 발전하는 기술을 고려해 시스템의 효율성을 유지하기 위해서이다. 이러한 시스템 업그레이드에는 본래의 시스템을 개발하기 위해 필요했던 것과 동일한 유형의 시스템엔지니어링 전문지식이 필요하다. 또한 새로운 구성품과 기존의 구성품을 통합하는 과정에서 나타날 수 있는 추가적인 제약사항으로 인해 새롭고 고유한 문제가 발생할 수도 있다. 마지막 16.5절에서는 개발 중인 시스템의 작동 특성과 관련해 시스템 엔지니어가 수집해야 하는 정보의 종류와 함께 관련된 지식을 얻을 수 있는 기회에 대해서도 언급하고 있다. 이러한 지식은 시스템 생산 프로세스와 비용에도 상당한 영향을 미치므로, 시스템 개발을 주도하는 시스템 엔지니어에게도 중요하다.

시스템 수명주기에서 운용 및 지원 과정의 위치

운용 및 지원 과정에서 수행해야 하는 시스템엔지니어링의 활동을 논의하기 전에, 이 과정이 시스템 수명주기의 마지막 절차라는 것에 유의해야 한다. 그림 16.1의 기능 흐름도는 생산 과정을 시작하기 위한 입력물이 운용 문서 및 인도하게 될 시스템이라는 것을 보여주고 있다. 또한 출력물에는 더 이상 운용할 수 없는 시스템과 함께 어떻게 적절하게 폐기할 것인지에 대한 계획이 포함된다.

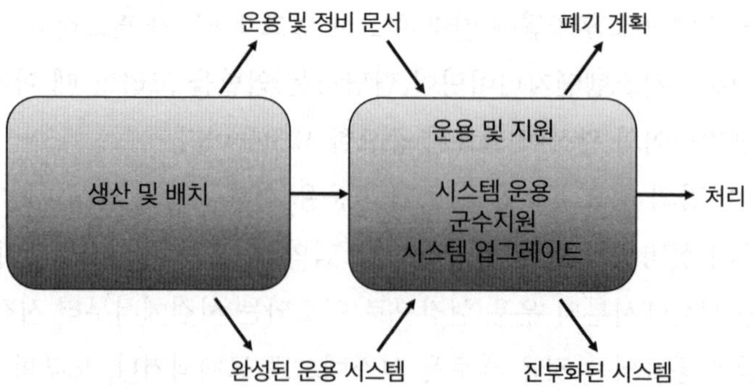

그림 16.1 시스템 수명주기의 운용 및 지원 과정

운용 및 지원 과정에서의 시스템엔지니어링

일반적으로 복합 시스템은 운용 수명 동안 다양한 주기로 작동이 중단되는 경우가 발생한다. 이러한 중단이 발생하는 경우들이 그림 16.2에 나타나 있다. 가로축은 시스템 배치에서부터 폐기에 이르기까지의 시간을 의미한다. 세로축은 그림 상단에 명시된 설명을 통해서 식별할 수 있는 다양한 이벤트를 의미함과 동시에, 시스템엔지니어링이 참여해야 하는 상대적 수준을 나타낸다. 처음에는 설치 및 시험 기간을 의미하는 막대그래프가 나타나 있다. 이는 상당한 기간(보통 몇 주 또는 몇 달)과 비교적 많은 시스템엔지니어링 노력이 필요한 기간이다. 이후에는 정기적으로 간격을 둔 낮은 네 개의 막대그래프를 볼 수 있는 데, 이는 사전에 계획되어있는 유지관리 기간을 나타내며 며칠 동안 시스템 운용을 중단해야 할 수도 있다. 불규칙한 간격으로 표기된 좁은 스파이크 형태의 막대그래프는 긴급하게 발생한 오류를 식별하고 수리를 해야 하는 임의의 시스템 고장 상황을 의미한다. 일반적으로 이러한 결함들은 신속하게 수정되지만, 시스템의 운용이 중단되는 기간을 최소화하면서 솔루션을 찾기 위해서는 상당한 수준의 시스템엔지니어링 노력이 필요할 수도 있다. 가로축의 오른쪽 부분에서 찾아볼 수 있는 큰 막대그래프는 비교적 장기간(수개월)의 시간과 높은 수준의 시스템엔지니어링을 필요로 하는 주요한 시스템 업그레이드를 나타낸다. 후자는 새로운

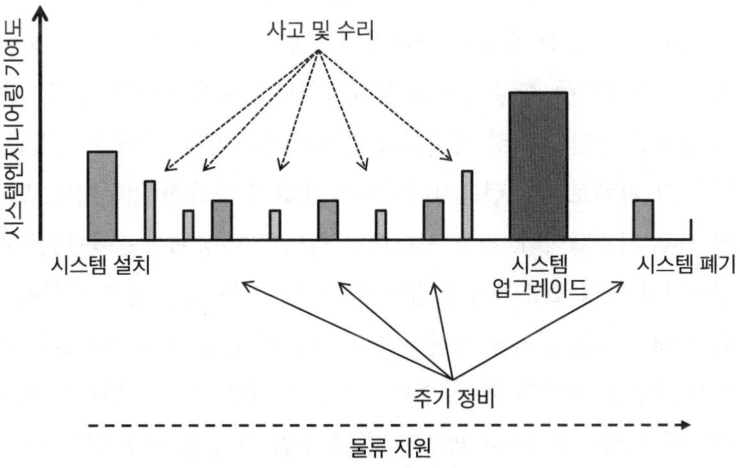

그림 16.2 시스템 운용 이력

시스템 개발과 비교할 수 있을 정도의 노력이 필요할 수 있으므로, 이를 수행하기 위해서는 복수의 과정으로 구성된 프로세스가 요구될 수도 있다.

16.2 설치 및 시험

시스템 설치

생산이 완료된 시스템을 운용 현장에 설치하는 데 필요한 노력은 다음 두 가지 요소에 의해 크게 좌우된다. 그것은 ① 생산 시설에서 수행된 물리적 및 기능적 통합의 정도 그리고 ② 시스템과 운용 현장(다른 상호작용 시스템 포함) 간의 인터페이스 개수와 복잡성이다. 예를 들어 항공기의 경우에는, 사실상 모든 중요한 시스템 요소가 주 계약자의 공장 현장에서 조립 및 통합된다. 그러므로 항공기가 생산 시설을 떠날 수 있다는 의미는 생산된 항공기의 비행 준비가 완료되었다는 것을 의미한다. 자동차, 군용 트럭 또는 거의 모든 종류의 차량도 마찬가지이다.

육상 또는 선박 플랫폼에 많은 종류의 대규모 시스템을 설치하는 것은 주요한 작업이 될 수 있다. 특히 일부 하부시스템이 서로 다른 계약자에 의해 별도의 장소에서 생산되고 운용 현장에 배송된 이후에 조립해야 할 때는 더욱더 그렇다. 예를 들어, 일반적으로 항공 터미널 관제 시스템의 경우에는 다수의 레이더, 컴퓨터 장비 및 일련의 디스플레이와 통신 장비를 포함하는 항공관제 타워로 구성된다. 이 모든 요소가 하나의 시스템으로 작동하기 위해 통합되어야 하며, 항로 통제시스템, 활주로 착륙 통제시스템과 공항 안팎의 항공 교통을 처리하는 데 필요한 일련의 관련 장비들과 연결되어야 한다. 이러한 시스템의 설치 및 시험은 그 자체로 시스템엔지니어링이 필요한 중요한 업무이다. 또 다른 예는 함선 전투 시스템이다. 전투 시스템은 다양한 현장에서 종종 다른 계약자에 의해 생산되고 선박 요소들과 복잡한 인터페이스를 갖는 많은 하부시스템으로 구성되기 때문이다. 초기에 생산된 선박 시스템의 경우 육상에 있는 개발 현장에서 통합 시험을 거치게 된다. 일반적으로 이러한 시험을 통과한 이후에 생산되는 하부시스템은 조선소에 배송된 후에 조립 및 통합된다. 전투 시스템 요소를 함선 구조, 전력, 제어 및 통신과 인터페이스를 구축하는 작업은 선박 설치 전문가가 조선소에서 수행한다.

내부 시스템 인터페이스. 앞서도 논의했듯이, 시스템 엔지니어는 조립 및 설치 과정을 거치는 과정에서 시스템이 무결점을 유지할 수 있도록 해야 한다. 시스템을 설치하는 절차는 모든 관련 조직과 함께 신중하게 계획해야 한다. 시스템 엔지니어는 이러한 계획 작업에 참여하고 제대로 수행되었는지 확인하는 과정에서 중요한 역할을 해야 한다. 그러나 계획이 얼마나 잘 수립되었는가와 관계없이 하부시스템에 대한 인터페이스를 적절하게 통합하는 것은 항상 잠재적인 문제를 갖고 있으므로 특별한 노력이 필요하다.

앞에서도 언급했듯이, 주요 하부시스템이 서로 다른 계약자에 의해 설계되고 생산된 경우에는, 하부시스템의 인터페이스를 운용 현장에서 수행하는 것은 더욱더 복잡한 작업이 될 수 있다. 선박 시스템에서 이러한 특성을 갖는 하부시스템의 두 가지 일반적인 예는 탐색 및 통신시스템이다. 이러한 하부시스템에는 저전력 및 고전력 디지털은 물론 아날로그 신호를 모두 사용하는 인터페이스 요소가 포함된다. 그뿐만 아니라 수많은 스위칭 및 라우팅 프로세서도 함께 사용된다. 일부 장비는 이 개발사업을 위해 특별히 설계된 새로운 최첨단 요소가 될 수도 있고 일부는 오래된 상용 구매품일 수도 있다.

이러한 상황에서 설치 및 점검 중에 문제가 발생하는 것은 거의 확실하다. 또한 필요한 자원의 부족으로 인해 일부 문제의 경우에는 추적이 어려울 수도 있다. 설치 현장에서는 문제를 해결할 수 있는 시험 전문가와 관련 장비를 찾아볼 수 없을 수도 있기 때문이다. 이러한 경우에 획득기관은 이 문제에 도움을 줄 수 있는 특별한 "호랑이 팀"의 구성을 요청하는 것이 드문 일이 아니다. 그것이 가능하다면, 원래 시스템을 개발한 전문가, 특히 시스템 수준의 지식과 관리기술을 가장 많은 알고 있는 시스템 엔지니어가 이러한 문제를 해결하는 데 가장 적합하다.

시스템 통합 현장. 어떤 시스템은 운용 현장에서 주요한 하부시스템들을 통합하는 것이 특히 어려울 때도 있다. 이런 경우에는 하부시스템과 구성품의 조립을 쉽게 할 수 있는 지원 통합 사이트 또는 특수장비를 활용함으로써 비용을

절감할 수 있다. 이후 다양한 수준에 대해서 시험을 수행한 이후에 부분적으로 분해하여 운용 현장으로 배송하게 된다. 이러한 시험을 수행하는 위치는 시제품 장비를 개발하면서 다양한 측면에서 시험하고 평가하기 위해 사용되었던 통합 현장과 같은 장소일 수도 있고, 운용자와 유지관리 담당자의 교육에도 사용될 수 있는 별도의 시설일 수도 있다. 두 경우 모두 이러한 특수 현장은 시스템을 운용하는 초기에 발생하는 문제를 수정 및 그 결과를 확인하고, 시스템 업그레이드를 지원하는 데에도 매우 중요하다.

외부 시스템 인터페이스. 수많은 하부시스템 간의 인터페이스 외에도 복합 시스템에는 중요한 외부 인터페이스 요소가 많이 포함된다. 여기서는 두 가지 사례를 알아보고자 한다. 첫 번째 사례는 주로 외부 시스템을 통해서 생성 및 분배되는 주 전력이다. 여기에는 유선 전자회로 또는 마이크로파 링크를 통해 인터페이스를 하는 통신 링크 부분이 포함되어 있다. 통신 링크는 전자적으로 호환되어야 할 뿐만 아니라 일반적으로 소프트웨어에 의해 처리되는 적절한 메시지 프로토콜 세트도 같이 있어야 한다.

더욱더 복잡한 상황을 만드는 문제점은 대형 시스템의 경우 주 시스템 계약자 또는 시스템 획득 전담부서의 통제를 받지 않는 외부의 개발자로부터 조달된 시스템과 인터페이스를 해야 하는 경우가 자주 발생한다는 것이다. 이 경우 설계 변경, 품질관리, 배송 일정 등 조정을 필요로 하는 주요 문제점들이 발생할 수 있다. 만약 문제가 발생하면 누가 책임을 져야 하는지에 관한 이슈를 제기해야 하고 이로 인해 발생하는 결함을 수정해야 하므로 문제 해결을 더욱 어렵게 만들 수 있다. 이러한 유형의 문제들은 시스템 조립 및 통합 중에 적용할 수 있는 잘 계획되고 실행 가능한 시험 프로그램이 얼마나 중요한지를 알 수 있게 해준다.

시스템 개발 중에 집중적인 노력을 기울여야 하는 특별한 부분이 있다. 그것은 시스템이 갖게 되는 외부와의 상호작용에 관한 세부사항들은 설계 프로세스 초기에 완전히 정의되어야 한다는 것이다. 많은 경우에 상호작용하는 시스템들에 대한 문서 내용이 충분히 상세하지 않은 문제점을 갖게 된다. 또한 인터페이스 연결과 관련된 내용이 너무 오래된 내용이어서 새로 개발되는 시스템에서는 더 이상 유효하지 않을 수도 있다. 시스템 환경에 대해 직접적인 경험이 있는 시스템 엔지니어는 외부 인터페이스와 관련된 많은 중요한 요소를 사전에 예측할 수 있는 경우가 많다.

상용 통신이 갖고 있는 문제 중 하나인 표준을 벗어나는 상황에서 통신을 연결해야 하는 문제는 악명 높은 골칫거리 중의 하나이다. 그들은 종종 상세한 규격을 미리 알기 어렵고 특별한 연결과 메시지 프로토콜을 사용한다.

그 결과 시스템 설치 및 운용 초기에 예상하지 못한 고장을 일으킬 수도 있다. 특히 이러한 고장의 원인이 되는 비호환성에 대한 책임이 어느 조직에 있는지 그리고 이를 어떻게 해결할 수 있는지에 대한 명확한 판단을 하는 것이 어려운 경우가 많다. 일반적으로 이러한 상황에서는 개발 계약자의 주도하에 기술적으로 문제를 일으킨 원인이 되는 특정한 이슈를 식별하고 해결방안을 제안하는 것이 바람직하다. 그렇지 않으면 시스템 상호운용성 부족과 관련된 책임을 새로운 시스템과 개발자에게 부과하게 된다.

운용시험은 시스템이 운용 수명 동안 경험하게 될 조건 및 환경 중에서 필요한 일부분만 식별해 시험할 수 있다. 특히 운용자가 실질적으로 직면하게 될 시나리오에 초점을 맞추어서 시험하는 것이 가능하다. 실제로 시스템 운용이 시작되면 시스템에 관한 개념이 성숙해짐에 따라 사용자 또는 이해관계자들은 개발자가 예상하지 못했던 방식으로 시스템을 사용할 수도 있다. 새로운 시스템의 운용이 외부 시스템이나 조직에게 어떠한 영향을 미치게 되는지를 확인하는 것이 중요하다. 이를 통해서 시스템 운용에 따른 장점이 어떤 것인지를 확인할 수 있기 때문이다.

무중단 설치

일부 중요 시스템의 경우에는 지속적인 운용이 필요하다. 그러므로 시스템 설치 또는 업그레이드를 위해서 작동을 중단시키거나 일시 중지할 수 없는 상황이 있을 수 있다. 이러한 상황은 어떤 새로운 시스템을 그보다 더 큰 대규모 또는 시스템 복합체계에 설치할 때 많이 발생한다. 새로운 시스템 또는 업그레이드된 시스템을 시스템 복합체계에 설치하는 경우에 기존 시스템은 중단 없이 운용할 수 있어야 하기 때문이다. 이와 유사한 사례는 도시 전력망, 복잡한 산업

광역 네트워크, 국가 통신 네트워크, 주요 국방 시스템 복합체계 및 국가 항공 교통관제 시스템에 새로운 시스템을 설치하는 경우에도 찾아볼 수 있다. 열거한 시스템들은 모두 심각한 중단 없이 24시간 운용되어야 하기 때문이다. 새로운 시스템이 기존 시스템을 대체하는 과정에서는 기존 시스템, 사용자 및 정책을 이용해 새로운 구성을 완전히 시험할 수 있는 수단이 있어야 한다. 이를 통해서 시스템이 운용환경에서 만족스럽게 작동할 수 있는지를 확인해야 한다. 만약 중대한 문제가 발생할 때는, 결함을 해결하는 동안 시스템을 기존의 구성으로 되돌리는 방법이 있어야 한다. 중단 없이 시스템 복합체계에 주요 시스템을 설치하려면 신중한 계획과 함께 세부적인 사항에 대한 주의가 필요하다. 최근 이 분야를 지원하기 위해 두 가지 일반적인 접근방법이 등장했다. 그것은 시스템 복합체계 시뮬레이션 유지 방법과 시스템 복합체계 테스트 베드 유지 방법이다. 그림 16.3은 첫 번째 방법을 보여주고 있다.

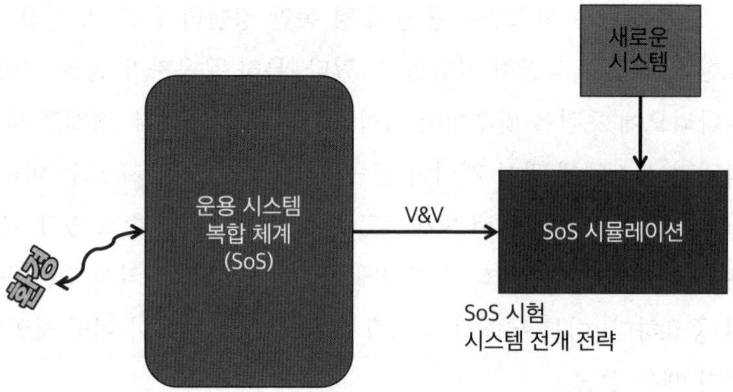

그림 16.3 시뮬레이션을 이용한 무중단 설치

이 전략을 통해서 시스템 복합체계를 대상으로 한 HIL(Hardware-In-the-Loop) 시뮬레이션이 구축된다. 일반적으로 이러한 시뮬레이션은 독립형 시뮬레이션의 반대개념인 UIL(User-In-the-Loop)이기도 하다. 이 시뮬레이션 체계는 환경과 상호작용하는 시스템 복합체계로부터 수집된 실제 데이터를 이용해 검증 및 확인을 할 수 있다. 일반적으로 시뮬레이션이 환경과 상호작용하지는 않는다(비록 예외가 있기는 하지만).

시스템 복합체계 시뮬레이션을 테스트 베드로 사용하는 경우에는 다음의 두 가지 사항을 확인할 수 있다. 즉, ① 새로운 시스템이 실제로 설치되기 전에 시스템 복합체계에 미칠 수 있는 영향을 확인하고, ② 운용을 허용 가능한 수준에서 유지할 수 있도록 해주는 설치 전략을 결정할 수 있다. 시스템 복합체계 시뮬레이션을 이용해 전략이 개발되고 검증까지 완료되면, 실제 시스템 복합체계에 새로운 시스템을 설치하는 방안에 대한 지식과 함께 안전성에 대한 확신을 얻을 수 있게 된다.

이 무중단 설치 방법이 갖는 첫 번째 장점은 비용을 절감할 수 있다는 것이다. 또한 시스템을 실제로 시스템 복합체계에 설치하기 이전에 설치 절차와 기술을 모델링해볼 수 있는 장점을 갖고 있다. 시스템 복합체계 시뮬레이션을 구축하기 위해서는 많은 비용이 필요하고 복잡하다는 단점이 있지만, 시스템 복합체계를 실질적으로 묘사할 수 있는 유일한 방법이라고 할 수 있다. 또한 가용한 예산 및 허용오차범위의 수준을 고려해 정밀도를 지정할 수 있다는 장점이 있다. 분명한 것은, 고려 대상인 시스템 복합체계가 북미 국방 네트워크와 같이 국가의 생존을 책임지는 시스템이라고 가정하면 최대로 엄격한 허용오차가 요구될 것이다. 그러나 시스템 복합체계가 비즈니스 IT 네트워크일 때는 필요한 허용오차는 좀 더 낮은 위험 수준까지 완화될 수도 있다.

무중단 설치를 할 때 사용되는 두 번째 개념은 중복된 시스템 복합체계의 개발과 관련이 있다. 이는 실제로 운용되는 체계를 축소해 구축하는 것으로, 그림 16.4에 설명되어 있다. 이 개념은 새로운 시스템이 시스템 복합체계의 축소 버전에 설치되고 시험이 수행된다는 점에서 첫 번째 개념과 유사하다. 일반적으로 이 과정에서는 복제된 시스템 복합체계의 간섭이나 중단이 발생하지 않도록, 운용되고 있는 시스템 복합체계로부터 분리해야 한다. 설치 전략은 실제 규모의 시스템 복합 체계에 설치를 추진해 봄으로써 개발할 수 있다.

중단과 관련된 위험의 정도가 허용 가능한 수준이라는 확신을 하게 되면, 새로운 시스템을 운용되고 있는 기존의 시스템 복합체계에 설치하게 된다. 새로운 시스템을 설치하는 과정에서는 시스템 복합체계가 주변 환경과 연결이 끊어지는 경우가 여러 번 발생하게 된다. 그리고 이때마다 복제된 시스템 복합체계가 대리자의 역할을 한다. 일반적으로 이러한 프로세스는 수요가 적은 상황이나

그림 16.4 중복 시스템을 이용한 무중단 설치

시간대에 수행된다. 이는 복제된 시스템 복합체계의 제한된 용량으로도 충분히 기능을 보장할 수 있도록 하기 위해서이다.

무중단 설치를 하기 위한 이 전략은 비용이 많이 들지만(기본적으로 시스템 운용체제의 축소 버전을 구축해야 하므로) 두 가지 주요한 이점이 있다. ① 복제된 시스템 복합체계는 운용 시스템 복합 체제가 가진 아키텍처의 사본이라 할 수 있으며, 원본이 되는 아키텍처와 그 규모를 모두 복제하지 않고도 최대한 가장 근접하게 묘사할 수 있다. ② 수요가 가장 많을 때는 시스템의 축소된 형태인 복제 시스템 복합체계를 이용해 운용 시스템 복합체계의 성능을 증강하는데 사용할 수도 있다.

시설 및 인원 제한

일반적으로 시스템 설치 및 시험 작업에 배정된 시설이나 인력은 심각한 결함을 처리할 수 있는 장비를 갖추고 있지 않다. 예산은 필연적으로 성공을 전제로 책정하게 되는 것이 일반적이기 때문이다. 또한 설치 담당자는 유사한 장비의 설치 및 시험과 관련된 경험은 있을 수 있지만, 현재 설치되는 특정 시스템에 대해서는 충분한 지식을 갖고 있지 못하다. 이러한 지식은 새로운 시스템을 몇 개 정도 설치하는 과정에서 얻을 수 있다. 더욱이 개발 계약업체의 인력들은 현장 시험 엔지니어로 구성되는 반면, 시스템 엔지니어는 문제가 발생할 때까지

거의 배정되지 않는다. 이런 경우 추가적인 지원 필요 사항을 선정하고 할당하기 위해 많은 시간이 소요될 수도 있다.

여기서 알 수 있는 것은 프로그램에 미치는 영향을 최소화하기 위해서는 시스템 수명주기의 일부분에 해당하는 설치 및 시험 부분에 대해 적절한 우선순위를 부여해야 한다는 것이다. 이는 이 프로세스를 계획하고 실행하는 과정에서 시스템엔지니어링 리더십의 역할에 대해 특별한 관심을 기울여야 한다는 것을 의미한다. 이 과정에서 필요한 노력에는 설치 및 작동 중에 준수해야 할 절차를 설명하는 기술 안내서의 준비 및 검토가 포함되어야 한다.

훈련은 시스템의 성능만큼 중요한 요소가 될 수 있다. 훈련을 통해서 운용자가 새로운 시스템을 잘 운용할 수 있도록 할 수 있기 때문이다. 운용자에게 현실적이고 교육적인 환경을 제공하기 위해서는 별도의 훈련 시설을 갖추는 것을 고려해야 한다. 이러한 시설을 이용해 운용자들은 시스템이 어떠한 기능을 잘 수행해야 하는지, 그리고 시스템 작동 시 무엇을 보고, 듣고, 느껴야 하는지 등을 습득할 수 있다. 항공 커뮤니티에서 보유하고 있는 비행 시뮬레이터의 사례는 감각 피드백을 제공하는 하나의 사례이다. 또한 이러한 시뮬레이터를 구축할 때는 운용자가 가진 다양한 기술 수준을 고려해야 한다. 여기에는 항공기를 조종하는 방법을 처음으로 배우는 새로운 훈련생뿐만 아니라, 새로운 항공기로 전환하고자 하는 기존 비행사 또는 유지 비행시간 부족으로 인해 비행 기술이 저하됨에 따라 재교육을 받아야 하는 조종사도 포함될 수 있을 것이다.

초기 시스템 운용상의 어려움

새로 개발된 많은 장비와 마찬가지로, 생산된 시스템은 새로운 구성품과 개조된 구성품의 조합으로 구성되어 있으므로 초기 작동 기간에 과도한 수준으로 구성품의 오류 또는 기타 작동과 관련된 문제들이 발생할 수 있다. 이러한 현상을 "영아 사망률(Infant Mortality)"이라고도 한다. 이는 시스템 전체를 작동하기 전에 모든 시스템 오류를 찾는 것이 어렵기 때문에 발생하는 현상이다. 이러한 유형의 문제들은 특히 외부 시스템 인터페이스에서 많이 발생한다. 기타 시스템이 작동 환경에서 완전히 조립되고 운용되는 경우에만 완전한 시험이 가능한 운전자 제어기능에서도 흔하게 나타난다. 이러한 시스템을 시험 운용하는 기간에는 사용자가 주도하고 개발 엔지니어가 지원을 담당하는 특수팀을 조직하는 것이 필요하다. 이 조직을 활용해 문제가 발생하는 즉시 발생한 문제를 신속하게 식별하고 해결할 수 있도록 해야 한다. 이와 같은 노력을 촉진하기 위해서는 시스템엔지니어링의 리더십이 필요하다. 그뿐만 아니라 시스템 설계 및 생산에 어떠한 수정 사항을 통합해야 하는지, 선택한 방안이 가장 잘 수행될 수 있는 시기는 언제인지 그리고 이미 인도되거나 설치된 다른 장치에 대해서는 어떻게 작업을 수행해야 할지 등을 결정해야 한다. 생산설계의 무결성에 관한 불확실성을 해결하기 위해서는 적기에 그리고 신속하게 필요한 변경을 수행하는 것이 중요하다. 문제 해결이 지연되면 생산 및 설치가 중단되고 비용이 많이 소요되므로 프로그램 진행에 심각한 영향을 미칠 수 있다.

16.3 운용 기간 중 지원

운용 준비 시험

어떤 시스템은 지속해서 운용해야 하는 것은 아니지만 요청이 있을 때는 항상 작동할 수 있어야 하는 경우가 있다. 일반적으로 이러한 시스템은 대기 기간 동안 정기적으로 점검을 수행함으로써 필요할 때 최대한의 성능을 발휘할 수 있도록 해야 한다. 며칠 또는 몇 주 동안 지상에서 대기하던 항공기는 비행을 시작하기 전에 일련의 시험 절차를 거치게 된다. 대다수의 복합 시스템도 가용성을 보장하기 위해 그와 같은 정기적인 준비 상태 시험 과정이 있다. 일반적으로 준비 상태 시험은 시스템의 기본적인 작동 및 안전과 관련된 필수적인 모든 기능을 점검해볼 수 있도록 설계된다. 그러나 이러한 시험은 시스템에 무리한 스트레스를 주지 않도록 하는 범위에서 수행하여야 한다.

모든 시스템은 운용을 시작하고 얼마 지나지 않아서 예상치 못한 문제를 겪게 될 것이다. 이는 개발 중에 알 수 없었거나 고려하지 못했던 환경조건에 직면하는 경우에 발생할 수 있다. 시스템을 주기적으로 시험하는 것은 그러한 문제가 발생했을 때 신속하게 평가하고 해결하는 데 도움이 되는 정보를 얻을 수 있는 좋은 방법이다.

또한 주기적인 작동 준비 상태 시험은 수명기간 동안 시스템의 작동 상태와 관련된 데이터를 수집할 수 있는 기회가 된다. 예기치 않은 문제가 발생하면 이러한 데이터를 이용해 문제를 즉시 해결하고 오류를 수정할 수 있다. 시스템 준비 상태 시험을 효과적이고 경제적으로 수행하기 위해서는 뛰어난 기술을 바탕으로 시험 프로세스를 설계해야 한다. 그러므로 이러한 업무는 진정한 시스템엔지니어링의 책무이다.

많은 경우에 준비 상태 시험은 시스템 설치 후에 수정되어야 한다. 이는 시스템 운용자와 유지보수 담당자의 니즈와 능력을 더욱 완벽하게 고려하기 위해서이다. 개발에 참여했던 시스템 엔지니어는 이러한 활동에 효과적으로 기여할 수 있다. 데이터를 수집하기 위한 시험 지점과 수집할 데이터의 특성(예: 데이터 속도, 정확도, 기록 기간 등) 등도 시스템엔지니어링이 결정해야 하는 사항이다. 일부 데이터는 운용자(예: 임무 완료 후 보고서 또는 운용 중 확인된 사항 등), 물류 및 공급망 데이터, 정부 획득 부서에서 작성한 공식적인 사용 후 검토보고서(Post-Implementation Review) 등을 통해서 수집할 수 있다. 이렇게 확보한 데이터는 개발된 시스템이 원하는 기능을 충족하고 있는지를 확인하고 평가하는 데 도움이 된다.

일반적으로 직면하는 운용상 문제점들

소프트웨어 결함. 소프트웨어 집약적인 복합 시스템에서 발생하는 오류를 수정하는 것은 매우 어렵다. 또한 이러한 문제점들은 시스템의 시험 운용 기간이 지난 후에도 지속해서 발생하는 경향이 있다. 이러한 어려움은 소프트웨어가 가진 고유한 특성으로 인해 시작된다. 이러한 특성으로는 추상적인 소프트웨어 기능 및 가시성 부족, 문서의 부족, 소프트웨어 모듈 간의 상호작용의 다양성, 모호한 명칭 부여 규칙, 오류를 해결하는 과정에서 발생하는 변경사항 등 매우 다양하다. 분산된 자동화 시스템에서 흔히 볼 수 있는 실시간 임베디드 소프트웨어의 경우에는 이러한 어려움이 더욱 많이 나타난다.

다양한 컴퓨터 언어와 프로그래밍 방법들은 시스템 소프트웨어와 관련된 문제를 더욱 복잡하게 만든다. 신호 처리 및 기타 다양한 응용 분야에서 기존에 사용되어왔던 대부분의 아날로그 회로는 디지털 회로로 대체되었다. 그러나

COBOL, FORTRAN 및 JOVIAL과 같은 이전의 언어로 작성된 컴퓨터 코드는 여전히 사용 중이다. 이러한 “기존” 코드들은 최근에 개발된 최신 코드(예: C++, Java)와 혼합되어 사용되는 경우가 많다. 이때 한 가지 단점은 운용 중인 컴퓨터 프로그램을 유지하고 수정하는 것을 훨씬 어렵게 만들 수 있다는 것이다.

소프트웨어 결함을 수정하는 것은 복잡하고 어려운 작업이 되는 경우가 많다. 특정 프로그램 모듈에 수정 패치를 추가하는 것은 관련이 있는 여러 모듈의 동작에 영향을 미칠 수도 있다. 프로그램의 모든 경로를 추적하는 것이 어려울 뿐만 아니라, 모든 가능한 조건을 시험하는 것이 수학적으로도 불가능하다. 이러한 이유로 운용 소프트웨어의 결함을 수정하기 위해 수행하는 변경사항에 대해서 유효성을 보장하는 것은 사실상 불가능하다.

소프트웨어 변경이 다른 물리적인 구성품에 비해 상대적으로 쉽다는 장점은 종종 또 다른 부작용을 만들기도 한다. 즉, 중요한 분석 및 시험 없이 변경을 너무 빨리 진행할 수가 있다. 이러한 경우 시스템 변경과 관련된 문서화가 불완전하게 이루어지게 되고, 향후 시스템 유지관리에 어려움을 겪을 수도 있다.

시스템 소프트웨어의 품질이 심각하게 저하되는 것을 방지할 수 있는 유일한 방법은 모든 소프트웨어의 변경사항을 엄격한 형상 통제 절차에 지속해서 포함시키는 것이다. 이를 통해서 공학 설계 및 생산 과정에서 공식적인 검토 및 검증이 이루어지도록 하는 것이다. 다른 장에서도 언급했듯이, 운용 시스템에 실제로 설치하기 전에 숙련된 소프트웨어 엔지니어가 시험 시설에서 변경사항을 확인하는 것은 훌륭한 방법이다. 이 절차는 시스템 수리 과정에서 의도치 않은 추가적인 오류가 발생하는 것을 최소화함으로써 비용을 절약하는 효과가 있다.

복잡한 인터페이스. 시스템을 설치하는 과정에서는 외부 시스템 인터페이스가 항상 잠재적인 문제의 원인이 될 수 있다는 점에 유의해야 한다. 설치 중에는 관련 프로세스를 최대한 빨리 완료해 운용 일정을 준수할 수 있도록 해야 한다. 따라서 일반적으로 문서화된 설치 절차를 따르기는 하지만, 필요한 점검 절차를 철저히 수행하는 데 할당된 시간이 충분하지 못한 경우가 많다. 앞서 언급했듯이 일반적으로 차량 시스템에서 운용과 관련해 문제가 나타나는 영역으로는 디스플레이, 내비게이션 및 하부 통신시스템 등이 있다. 이러한 하부시스템을 조

정할 수 있는 제어판은 다양한 위치에 분산되어있다. 따라서 강력한 물리적 상호작용은 물론 기능적 상호작용도 갖게 된다. 이런 경우에 사용자는 잠재적으로 문제가 발생할 수 있는 부분에 대해 주의를 기울여야 한다. 또한 상호작용하는 모든 시스템 요소의 위치와 인터페이스에 대한 상세한 정보를 제공받아야 한다.

현장 서비스 지원

현장에 배치된 복합 시스템의 경우 해당 시스템의 수명주기 동안 현장 지원이 필요한 경우가 일반적이다. 국방 시스템의 경우에는 각 군에 소속되어있는 엔지니어링 지원 부서에서 이러한 역할을 하는 경우가 많다. 또한 이러한 군의 엔지니어링 부서는 민간 기관과의 계약을 통해서 시스템이 본래의 목적을 달성할 수 있도록 일반적인 엔지니어링 지원을 제공하는 경우가 많다.

시스템 운용과 관련된 문제가 감지되면, 발생한 문제가 운용 시스템 자체의 결함에 의한 것인지 또는 단순히 내장된 결함 표시기의 오류에 의한 것인지를 우선해 판별해야 한다. 예를 들어 장치가 잘못된 신호(혹은 잘못된 경보)를 보내고 있을 수도 있고 잘못된 기능에 의한 것일 수 있다. 따라서, 문제 해결을 요청받은 현장 엔지니어는 시스템 운용과 관련된 지식을 잘 알고 있어야 한다. 특히 내장되어있는 시험 장치의 기능에 대해서도 충분한 지식을 갖추고 있어야 한다.

시스템을 운용하는 기간에 발생한 결함을 수정하는 것은 개발 중이나 설치 및 시험을 수행할 때 조치를 하는 것보다 더 어렵다. 이는 ① 운용 요원이 기술 전문가가 아니고, ② 설치 중에 사용된 특수한 점검 및 교정 장비가 이미 폐기되었고, ③ 운용 현장에서는 대부분의 분석 및 문제 해결 도구(예: 시뮬레이션 등)를 사용할 수 없기 때문이다. 그리고 ④ 시스템 개발 프로젝트에 참여해 풍부한 지식을 보유한 전문가 대부분이 다른 프로젝트에 이미 배치되었거나, 직업을 변경 또는 은퇴했을 가능성도 있다. 이러한 요인으로 인해 운용 중에 필요한 수정을 안정적으로 수행하기 위해서는 종종 원격으로 정비하는 방안을 개발해야 한다. 즉, 운용 현장으로부터 수집된 데이터들은 분석을 위해 적절한 개발 사이트로 다시 전송해 정비 방안을 마련해야 한다. 이러한 방안이 마련된 이후에는 특수 엔지니어링 팀의 주관하에 필요한 변경사항을 운용 현장에서 수행해야 한다.

앞서 언급했듯이 개발에 사용되었던 시험 현장의 시설들은 후속 시스템 작업을 위한 훌륭한 장소이다. 그곳에서는 지식이 풍부한 전문 인력을 활용할 수 있고, 형상 구성의 유연성이 있으며, 광범위한 데이터 수집 및 분석을 할 수 있는 장비가 있기 때문이다. 또한 체계적이고 잘 문서화된 시험 및 분석을 할 수 있다.

정기적인 유지관리 및 현장 변경

대부분의 복합 시스템은 운용 주기 동안 사전에 정해진 유지관리, 시험 및 재검증 기간을 갖게 된다. 현장에서 이루어져야 하는 변경이 긴급하게 필요한 경우가 아니라면 기존에 예정되어있는 주기적인 유지보수 기간에 수행하는 데 문제가 없다. 이런 경우 전문 인력에 의해서 통제되는 조건에서 수행할 수 있고 적절한 시험을 거친 후에 문서화될 수 있다. 다행히도 이러한 방식을 적용하면 대부분의 중요한 변경사항에 대한 작업이 가능하다. 많은 상업용 항공기의 사례와 마찬가지로, 이러한 작업은 품질검사 장비가 완벽하게 갖추어진 특수시설을 활용할 수 있고, 상당한 규모의 예비 부품을 비축하고 있으면서 자동화된 재고 시스템을 갖추고 있는 환경에서 특수교육을 받은 인력이 수행한다.

그 규모와 관계없이 운용체제에 대한 모든 변경 작업을 수행하기 위해서는 신중한 계획이 필요하다. 앞서 언급했듯이 변경 절차는 형상 통제하에서 이루어져야 한다. 또한 수행 방법을 구체적으로 기술한 문서 작업이 필요하다. 한 영역에 대한 변경이 다른 영역에서 새로운 문제를 일으키는 원인이 되지 않도록 하기 위해서는 모든 변경사항은 시스템 관점에서 확인되어야 한다. 일반적으로 운용체제에 대한 기술적 변경이 발생한 경우에는 하드웨어 · 소프트웨어 시스템 문서, 수리 설명서, 예비 부품 목록 그리고 운용 절차 설명서 등의 내용을 최신화해야 한다. 이 과정에서 시스템엔지니어링은 모든 이슈가 적절하게 처리되는지 확인해야 한다. 또한 관련 이슈 및 진행 상황 등과 같은 내용을 전체 운용 책임자에게 전달해야 한다.

운용 중 심각한 사고

이전 단락에서는 운용 중 또는 이미 계획된 유지보수 기간에 수정이 가능한 운용과 관련된 문제를 다루었다. 그러나 십여 년 이상 작동하도록 개발된 복합 시스템의 경우 수정이 이루어지기 전까지는 효과적으로 작동할 수 없을 정도로 큰 사고를 의도치 않게 겪을 수 있다고 가정해야 한다. 이러한 사고에는 화재, 충돌 또는 기타 중대한 손상 등이 포함된다. 일반적으로 이러한 상황이 발생하면 시스템을 수리하고 검증하기 위한 기간에는 서비스를 일시적으로 중단해야 한다. 그러나, 서비스 중단 기간을 연장하는 조치를 하기 이전에, 시스템엔지니어링 팀을 조직해 적용 가능한 모든 대안을 탐색함으로써 다시 운용을 재개할 수 있는 가장 비용적으로 효율적인 조치를 제안해야 한다. 심각한 사고가 발생하면 시스템과 관련된 원론적인 문제가 만들어지게 된다. 즉 모든 요소를 신중하게 평가해야 하는 것은 물론이고, 운용 요구사항, 비용 및 일정의 균형을 적절하게 조정하는 복구 계획을 개발해야 한다.

물류지원

주요 운용 시스템의 물류지원을 위해 필요한 자재와 프로세스는 그 자체로도 복잡한 시스템이 된다. 주요한 현장 시스템의 물류 체계는 공장에서 운용 현장까지 연결되는 스테이션들의 체인을 기반으로 한다. 여기서 스테이션들은 예비 부품, 수리 키트는 물론 문서들의 흐름을 지원해준다. 그리고 필요한 경우 운용체제를 항상 가동 준비 상태로 유지하는 데 필요한 전문가를 지원해준다. 기술 설명서 및 교육 자료 역시 시스템 지원의 일부분으로 간주해야 한다. 주요 운용체제에 대한 효과적인 물류지원을 개발, 생산 및 지원하고자 하는 노력은 전체 시스템 개발, 생산 및 운용 비용에서 상당한 부분을 차지할 수 있다.

물류지원을 위한 가장 기본적인 문제는 가장 많은 예비 부품이 필요한 시스템 구성품(아직 설계되지 않은)은 어떤 것이 될 것인지에 대한 추정치를 기반으로 계획하고 실행해야 한다는 것이다. 또한 서로 다른 하부시스템에 대한 최적의 교체 기준(아직 완전히 정의되지 않은), 잠재적인(가상) 작전구역에서는 어떤 운송수단이 가능하고 재보급 시간은 얼마나 소요될 것인가 등 다양한 상황에 대한 고려도 필요하다. 이러한 상황을 바탕으로 한 추정치를 산출하기 위해서는 시스템엔지니어링의 적극적인 참여와 역할이 필요하다. 또한 이 추정치는 개발 및 운용 경험을 통해서 얻은 지식을 이용해 주기적으로 재조정되어야 한다. 즉, 물류 계획은 창고 및 운송 시설의 위치 그리고 재고 수준과 마찬가지로 지속적인 검토와 수정이 필요하다.

물류지원 시스템과 시스템 설계 그리고 생산 간에는 직접적인 연결고리가 존재한다. 일반적으로 대부분의 예비 부품들을 생산할 수 있는 곳은 과거에 해당 구성품들을 생산했던 시설이다. 예비 부품을 생산하기 위해서는 시스템 생산 계약자와 시스템 구성품을 생산했던 인력이 포함되어야 한다. 게다가 하부구성품과 부품에는 상용품들이 포함되는 경우가 많으므로 노후화에 따른 설계 변경이나 생산 중단 등의 문제가 발생할 수도 있다.

시스템을 운용하는 현장을 변경하는 것도 시스템과 관련이 있는 구성품 및 기타 예비 부품의 물류지원에 직접적인 영향을 끼친다. 이러한 변화를 물류 재고에 반영하는 과정이 즉각적으로 이루어질 수는 없다. 그렇기 때문에 신속하게 처리하는 것도 중요하지만, 재고 부품이 저장되어있는 위치와 관계없이 영향을 받는 각 부품의 상태에 관해 완전한 기록을 유지하는 것도 중요하다.

앞의 내용에서도 알 수 있듯이, 물류 시스템이 제공해줄 수 있는 전반적인 지원의 품질과 적시성은 시스템의 운용성에 직접적인 영향을 미치게 된다. 이것은 특히 전장에서 운용해야 하는 국방 시스템의 경우에는 더욱더 그렇다. 예비 부품을 적시에 배송하는 것이 생존에 결정적인 영향을 미치기 때문이다. 민간 상업 항공사의 경우에도 필요한 부품을 적시에 배송하는 것이 비행 일정을 준수하는 데 중요하다. 물류 기업들을 관리하는 것은 그 자체로 시스템의 성공적인 운용 능력을 유지하기 위한 매우 중요한 임무에 해당된다.

16.4 주요 시스템 업그레이드: 최신화

앞서 새로운 시스템 개발을 착수하는 이유를 다루는 장에서, 일반적으로 시스템을 개발하는 이유는 발전하는 기술과 경쟁적인 환경에서 생존을 위한 것이라고 강조한 바 있다. 이러한 개발은 기술적인 기회를 창출하고 새로운 니즈를 만들어내게 된다. 마찬가지로 시스템을 개발하고 운용하는 기간에도 유사한 요인에 따른 역동적인 영향은 계속되게 된다. 즉, 잠재적인 경쟁자 또는 적성 국가의 발전 상황과 비교했을 때 이미 개발해 운용하고 있는 기존 시스템의 경우 운용 효과는 점차 감소하게 된다.

현대의 복합 시스템을 구성하는 많은 구성품 각각에 대한 기술의 발전 수준은 서로 다를 수밖에 없다. 가장 빠른 성장은 반도체 기술과 전기광학 분야였다. 이러한 기술의 발전은 결과적으로 컴퓨터의 연산 속도와 메모리 및 센서에 극적인 영향을 주었다. 기계와 관련된 기술도 발전하기는 하였지만, 다른 분야와 비교할 때 상대적으로 제한된 영역에서의 발전이었다. 대부분의 발전은 특수 소재, 컴퓨터 지원 설계 및 제조와 같은 분야에서 이루어졌다. 예를 들어 유도 미사일 시스템에서 유도와 관련된 구성품들은 구형이 될 수 있지만, 미사일 구조와 발사기는 여전히 큰 변화 없이 사용할 수 있다.

따라서 대규모 복합 시스템에서 노후화가 진행된다는 의미는 대체로 부분적인 경향이 있다. 즉, 시스템 전체의 노후화라기보다는 제한된 개수의 구성품 또는 하부시스템에서 노후화가 발생했다고 말할 수 있다. 이는 몇 개의 하부시스템 내부에 있는 제한된 수의 주요한 구성품을 교체함으로써 전체 시스템의 효율성을 복원시킬 수 있는 기회를 얻게 될 수도 있다는 것을 의미한다. 이때 비용 측면에서도 전체 시스템을 교체하는 데 필요한 비용의 일부만을 사용해 해결할 수 있다는 장점이 있다. 일반적으로 이러한 수정을 시스템 업그레이드라고 한다. 대부분의 항공기는 운용 수명 동안 이러한 업그레이드를 여러 번 거치게 된다. 특히 많은 업그레이드가 첨단의 컴퓨터, 센서, 디스플레이 및 기타 장치를 항공 전자제품 제품군에 통합시키는 경우가 많다. 종종 발생하는 복잡한 문제 중의 하나는 제조사의 내부 사정으로 인해 구성품 생산이 중단되는 경우이다. 이런 경우에는 새로운 교체품에 맞게 시스템 인터페이스를 다시 조정해야 한다.

시스템 업그레이드 수명주기

주요 시스템 업그레이드의 개발, 생산 및 배치 절차는 그 자체가 단축된 형태의 수명주기를 갖는 것으로 간주할 수 있다. 즉 시스템 자체를 개발하기 위해서 적용하였던 수명주기와 유사한 과정으로 구성된다. 따라서 업그레이드 프로그램에서 시스템엔지니어링의 적극적인 참여는 필수적인 부분이다.

개념 개발 단계. 새로운 시스템을 개발할 때의 수명주기와 마찬가지로 업그레이드를 위한 수명주기 역시 처음 수행하는 과정은 니즈 분석 프로세스이다.

업그레이드를 위한 니즈 분석에서는 임무 효율성을 크게 개선해야 할 필요성을 확인해야 한다. 대부분의 경우 시스템을 운용하면서 임무 요구는 계속해서 증가하는 반면 현재 시스템으로는 적절하게 그 니즈에 대응할 수 없는 상황이 발생하기 때문이다.

다음으로 이어지는 절차는 개념 탐색과정이다. 이 과정에서는 현재 시스템을 업그레이드하는 여러 옵션을 비교한다. 이때 새롭고 우수한 시스템으로 완전히 교체하는 방안은 물론이고 시스템 업그레이드 이외의 다른 방안 중의 하나를 선택해 목표를 달성할 수 있는지에 대한 검토도 이루어진다. 비교 분석을 수행하는 이유는 제한적인 시스템 수정 또는 업그레이드 전략의 효과를 입증하기 위한 것이다. 분석을 수행할 때는 기술적으로나 경제적으로도 실현 가능성이 있다는 것도 증명해야 한다. 최종적으로 프로그램을 착수하기 위한 결정을 내리기 위해서는 이러한 비교 분석 결과가 포함되어야 한다.

시스템 업그레이드를 위한 개념 정의 과정 역시 새로운 시스템을 개발할 때와 유사하다. 단, 시스템 아키텍처 및 기능 할당을 수행해야 하는 범위가 전체 시스템이 아니고 시스템의 일부 지정된 부분과 교체가 필요한 구성품으로 제한된다는 점에서 차이가 있다. 이때 시스템에서 일부 수정되지 않은 부분과의 호환성을 달성해야 하므로 비교적 큰 노력이 필요하다. 이는 본래 기능 및 물리 아키텍처를 유지해야 하므로 어려운 작업이 될 수도 있다. 위와 같은 제약조건은 시스템에서 유지된 요소와 새롭게 추가된 구성품 간의 다양한 인터페이스 및 상호작용을 성공적으로 달성해야 하므로, 높은 수준의 시스템엔지니어링을 필요로 한다. 특히 시스템의 성능과 신뢰도를 훼손하지 않는 범위에서 최소한의 작업으로 이를 달성해야 하므로 어려운 임무가 될 수 있다.

공학 개발 단계. 업그레이드 프로그램을 위해 수행되는 선행 개발과정과 대부분의 공학 설계과정에서 초점을 맞추는 개발 대상은 새롭게 도입되는 구성품으로 제한된다. 앞에서와 마찬가지로 이 과정들에서도 새로 도입되는 구성품과 변경되지 않고 유지되는 기존 부분과의 인터페이스를 위해 특별한 노력을 기울여야 한다.

일반적으로 업그레이드된 시스템을 통합하는 작업은 새로 개발되는 시스템을 통합할 때보다 더 많은 어려움을 겪게 된다. 이러한 어려움은 최소한 다음 두 가지 요인에 의해 발생한다.

첫째, 성능 개량을 위해 수정이 필요한 시스템의 경우 수년 동안 수많은 수리와 유지관리 작업을 거쳤을 가능성이 크다. 이 기간에는 변경 상황이 발생할 때마다 엄격한 통제에 따라 문서로 작성되어 남겨져 있지 못했을 가능성이 크다. 엄격한 형상 관리 절차가 시행되지 않는 한 이러한 문서화 작업은 제대로 수행되는 것이 어렵기 때문이다. 따라서 시간이 지남에 따라 배치된 시스템은 본래의 형상과는 차이가 발생하게 된다. 이러한 상황은 특히 소프트웨어 변경이 많이 있었던 경우에 더 큰 문제가 된다. 많은 경우에 코딩 오류를 복구하는 방법으로 프로그램 일부를 변경하는 패치 작업을 수행하기 때문이다. 각 현장에 배치되어있는 시스템의 세부 형상에 위와 같은 불확실성이 있는지를 확인하기 위해서는 광범위한 진단 시험을 수행하고 성능 개량 과정에서 이를 고려할 필요가 있다.

둘째, 일반적으로 차량 및 기타 휴대용 시스템의 경우, 업그레이드가 필요한 구성품을 설치하기 위해서는 해당 시스템을 특수한 통합시설로 이동시켜야 한다. 이에 반해서 대부분의 대형 육상 및 선박 기반의 시스템의 경우에는 운용 현장에서 업그레이드를 수행해야 하므로 통합 프로세스가 복잡해지는 경향이 있다. 예를 들어 화물선 함대에 새로운 디스플레이와 자동화 기능이 추가된 내비게이션 시스템을 업그레이드하기 위해서는 선상에서 작업이 이루어져야 한다. 이때 계약업체의 현장 엔지니어와 조선소 설치 기술자가 함께 작업에 참여하게 된다. 설치 및 통합 계획은 특별한 관리감독 방안은 물론 필요한 경우에는 추가적인 지원을 제공할 수 있는 방안을 제시해야 한다. 또한 작업을 성공적으로 완료할 수 있도록 충분한 작업 기간을 보장해주어야 한다.

시스템 시험 및 평가. 주요 시스템을 업그레이드한 이후에 수행해야 하는 시스템 시험 및 평가의 수준과 범위는 다양할 수 있다. 즉 업그레이드를 통해 추가된 새로운 기능만을 평가할 수도 있지만, 전체 시스템에 대한 평가를 다시 수행할 수도 있다. 일반적으로 이러한 결정은 개선 작업이 뚜렷하게 영향을 미치는 범위에 따라 달라진다. 또한 개별적인 시험을 통해서 시스템 기능을 확인할 수

있는 구성품의 범위에 따라서도 달라진다. 따라서 업그레이드로 인해 시스템의 핵심 기능이 변경되는 경우에는 전체 시스템에 대한 포괄적인 재평가를 수행하는 것이 일반적이다.

운용 및 지원. 주요한 시스템 업그레이드를 수행한 이후에는 항상 물류지원 시스템, 특히 예비 부품의 재고와 관련해 큰 변화가 필요하다. 새로운 매뉴얼 및 시스템 문서와 함께 운용과 관련된 교육도 제공되어야 한다.

이러한 과정을 수행하는 동안에는 본래의 시스템을 개발할 때 필요했던 것과 동일한 수준의 전문 시스템엔지니어링 지침이 필요하다. 노력의 범위는 축소된다 해도, 설계 결정의 중요성은 그에 못지않게 중요하다.

소프트웨어 업그레이드

앞서도 언급한 바와 같이 소프트웨어는 하드웨어보다 변경하기가 훨씬 용이하다. 일반적으로 소프트웨어를 변경하는 기간에는 장기간의 시스템 운용 정지 또는 특수시설이 필요하지 않기 때문이다. 최근 개발되는 시스템의 경우 소프트웨어에 의해 제어되는 시스템 기능의 범위가 증가하는 추세에 있다. 이에 따라 소프트웨어 업그레이드와 관련된 주문이 많아지게 되었으며, 이로 인해 주요한 하드웨어 업그레이드보다 소프트웨어 업그레이드가 훨씬 자주 발생하는 경향이 있다.

그러나 이러한 업그레이드가 성공적으로 이루어지도록 하기 위해서는 특별한 시스템엔지니어링 및 프로젝트 관리감독이 필요하다. 특히 시스템 소프트웨어 변경에 따른 어려움을 관리하기 위해서는 다음과 같은 주의가 필요하다.

1. 제안된 변경사항은 실제로 운용되는 소프트웨어에 설치되기 전에 개발자가 자신의 개발시설에서 철저히 검토하는 것이 필수적이다.
2. 변경된 시스템 형상을 문서화하기 위해서는 변경된 사항을 형상 관리 데이터베이스에 입력해야 한다.
3. 의도치 않은 부작용이 없음을 입증하는 데 필요한 회귀시험의 수준을 결정하기 위한 분석을 해야 한다.

4. 운용 및 유지관리 문서는 적절히 갱신되어야 한다.

위와 같은 활동은 모든 시스템 변경에 대해서 필요하지만, 명백하게 작은 소프트웨어 변경에 대해서는 종종 무시되는 경향이 있다. 그러나 복합 시스템에서는 어떠한 변화도 결코 "작은" 것이 아니라는 것을 명심해야 한다.

진부화된 레거시 프로그램에는 두 가지 단점이 있다. 첫째, 레거시 소프트웨어를 학습하고 작업하려는 소프트웨어 지원 인력의 수가 줄어들고 부족해지고 있다. 둘째, 최근의 고성능 디지털 프로세서에는 레거시 언어를 처리하는 컴파일러가 없다. 반면에 레거시 프로그램을 현대 언어로 다시 작성하는 작업은 일반적인 개발 작업과 비슷한 노력이 필요하며, 엄청나게 큰 비용이 소요된다. 위와 같은 상황에 있는 시스템의 경우 해결하기 어려운 시스템적인 문제를 갖게 된다. 최근 개발된 일부 프로그램은 소프트웨어 언어 변환을 성공적으로 수행할 수 있는 기능이 있다. 실제로 이러한 프로그램을 이용해 레거시 프로그램을 최신 언어로 변환하는 비용을 크게 줄이는 사례도 있다.

기(旣)계획된 제품 성능 개선

하나 이상의 주요 업그레이드가 필요한 시스템의 경우 사전에 계획된 제품 개선(P^3I, Pre-Planned Product Improvement)이라는 전략이 종종 사용된다. 이 전략은 운용 중 업그레이드에 관한 계획을 사전에 수립할 때 작성되어야 한다. 이러한 업그레이드는 특정한 최신 기능들과 통합해 수행되므로 특정한 방식으로 시스템의 능력을 향상시키게 된다.

P^3I의 가장 큰 장점은 변경을 예상할 수 있다는 것이다. 따라서 실제로 변경이 필요한 경우에는, 그 계획이 이미 수립되어 있으므로 최소한의 재구성만으로도 계획된 변경사항을 추진할 수 있다. 기타 시스템 운용을 중단해야 하는 기간을 최소화하면서, 업그레이드 프로세스를 원활하게 진행할 수 있는 장점도 있다. 이러한 기계획된 변경의 규모와 복잡성은 니즈와 필요로 하는 기술의 적용 가능성에 따라서 매우 다양하다. 예를 들어 상업용 항공사들은 기존에 운용 중인 항공기의 확장 버전을 계획하는 경우가 많다. 이러한 목적을 달성하기 위해서는 더 많은 승객을 탑승시킬 수 있도록 더 큰 엔진과 새로운 제어시스템을 도

입해야 한다. 새로운 항공기를 개발하는 대신 기존 항공기를 개량하는 경우에는 정부로부터 다시 인증을 받아야 하는 절차를 생략할 수도 있다. 국방 분야에서는 업그레이드 프로세스를 사전에 계획함으로써 미래에 변화하는 임무의 정당성을 확보할 수 있는 이점이 있다. 현재 운용 중인 시스템이 필요한 기능을 일부 수행하고 있으므로, 제안된 시스템 변경은 기존에 승인된 임무 및 시스템의 목표에 영향을 주지 않아야 한다.

새로운 시스템을 개발할 때 향후 운용 중에 시스템을 업그레이드하는 것을 사전에 결정하는 경우에는, 이를 수행하기 위한 계약을 시스템 개발 계약자와 체결하는 것이 일반적이다. 이것은 주요 시스템 업그레이드를 수행하기 위한 가장 간결한 계약 방식이다. 이러한 계약 방식은 시스템 변경을 위해 계획을 수립하고 실행하는 과정에 개발된 시스템 특성을 잘 알고 있는 엔지니어의 참여 가능성을 높일 수 있는 장점이 있다. 물론 이 경우에도 원래 개발에 참여했던 팀이 이미 분산되었을 수도 있지만, 여전히 남아 있는 조직이 보유하고 있는 시스템에 대한 지식이 있으므로 큰 이점을 제공해줄 수 있다. 그러나 때때로 정부가 주관하는 개발 프로그램에서 발생하는 것처럼, 업체 간의 경쟁이 특히 심할 때는 업그레이드 계약을 시스템을 개발하지 않은 다른 업체와 체결할 수도 있다. 이 경우에는 새로 계약을 체결한 업체가 시스템 환경과 관련된 세부사항과 운용 방식을 습득해야 하므로 집중적인 교육 프로그램이 필요하다.

어떤 때는 경제적인 부분과 시장의 영향에 의해 개선이 이루어지게 되지만, 기본적인 목적은 기존의 영향력과 시장 점유율을 유지하기 위한 것이다. 통신 산업의 경우에는 네트워크, 표준, 최종 제품의 개선 및 사용자 니즈의 변화 등에 대응해야 한다. 이러한 대응을 통해서 제품과 서비스를 지속해서 발전시켜 나가게 된다. 무선 기술의 진화를 대상으로 한 패그보훈(2014)의 연구에서는 세대에 따라 변화해온 주요 요소들을 식별하였다. 대표적인 요소들로는 네트워크 아키텍처, 네트워크 속도, 주파수 대역, 대역폭, 액세스 기술 그리고 구성품 설계가 있다. 이러한 각 구성품을 개발하기 위해서는 시스템엔지니어링 방법을 적용해야 한다. 시스템엔지니어링 방법을 사용하는 경우 위의 구성품이 기존 시스템, 사용자, 운용환경에 미치는 영향은 물론 경쟁사의 전략까지도 평가함으로써 새로운 요구조건, 기능을 결정할 수 있다.

16.5 시스템 개발에서의 운용적 요인

앞서 15장에서는, 새로운 시스템의 개발을 안내해야 하는 시스템 엔지니어는 해당 개발과 관련된 생산 프로세스와 한계점은 물론 일반적인 문제들에 관한 상당하고 직접적인 지식이 있어야 한다고 강조하였다. 이는 특히 시스템 설계 프로세스를 진행하는 과정에서 생산성을 높일 수 있는 조치들을 포함하기 위해서 필요하다. 또한 시스템 엔지니어는 시스템과 사용자와의 상호작용을 포함해 시스템의 운용 기능 및 환경에 대해 잘 알고 있어야 한다. 이러한 노력은 시스템 설계가 사용자의 니즈를 가장 잘 충족하는 것은 물론이고 시스템이 사용되는 모든 조건을 수용할 수 있는 방안을 포함하기 위해서 필요하다.

불행하게도 개발 조직에 소속되어있는 시스템 엔지니어의 경우 제조 프로세스에 대해서는 배울 기회가 많지만, 시스템의 운용환경에 관한 내용을 습득하는 것은 어렵다. 후자와 같은 지식은 기술 지원 서비스를 제공하는 사람들이 아닌 개발을 담당하는 전문가에게는 접근하기 어려운 분야이기 때문이다. 기술을 지원하는 사람들은 시스템 엔지니어가 아닌 기술자 또는 장비 전문가일 가능성이 더 크다. 또 다른 방해 요인은 대부분의 경우 특정한 시스템에 따라서 운용환경이 모두 다르다는 점이다. 즉 기존에 운용 중인 시스템의 환경에 대해 잘 알고 있다고 해서 개발 중인 특정 시스템이 운용되는 조건에 대해서도 통찰력을 갖고 있다고 할 수는 없다.

시스템 엔지니어가 습득해야 하는 운용 지식의 유형을 설명하기 위해서는 항공 교통관제 터미널에 사용하기 위해서 새로운 디스플레이를 개발한 사례를 들 수 있다. 이 경우 시스템 엔지니어는 컨트롤러가 어떻게 기능을 수행하는지에 대해서 자세히 알고 있어야 한다. 시스템 엔지니어가 습득해야 하는 지식의 예로는 컨트롤러가 필요로 하는 데이터, 항공기로 발신되는 메시지들의 상대적 중요성, 항공 교통에서 예상되는 변동성, 중요할 것으로 판단되는 교통 상황 등 컨트롤러의 기능에 영향을 미치는 다양한 요소가 해당한다. 일반적으로 민간 항공 터미널용 제어 콘솔의 개발을 담당하는 엔지니어는 운용 상황을 직접 관찰하고 컨트롤러 및 조종사와 인터뷰를 할 수도 있다.

어려운 일이기는 하지만, 시스템 설계를 담당하는 엔지니어는 자신이 개발 중인 시스템이 작동하게 될 조건에 대해서 확실하게 이해하는 것이 중요하다. 그러한 지식이 없는 경우에는, 개발 시 지침으로 활용하기 위해 제공한 공식적인 요구조건을 올바르게 이해할 수 없다. 이러한 요구조건은 대부분 완전하지 않고 사용자의 니즈를 충분히 표현하지 못하는 경우가 많기 때문이다. 그 결과 운용과 관련해 인터페이스에서 발생하는 결함은 시스템을 실제로 작동하는 중에만 발견할 수 있다. 그러나 작동 중에 발생한 결함을 수정하기 위해서는 큰 비용이 소요되고 때로는 그러한 조치가 비실용적인 경우도 있다.

여기에서 사용되는 "운용환경"이라는 용어에는 시스템이 운용되는 상황에서 외부의 물리적 조건뿐만 아니라 다른 기타 요인들도 포함된다. 즉 모든 시스템 인터페이스의 특성, 다양한 수준의 시스템 운용 가용도를 달성하기 위한 프로세스, 인간-기계 운용에 영향을 미치는 요소, 유지 보수 및 물류 문제 등도 고려해야 한다.

운용환경은 고려 대상인 시스템의 유형에 따라 크게 달라질 수 있다. 예를 들어, 정보 시스템(예: 전화 네트워크 또는 항공사 예약 시스템)은 건물 내부의 통제된 환경에서 작동한다. 이와는 대조적으로, 대부분의 군사 시스템(비행기, 탱크, 함정 등)은 탑재되어있는 시스템에 심각한 스트레스를 줄 수 있는 가혹한 물리적, 전자적 및 기후 조건에서 운용된다. 시스템 엔지니어는 주요한 특성과 함께 이러한 환경이 시스템에 미치는 영향을 이해해야 한다. 또한 이러한 요소들을 시스템 요구조건에 포함시키고 운용 중에 측정할 수 있는 수단을 마련해야 한다.

미 공군 공과대학(Air Force Institute of Technology)의 공군 시스템 공항센터(Air Force Center for Systems Engineering)는 시스템 개발, 설계, 시험 및 배치에 관한 일련의 사례를 연구하였다. 한 가지 특별한 사례는 적군의 탱크와 같이 방탄 기능을 갖춘 표적과 교전하는 근접 항공 지원(CAS, Close Air Support) 임무를 위해 설계된 A-10 Thunderbolt II 항공기였다. 많은 초기 연구에서는 CAS 임무를 위해 새로운 항공기의 개발이 필요하다고 주장하였지만, 두 가지 세계적인 안보환경의 변화로 인해 A-10의 도태 계획은 취소되었다. 첫 번째는 냉전 시대의 종식이었고, 두 번째는 이라크가 쿠웨이트를 침공함에 따라 A-10 항공기를 사막의 폭풍(Desert Storm) 작전에 투입하는 것이 필요하게 되었다는 것이다. 미 공군에서는 항공기의 운용 수명을 연장하는 방법으로 기체구조 건전성 프로그램(ASIP,

Aircraft Structural Integrity Program)을 개발했다. 이 프로그램을 적용하기 위한 첫 번째 절차는 항공기의 구조적 상태를 확인하고 평가하는 것이었다. 이후에는 수집된 데이터를 바탕으로 항공기의 운용 수명을 연장하는 데 필요한 추가적인 유지보수 또는 재설계를 수행하게 된다. A-10 항공기의 경우 이 프로세스를 적용해 전체 날개 부위 중 구조적인 측면에서 중요한 52개 지점을 선정해 필요한 데이터를 수집했다. 그리고 수차례의 날개 재설계를 통해 비행 가능 수명을 수천 시간 더 연장했다. 이후에는 GWOT(Global War On Terror)를 위해 A-10에 추가적인 임무가 주어졌으며, GPS(Global Positioning System)와 정밀 무기를 장착함으로써 항공기 임무 기능을 확장시켜 오늘날까지 운용하고 있다.

운용 관련 지식의 원천

특정 상황에 따라 운용 지식을 얻을 수 있는 여러 가지 잠재적인 출처를 사용하는 것이 가능하다. 여기에는 유사한 시스템의 작동시험, 시스템 설치 과정에서의 통합 시험, 시스템 준비 시험 및 유지관리 작업 등이 포함된다. 이러한 출처들을 이용하면 시스템의 외부 인터페이스를 통합하는 과정에서 운용 현장 요소와는 물론이고 외부 시스템과의 통합 문제들을 파악할 수 있으므로, 개발자에게 제공되는 인터페이스 사양에서는 제대로 드러나지 않는 심각한 문제를 확인할 수 있는 경우가 많다.

운용환경과 관련해 필요한 지식을 얻기 위해서 시스템 엔지니어는 고려 중인 시스템과 유사한 유형의 시스템이 작동하는 것을 가능한 한 많이 확인할 수 있도록 노력해야 한다. 만약 이러한 유형의 시스템을 시험하는 현장에 참여할 기회를 얻게 되면, 시스템 엔지니어는 시스템 운용자에게 많은 질문을 함으로써 주어진 기회를 최대한 활용해야 한다. 특히 중요한 것은 시스템의 어떤 부분이 많은 문제를 일으키는 원인이 되는지 그리고 그 이유에 관한 정보를 얻는 것이다. 운용적인 측면에서의 인간-기계 인터페이스에 대한 학습은 특히 중요하다. 개발 중에는 이러한 사항을 실질적으로 표현하는 것이 어렵기 때문이다.

시스템 준비 상태 시험. 운용과 관련된 지식을 얻을 수 있는 유용한 출처는 시스템 준비 수준을 결정하는 데 사용되는 절차를 관찰하는 것이다. 모든 복합

시스템은 운용을 시작하기 전에 특정한 형태의 체크리스트 또는 신속한 시험 절차를 거치게 된다. 이때는 운용자의 통제를 받는 상태에서 자동 시험 장비를 사용하게 된다. 상용 여객기의 경우 이륙을 하기 전에는 항상 상당히 많은 항목의 체크리스트를 이용한 확인 절차를 거치게 된다. 또한 주기적인 예방정비 기간에는 훨씬 더 철저한 일련의 점검 활동이 이루어진다. 고장이 발생했다는 표시에 대해 운용자가 어떻게 반응하는지, 어떤 개선 조치를 했는지, 어떤 수준의 교육을 받았는지, 어떤 유형의 문서가 제공되었는지 등을 관찰하는 것이 바람직하다.

운용 모드. 환경 또는 작동 상태의 변화에 효과적으로 대응하기 위한 목적으로 대부분의 복합 시스템은 여러 가지 작동 모드를 갖고 있다. 일반적으로 군용 방공 시스템과 같이 다양한 외부조건에 대응해야 하는 일부 시스템의 경우에는 "위협 가능성", "위협 임박", "전면전 형태의 적대 행위" 및 예정된 유지보수 또는 대기 기간과 같이 여러 수준의 작전 준비 상태를 갖는다. 시스템 작동이 저하되거나 정전이 발생하는 경우를 대비한 백업 모드가 있을 수도 있다. 시스템 엔지니어는 각 모드가 시작되는 조건과 각 모드가 변경됨에 따라서 시스템이 어떻게 반응하는지를 관찰해야 한다.

운용 담당자로부터의 지원

앞에서 언급한 바와 같이 개발 부서에 소속된 시스템 엔지니어의 경우 충분한 수준의 운용 전문지식을 습득하는 것은 제한적이다. 이러한 상황을 고려할 때 시스템 개발과정 중에 숙련된 운용 인력이 적극적으로 참여하는 것도 좋은 대안이 될 수 있다. 특히 효과적인 방법은 시스템 개발을 의뢰한 조직에서 향후 시스템을 운용하게 될 운용팀을 개발을 담당하고 있는 업체에 파견하는 것이다. 이런 경우에 이 운용팀은 시스템을 개발, 통합 및 시험하는 전 기간에 걸쳐서 적극적인 참여가 가능하다. 여기에 참여하는 운용자 개개인들은 향후 개발되는 시스템이 배치될 예정인 운용 현장과 시스템 간의 상호작용과 관련한 특수한 상황에 관한 지식을 지원하는 역할을 할 수 있다. 또한 시스템 운용자의 관점을 대변함으로써 시스템 개발에 도움을 주게 된다.

운용 전문지식을 얻을 수 있는 또 다른 출처는 시스템 유지관리 담당자이다. 그들은 유사한 시스템에 대한 운용 현장 및 물류지원과 관련이 있는 서비스 문제에 경험이 있기 때문이다. 시스템 엔지니어는 이러한 전문 인력과의 인터뷰를 통해 상당한 지식을 얻을 수 있다. 앞서 언급했듯이 대부분의 복합 시스템은 유지보수를 지원하기 위한 시설 및 설비를 갖추고 있다. 이것 또한 운용 지식을 얻을 수 있는 훌륭한 출처가 될 수 있다.

16.6 요약

시스템 설치, 유지보수 및 업그레이드

시스템엔지니어링 원칙과 전문지식을 적용하는 것은 시스템의 운용 수명주기 전체에 걸쳐서 필요한 활동이다. 시스템을 운용 및 지원하는 과정에는 설치 및 시험, 운용 기간 중의 후속 지원은 물론 주요 시스템 업그레이드 등이 포함된다. 인터페이스를 통합하고 시험하는 것은 다양한 이유로 인해 어려운 작업이 될 수 있다. 특히 다양한 조직의 구성, 복잡한 외부 인터페이스 및 불완전하거나 잘못 정의된 인터페이스 등이 혼합된 형태로 나타남으로써 어려움을 가중시키게 된다.

설치 및 시험

대부분의 설치 담당 인력들은 시스템에 관한 지식이 제한적이기 때문에 설치 및 시험과 관련된 문제를 해결하지 못하는 상황이 많이 발생한다. 실제로 문제가 발생하기 전까지 시스템 엔지니어는 배정되지 않는 경우가 많다. 그러나 계속해서 운용하지 않고 대기 시간이 있는 시스템의 경우에는 주기적인 작동 준비 시험이 필요하다. 이렇게 하면 예기치 않은 시스템 문제가 발생하는 것을 최소화할 수 있다.

무중단 설치가 필요한 경우 하이브리드 시뮬레이션 또는 병렬로 작동하는 복제 시스템을 통해 설치 계획을 수립하는 것이 절대적으로 중요하다.

운용 중 지원

시스템 소프트웨어는 소프트웨어 품질의 심각한 저하를 방지하기 위해 엄격한 형상 관리 통제를 받아야 한다. 이러한 맥락에서 내장된 오류 표시기는 때때로 잘못된 경보를 발신할 수 있는 위험이 있으나, 내부 오류를 감지하는 데 매우 유용하다. 따라서 현장 엔지니어는 내장 시험 장치에 대해 잘 알고 있어야 한다.

운용과 관련된 문제를 해결하기 위해 수정 조치를 실행하는 것은 어려운 일이다. 이는 운용 인력이 기술 전문가는 아니기 때문이다. 또한 문제 해결에 필요한 장비에 대한 접근성도 제한적이다. 그리고 운용 중인 시스템을 지원하는 데 필요한 물류 시스템과 관련이 있는 체계 및 프로세스는 그 자체로 복합 시스템이 되기도 한다.

주요 시스템 업그레이드: 최신화

시스템 비용에서 물류비용은 큰 부분을 차지한다. 따라서 사전에 정의된 제품 개선 계획은 주요 업그레이드를 통한 시스템의 성능 향상에 많은 도움을 준다. 시스템을 개발하는 과정에서 최신 기능들을 정의하고 사전에 계획을 수립하게 되면, 시스템 운용 중단을 최소화할 수 있다.

시스템 개발에서의 운용적 요인

운용 지식을 확보할 수 있는 출처에는 운용 및 설치 시험 과정이 포함된다. 이때 시스템 엔지니어는 시스템이 운용되는 환경 속에서 시스템의 작동 상태를 관찰할 수 있기 때문이다. 물론 이때 운용 및 유지보수 담당자의 지원은 매우 중요하다.

연습문제

16.1 해양 횡단 화물선에 탑재된 복합 항법 및 통신 시스템의 설치와 시험과 관련된 4가지 잠재적 문제를 식별하고 논의하시오. 일부 하부시스템은 선적 전에 육지에 통합되었다고 가정하시오. 다수의 계약업체와 해운회사, 정부 검사관들이 관련되어 있다고 가정하시오.

16.2 일반적으로 인터페이스와 관련된 문제는 최종 시스템을 통합하는 과정 중에 진단 및 수정하는 것이 어렵다고 기술하였다. 그 이유는 무엇인가? 이러한 문제의 영향을 최소화하기 위해서는 어떤 조처를 해야 하는가?

16.3 운용 준비 상태 시험은 배치된 시스템의 중요한 기능이다. 대규모 복합 시스템의 설계 및 운영에 익숙한 시스템 엔지니어가 이러한 유형의 시험을 정의하고 수행하도록 운영 담당자에게 조언하는 방법을 설명하시오.

16.4 많은 복합 시스템에는 내장방식으로 오류를 표시하는 하부시스템이 통합되어 있다. 이 하부시스템 자체는 복잡하고 비용이 많이 들며 전문 교육 및 유지관리가 필요할 수 있다. 내장형 시험을 위한 하부시스템을 전체적으로 설계할 때 고려해야 하는 주요 요구조건과 이슈들을 나열하고 논의하시오. 해결해야 하는 주요 절충사항은 무엇인지 기술하시오.

16.5 효과적인 후속 지원 시스템은 성공적인 시스템 운영 성과에 필수적인 부분이다. 지원 시스템은 제공된 시스템의 "외부"에 해당함에도 불구하고 지원 시스템을 설계하고 정의하는 과정에 시스템 엔지니어가 참여해야 하는 이유를 논의하시오. 공급망, 예비 부품, 교체 가능한 부품의 수준, 교육 및 문서화 등 고려해야 할 몇 가지 특성들이 갖는 역할에 관해 설명하시오.

16.6 설계 과정에서 사전에 계획된 제품 개선(P^3I)을 적용하기에 가장 적합한 시스템의 유형을 논의하시오. P^3I 접근법에 소요되는 추가 비용을 정당화하는 데 있어 핵심적인 요소는 무엇인지 설명하시오.

16.7 운영 시스템을 유지할 때, 하드웨어 결함은 보통 문제가 발생한 하부구성품을 예비구성품으로 교체하여 수정하게 된다. 일반적으로 소프트웨어 결함은 코딩 오류가 자주 발생하므로, 코드를 수정하여 제거해야 한다. 복합 시스템에서 소프트웨어 변경은 극도로 주의를 기울여야 하고 검증이 이루어져야 한다. 운영 시스템이 개발 조직과 멀리 떨어져 있는 경우에 통제된 방식으로 소프트웨어

오류를 처리할 수 있는 방법에 대해 논의하시오.

참고문헌

Fagbohun, O. (2014). Comparative studies on 3G, 4G and 5G wireless technology. *IOSR Journal of Electronics and Communication Engineering* 9 (3): 88–94.

추가 자료

Blanchard, B. and Fabrycky, W. (2013). *System Engineering and Analysis*, 5e. Prentice Hall.

Defense Acquisition University (2001). *Systems Engineering Fundamentals*. Department of Defense, Chapter 8. http://acqnotes.com/wp-content/uploads/2017/07/DAU-Systems-Engineering-Fundamentals.pdf (accessed 3 February 2020).

Defense Acquisition University (2005). *Performance Based Logistics: A Program Manager's Product Support Guide*. Defense Acquisition University.

Jacques, D.R. and Strouble, D.D. (2010). *A-10 Thunderbolt II (Warthog) Systems Engineering Case Study*. Air Force Inst of Tech, Wright-Patterson AFB, OH Center for Systems Engineering.

Reilly, N.B. (1993). *Successful Systems for Engineers and Managers*. Van Nostrand Reinhold, Chapter 11.

US Department of Defense, Instruction, DOD (2013). 5000.02, *Operation of the Defense Acquisition System*. US Department of Defense. Washington, DC: Office of the Under Secretary of Defense for Acquisition, Technology, and Logistics.

Wasson, C.S. (2005). *System Analysis, Design, and Development: Concepts, Principles, and Practices*, vol. 22. Wiley.

역자 소개

신기수

공군사관학교에서 기계공학을 전공하고 미국 캔사스주 위치타 주립대와 오하이오주 미 공군 공과대학원에서 항공공학 석사와 박사학위를 각각 취득했다. 공군 항공기술연구소에서 항공기 수명관리 업무를 담당한 이후, 일선 부대 대대장을 거쳐 국방대학교에서는 전통적인 공학과 함께 시스템엔지니어링을 강의했다. 30여 년간 이어진 실무 및 연구 경험을 통해 깨닫게 된 한 가지 중요한 사실은, 우리나라가 국가경쟁력을 높이기 위해서는 시스템엔지니어링의 역할과 중요성에 대한 산학연군(産學硏軍) 관계자들 사이의 공감대 형성이 선행되어야 한다는 것이었다. 이런 이유로 지금도 한국혁신전략연구원 국방과학기술정책연구소 소장직을 수행하면서 시스템엔지니어링의 올바른 실행 방법을 알리기 위해 강의와 저술 활동을 계속하고 있다.

강호증

육군사관학교를 졸업하고 지휘관 참모로서 야전 업무 및 육군본부에서 분석평가 업무를 중심으로 정책 업무를 수행했다. 2011년부터 국방대학교 직무연수부 교수로 재직하면서 국방기획 관련 강의 및 「국방원가관리」 교재를 저술하였다. 현재 경남대학교 군사학과 학과장으로 재직하면서 학부과정 외 군사학과 석 · 박사과정을 운영하고 있으며 학생들의 창의적 문제해결 과정에 시스템적 사고방식을 연계시키는 노력을 지속하고 있다.

김귀미

해군사관학교 기계조선공학과를 졸업하고 국방대학교에서 무기체계학 석사학위를 취득했다. 이후 약 20여 년간 함정과 육상에서 다양한 직책을 수행하면서 국방 분야에서 시스템엔지니어링이 차지하는 역할과 중요성을 인식하게 되었다. 앞으로도 무궁무진하게 발전하게 될 것으로 믿고 있는 시스템엔지니어링을 국방 분야에 실질적으로 적용할 수 있도록 책임 있는 역할을 계속해 나갈 계획이다.